国外宇宙与航天领域研究的新进展

张明龙　张琼妮　著

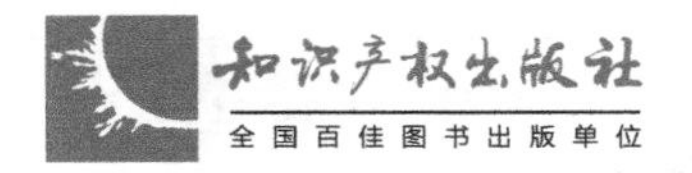

图书在版编目(CIP)数据

国外宇宙与航天领域研究的新进展／张明龙，张琼妮著. —北京：知识产权出版社，2017.11

ISBN 978-7-5130-5258-0

Ⅰ.①国… Ⅱ.①张… ②张… Ⅲ.①宇宙—研究—国外②航天科技—研究—国外 Ⅳ.①P159②V52

中国版本图书馆 CIP 数据核字(2017)第 271027 号

内容提要

本书分析了国外在宇宙物质与结构、宇宙射线、引力、暗物质与暗能量，银河系性质、内含天体及演变，黑洞本质与影响，系外行星与遥远星系等方面的探测成果，航天器、航天发射设备和天文仪器的研制进展等。本书运用通俗易懂的语言，阐述宇宙与航天领域的前沿学术知识，宜于雅俗共赏。本书适合广大天文爱好者、天体物理研究人员、高校师生和政府工作人员等阅读。

责任编辑：王　辉　　　　**责任出版**：孙婷婷

国外宇宙与航天领域研究的新进展

GUOWAI YUZHOU YU HANGTIAN LINGYU YANJIU DE XINJINZHAN

张明龙　张琼妮　著

出版发行：	知识产权出版社有限责任公司	**网　址**：	http://www.ipph.cn http://www.laichushu.com
电　话：	010-82004826		
社　址：	北京市海淀区气象路 50 号院	**邮　编**：	100081
责编电话：	010-82000860 转 8381	**责编邮箱**：	wanghui@cnipr.com
发行电话：	82000860 转 8101	**发行传真**：	010-82000893
印　刷：	北京中献拓方科技发展有限公司	**经　销**：	新华书店及相关销售网点
开　本：	787 mm×1092 mm 1/16	**印　张**：	25
版　次：	2017 年 11 月第 1 版	**印　次**：	2017 年 11 月第 1 次印刷
字　数：	500 千字	**定　价**：	82.00 元

ISBN 978-7-5130-5258-0

前　言

尽管宇宙拥有无边无际的空间，拥有数不胜数的天体，然而，到目前为此，人类只在地球上修建自己的家园，尚未发现第二个存在生命的星球。人类为了避免宇宙天体对地球造成伤害，确保栖息地可靠安全，同时也有利于拓展生存空间，获得更加丰富的物质和精神财富，正在迅速发展宇宙与航天事业，不断开辟天文科学新篇章。

本书运用现代天文与天体物理学原理，以国外在宇宙与航天领域取得的研究成果为考察对象，着重梳理 21 世纪特别是近十年来的天文探索新进展。通过梳理这方面的信息，笔者发现国外在宇航探索领域出现了一些新特点，其中主要有以下几方面：

（一）不断拓宽探测宇宙的范围

（1）从探测附近星系拓展到遥远星系。过去由于天文仪器和观测技术的限制，搜索宇宙星系的能力不强，很难跨出银河系范围以外。目前，采用红外线探测多目标摄谱仪等新设备，并以光谱学和红移现象对观察对象进行研究，大幅度提高了搜索发现星系的能力，相继找到一些古老而遥远的星系，其中已多次发现距离地球超过 130 亿光年的星系。

（2）从探测看得见的天体拓展到看不见的天体。宇宙空间内存在的黑洞，是一种无法直接观测的天体。它的时空曲率无限大，使得光都无法从其视界逃脱。但可以通过观测它对其他天体的影响，推测它的存在和质量。近年，搜索黑洞业绩非凡，已找到处于婴儿时期的黑洞，质量是太阳 210 亿倍的目前最大黑洞，可能正在合并的两个超大黑洞，抛弃宿主星系独自生存的黑洞等。

（3）从探测宏观天象拓展到微观粒子。21 世纪以来，研究微观粒子的成果，在天体物理学中占据很大比重，探索视角涉及宇宙中微子及其具体形式电子中微子、μ 子中微子和 τ 子中微子，希格斯玻色子及其衰变成的费米子，反物质原子特别是反氢原子，轴子与质子，B 介子与 μ 子，夸克及其相关新粒子等。特别是，在南极建成世界上最大的粒子探测器“冰立方”，专门用来捕捉宇宙中微子。据报道，“冰立方”已捕获到第三个千万亿电子伏特的宇宙中微子。

4.从探测有形物质要素拓展到无形客观存在。宇宙中存在的氢、氦、氧、碳、铁,以及水、甲烷、乙烷、氨等有形物质要素及其构成,仍然是天文探索的重要对象。此外,现代天文学又把触角伸向宇宙引力、暗物质和暗能量等领域,它们是无形的或者目前尚未发现的,但又可能是客观存在的。目前,在宇宙引力研究方面,通过搜寻引力波信号可以真实地感觉到它的存在。据悉,激光干涉引力波天文台已多次探测到引力波信号。为搜寻暗物质,已开建地下最深的暗物质研究实验室,并建成迄今最大最灵敏的暗物质实验设备。研究暗能量方面的主要成果是,通过测量宇宙膨胀率揭示暗能量本质,运用氢强度映射实验镜计算暗能量强度。

(二)深入推进太阳系天体的研究

从探索星系角度来说,研究太阳系的成果,在天文学成果总量中,始终拥有最大比重。人类赖以生存的地球,就是太阳系的一颗行星,科学家特别注重太阳系的研究,应该说也在情理之中。实际上,还有技术层面的一些缘由。梳理宇航领域的创新信息,不难看出,太空探测器所到的地方,往往是天文学研究成果密集之处。目前,人类太空探测器的最远距离,尚未超越太阳系范围,这才是促使太阳系研究成果大量涌现的客观因素。近年,推进太阳系探测取得的成果主要有:

(1)推进火星的探测与研究。火星是太空探测器进入最密集的星球之一,从1962年苏联火星1号探测器开始,先后有火星环球勘探者、奥德赛、曼加里安号等轨道器,火星3号、海盗1号、凤凰号等着陆器,索杰纳、勇气号、机遇号、精神号和好奇号等火星车探访火星。特别是世界上第一辆采用核动力驱动的火星车好奇号,向地球传输回大量考察图片。目前,火星的探测和研究成果主要有:重新解释火星早期的地质地貌,破解火星夏普山成因之谜,发现火星火山大约在5000万年前就已停止活动,认为火星峡谷可能由风“雕刻”而成,火星山坡可能由沸水雕琢出来,火星沟渠可能由干冰雕凿成型。发现火星有个直径35米的罕见地下洞穴,发现火星岩石中存在氮化物。在火星上空发现奇怪灰尘云和明亮极光,证实火星上曾存在“酸雾”,揭开火星沙尘旋风之谜;发现火星地面灰尘“有毒”,发现火星辐射水平与低地球轨道近似;发现氢原子正“成群结队”地逃离火星,发现火星有神秘甲烷排放,并在火星陨石中发现甲烷痕迹,认为古火星或曾富含氧气,发现火星大气中九成二氧化碳已转移到太空。在火星上获得冰冻水样本,发现早期火星淡水可能足以支持生命存在,发现火星表面可能有水流动的迹象,已找到在水中沉淀形成的水合盐物质;认为火星早期大湖由雪水融化形成,认为火星上埋藏着巨大冰层;认为小行星连环撞击或使火星出现短暂海洋。发现火星古湖泊呈现微生物存活迹象,认为火星或曾拥有适合生命存活的环境。

(2)推进冥王星的探测与研究。美国航空航天局在2006年发射升空的新视野号探测器,主要任务是探索冥王星、冥卫一及位于柯伊柏带的小行星群,它是人类发射过的速度最快的太空设备,已于2015年7月14日飞掠冥王星,是首个探测这颗遥远矮行星的人类探测器。新视野号拍摄和发回大量清晰照片,大大激发了天文学者研究冥王星的热情。这方面取得的成果主要有:发现冥王星具有独特的“蛇皮”地貌,其上有众多冰丘,一个面积正缩小的冰川湖,以及有裂隙的冰山。揭开冥王星心形区域冰封之谜,并发现这一区域充满一氧化碳和甲烷;发现冥王星“冰封之心”太重致表面坍塌。破解冥王星斯普特尼克平原神秘多边形地带的成因,并分析其特征及影响。发现冥王星“雪山”,是由其大气中的甲烷冷凝成冰雪后,降落到山顶上形成的。发现冥王星拥有一片“蔚蓝天空”,它是由阳光辐射氮和甲烷后产生的粒子形成的,还发现冥王星上氮气分子逃逸速率很低。另外,分析认为冥王星表层下可能存在冰封海洋。

(3)推进彗星的探测与研究。历史上,国际日地探险者 3 号、金星-哈雷彗星号、吉奥多号和行星 A 号等探测器,都曾通过飞掠方式探测过彗星。星尘号飞船还成功地把彗星尘埃样本带回地球。欧洲空间局在 2004 年 3 月发射升空的罗塞塔彗星探测器,经过历时 10 年 5 个月零 4 天、总长超过 64 亿公里的太空飞行,在 2014 年 8 月 6 日终于追上了它飞快移动的目标:67P 彗星,进入距离彗星约 100 公里的轨道并围绕其运行。在环绕该彗星同轨道运行 3 个多月后,向这颗彗星投放“菲莱”着陆器,并顺利降落到彗星表面上。探测彗星的成果主要有:在绘架座 β 星发现原始彗星云,首次发现“无尾彗星”。罗塞塔传回彗星上存在有机分子链图片,传回揭示彗星秘密的紫外光谱仪近照,并成功获取彗星气体化学信息。在彗星尘埃中发现氨基酸,发现彗星上存在氨、甘氨酸和磷元素等。

(4)推进太阳系其他方面的探测与研究。对太阳系天体的研究,除了上述成果外,其他主要集中在探索太阳黑子、太阳耀斑、日冕物质抛射、太阳风暴与太阳雨。破解水星反射阳光能力很弱的原因,发现金星大气层存在巨型弓型结构。研究地球物质结构、大气成因,天体撞击现象;分析月球球形演变和月球引力,月球成因与月球年龄。研究土星及其卫星的特征与演化,探测土星最大卫星泰坦的外型与地质、气象气候、海浪与海洋。研究卡戎星地貌与大气、海洋资源,探测谷神星水资源、特有亮斑和生命生存环境,并发现灶神星没有卫星。

(三)大力搜寻宜居的系外行星

很早以前,天文学家就认为太阳系以外存在着其他行星。但是,由于仪器设备的限制,一直没有发现其踪影。到 20 世纪 90 年代,首颗系外行星终于获得确认,此后,这方面的发现逐年增多。21 世纪初每年新搜索到的系外行星在 20 颗以上。

2009 年 3 月 7 日,美国航空航天局发射升空开普勒探测器,它的主要任务,是在银河系内探测系外行星,希望搜寻到能够支持生命体存在的类地行星。如此一来,搜索系外行星出现井喷现象,据报道,到 2016 年 4 月,开普勒探测器已发现近 5000 颗系外行星。

21 世纪以来,国外搜寻宜居系外行星取得的成果,主要表现为:搜寻并鉴别出一批可能适宜生命存在的星球，其中包括一些大小和状况与地球类似的系外行星。发现球体大部分为岩石和铁的地球"兄弟"，发现一颗围绕红矮星旋转可能保有液态水的地球"堂兄弟"，发现拥有稠密岩石的"巨型地球"，发现上面可能有水、温度合适的"超级地球"，发现一颗温度适中的岩态"超级地球"，发现一颗环绕比邻星旋转的类地行星。同时，对一些类地行星的大气层及气候条件、常年保持的表面温度，以及宇宙辐射对其影响等方面展开探索。

（四）日益重视太空资源的开发利用

21世纪以来，各国在发展宇航事业中，越来越重视对太空资源的开发和利用。

仅从物质资源探测角度来说，已发现在火星、灶神星、月球和岩石型小行星等天体上，埋藏着丰富的矿产资源，发现一颗球体内含有约1亿吨铂金的铂金小行星，甚至已探测到由金刚石构成的"钻石星"。在类木行星和彗星上，发现有丰富的氢能资源。在冥王星上发现由甲烷凝结成的"雪山"，在土卫六泰坦上发现表面流淌着液态甲烷和乙烷的河流、湖泊和海洋。

其他资源的开发利用，也在加快推进。例如，利用太空引力资源验证科学原理，检验爱因斯坦广义相对论的正确性。利用太空微重力和高真空资源，开发新材料和新产品。利用太空轨道资源，布置卫星或卫星群，开辟太空探测平台，建立地面导航系统和通信系统；建立环境监测机制，用来快速追踪地球变化，预报天气、火山爆发、地震、洪水、森林大火等自然灾害。利用太空高质量的太阳能资源，计划建造太空太阳能发电厂，开发传输太阳能的太空机器人，研制可为地球供电的太阳能发电卫星。利用月球地面资源，建立研究基地和太空探测中转站，并以月球为地面基础建立连接至其他星球的太空因特网。

十多年前，笔者就已开始关注宇宙与航天领域的新收获，先后在《国外发明创造信息概述》《八大工业国创新信息》等书中，特意安排一定章节，专门介绍国外在宇宙与航天领域取得的创新进展。近日，笔者在原有基础上，继续推进这项研究，从已经搜集到的大量太空探测和航天开发信息中，细加考辨，取精用宏，抽绎出典型材料，精心安排框架结构，撰写成《国外宇宙与航天领域研究的新进展》。

本书由8章内容组成，前6章以考察宇宙天文成果为主，分析探测宇宙、银河系、太阳系、恒星与超新星、黑洞、外行星与星系等方面的新信息，后2章以考察航空航天事业成果为主，分析研制航天仪器设备、太空开发利用等方面的进展状况。本书密切跟踪国外宇航事业发展的前沿信息，所选内容限于21世纪以来的探测和开发成果，其中90%以上集中在近十年期间。本书披露了大量鲜为人知的宇航进展信息，可为遴选宇航方面研究开发项目和制定相关科技政策提供重要参考。

张明龙　张琼妮

2017年8月25日

目　录

前　言
第一章　探测宇宙的新进展 …… 1
第一节　宇宙概貌研究的新成果 …… 1
一、探测宇宙物质与宇宙结构的新发现 …… 1
二、宇宙及其内含天体研究的新成果 …… 6
三、宇宙学理论研究的新进展 …… 10
第二节　宇宙射线与宇宙粒子研究的新成果 …… 15
一、研究宇宙射线与射电暴的新进展 …… 15
二、研究和探测宇宙中微子的新进展 …… 20
三、研究其他宇宙粒子的新进展 …… 26
第三节　宇宙引力研究的新成果 …… 36
一、探索宇宙引力获得的新信息 …… 36
二、探测引力波获得的新信息 …… 40
第四节　宇宙暗物质研究的新成果 …… 42
一、研究分析宇宙暗物质的新进展 …… 42
二、探测搜寻宇宙暗物质的新进展 …… 46
第五节　宇宙暗能量研究的新成果 …… 52
一、探索宇宙暗能量本质与强度的新进展 …… 52
二、探索暗能量与宇宙膨胀关系的新进展 …… 55
第二章　探测银河系的新进展 …… 59
第一节　银河系概貌研究的新成果 …… 59
一、探索银河系性质与成因的新见解 …… 59
二、研究银河系氢气与磁场的新进展 …… 62
三、研究银河系暗物质与黑洞的新进展 …… 64
第二节　银河系星系探索的新成果 …… 67

一、探测银河系及相邻星系与相似星系团 …… 67
二、研究银河系恒星与行星的新进展 …… 69
三、探测银河系周边星系的新进展 …… 73
第三章　探测太阳系的新进展 …… 77
第一节　太阳概貌研究的新成果 …… 77
一、研究太阳黑子与太阳耀斑的新信息 …… 77
二、研究太阳风暴与太阳雨的新信息 …… 82
三、与太阳有关研究的其他新信息 …… 85
第二节　地球研究的新成果 …… 89
一、探索地球物质要素的新信息 …… 89
二、研究地球磁场与宇宙射线影响的新进展 …… 94
三、研究宇宙天体撞击地球现象的新进展 …… 97
第三节　月球研究的新成果 …… 101
一、月球概貌研究的新进展 …… 101
二、月球成因与月球年龄研究的新进展 …… 107
第四节　火星研究的新成果 …… 111
一、研究火星地貌环境的新信息 …… 111
二、探索火星大气组成成分的新信息 …… 117
三、研究火星水与水体的新信息 …… 122
四、研究火星生命迹象的新信息 …… 128
第五节　土星研究的新成果 …… 132
一、研究土星特征及其卫星诞生的新信息 …… 132
二、探索土星最大卫星泰坦的新信息 …… 135
三、研究土星其他卫星的新信息 …… 140
第六节　其他大行星研究的新成果 …… 144
一、水星与金星研究的新进展 …… 144
二、木星及其卫星研究的新进展 …… 149
三、太阳系大行星研究的其他新进展 …… 153
第七节　矮行星研究的新成果 …… 155
一、探测研究冥王星的新信息 …… 155
二、探测研究卡戎星的新信息 …… 163
三、探测研究谷神星的新信息 …… 164
四、研究灶神星与未知矮行星的新信息 …… 169
第八节　小行星与陨星研究的新成果 …… 172

一、探测研究小行星的新进展 …… 172
二、研究陨星及其撞击事件的新进展 …… 178
第九节 彗星研究的新成果 …… 182
一、彗星探测器的收获及动向 …… 182
二、搜寻与研究彗星的新信息 …… 189
第四章 探测恒星与超新星的新进展 …… 195
第一节 观测和研究恒星的新成果 …… 195
一、恒星和恒星系搜索工作的新进展 …… 195
二、恒星周围物质构成要素研究的新发现 …… 201
三、恒星演化机理研究的新发现 …… 204
四、恒星特有功能研究的新发现 …… 206
五、恒星探测方法和图谱研究的新信息 …… 208
第二节 探测矮星与超新星的新成果 …… 212
一、观测研究矮星的新发现 …… 212
二、观测研究超新星的新发现 …… 218
第五章 探测黑洞的新进展 …… 224
第一节 搜寻与模拟黑洞的新成果 …… 224
一、寻找太空未知黑洞的新信息 …… 224
二、模拟黑洞活动的新信息 …… 230
第二节 黑洞演化及影响研究的新成果 …… 232
一、黑洞生长与活动研究的新信息 …… 232
二、黑洞双星系演化探索的新信息 …… 239
三、黑洞引力效应与黑洞影响的研究信息 …… 242
第六章 探测系外行星与星系的新进展 …… 246
第一节 观测太阳系外行星的新发现 …… 246
一、搜寻太阳系外行星的新收获 …… 246
二、寻找宜居或类地系外行星的新收获 …… 252
三、观测研究太阳系外行星的新信息 …… 259
四、观测系外小行星与卫星的新信息 …… 267
第二节 观测研究星云与星系的新成果 …… 270
一、观测气体云与星云的新进展 …… 270
二、探索星系与星系团的新进展 …… 272
第七章 研制航天仪器设备的新进展 …… 280
第一节 航天工具与航天平台研究的新成果 …… 280

一、研究开发宇宙飞船的新进展 …… 280
二、研究开发航天飞机的新进展 …… 284
三、研制航天器配套设备的新进展 …… 287
四、研究开发航天平台的新信息 …… 293
第二节　太空探测器研究的新成果 …… 300
一、研究开发火星探测器的新进展 …… 300
二、研发其他星球探测器的新进展 …… 309
三、研发星球探测机器人与探测工具的新进展 …… 314
第三节　人造卫星研究的新成果 …… 316
一、研究开发人造卫星的新信息 …… 316
二、开发人造卫星配件和制造设备的新信息 …… 323
第四节　运载火箭研究的新成果 …… 325
一、研制开发运载火箭的新信息 …… 325
二、开发火箭配件与燃料的新信息 …… 332
第五节　天文仪器研究的新成果 …… 335
一、研制各种类型的天文望远镜 …… 335
二、研制太空摄像机与天文照相机 …… 342
第八章　太空开发利用的新进展 …… 346
第一节　利用太空进行科技研究的新成果 …… 346
一、利用太空验证科学原理 …… 346
二、利用太空开发新产品与新技术 …… 348
三、利用太空开展生命科学与健康研究 …… 350
第二节　利用太空加强通信系统的新成果 …… 358
一、利用太空建设全球卫星导航系统 …… 358
二、利用太空推进通信网络系统建设 …… 361
第三节　通过太空加强环境保护的新成果 …… 364
一、通过太空卫星监测保护地球环境 …… 364
二、通过清理太空垃圾保护地球周围环境 …… 369
第四节　太空资源开发研究的新成果 …… 374
一、开发月球资源的新信息 …… 374
二、开发火星与太空旅游资源的新信息 …… 379
三、开发太空资源的其他新信息 …… 382
参考文献和资料来源 …… 386
后　记 …… 390

第一章　探测宇宙的新进展

我国古籍《淮南子》对宇宙作过经典的解释:“往古来今谓之宙,四方上下谓之宇。”它表明宇宙是一个时间与空间相统一的概念,当然也暗含着时空条件下的必有物质,如星系、云团,甚至风霜雨露。西方宇宙观有类似的定义,也是指时空总和,只是更加强调其中的物质存在及作用。21世纪以来,国外对宇宙及其内含物质的形成与演变,进行了深入的研究,涌现出大量的创新信息。本章仅考察宇宙概貌及基础性理论的研究成果,对于星系物质与航天技术等内容,留待后面各章分析。21世纪以来,国外在宇宙概貌领域的研究,主要集中在宇宙物质与宇宙结构、宇宙本身及内在天体演化、宇宙学理论及模型。在宇宙射线与宇宙粒子领域的研究,主要集中在探测和利用宇宙射线,揭示宇宙射电暴来源,研究捕获宇宙中微子,探索希格斯玻色子、原子与反物质原子、轴子与质子、B介子与μ子、夸克及其相关新粒子。在宇宙引力领域的研究,主要集中在探索宇宙引力性质和效应,运用引力理论建立宇宙模式,制订探测引力波的新计划,分析已经探测到的引力波信号。在宇宙暗物质领域的研究,主要集中在探索宇宙暗物质的表现及原因,通过宇宙粒子分析暗物质,模拟和探测宇宙暗物质。在宇宙暗能量领域的研究,主要集中在探索宇宙暗能量的本质与强度,研究暗能量与宇宙膨胀的关系。

第一节　宇宙概貌研究的新成果

一、探测宇宙物质与宇宙结构的新发现

(一)研究宇宙物质要素与捕捉星际尘埃的新进展

1.发现宇宙早期的物质构成要素

(1)发现宇宙诞生初期大质量星的构成元素及合成线索。2014年8月22日,日本国立天文台和美国新墨西哥州立大学等机构组成的一个研究小组,在《科学》杂志上发表论文称,以往研究曾从理论上推测宇宙诞生初期存在大质量星,但一直没有发现证据。现在,他们发现了这种巨大恒星留下的元素痕迹,其质量约相当于140个太阳。这一发现,有望成为了解初期宇宙的形成和恒星进化的线索。

大爆炸之后的宇宙,首先从只有氢和氦的气体云中诞生了恒星,然后形成了作为恒星集团的星系。星系中不断诞生新的恒星并发生超新星爆发,从而产生新

元素，形成了多样的物质世界。因此，第一代恒星，对宇宙中的天体形成和元素合成来说，都是重要的第一步。

研究人员利用位于美国夏威夷的“昴星团”望远镜观测时，发现在鲸鱼座方向距离地球约 1000 光年的位置，存在一颗质量相当于太阳一半的恒星。

研究人员利用“昴星团”望远镜上的高色散摄谱仪，详细调查这颗恒星的光谱后，发现其铁的构成相当于太阳的 1/300 左右，而比较轻的碳和镁的构成则不到太阳的千分之一。

由于铁以外的元素构成极低，研究人员认为这颗恒星是第二代恒星，也就是从第一代恒星释放的元素与周围的氢气混合后形成的气体云中生成的。新发现的这颗恒星，有可能记录了第一代恒星制造的元素。

此前，研究人员一直通过计算机模拟演算第一代恒星诞生的情形，认为当时应该有很多相当于太阳质量数十倍的大质量星诞生，而且有一部分是相当于太阳质量 100 多倍的巨大恒星，这种巨大恒星爆发时会大量释放铁等比较重的元素。

此次的观测结果，证实了宇宙诞生初期曾存在巨大质量星，而且获得了其进化和构成元素及合成的线索，还有助于弄清巨大黑洞的起源。

(2)探测到宇宙构成要素中最古老的氧。2016 年 6 月 16 日，日本大阪产业大学副教授井上昭雄负责，他的同事，以及美国和欧洲相关专家参与的一个国际天文学研究小组，在《科学》杂志上发表研究报告说，他们探测到了宇宙中最古老氧的清晰信号，它来自于距地球约 131 亿光年的一个星系，这说明宇宙诞生仅 7 亿年就在其构成要素中出现了氧。

研究人员说，他们借助在智利的大型射电望远镜阵“阿塔卡马大型毫米波/亚毫米波天线阵”，在一个名为“SXDF-NB1006-2”的星系中，发现了电离氧的信号。这个星系，是日本研究人员在 2012 年首先观测到的，是当时发现的距离地球最遥远的星系。

研究人员说，电离氧信号表明，这个星系中已经有很多质量为太阳数十倍的巨大恒星形成，它们发出强烈的紫外光，使氧原子发生电离。这项新发现，为研究“宇宙再电离”时期打开一扇新窗户。

一般认为，宇宙诞生于距今约 138 亿年前的大爆炸。紧接着大爆炸后的一段时期，物质粒子全部以高温离子形态存在，但随着宇宙不断膨胀和冷却，质子和电子会结合形成不带电的氢原子，宇宙由此进入平静的“黑暗时期”。之后，宇宙再次发生电离，合成氧和碳等重元素，最终形成了现在的宇宙。但再电离是怎么发生的，一直没有明确答案。

研究人员说，他们在这个星系中没有发现碳存在的信号，由重元素形成的尘埃也很少。井上昭雄据此猜测，可能有“不同寻常的事件”，导致这个星系的所有气体高度电离化。研究人员表示，接下来计划进一步观测这个星系，以了解电离氧在其中的分布与运动情况。

2.推测宇宙空间可能存在液态水和生命分子

(1)推测宇宙中可能存在低温高密度液态水。2013 年 10 月,奥地利因斯布鲁克大学物理化学研究所托马斯·吕尔廷教授领导的团队,与德国同行一起,在美国《国家科学院学报》上发表论文说,他们发现在零下 157℃的超低温环境下,水也能够呈现液态。这一发现,或将为科学家探索宇宙有机分子甚至生命的形成打开新思路。研究人员说,他们是在实验室发现了这种现象。吕尔廷认为,这种现象在宇宙中可能广泛存在。

水在常温下处于液态,其密度会随着外界条件而变化。正常压力下,水在 4℃时密度最大,在 0℃结冰时密度降低,这也是冰能浮在水面的原因。然而,冰与冰又有不同,目前已发现 16 种不同的结晶冰和 3 种非晶体冰。在地球环境下水结冰时,分子排列成六边形形成结晶冰。但在某些极端条件如超低温下,水会出现非结晶现象,即虽然为固态却没有晶体结构。科学家认为,水在宇宙中很可能以非结晶冰形态存在。

研究人员几年前曾发现一种密度非常高的非结晶冰。他们报告说,经过特殊处理,这种高密度非结晶冰在零下 157℃下,在正常压力或真空条件可由固态转为一种高密度的液体,比蜂蜜还黏稠。

研究人员解释说,这一发现不是为了猎奇。由于构成生命的主要物质是液态水,这一发现可能有助于拓宽科学家在宇宙中寻找有机物的思路。吕尔廷说:“如果在比迄今所认知的更低温度条件下,水能够以液态形式存在,那无疑是照亮(寻找宇宙生命)进程的一束新曙光。”他同时表示,这一切仅仅是个开始,对低温高密度液态水的研究还有大量工作要做。

(2)实验证明宇宙星际空间能形成组成生命的分子。2016 年 4 月,法国尼斯大学的科尼利亚·梅内尔特领导,他的同事和丹麦科学家参与一个国际研究小组,在《科学》杂志上发表论文称,他们通过实验证明,大量组成生命的分子,能在类似宇宙星际空间的环境内生成。因此,宇宙星际空间或是一切生命的开始之处。

太空生物学者,一直想厘清氨基酸和糖等组成生命的分子的起源。在这篇论文中,研究人员通过重现宇宙星际空间的恶劣环境证明,大量此种分子能在宇宙星际空间生成。在研究中,研究人员首先获得了一些类似宇宙星际空间环境的样本,这些样本仅包含有简单的冰水、甲烷和氨,他们将混合物暴露在低温、低压以及紫外线辐射(就像遥远恒星发出的光)之下,结果发现,这些混合物形成了几个复杂的分子,其中包括地球上广泛应用于多个领域(从泻药到肥皂,再到保湿剂等)的甘油,以及真正令人兴奋的核糖。核糖是 DNA 和 RNA 的基本组成部分,而 DNA 和 RNA 是组成生命最基本的物质。

研究人员表示,一旦这些分子离开寒冷的环境,它们也能溶于水。这意味着,它们实际上能被人类所用。当然,像核糖这样的分子本身还不足以单凭一己之力就制造出生命,它们必须处于合适的环境中,并与其他重要成分携手才行。此外,其他研究人员正致力于揭开生命之谜拼图上的其他谜团。比如,美国国家航空航天局和加州理工学院的科学家 2015 年就曾证明,对生命至关重要的电脉冲能通过化学作用生成。

(二)研究宇宙结构的新进展

1.探索宇宙结构最大跨度的新发现

认为宇宙结构最大跨度可达 50 亿光年。2015 年 8 月 8 日,英国《每日邮报》报道,美国航空航天局“雨燕”和“费米”卫星项目组成员,与匈牙利康科利天文台的拉耶斯 · 巴拉泽斯等人组成的一个研究团队,在《皇家天文学会月报》上发表研究报告称,他们最近发现由 9 个星系的 9 个伽马射线暴组成的环状结构,其距离地球 70 亿光年,总跨度达 50 亿光年。相对而言,银河系的跨度仅为 10 万光年。研究人员表示,现有理论认为,宇宙最大的结构应该不超过 12 亿光年,最新研究一旦获得证实,将颠覆现有的宇宙理论。

伽马射线暴是宇宙间最亮的物体,在数秒钟内释放出的能量相当于太阳在100 亿年内释放能量的总和。据报道,美国卫星项目组最近提供的证据表明,伽马射线暴的能量是物质塌缩成黑洞释放出的,其发出的耀眼光芒,可以帮助科学家们标示出遥远星系的位置。该研究团队利用其中的某些信息,发现了这个环状结构。研究人员使用太空和地面观测相结合的方法,发现了组成新宇宙环的伽马射线暴。这些伽马射线暴与我们之间的距离约为 70 亿光年,在天空形成一个 36°的环,其直径为满月的 70 多倍。这表明,这个环的跨度为 50 亿光年。巴拉泽斯认为,出现这种情况的概率为两万分之一。

现代天体物理学模型认为,宇宙结构最大的跨度为 12 亿光年,但新发现的环的跨度为 50 亿光年,大了 4 倍多。另外,这一结构也颠覆了一个被广泛接受的天文学原则:在最大尺度上观察时,宇宙看起来是整齐划一的。

巴拉泽斯说:“这个环也可能只是某个球体的投影。如果这个环的确是真实存在的宇宙结构,那么,这一结构违背了目前宇宙学模型,这将是一个令人惊异的发现,我们现在也无法理解它是如何出现的。”

该研究团队打算对这个环进行更进一步的研究,并弄清楚已知的星系和大尺度结构的形成过程,是否有可能导致这种结构的形成。他们认为,天文学家或许要修改宇宙进化理论。

2.探索宇宙内部结构演变的新发现

(1)发现宇宙中有一个横跨 18 亿光年的超级空洞结构。2015 年 4 月 21 日,英国《卫报》报道,美国夏威夷大学天文学家伊斯特凡 · 扎普迪负责,匈牙利罗兰大学的翁德拉什 · 科瓦奇等参与的研究小组,在英国《皇家天文学会月报》上发表研究成果称,他们发现宇宙中存在一个超级空洞,这是一团横跨 18 亿光年的球状物质,其中的星系密度远远低于正常区域。扎普迪称,这团物质“可能是人类发现的最大的结构”。

早在 2007 年,天文学家就发现一个直径为 10 亿光年的宇宙超级空洞结构。与之相比,新发现的宇宙超级空洞结构要大得多。最新研究,使用坐落于夏威夷哈雷阿卡拉火山的泛星 1 号望远镜,以及美国国家航空航天局(NASA)的宽视场探测器卫星,测量了 30 亿光年以外太空区域的星系数量。当然,从宇宙的角度来看,这还是一段相当近的距离。值得注意的是,宇宙超级空洞并不完全是真空的,它比我们所在的宇宙中的物质少 20%。科瓦奇说:“它只是密度超低而已。”

这团物质,可能听起来没什么不寻常,甚至几乎不像一个单独存在的物质,但鉴于这种规模的宇宙超级空洞的分布情况,科学家认为它的发现是史无前例的。

英国杜伦大学宇宙学家卡洛斯·弗朗克教授把新发现的宇宙超级空洞比作宇宙空洞中的“珠峰”。他认为,肯定存在一个比其余宇宙超级空洞都大的超级宇宙空洞。科瓦奇认为:“这是目前科学家发现的最大的宇宙超级空洞。”综合它的规模以及空洞性,新发现的宇宙超级空洞十分罕见,在可观测的宇宙中,这样大的超级空洞可能屈指可数。

宇宙超级空洞的发现得益于先前的天文学研究结果:大约一万个星系正在从太空中消失。扎普迪研究小组有意去寻找宇宙超级空洞,因为他们相信,它可以解释先前研究所发现的事实——太空的一部分超乎寻常的低温。

这个所谓的宇宙“冷区”在 10 年前被发现,它为解释大爆炸后宇宙进化过程的最佳理论模型提供了关键支撑。弗朗克说,宇宙冷区引起了众多争议,最关键的问题在于,它是如何产生的,它是否会挑战传统理论。新发现的宇宙超级空洞,就位于宇宙冷区的中心。科学家认为,宇宙超级空洞可以为宇宙冷区提供部分解释:这个巨大而空洞的区域,吸走了从其中穿过的光的能量。因为假设宇宙在加速扩张,光子在穿越一个空洞区域时会慢下来,温度也会降下来。

在此之前,观测宇宙冷区的天文学家确认,在那片太空区域的更远处,并不存在宇宙超级空洞,但是后来,更近的太空区域一直没有得到研究。最新研究则发现,更近处确实存在一个宇宙空洞,而且是超级空洞。

尽管如此,这一发现非但没有完全破解已有的疑团,反而让科学家更为困惑。弗朗克认为,宇宙超级空洞只能部分解释宇宙冷区的温度下降问题,无法为宇宙冷区提供全部答案,这是科学家依旧困惑的地方。

宇宙超级空洞从侧面证明了“奇异物理学”的存在:总是存在科学家也搞不明白的奇异现象。不过,它的发现还有另外一层意义。宇宙冷区与宇宙超级空洞的观测结果互相吻合,这符合宇宙正在加速扩张的理论——科学家把这种现象归因于暗能量。弗朗克说:“如果有人质疑暗能量存在的话,宇宙超级空洞可以作为暗能量存在的独立证据。”

(2)宇宙初期存在超大气体结构。2017 年 4 月,日本大阪产业大学、东北大学和日本宇宙航空研究开发机构组成的研究团队,在英国《皇家天文学会月刊》网络版上发表论文称，他们利用“昴”望远镜的主焦点照相机，成功观测到115亿年前宇宙原始超星系团周围，大范围中性氢气体分布情况。分析结果表明，这些中性氢气体分布范围超过1.6亿光年，意味着在宇宙早期即存在如此巨大的结构。

宇宙中疏密不均地分布着数亿光年大小的星系团，当它们超过一定规模，不论从什么方向和距离看都呈一种形状。理解这种宇宙宏观一致性和大规模结构初期密度变动的性质，是现代天文学的重要课题。而要了解密集星系团和超星系团的巨大结构，关键在于观测星系形成气体的分布。

其中，观测不发光气体是否存在，可利用背景明亮天体被气体吸收特定光后形成的剪影效果。也就是说，气体中的中性氢吸收背景天体特定波长的光后，背景天体光谱中就会出现具有特征的吸收线。与目前使用的分光观测每个类星体的方法比较，这种方法可在短时间内高效观测大范围气体分布。

此次，该研究团队用这种新方法对“昴”望远镜拍摄的115亿年前宇宙大规模星系探查数据进行分析，探查区域包括称为“SSA22”的原始超星系团。他们确认，在不断诞生新星系的原始超星系团环境中，星系材料中性氢气体十分丰富。

研究人员观察在原始超星系团中，星系和中性氢气体的局部分布后发现，星系最密集区域气体不一定最多，这是因为中性氢气体并非聚集在个别星系周围，而是广泛分布在原始超星系团全领域。此前研究认为，越久远的宇宙，其物质分布结构越淡薄，大规模、高密度的结构较少。但此次分析发现，分布范围超过1.6亿光年的巨大结构，早在宇宙初期即已存在。

二、宇宙及其内含天体研究的新成果

（一）观测宇宙本身获得的新发现

研究发现宇宙正在慢慢“老去”并将越来越暗。

2015年8月，西澳大利亚大学天文学家西蒙·德里弗领导的一个国际研究小组，在美国举行的国际天文学联合会年会上报告称，他们对世界上最大几个天文望远镜的观测结果进行分析汇总后，发现宇宙正在慢慢“衰老”，随着时间的流逝亮度越来越低，数十亿年后甚至会彻底“熄灭”。

德里弗说，现在的宇宙就像是一个坐进沙发正在打瞌睡的老人，而这一觉说不定就是永远。

研究小组利用陆地和太空中的望远镜，对太空中一处大约相当于1000个满月大小的区域的星光进行了观测。这些光来自众多遥远的星系，它们距离地球近的有5亿光年，远的则达数十亿光年，数量超过22万个。研究人员对这些光的波长进行了分析，将其按照从紫外光到可见光再到红外光的顺序排列。通过分析，他们能够比以往更加准确地计算出这些星光变暗的比率。研究人员发现，在过去的20亿年里，宇宙的亮度已经下降了一半，而在接下来的20亿年里，它仍会变得越来越暗。

英国伦敦大学天文学家威尔·萨瑟兰称,宇宙的变暗可能与其加速膨胀有关,这种膨胀效应正在将物质加速向外抛撒。最近几十亿年来,由于氢、氦等必要元素的日渐稀少,新诞生恒星的数量一直在减少,甚至已经不能赶上恒星死亡的速度。这种青黄不接的现象,直接导致宇宙变暗。

欧南天文台天文学家乔·里斯科说:"我们尚不能够精确推断出宇宙熄灭的确切时间,不少星系中依然有活跃的恒星活动,一些仍然会持续数十亿年。"

作为一个国际合作项目,该研究采集了包括美国国家航空航天局星系演化探测器和广域红外望远镜、欧洲南方天文台在智利的维斯塔红外巡天望远镜和安装在澳大利亚赛丁泉天文台的英澳望远镜的数据。

萨瑟兰说,宇宙不会立即熄灭,但是它会逐渐褪色,就像夕阳一样,而整个过程可能长达几十亿年的时间。

(二)研究宇宙内含天体的新进展

1.探索宇宙星系取得的新成果

(1)揭示宇宙星系的死亡方式。2015 年 5 月 14 日,英国剑桥大学和爱丁堡皇家天文台组成的一个研究小组,在《自然》杂志上发表论文,回答了一个长期困惑天文学界的难题:宇宙星系是如何死亡的?结论是逐渐"窒息"而死。

在宇宙星系中,差不多一半是活的星系,能形成恒星;另一半则是已死亡的星系,无法形成恒星。像银河系这样活的星系,存在非常多的冷气体(主要成分是氢),它是形成恒星所必需的原材料。

此前,天文学界提出两个假说来解释星系的死亡方式:一种情况是在某种内力或外力作用下,冷气体突然间被从星系中"抽出",导致星系瞬间死亡;另一种情况则是冷气体的供应停止了,没有新的气体补充,星系在"缓慢窒息"中逐步走向衰亡。为解答这个问题,该研究小组通过已知数据,对超过 2.6 万个位于银河系附近且平均体积相当的星系进行金属含量分析。

研究人员对比了活星系和死亡星系的金属含量差别,以及其中的恒星年龄差异。他们发现,星系死亡的原因更符合第二种假说,即"缓慢窒息"而死,这也是天文学界首次找到确切证据显示星系如何死亡。研究人员说,他们的下一步计划,是找出导致星系死亡的"元凶":是什么原因导致冷气体供应停止。

(2)发现宇宙星系产能仅为 20 亿年前的一半。2015 年 8 月,英国《每日邮报》报道,西澳大利亚国际射电天文研究中心西蒙·德雷福教授领导的研究小组,在开展"星系与质量组合"项目研究时,通过对大约 20 万个星系的观测,发现宇宙正在缓慢"熄灭",并走向衰亡。

这项研究,调动了全世界最强大的 7 台大型望远镜。研究结果发现,这些星系产生的能量,仅相当于它们在大约 20 亿年前产量的一半左右,并且这一数字仍在继续下降。另外,这种能量的下降是广谱段的,从紫外波段一直到红外波段都显示出这种下降的趋势。

德雷福表示:“宇宙注定将逐渐衰亡。”他说:“基本上,我们的宇宙就像是一个人重重地坐在了沙发上,拉了一床毯子盖好,准备开始漫长的打盹。”

研究人员说,宇宙中所有的能量,都是在宇宙诞生时的大爆炸中产生的,其中的一部分能量被以质量的形式处于锁定状态。自那以后,恒星不断将质量重新转化为能量,其理论根据便是爱因斯坦著名的质能方程:$E=MC^2$。然而,这一能量制造过程却正在稳步衰减。德雷福表示:“我们身边的大部分能量,都是大爆炸事件的产物,而其余额外的能量则是由恒星通过氢原子或氦原子的聚变反应所释放出来的。恒星内部核聚变过程中释放出来的这些能量,要么就是在发散过程中被星系中的尘埃物质所吸收,或是散佚到星系际空间之中,一直自由传播,直到遇到另一个恒星、行星或人类的望远镜镜头。”

事实上,科学家们早在 20 世纪 90 年代,便已经察觉到我们的宇宙正在逐渐“熄灭”,但这次的最新工作是迄今精度最高的。

(3)研究发现宇宙可能包含至少 2 万亿个星系。2016 年 10 月,美国《大众科学》网站报道,英国诺丁汉大学天体物理学家克里斯托弗·孔塞利切领导的研究小组,借助哈勃太空望远镜提供的新数据,通过计算发现,宇宙至少有 2 万亿个星系。以前科学家们估计只有 1000 亿~2000 亿个星系,新结论为以前认知数量的 10 倍多,其中很多星系“块头小”、光线弱且距离我们非常遥远,以至于人们迄今都未曾发现它们的踪迹。

孔塞利切说:“这真是令人难以置信,宇宙中超过 90%的星系我们还未曾进行研究。”他在接受《大众科学》采访时称,2015 年,他们设计出一个公式,用来解释星系根据大小的分布情况。他们认为,极大的星系非常罕见;“块头小”星系的数量庞大;而中等星系的数量居中。

该研究小组是通过对能被哈勃太空望远镜看见的微弱星系数量进行分析的。他们确定,可能存在着大量目前无法看见的星系,数量之多令人震惊。他们还估计,宇宙间星系的数量至少是以前认为的 10 倍多。

孔塞利切解释说,当宇宙还只是个 10 亿岁的“婴儿”时,这些星系可能簇拥在一起,紧密程度约为我们今天看到的 10 倍多,随着时间不断流逝,它们慢慢分开,而且,很多星系可能被更大的星系吞噬。我们现在能用太空望远镜看到的,大部分都是大而明亮的星系,这些星系也很罕见。

据悉,詹姆斯·韦伯太空望远镜将于 2018 年发射,它有望发现大量以前未被发现的星系。研究这些星系,或许可以进一步厘清星系如何形成,以及它们的演化过程。

2.调查宇宙天体取得的新成果

完成宇宙天体可见部分最大规模的调查。2016 年 12 月 19 日,物理学家组织网报道,国际“泛星计划”当天公布了宇宙可见部分迄今最大的数字调查结果。数据囊括了 30 亿个独立的对象,包括恒星、星系和其他天体。研究人员表示,它或许还能带来有关宇宙的新发现。

“泛星计划”全称为“全景巡天望远镜和快速反应系统”。在过去几年间，参与该计划的天文学家和宇宙学家，使用位于夏威夷毛伊岛哈里亚基山山顶的 1.8 米望远镜，不断重复拍摄可见天空 3/4 区域的图像，收集到的信息，包含有 2PB(1 拍字节约 1015 字节)的计算机数据。

2010 年 5 月，“泛星计划”天文台，启动了可见光和近红外线的巡天数字调查任务，开始对天空进行快速的定期扫描，搜寻各种天体，包括可能会威胁地球的小行星。该项目科学理事会主席、英国贝尔法斯特女王大学的斯蒂芬·斯马特博士说：“在项目进行期间，我们发现了宇宙间最明亮的爆发，也发现了太阳系附近的小行星，希望科学团体能从新发布的数据中受益。”

“泛星计划”天文台台长肯·钱伯斯博士称：“从太阳系内的近地天体和柯伊伯带天体到恒星之间的孤独行星，‘泛星计划’新发现了很多；它还标示出了银河系灰尘的三维形式，发现了新的恒星流、早期宇宙正在爆发的恒星及遥远的类星体。”

调查数据将分两批发布，现在公布的“静止天空”数据，提供了望远镜在太空捕获对象的实时运动方位、亮度和颜色的平均值。2017 年将发布第二套数据，包括“泛星计划”拍摄的天空特定区域的单个快照等。

“泛星计划”由夏威夷大学天文学研究所主导，该机构与美国太空望远镜科学研究所联合发布了这些数据。美国国家航空航天局和美国国家科学基金会对其提供了资助。

3.研究特殊天体现象取得的新成果

(1)发现一个宇宙冷密气体云同时镶嵌着 4 颗类星体。2015 年 5 月，美国媒体报道，一个天文学家小组，近日在《科学》杂志网络版上发表研究报告称，他们利用位于美国夏威夷的 W.M.凯克望远镜，发现 4 颗类星体同时嵌在一个巨大的冷密气体云中。能找到一颗类星体已是非常幸运的事。那么，一次性找到 4 颗紧靠在一起的类星体概率有多大呢？有人计算的结果是，这样的好运只有 1000 万分之一的概率。类星体是宇宙深处一种罕见的超亮星系核。之所以十分罕见，是因为它们是所有星系经历的一个短暂阶段，即在星系中心的超大质量黑洞高速消耗物质的阶段，下坠的物质变得如此之热，以至于它发出比其所在的整个星系还要亮数百倍的光芒。

研究人员说，这些类星体位于早期宇宙中一个特别拥挤区域的中央，拥有超过平均数量水平的大量星系。这个冷气体云可能也为这些耗能的黑洞提供“食物”。这 4 颗类星体及其周边区域，大约形成于 100 亿年前，但看起来像一个处在形成阶段的星系团，即当代宇宙中可见的巨大星系集成。但目前对于星系团形成方式的数值模拟表明，它们应该形成于拥有更热、更稀疏气体的区域。

(2)确认宇宙最大单一天体的起源。2016 年 9 月 22 日，美国《大众科学》网络版报道，欧洲空间天文台研究人员组成的一个研究小组，在《天体物理学杂志》上发表研究报道称，他们发现一块极其明亮的莱曼 α 斑点，并确认其形成于一个超巨椭圆星系。该莱曼α斑点横跨30万光年，是两个星系的家园，也是人类迄今已知的宇宙中最大天体之一。

莱曼α斑点是天文学上一种释放出莱曼α线的巨大且浓密的气体。莱曼α线的发射是电子和电离的氢原子再结合时产生的。莱曼α斑点被认为可能是宇宙中已知最大的单一天体。有些这类气体结构，可以在宇宙中跨越几十万光年的距离。

三、宇宙学理论研究的新进展

（一）研制出宇宙成长演化图及相关模型

1.绘制出不同类型的宇宙图

（1）用电脑成功绘制出宇宙演进概貌图。2005年2月1日，日本《读卖新闻》报道，天文爱好者将能享受上网遨游太空的乐趣，这是日本天文学家们带来的新成果。

报道说，日本国家天文台的科学家们，通过长达6年的数据收集，最近通过电脑制图法终于成功地绘制出一幅宇宙演进概貌图，它能够把宇宙从诞生时起到今天的过程全貌再现。这幅宇宙图近日已在网上公开。此外，他们还制作了5部反映月球、银河等如何形成的短片，也将陆续在网上公布。

这款全新的宇宙图软件，采用了很多只有天文学家才会使用的观测数据和反映宇宙理论的最新研究成果，收录了从月亮大小的天体到太阳系、银河系、河外星系等不同规模的宇宙面貌。在这款软件里，宇宙中的恒星和银河等都会以相对的大小出现在正确的位置，十分生动逼真。

银河系由约2000亿个星体呈旋涡状分布，形成一个直径约8万光年，中心部分厚度达6000光年的大“银盘”。其中太阳附近的银盘厚度约为3000光年。因为太阳系位于银河系之内，所以我们不能观测到银河系的全貌。但科学家们通过理论计算给我们描绘了银河系的全貌。

报道说，如果使用这幅宇宙图，就可以摆脱“不识银河真面目，只缘生在银河中”的窘境。使人们仿佛超越了时空，就像乘坐宇宙飞船一样，身临其境地立足于宇宙中，享受探索宇宙的乐趣。

（2）绘制出迄今最大的宇宙3D图。2016年7月16日，英国《独立报》报道，英国圣安德鲁斯大学瑞塔·特勒里欧博士领导的一个国际研究团队，近期绘制出迄今最大的宇宙3D图像，囊括了120万个星系。研究人员表示，这一研究成果，或有助于揭示暗能量这一宇宙迄今最大的未解之谜。

特勒里欧说：“我们历时10年，对宇宙进行了迄今最大的一次调查，对四分之一天空中120万个星系的位置进行精确测量，绘制出了这幅地图，它涵盖的体积为65万亿立方光年。我们能借助这一地图，对暗能量这个驱使宇宙不断加速膨胀的力量，进行深入研究。暗能量，是迄今宇宙最大的谜团之一。我们将能够通过查看正在发生的变化，看清暗能量的‘一举一动’。”

据悉，数百位科学家利用“重子振荡光谱巡天”项目提供的数据，绘制出了这幅地图。该项目据说能发现穿越宇宙的“压力波”。研究人员解释称，这些压力波可被理解成声波，它们会在宇宙留下重要而独特的印记，科学家们能在宇宙大爆炸后留下的余晖即宇宙微波背景辐射中发现这些波。

2.研制出宇宙星系际介质图像与宇宙星系图

（1）首次获得宇宙星系际介质的三维图像。2014 年 5 月，美国加州理工学院物理系克里斯托弗·马丁教授领导的研究小组，在《天文物理》期刊上发表研究成果称，他们利用自己设计和建造的宇宙网络成像仪，拍摄到前所未有的星系际介质(IGM)图像，即弥漫在整个宇宙中连接星系的气体。

迄今为止，星系际介质的结构大多是理论推测。借助设置在加州南部帕洛马山天文台，5.08 米巨型反射“海耳望远镜”的宇宙网络成像仪观测，研究人员获得了第一个三维的星系际介质照片，并探测到一个有可能正在形成中的螺旋星系，是我们所在银河系大小的 3 倍，这将有可能让人们对星系和星系间的动态有新的认识。

马丁说：“当我还是一名研究生的时候，就一直在思考星系际介质。它不仅在宇宙中构成了大多数的普通物质，也是星系形成和生长的媒介。”

自 20 世纪 80 年代末和 90 年代初，理论家预测，来自宇宙大爆炸的原始气体，不是均匀地传播在整个空间，而是分布在跨越星系及它们之间的流动通道。这种“宇宙网”即星系际介质，在星系最初形成和以极快速度生成恒星的时代，较小和较大细丝的网络彼此纵横交错穿梭在浩瀚的太空。

马丁描述星系际介质弥漫的气体为“暗淡的物质”，将其从明亮的恒星和星系物质，以及组成大部分宇宙的暗物质和能量，区别开来。宇宙中 96%的质量和能量完全由暗能量和暗物质构成，人们可以看到的剩余 4%是常态物质。其中的 1/4 是由恒星和星系构成，也就是在夜空中明亮的物体；而其余的约 3%是星系际介质。观测结果显示，一个有百万光年长的狭窄细丝流入类星体，也许其助燃了其中这个银河系的生长。同时，还有莱曼 α 斑点周围的三个细丝，探测到的自旋表明，来自这些长丝的气体流入莱曼 α 斑点，正影响着它的变动状态。

宇宙网络成像仪是一种光谱成像仪，同时在许多不同的波长拍照，使人们不仅有可能看到天体，还能了解其组成、质量和速度。而宇宙丝状物的主要元素据认为是氢，并以称为莱曼 α 的特定紫外线波长发光。而地球大气层将紫外线波长的光线阻挡，所以人们需要在地球大气层以外，从卫星或高空气球观测和观察莱曼 α 信号。

（2）制成包含 250 亿个星系的模拟宇宙星系图。2017 年 6 月，物理学家组织网报道，瑞士苏黎世大学计算机天体物理学教授罗曼·德仕雅主持，该校计算科学研究所约阿希姆·斯塔德尔博士等参与的研究小组，使用一台巨型超级计算机，模拟出整个宇宙的构成。他们利用 2 万亿个数字粒子，生成的模拟宇宙星系图，含有约250亿个星系的庞大目录。

科学家们表示，这份目录将被用于校准欧洲欧几里得卫星上进行的实验。这颗卫星将于2020年发射，使命是揭开笼罩在暗物质和暗能量头上的"面纱"。

过去的3年，苏黎世大学的研究人员研发并优化了一组名为"PKDGRAV3"的革命性代码，它能以前所未有的精度，描述暗物质的动态以及宇宙间大尺度结构的形成。这套代码在位于瑞士国家计算中心的"代恩特峰"超级计算机上仅仅运行了80个小时，便生成了一个包含2万亿个宏观粒子（代表暗物质流）的虚拟宇宙，研究人员从中提取出一份包含250亿个星系的目录。

他们以暗物质流在自身引力作用下不断演变为特征，模拟了名为"暗物质晕"的低浓度物质组成。鉴于最新演算的精确度非常高，他们相信，类似银河系这样的星系就形成于暗物质晕中。

欧几里得卫星的任务是探索宇宙的暗面。德仕雅说："暗能量的属性一直是现代科学的一个未解之谜。"

在欧几里得卫星于2020年开始执行为期6年的数据采集任务前，这一新的虚拟星系目录可以帮助优化该卫星实验的观测策略，并使各种不同来源错误的数量降至最低。斯塔德尔说："欧几里得卫星将为我们的宇宙绘图，追溯其100多亿年间的演化历程。"

3.研制出宇宙星系演化的模型

制成大爆炸后模拟宇宙星系演化的精准模型。2014年5月8日，美国麻省理工学院马克·福格尔斯伯格领导的研究团队，在《自然》杂志上发表论文称，他们现在可以在计算机上"从零开始"创建一个宇宙，更重要的是，还能以前所未有的准确度模拟出星系的分布和组成。该论文描述了这样一个比之前都要准确的宇宙演化新模型，其代表着模拟星系形成上的一项重要进步。

研究人员说，我们希望从大爆炸的余晖开始，一直注视着宇宙随着时间而向前演变的模样，计算机能帮助我们"压缩"这一过程。实际上，近年来模拟宇宙数亿年诞生和演化过程的计算机模型，一直在进化中。但以前的此类模型，都只能够大体上重现我们在宇宙中观察到的好似一张"宇宙网"般的星系，却在模拟出混合的星系群落或者预测气体和金属含量上失败了，难以精确地呈现它们。而这个新研制的模型，却正确地重现了在观察研究中所发现的宇宙特征。

该研究团队一直致力于完全"创造"出人们在宇宙中所能观测到的各种各样的星系。2012年，福格尔斯伯格已借助软件，模拟出一个与我们的宇宙有着许多类似特性的模型，其包含了人们在局部宇宙所观察到的星系。日前，团队最新报告了一个从宇宙大爆炸后1200万年开始、持续130亿年的宇宙演化模型。这个模型产出的一系列旋涡星系、椭圆星系及它们的氢和金属含量，都与人类既往观察结果相符。研究团队把他们新模型的成功，归功于计算能力的迅速发展。经改善了的计算机数值算法，以及更加可靠的相关物理模型的出炉等因素，让他们能够同时为形成星系的不同部分的演化进行模型建设，包括重子（宇宙中的可见物质）和暗物质。而目前，理论界对于暗物质主要是由重子物质还是由非重子物质组成，尚有很多争议，本论文作者也指出，新模型预测出的重子物质对暗物质的分布影响，可能推动未来宇宙演化的相关研究。

（二）推进宇宙学及相关理论的研究

1.多重宇宙论研究取得新进展

（1）多重宇宙存在论首次获确凿证据。2013 年 5 月，国外媒体报道，美国科学家最近发现了首个证明其他宇宙存在的确凿证据。借助由普朗克太空望远镜观测到的数据绘制而成的宇宙地图，科学家们认为，图中宇宙微波背景辐射之所以出现不规则分布的状况，其原因只能是其他宇宙施加的引力所致。该结果可能是多重宇宙这个颇富争议的理论问世以来第一个真正的证据。

宇宙全景图，展示了 138 亿年前大爆炸发生时产生的辐射。它们在今日依然可被侦测到，并被称为宇宙微波辐射。一般来说，科学家们倾向于认为这种辐射的分布是均匀的，但是全景图显示出不同的事实，在南半部的天空中存在一个强大的中心，以及一个无法用现有物理学知识解释的“冷域”。

实际上早在 2005 年，美国北卡罗来纳大学教堂山分校的理论物理学家劳拉·莫尔西·霍格顿，与卡耐基梅隆大学教授理查德·霍尔曼，曾预言宇宙辐射不规则分布的存在，而其原因来自于其他宇宙的牵引。不过一直以来，他们都缺乏可操作性的实验验证方法。

如今，通过普朗克天文望远镜的数据，莫尔西教授相信自己当年的预测已经得到证实：人类所处的宇宙并非独一无二，它只是无数同类中普普通通的一个。他说：“自大爆炸发生起，其他的宇宙就一直对我们所在的宇宙施加着引力，宇宙微波辐射的不均匀分布就是结果。它也是第一份令我们能够证实其他宇宙存在的有力证据。”尽管依然有不少科学家对多重宇宙这一理论抱有质疑，但是该发现势必引发物理学许多观点与认识的改变。花费 5.15 亿英镑打造普朗克望远镜的欧洲空间局就表示，该望远镜提供的宇宙全景图具有极高的精确度，因而从中确实有可能发现许多目前尚无法解释的谜题，而它们也对物理学提出了新的挑战。

（2）进行佐证多重宇宙论的新实验。2014 年 7 月 21 日，英国《每日邮报》网络版报道，在“宇宙泡沫”构成的海洋里，我们宇宙不过是其中一个“泡泡”？一种理论声称，我们所处的宇宙只是众多宇宙中的一个，而加拿大科学家们进行的一系列新实验，可以进一步说明这种所谓多重宇宙论。研究人员希望，它可以成为多重宇宙测试的展示及原理证明。

多重宇宙这个术语，在 1960 年 12 月才被“发明”出来，它基于永久膨胀理论——即大爆炸形成宇宙后的短时间内，不同区域以不同的速率进行时空扩展。根据这一理论衍生出的多重宇宙论认为，有很多个宇宙并行存在，我们不过栖居在其中之一而已。也可以想象其场景就像空中悬浮着一大群肥皂泡，每个肥皂泡就是一个宇宙。而在每个肥皂泡里，都是每个宇宙自成一格的时间与空间。尽管这一想法似乎有些荒诞离奇，但相当一部分科学家认为，其理论可以帮助解决一些基础物理问题。

据报道，在位于加拿大安大略省的圆周理论物理研究所内，研究人员一直在考虑多重宇宙的可能。他们将其比喻成一壶水，在极高的能量下开始蒸发，泡沫形成，每个泡泡包含一个真空，有的泡泡即使能量较低但也不会什么都没有。这种能量使泡泡扩大，然后不可避免的是，"宇宙泡泡"们会互相撞上，有可能产生一些"次级"的"宇宙泡"。日前，该组人员声称已经创造了可以测试多重宇宙论的首个实验。在计算机模型中，他们模拟了整个宇宙。研究人员表示，模拟宇宙并不困难，但他们此次是在最大尺度上进行模拟。

研究人员先假设多重宇宙存在两个"宇宙泡泡"，并让其产生碰撞。他们将一个虚拟观察者安放在不同的地点，以尝试找出此时此地观察者会看到什么。在论文中他们写道，这是第一次，任何人都可以对"宇宙泡泡"碰撞的可观察信号，产生一套直接定量的预测。

团队成员马休·约翰逊表示，现在项目已经达到了一个顶点，可以排除多重宇宙论中其他一些模型。实际上，人们肯定无法看到真实的"宇宙泡泡"，但已可以通过模型预测说出观察到的东西。

2.依据绝对温度原理验证宇宙最冷区域

在实验室获得1立方米宇宙最冷区域。2014年10月21日，物理学家组织网报道，意大利格兰萨索粒子物理国家实验室的"低温地下罕见事件天文观测台"，根据热力学绝对温度原理，验证宇宙空间的最冷区域，创造了一项新的世界纪录：把一块铜立方体几乎冷却到"绝对零度"。

研究人员称："这个铜块是宇宙间最冷的一立方米区域，目前保持这个温度已超过15天，将如此大块物质整体冷冻到如此接近'绝对零度'，真是前所未有的实验。"

"绝对零度"是19世纪中期，由爱尔兰开尔文男爵威廉·汤姆森定义的热力学绝对温度，这是一种理想的理论值，代表气体所有粒子能量都为零的状态，物质的温度只能无限逼近但不能达到或低于绝对零度。

在现实中，要制造接近绝对零度的低温环境，主要技术是激光冷却和蒸发冷却，华裔物理学家朱棣文曾因发明了激光冷却和磁阱技术制冷法，与另两位科学家分享了1997年的诺贝尔物理学奖。

到目前为止，人类在地球制造出的最低温度纪录是0.5纳开(1开尔文等于10亿纳开)，是国际科学家团队在2003年用铯原子实现玻色—爱因斯坦凝聚态过程中获得的；而自然界最冷的地方，是智利天文学家发现的距离地球5000光年的半人马座"回力棒星云"，该已知宇宙最冷天体只有1开氏度。

3.用新方法证实哥白尼原则假设在宇宙学上是正确的

以最严苛的测试证实"宇宙无方向"。2016年9月22日，英国帝国理工学院物理系斯蒂芬·费尼与伦敦大学学院丹妮拉·萨德领导的研究团队，在美国《物理评论快报》杂志上发表论文称，他们对哥白尼原则假设进行了迄今最严苛的测试，结果发现，宇宙在各个方向不一致概率仅为1/121000，说明宇宙没有方向。

目前，关于宇宙的大多数计算都始于一个基本假设，即哥白尼原则：宇宙是均匀并且各向同性的。如果宇宙朝某个方向延伸，或围绕某个轴线旋转，那么，这个基本假设及所有基于该假设的计算都将是错的。

据报道，该研究团队使用了欧洲空间局普朗克卫星，在2009—2013年期间，获得的宇宙微波背景辐射（宇宙大爆炸产生的残系辐射）测量结果。最近，普朗克卫星还首次公布了宇宙微波背景辐射的偏振情况，为科学家们提供了早期宇宙的完整图像。

此前，科学家曾在宇宙微波背景辐射图像中，寻找可能暗示宇宙在不断旋转的证据，而此次的新研究还考虑了更多可能性，包括宇宙可能会朝某一方向延伸或自旋等。研究人员利用计算机，对宇宙运动的各种情景会在宇宙微波背景辐射中留下什么痕迹进行了模拟，并将模拟结果同普朗克卫星提供的宇宙真实图谱进行比较。他们发表的论文，详细描述了相关过程。如果宇宙围绕轴心自旋，那么将在宇宙微波背景辐射图像中留下螺旋图案；如果宇宙以不同速度沿不同方向延伸，那么出现的就是被拉长的热"点"和冷"点"。该研究团队在宇宙微波背景辐射中搜寻各种图案，结果发现，没有一种图案与上述情况相匹配，这表明，宇宙可能毫无方向。萨德说："宇宙偏向某个方向的概率仅为1/121000，这是一个'压倒性的证据'，研究证实了大多数宇宙学家的想法，从现在开始，宇宙学家们可以放心了。"

第二节　宇宙射线与宇宙粒子研究的新成果

一、研究宇宙射线与射电暴的新进展

（一）探测和利用宇宙射线的新成果

1.观测和研究宇宙射线的新发现

（1）观测到遥远星系放射出的强紫外线。2009年2月10日，日本国立天文台当天发表新闻公报说，昴宿星团望远镜观测到，距地球约120亿光年的遥远星系，放射出的与氢原子电离有关的强紫外线。这一成果，将有助于解决宇宙学上长期悬而未决的"宇宙再电离"问题。

研究人员从2007年9月10日起，连续14天，用昴宿星团望远镜的主焦点相机，观测与氢原子电离有关的强紫外线，即波长小于91.2纳米的电离光。观测对象是水瓶座方向的SSA22区域，以往的研究显示，这一区域存在距离地球约120

亿光年的大星系团。结果，昴宿星团望远镜观测到了来自其中 17 个星系的电离光。

公报说，目前的理论认为，宇宙起源于约 138 亿年前的大爆炸，紧接着“大爆炸”后的一段时期，宇宙温度极高，物质粒子全部以带电离子形式存在。但随着宇宙的膨胀，宇宙温度越来越低，使得质子和电子结合形成不带电的氢原子。之后，宇宙中最初诞生的天体发出的光线中，包含着波长小于 91.2 纳米、拥有强大能量的紫外线。这种电离光能够使氢原子重新电离成质子和中子。研究人员指出，“宇宙再电离”现象，是现有恒星、行星等各种天体，形成过程中的重要事件。

(2)揭示等离子云高速碰撞产生电磁辐射的原因。2017 年 5 月，美国波士顿大学空间物理学中心，研究员阿利克斯·弗莱切尔领导的一个研究小组，在《等离子物理学》期刊上发表论文称，当宇宙飞船或卫星在宇宙中穿梭时，它们会遇到微小但高速移动的宇宙尘埃和碎片。如果这些微粒运动得足够快，它的撞击会产生电磁辐射，进而损坏飞行器的电力系统，甚至使其失灵。

近日，该研究小组新成果揭示，研究人员使用计算机模拟了微粒撞击产生的等离子云是导致破坏性脉冲的原因。结果显示，随着等离子扩散到周围的真空环境中，铁离子和电子会以不同的速度传播和分离，从而产生无线电辐射。

弗莱切尔指出：“在过去数十年间，研究人员已经了解了这些极高速碰撞，并且我们已经注意到如果等离子体速度足够快，那么碰撞会产生辐射。但没有人知道，这些辐射为何会出现，它们来自哪里或背后的物理学机制是什么。”

为了模拟等离子极高速碰撞产生的结果，研究人员使用了一个名为计算机粒子模拟的方法，以便同时对等离子和电磁场建模。他们还利用之前开发的爆炸流体动力学程序，丰富了模拟细节。研究人员让模型逐渐完成，并计算了等离子产生的辐射。当一个粒子高速撞击坚硬表面时，它会蒸发并电离目标，从而释放尘埃、气体和等离子云。随着等离子扩散到周围的真空环境中，这个云的密度会下降，并进入无碰撞过程。这时，其中的粒子不会再直接影响其他粒子。

2.研究宇宙射线对生命影响的新进展

(1)发现宇宙射线对人体影响与水硬度有关。2006 年 2 月，国外媒体报道，俄罗斯圣彼得堡北极与南极科研所，通过多年研究发现，人体心血管系统，受各种宇宙射线作用的敏感性，取决于所饮水的硬度。饮用软水提高了机体对地磁作用的敏感性，而饮用硬水增加了机体对太阳引力的依赖性。

研究人员是在研究了圣彼得堡两个地区居民高血压病发作规律后，得出上述结论的。在这两个地区生活着 9 万人，他们生活的地理环境一样，但饮用的水不一样。第一个地区的居民使用的水很硬，一升水中含有 68 毫克的钙、多于 30 毫克的锰。另一地区的居民使用涅瓦河中的水，比较软。研究人员还选择了 9 月到 12 月这个时间段，因为在这个时间段里没有炎热的天气，没有影响人体心血管系统的其他因素。在这段时间里，共有 1670 位居民因血压升高，求助医疗救护机构，其中 90%是高血压危机症。

研究了这些高血压患者的分布情况后，研究人员发现，患病情况与地区的分布有关：来自饮用硬水地区的高血压患者，受太阳引力作用很明显，作用的周期为 31.8 昼夜和 14.8 昼夜。太阳引力作用程度越高，高血压患者的发病率越少；但在太阳活动比较频繁的年代，太阳活动对心血管系统的影响很大，太阳活动越活跃，高血压患者越多，但受太阳引力的影响比较弱。饮用软水地区居民的血压，准确地随地磁的变化而周期性变化，周期为 27 昼夜，但太阳活动的增加，降低了高血压患者的数量，周期性太阳引力的作用远远比地磁的作用弱。

研究人员认为，水的化学成分，可调整机体器官对各种宇宙射线的敏感性，因此，研制一种方法，来抑制宇宙射线的作用是可能的。

（2）研究伽马射线暴对星系存在生命的影响。2014 年 11 月，以色列耶路撒冷希伯来大学理论天体物理学家茨维·皮兰，与西班牙巴塞罗那大学理论天体物理学家劳尔·吉米内斯等人组成的一个研究小组，在《物理评论快报》发表论文称，他们利用银河系平均金属丰度及恒星的粗略分布情况，估算了长、短伽马射线暴在星系中的比例。结果发现，能量更高的长伽马射线暴是真正的杀手。

皮兰指出，一些天体物理学家曾提出，一次伽马射线暴导致了地球奥陶纪大绝灭。这是发生在 4.5 亿年前、横扫 80%物种的一场生态灾难。

研究人员随后评估了伽马射线暴，会对位于星系不同位置的行星产生何种影响。他们发现，在过去的 10 亿年中，在中央具有大量恒星的星系中，距离星系中心 6500 光年范围内的行星，有超过 95%的概率经历过一次致命的伽马射线暴。一般来说，研究人员推断，生命可能仅仅存在于大型星系的边缘区域。例如，太阳系距离银河系中心约 2.7 万光年。

研究人员报告说，其他星系的情况可能更加黯淡。与银河系相比，大多数星系要更小且金属丰度更低。他们推测，在此前提下，90%的星系由于存在太多的长伽马射线暴而无法支持生命的存在。此外，在宇宙大爆炸后 50 亿年内，所有的星系都是这个样子，因此长伽马射线暴，使得任何地方出现生命都成为不可能的事情。

3.利用宇宙射线揭示闪电秘密的新成果

利用宇宙射线测量雷暴云的电场强度。2015 年 4 月，荷兰奈梅亨大学天体物理学家海诺·法尔克领导，射电天文学家皮姆·斯雀勒特为主要成员的一个研究团队，在《物理评论快报》发表研究报告称，他们在研究闪电现象的过程中，已经开发出一种新工具，可以帮助解决其中的一些难题。报道称，他们通过用射电天文台监测由宇宙射线导致的电磁脉冲，已经能够测量雷暴云中的电场强度。

研究人员说，虽然科学家之前利用探空火箭或气球测量过类似的电场，但他们的新技术为分析闪电的起源，以及验证宇宙射线本身是否触发了闪电，提供了一个更好的工具。

在荷兰奈梅亨大学，法尔克领导着一个低频阵列，这是分布在欧洲5个国家的一个无线电天线和粒子探测器网络。建造低频阵列的初衷，是将其作为一种多用途的工具，研究的范围从无线电波到遥远的宇宙现象，还有那些由宇宙射线撞击地球大气层所产生的现象。

当一个高能宇宙射线粒子，通常是一个质子或更重的原子核，与一个空气分子发生碰撞后，它会触发一个链式反应，导致无数的带电粒子(其中大部分是电子)像雨点一般砸向地面。在这些带电粒子下落的过程中，低频阵列的天线会探测到它们释放出的无线电波。这在很大程度上，是这些带电粒子与地球磁场交互作用产生的结果。

利用低频阵列的核心，即位于荷兰埃克斯洛镇附近的一个6平方千米的装置，以及网络中密集的天线，研究团队测量了发生在2011年6月至2014年9月之间的762场最高能的阵雨。

在好天气时，无线电波会有规律地下降。论文第一作者斯雀勒特表示，它们的偏振态整齐一致，与研究人员使用计算机模型预测的模拟结果相匹配。但他指出，有时候，这些模式是杂乱的，这通常发生在当一个雷暴云在附近徘徊时。研究人员并没有丢弃这些不规则的数据，相反，他们重新设计了自己的模型，包括通常在雷暴云中形成的更加强烈的电场。研究人员报告说，当他们利用这些新模型重新计算偏振态后，这种杂乱的模式与新的模拟结果很匹配。

研究人员认为，关于雷暴云中电场的测量结果，将有助于解决大气科学中的一个最大的开放式问题。闪电是在一个云团的不同层位或云团与地面之间的一个电传导通道，它能够在大气层中短暂地打开，并部分恢复电荷平衡。然而迄今为止，科学家一直没有搞清到底是什么触发了闪电。电场是很强大，但其自身尚不足以把空气从一个电绝缘体转变为一个导体。

这项研究提供了科学家期待已久的，一座射电天文台能够被用来探测雷暴云的证据。美国达拉莫市新罕布什尔大学大气物理学家约瑟夫·德怀尔表示："这篇论文是开创性的，因为它证明了这一想法实际上能够实现。"

(二)探测宇宙射电暴来源的新成果

1.有望对最亮快速射电暴精准定位

2016年11月，美国加利福尼亚理工学院科学家维克拉姆·拉维等人组成的一个研究团队，在《科学》杂志发表论文称，他们通过分析，把2015年在太空中发现的快速射电暴，定义为迄今为止最明亮的射电暴，将其命名为"FRB 150807"，同时通过测量，对它发生的位置进行了更精准定位。这一分析，有助于了解宇宙网这个星系之间弥漫的稀疏物质网。

快速射电暴持续仅几毫秒，但它在一瞬间释放的能量相当于太阳一个月释放的能量。尽管其爆发可能蕴含对恒星演化和宇宙学的有用线索，但爆发来源很难定位，限制了其在宇宙研究中的应用。

拉维说："快速射电暴来源于数十亿光年之外的地方。通常认为，近一半的可见物质稀疏地散布在星际空间，虽然望远镜一般无法观测到这些物质，但可以通过快速射电暴对这些物质进行研究。"

当快速射电暴穿过这些散布在星际空间的物质时会发生变形，就像星星发出的光通过大气层会变形、闪烁一样。通过观察快速射电暴从产生到抵达地球的行程，可以了解宇宙的局部细节。拉维研究团队观测到，主星系中的物质仅导致 FRB 150807 微弱变形，这表明主星系的星际介质不像最初预测的那样混乱。

迄今为止，仅有 18 次快速射电暴被观测到。非常神秘的是，大多数快速射电暴只是单次爆发，并不会反复闪烁。由于望远镜分辨率问题，大多数快速射电暴虽能被观测到，但无法计算出其产生的确切位置。此次 FRB 150807 空前的亮度，使科学家能对其可能发生的位置进行更精确定位，并通过测量将范围缩小至几个地方，其中最有可能的是一个被称作 VHS7 的星系。

2.宇宙同一位置探测到多次射电暴

2016 年 12 月，加拿大麦吉尔大学一个天文研究团队，在《天体物理学杂志》上发表论文称，他们利用美国绿岸射电望远镜和阿雷西博天文台，在宇宙中同一位置检测到 6 次快速射电暴，而该位置此前就已报告过 11 次射电能量爆发。现在，科学家给出的解释之一是，在距离地球 30 亿光年的深空中，可能隐匿着我们期盼已久的地外文明。

近十年前，第一次发现快速射电暴以来，就一直让天文学家困惑不解。它是一种只持续几毫秒的无线电波，但在短暂瞬间却能释放出相当于太阳一整天释放的能量。它们源于遥远的星系，爆发后立刻杳无踪迹，就像是天文观测的"副产品"，人类一直缺乏足够的数据确定其发生机制。

此次，该研究团队在距离地球 30 亿光年的御夫星座，检测到 6 个快速射电暴，每个能量持续时间仅几毫秒。其中 5 个快速射电暴是由美国绿岸射电望远镜探测到的，射电频率在 2G 赫兹；还有一个由阿雷西博天文台观测到，射电频率在1.4G赫兹。此外，在同一"太空来源地"，此前已有 11 次射电能量爆发的记录。

这 17 次爆发均指向同样的位置：FRB 121102，而重复的射电暴意味着，导致该现象的原因不是单次的。这是人们已知的快速射电暴中最独特的例子，其性质对理解这种宇宙现象有重要意义。

一些科学家认为，此处很可能存在着人们寻觅已久的地外文明。这也是人们对快速射电暴的一种解释，一旦确认，无疑将产生革命性影响。不过，快速射电暴产生的其他原因还包括耀星、白矮星合并、中子星撞击等。因此，通常检测到快速射电暴后，研究团队会向"地外文明搜寻计划"提交分析报告。

二、研究和探测宇宙中微子的新进展

(一)探索中微子性质和形态的新信息

1.研究中微子质量和速度的新见解

(1)认为宇宙中微子质量比先前估计的要重得多。2014 年 2 月,英国诺丁汉大学物理和天文学学院的亚当·莫斯博士、英国曼彻斯特大学的理查德·巴蒂教授等人组成的一个研究小组,在《物理评论快报》上发表论文称,他们通过分析普朗克卫星的最新观测数据和对引力透镜效应的测量,认为中微子质量比先前人们估计的要重得多。这也是使用宇宙大爆炸理论和时空曲率,首次准确测量到这种基本粒子的质量。这项研究,有望加深人们对亚原子世界的理解,解决困扰现有宇宙模型的多个难题。

普朗克卫星是宇宙微波辐射探测器,是专门用来研究宇宙微波辐射的。目前,科学家普遍认为,宇宙微波背景辐射产生于宇宙大爆炸,是大爆炸的“余烬”,均匀分布于整个宇宙空间,可以被看作是宇宙中最古老的光。对宇宙微波背景辐射的研究,能够让科学家精确地测量宇宙的各种基本参数,如宇宙的年龄,物质与暗物质的数量等。但是,在一些大尺度结构,如星系分布上,这一方法却出现前后不一。研究人员发现,普朗克卫星最近观测到的,宇宙微波背景的“高亮”区域,与目前宇宙学的结论和预测存在一定差异。

莫斯说:“按照普朗克卫星的观测结果,我们看到的星系团比原以为的要少,并且引力透镜效应所产生的信号,也要比宇宙微波背景辐射来得弱。能够解释这种差异的一种可能,就是中微子具有质量。因为,大量具有质量的中微子,会抑制这种致密结构增长,而这是导致星系团增加的主要原因。”

中微子与其他物质的相互作用力非常弱,因此非常难以对其进行研究。根据爱因斯坦的相对论,它们最初被认为是没有质量的,但实际情况是它们不但有质量,还具有 3 种不同类型:电子中微子、μ 子中微子和 τ 子中微子。在振动中,3 种类型的中微子还可以相互变异。这些不同类型中微子质量的总和,此前被认为约为 0.06 电子伏特,还不及质子的十亿分之一。

莫斯和巴蒂根据普朗克卫星的数据和时空曲率进一步推断,导致这些差异的原因,是比目前宇宙模型中更重的中微子。他们估算 3 种类型中微子的总质量应为(0.320±0.081)电子伏特,远大于此前的数值。

巴蒂说,如果该结论被进一步分析证实,其意义将不仅仅是增进了粒子物理学家对亚原子世界的认识,还将是对已经发展了近 10 年的现有宇宙学标准模型的重要延展和补充。

(2)提出中微子很可能是一种超光速粒子。2014 年 12 月 26 日,物理学家组织网报道,最近,美国乔治·梅森大学退休物理学家罗伯特·埃利希,在《天文粒子物理学》杂志发表论文,再次提出中微子很可能是一种超光子,即超光速粒子;

而他是基于一种比测速度更灵敏的方法,来检测它们的质量的。

以往人们曾多次提出中微子超光速,最近一次就是2011年的OPERA实验。意大利研究小组,检测了从欧核中心传送至OPERA传感器的中微子,提出其速度比光要快一点点。但重复检测时却发现,结果出现了错误:这是一根光缆松了造成的。

据报道,埃利希假设超光子有一个假想质量,或一个负质量的平方。这种假想质量粒子有着奇特性质,在损失能量时反而会加速。中微子假想质量的数量级在0.33ev(电子伏特),或电子的百万分之一的2/3。他用了6种不同的观察,包括宇宙射线、宇宙学和粒子物理学,所有方法都在误差幅度内推导出了这一数值。

如果存在超光子,就会和相对论产生矛盾。早在1962年,印度裔美国物理学家乔治·苏达山主持的研究小组,就提出了"超光子"概念作为相对论的一个漏洞,而爱因斯坦认为,对粒子(或宇宙飞船)来说,加速到光速或超过光速是不可能的,因为所需的能量会无限大。而苏达山研究小组提出,即便如此,如果在粒子对撞中,最初产生的新粒子超过了光速,就无须加速或无限大能量。

2.研究中微子形态变化的新发现与新证据

(1)多次探测到中微子变形现象。2014年3月25日,意大利核物理研究中心网站报道,意大利格兰萨索国家实验室专事研究中微子振荡现象的"奥佩拉"项目组,观察到中微子变形。这是他们自2010年以来,第4次探测到这种罕见现象。

"奥佩拉"项目组协调人、意大利那不勒斯大学副教授乔万尼·德莱利斯说,先前他们已发现过中微子变形,而这次发现是对先前观察的"重要印证"。研究人员在一场学术研讨会上说,日内瓦的欧洲核子研究中心实验室发出μ中微子,在地球中飞行730千米后变形成为τ中微子。

中微子是基本粒子之一,广泛存在于宇宙中。它能轻松穿透地球,基本不与任何物质发生作用,因而难以捕捉和探测,被称为宇宙间的"隐身人"。中微子存在3种类型,分别是电子中微子、μ中微子和τ中微子。这3种中微子被认为可相互转换即"变形",这种现象称为"中微子振荡"。

德莱利斯说,这次探测数据"前所未有的准确"。报道显示,这次发现的中微子震荡数据的精确度"超过4个西格玛水平"(误差率为6‰左右)。意大利核物理研究中心副主席安东尼奥·马谢罗也认为,这一发现为所谓"新物理学",也就是基于标准模型理论的物理学创造了条件。

欧洲核子研究中心发起的"奥佩拉"项目,专门研究中微子振荡,实验室位于瑞士和意大利,项目由全球11个国家和地区、28所研究机构的140名核物理研究人员参与。他们曾于2010年、2012年和2013年宣布发现μ中微子变形成τ中微子现象。

2011年9月,"奥佩拉"项目组还曾宣布发现"中微子超光速",引起科学界巨大轰动和争议。但次年欧洲核子研究中心复核后指出该“发现”是误差所致，于是“成果”被撤销，当时的项目组负责人也宣布辞职。

(2)首次捕获μ中微子“变身”τ中微子直接证据。2014年6月16日，意大利那不勒斯费德里克二世大学的物理学家、格兰萨索国家实验室发言人乔瓦尼·德莱利斯等人组成的一个研究团队，在英国《自然》杂志发表研究报告称，他们采用乳胶径迹装置的振荡实验，首次捕获到μ中微子“变身”为τ中微子的直接证据。

目前，科学界普遍认为，中微子有三种类型或者“味”：电子中微子、μ中微子和τ中微子。在非常罕见的情况下，中微子会与质子或中子相互作用，生成电子、μ子或τ子轻子，被称为中微子振荡。长时间以来，科学家们一直不相信中微子能改变其类型，但始终坚信，中微子振荡不仅在微观世界最基本的规律中起着重要作用，而且与宇宙的起源与演化有关，例如宇宙中物质与反物质的不对称很有可能由此造成。

据报道，2008—2012年，欧洲核子研究中心朝730千米远的意大利格兰·索瓦山发射了一束μ中微子束，当到达目的地时，有些μ中微子变成了τ中微子。

最新研究结果表明，当这些中微子撞击格兰萨索国家实验室探测器内的铅靶时，生成了一些τ轻子。德莱利斯说：“这种轻子转眼间就发生了衰变——尽管它以接近光速行进，但只行进了不到1毫米。”

意大利研究团队在15万块“砖”组成的阵列中，探测到了这种短命的粒子。阵列中的每块“砖”重约8千克，由57块堆在一起的感光板组成。鉴于这套装置的表面积达11万平方米，他们设置了一套自动系统在这些板上搜索微条纹，它会显示τ轻子出现的信号。

2013年，该研究团队发表研究结论称，他们发现了4个可能的τ轻子信号，但根据严苛的物理学法则，这还不足以被宣布为一项新发现。不过，他们现在发现了第五个此类事件，可以宣布试验获得成功了。

(二)探测和捕获中微子的新信息

1.探测中微子取得的新成果

(1)设计新实验来探寻惰性中微子。2014年7月1日，美国趣味科学网站报道，一台重达30吨的探测器，最近莅临美国费米国家加速器实验室，主要目的是寻找“飘若游龙”的惰性中微子。该实验室发言人、耶鲁大学物理学家邦妮·弗莱明表示，与被科学家们认为赋予物质质量的希格斯玻色子不同，惰性中微子处于完全未知的领域，只有少数科学家相信其存在，因此，最新实验极富“革命性”。

中微子个头小、不带电且几乎没有质量，尽管每秒钟会有1000万亿个来自太阳的中微子穿过人体，但它们几乎不与其他物质相互作用，因而被科学家们称为“幽灵粒子”。

目前，已知有三种类型的中微子：电子中微子、μ中微子和τ中微子，这些中微子会以一定的频率相互转化，称为中微子振荡。另外，在碰撞过程中，电子中微子能变成电子,μ 中微子能变成 μ 子,τ 中微子能变成 τ 轻子。

但有少量迹象表明,可能还存在着一种全新的中微子。比如,20 世纪 90 年代,科学家们在对来自太阳的中微子进行探测时,发现了疑似电子中微子消失的证据;也有探测中微子振荡的实验发现了多余的电子中微子。科学家们对这些反常现象给出的一个解释是,这些中微子变成了一种名为惰性中微子的中间粒子。

弗莱明表示,如果惰性中微子存在,它们将通过非常微弱的引力同物质相互作用,因此不可能直接探测。新探测器的主要目的就是寻找惰性中微子的间接证据。在即将进行的实验中,一束纯 μ 中微子,会通过这台 30 吨的装满了氩气的金属罐。尽管大部分中微子,都会毫发无损地通过氩气,但有些中微子会变为电子中微子、τ 中微子或惰性中微子。其中的一些中微子,还会与探测器内氩原子的原子核发生碰撞。

随后,探测器通过对碰撞后留下的带电荷粒子进行分析,确定何时、何地以及何种粒子最终被制造出来。因为研究人员知道,在此类碰撞中电子中微子变成电子的频率,所以,最终出现的任何偏差,都可能是 μ 中微子变成惰性中微子、接着变成电子中微子并最终变成电子的证据。没有参与该实验的哈佛大学物理学家马特·斯特拉斯表示,尽管发现惰性中微子的可能性微乎其微,但并非不可能。不过,即使新实验发现了某些奇怪的现象,也并不能保证就是惰性中微子,而非其他完全不同的相互作用。

(2)直接探测到太阳内核产生的 PP 中微子。2014 年 8 月 27 日,物理学家组织网报道,美国马萨诸塞大学阿莫斯特学院物理学家安德瑞·波卡尔领导的一支超过百人的国际研究团队,借助全球最敏感的中微子探测器,已经直接探测到了在太阳内核发生的、由“基础”质子—质子(PP)融合过程产生的中微子。

波卡尔解释说,在 99%的太阳能源产生的步骤中,PP 反应是第一步。利用这些中微子的最新数据,我们可以直接着眼于太阳最大能源生产过程的发端或连锁反应,直达其极热的密实核心。

据报道,该研究团队,通过比较中微子和表面光的太阳能辐射,获得了关于太阳热力学平衡的试验资料,这些信息的时间尺度是 10 万年。波尔卡说:“如果说眼睛是灵魂的窗口,利用这些中微子,我们已经瞥见了太阳的灵魂。”

在太阳核心发生的核聚变过程中,核子作用和不同元素的放射性衰变产生了中微子。这些粒子以接近光速的速度冲出太阳,以每秒 4200 亿次的频率击打地球表面的每一寸土地。

波卡尔说:“就目前所知,中微子是我们看向太阳内核的唯一途径。当两个质子融合成一个氘,会释放这种 PP 中微子,这种中微子非常难以研究,因为中微子内部作用产生的能量很低,而充斥着巨量丰富的自然放射现象,轻易就覆盖了其作用时发出的信号。”他补充道:“由于只需要通过弱核力完成相互作用,它们穿过物质几乎不受任何影响,因此,你很难从普通材料的核衰变中检测和区分出它们。”

中微子会以三种状态进入探测器。那些来自太阳核心的,应该是“电子”,当它们从出生地旅行到地球时,会再现其他两种状态“μ 介子”和“τ 介子”之间摇摆或转换。波卡尔说这:“根据这一现象和以前的太阳中微子测量,探测器再次强烈证实了这种微粒的行为是多么的难以琢磨。”

有关天体物理学家说,尽管检测 PP 中微子不是中微子天文台原始实验目的,但它是一次意外的成功,且将这台探测器的灵敏度,推向了此前从未到达的极限。

(3)深层地幔和外太空再次测到中微子。2015 年 8 月,《新科学家》杂志网站报道,意大利核物理国家研究所、格兰萨索国家实验室吉安保罗·贝利里领导的“太阳中微子实验”研究团队,在《物理评论 D》杂志发表论文称,他们在地壳和更深层地幔中,探测到中微子的反物质:反中微子,地幔中的反中微子甚至占到总量的一半左右。中微子几乎没有质量,是在放射性衰变中形成的中性带电粒子。中微子几乎不和其他粒子发生相互作用,每秒钟有数万亿中微子从我们身边经过,我们却全然不知。

格兰萨索的“太阳中微子实验”探测器是一个巨型金属球罐,其内充满 300 吨的液体闪烁体。反中微子会发射出一个正电子和一个中子。当这两个粒子撞到液体中的粒子时,就会发出特殊的闪光。

该研究团队从 2007 年开始,在格兰萨索当地探测中微子,之前的“太阳中微子实验”探测器和位于日本的中微子实验探测器都曾发现过反中微子,但信号非常微弱。据报道,这次新研究中,科学家们分析了“太阳中微子实验”探测器 2056 天获得的详细数据后,发现了反中微子。新发现具有 5.9 西格玛水平,这意味着,误差只有 2.75 亿分之一,而粒子物理学家们通常将 5 西格玛水平置信度作为发现粒子的标准,新发现大大超过了这一标准。

这次新研究中,研究人员还能确定地球内产生中微子的放射物铀和钍的比例,并且首次区分出反中微子是来自地壳还是来自深层地幔。贝利里说:“越来越多的证据表明,深层地幔中也能发现反中微子。”

当“太阳中微子实验”探测器试验在往下寻找中微子时,南极的冰立方探测器也在外太空寻找中微子时再次获得突破。曾在 2013 年首次探测到两个高能中微子后,冰立方团队已经探测到越来越多的中微子,但最近,他们宣称探测到能量最高的中微子,这些中微子的能量超过 2000 万亿电子伏特,比大型强子对撞机的碰撞能量还要高 150 多倍。

这些新发现,有助于物理学家们揭示暗物质等宇宙奥秘。地幔中微子的探测研究,将帮助科学家们更好地理解,放射物衰变如何驱动地幔中岩石层移动等过程。

2.捕捉中微子的新设备与新收获

(1)运用粒子探测器“冰立方”捕获中微子。2013 年 12 月,外国媒体报道,

"冰立方"是世界上最大的粒子探测器,坐落于南极。5000多个传感器,像神经末梢一样分布在南极深厚的冰层中,组成了这张特制的"网",用于捕捉中微子。它由来自美国、德国、瑞典、比利时、瑞士、日本、加拿大、新西兰、澳大利亚和巴巴多斯的200余名物理学家和工程师组成的合作小组来操作。

自2004年开始,工程师们都会在每年的12月,到南极冰层中铺设光线感应器。到2010年,他们一共钻了80余个深达2500米的冰洞,每两个洞之间相隔800米,而每一条冻结在洞里面的电缆包含有60个光线感应器。

"冰立方"历时10年建成,这个位于南极地下约2.5千米的探测器体量大得惊人。据悉,它的体积,超过纽约帝国大厦、芝加哥威利斯大厦和上海世界金融中心的总和。

研究人员表示,"冰立方"为我们打开了宇宙的一个新窗口。这一发现为进行新型天文学研究铺平了道路,我们可以利用它探测银河系以及银河系以外的遥远区域。在"冰立方"发现中微子的研究人员之一、阿德莱德大学的加里·希尔博士称:"这是我们发现的第一个坚实证据,证明我们探测到来自太阳系以外'宇宙加速器'的高能微中子。"

(2)"冰立方"捕获到第三个千万亿电子伏特的中微子。2014年4月10日,英国《自然》杂志网站报道,数十年来,科学家一直在搜寻中微子这种"幽灵"粒子。功夫不负有心人,2013年,设在南极洲的"冰立方"中微子天文台发现了两个能量大于1000万亿电子伏特的中微子。现在,据"冰立方"报告,又探测到了第三个同样能级的中微子,它或许源于宇宙最暴烈的事件。

过去一个世纪,宇宙射线(其实是一种高能粒子)的起源,一直是困扰物理学家们的几大谜团之一。据悉,诸如超新星、黑洞或伽马射线的爆发都可能产生宇宙射线,但其起源却很难探测到。于是科学家"曲线救国",转而追寻中微子,即宇宙射线与周围环境相互作用时产生的亚原子粒子。由于中微子不带电荷,其行进方向不受宇宙磁场的影响,因此可通过行进轨迹追寻到其来源。但孤僻的中微子很少与其他物质相互作用,这就使其很难被探测到,不过,在极少情况下,中微子会撞到原子,产生一种被称为μ子的粒子及一种蓝光闪光,这种蓝色闪光能被"冰立方"中微子天文台探测到。

围绕高能中微子和宇宙射线的一个争论是,它们源于银河系还是银河系外?大多数理论认为,它们来自银河系外,比如活动星系核——位于其他星系中央的超大质量的黑洞。但也有人认为,其源于伽马射线暴,当某些超新星或两个中子星相结合时,会产生伽马射线暴。还有观点认为,中微子或许只是星系相互碰撞的副产品。甚至有科学家指出,宇宙射线和高能中微子或许由神秘莫测的暗物质制造出来。

运行两年来,"冰立方"共发现了3个这样的高能中微子。威斯康星大学麦迪逊分校的研究人员莱辛·怀特霍恩说:"最新研究表明,这3个高能中微子来自银河系外。”

随着实验在接下来数年内收集到的高能中微子越来越多,“冰立方”天文台绘制的中微子来源图将会更详细。科学家们深感兴趣的一个问题是,是否“冰立方”看到的任何粒子都能追溯到已知的宇宙对象,比如可见的活动星系核或伽马射线暴等。不过,迄今为止,他们还没有发现任何与已知来源有关联的证据。

三、研究其他宇宙粒子的新进展

(一)发现与研究希格斯玻色子的新成果

1.发现与希格斯玻色子特征一致的新粒子

2012 年 7 月 4 日,欧洲核子研究中心宣布,追寻将近半个世纪后,找到一种新亚原子粒子,这种粒子与据信构成质量的“上帝粒子”、即希格斯玻色子的特征“一致”。由此,万物质量来源之谜或可解开,粒子物理学中缺失的重要一环或可填补。

之所以用“相一致”这样的表述,是因为科学严谨性,要求科学家更加精确地证明,他们所发现粒子的特征和特性。在把误差缩小至既定范围后,“相一致”才能换成“就是”。

欧洲核子研究中心主任罗尔夫·霍伊尔在日内瓦举行新闻发布会上说:“在对自然的理解之路上,我们抵达一座里程碑,作为一个外行人,我会说我们已经发现它(希格斯玻色子)了,但作为一名科学家我不得不问一句,‘我们发现的是什么’。所以,我只能宣布,我们发现一种玻色子,现在我们正在确认它是怎样的一种玻色子。”

由于希格斯玻色子能量巨大、到处存在却难以追寻,因此被称作是“上帝粒子”。过去数十年,数万名物理学家和数以十亿美元计的资金投入研究,用以寻找“上帝粒子”,逐步缩小搜寻范围,直至 4 日出现突破性成果。

欧洲核子研究中心在声明中说,两座各自独立的实验室,都发现了这种亚原子粒子,质量范围在 125~126 吉电子伏特之间。两家实验室都宣布,数据结果的统计确定性为 5 西格玛,或 5 标准差。5 西格玛换算成统计误差率大约为 0.00006%。

在粒子物理学界,若要证实某一发现,数据统计确定性需要达到 5 标准差;若要作为证据,统计确定性必须达到 3 标准差。

欧洲核子研究中心实验室发言人乔·因坎代拉说:“虽然是初步结果,但 5 标准差和 125 吉电子伏特的结果让我们确信,这是一个新粒子,我们确认,它必须是一种玻色子,而且是我们迄今为止发现的最重的玻色子,这一发现意义重大。同时,我们必须极其努力地继续研究与反复核校。”

2.研究希格斯玻色子形成的新见解

(1)认为希格斯玻色子或许不是宇宙最小的粒子。2014 年 4 月 2 日,美国趣味科学网站报道,1964 年,英国科学家彼得·希格斯提出希格斯场的存在,并进而预言了希格斯玻色子的存在，假设出的希格斯玻色子是物质的质量之源，是电子和夸克等形成质量的基础。有些科学家认为，尽管希格斯玻色子很小，但其或许并非最小的粒子，宇宙中可能还存在着其他更小的粒子，是这些粒子组成了玻色子。最近也有研究表明，这些被称为“技夸克（techni-quarks）”的粒子很有可能潜伏在宇宙中。丹麦南丹麦大学的粒子物理学家托马斯·瑞特弗表示，要想找到这些组成希格斯玻色子的粒子，我们需要对目前世界上最大的粒子加速器——大型强子对撞机（LHC）进行升级或者研制下一代粒子对撞机才行。他说：“经过仔细梳理，我们找出了几个理论，可用来解释希格斯粒子和希格斯机制。”

2012 年，科学家们在欧洲大型强子对撞机内，发现了希格斯玻色子的“踪迹”。这一重大发现，也促使研究希格斯理论的希格斯和比利时科学家弗兰西斯·恩格勒，摘得 2013 年诺贝尔物理学奖的桂冠。

科学家们借用这一粒子来解释为什么组成物质的基本粒子（比如夸克和电子等）拥有质量。然而，物理学研究表明，当在量子水平上观察时，真空并非空无一物，而是充满了起伏不定的“虚粒子”，虚粒子对不断产生并快速湮灭。

瑞特弗解释道，当希格斯粒子通过真空时，它们应该会同所有的虚粒子相互作用，并在此过程中，让其质量增加到很大值，大约为其在欧洲大型强子对撞机内测量质量的 1017，因此，希格斯粒子此时的质量应该能与普朗克质量（约等于 2.18×10^{-8}千克）相当。瑞特弗说：“问题在于，为什么希格斯粒子的测量质量比普朗克质量少这么多呢？这真是个问题。”

因为这种质量增加没有发生，所以，统辖粒子物理学的支配理论——标准模型需要进行更高程度的精调，才能纠正希格斯粒子的测量质量和更大质量之间的差异。

瑞特弗表示，这种精调就是我们所说的固有的问题，这也是物理学家们心头的一根刺，“理论本身并不像我们所希望的那么完美优雅，从理论上来说，要想在最基础的尺度上描述所有物质，我们需要对标准模型进行很多精调。”

为了不进行这种精调，而仍然能回答希格斯质量的问题，物理学家们提出对标准模型进行扩展和延伸，其中最著名的就是超对称理论。这一理论认为，标准模型中的每个粒子都存在着一个质量更大的超级对称粒子“超粒子”。超粒子应该能抵消真空中虚粒子的影响，减少希格斯粒子的质量，从而使标准模型不再需要精调。但迄今为止，科学家们没有发现任何理论上的超对称粒子的“蛛丝马迹”。

瑞特弗表示，有不少理论指出，希格斯粒子或许也有组成成分——它由其他更小的名为“技夸克”的粒子组成。瑞特弗说：“如果希格斯粒子由自然界中比其更小的‘砖块’通过一种新的力——艺彩力组成，就像夸克结合在一起形成质子和中子一样，那么，问题就迎刃而解了。”

那么，“技夸克”如何解决这个质量问题呢？瑞特弗说，技夸克粒子的自旋为 1/2，因此，两个技夸克集合在一起能形成像希格斯粒子这样自旋为零的复合粒子，"研究结果表明，只有将技夸克考虑在内，才不会出现我们上述的质量问题。"

其实，自20世纪70年代末，就有人提出了这种涵盖技夸克的想法，最近，科学家们对最初的模型进行了非常重要的梳理和提炼工作。

在最新研究中，瑞特弗和同事再一次认为，希格斯粒子必须拥有内部结构，而且，他们也找出了一些理论，"这些理论都很坚定地认为，希格斯粒子确实由某些基本成分组成，这些理论能很好地解决标准模型的精调问题，并让亚原子世界进入和谐状态。"

理论物理学家基莫·图奥米宁并没有参与瑞特弗的研究，他接受美国趣味科学网站采访时表示，尽管希格斯粒子的结构仍然成谜，但"技夸克"是一种可能性，未来，我们应该对此进行更深入彻底的研究。

（2）找到希格斯玻色子直接衰变成费米子的证据。2014年6月23日，物理学家组织网报道，欧洲核子研究中心研究人员在《自然·物理学》上发表论文称，他们首次找到了希格斯玻色子直接衰变为费米子的证据。在此之前，希格斯粒子只能通过其衰变成为玻色子来探测。这项新成果，为2012年发现这种行为与粒子物理标准模型所预测方式一致的粒子，再添强力佐证。

参与分析数据的瑞士苏黎世大学物理研究所教授文森佐·奇奥奇卡解释说："这是向前迈进的重要一步。我们现在知道，希格斯粒子可以衰变成玻色子和费米子这两种粒子，这意味着我们可以排除某些预言希格斯粒子不会与费米子耦合的理论。"作为一群基本粒子，费米子是构成物质实体的粒子，而玻色子充当费米子之间传递力的工具。

根据粒子物理标准模型，费米子和希格斯场之间相互作用的强度，必须与它们的质量成正比。奇奥奇卡说："这个预言已经被证实了。强有力的迹象表明，2012年发现的粒子的行为，实际上很像该理论中提出的希格斯粒子。"

（二）研究原子与反物质原子的新成果

1.探索原子方面取得的新进展

成功获得酷似经典原子模型的超大"波尔原子"。2008年7月1日，美国莱斯大学物理学和天文学教授巴里·邓宁领导的研究小组，在《物理评论快报》网站上发表研究成果称，继丹麦著名物理学家尼尔斯·波尔在近一个世纪前提出氢原子模型后，他们成功地获得了直径接近1毫米、与波尔的经典力学原子模型极其相似的超大原子。

1913年，波尔首次创立了原子理论模型，他认为电子围绕着原子核进行圆周运动，如同行星环绕恒星飞行。波尔的模型引导人们更深入地认识了原子的化学和光学特性，他本人也因此在1922年获得诺贝尔奖。然而，波尔模型中关于电子在原子核周围分离轨道上进行环绕运动的观点，最终被量子力学理论所取代，后者揭示电子并不具有精确的位置，而是呈现类似波动状态的分布。

邓宁表示，在足够大的原子系统中，原子量级的量子效应，能够转变为波尔模型阐述的经典力学。该研究小组利用处于高激发态的里德伯原子和一系列脉冲电磁场,通过操纵电子的运动,让电子出现了像行星围绕恒星那样在原子核周围进行圆周运动的状态。

实验中,研究人员首先使用激光器光波照射钾原子,让其处于高激发态。然后利用精细设计的一系列短电子脉冲,来诱导原子形成一个精确的稳定构造。这时,点状"固定"电子,在远离原子核的轨道上绕核做圆周运动。研究人员表示,事实上这种状态的原子体积非常巨大,其直径接近1毫米。

测量显示,呈"固定"状态的电子在多个轨道上,其行为同经典粒子所描述的十分类似。邓宁认为,他们的研究工作,无论是对未来计算机的开发,还是对经典和量子混沌学的研究,都具有潜在应用价值。

2.探索反物质原子方面取得的新进展

(1)研制为反氢原子等反物质称重的设备。2014年4月1日,趣味科学网站报道,"牛顿因苹果从树上坠落而产生有关万有引力灵感"的传奇故事,至今为人津津乐道。那么,苹果的反物质——"反苹果"究竟是上升还是下落?这个问题一直困扰着物理学家。不过,美国加州大学伯克利分校的物理学家霍尔格·穆勒领导的研究团队,正在研制的一套给反氢原子等反物质称重的设备,或许能揭晓答案。

反物质与物质有些方面完全一样,而有些方面则完全相反。例如,质子与反质子质量相同,但所带电荷完全相反。另外,当粒子与其反粒子相遇时会相互湮灭,释放出巨大能量,1克反物质与1克物质相互湮灭产生的能量,约为第二次世界大战中美国向日本广岛投放的原子弹所释放能量的两倍。

穆勒说:"我们并没有真正理解反物质。比如,基本物理学法则表明,宇宙中物质和反物质的数量应该相等,但观察结果却显示,物质远多于反物质,我们至今也未找到一致认可的解释。"

另外,引力也被笼罩着多层神秘面纱。例如,天文学家们在观察星系如何旋转时发现,让星系紧密簇拥在一起的引力,比他们认为的要大得多。穆勒说:"科学家们普遍认为这些引力来自暗物质,但没人知道其'庐山真面目'。"

最重要的是,科学家们一直想知道反物质是否同普通物质一样,由于引力作用向下落。而解答这个问题的直接证据很难通过实验收集到,因为反物质很罕见,而且与普通物质接触时会湮灭。穆勒说:"此前还没有人将反物质和引力结合起来进行实验,有些人获得了间接证据,但最简单的实验——让一簇反物质下落,然后观察会出现什么情况,还未曾有人做过。观察反物质和引力的相互作用,或许是我们获得新物理学发现的美妙契机。"

穆勒研究团队正在研制的是一款光脉冲原子干涉仪,它能测量任何粒子(原子、电子及其反粒子等)的行为。粒子被冷却到绝对零度后,其行为与波类似。通过分析这些"物质波"间的相互干涉情况,科学家能区分出每个粒子所受的引力。他们计划将这款设备整合进欧洲核子研究中心的阿尔法实验内,后者旨在制造、捕获和研究最简单的氢原子的反物质“反氢原子”。

因为用来进行实验的反氢原子很少，所以最新系统必须能“回收”每个原子。磁场会捕获这些原子，因此该设备能对每个原子的一举一动进行多次测量。科学家们希望这套系统在测量反氢原子是上升还是下落时的精度最初能超过1%。

（2）提出“量产”反氢原子的理论。2015年5月，澳大利亚科廷大学和英国斯旺西大学科学家组成的一个研究小组，在《物理评论快报》上发表论文称，他们从理论上，找到一种可将反氢原子生产效率提高几个数量级的方法。他们认为，这项发现可以满足未来实验的需求，在更低的温度下大量生产出能被长时间约束的反氢原子。很多科学实验围绕反物质展开，从研究其光谱测量的属性，到测试它们如何与引力相互作用。但要进行实验，必须拥有这些反物质。当然，在大自然中反物质不会被找到，因为反物质与普通物质相遇后释放能量即湮灭，因此，在实验室制造出反物质非常具有挑战性。

研究人员说：“物理学定律认为，宇宙大爆炸之后，物质和反物质是等量存在的。但一个未解的科学之谜就是，所有的反物质都哪去了？为了回答这个问题，欧洲核子研究中心（CERN）的科学家，打算用反物质做引力和光谱实验。最简单的研究对象就是反氢原子。然而，在实验室中创建反氢原子的研究非常富有挑战性，且造价极其昂贵。”

反氢原子对科学家很有吸引力，部分是因为它自身的性质：它由一个反质子和一个正电子/负电子组成，因为只有两个粒子，所以反氢原子比其他较大的反原子更容易生产出来。

2002年，科学家第一次在欧核中心制造出反氢原子。2010年他们将它“局限”了30分钟。最终氢原子“销声匿迹”了，因为它与实验装置的墙壁相互作用，或者与背景气体产生了反应。在实验室中，有好几种方法可以产生反氢原子，其中一种方法叫作反质子—电子偶素散射反应。到目前为止，大多数这种反应被证明处于基本态。此次科学家从理论上证明，用处于兴奋态的电子偶素与反质子碰撞，能显著提高反氢原子的生产能力，特别是耗费能源显著降低。

这是首次验证了低能耗生产反氢原子效率的理论。科学家希望这种方法，能够大量生产冷的反氢原子，进而用于测试反物质的基本属性。

（三）研究轴子与质子取得的新成果

1.探索轴子方面取得的新进展

提出证明轴子存在的新方法。2012年6月18日，物理学家组织网报道，奥地利维也纳技术大学理论物理系丹尼尔·格鲁米勒率领的研究小组，在《物理评论D》杂志上发表论文称，寻找新的粒子通常需要很高的能量，因此需要构建大型加速器等设备，它可将粒子加速至接近光速的速度。但他们认为，寻找粒子应该还有其他方式。现在，他们提出了一种新办法，能够证明假想的亚原子粒子即“轴子”的存在。因为这些轴子能够在黑洞周围积聚，并从中汲取能量，这一过程将放射重力波,并能被探测出来。

格鲁米勒表示:“轴子的存在一直未被证明,但学界普遍认为它很可能存在。”轴子质量极其微小,根据爱因斯坦理论,质量与能量直接相关,因此生成轴子只需要极低的能量。

在量子物理中,每个粒子都被描述为一种波。波长则与粒子的能量相关。较重的粒子波长较短,而低能量的轴子的波长可达数千米。格鲁米勒等人的计算结果显示,轴子能环绕在黑洞周围,就像电子能围绕原子核运动一样。而与连接电子和原子核的电磁力不同,万有引力才能将轴子和黑洞联系起来。

此外,原子中的电子和环绕黑洞的轴子,仍存在着巨大的不同:电子是费米子,这意味着两个电子永远不会处于同一个态;而轴子属于玻色子,这表示大多数轴子都能在同一时间占据相同的量子态。它们能在黑洞周围创造出“玻色子云”,这种云将连续不断地从黑洞中汲取能量,从而增加云中的轴子数量。

2.探索质子领域获得的新进展

实现质子磁矩迄今最高精度的测量。2014 年 5 月 29 日,德国美因茨市约翰尼斯·古登堡大学物理学家安德烈亚斯·穆塞尔领导的研究小组,在《自然》杂志上发表研究成果称,他们以迄今最高的精度,测量了质子磁矩。这项成果,虽然不像大型同步加速器实验那样引人瞩目,但对基本常数或原子性质的测量,也能为寻找“标准模型”以外的物理定律,做出重要贡献。

为了试图解决宇宙中缺失的反物质之谜,物理学家已经完成了迄今为止针对质子固有磁性的最精密测量。研究人员指出,一旦与反质子磁矩的直接测量相结合,这项工作将会为物质—反物质对称性的严格验证铺平道路。

该研究小组掌握了一项技术,从而能够以 3ppb(十亿分之一)的精确度,测量一个质子的磁矩,即条形磁铁力的微观等价物。

穆塞尔指出,在早期宇宙中,能揭示不对称的质子和反质子之间磁矩的任何差异,可能对有利于物质的结果起到了决定性作用。他说:“当前的物理学理解是这两个值应该是相等的。”一个质子的磁矩,产生于被称为旋转的一种基本量子属性,它导致一个质子的作用相当于一个具有南极和北极的小磁铁。当添加一个外部磁场后,质子的自旋可以同这一磁场匹配,或发生翻转。在最新的研究中,通过观测单个质子在这两种状态下的翻转,研究人员计算了质子的磁矩。最终,他们的测量结果比之前最好的直接测量值,精确了 760 倍。

日本东京大学物理学家龙乡早野认为:“这项试验无疑是一大突破性进展”。但他认为,这只是一个开始。他说:“研究人员会希望自己能够使用类似的方法,对一个反质子的磁矩达到类似的精确测量水平。”

反物质是一种人类陌生的物质形式,在粒子物理学里,反物质是反粒子概念的延伸,反物质是由反粒子构成的。反物质和物质是相对立的,会如同粒子与反粒子结合一般,导致两者湮灭并释放出高能光子或伽马射线。1932 年由美国物理学家卡尔·安德森在实验中证实了正电子的存在。随后又发现了负质子和自旋方向相反的反中子。迄今为止,物理学界已经发现了300多种基本粒子,这些基本粒子都是正反成对存在的,也就是说,任何粒子都可能存在着反粒子。

(四)研究B介子与μ子取得的新成果

1.探索B介子领域取得的新进展

(1)大型强子对撞机检测到B介子衰变。2015年5月14日,欧洲核子研究中心的科学家,在英国《自然》杂志上发表论文称,他们在大型强子对撞机中,检测到中性B介子粒子极为罕见的衰变。自从粒子物理标准模型预测到这种衰变,物理学家寻找该衰变过程的证据,已经超过30年了。此次新的观测结果,证实标准模型做出的预测。科学家们希望,在大型强子对撞机进行的新实验,可以准确探究这种衰变的特性。

基本粒子是人们已能认知的组成物质的最基本结构,粒子物理的标准模型,描述了基本粒子的属性和它们之间的相互作用。通过测试标准模型做出的理论预测,可以检测标准模型的准确性,或是对其做出一定修正,以便回答一些当前无法用标准模型解释的问题(例如,反物质的起源)。

此次研究人员发现中性B介子衰变成μ子,这提供了对于粒子物理标准模型准确性的严格测试,因为这种衰变对于模型的不完整之处非常敏感。以往的实验也曾有发现这种衰变的证据,但是此次是由大型强子对撞机的两个探测器——紧凑μ子线圈和大型强子对撞机底夸克实验负责采集和分析的,两组实验获得的数据提供了对衰变速率的测量信息,其结果与标准模型做出的预测一致。同时,这个实验的观察和分析结果,也对标准模型的扩展带来了一定的约束。

(2)在B介子衰变中发现标准模型外的全新粒子。2017年4月18日,欧洲核子研究中心官网报道,其负责监测粒子衰变过程的大型强子对撞机底夸克实验组,在B介子衰变中发现了与标准模型不符的偏差信号,预示着可能捕捉到标准模型以外的全新粒子。

B介子由基本粒子夸克组成,可细分为4种,只能存在一万亿分之一秒,其衰变过程成为科学家们观测新粒子的间接方法。如果衰变的速度和细节偏离了标准模型的预测,就证明有新粒子介入,与B介子发生作用。

大型强子对撞机底夸克实验组科学家,在当天举行的欧洲核子研究中心内部讨论会上,公布了这一最新实验结果。他们发现,一种B介子在衰变为K介子的过程中,产生渺子(μ子)和反渺子的概率小于产生电子和正电子的概率,这种概率分布不均与标准模型的预测有所偏差。根据标准模型,衰变成渺子和反渺子与电子和正电子的概率应该均等。

实验组成员、巴塞罗那自由大学约奎姆·马蒂亚斯说:“之前我们已经发现5次类似偏差,加上这次观测到的B介子衰减偏差,对这一系列偏差的最好解释就是:存在一种新的粒子。”

标准模型是现代粒子物理学的基石，其 61 种基本粒子中的最后一个希格斯玻色子，已在 2012 年由大型强子对撞机找到，但物理学家们一直渴望能发现存在于标准模型以外的新粒子和新物理现象。部分科学家对这次新数据提出假设，认为这种标准模型以外的第一个新粒子可能是 Z9 玻色子；还有科学家则假设其为一种夸克与电子的结合体，即轻子夸克。

马蒂亚斯认为，这是个值得召开新闻发布会的重大发现。但其他物理学家谨慎表示，这次偏差只有 2.2~2.5 个西格玛，距离得出肯定结论要求的 5 个西格玛以上还差很远，需要进一步观察类似衰变，以验证这些偏差线索究竟是统计学波动，还是新粒子存在的证据。

2.探索 μ 子方面取得的新进展

(1)认为宇宙射线 μ 子会扰乱基本时钟。2015 年 11 月，波兰华沙大学物理系安德杰伊·德拉甘领导，他的同事及英国诺丁汉大学理论物理学家参与的一个国际研究团队，在《经典与量子引力》杂志上发表论文指出，在存在巨大加速度的运动系统中，理想时钟只不过是为了方便而虚构的，从基本原理上讲，要建造一台能精确检测时间的时钟是不可能的。

德拉甘说："无论在狭义相对论还是广义相对论中，都默认了一个假设，即总能建造一台理想时钟，对系统中的时间流逝做出精确计量，无论该系统处在静止、匀速运动还是加速运动中。而事实却是，当涉及很大的加速运动时，这种简化的假设就失效了。"

最简单的时钟，是不稳定的基本粒子，如 μ 子。μ 子的性质类似电子，但质量是电子的 200 多倍。地球上的 μ 子通常来自宇宙射线，即太空中的高能粒子流。μ 子很不稳定，通常会衰变成一个电子、一个 μ 中微子和一个电子反中微子。其静止寿命是 2.2 微秒，按光速计算只能飞 660 米。但实际上，当它以近光速飞行时，在地面上看它的寿命很长，长到足以从太空进入数千米的地下，这就是著名的"钟慢效应"：μ 子运动得越快，实验人员看到它们衰变的可能就越小。所以速度会影响时钟的计时。

该研究团队研究了做直线加速运动的不稳定粒子，他们分析的要点是加拿大物理学家威廉·盎鲁 1976 年提出的"盎鲁效应"。德拉甘解释说："粒子与观察者之间并非完全相互独立，这与人们的直觉相悖。比如多普勒效应，从一个运动光源发出的光子，在朝向光源的观察者看来偏蓝，而在背离光源的观察者看来偏红。盎鲁效应有些类似，但更加奇妙：在某些空间区域，在非加速运动的观察者看来是量子场真空，而在加速运动的观察者看来却有许多粒子。"

盎鲁效应方程所描述的是在量子场中可以看到的粒子数量取决于观察者的加速度，加速度越大，能看到的粒子数越多。这些非惯性效应可能是由于观察者的运动，但其根源还是重力场。有趣的是，盎鲁效应和霍金辐射（黑洞发出的辐射）也很类似。

据研究人员分析，作为基本时钟的不稳定粒子的衰变，是与其他量子场互相作用的结果，也就是说，如果粒子还留在真空中，它衰变的节奏和周围与其互动的其他粒子不同。因此，如果在一个有极大加速度的系统中，由于盎鲁效应，会看到更多粒子，粒子的平均衰变时间会发生变化。

（2）准备借助宇宙 μ 子射线粒子揭开金字塔建造之谜。2016 年 2 月，物理学家组织网报道，法国遗迹创新保护研究所主席迈赫迪·塔尤比、副主席哈尼·希拉勒与埃及开罗大学学者共同组成的国际研究团队，近日表示，他们将借助在埃及金字塔中收集到的宇宙 μ 子射线粒子，探寻这些具有 4600 年历史的古老建筑的建造之谜。

塔尤比表示，他们在埃及弯曲金字塔中置入的装置，已经收集了关于 μ 子射线粒子的数据。这种粒子可以在空间中传播，但是遇到坚硬的表面时，会被吸收或发生偏转。该团队希望，通过对 μ 子射线粒子进行分析，来精确获知金字塔的内部建造结构。

希拉勒说："关于埃及金字塔的建造，并没有一个理论得到了 100%的证实或检验，它们都只是理论和假说而已。我们试图利用这项新技术，来证实、改变、升级或完善目前关于金字塔建造方法的假说。"

弯曲金字塔位于开罗附近的代赫舒尔，其显著特征是侧面具有平滑的坡度。人们相信，这是古埃及尝试建造的第一座具有光滑表面的金字塔。塔尤比表示，该团队计划，在一个月内，开始准备对胡夫金字塔中的 μ 子进行测试。胡夫金字塔是埃及现存金字塔中规模最大的一座。

（3）计划重新测量 μ 子的磁矩。2017 年 4 月 11 日，《自然》杂志网站报道，美国费米实验室当天表示，他们将于下月重新测量 μ 子的磁矩。这项研究有可能揭示未知的虚粒子，从而开辟超越标准模型的新物理学。

μ 子带负电，质量为电子的 200 多倍。量子理论认为，宇宙中的能量于短暂时间内在固定的总数值左右起伏，从这种能量起伏产生的粒子就是虚粒子。"短命"的虚粒子分布在实物周围。物理学家们已揭示了光子等虚粒子的性质，但可能还有一些未知的虚粒子，而 μ 子或对它们格外敏感。

磁矩是 μ 子的一种基本属性，与粒子内在的磁性有关，在与虚粒子相互作用时，μ 子的磁矩会发生变化。15 年前，美国布鲁克黑文国家实验室的测量结果显示，μ 子的磁矩比理论预测大。物理学家们认为，与未知粒子的相互作用导致了这种异常。最新的 μ 子 g-2 实验，也旨在以前所未有的精确度测量 μ 子的磁矩。

实验联合负责人、波士顿大学物理学家李·罗伯茨表示，新实验使用的 μ 子数目将增加 20 多倍，可将不确定性缩小 4 倍。如果实验再次证实 μ 子的磁矩比理论预测大，那么最可能的解释是未知的虚粒子在起作用。

实验成员、德国德累斯顿工科大学理论学家多米尼克·斯特克林格说，尽管结果并不一定能准确地表明这种虚粒子究竟是"何方神圣"，但它会提供线索帮助其他实验确定新粒子,借助大型强子对撞机应该可以"揪出"这些粒子。

斯特克林格说:"它可能是超越标准模型的物理学的首个直接证据,也将是全新粒子的首个直接证据。"

（五）研究夸克及其相关新粒子的新成果

1.探索夸克方面取得的新进展

测出迄今最精确的顶夸克质量。2014 年 3 月 19 日,欧洲核子研究中心与美国费米国家实验室,在一个国际物理学会议上联合宣布,科学家们通过欧洲大型强子对撞机实验与美国万亿电子伏特加速器实验,已成功测出目前最为精确的顶夸克质量。

夸克是构成物质的基本单元,由比质子、中子更微小的物质组成。顶夸克则是科学家最后发现的一种夸克,被认为是了解宇宙本质的最重要工具之一。顶夸克只在宇宙大爆炸初期的几分之一秒内以自然状态存在过;而顶夸克出现后,会在观察者还来不及眨眼的瞬间就衰变为其他;顶夸克也是目前为止发现最重的夸克,质量超过质子的 100 倍。其巨大的质量,注定了只有很大的能量才能使其产生。

1994 年 4 月 6 日,正是美国费米实验室利用粒子加速器首次发现了顶夸克的存在,在欧洲大型强子对撞机诞生前,它也是唯一有能力使顶夸克"现身"的仪器。2009 年大型强子对撞机开始运行后,制造了接近 1800 万个顶夸克事件,以此成绩跃居为全球领先的"顶夸克工厂"。此次对顶夸克质量的精确测量,将可保证进一步验证并描述顶夸克、希格斯玻色子与 W 玻色子间量子联系的数学框架,科学家们也将在此基础上寻找新物理的"暗示",即能更好理解宇宙本质的新理论。

2.探索含有夸克新粒子取得的新进展

（1）发现两个已被理论预测过的含夸克新粒子。2014 年 11 月 20 日,英国《每日邮报》报道,欧洲核子研究中心的科学家,通过对大型强子对撞机,从 2011 年至 2012 年间对撞的数据进行分析,发现了两个此前已被理论预测过但从未"现身"的亚原子粒子:Xi_b′和 Xi_b *,他们对此深感兴奋,认为新粒子有望从与标准模型不一样的新角度,来讲述宇宙的运行原理。

欧核中心科学家、荷兰国立核物理和高能物理研究所的帕特里克·科普布克博士介绍说,新粒子的质量约为质子质量的 6 倍,属于重子家族。重子是由三个夸克组成的复合粒子(或三个反夸克组成反重子),质子和中子也是重子。夸克是目前已知的最小粒子之一,6 种不同的夸克,采用不同的方式结合在一起产生了更大的粒子。新发现的两个粒子,都由一个奇夸克、一个下夸克及一个底夸克组成。

尽管质子和中子等粒子在宇宙中随处可见,但有些粒子很快会衰变,而且非常难找到。有鉴于此,在过去数年间,欧核中心的科学家一直通过让粒子,以接近光速的速度相互撞击来获得亚原子粒子。粒子间的相互碰撞会释放出大量的能量,仿佛宇宙大爆炸时的情景再现,制造出的"原始汤"中,会出现很多大爆炸时存在但现在已消失的粒子。

科学家们表示,研究结果与此前基于量子色动力学进行的预测相匹配,量子色动力学是粒子物理学标准模型的一部分,粒子物理学标准模型描述了组成物质的基本粒子,以及它们之间的相互作用。在更高精度下对量子色动力学进行测试,对于我们更精确地理解夸克的动力学非常关键。

(2)发现内含夸克的不同能态全新5粒子系统。2017年3月,欧洲核子研究中心近日在著名论文预印本网站上发文称,该中心大型强子对撞机底夸克实验组,发现了一种新的5粒子系统,而其最独特之处在于,这5个粒子分别处于不同的能态。该实验组捷报频传,各种重要物理实验结果层出不穷。仅最近几个月,他们就频频宣布一系列重大发现,如测量到一种非常罕见的粒子衰变,为物质—反物质不对称找到了全新证据等。

第三节　宇宙引力研究的新成果

一、探索宇宙引力获得的新信息

(一)研究宇宙引力性质和效应的新进展

1.探索宇宙引力性质的新观点

提出光和引力在宇宙早期存在不同传播速度。2016年11月28日,英国伦敦大学学院乔奥·马古悠,与加拿大圆周理论物理研究所尼亚耶绪·阿肖尔迪等人组成的研究团队,在《物理学评论》上发表论文,提出一个可以验证的新观点。他们认为,在宇宙早期,光和引力以不同速度传播。

光速被认为是物理学领域最基本的常数,但它可能并不总是一成不变的。这一具有争议性观点的变化,可能会推翻宇宙知识的标准模型。

1998年,马古悠提出,光速可能会变化,这样可以解决宇宙学家所谓的地平线问题。该观点认为,宇宙在出现载热光子即以光速传播的可抵达宇宙所有角落的光子之前很久,就达到了均匀温度。

解释这一谜题的标准方式,是一种被称为暴胀的观点。该观点认为,宇宙在早期经历了短时间的迅速膨胀,因此当宇宙缩小后温度逐渐降低,然而它随后突然增长。但人们并不知道暴胀如何开始或结束。因此,马古悠一直在寻找方法。

现在,该研究团队经过研究认为,如果光子在大爆炸后速度比引力快,这将会让它们到达足够远的距离,使宇宙更快地达到恒温状态。让马古悠激动的是,这一观点,对宇宙微波背景辐射做出了具体的预测。充斥整个宇宙的这种辐射在大爆炸之后形成,含有宇宙当时状态的"化石"印迹。

在马古悠和阿肖尔迪设计的模型中,宇宙微波背景辐射的一些特定细节,反映了光速和引力速度,随着宇宙温度的变化而变化。他们发现,在一个特定点上,当光速和引力速度的比例迅速达到无穷大时，有一个突然的变化。这修改了光谱指数的数值，该指数用于描述宇宙中初始涟漪的密度，约为 0.96478，这一数值可以通过未来的检测验证。由绘制宇宙微波背景辐射的普朗克卫星，在 2015 年报告的最新数据，将光谱指数定位 0.968 左右，这非常接近上述数值。如果有更多数据表明这一匹配是错误的，那么它将可以被摒弃。马古悠说："那将会很好，我不会再思考这些理论了。关于光速可能会与引力速度一起变化的整个理论，将会被排除。"然而，没有哪种验证方法可以完全排除突然膨胀，因为它不会做出具体预测。英国卡迪夫大学的彼得·科欧斯说："突然膨胀理论仍有巨大的可能性，这使得验证这一观点非常困难。它就像是要把果冻钉入墙内那样难。"他补充说，这使得探索光速变化的各种选择方案更加重要。

澳大利亚悉尼新南威尔士大学的约翰·韦布，在这些可能会变化的常数方面研究了很多年，他认为，马古悠和阿肖尔迪的预测，令人印象深刻。他说："能够验证的理论是个好理论。"

2.研究宇宙引力效应的新成果

（1）发现引力透镜效应使宇宙大爆炸的光在旅途中扭曲。2013 年 10 月 23 日，每日科学网报道，加拿大麦吉尔大学邓肯·汉森牵头，美国加州理工学院的乔奎因·维埃拉等人参与的一个国际天文研究小组，在《物理评论快报》上发表论文称，他们利用美国南极地面望远镜和欧洲空间局赫谢尔太空望远镜，最近首次探测到了来自宇宙大爆炸的光，因引力透镜效应在旅途中发生扭曲现象，也称 B-模式。研究人员称，这一发现，有助于绘制更好的宇宙空间物质分布图，并为揭示宇宙"第一时刻"铺平了道路。

目前，我们看到的最古老的光来自大爆炸时残留的辐射，称为宇宙微波背景，在宇宙仅 38 万岁时被印在了天空中，至今宇宙已有 138 亿岁。宇宙微波背景中一小部分已被偏振，使得光波在同一个平面振动，就像阳光被湖面或大气中的粒子反射。宇宙微波背景的光要到达地球，这一旅途不仅漫长，还会受到大质量星系团和暗物质的"拉扯"而变得弯曲。这种扭曲的偏振光模式就称为 B-模式。

长期以来，科学家预测 B-模式有两种：一种是在光穿越宇宙时，由于星系和暗物质的引力透镜效应而产生了扭曲，最新探测到的正是这种光路模式。另一种称为原始光模式，理论上是在大爆炸产生宇宙后的不到一秒内产生的。

为寻找这种模式，研究人员搜索了大量由引力透镜产生的偏振光，并整理了来自普朗克任务的数据。普朗克任务最近为宇宙微波背景绘制了迄今为止最好的全天图，揭示了有关宇宙年龄、内含和起源方面的最新细节。他们通过南极望远镜发现了信号，由于信号极微弱，还利用了赫谢尔的红外物质图。

负责赫谢尔探测的维埃拉说，南极地面望远镜探测到了来自大爆炸的光，赫谢尔太空望远镜对星系敏感，能追踪暗物质产生的引力透镜效应，两者结合使最新发现成为可能。

(2)成功运用微引力透镜效应为星球测重。2017 年 6 月 7 日,美国太空望远镜科学研究所钱德拉·萨胡领导的研究团队,在《科学》杂志发表论文称,爱因斯坦的广义相对论提出 100 年后,他们成功地运用以该理论为基础的微引力透镜效应,确定了一颗白矮星的质量,使当初在爱因斯坦看来“不可能的希望”成为现实。

100 年来,爱因斯坦的广义相对论,使人类对宇宙的理解发生了革命性改变。然而,通过一颗星球对光线的引力影响来测量其质量,此前只是在理论上可行。1936 年,爱因斯坦在《科学》杂志上的一篇文章中称:“没有希望能直接观察到这一现象。”

爱因斯坦广义相对论的一个关键性预测是:在某个巨大物体(如一颗星球)附近的空间曲率,会引起穿越其附近的一缕光线偏转,其偏转程度是根据经典引力定律所致偏转量的两倍。关于这一现象的首个证据,是 1919 年在日食观测中获得的。然而,尽管 100 多年来技术手段出现了很大进步,科学家也进行了不懈努力,仍然无法利用光线弯曲来直接确定星球的质量。

要想取得成功,一颗位于前景的星球(镜片),必须与位于背景的星球(物源)完美重叠,这会令物源的镜像形成一个圆圈,被称作爱因斯坦环;只要镜头的焦距是已知的,爱因斯坦环就可被用来确定该星球的质量。

萨胡研究团队在 5000 多颗恒星中,寻找具有这种直线排列形式的星球,他们发现,白矮星 STEIN 2051 B 恰好有着这种完美的定位。它在 2014 年 3 月,正好位于一颗背景星球之前。他们利用哈勃望远镜对此现象进行观察,测量背景星球表观位置的微移动,这一作用被称作天体测量的微引力透镜效应。根据所测得的数据,他们估计,该星球的质量约为太阳质量的 0.675 倍。研究人员称,白矮星是宇宙中最常见的星球类型,直接测量 STEIN 2051 B 的质量对理解白矮星的进化具有重要意义。

(二)运用引力理论建立宇宙模式的新进展

1.以量子引力理论建立超流体宇宙模型

2014 年 4 月 28 日,英国《每日邮报》网络版报道,“宇宙空间”究竟是什么?半个世纪前,有人提出“时空是一个流体”的想法,这一观点后来被称为“超流体真空论”。现在,意大利国际高等研究院的研究员里贝拉蒂、慕尼黑路德维希-马克西米利安大学的科学家马切诺尼用“量子引力”理论首度解决了这一液体中的黏度问题。换句话说,科学家第一次制定了这种液体究竟该有多“稠”。结果表明,其稠厚的程度几乎为零。

据报道,长期以来,在诸多宇宙谜题中最难以理解的就是:事物是如何在其中移动的。因为能量的转移需要一个媒介,那么电磁波、光子通过宇宙空间时,假定的介质是什么? 但实际上,这种介质是否存在,一直是学界争论不休的话题。

而最新研究认为,时空或许是某种形式的超流体。超流体是一种物质状态,完全缺乏黏性,正由于没有摩擦力,它可以永无止境地流动而不会失去能量。按照里贝拉蒂和马切诺尼的理论,时空作为这种特殊的物质形式,也具有非同寻常的特性,就像声音在空气中传播一样,它提供了一种介质,能让波和光子得以传播。

研究人员通过建立模型,试图将重力和量子力学融合为“量子引力”这种新理论,并表示这将是一个解释宇宙的超流动性的合理模型。宇宙的四种基本力——电磁、弱相互作用、强相互作用和引力,量子力学可以解释其他所有,只除了引力。而现在“量子引力”的建模需要去了解这种流体的黏度,结论是其黏度值极低,接近于零。而这在以前从未被加入到详细考虑范围内。

2.以引力介质建立无始无终永恒存在的宇宙新模型

2015 年 2 月 10 日,埃及本哈大学阿哈迈德·阿里、加拿大莱斯布里奇大学索里亚·戴斯共同主持的研究团队,在《物理快报 B 辑》上发表论文称,他们把引力介质作为量子修正项用于爱因斯坦的广义相对论中,得到一个新模型,显示宇宙可能是永远存在着,没有起点也没有终点。对暗物质和暗能量也是一种可能的解释,同时能解决多个问题。

根据广义相对论估计,宇宙年龄大约是 138 亿岁。在开始时,所有事物都存在于一个无限致密的点,称为奇点,当这一点开始扩张(即大爆炸)后,宇宙才正式开始。广义相对论的数学演算,直接且不可避免地带来了大爆炸奇点。一些科学家认为,这是有问题的,因为数学只能解释奇点之后发生了什么,而不能解释在奇点时或之前发生了什么。阿里说:“大爆炸奇点,是广义相对论最严重的问题,因为这里打破了所有物理法则。”

据报道,该研究团队证明了,大爆炸奇点也是可以解释的。按他们的模型预测,不仅没有大爆炸奇点,也没有“大坍缩”奇点。然而,在广义相对论中,宇宙的一个可能命运是开始收缩,直到最后再变成一个无限致密的点。

新模型描述的宇宙充满了量子流,这种量子流由引力子组成。引力子是一种假设的无质量的引力介质,在量子引力理论中扮演关键角色。在宇宙学术语中,可以把量子修正看作一个宇宙常数项和一个辐射项,无须暗能量。这些项使宇宙保持了有限的大小和无限的年龄,由此做出的预测与目前对宇宙常数和宇宙密度的观察也密切相符。

研究人员强调,他们并不是特意用量子修正项去消除大爆炸奇点。他们的研究,是基于理论物理学家大卫·玻姆的观点。早在 20 世纪 50 年代,玻姆就开始探索用量子轨迹来替代传统的测地线(曲面上两点之间的最短路径)。当时戴斯的老师、物理学家阿马尔·雷乔德哈里开发出一个方程。阿里和戴斯把“玻姆轨迹”,用在了“雷乔德哈里方程”中,用量子修正的雷乔德哈里方程,推导出了量子修正弗里德曼方程,在广义相对论的背景框架中描述了宇宙的膨胀和演化,其中包括了大爆炸。他们的模型避免了奇点是因为传统测地线和玻姆轨迹之间的关键不同。传统测地线最终会交叉,交叉点就是奇点,而玻姆轨迹永远不会交叉,所以方程中不会出现奇点。

虽然这还不是一个真正的量子引力理论,但模型已经包含了量子理论和广义相对论两方面的要素。阿里和戴斯希望在构建出全部量子理论后,他们的结果也能成立。

二、探测引力波获得的新信息

(一)探测引力波的方法与计划

1.探测引力波的新方法

(1)首次锁定引力波探测范围。2009 年 8 月 20 日,一个由全球 79 所大学、实验室和研究机构科学家组成的国际研究团队,在《自然》杂志上发表研究报告说,他们终于锁定了引力波的探测范围。

引力波是宇宙从大爆炸中诞生后,紧接着瞬间的极度混沌中产生的,就像宇宙初生时发出的"啼哭"声。爱因斯坦在广义相对论中预言了引力波的存在,科学界 100 多年来一直苦苦探寻引力波。

这个研究团队利用位于美国的"激光干涉引力波观测台",成功地锁定了引力波的"出没范围",显示其能量值比原有推测值要小很多。他们预计,目前探测仪器的灵敏度,到 2014 年可提高 1000 倍,到时极有可能直接观测到引力波。

引力波是爱因斯坦在广义相对论中提出的,即物体加速运动时给宇宙时空带来的扰动。通俗地说,可以把它想象成水面上物体运动时产生的水波。但是,只有非常大的天体才会发出较容易探测的引力波,如超新星爆发或两个黑洞相撞时,而这种情况非常罕见。因此,相对论提出 100 多年来,其"水星进动"和"光线偏转"等重要预言被一一证实,而引力波却始终未被直接探测到。

引力波有宇宙初生时的"啼哭"之称,它自宇宙诞生后便一直四散传播,现在可探测到的余响能量非常小,被称为"随机引力波背景"。在"激光干涉引力波观测台"中,科学家便是努力在长达 4 千米的激光光线中,寻找"随机引力波背景"带来的比一个原子核还小的扰动。

研究人员说,他们的研究成果是寻找引力波过程中"第一次有意义的实验进展",如果真能在近期探测到引力波,将极大推动对宇宙诞生和时空本质的理解。正缘于此,全球相关科学家都积极投入到这项工作中。

(2)通过探测 B 模偏振来搜寻原初引力波。2016 年 4 月 27 日,美国航空航天局官网报道,该局戈达德航天中心艾尔·科格特领导的研究团队,准备通过发射叫作"原初膨胀偏振探测器"的探测工具,搜寻原初引力波,并证明宇宙的暴涨理论。

有关专家指出,根据暴胀理论,宇宙诞生后经历过一个剧烈膨胀的阶段即暴胀阶段,此过程可能产生引力波。时空中的随机量子涨落在宇宙暴胀过程中也被一同拉伸,如此产生的引力波,会导致微波背景辐射中的光子包含一种特殊的偏振模式:B 模偏振。

迄今为止,科学家们均未曾发现原初引力波,或显示其行踪的 B 模偏振。2014 年,参与南极宇宙泛星系偏振背景成像实验的科学家,宣布发现了 B 模偏振,但随后的数据分析表明,信号的出现是银河系中星际尘埃“惹的祸”。

2.探测引力波的新计划任务

引力波项目计划正式列入欧空局大型空间任务。2017 年 6 月 20 日,欧洲航天局官网报道,欧空局下属科学项目委员会在举行的会议中一致决定,将探测引力波的激光干涉空间天线项目计划,正式确定为欧空局第三大型空间任务(L3),并将行星凌日和恒星震荡(PLATO)探测器任务升级,由目前的蓝图设计阶段正式进入开建阶段。

激光干涉空间天线项目任务与激光干涉引力波天文台不同,自 2015 年以来,激光干涉引力波天文台已三次直接探测到引力波,其两个干涉仪都建在地面;而激光干涉空间天线是首个建在太空中的引力波天文台,三个相同的航天器构成一个边长为 250 万千米的等边三角形,沿着与地球相同的日心轨道运行。

激光干涉空间天线项目任务可谓一波三折。该项目原计划与美国航空航天局合作推进,结果 2011 年美方因预算问题退出。2013 年欧空局提议,将其列为欧空局科学计划中的第三大任务,但由于经费紧张等问题迟迟没有做出决定。此次,在激光干涉引力波天文台多次探测到引力波,以及激光干涉空间天线探路者成功发射并完成第一阶段科学任务的激励下,美国航空航天局有意投入费用总额的 20%,即 10 亿欧元重回激光干涉空间天线项目。欧空局因此决定,将激光干涉空间天线项目正式纳入大型任务“花名册”。根据时间表,激光干涉空间天线将在 2034 年开始从空中探测引力波。

2014 年入选的柏拉图探测器任务,也在这次会议中被正式纳入欧空局科学项目,这意味着,它将从过去的蓝图制定阶段,正式进入建造阶段。柏拉图探测器是预算不到 5 亿欧元的中型项目,将携带 26 颗直径为 12 厘米的小型望远镜和两部专门照相机,探测覆盖半个天空、环绕约 100 万颗恒星运转的行星,从中找到质量为地球 1.5 倍左右、与其恒星距离适宜居住的类地行星。这次会议预计,柏拉图探测器将在 2026 年开展探测任务。

(二)探测引力波的新发现

1.人类首次直接探测到引力波信号

2016 年 2 月 11 日,美国加州理工学院、麻省理工学院,以及激光干涉引力波天文台研究人员组成的研究团队,在华盛顿召开了新闻发布会,向全世界宣布:人类有史以来第一次直接探测到引力波信号,并且首次观测到双黑洞碰撞与并合现象。这个被命名为 GW150914 的引力波事件,发生于距离地球 13 亿光年之外的遥远星系中。它于 2015 年 9 月 14 日,被激光干涉仪引力波天文台两台引力波探测器观测到。这两台探测器堪称是人类有史以来制造的最灵敏的科学仪器。

引力波产生于剧烈天体物理过程，蕴含着关于其源头和关于引力的独一无二的信息。双黑洞并合这一现象长久以来就被理论预言，然而却从未被观测到。这是一个令整个科学界都振奋的消息。这个信号的致信度达到5.1倍标准差，符合整个科学界关于发现的认定。

2.激光干涉引力波天文台再次探测到引力波信号

2016年6月15日，美国激光干涉引力波天文台科学合作组织发言人加布里埃拉·冈萨雷斯，当天在美国天文学会第228次会议的新闻发布会上报告说："我们又探测到了一个引力波事件。"在公布这一消息的同时，还在现场播放了他们所捕捉到的引力波的声音。这是他们自2016年2月宣布首次探测到引力波信号后，再次宣布探测到引力波信号，意味着人类开启了全新的引力波天文学时代。

冈萨雷斯称，这次探测到的引力波，是由两颗初始质量分别为14倍太阳质量和8倍太阳质量的黑洞，合并成一颗约21倍太阳质量的旋转黑洞所引起的。经过14亿年的漫长旅行，这个信号于世界标准时间2015年12月26日3时38分53秒，被激光干涉引力波天文台的两台孪生引力波探测器探测到，被命名为GW151226。这次引力波事件，也被研究人员亲切地称为"来自爱因斯坦的圣诞礼物"。由于这次两个黑洞质量较轻，两者靠近的速度较上一次要缓慢不少，基于同样的原因，双黑洞并合前旋转的圈数也远远大于第一次，在大约1秒的时间内，这两个黑洞相互绕转了55圈，这让科学家有机会对广义相对论进行一次全新的验证。

与此同时，研究人员还曾捕捉到第三个"疑似信号"，但由于该信号太过微弱而无法确认。冈萨雷斯表示，再次探测到引力波信号，意味着引力波事件的探测概率，比人们以前预计的要高不少，有理由相信，未来还将会有更多的案例出现。

引力波是时空弯曲的一种效应，最早由爱因斯坦在100年前提出。直接探测引力波是检验广义相对论正确性最重要也是最后的一块"拼图"，而引力波本身也被认为是人类探索未知宇宙的全新工具。2016年2月，激光干涉引力波天文台团队首次发现引力波的消息，在全球引发了轰动也带来了各种质疑。其中最有代表性的一种观点认为，这是一种罕见的小概率事件，难以重复。

第四节 宇宙暗物质研究的新成果

一、研究分析宇宙暗物质的新进展

（一）宇宙暗物质表现及原因探索的新见解

1.宇宙暗物质存在迹象研究的新发现

研究揭示早期宇宙存在暗物质不足现象。2017年3月，德国马克斯·普朗克外空物理学研究所莱因哈特·根泽尔领导的研究小组，在《自然》杂志发表论文称,他们研究发现,在100亿年前星系形成的高峰期,产星星系的外盘可能主要为恒星和气体主导,而非暗物质。而对遥远星系自转曲线的最新测量结果,似乎与早期星系形成的模拟结果不一致。

在星系内,恒星和气体(重子成分),被认为与暗物质(非重子)混合在一起,暗物质占据总质量的主要部分。重子物质和非重子物质的占比,可通过测量星系的自转计算得出。在本区域宇宙,暗物质主导星系(如银河系)的外盘,导致这些星系的自转曲线相对扁平。仅凭恒星和气体的质量计算,自转速度应在星系外层急剧下降。

该研究小组分析了6个遥远巨大的产星星系的高质量光谱,发现星系外盘的自转速度随着半径的增加而下降,这表明这里的暗物质不如本区域宇宙多。研究人员认为,本区域星系和遥远星系的组成成分差异,可能是因为遥远星系富含气体且致密,随着气体的快速累积而增长,气体比暗物质更容易落入星系盘中。

英国杜伦大学的马克·斯文班克在文章中写道,这些发现,提高了人们对早期星系如何形成和演化的认识。他提到,该研究结果或许可以解释"在遥远的宇宙中观测到的块状不规则产星星系,如何转变成我们今天看到的与众不同的螺旋星系,如银河系"。

2.宇宙暗物质存在原因分析的新观点

(1)用宇宙早期"二次膨胀"解释暗物质存在的原因。2016年1月,美国能源部布鲁克海文国家实验室,霍曼·戴伍迪亚索领导的高能理论研究小组,在《物理评论快报》网络版上发表论文称,目前流行的大爆炸理论认为,宇宙早期扩张呈指数形式,称为"膨胀",整个时空从一个极热而致密的点向外膨胀,成为一个均匀的、仍在不停扩张的大宇宙。但他们不赞同这一观点,而是认为,宇宙早期可能还有一个较为短暂的二次膨胀时期,这种假设或许能解释宇宙中现有暗物质数量过多的问题。

暗物质不以任何明显方式与普通物质相互作用,科学家通过万有引力效应估计,暗物质占宇宙全部质量的1/4,而普通物质只占5%。暗物质才是宇宙的主要内容。一些理论能简洁地解释暗物质,但却不被广泛接受,因为它们预测的暗物质数量比有实验支持的更多。为了让理论符合实验,该研究小组给广泛接受的时空起源事件,增加了"二次膨胀"这一步。

按标准宇宙学说,宇宙膨胀始于时间开始后的10~35秒,这种空间的整体暴涨只持续不到1秒,随后是一个持续至今的冷却期。在几秒到几分钟大致冷却得差不多时,较轻元素开始形成。戴伍迪亚索说,在这些重要事件之间,可能还有一次膨胀,它不像第一次爆炸那么剧烈,却可以"稀释"暗物质,使宇宙中的暗物质密度最终成为今天这样。

研究人员称,开始时,在一个较小空间里温度飙升超过10亿℃,暗物质粒子彼此接触而湮灭,把能量传给标准物质粒子(如电子、夸克)。随着宇宙继续膨胀变冷，暗物质粒子碰撞大大减少，湮灭速度跟不上膨胀速度。在这个点上，大量暗物质开始出炉。暗物质间的相互作用很弱，自我湮灭在早期温度下降后就变得效率低下，使其数量固定下来。暗物质间相互作用越弱，最后留下的暗物质数量就越多。

戴伍迪亚索说，这种理论提出了一种简单模型，能平衡早期宇宙膨胀的短缺，解释宇宙中现有暗物质的数量过多问题。当然这不同于标准宇宙学，但宇宙可能不受我们认为的标准控制。

（2）用第五种力来解释暗物质存在的原因及合理性。2016 年 8 月，美国加州大学欧文分校物理和天文学教授冯孝仁领导，物理和天文学教授蒂莫西·泰特参与的一个研究团队，在《物理评论快报》杂志发表论文指出，匈牙利科学院核科学家数月前称，可能发现了一种未知的亚原子粒子，而他们对研究结果进行梳理后认为，这一亚原子粒子并非物质粒子，而有可能是宇宙空间存在第五种力的证据。若是这个观点成立，暗物质本身及其存在原因问题，将获得更加合理的解释。

冯孝仁说："数十年来，我们知道宇宙空间存在四种基本力：引力、电磁力、强核力和弱核力，其中强核力又叫强相互作用力，是四种基本力中最强的。如果我们的结论获得证实，那将是革命性的。第五种力将彻底改变我们对宇宙的理解，导致力和暗物质的统一。"

匈牙利科学家 2015 年进行的实验是为了搜寻"暗光子"，也可能意味着占宇宙总质量 85%左右的看不见的暗物质，他们却发现了反常现象：可能存在一种质量为电子 30 多倍的新的光粒子。冯孝仁解释称："匈牙利科学家只看见了反常现象，表明可能存在一种新粒子，但他们并不清楚它是物质粒子还是携带力的粒子。"

随后，冯孝仁研究团队对匈牙利科学家的数据，及该领域所有其他实验数据，进行了核查。结果表明，这种粒子不是暗光子，可能是"疏质子的 X 玻色子"，指向第五种力。普通的电力是电子和质子相互作用的结果，而新发现的玻色子仅同电子和中子相互作用，且作用范围十分有限。泰特说："我们已观察到的玻色子中都没有这一属性，故而也称其为'X 玻色子'。X 意味着'未知'。"

（二）由宇宙粒子视角分析暗物质的新进展

1.分析暗物质粒子质量的新观点

认为暗物质粒子可能比以前估计的更"轻"。2015 年 2 月，英国《每日邮报》网站报道，科学界普遍认为，暗物质占宇宙总质量的 84.5%，但迄今仍未有人或探测器直接见其"真身"，暗物质也因此成为现代物理学最重要的谜团之一。近日，英国南安普顿大学物理和天文学系的詹姆斯·贝特曼博士、德国慕尼黑马克斯·普朗克研究所的亚历山大·莫尔等人组成的研究小组，在《科学报告》杂志上发表研究成果认为，暗物质粒子或许比我们所认为的要更加"苗条"，并据此提出了一种新的暗物质备选粒子，其质量非常小，无法穿透地球大气层，因此无法被地面上的探测器直接捕获。

据报道，暗物质之间的引力会影响恒星和星系，帮助它们紧密地依附在一起，这是暗物质证实其自身存在的方式，科学家们可以在宇宙大爆炸的“余光”——宇宙微波背景辐射（CMB）中发现暗物质的“蛛丝马迹”，但尽管科学家们使出浑身解数，迄今也没有直接看到暗物质。

现在，南安普顿大学的研究人员提出了一种假定的暗物质基础粒子。新研究认为，暗物质粒子或许比我们以前所认为的要更“轻”一些，其质量仅为电子质量的0.02%。尽管这种粒子不会与光发生相互作用，但它与普通物质之间的相互作用非常强烈，而且，其或许无法穿透地球的大气层，因此也就不太可能被地面探测器发现。

贝特曼博士表示，这项新研究囊括了理论粒子物理学、观测X射线天文学以及实验量子光学等多个不同的物理学领域。贝特曼说：“我们的备选粒子听起来很疯狂，但目前似乎没有实验或者观察可以将其排除。”

莫尔认为，此时此刻，搜寻暗物质的实验并没有特定的指向；欧洲核子研究中心的大型强子对撞机，也并没有发现新物理学的迹象，所以必须改变方向，寻找其他的暗物质备选粒子。

2.分析暗物质备选粒子及相关粒子的新见解

（1）认为类轴子粒子或许不是暗物质备选粒子。2016年4月，美国趣味科学网站报道，瑞典斯德哥尔摩大学物理学家组成的一个研究小组，在《物理评论快报》杂志上发表论文称，有种假设曾把暗物质粒子等同于“类轴子粒子”，而他们对美国国家航空航天局费米太空望远镜提供的大量观测记录，进行分析后发现，“类轴子粒子”可能不是暗物质的备选粒子；或许这种粒子根本就不存在。这项新研究，朝着揭开暗物质的秘密，更近了一步。

有关专家解释称，20世纪30年代初，美国加州理工学院的天体物理学家弗里茨·兹威基首先发现，星系团中的可见物质，远远不足以解释星系围绕星系团中心旋转的速度，科学家因此认为还有看不见的“暗物质”，尽管暗物质由万有引力定律多方观测证实存在，但其构成一直是个谜。

科学家们认为，一种可能性是暗物质或由“类轴子粒子（ALPs）”组成。“类轴子粒子”由某种特定的量子相互作用而产生，尽管其质量不足电子的十亿分之一，但宇宙间可能充满了这种粒子。不过，科学家们无法直接观测到它，但当它经过磁场时，有非常小的机会变成光子，因此，我们或许无法直接看见暗物质粒子，但能在某些情况下看到由它变成的光子。

（2）提出会与暗物质相互作用的“抹大拉玻色子”。2016年9月6日，物理学家组织网报道，南非威特沃特斯兰德大学高能物理科学家布鲁斯·梅拉德领导的一个国际研究团队，近日基于欧洲核子研究中心大型强子对撞机，以及其他实验提供的数据，提出所谓“抹大拉假设”。该假设认为，存在一种名为“抹大拉玻色子”的新玻色子和场，它会与暗物质相互作用，这一玻色子或有助于揭开笼罩在暗物质头上的神秘“面纱”。

梅拉德说：“基于大型强子对撞机实验提供的数据中的大量特征，以及其他科学家的研究数据，我们联合印度、瑞典的科学家总结出这个‘抹大拉假设’。”

“抹大拉假设”认为，“抹大拉玻色子”与希格斯玻色子类似，但标准模型描述的希格斯玻色子仅与已知物质相互作用，而“抹大拉玻色子”会与暗物质相互作用。目前物理学主流观点认为，可见物质占宇宙总质量的5%，暗物质占27%，暗能量占68%。

梅拉德说：“现代物理学目前正处于十字路口，正如此前传统物理学一样。彼时，传统物理学无法解释很多现象，因此需要新概念，比如相对论和量子力学来对其进行革新，这些新理论的出现，导致现代物理学的诞生。”

二、探测搜寻宇宙暗物质的新进展

（一）模拟和探测宇宙暗物质获得的新见解

1.模拟观测宇宙暗物质得出的新看法

认为宇宙暗物质可能将很快现身。2008 年 11 月 6 日，英国杜伦大学计算宇宙学学院院长卡洛斯·弗伦克教授、德国马普天文物理研究所所长西蒙·华艾德研究员牵头，成员来自英国、美国、德国、荷兰、加拿大等国的一个研究小组，在《自然》杂志上发表研究论文称，他们使用大型计算机，模拟了像银河系这样的星系进化的过程，“观察”到了暗物质发出的伽马射线。

暗物质被认为占了85%的宇宙质量，75 年前科学家根据引力作用判定暗物质的存在，但迄今也没有用望远镜观察到暗物质。不过，根据该研究小组的这项新研究，对暗物质的寻找可能很快就能结束。

这一称为宝瓶座计划的模拟计划，揭示了来源于大爆炸的相对较小的暗物质，如何经由一系列猛烈碰撞和合并而生成了星系的光晕。

研究小组观察了暗物质光晕，这是种环绕在星系周围的结构，其质量是太阳质量的几万亿倍。研究人员发现，暗物质高密度区域中粒子碰撞产生的伽马射线，最容易在靠近太阳的银河系区域发现。

研究预测，这部分星系区域会有暗物质发出伽马射线，从而发出“柔和变化的有特定形状的”光，研究人员建议用费米望远镜观测这部分星系区域。研究人员相信，如果费米望远镜真的观测到了预测的现象，就有可能观察到距太阳非常近的不可见的暗物质。

弗伦克说：“解决暗物质之谜，将是这个时代最伟大的科学成就之一。对暗物质的寻找，是数十年来宇宙学的中心任务，这个任务可能很快就会结束了。”

华艾德说：“这些模拟计算的结果，最终使得我们有可能‘看’到太阳附近暗物质的分布。”

2.探测宇宙暗物质获得的新观点

(1)认为暗物质存在明确迹象。2013 年 4 月,国外媒体报道,在美国地下深处的一座实验室,科学家发现了可证明暗物质存在的明确迹象。暗物质是一种神秘莫测的物质,据信在宇宙物质中的比重达到 1/4。一直以来,科学家从未直接观测到这种物质。建在明尼苏达州一座矿山地下深处的实验室,美国科学家借助低温暗物质搜寻实验仪器搜寻暗物质,最后得出了令人兴奋的研究发现。在设计上,该仪器能够捕获,暗物质粒子"撞向"一台探测器内的原子核时,发生的罕见交互作用。这台探测器在接近深空的温度环境下运转。

美国科学家报告称,他们在实验中发现大质量弱相互作用粒子的信号,强度达到 3 个西格马水平,说明他们发现暗物质的可能性达到 99.8%。暗物质是一种神秘莫测的物质,据信将宇宙中的天体聚合在一起。但迄今为止,科学家从未直接观测到这种物质。

(2)认为可能已发现暗物质信号。2014 年 12 月 12 日,每日科学网报道,瑞士洛桑联邦理工学院粒子物理和宇宙学系奥列格·瑞查尔斯基和阿列克谢·波雅尔斯基领导的研究团队,在《物理评论快报》上发表研究成果称,他们在研究了大量 X 射线数据后相信,可能已发现暗物质粒子的蛛丝马迹。

研究人员说,他们通过分析英仙座星系团和仙女座星系发出的 X 射线,可能发现了被科学家苦苦追寻的暗物质的信号。该团队利用欧洲航天局的 X 射线多面镜牛顿天文望远镜收集了成千上万个信号,在排除那些从已知的粒子和原子发出的信号后,一种异常的东西引起了他们的注意。

物理学家在研究星系动力学和恒星的运动时,遇到了一个谜团——有一些东西在莫名其妙地失踪。据此他们推测一定有一种看不见的物质,它们不与光发生作用,但整体上通过万有引力相互作用。这种物质被称为"暗物质",它们可能至少占整个宇宙的 80%。暗物质至今完全是一种猜测,除了万有引力以外,它们的运行规律不符合任何一种物理学标准模型。

据报道,出现在 X 射线光谱中的信号,是一种微弱的、非典型的光子发射,它们无法被追溯到任何一种已知物质。最重要的是,这种信号在星系中的分布与科学家对暗物质的设想完全一致:在物质的中心强烈且集中,在物质的边缘微弱且分散。这种信号来源于宇宙中非常罕见的事件:一个光子伴随着一个假想中的粒子,即可能是惰性中微子的毁灭被发射出来。

瑞查尔斯基说,为了验证这一发现,他们将目光转向了银河系的 X 射线数据,对其进行了同样的观察。他认为,如果得到证实,这一发现,将为粒子物理学研究开辟新途径,并开启天文学的新时代。波雅尔斯基补充说,它的证实有可能催生新的专门用来研究暗物质粒子信号的望远镜。借助它,科学家可以知道,如何追踪到太空中的暗结构,并最终重新构建出宇宙是如何形成的。

(二)搜索宇宙暗物质的新方法和新实验

1.探测宇宙暗物质的新方法

(1)从三维角度探测暗物质细丝结构。2012 年 10 月 17 日,物理学家组织网报道,法国马赛天体物理学实验室马蒂尔德·让扎克领导,他的同事鲍尔·卡内伯、美国夏威夷大学哈罗德·埃贝林等参与的一个研究小组发表论文称,他们开始从三维角度探测暗物质细丝结构,消除研究平面图时的常见错误,这有助于进一步认清暗物质,并揭示宇宙网的真正性质。

据悉,2012 年年初,科学家第一次识别出了宇宙中存在的一部分暗物质细丝。宇宙网构成了宇宙的大尺度结构,暗物质细丝是其一部分,也是大爆炸后最初瞬间留下的残余。大爆炸理论预测宇宙最初时刻的物质密度不均匀导致了其中大块物质变稠密,凝结进入一张相互纠缠的丝网。计算机模拟的宇宙进化也支持这一观点,这表明宇宙结构像一张网,有着长长的细丝互相连接在一起,连接点的位置就在大质量星系群的位置。这些细丝尽管非常巨大,却主要由暗物质组成,要想看到它们极为困难。

研究小组,对大质量星系群周围区域 MACS J0717.5+3745 的高分辨率图像,进行分析。MACS J0717 也是已知的质量最大的星系群之一。所用图像来自哈勃望远镜、日本国家天文台斯巴鲁望远镜和加拿大-法国-夏威夷望远镜,并结合了 WM 凯克天文台和双子天文台对星系内部的分光数据。经过对图像和数据的综合分析,构建了一幅暗物质细丝的完整图景:它从星系群核心内延伸出来,跨越 6000 万光年。

卡内伯说,目前的挑战,是找到一个星系群形状的模型,适合观察到的所有透镜效应的特征。再结合位置和速度信息,就能揭示暗物质细丝的三维结构和方向,消除二维图像带来的偏差和不确定性。

(2)提出用 GPS 卫星探测暗物质的设想。2014 年 11 月 17 日,物理学家组织网报道,暗物质影响着星系的形成,无处不在却难以捉摸。最近,美国内华达大学科学学院教授安德烈·德拉维安科,与加拿大维多利亚大学理论物理学周界研究所马克西姆·珀斯拜洛等人组成的研究小组,在《自然·物理学》杂志网络版上发表论文提出,为我们提供城市导航的 GPS(全球定位系统)设备,有可能成为直接探测和测量暗物质的强大工具。

据报道,研究小组提出了一种新方法,用 GPS 卫星及其他原子钟网络来寻找暗物质,对比各钟的时间以找出差异。

德拉维安科说:“对于暗物质,我们除了欠缺实体的观察证据,连它的属性也不甚了解。有些粒子物理学研究设想,暗物质是由类似重粒子的物质构成,但这种设想未必是真实的。现代物理学和宇宙学只能解释宇宙中 5%的普通物质和能量,对剩下的部分还无法解释。”

有证据显示,在这些神秘物质能量中,暗能量约占 68%,剩下的 27%就是通常所知的暗物质,虽然人们看不见,也无法直接探测和测量它们。

德拉维安科介绍道:“我们的研究,旨在实验一种探测暗物质的想法。暗物质的组织形式,可能是类似气体的拓扑缺陷大集合,或能量破缺。我们认为,当暗物质扫过时,用高灵敏原子钟网络来探测这些缺陷,就可能探测到暗物质。哪里的钟出现了不同步,就知道可能有暗物质、拓扑缺陷经过这里。我们的设想,是把 GPS 卫星坐标群,作为人类建造的最大暗物质探测仪。”

研究小组正在与内华达测量实验室主管杰夫·布莱维特合作,共同分析来自 30 个 GPS 卫星的原子钟数据。关联原子钟网络,如 GPS 现有的地面网络,可作为寻找拓扑缺陷暗物质的强大工具。在暗物质影响下,原本同步的钟会变得不同步,放在不同地方的原子钟的时间可能出现明显差异。

布莱维特说:“我们知道暗物质一定在那,因为它让沿星系的光线发生了弯曲,但我们没有证据显示它是由什么构成的。如果它不在那儿,我们所知的普通物质是不足以把光线弯曲得那么厉害的。这是科学家知道星系内外有大量暗物质的途径之一。一种可能是,这种类气体暗物质不是由普通物质粒子构成,而是宏观的、时空纤维的缺陷。”

布莱维特解释说:“地球在星系中运转,会经过这种气体。对我们来说,就像暗物质构成的星系风吹过地球系及其卫星。当暗物质吹过时,可能会让 GPS 系统的钟变得不同步,这一指标大约持续 3 分钟。如果暗物质让原子钟的时差超过 10 亿分之一秒,我们就能很轻易地探测到。”

2.建立搜寻宇宙暗物质的实验室

(1)开建地下最深的研究暗物质实验室。2009 年 6 月 22 日,美国物理学家组织网报道,在美国南达科他州布莱克山山底深处,建筑工人正在建造世界上深度最高的地下科学实验室,最深处达 2438 米,超过 6 个帝国大厦。借助于这个独一无二的实验室,科学家试图揭开神秘粒子暗物质的谜团。

研究人员表示,地下实验室是进行暗物质探测实验的最理想之处。原因在于:位于地下深处,能够在很大程度上免受宇宙射线影响。宇宙射线干扰科学家证明暗物质存在,暗物质据信构成宇宙质量的近四分之一。

科学家认为,宇宙中的绝大多数暗物质并不含有原子,不会通过电磁力与普通物质发生相互作用。现在,他们正试图揭开暗物质的真实面目、存在数量以及可能对未来宇宙产生的影响。物理学家曾指出,如果没有暗物质,星系可能永远不会形成。通过更多地了解暗物质,他们能够进一步确定宇宙到底是不断扩张还是萎缩。

据悉,研究小组将在一个重 300 千克的液态氙容器内,“搜捕”神秘的暗物质。液态氙是一种冷物质,重量是水的 3 倍。如果在地上进行实验探测暗物质,高灵敏度探测器将不可避免地遭到宇宙辐射“轰击”。

(2)建成迄今最大最灵敏的暗物质实验设备。2015 年 11 月 11 日,英国《自然》杂志网站报道,迄今最大最灵敏的暗物质实验设备,当天在意大利格兰萨索地下实验室揭开帷幕。有关专家称,暗物质实验设备或将改变历史,或将宣告超对称理论中对暗物质的描述终结。

人们现已知道,离开暗物质与暗能量,宇宙无法维持现有的星系旋转与膨胀速度。但是标准模型中并没有描述这两者的候选粒子,因此科学家才认为标准模型需要被拓展,许多新物理模型应运而生,其中超对称理论备受青睐。它认为迄今发现的每一个粒子都有一个通常来说更重一些的伙伴粒子,有一些则是大质量弱相互作用粒子,它是一种仍然停留在理论阶段的粒子,却是暗物质最有希望的候选者,在大爆炸中应被创造出来的大质量弱相互作用粒子的数量,恰好也符合宇宙学估测出的暗物质密度。

但暗物质的寻找过程甚是艰难。当前想要寻获暗物质有两个办法:将仪器送上太空,或者放入地下。后者是一个进行暗物质探测实验的最理想所在,因为地下深处可很大程度上免受宇宙射线的攻击。此次参与探测暗物质联合实验的125名科学家,将3.5吨液态氙作为“搜捕”暗物质的工具,并对其反应进行监控。液态氙属于冷物质,重量是水的3倍。该实验所用已远远超过当今世界上最先进的暗物质探测实验——美国桑福德地下研究中心大型地下氙探测器里370千克氙的重量。而在2013年,氙探测器实验曾排除了大质量弱相互作用粒子作为暗物质候选者的可能,即是说其寻找暗物质未获成功。

暗物质实验设备预计半年后开始收集数据。该实验如能发现暗物质,无疑将被写入历史;反之,它将终结掉一个备受欢迎的暗物质的候选者,同时也是标准模型的扩展理论。目前,欧核中心地下的大型强子对撞机也在对大质量弱相互作用粒子进行追寻,以期发现超对称粒子的蛛丝马迹,“防止”这一理论寿终正寝。

3.开展寻找宇宙暗物质的模拟实验

(1)通过计算机模拟黑洞的实验来寻找暗物质。2015年6月,物理学家组织网报道,美国航空航天局最新的计算机模拟实验显示,暗物质粒子在黑洞的极端重力条件下,相互撞击可以产生强烈的、可能会被观测到的伽马射线。这有可能成为天文学家理解黑洞和暗物质的新工具。

暗物质是一种看不见的物质,但却是宇宙最主要的组成部分。美国航空航天局戈达德宇宙飞行中心天体物理学家杰里米·施利特曼说:“尽管我们不知道什么是暗物质,但我们知道它可以通过重力与宇宙的其他部分发生反应,这意味着它一定会在超大质量的黑洞附近聚集。”黑洞不仅可以吸引暗物质粒子,而且它的重力对暗物质粒子撞击的次数和产生的能量都有扩大效应。

据报道,施利特曼运用计算机模拟系统,追踪了上千万暗物质粒子在黑洞附近的运行轨迹。他发现,暗物质粒子互相碰撞后“同归于尽”,并转化为能量最强烈的光线伽马射线。同时,一些伽马射线在“逃离”黑洞时携带的能量,远远超过了之前理论预测的极限值。

在过去几年中，科学家已经把目光转向黑洞来研究暗物质，他们认为暗物质粒子可能会在那里聚集并互相碰撞，而且碰撞的次数和产生的能量都极大提高。这一想法，源于1969年英国天体物理学家罗杰·潘洛斯提出的“潘洛斯过程”：粒子可以从旋转的黑洞中吸取能量，黑洞旋转得越快，从其中吸取的能量就越多。

此前的研究发现，暗物质粒子在黑洞中发生撞击时，最多会产生比原始值高30%的能量，而只有极小部分高能伽马射线能逃脱黑洞。这意味着，科学家无法在一个超大质量的黑洞中发现“潘洛斯过程”的明显证据。

施利特曼的计算机模拟实验，让科学家看到了新的希望。通过跟踪聚集在黑洞附近的粒子，模拟实验发现，暗物质粒子在黑洞中互相撞击可以产生更高能的伽马射线，最多可高于原始值14倍。而且，这些射线逃离黑洞的可能性更高，被望远镜观测到的可能性也更大。

施利特曼希望这一研究，能够为观测到暗物质粒子在黑洞中的撞击信号提供帮助。他说：“模拟实验表明，未来我们有可能观测到这一有趣的天文物理信号，下一步就是根据伽马射线观测结果对黑洞模型和粒子物理学理论进行调整。”

（2）开展模拟“磁星”搜寻暗物质备选粒子的实验。2016年10月，美国麻省理工学院物理学副教授杰西·泰勒领导的研究团队，在《物理评论快报》上撰文称，他们打算进行一项新实验，来探测一种名为“轴子”的粒子。如果实验成功，将破解粒子物理学领域一个复杂的未解之谜：强电荷宇称破坏，并进一步厘清暗物质的属性。

强电荷宇称破坏，是粒子物理学悬而未决的重大疑难之一。1977年，人们提出轴子方案来解释这一问题。轴子被认为是宇宙间最轻的粒子之一，大小约为质子的1/1018。由于已把其作为暗物质备选粒子，因此假若它存在，可能会和其他仍未“现身”的粒子一起以暗物质形式，组成宇宙总物质的80%。

该研究团队表示，他们打算在受控的实验环境下，借助磁共振成像技术，模拟天文学中的磁星，即能产生极强磁场的中子星来探测轴子。这一实验的核心名为“使用放大的B场环装置的宽带/共振方法探测宇宙轴子”，包含一系列磁线圈。这些线圈缠绕成一个“甜甜圈”被嵌入一层超导金属内，并保持在一个温度仅在绝对零度之上的冷冻机内，使外部噪声最小。

研究人员称，设计模型约为手掌大小，能产生1特斯拉的磁场。如果轴子出现，磁场将产生非常微小的振动，频率与轴子质量直接相关，一种置于“甜甜圈”内的超灵敏磁力计能测出这一频率，并最终确定轴子的大小。

该研究团队表示，如果轴子被探测到，它或许能解释困扰粒子物理学领域的强电荷宇称破坏之谜。由于轴子是暗物质备选粒子，因此这项研究也将有助于科学家们进一步厘清暗物质的属性。

第五节 宇宙暗能量研究的新成果

一、探索宇宙暗能量本质与强度的新进展

1.研究宇宙暗能量本质的新信息

(1)通过测量宇宙膨胀率揭示暗能量本质。2014 年 4 月 8 日,英国《每日邮报》报道,参与重子振荡光谱巡天项目组(BOSS)的天文学家,通过对 14 万颗遥远的类星体的位置,以及星系间氢气的分布,进行观测和分析,测量出宇宙年龄为现在 1/4 时的膨胀率。这是迄今为止对宇宙膨胀进行的最精确的测量,将有助于科学家们进一步厘清暗能量的属性。

据报道,该项目组研究的主要目的,是使用类星体来探测星系际的氢气分布,从而获得年轻宇宙的结构及暗能量的作用。参与研究的科学家解释说,来自遥远类星体的光穿过星系间氢气时,氢气团会吸收类星体光谱上对应中性氢特征波长的位置上的光,气体团的密度越高,吸收的光也越多。随着宇宙不断膨胀,类星体发出光的波长被不断拉伸(红移)。随后,这种光遇到的每个气体团,会在不同的相对波长处留下吸收印记,最终,类星体光谱上就包含了其发出的光遇到的所有气体团的印记。

研究人员表示:“就像年轮揭示了树木的年龄一样,类星体的光谱也记录着宇宙的历史。我们可通过类星体光谱,测量出光穿过每个氢气团后,宇宙膨胀了多少。结果表明,108 亿年前的宇宙膨胀率,为每 4400 万年膨胀 1%,精确度为 2.2%。”

另据物理学家组织网报道,最新结果结合了两种不同的分析技术。第一种技术由劳伦斯伯克利国家实验室的物理学家安德鲁·里贝拉领导的研究团队提出,主要是比较类星体和氢气的分布;第二种方法由瑞士洛桑联邦理工学院的提姆思·德鲁巴克领导的研究团队完成,该方法通过研究氢气本身的分布模式,来测量年轻宇宙中的物质分布。

里贝拉说:“最新结果意味着,在宇宙诞生 30 亿年左右,我们会看到,随着宇宙的膨胀,一对相距一百万光年的星系正以 68 千米/秒的速度背离对方。”

(2)认为质子和电子的质量可为解释暗能量本质提供帮助。2015 年 3 月,荷兰阿姆斯特丹自由大学,与澳大利亚斯威本科技大学 4 位科学家组成的一个国际研究小组,在《物理评论快报》上发表论文称,他们根据欧洲南部天文台甚大望远镜的数据分析,发现经过 120 多亿年的时间,质子和电子的质量并没有出现可测量的变化。研究人员认为,这一研究结果,有望为解释暗能量本质提供帮助。

一些理论认为,暗能量这种神秘的力量会导致宇宙不断膨胀,并且随着时间

的推移会逐渐发生演变。当暗能量与光反应时，会对作用域的时间产生影响，此时作用域的能量产生跃迁，根据爱因斯坦相对论，作用域内的物质质量会有减少。由于宇宙空间不断发生的中和反应，作用域内的物质质量不断减小致使物质的引力减小，出现宇宙膨胀。

如果真是这样，可能意味着我们所习以为常的很多常量，如重力、光速等常数也会随着时间而改变。在新的研究中，研究人员试图对这一假设进行验证，看看经过上百亿年的时间，质子或电子这两种基本常数的质量是否发生了变化。

为此，研究人员观察了一个遥远的位于银河系后面的类星体。这种类星体多少也有些神秘，一直让天文学家感到困惑不解。它们距离地球至少 100 亿光年，是迄今为止人类所观测到的最遥远、最明亮的天体，能发射出比星系能量高千倍以上的光和射电，这种超常亮度使其在 100 亿光年以外就能被观测到。但与其巨大的能量不相匹配的是，类星体却不可思议地小，与直径大约为 10 万光年的星系相比，类星体的直径大约为 1 光天。天文学家认为，这有可能是物质被牵引到星系中心的超大质量黑洞中，导致大量能量释放所致。

研究人员发现银河系中的氢分子会吸收一些来自类星体的光线，这允许他们测量出这个过程中所发生的能量跃迁，以及质子和电子质量的比率。由于该星系先前已经被追溯到 124 亿年前，由其发出的光应该比这个时间更久。研究人员的测量显示，经过 120 亿年，它们的质量并没有偏离（在 10^{-6} 精度范围内）目前我们所使用的常数。因此，研究人员声称，如果暗能量是不断发展的，如此长的时间里它们不会不发生变化。

2.探索宇宙暗能量强度的新信息

（1）运用氢强度映射实验镜计算暗能量强度。2015 年 8 月，有关媒体报道，加拿大温哥华不列颠哥伦比亚大学实验宇宙学家马克・哈尔彭、多伦多大学实验宇宙学家基思・范德林德共同领导，滑铁卢市理论物理周边研究所天体物理学家肯德里克・史密斯为骨干的一个研究团队，正在利用加拿大氢强度映射实验镜，探测宇宙的“少年”时期，并试图用它计算出暗能量的强度。

典型的射电望远镜都是“圆盘子”，但加拿大氢强度映射实验镜，却由 4 个 100 米长的半圆柱形天线构成。该天文设备位于不列颠哥伦比亚省彭蒂克顿附近。

从 2016 年开始，该天文设备的半管状天线，将开始探测由遥远星系的氢释放的无线电波。哈尔彭表示，这些观测将成为对 100 亿年前至 80 亿年前之间宇宙膨胀率的首个测量，这一时期的宇宙“恰好从一个小孩变成了成人”。

研究表明，从宇宙大爆炸到距今 138 亿年前，宇宙膨胀的速度一直很慢。哈尔彭说，但是在宇宙“青春期”的某个地方，最终将宇宙缓慢膨胀变为今天观测到的加速膨胀的暗能量，开始逐渐被感受到。

然而迄今为止，这一时间的窗口已经关闭。宇宙学家测量宇宙过去的膨胀率，通常都是利用一些古老的天体，例如超新星爆发以及星系间的空洞，它们距离地球是如此之远，以至于光线现在才抵达地球。在过去几十年中，这些天体揭示了在过去超过60亿年的时间里，宇宙一直在加速膨胀。而对类星体的研究则显示，直到距今100亿年前，宇宙的膨胀依然缓慢。

但是，宇宙学家一直难以测量在此期间的宇宙膨胀率，从而留下了一个悬而未决的问题，即暗能量排斥力的强度，是否随着时间流逝而改变。

史密斯说，设计氢强度映射实验镜的目的，正是为了填补这一空白。他将负责氢强度映射实验镜数据的分析工作。半管状天线将使得氢强度映射实验镜，能够接收到沿着一个狭长的直线区域来自任何地方、任何指定时间的无线电波。史密斯说："随着地球的自转，这一直线形状将扫过整个天空。"

为了搞清一些单独的信号来自何方，一台定制的超级计算机将使用新技术，可在每秒钟处理近1太字节的数据。研究人员同时还将使用最初为移动电话研制的信号放大器。范德林德表示，如果没有这些强大的电子元器件，氢强度映射实验镜的成本将非常高昂。

这里的超级计算机，将特别关注波长代表110亿年前到70亿年前的无线电波，这些无线电波是由星际空间中的氢释放的。研究人员随后将尝试去掉来自银河系及地球的具有相同波长的"无线电噪声"。

范德林德指出，氢强度映射实验镜并不能用这种方法区分个别星系，将有成百上千个星系共同出现。这将让研究人员能够绘制星系团之间空洞的膨胀率，从而最终计算出这一时期的暗能量强度。

在物理宇宙学中，暗能量是一种充溢空间的、增加宇宙膨胀速度的难以察觉的能量形式。暗能量假说，是当今对宇宙加速膨胀的观测结果的解释中，最为流行的一种。

(2)测量表明宇宙膨胀速度与暗能量强度成正比。2016年4月6日，美国约翰·霍普金斯大学天体物理学家亚当·里斯领导的一个研究团队，在数学文献库网络版上发表论文称，他们近日对于宇宙膨胀速度进行最精确测量，得到一个同宇宙大爆炸后的辐射测量值不相符的结果。它可能意味着，暗能量的强度与宇宙膨胀速度成正比关系，它自宇宙形成之初便一直在增长。

暗能量是一种被认为对观测到的宇宙膨胀加速发挥着作用的未知能量。里斯表示："我认为在标准宇宙论模型中，有一些是我们尚未搞清的。"里斯曾于1998年发现了暗能量的迹象。

没有参与该项研究的加利福尼亚大学尔湾分校宇宙学家柯伏克·阿巴扎居安认为，这项研究成果"具有改变宇宙论的潜力"。

在公认的宇宙论模型中，宇宙的进化主要通过暗物质与暗能量之间的竞争作用。暗物质的引力倾向于减缓宇宙膨胀，而暗能量则在相反的方向推动并使宇宙加速膨胀。由里斯和其他科学家进行的早期观测认为，暗能量的强度在宇宙的整个历史中都是恒定的。

许多科学家认为,暗物质和暗能量的相对贡献来自于宇宙大爆炸后遗留的辐射,被称为宇宙微波背景辐射。对于它的最详尽研究,是由欧洲空间局的普朗克天文台于近几年完成的,其从本质上看是年轻宇宙在约 40 万年时的一幅肖像。基于普朗克天文台的测量,宇宙学家得以预测年轻宇宙将如何进化,包括在历史的任意时间节点上膨胀得有多快。

多年来,这些预测,同针对当前宇宙膨胀速度的直接测量结果(被称为哈勃常数),都不一致。然而迄今为止,这一常数的误差范围大到足以忽略这种不一致。

通过观测附近星系,以多快的速度远离银河系,利用被称为"标准烛光"的已知恒星固有亮度,科学家计算出了哈勃常数。

在这项最新研究中,该研究团队利用哈勃空间望远镜数百小时的观测时间,研究了来自 18 个星系的两种标准烛光。里斯说:"我们在这方面非常成功。"

研究人员在论文中指出,他们测量的常数的不确定性为 2.4%,低于之前 3.3%的最好结果。里斯表示,他们发现宇宙膨胀速度大约比基于普朗克数据的预测值快了 8%。

里斯说,如果新测量的哈勃常数和由普朗克团队早期测量的结果都是准确的,那么标准模型就需要进行一些修改。一种可能性是构成暗物质的基本粒子具有不同于当前理论的属性,这将影响早期宇宙的进化。另一种选择是暗能量强度并非亘古不变的,而是在最近随着宇宙膨胀速度加快而变得越来越强。

法国巴黎天体物理学研究所普朗克研究人员弗朗索瓦·布歇表示,他怀疑问题出在他的研究团队的测量结果,但无论结果是什么,新的发现都"令人兴奋"。

2001 年,主持对哈勃常数第一次精密测量的芝加哥大学天文学家温迪·弗里德曼认为,另一种可能性是标准烛光自身在精密测量时就是不可靠的。弗里德曼与她的团队正在研究基于一种不同类型恒星的替代方法。

宇宙大爆炸理论认为,宇宙是由一个致密炽热的奇点,在初始的一次大爆炸后膨胀形成的。作为现代宇宙学中最有影响的一种学说,它的主要观点是认为宇宙曾有一段从热到冷的演化史。在这个时期里,宇宙体系在暗能量的推动下不断地膨胀,使物质密度从密到稀地演化,如同一次规模巨大的爆炸。

二、探索暗能量与宇宙膨胀关系的新进展

(一)认为暗能量直接加速宇宙膨胀

1.获得与暗能量加速宇宙膨胀理论一致的观测结果

通过观测星系移动速度证明暗能量加速宇宙膨胀。2008 年 1 月 30 日,意大利布雷西亚天文台古佐领导的,一个由 51 名天文学家组成的国际研究团队,在《自然》杂志发表研究报告指出,他们正在解开宇宙一大谜团:为何宇宙大爆炸引发的宇宙膨胀仍在持续加速,是否由于暗能量在其中发生作用。同时指出,找到这个问题答案,可能已指日可待。

10年前,天文学家惊讶地发现,宇宙正在以比过去更快的速度进行扩张。而长期以来,科学家一直假定,星系透过引力相互吸引,将减缓140亿年前宇宙大爆炸引发的宇宙扩张。现在,有两种截然不同的理论,可解释这项惊人发现。

第一种理论认为,宇宙充满了所谓的"暗能量",这是一种推断出来,但从未被直接观测到的物质。暗能量不能被现有技术观测到的原因是,它既不会发射光线,也不会反射光线或辐射线。该理论认为,暗能量抵消了星系施加于彼此的相互引力,否则引力会牵制宇宙的膨胀。

第二种理论认为,暗能量并不存在。如果这个理论属实,目前有关引力是宇宙主要驱动力的理论就存在缺陷,除非太空还存在另一维空间,这种理论才有意义。

但到目前为止,这两种理论都还没有获得足够观测材料的有力支持。现在,意大利研究团队宣称,一种新的方法也许可以解开这个谜团。

他们利用欧洲航天局的超大望远镜,测量了过去30年里约1万个星系的分布与活动情况。他们的观测目的,是要评估宇宙间星系相互角力当中推动星系相互远离,造成宇宙整体膨胀的强大力量,以及让它们互相吸引的引力。

通过间接测量星系移动的速度,科学家得以绘制出正在扩张中的宇宙3D图像,该图也能提供星系之内的自身活动信息。

研究人员称,测量宇宙史不同时代的"扭曲"情况,是测试暗能量性质的一种方法。开展此类研究的重要工具,则是架设在智利塞罗-帕拉纳山巅的记录X光的大型摄谱仪。

研究人员已对数千个星系进行了扫描。观测结果虽然还不是结论性的,但与暗能量扩张加速宇宙扩大的理论相一致。接下来,研究人员将把观测范围扩大10倍。研究人员表示,这种方法应该可以告诉我们,宇宙加速膨胀是否源自于包含外来物质的暗能量,抑或需要修改万有引力定律。

2.研究暗能量加速宇宙膨胀可能带来的后果

(1)暗能量不断加快宇宙膨胀速度或可导致宇宙崩塌。2015年4月,美国媒体报道,近日,一个新提出的量子场能够解释宇宙不断加速的扩张,但同时会导致宇宙在一场灾难性的崩塌中灭亡。

1998年,天文学家发现,过去数十亿年间宇宙一直在以不断加快的速度膨胀。他们将对此负责的神秘物质称为"暗能量",并且自此以后一直试图确认这种暗能量。

最简单的解释是粒子充满了宇宙的每个角落,并且携带着加速宇宙扩张所需的能量。不过,这种真空能量并不是灵丹妙药。根据爱因斯坦的广义相对论,像物质一样,能量也会引发空间的弯曲。计算表明,这种真空能量非常强大,以至于本身就能使宇宙弯曲,除非它跨越的距离小于地球到月球之间的距离并且明显变大。

为解决这个矛盾,美国加州大学戴维斯分校马尼亚·嘉洛珀,与英国诺丁汉大学安东尼奥·帕迪拉等人组成的研究小组,试图通过在尽可能大的尺度即整个时空维度上,修正广义相对论方程,抵消由量子不稳定引起的弯曲。去年,他们发现了一种可实现的方法,能抵消几乎所有真空能量,只留下足够解释人们所观察到的宇宙膨胀加速的部分真空能量。不过,这种方法要求时空是有限的,而这意味着宇宙扩张最终必须停止并且逆转,导致在宇宙崩塌时时间结束。

如今,研究人员提出一个引发这种崩塌的因素:一个遍布宇宙的新量子场。该量子场的能量会随着时间慢慢减小,最终变成负数并且引发宇宙收缩。不过,在收缩开始前,该量子场会引发宇宙最初的扩张加速,就像现在正在进行的一样。帕迪拉说:“看上去暗能量是世界末日的前兆。”

(2)暗能量不会在短期内导致宇宙膨胀而撕裂。2016 年 2 月,国外媒体报道,葡萄牙里斯本大学赛兹·戈麦斯领导的研究团队,通过建立模型计算得出结论,认为人类目前在宇宙空间中是安全的。暗能量促使宇宙膨胀的方式,决定了宇宙在至少几十亿年内不会将自己撕裂。

对于如今才知晓这种结局可能发生的人们来说,这里有一些背景知识。对恒星和星系的观测表明,宇宙正在膨胀,而且速度越来越快。假设加速度保持恒定,最终恒星将消亡,一切物体会四分五裂,宇宙也将冷却进入永久的“热寂”状态。

不过,这并非唯一的可能性。宇宙膨胀加速度的原因,被认为是弥漫在整个宇宙中的神秘物质暗能量。如果暗能量的总和在增加,加速度也将增加,最终达到时空结构将自身撕裂同时宇宙消失的状态。

一种预测认为,这种假定的“大撕裂”情景,将在 220 亿年后上演。不过,它是否会更早地发生?葡萄牙研究团队建立了多种情景的模型,并且利用最新膨胀数据,计算了可能的时间线。数据涉及附近的星系、超新星和以被称为重子声学振荡的物质密度存在的涟漪。而所有这些都被用于衡量暗能量。

该研究团队发现,大撕裂可能发生的最早时间,是从现在起的约 28 亿年以后。戈麦斯表示:“我们是安全的。”当问到最晚会在何时发生?他说:“上界是无穷的。”这意味着,暗能量加速宇宙膨胀而导致宇宙撕裂的可能永远不会发生。另外,考虑到太阳至少在 50 亿年内不会燃尽,如果宇宙如此早地终结,也着实令人惊奇。

(二)认为直接加速宇宙膨胀的是量子真空能

用暗能量候选者量子真空能解释宇宙加速膨胀。2017 年 5 月,加拿大不列颠哥伦比亚大学物理学和天文学教授威廉·盎鲁,与他的学生王清涤、朱震等人组成的一个研究团队,在《物理评论 D》发表论文,试图解决量子力学和爱因斯坦的广义相对论之间的不兼容性,并以此解释宇宙学常数问题和暗能量疑难之处。这项成果并被选为编辑推荐文章。该期刊审稿人认为,文章“提出了解决宇宙常数问题的新方法”,包含“具有重要影响力的原创思想”。

新研究推断,如果放大人们生活的宇宙空间,将看到时空不断剧烈地膨胀和收缩。王清涤博士说:“时空并不像看上去那样是静止的,它在不停地运动。”

1998年,天文学家发现宇宙正在加速膨胀,这说明宇宙真空并非空无一物,其中存在着驱动宇宙膨胀的动力,也就是占整个宇宙68.3%的物质暗能量。

暗能量最自然的候选者,就是物质场的真空能。当物理学家将量子力学应用于真空能的计算时,发现了令人难以置信的高密度真空能。而爱因斯坦的广义相对论表明,如此巨大的能量会导致很强的引力效应,多数物理学家认为它将导致整个宇宙以无法想象的速度膨胀。然而,现在的宇宙膨胀的速度非常慢,比物理学家预言的小了50~120个数量级。这造成了基础物理学的重大难题:这个结合了现代物理学两大基石:量子力学和广义相对论而做出的预言,竟然比实际观测值小10120倍。这被弦理论创始人之一、斯坦福大学教授李奥纳特·苏士侃称为:“有史以来物理学中最糟糕的预言”。菲尔兹奖得主、普林斯顿高等研究院教授爱德华·威滕认为,这个问题是“阻碍基础物理学进步的最大障碍之一”。诺贝尔物理学奖得主史蒂文·温伯格认为,这是基础物理学的一个真正的危机。

物理学家做出了很多努力,要么设法修改量子力学理论以尽可能减少真空能的数值,要么修改广义相对论使巨大的真空能不产生引力效应。盎鲁研究团队则提出了一种全新的解决方案。他们严肃对待量子力学预测的巨大真空能,并认为它的确遵循广义相对论的等效原理。在研究中,他们发现此前的计算忽略了一些真空能的重要性质。

一旦这些被忽略的重要性质被考虑到,量子真空的引力效应,将与此前人们认为的非常不同。这种差异的结果是尽管真空能非常巨大,但整体看,宇宙仍然会以极小的哈勃常数加速膨胀,而并非以前预言的巨大速率。研究结果表明,正是巨大的量子真空能驱动了宇宙加速膨胀,人们不需要引入宇宙学常数(为了符合观测,这一常数需要被精确到小数点后120位),也没有必要引入其他具有负压强的暗能量解释宇宙加速膨胀。

第二章　探测银河系的新进展

我国民间对银河系有许多不同的称呼，有叫天河、银河或星河的，也有叫银汉、天汉的。它在天空的身影，就像一条流淌着的闪闪发光的河流。实际上，它由大量恒星、星团、星云以及各种类型的星际气体和星际尘埃组成。促使地球万物生长的太阳，就是其中的一个普通成员。银河系呈扁球体，具有巨大的盘面结构，内有明亮密集的星系核心、两条主要旋臂，以及两条未形成的旋臂，太阳便安家于它的一个支臂上。21 世纪以来，国外在银河系概貌领域的研究，主要集中在探索银河系的质量与性质、银河系成长壮大的原因，考察银河系氢气与磁场状况，揭示银河系存在暗物质与黑洞现象。在银河系星系领域的研究，主要集中在从整体角度探索银河系及周围宇宙邻域星辰、银河系相似星系团；研究银河系恒星运行方式、恒星中双子星演变过程，以及恒星之间存在的物质；探测发现银河系附近存在多个矮星系，特别是发现最直接暗物质信号可能来自围绕银河系旋转的矮星系。另外，还在银河系附近发现了一个巨大的超星系团。

第一节　银河系概貌研究的新成果

一、探索银河系性质与成因的新见解

（一）银河系质量与性质研究的新进展

1.银河系质量研究的新发现

研究发现银河系的真实质量远小于此前预期。2014 年 7 月 30 日，英国《每日邮报》网络版报道，该国爱丁堡大学豪尔赫·佩纳卢比亚领导的天文学研究小组，在《皇家天文学会月刊》发表研究报告认为，银河系的真实质量，要远小于此前预期，仅为太阳质量的 8000 亿倍，这意味着，它是离我们最近的巨大星系 250 万光年外仙女座星系质量的一半。研究人员认为，这种质量的差别，可能受暗物质存在的影响，也就是说，仙女座星系的“额外体重”应以暗物质的形式存在。

报道称，直到近期，科学家还一度认为，银河系质量要比太阳质量大 3 万亿倍，但英国学者否定了这一观点。他们的相关研究，可以揭示出星系的外部区域是如何构造的，还可以为暗物质的存在和形成提供解释。

银河系被认为横跨 12 万光年，包含超过 2000 亿颗恒星。除了这些成员外，其

质量还由气体、尘埃和难以捉摸的暗物质混合组成。测量银河系的质量十分复杂，部分原因就是其质量大多来源于人们无法观测到的暗物质。此前，科学家曾估算银河系的质量大约界于太阳质量的7500亿~2万亿倍，但后来，他们又倾向于一个更大的质量值，即3万亿倍。

佩纳卢比亚表示，之前进行的此类研究，只是测量了封闭在星系内部区域的质量，而新的研究包含了外部区域的不可见物质。人们一直怀疑仙女座质量比银河系要大，两个星系似乎尺寸相当，但科学家还是无法确切证明谁更重，因为同时为两个星系"称重"的想法是极具挑战性的。最近的研究中，科学家编辑了附近星系的最大目录，并结合对银河系与仙女座星系相对运动的测量，使一切想法成为可能。

佩纳卢比亚称："我们对暗物质可说是全无了解，新研究可以帮助人们去解释它的行为。"银河系较少的暗物质，或许能更有效地把原始氢和氦转化为恒星，因而了解银河系确切质量，也对理解银河系是怎样形成的，以及星系团在未来几十亿年的发展趋势非常重要。

2.银河系性质研究的新见解

认为银河系本身可能就是一个巨型虫洞。2015年1月22日，物理学家组织网报道，意大利国际高等研究院暗物质专家保罗·萨拉辛主持，他的同事及美国专家参与的一个国际研究小组，在《物理学报》杂志上发表论文称，银河系本身可能就是一个巨大的虫洞，非但如此，它甚至能够成为一个交通运输系统。

研究人员声称，基于对银河系的最新研究和理论，表明银河系本身可能就是一个巨大的虫洞或称时空隧道，如果这是真的，它将是"稳定且可通航"的。这一假设，为科学家们对暗物质的思考提供了一个新角度。

虫洞又称"时空洞"，是宇宙中可能存在的连接两个不同时空的狭窄隧道。虫洞是1916年由奥地利物理学家路德维希·弗莱姆首次提出的概念，1930年由爱因斯坦及纳森·罗森在研究引力场方程时假设的，认为透过虫洞可以做瞬时的空间转移或者做时间旅行。所以，又把它叫作爱因斯坦-罗森桥。

萨拉辛说："如果将最近的宇宙大爆炸模型和银河系暗物质地图结合在一起进行观察的话，就会发现，银河系可能真的存在时空隧道，而且这些隧道的尺寸甚至有可能有银河系这么大。人们或许能够通过这条隧道进行旅行，因为，根据我们的计算，它完全可以通航，就像前段时间上映过的电影《星际穿越》那样。"

克里斯托弗·诺兰执导的科幻电影《星际穿越》在全球的热映，引发了公众对时空隧道（或称虫洞、爱因斯坦—罗森桥）的兴趣。但实际上，多年来，它们一直都是天体物理学家们关注的焦点。

萨拉辛表示："我们在研究中做的工作，与《星际穿越》中天体物理学家墨菲的工作非常相似。显然，与墨菲比起来，我们的进度慢了很多。不过，研究暗物质的确是一件非常有趣的事情。很显然，我们并不是说银河系肯定是一个虫洞。这只是一种假设，准确的说法是：根据理论模型，这个假设有可能是存在的。"

萨拉辛说，科学家一直试图用一种在大型粒子对撞机中未曾发现的、人类从未观测到的特殊粒子来解释暗物质的存在。但是也有暗物质理论并不依赖这些粒子。也许是时候让科学家们来认真考虑一下这个问题了。也就是，暗物质或许属于“另一个维度”，甚至就是一个星系的交通运输系统。他接着说：“在任何情况下，反思都是有价值的，我们真的应该问问自己，世界真如我们此前所认为的那样吗？”

（二）银河系成长壮大原因研究的新进展

揭示银河系不断发展壮大的原因。

2015年6月，美国媒体报道，美国麻省理工学院的助理教授安娜，做了一个很有趣的研究课题。经过研究，她认为，银河系过去没有这么大，它是在吞噬周围的矮星系，在不断地吞噬过程中，银河系才不断地长大，变成了如今的庞然大物。

夏天的夜晚，仰望星空，就会发现天上一条模模糊糊的亮星带，由南至北。这就是银河。银河系是很大的天体结构，我们的太阳系就身处其中。最近，哥伦比亚大学的研究者利用一种测算新法，来研究银河系的质量，据称这次的结果最精确。他们测出银河系的质量，相当于2100亿个太阳。

银河系的体型太大了，所以它的同伴只能被称为矮星系。一个“矮”字突出了同伴的级别。一般的矮星系只有几十亿颗恒星，还有些只有上万颗恒星，而我们的银河系明显阔绰得多，它有接近4000亿颗恒星。银河系是由数千个星团和一大批星云物质组成的系统，它的直径为10多万光年，中心的厚度为6000多光年。

要指证银河系在不断吞吃周围的矮星系，关键就要在银河系晕的外围找到证据。如果银河系吞吃了矮星系，这些矮星系的成员就会进入到银河晕的外围。那么，相关证据在哪儿呢？

当今人类社会，准确识别一个人，最重要的证据莫过于DNA检测，DNA记录了一个人的生物遗传特性。恒星也有自己的DNA，那就是恒星的化学条形码，它清晰地显示着恒星中所包含的化学信息。实际上，星光中包含着恒星的基本信息，这早在牛顿时代就为大家所共知，让阳光通过三棱镜，就可以看到七彩阳光，七彩光就暴露了太阳上的化学元素信息。

一般的大型望远镜都装备有光谱仪，能够拍摄恒星的光谱。光谱仪可以将星光分解成一条条的彩色光带，光谱中出现的暗线是吸收线，那些吸收线就是恒星的化学条形码，相当于恒星的DNA，告诉我们被观测恒星上包含着哪些元素，以及那些元素含量的多少。

天文学家分析光谱仪发现，银河系晕外侧的一些恒星，它们的化学条形码显示它们内部的金属元素含量非常少。天文学家声称，这就足以证明，那些恒星是一群外来户，它们是被银河系俘虏来的。那么，为什么由于这些恒星金属元素含量少，就断定它们是银河系的外来者呢？

首先需要说明一下的是，化学条形码所显示的，并不是人们平常所理解的金属元素，它们是较重的化学元素。

宇宙在最初形成的时候,只有很简单的几种元素,分别是氢、氦和锂元素,它们既是最简单的元素,也是最轻的元素,是它们聚合在一起形成了最早的恒星。随着恒星的演化,这些元素就会演化成重元素。这些重元素伴随着超新星一起形成,超新星爆发之后,这些重元素,也就是天文学中说的金属元素,会参与下一轮恒星的形成。

按照古人的说法,金也就是金属,也就是财富,说一个人有多少金就是说有多少钱,这种说法也适合在天文学上使用。尽管这里说的所谓金属元素只是碳、氧、氮、铁,但是在天文学中,它们被称为金属元素。携带较多碳、氧、氮、铁的恒星,被称为富金属恒星;而缺乏这些元素的恒星,当然就是贫金属恒星。贫金属恒星,也就是恒星家族中的穷人。在银河系晕中,就发现了宇宙中最缺铁的恒星,铁元素的含量只有地球地核的 1%,但是它的质量却是地球的 30 万倍。

银河系是一个比较大的星系,银河系那样有 3000 多亿颗恒星成员,大多数恒星很亮,它们在不停地演化,以至于今天包含着非常多的金属元素,这样,银河系本身不可能有这些穷成员。这足以说明,银晕里面的贫金属恒星是外来者,是被银河系俘虏来的。

一般认为,银河系周围的矮星系产生较早,它们是宇宙诞生之初的第一代恒星,保持着最淳朴、最原始的状态,它们是星系演化的活化石。也正因为如此,天文学家才努力寻找它们,试图揭示宇宙诞生之初的更多信息。

矮星系包含的恒星竟然出现在银河系,这就揭示了一个惊天的秘密:长期以来,银河系一直在吞噬周围的那些矮星系,这就是弱肉强食。银河系的具体做法是,它凭借自己强大的引力,把矮星系的恒星逐渐吸收过来,使得一些原本独立存在的矮星系早已无影无踪,它们的成员都被纳入到银河系银晕里面。如果我们能听懂恒星的语言,这些贫金属恒星一定在痛苦地向我们诉说:当年曾经发生过毛骨悚然的吞噬案例。

目前,科学家已经发现了 14 条这样的恒星流,它们都是从银河系附近的矮星系被吸引来的。这表明,与银河系这个富人俱乐部为伍,并不是一件快乐的事情,稍有不慎就会被吞噬。另外,计算机演示宇宙诞生初期,在银河系的附近,诞生了大量的矮星系,它们围绕着银河系运行,就像是行星环绕着恒星运行那样。但是现在,只能找到很少的一部分矮星系,要找到只有几千颗恒星的矮星系更是困难重重。它们太黯淡了,在最初形成的时候,它们的个头就不大,光芒也就不亮。又因为聚集的数量太少,就更无法与群星璀璨的银河系争辉了。

二、研究银河系氢气与磁场的新进展

(一)银河系氢气研究的新收获

1.接收到 50 亿年前银河系发送有氢气印记的信号

2015 年 7 月,澳洲天文学家用一组无线电望远镜收到了 50 亿年前一个银河系发送出来的信号。天文学家在澳洲西部装设了36个碟子,接收外层空间传来的消息。他们最近从天坛星座方向,接收到从一处银河系发出的无线电波信号。信号里有氢气的印记。氢气是组成星球的重要物质,多数银河系里都充满氢气。遥远星座传来的光线会变得微弱,也可能会遭到粉尘遮蔽,不过,氢气可以穿透重重阻碍到达地球。

澳洲天文学家说,能侦测到这组太阳系出现前的银河信号就表示,这套无线电望远镜也可以收到其他遥远银河系的信号。

2.绘制出前所未有的银河系全景氢气地图

2015年10月23日,澳大利亚和德国科学家组成的一个研究小组,在欧洲《天文与天体物理学》杂志发表论文称,他们利用超大可操纵射电望远镜,绘制出前所未有的详细银河系氢气地图,首次揭示银河系恒星间的结构细节,有助于解释银河系星系形成的最终奥秘。

中性原子氢是宇宙空间中最丰富的元素,并且是恒星和星系间的主要成分。此次,研究小组利用位于德国埃费尔斯贝格的100米直径马克斯普朗克射电望远镜,以及位于澳大利亚帕克斯的64米CSIRO射电望远镜产生的数据,生成这张“跨越整个天际”的银河系氢气地图。该项目源于一项被称为HI4PI的计划,其耗时超过10年,而此次研究成果,覆盖超过100万次的单独观测,以及大约100亿个单个数据点,深度呈现包含太阳系在内的银河系内部与周围的所有氢气数据。

德国波恩大学天文学家约尔根·科普表示,该计划较先前研究有巨大进步。虽然现代射电望远镜已经可以轻易探测到中性氢,但能够将整幅天空绘制出来,仍是非常了不起的成就。因为手机和广播电台产生的射电噪声,对天文探测来说是一个严重“污染”,必须使用极其复杂的计算机算法,来清除每个单独数据点中这类不被需要的人为干扰。

国际射电研究中心研究人员李斯特·史塔维利-史密斯称,这项研究首次揭示了银河系恒星间结构的细节,而这些细节在以往的天文调查中被粗略地抹去了。这项成果,向人们展示了此前从未见过的大量丝状结构,并准确地校正了所有氢气云的数据,让天文学家们即使远隔宇宙距离也能细致探索星云。

(二)银河系磁场研究的新成果

1.绘制出高精度的银河星系磁场结构图

2011年12月7日,物理学家组织网报道,德国马克斯·普朗克研究院天体物理研究所(MPA),与一个大型国际无线电天文学家研究小组合作,绘制出迄今精度最高的银河星系磁场结构图,不仅在大尺度上显示了不同天域的法拉第深度,还在小尺度上提供了银河气体涡流的信息。这份独特的银河系法拉第深度全天图,揭示了贯穿银河系的磁场结构,表明科学家在精确检测银河系磁场结构方面迈进了一大步。

所有星系都弥漫着磁场，尽管科学家对此已有大量研究，但星系磁场起源仍是个谜。一种银河系发电机理论认为，这些磁场通过发电过程产生，此过程中机械能转化为磁能，这一过程也发生在地球、太阳内部，它与电动自行车灯的发电原理并无区别。

根据法拉第效应，偏振光通过磁介质时会形成偏振旋转面，其旋转依赖于磁场强度和方向，因此观察这种旋转就能研究相关磁场的性质。无线电天文学家国际合作研究小组，提供了来自26个不同研究项目的41330个独立检测的偏振光数据，这些光从遥远的太空穿过银河系到达地球。为克服数据较少和复杂观测过程本身的不确定性问题，德国马克斯·普朗克研究院天体物理研究所科学家利用信息场理论中的新工具，结合逻辑和统计方法开发出一种新算法来重建图像，绘制出该法拉第深度全天图，为进一步理解银河系发电机理论提供了更多信息，对研究星系磁场起源具有重要意义。

除绘制出详细的法拉第深度图，他们还对银盘区和观察值较少的南部天极区域绘制了不确定性图。将图中的银盘效果去除后，银盘上下本来不明显的磁场更加清晰，凸显出银河系磁场的结构：磁场在主体上对称平行于银盘平面，呈现出环形或螺旋形的结构，螺旋方向与银盘上下位置相反。星系发电机理论曾预测出这种对称结构，法拉第全天图为此提供了支持。

2.绘制出以磁力线为基础的银河系磁场图

2014年5月，加拿大不列颠哥伦比亚大学天体物理学家道格拉斯·斯科特，与多伦多大学理论天体物理所彼得·马丁教授领导的研究团队，在《天文学与天体物理学》上发表研究成果：一张史无前例的银河系磁场图。该图呈现了与银河系表面平行的磁力线，以及与附近的气体和尘埃云相关的巨型闭环和涡旋。这张银河系磁场图，是研究团队利用来自普朗克空间望远镜的数据创建的。从2009年以来，借助普朗克天文望远镜，科学家已绘制出宇宙微波背景图，这些光来自宇宙大爆炸后仅3.8万年。

斯科特称，就像地球一样，银河系也有一个大型磁场，尽管其强度要比地球表面弱10万倍。地球磁场能产生极光现象，银河系的磁场对于其中的许多天文现象也是非常重要的。普朗克提供了最详尽的图案。

三、研究银河系暗物质与黑洞的新进展

(一)银河系暗物质探索的新成果

1.从银河系中心伽马射线分析暗物质藏身之处

认为暗物质可能处于银河系的“心脏”地带。2014年4月8日，英国《每日邮报》报道，暗物质研究是宇宙学中最具挑战性的课题，几十年来科学家一直在试图找出这种无形的物质到底是什么，以弥补人类对宇宙的认知空洞。日前，美国国家航空航天局(NASA)下属费米太空望远镜的最新公开数据，最终可能会为这一

神秘物质提供一些答案。这些新数据被认为是对暗物质展开研究以来所获得的“最引人注目”的信号。

暗物质在宇宙尺度上影响了宇宙的历史,其基本性质则需要基础物理来解释。但暗物质的寻找过程甚是艰难,对于人类来讲它实在很“暗”:我们根本看不到暗物质发光,亦看不到它辐射其他粒子。其存在的证据一直是通过引力得来,而其存在的形式(以粒子形式存在或是处于人类尚未知晓的状态)若能得以揭秘,不仅将是现代物理学的重大突破,亦会使人类的天文、物理教科书随之改变。

据英国《每日邮报》在线版近日消息称,美国费米国家实验室丹·胡珀和他的同事,自2009年以来一直在研究我们银河系心脏地带的一个信号,他们现在相信该信号是由暗物质粒子相互碰撞产生的。团队使用了来自费米伽马射线太空望远镜(FGST)的数据,而在矮星系附近做出的类似检测,进一步表明该理论可能是正确的。但为了证实他们的发现,科学家还必须排除其他的可能性,譬如,要确定这不是来自于一个遥远的脉冲星或快速旋转的恒星所产生的伽马射线。

丹·胡珀表示,这些新数据是人们对暗物质展开研究以来所获得的“最引人注目”的信号。而他们拍摄到的银河系中心多余伽马射线辐射的一张伪色图,显示的很可能正是暗物质粒子的碰撞结果。

2.通过研究星系运动速度测量银河系暗物质

测量表明一半暗物质栖身于银河系。2014年10月9日,物理学家组织网报道,暗物质是宇宙中最为神秘的物质之一,我们无法通过肉眼看到暗物质,但其是宇宙质能的重要组成部分。澳大利亚科学家最新对银河系内的暗物质进行的测量表明,银河系被大量暗物质占据,几乎占所有暗物质的一半。

卡夫兰解释道:“目前的星系形成和演化观点叫冷暗物质模型,该模型认为,银河系周围可能有一小撮大的卫星星系(若小星系在大星系的牵引下绕其旋转,它就成了大星系的卫星星系,而大星系则称为宿主星系),我们的肉眼应该能看见,但我们没有发现很多卫星星系。”他认为:“当你使用我们对于暗物质质量的测量结果时,这一理论预测,可能仅仅有三个卫星星系在那儿,结果表明,的确如此,我们看到了大麦哲伦云、小麦哲伦云及人马座矮星系这三个星系。”

悉尼大学天体物理学家杰兰特·刘易斯教授表示,“丢失的”卫星星系这个问题,已经困扰了宇宙学家近20年的时间。他说:“卡夫兰博士的研究已经证明,结果可能并不像我们想象得那么差,尽管仍然有问题需要克服。”

最新研究也为银河系提出了一个整体模型,使科学家们能测量诸如多快能逃离星系等有趣的问题。卡夫兰说:“如果你的速度能达到550千米/秒,那么,或许可以逃脱星系的引力。”

(二)银河系黑洞研究的新成果

1.观测银河系黑洞产生宇宙射线的新发现

认为银河系中心的黑洞可能会产生中微子。2014年11月,物理学家组织网报道,美国威斯康星大学麦迪逊分校杨柏、安德里亚·彼得森、艾米·巴里耶等科学家组成的研究小组,在《物理评论 D》杂志上发表研究成果称,他们通过美国航空航天局 X 射线望远镜观测,认为银河系中心的庞大黑洞可能会产生神秘的粒子中微子,如经证实,这将是科学家首次追踪中微子回溯到黑洞。

中微子是宇宙中大量存在的微小粒子之一,每秒钟有几十亿颗中微子,以接近光速的速度经过每一寸人体。然而,由于这些神秘粒子不带电荷,与质子和电子的相互作用非常微弱,因此监测到它们异常困难。而中微子来源于宇宙深处,在空间穿行时不像光会被干预物质吸收,也不像带电粒子会受到磁场影响而偏转。

据报道,该研究的直接证据来自钱德拉 X 射线天文台、斯威夫特的伽马射线天文台和核光谱望远镜阵列的 X 射线望远镜的观察结果。

杨柏说:“发现高能中微子来自何处,是当今天体物理学的最大课题之一。现在我们有了第一个天文数据作为证据,即银河系超大质量黑洞,可能是产生这些非常有活力中微子的‘工厂’。”

因为中微子很容易通过物质,所以很难建立精确的中微子探测器,自从 2010 年南极冰立方中微子天文台的设备开始运行,已经探测到 36 个高能中微子。借助冰立方中微子天文台的功能,并结合三个 X 射线望远镜观察的数据,科学家能够找到一个高能量中微子抵达地球与太空暴力事件的发生相一致的情况。

2.在银河系黑洞附近寻找冰的新发现

发现银河系中心超大质量黑洞附近存在大量冰。2015 年 6 月,有关媒体报道,法国图卢兹天体物理学和行星学研究所吉哈妮·莫尔塔卡和她领导的研究团队,在靠近银河系中心超大质量黑洞附近,观测到星际空间中有冰存在的证据:水和碳氢化合物分子吸收特定波长的光,从而在红外线观测中留下鲜明的特征。不过,研究人员认为,这些冰肯定位于地球和银河系之间相对靠近地球的地方,而不是正好在银河系的中心,因为那里太热且充满辐射,使冰难以“幸存”。

报道称,这项新观测,利用了位于智利的欧洲南方天文台极大望远镜,证实冰能够而且确实在那里“幸存”下来。该研究团队绘制了冰在哪些地方出现的地图,然后利用一种新技术减去了附近的特征,只留下来自银河系中央的特征。最后,他们把这些位置和尘埃带的位置进行了比对。结果发现,尘埃群最厚的地方表现出丰富的冰特征。

该研究团队认为,这些冰通过黏在密集成群的尘埃颗粒上“幸存”下来,因为后者保护其免受热和辐射的影响,否则它们会被烤干。这些冰顽强的存在,对于银河系中心黑洞附近恒星的诞生,是个好兆头。

第二节　银河系星系探索的新成果

一、探测银河系及相邻星系与相似星系团

（一）从整体角度推进银河系及周围宇宙邻域星辰研究

1.从整体角度研究银河系星辰的新成果

绘制出首张银河系星辰全景图。2014 年 3 月 21 日，西班牙《阿贝赛报》报道，美国航天局公布了数字版银河系 360 度全景图，该图片由“斯皮策”太空望远镜过去 10 年拍摄的 200 万张照片拼接而成，包括银河系一半多的恒星，像素达 200 亿，如果打印出来，需要体育场那么大的地方才能展示，因此美国航天局决定发布其数字版，方便各地天文爱好者查询。

人们惊奇地发现，如今想一览银河系已简单到只要一点鼠标即可。其实，这张图片展示的仅是地球天空中大约 3%的区域，却包含了银河系里超过一半的星辰。

2003 年升空的“斯皮策”太空望远镜，已对从太阳系的小行星，到可观测宇宙边缘的遥远星系，进行了逾 10 年的研究。在此期间，为完成银河系的红外图像记录，“斯皮策”已工作 4142 个小时。这是首次在一张巨幅全景图上，将所有星辰的图片拼接再现。

我们的星系是个扁平的螺旋盘，太阳系位于其中一个螺旋臂上。当我们望向星系中心时，总能看到一个充满星辰又尘土飞扬的区域。由于大量尘埃和气体阻挡了可见光，因此在地球上，无法直接用光学望远镜，观测到银河系中心附近的区域。而由于红外线的波长比可见光长，所以红外望远镜“斯皮策”能穿透密集的尘埃，并观测到更遥远的银河系中心地带。

天文学家根据获取的数据绘制了一幅更精确的银河系中心带星图，并指出银河系比我们先前所想的更大一些。这些数据使科学家能建立起一个更全面立体的星系模型。

2.从整体角度研究银河系周围宇宙邻域星辰的新成果

绘制成最全的银河系周围宇宙邻域 3D 星系图。2015 年 4 月 27 日，物理学家组织网报道，加拿大滑铁卢大学科学计算学院副院长迈克·哈德森教授领导，他的同事，以及法国国家科研中心巴黎天体物理学研究所的天体物理学家参与的一个研究团队，在《英国皇家天文学会月刊》网络版上发表研究成果称，他们共同绘制出以银河系为中心的宇宙邻域 3D 地图，跨度近 20 亿光年。这是迄今描绘银河系周围宇宙状况的最完整图景，借此可观察星系移动差异，以确定物质和暗物质的分布情况。

该地图标注十字的部分，为我们所处银河系的位置；用浅蓝和白色标注的区域，代表较高浓度的星系；红色区域是被称为夏普利浓度的超星系团，聚集了附近宇宙中最大的星系；中间蓝色的地方为未开发的地区；星系很少的区域为深蓝色。

这个超星系团的球形地图，将促使科学家对于物质如何在宇宙中分布、暗物质的存在和分布情况等这些物理学中最大的谜团有更深入的了解。

哈德森教授说："星系的分布并不均匀，没有统一的模式而言，有高峰和低谷，很像山脉。我们想知道的是，在早期宇宙中是否有大型的结构起源于量子波动。"

宇宙的膨胀是不均匀的，科学家已经观察到星系移动的差异。以往的模式并没有完全考虑到对这种运动的观察。该研究团队对发现这种特有速度，在结构上的反应很感兴趣。了解宇宙中物质的位置和运动，会帮助物理学家预测宇宙的膨胀，以及确定存在多少暗物质。这些星系运动的偏差是在大尺度上确定物质和暗物质分布的一个有价值的工具。

暗物质是一个假设的物质粒子形式，在宇宙中占绝大多数的物质含量。它不发光也不反射光，因此不能被看到或被直接测量到。暗物质的存在和属性，只能间接地通过其对可见物质和光的引力效应推断。

（二）从整体角度推进银河系相似星系团研究

发现银河系有一个黑暗的"孪生兄弟"。

2016 年 8 月，美国耶鲁大学的彼得·多克姆主持的天文研究团队，在《天体物理学快报》上发表论文称，他们从整体角度推进银河系相似星系团的研究，发现银河系有一个几乎看不见的"孪生兄弟"，名叫"蜻蜓 44"，是一个暗物质含量高达 99.99%的幽暗而巨大的星系。这一发现，或许可以帮助重写人类关于星系形成的理论。

虽然从质量上看，"蜻蜓 44"是银河系的"分身"，但在恒星数量和结构上却与银河系相反。这个星系没有银河系标志性的螺旋结构，也不是一个平面的"圆盘"。

2014 年，该研究团队利用一组长焦镜头，发现了该星系及其邻居。当研究团队瞄准位于距地球 3.2 亿光年的巨大星系团，即后发座星系团中的"蜻蜓 44"时，他们探测到 47 个模糊的斑点：至少和银河系一样大的星系，从头到尾有 10 万光年的距离，但包含很少的恒星，以至于它们发出的光和矮星系一样暗淡。对于这些星系的出现有两种解释。一是认为，迄今尚未探测到但被认为构成宇宙中约 85%物质的暗物质，将它们紧紧包裹住了。二是认为，它们是不稳定的，因为"暴力"的后发座星系团正在将其撕成碎片。为查明真相，研究团队利用位于夏威夷莫纳克亚山的 10 米凯克 II 望远镜上的光谱仪，观察了其中最大的一个星系"蜻蜓 44"。这使该团队得以追踪其含有的极少恒星围绕该星系移动的速度有多快，并由此计算出它的质量：较快的速度意味着更大质量的星系。

研究人员发现，这些恒星以每秒 47 千米的速度运行，从而使"蜻蜓 44"的质量约是太阳的1万亿倍。由于其含有的正常物质非常少，因此它肯定包含了99.99%的暗物质，以便将其自身聚拢在一起。“蜻蜓44”甚至打败了2016年早些时候在室女座星系团发现的另一个同样昏暗、暗物质含量达99.96%的星系。不过，对于这些昏暗的星系是如何形成的，天文学家仍然非常困惑。

二、研究银河系恒星与行星的新进展

（一）银河系恒星研究取得的新成果

1.探索银河系恒星运行方式的新发现

（1）观测到一颗恒星飞速穿越银河系时产生的弓形激波。2014年3月，美国国务院网站消息，淘气的脱缰野马似的恒星，在飞速穿过银河系时，会对其周围环境产生巨大影响。美国国家航空航天局的史匹哲太空望远镜，最新发布的图像显示，它们的高速碰撞使银河系产生激荡，形成弧光。

这次该速逃星名为高速星王良二。它是一颗巨大、炙热的超巨星，与周围星体的相对运行速度约为每秒1100千米。但是，真正使这颗恒星引人注目的是，它运行路径上的一道道红色发光物质。此类现象被称为弓形激波，它通常出现于银河系中速度最快、质量最大的恒星前方。

磁场及恒星产生的离子风，与星际间四处飘散而且通常看不见的气体和星尘，碰撞形成弓形激波。这些弓形激波发光的方式，让天文学家了解到该恒星周围以及太空中的状况。像我们的太阳一样，移动缓慢的恒星的弓形激波，在各波段几乎都看不见，但如高速星王良二等速逃星所产生的激波，能被史匹哲的红外探测器观测到。

（2）发现银河系运行速度最快的恒星。2015年3月6日，一个多国天文学家组成的研究小组，在《科学》杂志上发表研究报告称，他们在银河系发现了一颗迄今为止以最快速度飞奔的恒星，其速度达到了惊人的每秒1200千米，约合每小时435万千米，研究人员开玩笑说：“以此速度，5分钟就可以从地球飞到月亮。”但奇怪的是，这颗恒星却并非来自于那些通常所说的“逃跑恒星”。

该研究小组利用位于美国夏威夷的W.M.凯克望远镜，观测了这颗名为US 708的恒星，并获得了US 708的距离、视向速度和切向速度。他们还参考夏威夷的Pan-STARRS1观测望远镜之前和最近的观测结果，计算出了这颗恒星真实的运行速度。类似US 708这种跑得超快的恒星，有一个专门的名字叫作超高速星，其速度足以脱离银河系引力束缚，未来将飞出银河系。

此外，除了证实US 708所具有的惊人速度外，研究人员还发现这颗恒星，并非起源于银河系的中心。科学家曾一直认为，那些挣脱星系束缚的恒星来自于一个星系的中心。当一对双星系统中的恒星，太接近位于银河系中心的特大质量黑洞时，巨大的引力场会将这一对恒星撕开，进而将其中一颗恒星向黑洞内部牵引，同时将另一颗恒星抛向星际空间。

研究小组注意到,与其他不受星系束缚的恒星不同的是,US 708 是一颗致密并快速旋转的恒星,同时该恒星富含大量的氦。而氦星通常是大质量恒星失去外层氢后的残骸。他们推测认为,这些迹象表明 US 708 曾与一颗白矮星配对,构成了一个双星系统。白矮星,是一种古老恒星燃烧后的残骸。

在上述情况下,白矮星的引力会吸引其伴星中的物质,即 US 708 外层的氢,直至这颗白矮星大到足以点燃其内部的核聚变反应,并最终在一场剧烈的爆发中崩塌为一颗所谓的 Ia 型超新星。研究人员猜测,正是这颗白矮星“伴侣”的爆发,驱使 US 708 踏上了自己的星际逃亡之旅。

(3)发现银河系恒星运行方式没有偏离广义相对论。2017 年 6 月 7 日,美国加州大学洛杉矶分校奥莱里昂·希斯领导的研究团队,在《物理评论快报》杂志上发表论文称,他们借助夏威夷凯克天文台近 20 年的数据,获得了银河系中心超大质量黑洞附近两颗恒星 S0-1 和 S0-38 的清晰运行轨迹,发现这两颗恒星的运行方式没有偏离广义相对论;同时,也未发现第五种基本力存在的证据。这样,爱因斯坦的广义相对论再次经受住了考验。

2.研究银河系恒星中双子星演变过程的新成果

发现银河系船底座海山二星正在彼此吹离。2015 年 1 月,美国航空航天局戈达德太空飞行中心天文学家米迦勒·科克兰领导的研究小组,在美国天文学协会新闻发布会上报告说,他们观测到银河系船底座海山二星,正在以激烈的速率吹出恒星风,喷射出大量物质,据估计每年喷发量几乎相当于木星的质量。同时发现,联星系统的两星正在彼此吹离。

2014 年,该研究小组把轨道观测和陆基观测联系在一起,探测银河系船底座海山二星。这是一个由两颗巨大的不稳定恒星组成的联星系统,每 5.5 年彼此绕行一周,被称为最奇异和猛烈的恒星系统。科克兰说:“这是一个不稳定的恒星巨怪。”

研究者说,运行轨道让这两颗恒星在大部分时间距离很远,但它们一旦非常靠近且太阳风相互对抗时,就会产生弓形激波,将气体加热到数千万摄氏度的高温。此时,较大恒星的太阳风每秒达 420 千米,较小恒星的太阳风能高达 3000 千米/秒。在这样高温条件下,气体能发射出 X 射线,因此,美国航空航天局的雨燕卫星 2014 年便关注了它们最靠近时的情况。

美国航空航天局研究人员使用 2014 年得到的观测结果,改善了该系统的计算机模型,并制造出 3D 打印模型,这帮助他们发现了弓形激波中存在的指状突出物。戈达德太空飞行中心的托马斯·马都拉说:“我认为,这会增加受热气体的物理不稳定性。”

研究人员说,19 世纪 40 年代,船底座海山二星发生了大规模的物质爆发,相当于太阳质量的 30 倍,但科学家一直不清楚原因。马都拉说:“我们不知道是联星系统中哪颗恒星出现了大爆发。这仍然成谜。”。这种不稳定性,使得该恒星系统,成为地球周边的能爆发成为超新星甚至超超新星的主要候选者。戈达德太空飞行中心的西奥多·格尔表示,这种情况一旦发生,即使在白天也能看到。他说:“亮度堪比月亮”。

3.探测银河系恒星之间存在物质的新发现

发现银河系恒星之间隐藏着面条状气体团。2016年2月,澳大利亚联邦科学与工业研究组织天文学家基思·班尼斯特博士领导的研究团队,在《科学》杂志上发表论文称,他们利用紧凑型望远镜阵列,观测到银河系内的恒星之间,隐藏着面条形状的稀薄气体团块。该发现,可能从根本上挑战对银河系中气体的认识,并有助于进一步了解银河系的结构和历史。

班尼斯特说:“该结构似乎是位于我们所在银河系恒星之间的稀薄气体圈。该发现可能会从根本上改变我们对星际气体的认识。”

据报道,天文学家得到这些神秘物质信息的首次提示是,一个明亮且遥远的类星体,发出不同强度的各种无线电波。研究人员认为,这种行为的始作俑者,是我们所在星系中的隐形“大气”,一种在恒星之间的空间中充满带电粒子的稀薄气体。

班尼斯特说:“在气体中的团块就像是透镜,聚焦和散焦着无线电波,使其周期性地在几天、数周或数月内显示出强弱变化。”而这些情况很难被发现,以至于其他研究人员已放弃寻找它们。但班尼斯特团队却用该国紧凑型望远镜阵列,对人马座中一个类星体PKS 1939-315进行了持续一年的观测。观测结果,确定了“黑暗面条”是弥散着气体的冷云,它们通过自身的引力保持一定的形状,占据了银河系相当大比例的质量。

(二)银河系行星探索获取的新成果

1.研究银河系中宜居类地行星的新发现

(1)发现银河系至少有5亿颗行星处于宜居带。2011年2月19日,美国媒体报道,美国航天局艾姆斯研究中心科学家威廉·博鲁茨基,在当天召开的美国科学促进会年会上表示,他们分析“开普勒”太空望远镜初期观测数据后认为,银河系中至少有5亿颗行星处于所谓的“宜居带”。“宜居带”是指行星距离恒星远近合适的区域,在这一区域中,恒星传递给行星的热量适中,行星既不会太热也不太冷。

“开普勒”太空望远镜,是世界上首个专门用于搜寻太阳系外宜居类地行星的航天器。在为期至少3年半的任务期内,它将通过观测行星“凌日”现象,在天鹅座和天琴座的大约10万个恒星系中,搜寻与地球类似的宜居行星。“凌日”是指在观测者看来,行星从其母恒星前面经过的现象。比如在地球上可以观测到水星“凌日”或金星“凌日”,这时人们看到太阳表面上仿佛有个小黑点在缓缓移动。同样,观测其他恒星系统时也会看到“凌日”现象,“开普勒”便是通过这一现象搜寻行星。截至目前,“开普勒”已观测到1235颗候选行星,其中54颗位于“宜居带”。

天文学界认为，银河系约有1000亿颗恒星；而他们对“开普勒”初期观测数据的分析表明，在银河系恒星中，至少每两颗恒星中就有一颗拥有行星，每200颗恒星中就有一颗恒星拥有的行星位于“宜居带”。

有关专家表示，他们得出的银河系行星数量尚属最小估计，因为每颗恒星拥有的行星数量可能不止一颗，而“开普勒”目前无法将其中所有行星都观测到，科学家在分析银河系行星数量时也要考虑这些因素。

（2）研究显示银河系中宜居类地行星可能多达数千亿颗。2015年2月5日，澳大利亚国立大学网站报道，该校天文学和天文物理学学院博士研究生蒂姆·伯瓦尔德和副教授查利·莱恩威弗主持的研究小组，在英国《皇家天文学会月刊》上发表论文称，人类所在的银河系中，可能存在数以千亿计适合生命存在的类地行星。研究人员在观察开普勒太空望远镜发现的数千颗太阳系外行星后，运用200多年前的提丢斯-波得定则推算，在每颗标准恒星的所谓宜居带上会存在两颗行星，它们距离恒星距离适中，可能存在生命出现必需的液态水。银河系中的宜居行星数量因此大大增加。

莱恩威弗说：“生命的成分多种多样，我们现在知道宜居环境也多种多样。不过，宇宙还没有充满像人类一样，能够发明出射电望远镜和宇宙飞船的智能外星人。否则，我们可能已经看到或听到它们了。”

莱恩威弗说：“这可能是因为有其他瓶颈限制了生命的爆发，我们现在还没有找到原因。或者是智能文明已经进化，然后自毁。”

开普勒太空望远镜偏向于观测靠近恒星的行星，这样的行星往往因为距离恒星太近而无法存在液态水，但研究小组应用提丢斯-波得定则，从开普勒望远镜的观测结果外推，得出了现有结论。

提丢斯-波得定则是推算太阳和行星平均距离的经验公式，200多年前由德国数学教师提丢斯和天文学家波得共同提出。天文学家曾借助这一定则，找到了天王星和谷神星。

2.研究银河系中流浪行星的新看法

分析表明银河系流浪行星少于预期数量。2017年2月，美国媒体报道，在美国加利福尼亚州帕萨迪纳市召开的一次会议上，两个研究团队分别报告说，他们用不同的分析表明，木星大小的流浪行星要比科学家之前所预测的数量少得多。其中一项研究指出，银河系中大约有1000亿颗这样的行星，而不是像科学家在2011年所提出的2000亿颗。

研究人员指出，大多数行星，都栖息在创造它们的恒星的势力范围内。然而，一些脱离了母星的孤儿，却一直在银河系中游荡。

此前，对自由漂浮行星的数量评估结果，源于2011年对10个与流浪行星有关的微引力透镜事件的分析。研究人员推测，每颗主序星可能都有2颗流浪行星。然而，2011年的发现，并没有认真考虑流浪行星是如何形成的。在双星系统中，每颗恒星都拥有自己的行星，其中一颗恒星的引力，可能会破坏另一颗恒星所属行星的轨道，并将其抛离系统。在一个拥挤的恒星群中，可能也会有类似的效应，即一颗恒星可以将邻居的外行星“发射”出去。

这两项研究成果，其中一项是基于最近的统计分析结果，而另一项则是基于对 2600 多个微引力透镜事件的观察结果。

美国特拉华大学天文学家莎拉德森·罗宾逊表示，上述以及其他假设可以产生一些流浪行星，但可能达不到数千亿颗的规模。

参加此次会议的美国航空航天局埃姆斯研究中心天文学家克里斯琴·克兰顿表示，在 2011 年的研究中假设的许多“流浪行星”，它们事实上正在围绕某颗恒星运转。克兰顿的统计分析结果表明，这些所谓的“流浪行星”，可能在 15 亿千米或更远的距离上环绕恒星运转，这比土星与太阳的距离远得多。他说，真正的流浪行星的数量，也许只有 2011 年分析结果的一半，尽管这些行星的数量仍然可以达到上千亿颗。

哈佛·史密森天体物理中心天体物理学家余慧玲指出，一些研究人员对这种解释提出了质疑，因为它只是基于很少的潜在流浪行星得出的结论。但该领域必须等待更多的数据，用更好的望远镜缩小真正的数字。

新的观测结果来自光学引力透镜实验（OGLE），它利用了一架位于智利北部的望远镜，那里有比新西兰更好的天气和大气条件。当波兰华沙大学天文台天文学家普柴迈克·姆罗茨，分析了这些数据后，他们没有发现拥有这么多流浪行星的证据。如今，天文学家期待宇航局的广域红外线巡天望远镜，在 21 世纪 20 年代中期发射升空后，能够取得更好的估算结果。一旦广域红外线巡天望远镜运行到位，它将搜集更多敏感的有关行星的微引力透镜观测结果。它甚至能够探测小于火星的行星世界。

三、探测银河系周边星系的新进展

（一）银河系附近矮星系探索的新发现

1.银河系附近新发现多个矮星系

2015 年 3 月 10 日，英国剑桥大学谢尔盖·科波索夫领导的研究小组，与美国国立费米加速器实验室研究小组，分别在《天体物理学杂志》发表论文说，他们发现了围绕银河系运转的 9 个超暗淡的天体，其中至少有 3 个是矮星系，这也是近 10 年来一次性发现矮星系最多的一次。

天文学家说，这些矮星系都位于围绕银河系运转最大也最有名的矮星系：大、小麦哲伦星系的附近，它们的亮度只有银河系的十亿分之一，质量只有银河系的百万分之一，其中最近的距我们 9.5 万光年，最远的超过 100 万光年。

科波索夫在一份声明中指出：“在如此小的天空区域内，发现这么多的卫星星系，完全出乎我们的意料”。

矮星系由99%的暗物质和1%的正常物质构成，它们被认为是研究暗物质的理想目标。科波索夫说，他们只敢肯定其中3个是矮星系，另外6个可能是矮星系，也可能是球状星团。球状星团亮度类似于矮星系，但缺乏暗物质。

研究人员还指出，最靠近银河系的那个星系由于太过接近，正被银河系的巨大引力牵扯、撕碎；最远的那个星系位于银河系的边缘，但将来也会被拉进银河系撕碎。

这两个研究小组利用"暗能量巡天"项目的数据，各自独立地获得了上述发现。"暗能量巡天"是由美国、巴西、英国等国家联合发起的一个研究项目，从2013年开始，对南半球的星空进行拍摄，其数据对公众开放。

矮星系是宇宙中已知的最小星系，与中等级别的银河系包含数千亿颗恒星相比，它们最小的只有数千颗恒星，因而极其暗淡。科学家迄今发现了超过20个围绕银河系运转的矮星系，但其中约一半是在2005年和2006年观测到的，此后只有零星发现。

2.发现最直接暗物质信号可能来自围绕银河系旋转的矮星系

2015年3月25日，英国《每日邮报》网站报道，美国卡内基梅隆大学的吉林格·萨梅斯牵头，他的同事、美国布朗大学和英国剑桥大学专家参与的一个国际研究小组当天宣称，他们或许发现了迄今最直接的暗物质信号，并发现暗物质或许存在于一个围绕银河系旋转，且发出伽马射线的矮星物质内。

参与"暗能量调查"的科学家，在几周之前发现了这个名为Reticulum 2的矮星系。它距离地球至少9.8万光年，是迄今发现的距离地球最近的矮星系。伽马射线是宇宙中已知的最强辐射波，但这些神秘的波是如何形成的，以及其确切的来源一直是个未解之谜。不过，有科学家认为，它们是暗物质发出的信号。

暗物质是宇宙中看不见的物质。现在我们看到的天体，要么发光，如太阳；要么反光，如月亮，但有迹象表明，宇宙中还存在大量人们看不见的物质，它们不发出可见光或其他电磁波，但它们能够产生万有引力，对可见的物质产生作用，这些物质被称为"暗物质"，暗物质占据了宇宙总质量的80%以上，被称为"现代科学最重要的未解之谜"。

有一个非常重要的理论认为，暗物质粒子是弱相互作用重粒子(WIMPs)，当其成对相遇时，它们会相互湮灭，释放出高能伽马射线。如果这一情况属实，那么，将有大量伽马射线从暗物质粒子丰富的地方(比如星系稠密的中央部分)喷射出。但麻烦在于，高能伽马射线也有很多其他的来源，包括黑洞和脉冲星，这就使得科学家们很难将暗物质信号与背景噪音区别开来。但科学家们认为，矮星系缺乏产生伽马射线的其他来源，因此，来自矮星系的伽马射线流将是暗物质强有力的证据。

据报道，在过去数年内，科学家们一直在用美国航空航天局的费米伽马射线太空望远镜观察围绕银河系旋转的矮星系，希望能发现伽马射线的信号。研究人员表示，来自于这个星系方向上的伽马射线，远远超过了正常情况下可能会出现的数量。萨梅斯说："这表明，在围绕银河系旋转的矮星系方向上，某些物质正在释放伽马射线，这有可能是暗物质发出的信号，我们似乎首次探测到了这一信号。"

不过，也有科学家表示，对围绕银河系旋转的矮星系属性进行进一步的研究，可能会找到其他发出伽马射线的来源，但他们对此持谨慎乐观的态度，尽管如此，还需要进行更多研究来证实暗物质的来源。

3.发现银河系周围一个极暗的矮星系

2016 年 11 月，日本东北大学千叶证司教授负责，中国上海天文台、日本国立天文台和美国普林斯顿大学等相关专家参与的研究小组，在美国天文学会《天体物理学杂志》网络版上发表论文称，他们通过分析"卯"望远镜拍摄到的数据，新发现了一个伴随银河系的卫星星系。该星系是处女座方向发现的第一个矮星系，因此被命名为"处女座矮星系Ⅰ"。该星系是最暗的矮星系之一，是星系形成史以及有关暗物质性质研究的重大发现。

至今，科学家们在银河系附近发现了近 50 个卫星星系，其中有 40 个左右被分类为矮星系。这些星系大多数是"超低光度矮星系"。但此前的观测使用的都是直径为 2.5~4 米的中口径望远镜，仅能发现距太阳较近及不是很暗的矮星系，往往漏掉处于更远处的星系晕外侧及光度极暗的矮星系。

此次发现的银河系极暗卫星星系，是利用 8.2 米大口径天文望远镜与超广视野焦点照相机找到的。研究生本间大辅表示，在分析数据时，他们在处女座方向，发现了一个可视绝对等级-0.8、半径约 124 光年的天体，与同等明亮度的球状星团相比系统规模较大，因此认定其为矮星系。

迄今为止，发现的最暗星系是被称为"赛吉尔-1"（Segue Ⅰ）的矮星系（-1.5 等级）。此次发现的"处女座矮星系Ⅰ"，因此也属于最暗的矮星系之一，其距离太阳 28 万光年。

千叶证司教授说："在距太阳较远的广阔空间区域，有存在大量黑暗矮星系的可能。对这些星系的观测，能够让科学家们对暗物质、星系及其形成等问题获得新的见解。"

（二）银河系附近星系团探测的新发现

银河系附近发现巨大超星系团。

2016 年 12 月 25 日，美国《每日科学》网报道，澳大利亚国立大学马修·考勒斯为主要成员，其他成员来自南非和欧洲的一个国际天文研究团队，在银河系附近发现了一个超星系团。据悉，这是有记录以来发现的最大超星系团之一，其质量甚至会影响到银河系的运动。

超星系团，是若干星系团集聚在一起构成的更高一级的天体系统，因此又被称为二级星系团。目前，我们只知道一个超星系团是由 2~3 个甚至十几个星系团组成的,但受观测对象及分析手段所限,还不能确定是否所有的星系团都是不同大小的超星系团的成员。

此次发现的名为 Vela 的超星系团,一直以来都被银河系中的星尘所掩藏,但其实质量极其巨大,并且会影响到银河系的运动。研究人员合并了位于开普敦南非大望远镜、位于悉尼的英澳望远镜,以及星系平面的 X 射线测量的观测数据,发现了这个巨大的星系网络,其出现让天文学家们亦感到震惊,估测 Vela 中可能包含 1000 万亿到 10000 万亿个恒星。

考勒斯使用英澳望远镜测量了许多星系的距离,再次证实了 Vela 天体是一个超星系团。团队还预测该超星系团对银河系的影响,认为 Vela 的引力,将能解释空间测量到的银河系动向,与通过星系分布预测的动向之间的不同之处。考勒斯表示,Vela 是目前宇宙中超大星系团之一,可能也是银河系附近最大的星系团。

第三章　探测太阳系的新进展

太阳系是指以太阳为中心所有受太阳引力约束的天体总和，包括水星、金星、地球、火星、木星、土星、天王星、海王星八大行星，冥王星、卡戎星、阋神星、谷神星、鸟神星、妊神星六颗已经确认的矮行星，还有卫星、彗星和小行星等数以亿计的各类天体。21 世纪以来，国外在太阳概貌领域的研究，主要集中在探索太阳黑子、太阳耀斑、日冕物质抛射、太阳风暴与太阳雨。在地球领域的研究，主要集中在探索地球物质结构、地球大气形成、地球稀有金属来源，研究地球磁场与宇宙射线影响、宇宙天体撞击地球现象，以及地外生命与地球寿命。在月球领域的研究，主要集中在考察月球表面的火山痕迹和陨石撞击事件，探索月球球形演变和月球引力，分析月球成因与月球年龄。在火星领域的研究，主要集中在考察火星地质地貌与气候环境，探索火星大气结构、水源与水体，以及生命迹象，分析火星卫星的形成与发展趋势。在土星领域的研究，主要集中在分析土星及其卫星的特征与演化，探索土星最大卫星泰坦的外形与地质、气象气候、海浪与海洋，还考察了土卫二和土卫四。在其他大行星领域的研究，主要集中在探索水星与金星、木星及其卫星，并对天王星与海王星也做出若干探测。在矮行星领域的研究，主要集中在探索冥王星地质地貌、大气环境、海洋资源，研究卡戎星地貌与大气、海洋资源，探测谷神星水资源、特有亮斑和生命生存环境，还探测了灶神星与未知矮行星。在小行星与陨星领域的研究，主要集中在搜寻与探测小行星，防止小行星撞击地球；搜寻分析陨星，研究陨星撞击地球事件及其产生的后果。在彗星领域的研究，主要集中在通过探测器直接采集彗星物质，研究彗星的内部物质和外在形状，分析彗星与地球的关系。

第一节　太阳概貌研究的新成果

一、研究太阳黑子与太阳耀斑的新信息

（一）探索太阳黑子的新进展

重新修订太阳黑子的活动记录。

2015 年 8 月 7 日，比利时布鲁塞尔皇家天文台天文学家弗雷德里克·柯莱蒂领导的研究团队，在美国夏威夷檀香山召开的一次国际天文联合会会议上，公布

了他们的一项研究结果,终于纠正了关于太阳黑子活动的数据。这是一个可以回溯到4个世纪之前,涉及科学史上最长观测记录的令人尴尬的矛盾。这项研究对于理解太阳曾经如何及仍将如何影响地球上的生命,具有重要意义。

值得注意的是,修订后的太阳黑子统计结果表明,太阳活动在最近几十年,并未像人们曾经以为的那样变得频繁。一些人曾将"黑子极大期"的假设,与地球越来越热的气候联系起来。柯莱蒂表示:"我们发现并没有这样的黑子极大期。太阳活动的水平并没有什么特别的地方。"

黑子是太阳表面磁性的爆发,它反映了恒星内部的活动。计数太阳黑子的做法始于1610年,当时意大利天文学家伽利略和其他科学家利用新发明的望远镜,发现了分布在太阳表面的暗斑。这样的记录最终揭示了太阳活动的周期大约为11年。

柯莱蒂研究团队花了4年的时间,重新校准两份官方太阳黑子清单。其中之一是"国际太阳黑子数目",该清单于1849年由瑞士苏黎世天文台的一位天文学家开始记录,随后又加入了更为古老的历史记录。另一份清单则是"群太阳黑子数目",该清单于1998年由美国研究人员开发。该清单记录了太阳黑子群而非单个事件,此举旨在消除观察者的矛盾。

"国际太阳黑子数目"也曾试图解释,由观测条件以及观察者报告数字的能力引发的变化。但这两份太阳黑子清单会不定期地产生分歧。

柯莱蒂研究团队确定了两份清单中系统误差的几个来源,例如瑞士一位老年观察者随着视力的下降,看到的太阳黑子越来越少。在其他情况下,天文爱好者都关注于太阳观测的其他方面,所以如果他们的笔记没有提到太阳黑子,并不意味着这些黑子真的不存在。

研究人员开发了一种方法,即在一个给定的时期内,选择一位主要的黑子观察者,同时确保来自相邻时间段的观察者能够提供一个平稳的过渡。

对两份清单的重新校正,导致在20世纪后半段出现的所谓"黑子极大期"消失了——这一变化在很大程度上归因于对1893年采集的数据的修正,当时苏黎世天文台恰好更换了主管。

加利福尼亚州莫菲特场美国航空航天局埃姆斯研究中心太阳物理学家大卫·哈撒韦表示:"此前的工作,试图把太阳活动的增加与全球温度的增加联系在一起,这显然过高估计了太阳活动在全球变暖中所起的作用。"

而且,修订后的数据,消除了这两份清单,与由美国国家大气与海洋管理局保存的第三份清单之间的差异,后者显示的太阳活动比"国际太阳黑子数目"多了30%。科罗拉多州博尔德市空间天气预报中心太阳物理学家道格拉斯·比泽克表示,重建后的记录与该局的记录如今关系更加密切了。

位于比利时皇家天文台的世界数据中心,已于近期开始使用新的清单。

比泽克指出,了解过去太阳活动的范围,将有助于研究人员更好地预测未来的太阳活动周期。军队及其他用户,将利用太阳黑子数量,预测太阳风暴可能对人造卫星带来的影响。

（二）探索太阳耀斑的新进展

1.开展太阳耀斑爆发的模拟实验

在实验装置中成功模拟出太阳耀斑爆发现象。2012 年 9 月 7 日，日本媒体报道，日本宇宙航空研究开发机构和东京大学的研究小组当天宣布，他们借助“日出”号太阳观测卫星的数据，在地面的实验装置中，成功模拟出太阳表面发生的耀斑爆发现象。

研究小组指出，太阳表面的温度只有约 6000℃，却能将太阳大气的最外层——日冕加热到 100 万℃以上，这一现象一直是一个巨大的谜。此次研究成果，有望促进解开这个谜。

在太阳表面与日冕之间，还存在很薄的色球层。此前，研究人员根据“日出”号的观测，认为在色球层中发生的规模很小的太阳耀斑爆发——“色球层喷射”现象，对于加热日冕发挥了重要作用。

研究小组于是利用强大的磁力和直径约 2 米、长约 5 米的圆筒形实验装置，对这种太阳耀斑爆发进行了模拟。这一实验装置，可以将由质子和电子形成的气体封闭在真空容器中。研究人员通过操纵磁力，发现可以将 1 万摄氏度左右的气体急速加热到 3 万摄氏度，而且可以使气体以时速约两万千米的速度发生喷射，再现了与“色球层喷射”这种太阳耀斑爆发相似的现象。

宇宙航空研究开发机构副教授清水敏文指出：“虽然实验没有达到色球层时速 10 万~70 万千米的喷射速度，但是如能够详细调查，将有助于弄清日冕加热的机制。”

2.搜集有关太阳耀斑的科研数据

通过在南极放飞气球搜集太阳耀斑数据。2016 年 1 月 20 日，美国航空航天局官网报道，一个充满氦气、足球场大小的科研气球，18 日被释放升空，携带着仪器径直飞向南极上空的平流层。这个名为伽马射线成像仪/太阳耀斑偏振仪（GRIPS）的气球，是美国航空航天局研究太阳耀斑散发出来的极高能量辐射的一个利器。

太阳耀斑是太阳大气局部区域最剧烈的爆发现象，当磁场突然改变，强电场会产生巨大的带电粒子流，它能在短时间内释放大量能量，引起局部区域瞬时加热。耀斑发生时，在太阳大气的电离气体，以接近光速的速度发射出电子和离子，进而释放出高能伽马射线。

美国戈达德太空飞行中心太阳耀斑观测气球项目科学家阿尔伯特·史说：“该气球观测耀斑发射的数量，是以往仪器观测量的 3 倍以上，我们将能更精确地获得产生伽马射线的次数和位置。”

南极的夏天，是科学考察气球比较理想的释放窗口，因为有相对稳定平和的空域条件，且一周 24 小时都有阳光，能为太阳耀斑观测气球这种专门研究太阳的仪器提供电源，并可以不间断地收集数据。

美国航空航天局研究团队于2015年10月就到达了南极的麦克默多站，直到2016年1月初，整个团队都在组装和测试太阳耀斑观测气球，同时等待释放气球的最佳条件。他们希望气球可以借助南极夏天的循环风，在空中飞行14~55天。

科研气球，是一个低成本进入地球上空大气层，及至太空边缘的手段，能够让科学家测量到在地面上根本不可能获得的科研数据。

据介绍，太阳耀斑观测气球由美国加利福尼亚大学伯克利分校首席研究员帕斯卡尔·圣莱尔领导。轨道-阿连特技术系统公司(Orbital ATK)，提供了美国航空航天局科研气球项目的管理方法、任务计划、工程服务和场地运行等配套服务。该项目由美国航空航天局建在得克萨斯州的哥伦比亚科研气球设施中心执行。到目前为止，在过去的35年间，该团队已经放飞1700多个科研气球。

3.推进太阳超级耀斑现象的研究

(1)估算太阳超级耀斑的爆发时间。2015年8月，美国媒体报道，1859年，一次大规模的太阳耀斑爆发，曾以极大能量轰击地球，使得电报线路着火，其产生的明亮极光，在古巴和夏威夷都可以看到。而对于今天的地球，如此威力巨大的事件将具有巨大破坏性，一旦再次发生，很可能引起全球卫星、电网和技术的瘫痪。那么，下一次太阳超级耀斑将何时到来呢？

美国哈佛大学·史密森尼天文物理中心的天文学家组成的研究小组，研究了84颗类日恒星，观测了4年内发生的29次超大耀斑现象，并研究了它们的爆发频率。好消息是，一颗类似太阳的恒星，很可能要每经过250~480年，最大可能是约350年才会发生一次超级耀斑爆发。

近日，在夏威夷檀香山召开的国际天文学联合会大会上，该研究小组通过海报，展示了他们的研究结果。不过，多"超级"才算是"超级耀斑"？他们的研究对象，是比普通太阳耀斑强大150倍，比1989年切断加拿大魁北克全省电路的太阳风暴事件强大10倍以上的耀斑爆发。

(2)认为地球生命萌芽有赖于太阳超级耀斑。2016年5月，美国航空航天局戈达德太空飞行中心弗拉基米尔·艾位皮田领导的研究团队，在《自然·地球科学》上发表论文称，他们新近的研究表示，太阳年轻时的活跃状态，或许有助于给地球早期生命提供所需的组分和气候。

氮是组建地球生命所必需的基本组成部分，但在地球早期，氮一开始只是以氮气的形式存在，氮气在化学上并不是一种积极参加化学反应的物质。分解大气中的氮分子是一个非常高能的过程，这让生物可以更好地利用重组后的氮元素。

研究团队通过天文望远镜，对与太阳类似的年轻恒星大规模喷出的高能粒子风暴进行了观察，他们推测早期的太阳可能也有类似恒星风暴，并频繁地向地球抛出高能粒子。这些叫作超级耀斑的太阳风暴，触发了早期地球大气化学变化。研究人员估计，带电粒子云当时袭击地球的频率很高，可能一天多次袭击地球。超级耀斑和地球间互动的数值模拟表明，超级耀斑扰乱了地磁场，在地球两极制造出大量地磁缺口，从而让高能粒子能够穿过大气层。

研究人员随后发现，高能太阳粒子和地球大气层的成分，包括氮分子相互作用，产生一氧化二氮和氰化氢。他们表示，氰化氢可能给构建例如氨基酸的生物分子提供了氮源，而一氧化二氮这种强有力的温室气体，可能帮助地球表面温度上升到了可以支撑液态水和生命的温暖程度。这一切发生的时候，太阳虽然有很多风暴，却比现在要暗30%。

在同期评论文章中，纽约康奈尔大学的拉美西斯·拉米雷斯表示，论文中提到的过程可能也对火星早期环境产生影响，并可能对环绕类似太阳的年轻恒星的类地行星的气候，以及是否存在生命，产生影响。

（三）探索日冕物质抛射的新进展

首次利用理论模型正确解释日冕物质抛射现象。

日冕物质抛射现象，表现为太阳偶发性向外喷射万亿吨氢气的情形。这种奇特的太阳活动方式，与太阳黑子和太阳耀斑存在密切的联系。大多数的日冕物质抛射都来自太阳活动区，即黑子群与经常伴随耀斑的地方。这些区域的磁场线是封闭的，磁场的力量大到足以抑制等离子活动；日冕物质抛射必须打开这些磁场线，或者至少在磁场线冲破一个缺口，形成局部通道，才能使电子和质子组成的等离子逃逸至太空。

2010年11月8日，美国海军研究实验室詹姆斯·陈博士领导，乔治梅森大学的博士生瓦尔伯纳·昆克尔等人参与的研究小组，在第52届美国物理学会等离子体物理专业年会上公布了一项研究成果，他们借助双卫星组成的日地关系观测系统，首次能够利用理论模型，正确地解释太阳表面受磁力驱动而喷发的等离子体云团的运动。

人们通过科学仪器观测到的日冕物质抛射，如同从太阳表面产生的向外喷射的云团，该云团由磁化的高温氢等离子体组成，体积庞大。在磁力的作用下，太阳喷射出的等离子体的速度，在不到一分钟内，被加速至每秒数百千米至2000千米。日冕物质抛射与太阳耀斑（日晕）密切相关，当抛射的等离子体到达地球时，可引起极光，还会在地球的等离子体大气层中感应生成强电流，导致通信和全球定位系统中断，甚至电力供应网瘫痪。

1859年，人类首次观察到太阳耀斑后，日冕物质抛射便吸引了全球众多科学家的注意。为更好地认识太阳和地球系统的相互关系，美国国家航空航天局实施了太阳地球探索项目的第三项行动，于2006年10月发射了由两颗卫星组成的日地关系观测系统，它能不间断地观察氢等离子体，从太阳到地球的整个过程中的结构变化。

解释太阳喷射的等离子体云团运动的理论所基于的概念，是太阳表面喷发的等离子体云，是一个巨大的“磁通量绳”。此条由“扭曲”磁力线构成的“磁通量绳”，形状如同一个不完整的圆环。1989年，詹姆斯·陈博士率先提出该理论时，引起了科学界的争议。此次,该研究小组把理论模型,应用于日地关系观测系统新获取的有关太阳日冕物质抛射数据。结果显示,该理论与人们在太阳到地球整个观察区域中所测量的喷射云团轨迹的情况,完全吻合。

据悉,科学家分析的,是2007年12月24日发生一次的太阳日冕物质抛射。当时,日地关系观测系统中的卫星A,从喷射初期就开始跟踪此次日冕物质抛射前沿的运动轨迹,卫星B则跟踪测量磁场和等离子体的参数。观测过程持续了5天。经过把理论模型与实际测量的数据进行对比,研究小组发现,两者之间关于抛射前沿的差异小于1%,而磁场和等离子体的特征完全相符。

二、研究太阳风暴与太阳雨的新信息

(一)探索太阳风暴对地球和月球的影响

1.研究太阳风暴对地球影响的新成果

(1)制成太阳风暴影响地球磁场的模拟系统。2004年7月,日本媒体报道,日本信息通信研究机构和九州大学开发出一种模拟系统,以分析太阳风暴可能引起的地球磁场变化,并分析这种变化如何影响人造卫星的运行。

地球本身具有磁性,其周围空间存在磁场。太阳风暴发生时释放出的高速带电粒子流,能造成地球磁场强度、方向出现急剧且不规则的变化,干扰近地空间的各种人造卫星的工作,严重时可导致无线通信中断。

为测算人造卫星可能受到的上述影响,日本信息通信研究机构和九州大学研究人员,运用日本电气公司制造的超级计算机"SX-6"和图像生成软件,根据输入的与太阳活动相关的探测数据,高速计算地球磁场可能出现的异常变化,以及这些变化对人造卫星可能产生的影响。

(2)揭示太阳风暴日地之旅的详细过程。2011年9月1日,美国西南研究院克雷格·迪弗雷斯特主持,蒂姆·霍华德等人参与的研究小组,在《天体物理学杂志》上发表论文称,他们利用国家航空航天局的环日立体摄影卫星(STEREO)数据,首次制作了清晰的太阳风暴视频图像,显示了一团木星大小的物质云所含的各种等离子和粒子,及其在行星际空间分布的形状和密度。

这些图像数据,来自于2008年12月的一次日冕物质抛射(CME),太阳风暴从当月的12日开始以每小时百万多千米的速度,在太阳表面螺旋上升的磁力线的引导下,旋转变换飞过太空,经3天后到达地球。

视频图像显示了太阳风暴一路旅行,到达地球的一系列动态作用过程,及所展现的物理现象,包括太阳风暴在日冕物质抛射顶缘的堆积、内部空间、长线结构及后尖端;在平静期出现的等离子体团,喷出这种等离子体团与原位置的密度变化有关;还有以日球层电流片为中心的V型结构,日球层电流片是太阳磁场南北极变化造成的涟漪。

研究小组所追踪的"一小团"太阳风暴,比月球表面暗10亿多倍,比其背后的恒星背景暗1万倍。他们利用广域日球摄影机，经过数据分析并结合了图像处理技术，从日球层明亮的前景、背景中分析提取出微弱信号，制作了从日冕物质抛射到太阳风暴撞击地球，这一跨越日地距离的大尺度图像。

霍华德说："30年来，我们一直在研究日冕物质抛射和磁云的基本结构，以及它们跟日冕源结构间的相互作用，跟踪这些特征，就能建立起空间天气风暴和日冕源头的对应关系，并找到产生这种风暴的原因。"

迪弗雷斯特指出："这是首次直接观察到这样大尺度的结构，而且这些数据还有很多内涵可挖。它们的意义好比第一次使用气象卫星图使地球气象研究彻底改观，这些图像也将完全改变我们研究太阳风的方式。"

2.探索太阳风暴对月球影响的新成果

认为太阳风暴引发的电火花会改变月球地貌。2017年1月，美国新罕布什尔大学学者安德鲁·乔丹主持，受美国航空航天局资助的研究小组，在《国际太阳系研究杂志》上发表论文说，当强烈太阳风暴发生时，月球两极附近永久阴影区土壤会发生电荷聚集现象。当电荷累积到一定程度，就可能发生瞬间放电，这一过程引发的电火花，会使该区域土壤气化、融化。

一般认为，月球表面大大小小的陨石坑，主要由流星体撞击形成。但该研究小组认为，由强烈太阳风暴引发的电火花，也可以改变月球两极永久阴影区地貌，这种效应的影响甚至不亚于流星体撞击，这个观点的确让人耳目一新。

月球没有大气层保护，其表面风化层土壤直接暴露在严酷的太空环境中，因受到来自太空流星体撞击的影响而持续损耗。据测定，月球土层已有约10%因流星体撞击而融化或汽化。乔丹说，他们近日研究认为，在月球两极的永久阴影区，由太阳风暴引发的电火花融化或气化的土壤比例，与流星体撞击相当。

众所周知，耀斑和日冕物质抛射等强烈太阳爆发活动，会发射大量高能带电粒子。这些高能粒子，主要由带正电的离子和带负电的电子组成，地球磁气圈可使地球上的生命基本免于它们的辐射。然而，在缺乏保护层的月球上，这些粒子会渗入月球表面，在风化层内聚集形成两个带电层：体积较大的离子会与风化层中的原子结合，在接近表面区域聚集；体积较小的电子穿透力更强，聚集在更深的位置。由于相反电荷互相吸引，正常情况下，这些粒子所带电荷流向彼此，最终相互抵消。

乔丹等人2014年发表的一项模拟实验结果显示，月球两极永久阴影区非常寒冷，表面风化层导电性极差。因此，当强烈太阳风暴发生时，在永久阴影区风化层内形成的两个带电层电荷累积到一定程度来不及中和，就会发生爆发性释放，如同发生了一次微型闪电，这一过程又被称作电介质击穿。

（二）开展太阳风暴预报工作的新进展

1.研发新型太阳风暴预警系统

2012年7月14日，国外媒体报道，美国特拉华大学科研人员约翰·比伯，以及韩国忠南大学和汉阳大学研究人员组成的一个国际研究小组，近日研制出一种新型太阳风暴预警系统，该系统能分析太阳风暴中飞向地球的高能、高速带电粒子流强度，并根据其中的质子能量提前166分钟发出预警。

研究小组研发的这一预警系统，可针对特定辐射级别，预测高能带电粒子何时达到峰值。该系统的设备可测量太阳风暴中首先抵达地球的高能、高速带电粒子流强度，从而使研究人员提前评估此后到达地球、速度较慢、但潜在危险更大的粒子流，预测其潜在危险水平。

比伯说，提前166分钟发出预警，可让在太空执行任务的航天员，躲进航天器内的隔离区，也可提醒在地球磁场较弱的极地飞行的驾机者，及时降低飞行高度，以便受到地球磁场更多保护。

太阳风暴，是指太阳在黑子活动高峰阶段，产生的剧烈爆发活动。这种爆发会从太阳表面，向太空释放大量高速带电粒子流。这些粒子携带的能量惊人，通常会以每小时几百万千米的速度向地球袭来，并能在一天之内到达地球，有可能对人造卫星、无线电通信和地球供电系统造成威胁。

2. 可提前24小时预测太阳风暴

2015年6月，英国伦敦帝国理工学院的奈尔·萨万尼博士领导的研究小组，在《空间天气学》杂志上发表论文称，他们已开发出一种可提前至少24小时预报太阳风暴的新型测量方法和模型工具，

日冕物质抛射(CMEs)是太阳爆发活动的重要现象，它是巨大的、携带磁力线的泡沫状气体，在几个小时内从太阳被抛射出来的过程。日冕物质抛射产生的干扰会造成严重影响，诸如毁坏卫星和基地技术设备、干扰电波发射、影响GPS技术运作等。然而，并非每次大规模太阳喷射运行到地球时都会造成严重后果，日冕物质抛射的能量取决于其内部磁场方向。目前，只有当它相当接近地球时，卫星才能在一定程度上分辨出大规模喷射的磁场方向，提前30~60分钟预报。但这些提前量，并不足以减缓其对民用电网等人类设施的影响。

该研究小组发现了，可提前至少24小时预测太阳喷射的新方法和工具。萨万尼指出，大规模太阳喷射的磁场方向取决于两个因素：其刚从太阳喷射出的最初形态，及其运行到地球过程中的演化情况。大规模喷射产生于太阳表面的两个地方，在倾泻到太空期间形成羊角面包状云。这种充满了扭曲磁场的云，在行进过程中会发生变化，如果其中某个磁场以某种方向与地球磁场相遇，两者间就发生联系，进而产生地磁风暴。

(三)研究太阳雨的新发现

发现太阳上也会下起“倾盆大雨”。

2014年6月24日，爱尔兰都柏林三一学院太阳物理学家埃蒙·斯卡利恩领导的一个国际研究小组，在朴茨茅斯召开的国家天文大会年会上报告研究成果称，就像在地球上一样，太阳上也会有周期性的坏天气，狂“风”大作，暴“雨”倾盆。他们近日拼制了一幅太阳大气“瀑布”的图像，以解释这一有趣现象。

研究人员说，太阳上的雨由电离气体构成，也就是等离子体，以大约 20 万千米的时速从太阳的外大气层日冕，降落到太阳表面上。成千上万的“日冕雨滴”洒落下来，对太阳来说就像“倾盆大雨”。

科学家 40 年前就已发现日冕雨。太阳“天气”也有规则地大规模变化，但经过几十年的研究，仍未能理解其物理机制。现在，研究小组利用美国国家航空航天局的动力观测卫星和瑞典的 1-m 太阳望远镜，能更详细地研究它。

太阳上形成热雨的过程，与地球上的成雨过程极为类似。如果太阳大气条件合适，炽热而稠密的等离子云会自然冷却、凝结，最终以日冕雨滴的形式降落到太阳表面上。另一个与地球天气相似的地方是，构成热雨云的物质到达日冕，也要通过一种迅速蒸发的过程，但这种“蒸发”是由太阳耀斑造成的。耀斑爆发是太阳系最剧烈的爆炸，科学家认为这有助于给太阳的外大气层加热。由太阳耀斑驱动的暴风雨，或许对控制太阳大气的物质循环起着基本作用，是一种太阳级“恒温器”，调节着日冕的温度波动，但日冕加热的源头仍是一个难解之谜。

据报道，该研究小组与都柏林三一学院和挪威奥斯陆大学合作，对日冕雨的形成提出了新见解。斯卡利恩提出了一种“灾难制冷”模型，一种特殊的温度急降使得稀薄的日冕气体变成了“雨滴”。

利用瑞典的 1-m 太阳望远镜，研究小组在 2012 年 6 月观察到一条巨大的“瀑布”，从太阳外大气层倾泻下来，进入太阳表面的黑子。他们将拍摄的照片进行了合成，还将另一套照片制作成视频，以显示“阵雨”之前太阳耀斑的活动情况。

斯卡利恩说：“太阳上的‘阵雨’和‘瀑布’是非同寻常的景观，虽然我不会很快推荐人们到那里‘漫步’，但它们与地球天气的相似性还是令人震惊。”

三、与太阳有关研究的其他新信息

（一）与太阳有关天体研究的新进展

1.探索太阳系卫星与行星形成的新模式

（1）提出解释太阳系内有规则卫星生成的新模型。2012 年 11 月 30 日，法国索菲亚·昂蒂波利大学奥利恩·克利达、巴黎狄德罗大学塞巴斯蒂安·卡诺兹两位天文学家领导的研究团队，在《科学》杂志上发表论文称，他们提出一个能解释太阳系中绝大部分有规则的卫星，如何从其行星环中出生的新模型。该模型不仅能说明目前“巨”行星的分布，也解释了“类地”行星如地球、冥王星的卫星形成过程。这些结果，在揭示宇宙行星系统形成方面是一大进步。

巨行星系统和类地行星系统之间有着根本差异，前者如木星和土星，后者如地球和冥王星。巨行星被星环和大量小的天然卫星所环绕；而类地行星仅有很少卫星或只有一个，也没有星环。

在此之前，常用于解释太阳系内有规则的卫星如何出现的模型有两个。根据这两个模型，像地球或冥王星这样的类地行星，是在一次巨大的撞击之后形成，而巨行星的卫星是在围绕着它们的星云中形成。但这两个模型不能解释特殊分布和围绕巨行星公转的卫星的化学成分,因此还需要另外的理论来解释这些疑点。

在2010年和2011年,该研究团队利用卡西尼土星探测器的数据,经过大量模拟开发出一种新模型,来描述土星的卫星怎样形成。他们发现,土星环是由一层稀薄的、绕土星旋转的小冰块组成的环状圆盘,在这里生出了它的冰卫星。由于土星环不断扩展,当它远离行星达到一定距离(也叫罗氏极限或罗氏半径)时,其端点处会凝聚成小的星体,与星环断开后自行运动,这就是行星环生出卫星的过程。

他们先用该模型测试了土星的卫星,然后检验它能否扩展到其他行星。他们的计算揭示了几个重要方面:首先,这个"行星环衍生卫星模型",解释了为何最大卫星,总是比较小卫星距其主行星更远。其次,卫星的累积数量在星环外缘,也就是它们的"出生地"处接近罗氏极限,这一分布完美地符合土星的行星系统。再次,新模型也同样适用于其他巨行星,如天王星和海王星,也可以按类似布局来组织。这表明这些行星都曾经拥有过像土星那样的巨大环,但它们后来失去了环也就不能再生出卫星;最后,该模型也适用于类地行星的卫星形成。根据研究人员计算,还存在一些特殊例子,即从行星环中能生出单独一个卫星来,这就是地球和月亮的例子。因此,单独的行星环扩展机制,就能解释在太阳系中,绝大多数有规则卫星是如何形成的。

(2)认为太阳系中大行星可能是由小岩石聚集而成的。2015年8月,美国科罗拉多州西南研究所行星科学家哈罗德·利维森领导的研究小组,在《自然》杂志发表论文称,太阳系中大行星可能是从最小的岩石开始的。45亿年前,绕着新生太阳旋转的尘埃和冰形成的厘米级石块,通过聚集方式形成了这些行星。

这项研究,强化了对一种观点的支持,即这些最初的石块迅速融合成为诸如木星和土星等气态巨行星的核心。早先的理论认为,造就一颗巨行星需要每块直径约为1千米的更大岩石宏伟地聚集在一起。

该研究小组近日发表的关于"石块聚集"情景研究,描述了环绕太阳的萌芽期行星,如何随着它们的引力场发生相互作用推动彼此间形成。这将一些原行星从尘埃盘的平面扔出,留在尘埃盘中的则"吞掉"石块变成真正的行星。

利维森表示:"对于行星如何形成来说,这的确是一种研究范式的转移。"在"石块聚集"模型出现前,主流观点是尘埃和冰粒缓慢地融合成几千米大的物体,而这些物体再彼此间融合直至大到足以紧紧抓住气态的"斗篷",并且变成真正的气态巨行星。不过,科学家发现,很难解释这个悠闲的过程,是如何在围绕太阳的碟状尘埃消散前仅有的几百万年间完成的。

2.寻找与太阳形成于同一个气体云的星体

发现太阳有个"失散多年的兄弟"。2014年5月11日,英国《每日邮报》网站报道,美国得克萨斯大学奥斯汀分校伊万·拉米雷斯教授领导的研究团队,日前宣布已经找到太阳“失散多年的兄弟”，这个星体和太阳形成于同一个气体云。甚至有可能，太阳的这位“兄弟”会有可支持生命存活的行星绕行。新的发现，可以帮助科学家们寻找地外生命，同时更容易找出其他恒星的“双胞胎兄弟”，并有助于阐释我们的太阳最初形成时的奥秘。

据报道，太阳的这位“兄弟”被命名为 HD 162826，质量比太阳重 15%，位于距离地球 110 光年之外的武仙座。该恒星用肉眼无法看到，但使用低功率天文望远镜很容易就观测到，距离明亮的织女星并不很远。

太阳的这位“兄弟”，甚至可能有支持生命存活的行星绕行。研究人员认为概率并不太大，但即使最终事实证明该“兄弟星系”在生命问题上一片贫瘠，上述发现也能帮助天文家更好地找到此类恒星，从而帮助我们了解太阳最初形成时的状况。

拉米雷斯称，人们一直都想知道自己是从哪里来的，如果科学家能搞清楚太阳形成于银河系的哪一部分，那就可以了解太阳系早期的环境及条件，帮助理解为什么我们恰好出现在彼时彼刻。团队成员认为，太阳诞生于一个拥有数千或数万颗恒星构成的星团，星团形成早于 45 亿年前，但后来解体，分崩离析的恒星们随后开始在自己的轨道上绕银河系中心运行。

在最初时期，行星相互碰撞后出现大块碎块，它们可能在各恒星系之间游荡，这可能就是地球出现原始生命的原因。同样，地球的碎块也有可能把生命运往其他行星，譬如说，一颗正环绕太阳的“兄弟恒星”运行的行星。亦因此，这些“兄弟”们正是我们寻找地外生命方面的关键。

研究人员表示，此次出现了太阳的一个“兄弟恒星”已足以令人兴奋，但该项目还包含更大的目标：创建一个可识别多个太阳“兄弟恒星”的路线图。值得注意的是，2013 年年底升空、正以前所未有的精度对数以十亿计的恒星进行测量的“盖亚”卫星，有望很快传回海量相关数据。

拉米雷斯说：“‘盖亚’卫星覆盖的数据，并不会仅限于太阳附近。而可供我们研究的恒星数量，将成万倍地增长。”

（二）与太阳有关研究的其他新成果

1.发现太阳系边缘能量带可作星际磁场“方向标”

2014 年 2 月，美国新罕布什尔大学地球、海洋与空间研究所内森·奇瓦登为首席科学家，西南研究所研究员戴维·麦克科马斯等人参与的“星际边界探索”研究小组，在《科学快递》上发表研究成果称，他们通过独立检测证实了星际边界探索任务的一项标志性发现：位于我们太阳系边缘的神秘的能量和粒子带，可以作为指示局部星际磁场方向的“天空路标”。

迄今为止，对这一复杂边界区做出直接检测的是“旅行者 1”号卫星。该飞行器 2004 年进入日球层边界区，越过了所谓的“最后震动”，此处太阳风突然变慢，在 2012 年它进入了星际空间。但研究人员指出，当他们把星际边界探索数据和“旅行者 1”号检测的宇宙射线数据相比较时，发现两者显示的太阳系日球层以外的磁场方向不同。

虽然这让他们感到困惑,但不一定数据就是错的。研究人员解释说,“旅行者1”号是直接检测,在特定时间和空间里收集数据;而星际边界探索数据是在远距离收集并经过平均的信息,所以两者可能出现不一致。事实上,这些不一致可能成为一种线索,让人们去研究这两种检测之间为何会有差异,并取得新突破。

奇瓦登强调:“现在用一种完全不同的方法——全球范围超高能宇宙射线检测,也能证明磁场方向,与我们在星际边界探索任务中推导出的一致。”

星际磁场等级和直接的星系宇宙射线是理解银河系环境的关键要素,反过来这也会影响太阳系和我们地球上的环境,包括它们怎样参与了地球上生命的进化。日球层是围绕太阳系的大“泡泡”,由星际磁场形成,保护着我们免受宇宙射线的伤害。科学家一直认为,星际磁场方向或许是人们理解日球层所缺失的关键一环,这决定了它是怎样保护着我们。

麦克科马斯说:“我们正在看到星际磁场是怎样形成、变形,并改变我们的整个日球层的。”奇瓦登接着说:“50年前,我们第一次检测太阳风,并知道了超出近地太空以外的情况是什么;现在,一个全新的科学领域摆在我们面前,我们要去探索日球层以外的情况是什么。”

2.提出太阳将“休眠”的一家之言

2015年7月10日,英国《每日邮报》网站报道,日前,英国皇家天文学会在威尔士兰迪德诺召开国家天文会议。会上,诺森比亚大学瓦伦蒂娜·扎尔科夫教授领导的研究小组称,太阳将在2030年“休眠”,这将导致地球气温大幅度下降。

研究小组在会上介绍了他们研发的太阳活动周期新模型,该模型关注太阳两个层面:一个靠近太阳表面,另一个深入太阳的对流区,即“两个发电机”效应,预测到太阳活动将在2030年左右减少60%,届时地球将很有可能进入“小冰河期”。

研究小组发现,在太阳活动的第25周期(该周期的太阳活动在2022年达到峰值),被列为观测对象的太阳两个层面的电磁波开始相互抵消;进入第26周期(2030—2040年)后,这两个层面的电磁波变得完全不同步,导致太阳活动剧烈减少。瓦伦蒂娜说:“我们预测这将引发与‘蒙德极小期’相同的效应。”此消息一出,立即引发广泛关注。不过,对于这项耸人听闻的研究结果,不少专家持质疑态度。

在天文学家看来,这项预测研究,其创新之处在于除了探讨太阳内部对流区的等离子体运动,还关注了太阳表面的等离子体运动。这种双重作用被研究者称为“两个发电机”效应。研究小组在此基础上,建立了一个用来预报太阳活动的模型。引起轩然大波的“太阳休眠”说,就是对这一模型预测结果的夸张表述。

实际上,科学家对太阳活动的关注由来已久,也一直尝试像天气预报那样,预报太阳活动。然而,由于太阳磁场、大气结构不断变化,加之太阳活动中存在复杂的随机机制,要进行长周期的太阳活动预报至今仍困难重重。

不同观点的专家表示,鉴于预报太阳活动的技术尚未成熟,对2030年后的太阳活动作出预测还为时尚早，预测结果的可信度自然相当低。那么，即便太阳活动强度真的降低60%，地球也不一定会迎来所谓的“小冰河期”。

第二节 地球研究的新成果

一、探索地球物质要素的新信息

（一）研究地球重要构成物质水的新进展

1.分析早期地球水存在状态的新发现

（1）发现地球最早可能是被水覆盖着的。2014年10月31日，美国伍兹霍尔海洋研究所研究员亚当、尼尔森和马沙尔等人组成的一个研究小组，在《科学》杂志上发表论文称，他们近日研究发现，地球，以及内太阳系首次出现水的时间，比人们之前想象得要早，地球早先极有可能是一颗被水完全覆盖的“潮湿”行星。

亚当说：“我们的海洋一直都在，并不是之前所认为的后天形成。”据报道，研究人员研究了地球上的碳粒陨石。这种目前已知最原始的陨石，在大约46亿年前形成于尘埃漩涡、沙砾、冰和气体中，形成时间远早于地球。尼尔森说：“这些原始陨石里含有大量水，长久以来被看作是地球水的来源。”

为了找到地球上水的起源，他们测定了两种稳定的同位素的比率：一种是氢，另一种是氘。太阳系不同位置的这两种同位素，比率是不一样的。

研究人员利用美国航空航天局提供的小行星4-Vesta样本进行研究。4-Vesta在太阳系中与地球形成于相同位置，自身有一层玄武岩表面。来自4-Vesta的陨石，又被称为钙长辉长无球粒陨石。这些陨石形成于太阳系之后大约1400万年，从而可以用来寻找内太阳系水的起源，而此时，地球还处于成型的关键阶段。研究人员利用伍兹霍尔海洋研究所的东北部国家离子探针装置，分析了五个不同的样本。这是人类首次在钙长辉长无球粒陨石中检测到氢的同位素。

检测结果表明，4-Vesta有与碳粒陨石以及地球相同的氢同位素构成。这一发现与氮同位素数据一起，表明水最有可能来自碳粒陨石。

马沙尔说：“这一研究表明，地球上水与岩石极有可能同时形成。地球成型的时候，是一个潮湿的行星，表层全是水。”此前的研究认为，地球最早是干燥的，水是后来从彗星或“潮湿”小行星中得来，这些小行星基本由冰和气体组成。马沙尔接着说：“曾有人认为，在地球形成过程中的水分子肯定早已蒸发或蒸发进太空，而现在地球表面的水，一定是在数亿年之后才形成。”。

尽管这一发现并未否定后来地球含水量的增加，但其同时也表明，在地球形成的早期阶段，水的组成与含量均已适宜。

尼尔森补充道：“这一结果同时暗示，我们地球上生命可能起源于很早的时期。此外，由于水在内太阳系早已形成，其他系内行星也有可能早期是潮湿的，并且在成为今天这样恶劣的环境之前，还可能孕育过生命。”

（2）分析最古老锆石表明地球曾是水世界。2017 年 5 月 8 日，澳大利亚国立大学地球科学研究院安东尼·伯纳姆领导的研究团队，在《自然·地球科学》网络版上发表的论文表明，44 亿年前的地球有可能是一片荒凉、平坦的水世界，只有一些小岛露出水面。研究团队对有 44 亿年历史的微小锆石矿物颗粒，进行了分析。这些矿物颗粒，保存在西澳大利亚州杰克山脉的砂岩岩石中，它们也是目前地球上发现的最古老的碎片。

伯纳姆说，地球的历史就像是一本第一章被撕掉的书，因为地球形成最早期的岩石没有留存下来，但是研究团队根据锆石的微量元素，描绘出地球早期的样貌。这些锆石颗粒，因侵蚀而从最古老的岩石中露出来，就像犯罪现场留下的皮肤细胞。

研究显示，在地球形成的前 7 亿年里，地球上没有山峰，没有大陆板块碰撞，是一个相当平静而黯淡的地方。随后 15 亿年里主要存在的一种岩石中的锆石，与早期锆石非常相似，这说明，地球花费了非常长的时间演化成现在的样子。

2.分析地球水分子结构获得的新发现

（1）由地球水氘含量较高的分子结构发现它可能比太阳还要年长。2014 年 9 月 25 日，美国密歇根大学天文系克里夫斯等人组成的一个研究小组，在《科学》杂志上发表论文称，他们的研究显示，存在于地球、陨石、月球表面的水，从其分子结构分析，可能比大约 46 亿岁的太阳系还要“老”。这意味着，现存于太阳系中的水，有部分来自于太阳系形成前的星际介质。

克里夫斯表示：“太阳系诞生初期的环境条件，并不适合水分子的合成。而在这种情况下，水就只可能来自于富含化学元素的外部星云。引人瞩目的是，这些冰成功地在太阳系诞生的过程中幸存了下来。”

据报道，为了探明水的“年龄”，研究人员决定从氢的同位素“氘”身上入手，分析水的分子结构。氘，旧称“重氢”，常用于热核反应，在能源领域具有良好的前景，它们通常微量存在于我们周围的水中，并且很难自然形成。

研究人员建起专门的计算机模型，比对彗星、行星、陨石及地球海洋水中氘的丰度。结果发现，这些样本的比率，均高于正常情况下太阳系中氘的比率，也就意味着多出来的氘可能并不来源于太阳系。超出比率的氘，可能来自氘相对含量更高的寒冷星际空间，比太阳系更加“年长”。但并不是说我们周围的水都是太阳系的“长辈”，真正早于太阳系形成的水分子，在其中的比例目前并不明确，不过其数量可能比较可观。

这一发现，不仅意味着我们每天可能在喝着来自遥远星际空间的水，还意味着宇宙中可能会有更多类似太阳系的系统，具备诞生生命的条件。这将有助于人类对行星系统的研究，人们或许将有更大机会找到另一个孕育生命的“地球”。

（2）全球多处发现组成结构上富含氢的古代地下水。2014 年 12 月 18 日，多伦多大学地球学家芭芭拉·舍伍德-罗拉领导，牛津大学、普林斯顿大学同行参与的一个国际研究团队，在《自然》杂志上发表研究成果称，地壳深处古老的前寒武纪岩石产生的氢气，比以往认为的要多。他们确认，在全球多地都发现了组成结构上富含氢的古代地下水，其化学性质与深海热液喷口附近的水非常类似，暗示着这些古老水或许能为地下生态系统提供支持。这项研究成果，对于寻找火星生命也具有重要意义。

科学家们曾认为，地下微生物生态系统所消耗的能量，是从地球表面过滤下来的，也就是说，这些生态系统最终还是要依赖阳光和光合作用生存。但 2006 年，在南非威特沃特斯兰德盆地地下 4 千米深处，发现了以氢为食的岩栖微生物，让人们不禁好奇，这类生态系统在地球上的分布到底有多广泛。

据报道，为了寻找答案，该研究团队汇总了从 32 个采矿点，200 多个钻孔采集的氢产量数据，这些矿点主要集中在加拿大、南非和斯堪的纳维亚半岛。他们确认，这些地方存在 10 亿多年前的古代水，并且氢含量很高。

计算结果显示，地球上最古老的岩石，即有 5.5 亿年到 46 亿年历史的前寒武纪大陆岩石圈，其每年产生的氢气，是科学家以前认为的百倍之多。这些氢气来自两种化学反应，一种是岩石内的天然放射性物质，使水分子分解成氢气和氧气；另外一种则是古老岩石常见的矿物蚀变反应。

舍伍德-罗拉说："这极大地改变了地球上哪里可以存在生命的概念。"因为构成大陆的岩石，有 70%以上可追溯到前寒武纪时期。

新发现也可为寻找火星生命提供参考，因为火星上也有数十亿年前的岩石，并且这些岩石也具有产氢潜能。舍伍德-罗拉说："如果古老的地球岩石现在还在生产这么多的氢，那么类似的过程可能也正在火星上发生。"

3.分析地球水的来源出现的新见解

认为地球上的水可能不一定来自彗星。2014 年 12 月 10 日，瑞士伯尔尼大学一个研究小组，在美国《科学》杂志上发表研究报告称，他们发现彗星"67P/丘留莫夫-格拉西缅科"上水蒸气的构成，与地球水有显著差异。这说明，地球上的水可能并非来自彗星。

许多科学家认为，在太阳系形成早期，由于大量彗星和小行星撞击地球，给地球带来了水。若想判定地球上的水是否源自某一天体，就要分析该天体上水蒸气中重氢（氘）与氢的比例。若比例与地球水相当，则说明地球上的水可能来自该天体。人类目前探测的主要是周期在 200 年以内的短周期彗星。其中，彗星"67P"是木星族彗星，公转周期在 20 年以下。另一种是哈雷族彗星，公转周期 20 到 200 年，最著名的就是哈雷彗星。

1986 年，哈雷彗星"回归"地球。当时的探测结果显示，哈雷彗星上水蒸气的重氢比例高于地球。三年多后，木星族彗星"哈特雷 2 号"的分析结果表明，其水蒸气中的重氢比例与地球一致，地球之水来自彗星的理论又开始盛行。

瑞士研究小组说，罗塞塔彗星探测器2014年8月初，进入环绕目标彗星的轨道，该探测器在一个月内发回的50多个分析结果显示，与地球水相比，彗星“67P”水蒸气中的重氢比例，是地球水的3倍多，比哈雷彗星还高。

研究人员认为，这说明木星族彗星的特性，并不像先前想象的那么一致。地球上的水，可能来自其他木星族彗星，也可能源自其他类型的天体。地球之水从何而来，依然谜团重重。此外，火星和木星轨道间许多小行星所含重氢的比例，与地球水近似。尽管小行星的含水量较低，但大量小行星撞击地球，也有可能导致地球水诞生。

（二）研究地球大气形成的新进展

1.通过古老岩石中气体揭示地球大气的形成时间

2014年6月12日，英国《每日邮报》网络版报道，正在美国加州萨克拉门托召开的“戈尔德施密特地球化学会议”上，法国洛林大学地球化学家纪尧姆·阿维斯、伯纳德·马蒂领导的研究小组报告说，他们通过对“时间胶囊”，即封闭在石英中的古老气体研究分析发现，地球的年龄比我们原先推算的要“老”6000万年左右，而月球也是这样。

以往年龄的测量，是对陨石采用放射测年（被测定物中某些放射性元素与其衰变产物的比率）进行的，一直以来，现代地质学和地球物理学认为，地球形成于太阳系形成的1亿年后。

而法国研究小组宣布：一种同位素信号可以表明，地球和月球的年龄被低估了。他们的研究认为，早期地球与一颗行星大小的星体发生巨大撞击的时间，大约在太阳系开始形成后4000万年。这就意味着，地球的形成进入最后阶段的时间，比此前的设想提早了大约6000万年。

研究人员表示，当回首进入“时间的深处”时，人们会发现早期地球上事件的发生时间很难确定。这是因为刚刚形成的地球，几乎不按“经典地质学”的常理出牌，譬如说那个时代岩层就是缺失的。因此，地球化学家们需要通过其他方法来估算早期地球事件。其中一个技术标准，就是测量从地球诞生时一直存在至今的各种气体（其同位素）的含量变化。即使这样，也只能给出一个估计值。阿维斯表示：“因为不可能给出地球形成的确切日期。至于这项研究的意义，是要证明地球的年纪比此前想象的还要大许多。”

太阳系最古老的岩石，已可追溯到45.68亿年前，所以地球的年龄不会超过这个数字。该研究小组分析了在南非和澳大利亚石英中的氙气，其分别可追溯至34亿年前和27亿年前，这种被封闭的古老气体就如同“时间胶囊”般一直流传下来，科学家可以利用它与目前氙气的同位素比值进行对比，用测年技术修正地球形成的时间。新数据计算发现，月球通过撞击形成的时间，比此前的设想提前了大约6000万年（±2000万年）。通过氙气信号他们计算出了地球大气的形成时间，大气层很可能是在这个地球与其他星体发生碰撞、导致月球形成的过程中出现的。

马蒂说："这似乎是一个小的差异，但却非常重要。正是这一差异，为行星演变的时间设了限。特别是通过这些重要的撞击，形成了现在的太阳系。"

2.发现地球27亿年前便有氧气

2016年5月，澳大利亚莫纳什大学地质学家安得烈·汤姆金斯牵头，英国伦敦帝国理工学院的马修·金奇等人参与的一个国际研究团队，在《自然》杂志上发表论文称，他们通过分析最古老的太空岩石，确定地球在27亿年前就已经有氧气了。

研究人员说，几乎没有什么比流星划过天空，更加让人感到转瞬即逝了。然而，60块微小陨石的烧焦残骸，却在澳大利亚西部的石灰岩层中，存在了27亿年。它们是迄今在地球上发现的最古老太空岩石。更重要的是，这些陨石含有铁氧化物的事实证明，当时的高层大气肯定含有氧气。

金奇表示："发现微小陨石，我们就已经很吃惊了，更不要说发现那些含有铁氧化物的陨石。令人难以置信的是，这些微小的球体，将古代大气困在里面，并且像百宝箱一样把它储存起来。"

汤姆金斯介绍道，最大的意外是氧气的存在。他说："作为地质学家，我们被教导的是，在24亿年前~23亿年前，地球大气层中并没有氧气。"

多重证据支持这样一种观点，即在约24亿年前所谓的大氧化事件之前，地球的空气中仅含有微量的氧气。不过，关键之处在于，这些证据均基于低层大气的构成。

由于上述陨石中含有氧，因此它肯定出现在约75千米高的高层大气中。研究人员根据陨石中氧化物矿物的类型估测，当时的氧含量可与今天大气层中的氧含量媲美——占到20%左右。

事实上，该团队发现，大气化学家曾预测，低氧早期地球的高层大气中含有大量氧气。这是因为太阳紫外线辐射会分裂水、二氧化碳、二氧化硫等分子，从而在高海拔地带释放氧气。此类反应释放的氢消失在太空中，而硫元素降落到地面。

汤姆金斯认为，中层大气中富含甲烷的逆温层，抑制了垂直环流，从而将下面大量的缺氧空气同富含氧气的稀薄高层大气分开。同时，汤姆金斯希望发现更多来自整个地球历史的陨石样本，以研究高层大气可能发生了怎样的变化，以及氧气可能最早出现于何时。

（三）研究地球稀有金属来源的新进展

认为地表稀有金属最早可能来自外太空。

2009年10月18日，加拿大多伦多大学地质系詹姆斯·布雷南教授主持，他的同事和美国同行参加的一个研究小组，在《自然·地球科学》杂志上发表论文认为，地球表面上蕴藏的一些稀有金属，也许最早来自于外太空。目前，岩石中所含的这些稀有金属，最有可能来自于外太空的陨石雨，例如彗星和陨星等。

长期以来，地质学家一直推测，45亿年前，地球曾经是一个冰冷的含铁岩石体，由于受到巨大的外来行星撞击，产生的高热量将铁从岩石里分离出来，分离出来的铁形成了地核。布雷南表示,地球在40多亿年前形成时,当时的极端高温一定会将岩石中所含的稀有金属成分完全分离出来,并将其沉积在地核之中。然而,现在的地表岩石中还能够探测到甚至可开采、冶炼出铂、铑等稀有贵金属。因此,科学家认为,目前岩石中所含的这些稀有金属,不可能来自于地球内部的任何自然过程。研究中,科学家重现了当时的极端压力和温度环境来模拟这一过程,他们将相似的混合物,放置在高于2000℃的环境中,得到了无铁岩石和铁。由于科学家在此实验中获得了不含有任何金属的岩石,他们因而推测,在当时地球形成时,也发生了相似的状况。科学家进一步推测说,某种外来因素,比如大量来自外空的物质,是目前地球表壳中含有的各种稀有金属的来源。

科学家表示,这种外太空学说,还可解释为何目前在地球上有氢、碳、磷等产生生命的必需物质,这些物质在地球最初形成的极端环境中肯定不可能存在下来。科学家暗示,这些物质可能也是地球形成后的天外来客。

二、研究地球磁场与宇宙射线影响的新进展

(一)地球磁场方面探索的新成果

1.探索地球磁场逆转现象的新看法

(1)研究推测地球磁场呈现反转迹象。2014年7月9日,英国《每日邮报》网络版报道,保护我们星球免受宇宙射线侵袭的地球磁场,在过去的6个月内已越来越弱了。欧洲空间局卫星收集到的数据显示,地球磁场,尤其是西半球方向磁场的削弱速度,比科学家此前预计的要快10倍左右。产生这种变化的其中一个原因,可能是由于地球磁场即将反转造成的。即便如此,其并不标志着地球上生命的终结。

一般认为,地球磁场来自地球深处的地心部分,其屏蔽了宇宙射线尤其是太阳风暴对地球的袭击,保护了地球生命的延续。此次地球磁场相关的测量数据由Swarm卫星提供。这是由三颗位于不同极轨的卫星组成的群卫星,隶属欧空局,它们每一颗都可对地球磁场的强度和方位进行高精度、高分辨率勘察,为磁场变化规律及其复杂原理,提供了前所未有的新见解。

据报道,新测量已证实,磁北极正在向西伯利亚方向移动。第一组高分辨率图像显示,在过去的6个月内,西半球大部分地区的磁场正在减弱;而自2014年1月以来,也有部分区域出现磁场加强现象,包括南印度洋上空。

磁场强度出现变化本是正常的,但卫星数据却显示其削弱的程度,已比之前要剧烈得多。稍早些日子,在丹麦举行的会议上,科学家已展示了初期结果。按之前估计,地球磁场在每个世纪会削弱5%左右,而现在西半球磁场削弱速度比先前估计的要快10倍左右。目前仍不能确定地球磁场为什么会减弱——地球磁场与附近电流可生成一股复杂的力量,但它到底是如何生成的以及为什么它会改变,尚未完全被人类所了解。研究人员推测,地球磁场减弱的其中一个原因,很可

能是地球磁极即将出现“颠倒”——磁场反转。

Swarm 卫星项目主管鲁内·弗洛伯格哈根表示:“地球磁场反转并不是即时的,需要几百年甚至几千年才能完成,而过去也曾出现过多次。”

目前,没有证据表明,磁场削弱标志着地球上生命的终结。历史上磁极“颠倒”时也没有出现大规模的生命灭绝或者太阳辐射损伤现象。但无疑,其对空间天气存在威胁,譬如说电网和现代通信系统将处于高度危险中。

欧空局表示,在接下来的几个月内,科学家将继续对影响地球磁场的其他来源(地幔、地壳、海洋、电离层和磁气圈)进行数据分析。这将为分析很多自然过程提供新的切入点——从地球深处发生的事,再到由太阳活动引发的空间天气,而这些信息反过来也将对“磁场削弱”这一谜题,贡献出更好的见解。

(2)认为地球磁场可在百年内完成逆转。2014 年 11 月,意大利科学家领导,法国和美国学者参与的一个研究小组,在《国际地球物理学杂志》上发表论文称,他们进行的一项研究表明,地球磁场的逆转速度极快,整个过程可能不到 100 年。届时,所有指南针的指针将指向南,而不是现在这样指向北。此外,磁场逆转还会破坏地球上的电网同时提高癌症风险。

科学家一度认为地球磁场需要数千年时间才能发生逆转。在地球的历史上,磁场曾多次发生逆转。在长达数千到数百万年时间里,地球的偶极磁场一直保持相同的强度。出于一些未知原因,磁场强度变弱而后发生逆转。

根据研究小组发现的新证据,地球磁场强度的减弱速度是正常情况下的 10 倍,促使一些地球物理学家认为磁场将在几千年内发生逆转。磁场逆转由地球的铁核驱动,是一次全球性重大事件。尽管对地质和生物记录进行了研究,科学家并未发现与过去发生的磁场逆转有关的灾难的文字记载。不过,如果现在的地球发生磁场逆转,将潜在地给我们的电网带来浩劫。由于磁场保护地球上的生命免遭来自太阳和宇宙射线的高能粒子侵袭,磁场减弱或者逆转前的临时性磁场消失将提高癌症风险。如果磁场在发生逆转前长期处于不稳定状态,地球生命将面临更大风险。

研究人员指出:“我们应该认真研究磁场逆转可能对地球生物产生的影响。令人难以置信的是,地球磁场的逆转速度极快,整个过程可能不到 100 年。我们不知道下一次逆转是否像上次一样突然发生并快速完成逆转过程。”研究人员说,不管这项研究发现是否意味着现代文明将面临一场严峻挑战,都有助于科学家理解地球磁场如何及为何周期性发生逆转。

根据研究小组获取的磁场记录,地球磁场上一次发生 180 度逆转前,在长达 6000 多年时间里处于不稳定状态。这种不稳定包括两次出现磁场强度较低的时期,每次持续大约 2000 年。磁场的快速逆转可能在强度第一次变低时发生。随后,整个磁极发生逆转,变成今天的状态。

2.探索地球磁场历史起源的新见解

研究称地球磁场年龄达 42 亿岁。2015 年 8 月,美国媒体报道,美国罗彻斯特大学地质学家约翰·塔都诺领导的研究小组,发表研究报告说,由于各种原因,地球的磁场对于地球上的生命是不可或缺的。原因之一是它可以使很多毁灭生命的宇宙辐射及太阳风偏移。

研究小组研究表明,地球磁场存在的历史起源,可能会比以前估计的更古老。研究人员对一份西部澳洲出土的锆石矿物进行研究,结果显示地球磁场寿命为距今42亿年,地球形成地质阶段的末期,比之前预估的年龄早了7.5亿年。

关于地球磁场的来源,早期历史上曾有来自北极星的传说,但是到公元17世纪初就已经认识到地球本身就是一个巨大的磁体,不过当时仍不清楚地球磁场是怎样产生的。随着科学的发展,对于地球磁场观测和地球结构的研究不断增多和深入,对地球磁场的来源先后提出了10多种学说。

(二)研究地球受宇宙射线影响的新成果

1.探测器发现地球上空曾现一个新辐射带

2013年2月28日,科罗拉多大学、约翰斯·霍普金斯大学等机构组成的一个研究小组,在《科学》杂志网站发表研究报告称,他们发现,范艾伦探测器观测到地球上空曾短暂出现一个新辐射带。

范艾伦带是詹姆斯·范艾伦于1958年发现的由高能粒子组成的辐射带,它存在于地球上空,由内带和外带两部分组成,其内带距地面650~6300千米,外带位于地球上空1万~6.5万千米。它的高能粒子对载人空间飞行器、卫星等都有一定危害,内外带之间的缝隙是辐射较少的安全地带。

研究人员分析探测器观测结果后发现,2012年9月2日曾形成由超高能量电子组成的第三个辐射带,持续4周多,随后被一个来自太阳的强力行星间冲击波破坏并湮灭。

美国航天局说,这项发现,有助于进一步理解范艾伦带如何受太阳活动的影响,也意味着范艾伦带可能存在此前未预料到的结构。

2.认为地球脉动极光是由低能电子撞击磁场线造成的

2015年10月,美国航空航天局戈达德太空飞行研究中心,空间物理学家马里利亚·萨马拉领导的研究小组,在《地球物理研究》杂志上发表研究成果称,脉动极光的亮度呈现周期变化,其周期与测量到的电子的数量和能量有关,这些电子会像雨水一样从地球磁场和磁层中涌向地球表面。这一发现有些出乎意料,长久以来,低能量电子滴被认为在脉动极光的形状和结构的快速变化方面,很少或几乎没有作用。

萨马拉说:“这次发现多亏了地面和卫星测量手段的紧密结合,否则我们没有办法把这些情况相联系。”

与呈现弧形的连续活跃极光不同,脉动极光的特征是它们总在变换,进而点亮不同的区域。尽管所有的极光,都是由带能量的粒子特别是电子,快速撞击地球大气层,并与空气中的分子原子发生碰撞引起的,但导致脉动极光和活跃极光的电子来源却并不相同。

活跃极光是太阳物质的密集波，如高速太阳风或者日冕，击碎地球磁场导致的。撞击释放出的电子被磁场困住，与地球上空的大气层相互作用，产生极光。而掀起脉动极光的电子，则是被磁层中的复杂波动送上天空的，这些波动随时可能发生，并不只是太阳物质波搅动磁场时才会产生。

空间物理学家罗伯特·米歇尔说："地球两个半球的磁极是相连的，意味着任何时候只要有脉动极光靠近北极，同时它也会出现在南极附近。电子在极光中沿着磁场线来回穿越。"

电子在穿越过程中并没有保持原始的高能量，而是变成了低能二次电子，这意味着它们变成了低速粒子，在与第一批高能量电子碰撞时被冲击到各个方向。这样，一些低能二次电子沿着磁场线向反方向那个半球压缩。

据物理学家组织网报道，科学家在比较地面拍摄的脉动极光视频时发现，极光最明显的结构和形状变化，发生在极少二次电子被迫撞击磁场线的时间内。

目前，即便是研究极光的最新模型，也未将二次电子考虑在内，很多人认为它们对极光的贡献可以忽略不计，然而，他们的累积效果却可能大得多。而如何让这种低能电子以合适的方式进入模型，正是研究人员下一步要进行的工作。

三、研究宇宙天体撞击地球现象的新进展

（一）寻找宇宙天体撞击地球的证据

1.发现支持宇宙天体撞击地球理论的新证据

2012 年 6 月，一个由 18 名研究人员组成的国际研究团队，在美国《国家科学院学报》上发表研究报告称，他们在美国宾夕法尼亚州、南卡罗来纳州和叙利亚的沉积岩薄层中，发现了类似熔化玻璃的材料。研究人员称，这种材料是宇宙天体撞击地球的结果，它可回溯至 1.3 万年左右，在 1700~2200℃之间形成。

这些新数据，可谓是"新仙女木期假设"争论的最新有力支持。该假设提出，大约 1.29 万年前发生了宇宙天体与地球的撞击，接着引发地球气温的骤降。这一事件发生的时间，与猛犸象和巨型地懒等北美巨型动物群的主要灭绝时段十分接近，也与史前广泛分布的克劳维斯文化的消亡时间基本一致。

科学家基于两块大陆出产的硅酸矿渣类物质，确认了 1.2 万年前的 3 种同期水平。这种物质是高能宇宙爆炸或撞击的标志，支持了上述事件是由新仙女木期触发的论断。而对这种熔化玻璃状物质的形态学和化学检验显示，这一材料并非来自宇宙和火山，也非人为制造。这种极高温度下的玻璃熔融，与宇宙天体撞击事件所留下的痕迹一致。所需的温度也与原子弹爆炸的温度基本持平，足可使沙子熔化和沸腾。

研究人员表示，由于分布在北美和中东的三个地点，相隔 1000~10000 千米，它们很可能是新仙女木事件主要的撞击或爆炸中心，而由流星或彗星等宇宙天体所引

发的地外撞击可能性更大。此外,存在于叙利亚古村落的厚木炭,也证明一场大火与1.29万年前的地外撞击等相关,证据显示它对当时居民的影响十分严重。

2.地球成分硅亏损镁富余现象可能是其早期遭撞击的证据

2015年10月13日,英国《每日邮报》网站报道,法国国家科学研究中心科学家阿斯玛·卜杰巴领导的研究小组,借助实验方法和模拟手段进行研究显示,在地球历史的早期阶段,初生的地球曾经被陨星连续轰击长达1亿年之久。

研究人员指出,那场轰击事件可能已经永久性地改变了我们地球的化学组成情况。这一研究成果,将有望解释一个地球化学上的谜团,那就是为何地球的整体组成成分相比原始物质,似乎含有更高含量的镁和更低含量的硅。

目前,关于地球形成的理论认为,存在着一个吸积阶段。在此阶段内,地球周围小天体受到初生地球的引力影响,并逐渐聚集形成地球的雏形。然而,这一理论却似乎难以解释地球内核热量的来源,以及地球的磁场究竟是如何形成的。

在陨石中,有一类被称作球粒陨石。一般认为,这种陨石形成于太阳系最早期气体星云的凝结。其中,有一类特殊的球粒陨石,被称作"顽辉石球粒陨石"。顽辉石球粒陨石成分中的化学元素同位素比值情况,与地球相近。然而,与这类陨石的成分相比,地球的整体成分中仍旧显示更高的镁含量以及更低的硅含量。为了解释这样的差异,法国研究人员设想,这种情况可能是由于地球在其形成初期遭受大规模陨星撞击的结果。

尽管在这段狂暴时期,由于强烈的陨星撞击,地球也会丢失一些物质,但整体上说地球在这段时期内是在不断获得物质的。而这样长期的狂轰滥炸和物质输入,也最终改变了整个地球的化学组成情况。

在大约45亿年前的早期太阳系,到处游荡着大量的原行星体以及其他小型天体,它们相互碰撞结合,最终形成地球这样的行星。

卜杰巴研究小组借助实验方法和模拟手段,对他们的这一理论进行验证。他们通过设定球粒陨石熔化的不同压力条件,模拟了早期地球原始地壳形成阶段的环境情况。研究结果显示,这一理论可以解释那些最终冷却,并形成地壳的熔融物质的成分情况。研究人员表示:"地球初生地壳形成后又在撞击中丢失,再次形成后又再次丢失。在这样的反复之中,地球损失了大量的硅,从而留下了相对更多的镁,正如我们今天所见的那样。"

地壳是地球最外侧的固体圈层,是一层位于地幔外侧的薄层,而地幔再往下则是地核,即地球的核心。如果科学家们能够取得来自地球深部的样品,那么或许他们将能够更好地了解原始地球的成分组成情况。但就目前阶段而言,我们暂时还只能依赖于一些间接证据,其中就包括陨石。

(二)研究小行星撞击地球现象的新成果

1.首次模拟巨型小行星撞击地球的后果

2014年4月,美国媒体报道,在生命诞生的早期,地球仍然要频繁经历太空小行星撞击这种“暴力事件”。科学家日前首次模拟了一颗巨型小行星撞击对早期地球产生的影响，发现其造成的灾难是如此巨大，不但引发了大地震和海啸，还可能推动了大陆运动。

美国斯坦福大学唐纳德·罗威和诺曼·斯利普等人组成的研究小组，在《国际地学》发表论文称，本次建模是以他们在南非巴伯顿绿岩带发现的细小球形岩石为基础的，这种岩石是那次小行星撞击事件的唯一残余。巴伯顿绿岩带位于克拉通，也就是地壳最古老和最稳定的部分；而在撞击事件发生时，这个区域是在海洋的底部，经历持续的火山活动，这些微小的岩石被抛向大气，冷却，然后又掉落回海底，最终被困在火山活动产生的裂缝里，等到了人们的发现。

据报道，闯下此次大祸的小行星直径至少达 37 千米。此前科学家曾对造成恐龙灭绝事件的来袭小行星尺寸进行测算，但其与本事件的主角相形见绌。本次小行星尺寸要 4 倍于造成恐龙灭绝事件的小行星。撞击地表时，这颗小行星速度达到每小时 7.2 万千米，制造出的陨石坑约 500 千米宽。

此事件发生的时间大约是在 32.6 亿年前，其撞击的强度会引发 10.8 级的大地震。研究人员推测，这是 30 亿~40 亿年前发生的，最后几个对地球有重大影响的事件之一。但由于侵蚀和地壳运动，大多数这些事件的证据已经消失。

研究人员认为，这次事件可能推动了板块的运动，它创造了我们现在看到的地球上的大洲。在太阳系中，水星、金星、地球、火星以及所有的岩石行星都具有相似的内部结构，但只有地球的地壳显示有板块运动的迹象，其中一个可能的原因是地球的地幔对流运动。但破坏了地壳的又是什么呢？研究人员认为，这种规模的小行星的撞击就能做到。

罗威表示，通过这项研究，人类试图去了解塑造我们这个星球的力量，正是这种力量推动了地球早期演化与生命进化的环境。

2.发现小行星撞击地球的新证据

2016 年 5 月 17 日，澳大利亚国立大学发布新闻公报称，该校地球学院安德鲁·格利克松博士领导的研究小组，近日在荷兰科学期刊《前寒武纪研究》上发表研究成果称，他们在西澳大利亚州发现证据，证明曾有一颗小行星在地球生命早期撞击了地球。

格利克松博士说，研究小组在澳西北部马布尔巴进行地质钻探时，在钻芯里发现了一些微球粒。研究人员推测，这些微球粒，可能是小行星强烈撞击地球后，喷射到空中的熔岩尘埃，它们冷却后变硬又落到地表，最终在地球岩层中形成很薄但分布广泛的微球粒层。

据介绍，这些微球粒是在 34.6 亿年前形成的海底沉积物中找到的。后经检测证实，其中铂、镍和铬的含量都与小行星的构成元素相匹配。研究人员推断，当时撞击地球的这颗小行星直径可能达 20~30 千米，撞击的具体位置还需要进一步探索。

(三)研究其他天体撞击地球现象的新成果

超级计算机模拟表明水星不会撞击地球。

2015 年 9 月 20 日,美国夏威夷大学马诺阿分校,物理学家理查德·吉伯领导的研究小组,在《天体物理学》杂志上发表研究成果称,他们对太阳系未来进行的最新模拟显示,水星猛烈撞击地球的大灾难,几乎是不可能发生的。

尽管如此,但并不是每个人都赞同地球是安全的。有关专家说,想要预测人类所处太阳系的未来是非常困难的,因为没有人知道太阳系中每一颗行星目前的准确位置。经过数百万年,一颗行星的位置即便出现 1 厘米的差异也会改变其未来位置,而经其引力牵引的其他行星的位置则会改变数百万千米。

由于行星间引力的相互影响,计算 50 亿年间它们的位置变化,是一项非常令人头疼的工作。但吉伯却有了一个难得的机会:他供事的学校正在测试刚刚购买的一台克雷超级计算机。吉伯表示:“没有人会再次拥有 6 周连续使用这台超级计算机的机会了。”于是,吉伯利用 6 周的计算机时间,对太阳系的未来进行了 1600 次模拟。而每一次模拟都存在区别,这是因为水星的位置从一开始便有略微的调整。吉伯最终向人们报告了一个好消息:没有任何模拟结果显示,任何行星会撞击地球。吉伯指出,至少在接下来的 50 亿年中,地球的轨道都会高度稳定,而另一颗行星撞击地球的概率可谓微乎其微。然而,法国巴黎天文台的天文学家雅克·拉斯卡尔却对这项新研究的结论并不满意。2009 年,拉斯卡尔与一名同事进行了 2501 次计算机模拟研究,进而发现存在一颗行星撞击地球的可能性,证明了人类的世界很容易在巨大的撞击中毁灭。

拉斯卡尔认为,吉伯并没有进行足够的模拟以发现这样的小概率事件。“这就像有个人在湖边钓了 2 个小时的鱼,然后他说:‘我没有钓到一条鱼,所以这湖里没有鱼。’”吉伯则反驳说,自己的模拟尽管要少一些,但却更好地追踪了水星快速运行时的轨迹,此时这颗行星恰好处于使其更加贴近太阳的一条拉长的轨道上。

但是,科学家们都同意这样一个观点,即水星可能面临着麻烦。与拉斯卡尔一样,吉伯也发现,在他的模拟中大约有 1%的可能性,水星最终会获得一条高度椭圆的轨道。在这种情况下,水星会撞向太阳。而在其他 7 种情况下,它会撞向金星,而这对地球不会产生任何不良影响。吉伯表示:“如果我们能够在地球上观测到这一过程,那将是相当壮观的。”

水星是太阳系八大行星最内侧的一颗,也是最小的,并且有着八大行星中最大的轨道偏心率。它每 87.968 个地球日绕行太阳一周,而每公转 2.01 周同时也自转 3 圈。水星有着太阳系行星中最小的轨道倾角。水星是太阳系内与地球相似的 4 颗类地行星之一,有着与地球一样的岩石个体。

第三节　月球研究的新成果

一、月球概貌研究的新进展

（一）月球表面研究的新信息

1.月球表面发现的火山痕迹

（1）在月球表面发现几十个火山活动的遗迹。2014 年 10 月 12 日，美国亚利桑那州立大学莎拉·博登博士牵头，该校行星科学家马克·罗宾森参与的一个研究小组，在《自然·地球科学》杂志网络版上发表研究报告称，曾经被认为代表着寒冷和死亡的月球，其实依然勉强“活蹦乱跳”地生活着。

研究人员日前在这颗卫星的表面，发现了几十个火山活动的痕迹，其时间跨度大约在 1 亿年内。这在地质学的时间量程上，只是昙花一现的瞬间。并且研究人员认为，这些火山在未来爆发也是有可能的，尽管这或许已经超越了人类存在的时间范畴。

罗宾森表示，整个世界都认为月球在很久以前便已经冷却了，而这一发现表明，有一个地方仍然时断时续地释放着内部热量。他说：“最大的故事，是月球比我们以为的更温暖。”

月球靠近地球一侧，大部分表面覆盖着黑色的玄武岩平原，被称为月海。形成这些古老熔岩原的月球活动，在距今约 30 亿年前达到顶峰，并在 10 亿年前逐渐消失。但是一个被称为“艾娜”的奇怪的地质结构，几十年来一直吸引着科学家的强烈兴趣，并且他们在 2006 年发现的证据表明，它其实是一个活跃在距今 1000 万年前的火山口。尽管如此，“艾娜”依然是一个“异类”。

于是，科学家决定用月球勘测轨道飞行器，对这颗卫星上可能的火山结构，进行更为细致和近距离的观测。月球勘测轨道飞行器自 2009 年以来一直环绕月球运行，它装载的照相机能够以 50~200 厘米/像素的分辨率拍摄图像。这是迄今为止在月球表面获得的最为清晰的图像。

在这项研究中，科学家在月球近侧，发现了 70 个看起来像是岩浆流的结构，其大小由 100~5000 米不等。研究人员认为，这些特征是地势低洼的盾状火山的残留物，正是这种火山渗漏出了像汤汁一样的熔岩。博登表示：“‘斑点’将是形容它们的一个恰当的词。”

研究人员指出，这些熔岩流一定是相对较新的，这是因为熔岩与下面岩石具有锐利的接触面，而月震和微小陨石的撞击，会随着时间的流逝侵蚀这些明显的边界线。

博登表示，最年轻的熔岩流，位于静海西侧边缘附近的一个桶状洼地中，并且仅仅只有1800万年的历史。罗宾森认为,这里如果有这么年轻的熔岩流,那么火山爆发很有可能再一次出现,尽管在近期的未来未必会出现这种情况。他说:“我怀疑我是否会活着看到它的发生。”

法国巴黎地球物理学研究所行星科学学家马克·维佐利克认为,这一研究结果表明,月球并没有像科学家之前预想的那样迅速冷却。他说,在月球的近侧发现这些火山结构具有重要意义,因为这里富集着大量能够产生热量的放射性元素,从而有助于激发火山活动。直到今天,月球近侧月壳深处的温度,也比远侧月球月壳深处的温度高几百摄氏度。因此维佐利克表示,月球勘测轨道飞行器研究团队,可能发现了月球在其完全死亡之前的一次火山活动“回光返照”。他说:“月球的身体依然是温暖的,而你时不时会看到它的一两下抽搐。”

月球经历了45亿年的演化,现今已成为一个内部能源近于枯竭、内部活动近于停滞的僵死的天体,仅有极其微弱的月震活动。小天体的撞击和巨大的温差,是月球表面最主要的地质营力,它使岩石机械碎裂、月壤层增厚、地形缓慢夷平。现今月球的表面,是一个无大气、无水、干燥、无声、无生命活动的死寂的世界。

(2)月球表面“人脸”可能源于早期火山喷发。2014年10月,美国圣杯号探测器首席科学家、麻省理工学院教授玛丽亚·朱伯领导的研究小组,在《自然》杂志上发表研究报告说,从地球上看,月球表面的巨大黑斑块酷似一张“人脸”。他们近期经过研究认为,这张“人脸”可能源于月球早期的火山喷发,而不是此前认为的小行星撞击。

月球“人脸”位于一个直径约3000千米、相当于美国国土面积的月球盆地。天文学家曾认为这里是一片海洋,因此称它为“风暴洋”并延续至今。许多国家都流传着这张“人脸”的民间故事。科学界此前普遍认为,这张“脸”是月球历史上最大的一次小行星撞击事件形成的,而后又发生了一些小规模的小行星撞击,形成了类似眼睛等人脸特征的小陨坑。

研究人员说,他们利用美国圣杯号姐妹探测器2012年的观测数据,绘制了这张“人脸”的高清图,发现这张“脸”的边缘并不像以前认为的那样是圆形,而是呈多边形,其夹角为120度左右。

朱伯解释说,如果是小行星撞击,那么产生的应该是圆形或椭圆形陨坑,而这种120度的夹角不可能是小行星撞击的产物。

2.月球表面发现的陨石撞击事件

(1)月球遭遇迄今所见最大陨石撞击。2014年2月24日,西班牙韦尔瓦大学天文学家何塞·马迪度等人组成的研究团队,在英国《皇家天文学会月刊》发表研究报告称,他们观测到迄今为止一枚陨石对月球表面最剧烈的撞击事件。

根据研究人员的描述,撞击的余晖持续了破纪录的8秒,而通常月球遭遇的陨石撞击持续时间不到1秒。同时,从地球上看,其亮度几乎与北极星没有差别,因此当时如有人正好望向月球,可能会看到撞击产生的强光。据介绍,该撞击事件发生于2013年9月11日。

陨石与月球剧烈碰撞产生的热量引发了闪光,并熔化了月球表面的岩石。研究人员推断,此次碰撞产生了相当于15吨TNT炸药爆炸所释放的能量。这一数值,比之前的记录,即美国航空航天局科学家2013年3月测得的数值,要高出3倍;那次陨石的重量,约为40千克。

研究人员推断,这次陨石的直径介于0.6~1.4米,其质量约为400千克,撞击月球时速度达到每小时6.1万千米。

这一撞击事件,最初是由位于西班牙南部的“月球撞击监测和分析系统”所发现的。这是一套由两架望远镜组成的系统,它们分别安置于塞维利亚和西班牙托莱多,两者能够持续不断地监测月球表面的撞击事件。

(2)发现小行星可能通过碰撞给月球送过水。2016年5月,英国开放大学杰西卡·巴尼斯领导的研究小组,在《自然·通讯》上发表研究成果称,月球内部的大多数水,是通过小行星和彗星输送而来的。

月球被认为,是从45亿年前一颗火星大小的行星,与地球碰撞产生的碎片形成的。在形成后不久,月球上有着一个岩浆形成的海洋。现在已知月球的内部也有水。然而,水是何时并且以哪种方式到达月球,小行星和彗星的相对贡献是多少一直不清楚。

巴尼斯研究小组,使用一系列数字模型和先前研究中测量的月球样本的同位素组成,限定了向月球输送水的速率、来源和时间。他们发现向月球内部输送水,发生在1000万年前到2亿年前之间。根据样本中的氢与氮数据,研究人员发现,一类富含水的小行星,即碳质球粒陨石,是月球内部水的主要来源,而彗星带来的水只占月球总水量的20%。在此模型中,彗星和小行星与月球上的岩浆海洋碰撞后,岩浆海的表面会形成一个热度盖,来防止容易挥发的物质,例如水变成气体逃逸至太空,从而让水得以保留在月球内部。

虽然这些结果表明,大多数月球上的水可能来自小行星,但研究者表示,其中一部分水也有可能来自早期地球,即在形成月球碰撞事件时就产生了。

(3)月球上发现200多个新陨石撞击坑。2016年10月,美国亚利桑那州立大学行星科学家艾默生·施派尔领导的研究团队,在《自然》杂志发表论文称,他们借助轨道飞行器,在月球上发现了200多个新的陨石坑,数量比当前模型预测的多出33%,它们的形成速度远超过人类想象。该研究还量化了月球陨石坑的影响,有助于进一步认识陨石坑的成坑过程和速度,这对于断定月球甚至其他类地天体上的岩石单元年代,具有非常重要的意义。

以往的研究中,有对已有陨石坑和月球样本的分析,这些成果为认识陨石坑成坑过程和过去历史上的成坑速度提供了信息,但是科学家对当前成坑速度的认识依然很少。此次,该研究团队是利用美国月球勘测轨道飞行器的摄像系统,进行研究的。该飞行器,是美国航空航天局2009年发射至月球轨道的无人飞船,它沿着绕月轨道运行并绘制月球表面的三维地图。其搭载的“七大装备”之一的照相系统,具有极高的分辨率。研究人员正是凭借这套设备中的窄角相机,拍摄到一段时间内覆盖月球许多区域的高分辨率“前后”图像,量化了当下的成坑速度。在研究中,他们发现了 222 个新撞击坑(直径至少达 10 米)。这一结果,比当前模型的预测数值多出 33%。同时,该研究团队还发现了与新撞击坑相关的、广阔的反射区,并认为这些反射区是存在新的撞击过程的证据,在这个过程中,物质朝月球表面喷射。他们估计,在这种二次成坑过程中,月球风化层(月球表面疏松的固体物质层)最上面两厘米的形成速度,比此前预期的要快 100 倍以上。

3.制成研究月球表面的地图和照片

(1)成功绘制月球表面的完整地图。2009 年 2 月 13 日,日本《产经新闻》报道,日本已经根据其绕月卫星“月亮女神”的观测结果,制作了月球表面的完整地图,这在世界上尚属首次。此外,“月亮女神”的雷达,还探测到月球表面 2 千米以下的地质构造,证实在 28 亿 4000 万年前,月球整体开始冷却,并不断收缩。这些研究成果,将为月球基地建设选址提供帮助。

“月亮女神”,是日本在 2007 年 9 月发射的绕月卫星,其雷达对包括以往被忽视的月球极点附近,都进行了详细观测,绘制了包含 677 万个月球地表高度的地图。地图显示,月球表面的最高点海拔超过了地球最高峰珠穆朗玛峰,达到 10750 米,最低点深度约为 9065 米。报道称,这一地图,将对此后在月球表面建设基地的选址,提供帮助。

美国《科学》杂志,近日将对“月亮女神”的此次观测成果,进行集中报道,封面为“月亮女神”,在月球最里侧拍摄的一幅名为“莫斯科之海”的图片,并刊登日本宇宙航空研究开发机构和日本国立天文台等机构,合作完成的 4 篇论文。

论文分析称,“月亮女神”首次对月球半径进行直接测量,并绘制了月球的准确形状。月球内侧的重力分布情况、以往月球岩浆爆发的活动等,都是此次论文探讨的内容。

(2)合成迄今最清晰的月球北极照片。2014 年 3 月 19 日,美国航空航天局网站报道,美国月球勘测轨道器照相机项目首席研究员马克·罗宾逊牵头的一个研究团队,最近用该照相机拍摄的照片,合成了人类迄今最清晰的月球北极照片。天文爱好者可以在网上对其进行放大、缩小、平移等操作。图像的细节,足以让人们看清月球表面的纹理和微妙的阴影,神秘的月球北极近乎一览无余。

报道称,这幅壮观的照片,共由 10581 张图像拼接而成,极有可能是目前互联网上最大的合成图像,整幅图像的像素数量高达 8670 亿,有效图像数据超过 6810 亿像素,单个像素尺寸两米,覆盖的区域大于美国 1/4 的国土面积。

如果使用杂志印刷中常用的 300 DPI(每英寸上的点数)的清晰度打印这张照片,成品几乎能盖住一个标准的橄榄球场(面积为 100 米×70 米);如果将其制作成一个单独的文件,需要大约 3.3TB(百万兆字节)的存储空间,这意味着这一张照片几乎能把一块 4T 的硬盘装满。为了便于浏览，科学家将原始图片分为数百万张经过压缩的小照片，使得普通用户通过家用计算机和互联网也能观看。经过处理，整张图片的亮度一致，人们很容易就能区分出月球表面的不同区域。

罗宾逊说，这些图像是通过安装在月球勘测轨道飞行器上的两台窄视场相机拍摄的，它们是高分辨率的月球勘测轨道器照相机套件的一部分，该相机能够获取高分辨率的月球图像。收集这些照片共花了 4 年时间，几乎所有月球勘测轨道飞行器项目组的成员都曾参与其中。

美国航空航天局戈达德航天飞行中心，月球勘测轨道飞行器项目组科学家约翰·凯勒说，这幅图片对天文学家和天文爱好者来说是一个非常宝贵的资源。这是近五年来，月球勘测轨道飞行器项目，最令人激动的成果。

美国月球勘测轨道飞行器和月球陨坑观测与遥感卫星，于 2009 年 6 月由“阿特拉斯”V 型火箭发射升空。月球勘测轨道飞行器携载 7 台科学仪器，主要目标是搜寻月球表面适宜载人探测器登陆的地点、勘测月球资源、观察月球辐射环境及收集有关月球地质演化的线索。借助它传回的图像，科学家们可以绘制高清三维月球地图。发射月球勘测轨道飞行器和月球陨坑观测与遥感卫星是美国“重返月球”计划的第一步，将为美国下一步载人探月及探索太阳系提供重要数据。

（二）月球形状探索的新信息

1.研究月球球形演变的新发现

揭示月球柠檬状球形形成的原因。2014 年 8 月，美国加利福尼亚大学圣克鲁斯分校伊恩·贝瑟尔领导的一个研究小组，《自然》杂志发表论文称，月球本身并非完美的球形，而是呈朝地球方向凸出的柠檬状。同时，他们的论文，解释了“柠檬形月球”的形成原因。

在这项新研究中，研究人员分析了月球的地质特征及其所受到的引力作用，并结合此前研究中关于月球历史演变的相关资料，提出观点认为月球之所以呈柠檬形，主要是其形成初期地质偏软及月球自转和地球引力共同作用所致。

研究人员解释说，距今约 40 亿年前，在月球最初形成时，其温度较高，在薄薄的岩石外壳之下主要是液态物质，这导致月球的可塑性很强。而当时月球自转速度很快，离地球距离又较近，容易受到地球引力的影响。在这些力量的共同作用下，月球逐渐形成了整体略扁的“柠檬形”。

贝瑟尔说，上述发现有助于加深对月球的了解，并为研究月球进化过程中的其他事件提供依据。

2.研究月球自转轴形态变化的新发现

（1）研究表明月球两极可能发生过偏移。2015 年 3 月，物理学家组织网报道，美国行星科学研究所行星科学家马修·西格勒领导，阿拉巴马大学行星科学家理查德·米勒等人参与的一个研究团队，在伍德兰德斯市召开的月球与行星科学会议上报告说，他们研究发现，月球上大部分的冰，埋藏于月表之下，它们分别存在于距离月球南北两极各5.5度的两片区域内，这与水星、火星的冰集聚于极地附近不同。于是，他们认为，这些数据表明，在过去，月球的自转轴，或者说它的两极曾发生过转移。

西格勒认为："事实证明，这些冰浓聚物恰好就在彼此的对面，它们是正相反的。对此一种可能的解释是，这里曾经存在极点。"

西格勒和他的同事对这种"极移"现象的发生，给出了一种解释：35亿年前在月球表面下曾经存在一个热区。如果这个假设成立，那么这意味着月球上的水几乎和这颗天体本身一样古老。

研究人员说，他们这项研究，依赖于美国航空航天局的"月球探勘者"任务提供的数据，该探测器曾于1998—1999年环绕月球飞行。"月球探勘者"上装载的一架仪器，测量了从月球表面释放的中子数量。而一些缓慢且能量较低的中子，意味着有一定数量的氢埋藏在月球表面下方1米左右的地方，而在月球上，氢是水的一个代名词。

虽然科学家之前已经发现月球上的水，并没有集中在当前的极点附近，但并没有人注意到这种精确的离轴点之间的正相反关系。西格勒表示："基本上每个人都会踢着自己说，'我为什么就没有注意到这个现象呢？'"

该研究小组假设，当这些冰沉积时，那里曾是月球的两极地区。然而究竟发生了什么样的事情，使得月球的极点偏移了5.5度呢？

已知的小行星碰撞，由于规模太小或者发生在不适当的位置，而无法完成这项任务。相反，研究人员假设，一个35亿年前存在的热区有可能将月球的两极推到其今天所在的位置。研究人员推测，伴随着喷涌而出的大量岩浆，该热区形成了一个风暴洋，后者是位于月球近侧的一个巨大暗斑。风暴洋区域已知具有高强度放射性元素，因此这里在远古时期应该是非常炎热的。研究人员推断，这种热量将会在月球的地幔中产生一种较低密度的透镜作用，从而导致自转轴最终摇晃到今天所在的位置。

如果这种想法是正确的，那么它意味着月球上的水是非常古老的。这与一些科学家提出的，这些水是由最近的小行星撞击带来的，甚至是由被称为太阳风的大批质子所产生的相去甚远。西格勒说："从月球开始形成到现在，这些冰可能一直都是原生的。"

对此观点，以色列魏茨曼科学研究所行星科学家乌迪德·艾哈龙森赞叹道："这是一个非常棒的想法。"但他对月球上的冰能够存在如此之长的时间，并没有十足的把握。

艾哈龙森认为，这些冰如果要想幸存至今，那么导致5.5度倾斜的事件，必定发生在这些灾难之后。他说："在月球的历史中，不要过早发生这样的倾斜真的至关重要。"

（2）两极水冰证明月轴或曾偏移。2016年3月，美国行星科学研究所马修·

西格勒领导的研究团队，在《自然》杂志上发表论文称，他们发现月球两极地区含氢沉积物位于对跖点（球体直径两端的点），把这两点连接起来会穿过月球的中心，并且含氢沉积物距离相应的极点的距离是一样的，只是方向不同，这表明月轴可能曾发生了偏移。

月球上两极氢沉积物，最早在20世纪90年代发现，很有可能是水形成的冰，它们揭示了水如何在月表运动。该研究团队这项新研究，呈现了对月球上这些冰的测量结果，由此揭示了月球深部的一些事件。这些事件解释了月球上的火山爆发及其在宇宙中的起源。它们还表明，今天的月表与十亿年前在地球上看到的月表不同。月球的南北极是太阳系中最冷的地方，那里的一些区域甚至比冥王星更冷。即便接触宇宙真空之后，水冰也能够在那里储存数十亿年。月球两极的氢沉积物，显示出这颗星曾经有过一个与今天不同的旋转轴。新研究表明，该旋转轴的改变（又被称为真极移），是由于几十亿年前月球内部结构变化导致的。

研究人员认为，分析两极水冰可以发现，目前月球的自转轴大约移动了6度。根据移动的方向和幅度，他们表示该移动是由月球风暴洋下方一个低密度热异常导致的。月球风暴洋在月球早期的地质历史上最为活跃，因此研究人员认为，月球的极移发生在几十亿年前，而在月球两极地区测量到的冰很古老，意味着太阳系内部很早就有水的存在。

二、月球成因与月球年龄研究的新进展

（一）探索月球成因的新信息

1.证明月球是由一个天体与地球相撞后产生的

（1）发现月球源于行星撞击地球的新证据。2014年6月6日，德国哥廷根大学赫瓦茨主持，其他相关单位专家参加的一个研究小组，在《科学》杂志上发表研究成果说，40多年前“阿波罗”飞船，从月球带回的岩石，进一步证实了这样的假说：月球是一颗火星大小的行星与地球相撞后形成的。

几十年来，科学家们一直没有完全确定月球如何形成，但他们提出了一种得到多数人认可的大碰撞假说，即45亿年前，一颗火星大小、叫作“忒伊亚”的行星撞击地球，地球此后自我修复，而“忒伊亚”的大量碎片则在地球轨道上聚集形成了月球。

德国研究人员说，太阳系内各个行星都由独特的同位素组成，因此证实大碰撞假说的最佳方法，就是比较地球与月球的氧、钛和硅等元素的同位素比率。不过，此前研究的结论，都是月球岩石和地球岩石相当相似，无法证实月球主要源于一个业已消失的天体。

最新研究，采用一种非常灵敏的先进分析技术，分析了由美国航天局提供、20世纪六七十年代“阿波罗”飞船带回的月岩。结果显示，月岩的氧17与氧16的同位素比率，确实与地球岩石存在差异。

目前，多数关于月球起源的模型估计，月球70%～90%的成分来自“忒伊亚”，

其余10%~30%来自早期地球。赫瓦茨则认为，月球的成分可能一半来自“忒伊亚”，一半来自地球。但他也表示这一观点，尚需得到更多证据证实。

（2）通过对太阳系形成进行模拟证实月球由大撞击形成。2015年4月9日，以色列理工学院天体物理学家哈加以·佩列茨领导的研究团队，在《自然》杂志上发表论文称，关于月球形成主导理论最关键但却也是最令人头疼的一个问题，看起来已经找到了答案。

20世纪70年代，首次提出的所谓“大撞击”理论曾假设，一颗火星大小的行星在距今45亿年前猛烈撞击了早期的地球，而月球正是由这次大碰撞产生的碎片所形成的。这一理论很好地切合了人们对于月球概况的了解，包括这颗卫星的质量及其缺乏一颗有效的铁核。但是这一理论同时也意味着，月球大部分是由撞击地球的那颗行星所包含的物质构成的。

由于月球和地球的岩石具有类似的构成成分，因此这表明地球与撞击它的行星彼此之间也很相似。这两颗行星有可能是一对姊妹星球，两者之间的关系比科学家已经研究的太阳系中任何其他行星的关系都要密切。

美国科罗拉多州博尔德市西南研究所行星研究人员罗宾·坎努普表示，发生这一切的可能性被认为大约在1%，或者说“非常罕见”。而佩列茨认为，如今这一场景看起来并没有那么牵强。

佩列茨和他的同事日前对太阳系的形成进行了模拟，旨在探究类似的行星如何能够发生巨大的碰撞。研究人员的模拟结果显示，在20%~40%的碰撞事件中，两颗天体能够足够相似，从而也就很好地解释了月球的构成——这是一个相当好的概率。

研究人员说，行星彼此间之所以会非常相似，是因为它们与太阳具有相同的距离，这意味着它们是由环绕在相同轨道上运行的原行星物质构成的。

佩列茨表示：“地球和月球不是来自同一颗行星的双胞胎，但从某种意义上而言，它们是姐妹，它们在相同的环境中长大。”

大撞击理论由威廉姆·哈特曼和纳德·戴维斯在1975年提出。一颗质量是地球10倍的天体以适当的速度撞击地球时，可以产生足以形成月球的物质。

大撞击理论也可以解释“阿波罗计划”中的3个关键发现：月球的年龄、在形成初期温度很高的证据，以及与地球的化学形成相似。1984年，在夏威夷科纳召开的一次会议上，科学家接受了该模型。

后来事情逐渐复杂起来。在阿波罗取得月岩的同时，研究人员开始研究陨石中不同化学同位素的比率。特别是陨石和太阳系其他部分中的氧-16、氧-17、氧-18的丰度大相径庭，于是科学家开始将同位素比率作为岩石起源的标记。然而，月球岩石的同位素比率与地球岩石的颇为相似。

1986年，新墨西哥州洛斯阿拉莫斯国家实验室的一个研究团队，发表了对大撞击的首次计算机模拟，人们开始对大撞击理论产生怀疑。该模型清楚地显示出，在经历足以产生月球的大撞击后,月球所含有的物质几乎全部来自于碰撞天体。

(3)用月岩中钾同位素含量为大碰撞理论提供补充证据。2016 年 9 月,美国华盛顿大学圣路易斯分校地球化学家王坤领导的研究小组,在《自然》杂志发表论文称,他们利用自己研制成的高精确度同位素分析仪,测量出月球与地球中钾同位素存在微小差异。这一结果,或对月球起源的大碰撞理论提出有力补充,有助于构建新的月球起源模型。

研究小组对来自不同探月任务的,7 个月岩石样本中钾同位素的比例进行了检测,并与 8 个地球岩石样本的检测结果进行对比。结果表明,与地球岩石中存在三种稳定钾同位素不同,月岩石中只测出钾-41 和钾-39 这两种同位素,并且较重的钾-41 同位素所含比例最丰富。

许多月球起源模型,建立在 20 世纪 70 年代提出至今主导的大碰撞理论基础之上。该理论认为,月球因一个火星大小的星体强烈撞击初期地球后形成,许多天文观测结果也与该理论相符,比如月球与地球的大小比例;地球与月球的自转速率。许多据此假说建立的早期模型模拟结果表明,月球中大部分物质(60%到 80%)来自碰撞星体而不是地球,月岩内同位素含量更应该与碰撞星体一致,而不是与地球高度相似。但 2001 年开始对月岩中氧等多种元素检测后发现,同位素含量和比例与地球岩石高度一致。为解释这种相似性,科学家们提出了许多月球形成的新模型。其中 2007 年提出的硅酸盐模型认为,低能碰撞使得两个天体的硅酸盐地幔混合,最终形成月球。

2.提出小卫星合成大月球的新观点

2017 年 1 月 10 日,以色列魏茨曼科学研究所拉卢卡·汝伏领导的研究小组,在《自然·地球科学》网络版上发表论文认为,月球可能是由一系列大撞击形成的,而非一次巨大的碰撞。这一模型,解释了月球为什么主要是由类似地球的物质组成,而不是地球和其他行星物质的混合。

原地球与一个火星大小的天体发生巨大碰撞,是解释地月系统成因的主要候选理论。在解释月球组成的大碰撞假说中,要么形成月球的物质大部分来自地球(而非撞击地球的天体),要么撞击地球的天体与地球组成相近。然而,这两种情况虽然都有可能,但可能性都不很大。

以色列研究小组对大型(但非巨型)行星体,撞击原地球进行了数值模拟。在模拟中,撞击产生了碎屑盘,其中许多都主要由地球物质,而非撞击天体组成。每次撞击后,碎屑盘吸积形成了一颗小卫星。作者认为,这些小卫星最终向外漂移,并与日益增大的月球合并。要“组装”成月球,需要 20 次能形成小卫星的撞击过程。

研究人员认为,在早期的内太阳系,原地球与大型行星体之间撞击形成小卫星的频率足以形成月球,且能满足观测限制。月球由多次撞击组装而成这一点表明,月球是在数百万年间形成的,而非地质学意义上的一瞬间;此外,地球和月球内部成分的混合程度或许比单次大碰撞情境下更低,因而有可能保存了撞击时期的记录。

在相应的新闻与评论文章中,英国伦敦帝国理工学院加里斯·柯林斯写道,这项研究复苏了“迄今为止被普遍摒弃的一种观点,即一系列较小且更为频繁的撞击,而不是一次巨大的碰撞形成了月球”。

(二)研究月球年龄的新信息

1.推出直接测算月球年龄的新方法

用地幔中的“地质钟”来确定月球年龄。2014 年 4 月 3 日,德国科学家参与的一个国际行星研究小组,在《自然》杂志上发表论文称,他们的最新研究,确定了月球的形成时间,大致是在太阳系开始(44.7 亿年前)之后的近 1 亿年。他们的结论来自对地球内部的检测,并结合了计算机模拟的星盘衍化,从中能推导出地球及其他陆地行星是怎样形成的。

据报道,早期太阳系中围绕太阳旋转的,还只是数以千计的行星“基本建材”,研究小组模拟了类地行星(水星、金星、地球和火星)“成长史”,发现地球受到一个火星大小的物体冲击而形成了月球,其形成时间,与冲击之后补入地球的材料数量之间,存在相关关系。

研究人员指出,这种关系就像一个时钟,把月球形成事件记录下来。这也是早期太阳系历史中的第一个“地质钟”,不用检测原子核放射性衰变就能确定月球年龄。

在论文中,研究人员估计了地球在经历了“造月”冲击后,吸收的周围物质的质量。其他科学家以前曾证明,地球的地幔中含有大量高亲铁性元素,这些元素更容易与铁结合。这正是地球受“造月”冲击后,直接吸收过来的部分。

根据这些地质化学的检测,新构建的“时钟”,把月球的形成,追溯到太阳系开始后的 9500±3200 万年。这一估计值,与放射性衰变检测得到的某些数值及解释相符。由于新方法是一种独立的、直接检测月球年龄的方法,对将来用放射性检测法,解决持久未解决的难题也很有帮助。

2.用不同方法推算出的月球年龄

(1)利用铪和钨同位素推算出的月球年龄。2006 年 3 月,有关媒体报道,俄罗斯科学院地球化学与分析化学研究所科斯季岑教授,利用铪和钨同位素研究地球的形成过程时,精确测定了地球的年龄,约 45.67 亿年,并发现地球的年龄比月亮小,月亮至少比地球早 700 万年形成。

不久前,科斯季岑在俄罗斯科学主席团会议上做报告时指出,让人感到吃惊的是,我们对地球外的形体的年龄测定,比对我们生活的地球的年龄更准确。研究这一问题,可以帮助我们更准确地了解地核是什么时候形成的?地球形成的初期是什么样的?地球大气层和第一滴水是如何形成的等问题。

为了探索这些未解之谜,起初,研究人员企图使用长寿同位素方法来确定,但未能成功。在比较了利用短寿同位素铪和钨研究岩石和古陨石的质量后,科斯季岑决定使用铪和钨同位素测量地球的年龄。同位素铪衰变很快,半衰期大约 900 万年。铪的痕迹可以确定岩石的形成时间。根据同位素铪和钨的变化关系可以确定,地球何时分成了地幔和地核两部分。

科斯季岑利用铪和钨同位素研究了不同的陨石、地球岩石和月球土壤。其研究结果,可分成两个部分。如果根据地核快速形成模型,也就是所说的“灾难状态”理论,地核的形成是在太阳系中出现第一批固体构成物之后的3600万年后形成的,精确到百万年,约为45.67亿年;而月亮至少比地球早700万年形成,也有可能还要早2000万年。如果根据另外一种理论,地核的形成很慢,形成过程持续了8000万~2.2亿年。并且地核的主要部分形成的比较快,其余的按照指数衰减规律发展。按照这种理论模型,月亮还要比地球早出现4000万年。

有关专家指出,该成果对基础科学的研究有重要意义。根据这一理论,可以解释地球上矿物资源的不均匀分布。因为,目前科研人员还不清楚地球上矿物资源的不均匀分布是在地球形成的初期发生的,还是在地球复杂形成的过程中产生的。

(2)利用石质陨石分析法推算出的月球年龄。2015年4月17日,美国西南研究院比尔·博特克领导的一个研究团队,在《科学》杂志上发表论文称,他们利用石质陨石新分析法的研究显示,月球诞生于44.7亿年前。科学家希望,这项研究能平息有关月球年龄的争论。

月球被广泛认为,是由一颗火星大小的天体与早期地球相撞而形成的。科学家通常通过分析美国“阿波罗”飞船带回的月球岩石样本,来确定月球的年龄。由于使用的分析方法不同,给出的答案有较大差异,有的认为月球与太阳一样形成于46亿年前,有的则认为月球比太阳晚2亿多年形成。

该研究团队对形成月球的大碰撞,进行了多个电脑模拟。他们发现,这一碰撞除了在地球附近产生一个残留物并最终形成月球外,还向外喷射出大量物质,其中多个千米级别的碎片进入火星与木星轨道之间的小行星带,并撞击那里的小行星。

研究人员表示,小行星带中的小行星互相撞击的速度,通常为每秒5千米左右。而这些碎片的撞击速度,超过每秒10千米,所产生的高热冲击,在小行星表面一些岩石上留下了永久痕迹。此后,在小行星之间发生的碰撞作用下,一些带着这些高热冲击痕迹的岩石飞出小行星带,最终落到地球上,成为拳头大小的石质陨石。

第四节 火星研究的新成果

一、研究火星地貌环境的新信息

(一)探索火星地质地貌的新进展

1.火星早期地质历史研究的新成果

重新解释火星早期的地质地貌。2015年3月2日,法国巴黎第十一大学西维亚·布莱领导的研究团队,在英国《自然》杂志上发表论文称,他们基于最新的地貌证据，重新解释了火星早期的地质历史。

火星拥有“太阳系大家庭”中最大的火山岩组，即塔尔西斯地区，这是一片广阔的高原，在37亿年前开始形成，它在火星表面上形成了一个明显隆起。塔尔西斯地区今日处在火星赤道位置的原因，是火星相对于其旋转轴线进行了重新定位，即真正的极移(地极移动)。

此前已有科学家提出，塔尔西斯地区在诺亚纪(火星的诺亚纪是41亿年前到37亿年前)的晚期形成，并且对火星上山谷的走向产生了影响。而此次，布莱研究团队通过建模，对塔尔西斯火山地区形成之前的火星地貌进行了重建。

他们的研究结果显示，火星的山谷网络走向并不需要塔尔西斯地区的出现，当时火星上的降水和山谷形成有可能是和塔尔西斯隆起同时发生的。研究同时发现，火星在距今37亿年到30亿年前的赫斯珀利亚纪，有着长期的火山活动。

研究人员认为，在塔尔西斯隆起形成时火星上有降雨和降水，由他们构建的火星年轻时的模样新地貌图，可以给研究火星地质史的头十亿年提供一个新的框架。

2.火星山脉演变研究的新成果

(1)好奇号破解火星夏普山成因之谜。2014年12月，美国媒体报道，好奇号漫游器最近观察，火星上的夏普山是几千万年前由一大片湖床的沉积物逐渐累积形成的，这个湖床是盖尔陨石坑。对此科学家的解释是，古老的火星曾保持着一种气候，能在红色行星的许多地方产生长期存在的湖泊。

喷气推进实验室好奇号项目副主管阿什温·瓦萨瓦达说：“如果我们对夏普山的假设站得住脚，那种认为火星上温暖湿润的环境是短暂的、局部的，或只存在于地下的观点就受到挑战。一个更激进的解释是，火星古老的大气层更厚，能把全球温度提高到零度以上，但迄今为止，我们还不知道它的大气是怎么做到这一点的。”

夏普山直立约5千米，较低的山侧暴露出数百个岩石层，湖泊、河流和风化沉积岩交替出现，见证了一个火星湖泊反复填充与蒸发的过程，这个湖泊比以前考察过的任何封闭湖泊都更大、更持久。

这种层积山为何会坐落在一个陨石坑中？好奇号项目科学家、加州理工大学约翰·格罗钦格说：“在解开夏普山之谜上，我们正在取得进展。现在哪里有一座山，哪里就可能曾经是一系列的湖。”

目前，好奇号正在调查夏普山最低处的沉积层，这部分岩石高150米，称为“默里地形”。河流携带着泥沙淤积在湖底，在河口处的沉积物也不断堆积，形成三角洲，就像在地球上的河口处所见到的。这种循环不断地周而复始。

格罗钦格说：“这种湖泊事件一次次发生着，每一次重复都告诉人们，这里进行着另一种环境运作的实验。随着好奇号在夏普山上爬得更高，我们将进行一系列实验来证明大气、水和沉积物是怎样互相作用的。我们会看到湖泊怎样随着时间而发生化学变化。这是由我们目前的观察所支持的假说,也是为今后实验提供一个框架。”

当陨石坑被填到至少几百米的高度后,沉积物开始变硬形成岩石,层层堆积,随时间流逝被雕刻成山脉形状,陨石坑周边的材料被风蚀除去,成为现在的山脉边缘。

(2)五千万年前火星火山开启“静音模式”。2017 年 3 月 21 日,美国航空航天局戈达德飞行中心研究员雅各布·理查森主持的研究团队,在得克萨斯州召开的月球和行星科学会议上发表研究报告称,火星火山阿尔西亚·曼斯在其最后一轮活跃期内,每隔 100 万~300 万年就会迸发一次新的熔岩流。最后的火山活动大约在 5000 万年前就停止了,此时正是以恐龙为代表的地球古生物灭绝的白垩纪时代。相关论文发表在《地球和行星科学通讯》上。

理查森介绍了最新研究结果,他说:“该地区火山活动高峰发生在大约 1.5 亿年前,与地球上晚侏罗纪时期重合。最后一个或两个火山口,可能在 5000 万年前较活跃,此时地球恐龙也消失了”。

研究团队利用美国航空航天局火星侦查轨道仪上的高分辨率相机,获得了火山口内的火山特征成像,从 29 个火山口中的每一个绘制了熔岩流的边界,确定了地层分层。研究人员还计算了直径至少 100 米的火山口的数量,估计了熔岩流的年龄。借助新的计算机模型,将上述两类信息组合起来,发现最古老的熔岩流可追溯至 2 亿年前,最新的则发生在约 5000 万年前。

此外,该模型还估算了每个熔岩流的体积通量。理查森解释说:“想象一下,它就像一个缓慢的泄漏的岩浆水龙头,阿尔西亚·曼斯活跃高峰期每 300 万年才产生一个火山口,而地球上类似地区只需要 1 万年。”

业内专家表示,更好地了解火星火山活动何时活跃、为何安静下来非常重要,它能帮助科学家更好地研究这颗红色星球的历史和内部结构。

3.火星峡谷与山坡探索的新成果

(1)研究显示火星峡谷可能由风“雕刻”而成。2015 年 3 月 9 日,美国加利福尼亚大学圣克鲁兹分校,地质学家乔纳森·帕金斯领导的一个研究小组,在《自然·地球科学》杂志网络版上发表论文称,他们研究了位于智利东北部安第斯山脉中的峡谷,发现风“雕刻”一些峡谷的速度是水流的 10 倍。这一发现,或许对了解火星古老的峡谷裂痕是如何形成的,具有重要意义。

美国约翰·霍普金斯大学应用物理实验室行星地质学家纳珊·布里吉斯表示:“山谷和峡谷被风侵蚀的速度,此前一直没有得到很好的研究,而我认为,这正是这篇论文所作出的巨大贡献。”

即便是在地球上,通常也很难将风对一条峡谷的影响与水的影响区分开来。然而,该研究小组发现了一次完美的“天然试验”,进而能够梳理每种因素在其中扮演的角色。他们发现,在智利东北部共有 36 条峡谷被天然地分为两组。所有这些峡谷都具有相似的岩石类型和气候,但第一组峡谷暴露在狂风中,而第二组峡谷则被一座山脉所屏蔽。

当研究人员利用卫星图像比较这两组峡谷后,他们发现,暴露在风中的峡谷更长、更平滑,并且自从这里的岩石在几百万年前初次形成以来,这些峡谷的生长速度便要比那些寂静的峡谷快上10倍。

研究人员发现,多风的峡谷在地球表面形成了长长的沟槽,令人不禁想起了猫的抓痕;而无风的峡谷则是短粗的,形状就像圆形竞技场。很显然,由风沙造成的磨损延长了这些峡谷并抛光了其斜坡中的裂痕。

这些峡谷位于阿塔卡马沙漠的边缘,那里的空气非常干燥,多风的气候为形成由风冲刷的峡谷提供了最佳条件。研究人员指出,类似的风沙可能在同样灼热的火星表面形成了峡谷。

火星上的风曾转移了沙丘并侵蚀了基岩,但当提到火星上的峡谷,研究人员通常认为水是占主导地位的塑造力量。然而新的研究表明,这可能并非实际情况。并未参与该项研究的佐治亚理工学院地貌学家肯·费里尔指出,在火星上,"由于干燥了如此长的时间,因此峡谷很可能被大量的风所改变"。但他说,如果科学家已经将这一效应打了折扣,"那么我们试图去估算有多少水曾经在火星上流淌,则会存在相当大的偏颇"。

假设风已经扩充了火星上的峡谷,而科学家又忽视了风的效应,这将很可能过高估计曾在火星上流淌的水量。

研究人员指出,除了其他方面,火星在大气、重力和岩石类型上都与地球存在差别。因此,进行更多研究,以全面了解这些条件,如何改变风对这颗行星表面峡谷的塑造能力是必需的。

(2)认为火星山坡是由沸水雕琢出来的。2016年5月,法国南特大学马里恩·玛瑟领导的一个研究团队,在《自然·地球科学》上发表论文称,他们认为,过去在火星表面上发现的一些地貌变化,可能是在稀薄大气的低压环境中,液态水沸腾导致的结果。

在火星表面的低大气压下,水无法稳定保持液态,如果不是很快结冰就会沸腾,液态水的存在很短暂。过去,有研究认为,火星夏季山坡上出现的沟渠是流动的咸水(盐水)的作用,虽然那时并不清楚短暂的少量水流是如何产生这些表面变化的。

玛瑟研究团队在地球上的一个"火星屋"进行了一系列实验室研究,观测在火星的表面条件下,水如何与沉积物产生相互作用。他们在一个沙坡的顶部放了一块冰,并观察了融化的水如何通过沙向下渗流。

在地球的类似条件下,水的滴流对于山坡的影响很小。然而,在火星较低的气压环境下,他们发现水沸腾了,导致沙粒喷射,随后沙粒产生了堆积,直到坍塌。研究者发现,在这些实验坡上,这种过程形成的小沟渠和火星上观测到的很像,这表示火星上可能发生了类似过程。

荷兰乌得勒支大学沃特·马拉对此观点进行评论时写道:“形成我们在火星上观测到的地貌形态,需要的可能是水的不稳定性,而不是稳定的水或者盐水。”

4.火星地下洞穴研究的新成果

火星发现直径35米罕见地下洞穴。2012年8月,国外媒体报道,近日,美国航空航天局科学家,在由火星勘测轨道器上的高分辨率成像科学实验相机,拍摄的一张火星照片上,发现了一个罕见的洞穴。照片显示,在火星帕蒙尼斯火山的斜坡上,出现一个明显的陨石坑状洞口,陨石坑似乎通向一个地下洞穴,洞口的右侧被部分照亮。科学家们根据这幅照片,以及后续传回的系列照片进行分析,结果表明这个洞口直径大约为35米。内部的阴影角度表明,下方的洞穴深度大约为20米。为什么会在洞穴周围出现一个圆形的陨石坑?这个问题引起了科学家们的思考和猜测。此外,科学家们对这个洞穴之所以如此感兴趣,原因在于这样的洞穴,其内部可以免受火星表面恶劣环境的影响和破坏,应该是火星生命生存较为理想的环境。

研究人员认为,此类洞穴将是未来太空船、探测器、机器人甚至人类星际探险者首要的探测目标。科学家此次所研究的照片,都是由火星勘测轨道器上的高分辨率成像科学实验相机所拍摄。

(二)探索火星气象与环境的新进展

1.火星气象气候研究的新成果

(1)火星上空发现奇怪灰尘云和明亮极光。2015年3月19日,物理学家组织网报道,美国航空航天局“火星大气层和挥发物演化”飞船,正在绕火星飞行,它监测到一种奇怪的灰尘云和一种明亮的极光,研究者称两者均属意料之外的独特现象。

2013年11月,该飞船发射升空,主要任务是研究火星为何失去了水和大气层,目前其正处于一年任务期的第4个月。它在2014年12月探测到了类似地球北极光的极光,被科学家昵称为“圣诞之光”。

极光发生在地磁风暴被太阳暴化解的时候,该过程引起的电子等能量粒子冲入大气层,引起灰尘闪光。美国航空航天局在得克萨斯举行的月球与行星科学年会上,发布了相关发现结果。

报道称,2014年12月火星表面形成有关极光探测的地图显示,极光曾在北半球扩散且没有被限制在任何地理学固定位置,整个极光持续了5天时间。

美国科罗拉多州立大学极光探测图像小组成员阿纳德·斯迪鹏说:“特别让人惊讶的是,我们看到的极光,在大气层中的深度比地球极光的位置更深。产生极光的电子能量一定很强。”

此外,借助于该飞船的帮助,科学家也在火星表面上空150千米处,观察到了不同寻常的灰尘云。灰尘的来源、组成及是否是暂时现象尚未知晓。美国航空航天局专家说:“可能的来源,是从大气层中飘荡起来的灰尘;或者来自火星的两个卫星;也许从太阳风而来;还有可能从绕太阳飞行的彗星上获得。然而,火星上没有能够解释灰尘来自上述来源的运行过程。”

(2)研究证实火星上曾存在“酸雾”。2015年12月,美国媒体报道,尽管火星气候与地球截然不同,但最新研究表明,在火星上也曾存在过“酸雾”。近日,在美国巴尔的摩召开的美国地质学会2015年学术年会上,来自美国伊萨卡学院的行星科学研究员绍莎纳·科尔报道了这一研究成果。

2014年,美国勇气号火星车成功着陆于火星南半球古瑟夫撞击坑,开始了为期6年的科学监测任务,对撞击坑内哥伦比亚丘陵附近的岩体进行细致的成像分析和岩石成分分析。利用阿尔法粒子X射线光谱仪对位于赫斯本德山和坎伯兰岭间长约200米,名为“瞭望塔类”露头的岩石化学成分的分析结果表明,这些岩石化学成分一致。

然而,利用穆斯堡尔光谱仪的分析结果却表明,这些地区的氧化铁比例并不相同,其中部分岩石中氧化铁含量高达100%,但在30米距离内的其他地区,氧化铁的含量则降至0.43%~0.94%。慕斯堡尔光谱仪和微型热发射光谱仪的数据则表明,这些岩石中的矿物成分和晶体结构发生了改变,非晶体结构增加,这些特征与全景相机、显微成像仪得到的岩体表明出现很多小凸起的图像特征完全符合。

基于这些证据,研究人员推测,这些发生变化的岩石可能遭受了来自外界的改造。这种改造很可能是由于火山活动时期,岩石暴露于具有腐蚀性的酸性水汽之中,使得酸雾凝结在岩石表面,逐渐溶解岩石中的物质,并在岩体表明冷凝形成凝胶,而这些凝胶在吸附的水分蒸发之后便形成了颗粒状凸起。

2.火星地面环境与辐射环境研究的新成果

(1)火星地面灰尘“有毒”可能严重妨碍载人探索。2013年5月8日,《新科学家》杂志网站报道,正在美国华盛顿参加“人类对火星峰会”的科学家指出,火星灰尘对人体健康有危害,可能会严重妨碍载人探索任务。实验室研究表明,火星地面尘埃中包含着细粒度的硅酸盐矿物,一旦吸入,硅酸盐尘埃会与肺部的水发生反应,生成有害的化学物质。

该峰会旨在研讨2030年前发射火星载人任务的可能性,以及如何克服人类登陆火星所面临的挑战。美国国家航空航天局首席健康和医疗官理查德·威廉姆斯在会上说,越来越多的证据表明,火星上似乎广泛分布着高氯酸盐,而高氯酸盐对甲状腺的危害众所周知。

2008年,凤凰号探测器在火星北极附近首次发现高氯酸盐。“好奇”号火星车也在2012年12月利用携带的火星样品分析仪器,对从一个名为“岩巢”的地点崛起的火星土壤进行了分析。火星样本分析项目主要负责人保罗·马哈菲说:“我们相信岩巢的土壤样本中可能有高氯酸盐。因为火星地面上尘土遍布,这当然应该被视为影响人类健康的因素之一加以考虑。”

问题远不止于此。在过去的几个月里,“好奇”号还发现了极有可能是石膏的矿脉,这也是个麻烦,普拉根太空开发公司的联合创始人格兰特·安德森说。“石膏本身并不真的有毒，但如果吸入体内，就会在肺部累积，就像煤矿工人的肺尘病一样，导致肺活量出问题。”美国国家职业安全和健康研究所已将可刺激眼睛、皮肤和呼吸系统的石膏粉尘归为有害微粒。

（2）好奇号发现火星辐射水平与低地球轨道近似。2012 年 11 月，美国媒体报道，博尔德西南研究院的唐・哈斯勒，是好奇号火星探测器辐射评估探测装置（RAD）的主要研究者。他表示，好奇号初期的辐射测量，为那些或许有一天登陆火星的人类探险者增加了希望，这也是有史以来第一次在另一颗星球的表面进行测量。近日，他在一场记者招待会上说：“宇航员绝对能够在这种环境中生存。”

辐射评估探测装置的主要目标，是描述火星的辐射环境，它既能帮助科学家们评估火星过去和现在存在生命的可能性，也有助于火星的未来载人探测。哈斯勒说，自从 8 月份好奇号在火星登陆以来，辐射评估探测装置已经测量到的辐射水平，明显类似于国际空间站的宇航员所遭受的那些辐射。他接着补充道，火星表面的辐射大约只有好奇号在 9 个月的深太空旅行中遭遇的辐射水平的一半。这些发现表明，火星的大气虽然只有地球大气厚度的 1%，但是提供了一个巨大的屏障来阻挡快速移动的危险宇宙粒子。目前，好奇号正在探索这种屏障的本质。研究人员称，辐射评估探测装置已经观测到这种辐射水平，随着火星大气每天的厚薄变化过程增减 3%~5%。

哈斯勒强调，辐射评估探测装置的发现只是初步的，因为好奇号在火星的两年期任务只过了三个月。他和他的团队还没有确定火星辐射水平的硬性数字。哈斯勒说道：“我们正在对此进行研究，而且我们希望在近期的地球物理联合会的会议上公布结果。”

二、探索火星大气组成成分的新信息

（一）火星大气中氢气与甲烷研究的新进展

1.探索火星大气中氢气变化的新成果

（1）发现氢原子正“成群结队”地逃离火星。2014 年 10 月 15 日，每日科学等网站报道，美国航空航天局火星大气与挥发演化航天器发回了它的第一张图，显示火星正处在一个被侵蚀的过程中：氢原子正“成群结队”地从这颗红色行星上离开，逃逸到深太空去。

据报道，最新发布的图像，由火星大气与挥发演化航天器携带的紫外光谱成像仪，在椭圆轨道上距火星较远处拍摄，为科学家提供了首张高能太阳粒子风暴图，显示了大气中稀薄的氧气、氢气和碳元素包围着火星，并合成了星冕下大气高度变动区的综合图像。

加利福尼亚大学伯克利分校高能粒子仪器主管戴文・拉森说：“高能粒子经过星际空间后，把它们的能量注入火星上层大气。像这种典型的高能粒子喷射事件每两周就会发生一次。在所有仪器打开后，我们还希望能跟踪上层大气对它们的反应。”

科罗拉多大学博尔德分校行星科学家布鲁斯·雅可斯基说，这是首张能清晰地看到关键元素，怎样从火星大气中逐渐逃逸的图像。

火星大气与挥发演化航天器遥感小组成员、科罗拉多大学博尔德分校的麦克·查芬说，图像显示氢气正在“成群结队”地离开火星大气，到达10倍于火星半径的地方进入太空。氢原子由火星上层大气的水蒸气分解产生，由于氢气比氧气轻，逸入太空相对更容易。他说：“这样就有效地从火星大气中除掉水分。”

氧气和碳原子也聚集在离火星较近的地方，也在逃离火星。在大气深处，氧气形成臭氧分子，堆积在火星南极附近。参与研究的科罗拉多大学贾斯汀·戴恩说：“在火星上，紫外光照射水蒸气产生的副产品很容易破坏臭氧。跟踪臭氧就能跟踪火星大气中发生的光化学反应。在火星大气与挥发演化航天器的主要科学任务中，我们将更完整详细地探索这一点。”

火星大气与挥发演化航天器2013年11月发射，2014年9月21日入轨，轨道周期35小时。任务目标是帮助解开火星大气失水之谜。在火星大气与挥发演化航天器开始它的主要科学任务之前，大约要进行两周的仪器矫正与测试。自照片拍摄以来，火星大气与挥发演化航天器的轨道缩小，现在每4.6小时绕火星一周。这让它能更详细地查看挥发性物质是怎样从大气中逃逸的，但要看它们能否逃得更远则变得更困难。

(2)研究表明少量氢或甲烷曾让火星保持足够温暖。2016年11月1日，有关媒体报道，美国哈佛大学罗宾·伍兹沃斯领导的研究团队对外宣称，他们的研究表明，大气中的少量氢或甲烷可能使火星保持足够的温暖，从而让水得以流动。

自20世纪70年代起，人们便知道，寒冷的火星肯定曾经温暖到足以形成河流。不过，科学家一直难以解释，一个和地球相比到太阳的距离更远的世界，是如何变得如此温暖的，尤其是在太阳相对暗淡时。

目前，稀薄的火星大气层主要由温室气体二氧化碳构成，但它锁住的热量很少。模型显示，即便是厚厚的二氧化碳大气层，也不可能把古代火星的温度抬升至冰点以上。

如今，该研究团队认为，如果仅有百分之几的主要是二氧化碳的大气层，由水或甲烷分子构成，情况便会大不相同。当这些气体同二氧化碳分子碰撞时，它们能在一个关键波长范围内吸收光线，从而使火星保持让水能够流动的足够热量。

宾夕法尼亚州立大学帕克学院的詹姆斯·卡斯廷表示：“这项研究真的很有意思。”他的团队此前曾估算，让火星上的水流动可能需要比这更多的氢。

至于是氢还是甲烷引发了实际的变暖，卡斯廷认为，这可能取决于火星是否曾孕育过生命。如果是，那么以氢为食的细菌很可能将大气层中的大部分氢转化成甲烷。

2.探索火星甲烷排放与甲烷痕迹的新成果

(1)好奇号发现火星神秘甲烷排放。2014年12月17日，美国航空航天局喷气推进器实验室，高级研究员克里斯·韦伯斯特领导的研究团队，在《科学》杂志上发表论文称，在稀薄冰冷的火星大气中，美国好奇号火星车探测到了波动的甲烷痕迹，而甲烷通常被认为是生命存在的一种迹象。

爬过火星表面进入“盖尔陨石坑”中的好奇号，慢慢地爬到了一块叫作“夏普山”的沉积岩石顶端。在那里，甲烷以略少于十亿分之一（1ppb）大气容量的背景浓度存在。报道称，好奇号样本分析仪在20个月的时间里，测量了火星大气12次，然而由于未知原因，几次峰值甲烷排放浓度的平均值，竟是背景浓度的10倍左右。

研究者称，在原地对甲烷排放的进一步研究将会帮助我们确定，甲烷气体是现在还是久远以前存在的生命排放的，尽管还不清楚这些研究什么时候进行以及能否顺利进行。

韦伯斯特说：“很多地球上的甲烷气体产自生物，我们一直希望‘火星上的甲烷’能简化为‘火星上的生命’。但是，我们还没有识别出，这个高浓度甲烷究竟是地球化学成分的排放物，还是由火星生物产生的。”研究人员指出，这股意外的甲烷喷发，是在火星车北面某个很近的地方产生的。

这一发现，对于好奇号一年前发布的探测结果来说，是一个令人激动的逆转。一年前的结果是在搜集了超过1/3火星年的数据基础上总结出来的，但是排除了火星大气中有大量甲烷气体存在的可能性。那个“没有价值”的结果现在被澄清了，是由于火星甲烷的实际背景浓度，低于好奇号携带的探测设备标准操作检测能力的最低值。

《科学美国人》杂志报道称，为了“嗅”出甲烷的存在，好奇号团队坚持长时间地艰难寻找。他们搜集了整整一个火星年的数据，不仅集合了“丰富的”火星空气样本，还去除了二氧化碳成分进而“放大”了微小的甲烷痕迹。最终，他们发现了十亿分之一大气浓度的甲烷背景浓度，也就是说，每年在火星大气中流动的大约有200吨的甲烷气体，相对而言，地球大气中每年有十亿吨甲烷循环流动。

尽管热水流过富含矿物岩石的时候，也会产生甲烷，但绝大多数地球甲烷是从生活在低氧环境（比如不流动的水和动物肠道）中的厌氧细菌中产生的。火星上极其微弱的甲烷背景，很大程度上由紫外线照射在富含碳元素的陨石和彗星碎片及行星间灰尘上产生的。

但是，这个机制并不能轻松地解释好奇号发现的甲烷气流，因为它要求近期发生的巨大陨石撞击或者“盖尔陨石坑”附近的空气爆炸，如果有这类事情发生，盘旋在火星轨道上空的探测飞船一定会发现这类迹象。

另一种可能性是，甲烷气流并非好奇号附近的微小概率偶然事件，也可能是远离火星车的地方发生的甲烷大量排放，随风轻轻拂过导致的结果。

（2）六块火星陨石中发现甲烷痕迹。2015年6月17日，物理学家组织网报道，英国苏格兰阿伯丁大学约翰·帕内尔教授领导，美国耶鲁大学的地质学和地球物理学部博士后肖恩·麦克马洪、加拿大布鲁克大学奈杰尔·莱美等人参与的一个国际合作研究小组,在火星陨石中发现甲烷痕迹,这为寻找火星生命提供了区别于水的另一线索。

研究人员对6块来自火星的火山岩石样品进行研究,这些陨石包含同样的气体比例,且与火星大气的同位素组成相同。经一台大型质谱仪检测发现,所有6块陨石都包含甲烷成分。而对两块非火星陨石检测的结果显示,其甲烷含量远不如火星陨石。这一发现,暗示甲烷很可能是火星表面以下某种生命存在形式的食物来源。

帕内尔说:"近来最让人兴奋的发现,是'好奇号'探测器在火星大气中发现神秘甲烷,美国国家航空航天局和欧洲空间局分别在最近的探索任务中对此有所侧重,但是,甲烷究竟从何而来及甲烷是否真的就在那儿,距离答案揭晓还有很长的路要走。而我们的研究提供了一个强有力的证明:火星岩石含有大量甲烷。"

麦克马洪说:"不同于其他学者,我们的结果更倾向于用天体生物学家的模型和实验来探讨,今天的火星表面以下是否有生命存活。"他认为,该研究小组的研究方法,能为未来的火星探测器试验提供帮助。他接着说:"即使火星甲烷并不是直接由微生物产生的,但也可能意味着温暖、潮湿、化学活性较高的能让生命存活的环境已经在那里了。"

(二)火星大气中氧气与二氧化碳研究的新进展

1.研究火星大气中氧气变化的新成果

(1)认为古火星或曾富含氧气。2016年5月,有关媒体报道,法国天体物理学和行星研究所的艾格纳斯·卡申,近日在奥地利维也纳举行的地球物理联合会上做报告时说,火星表面的岩石,存在该行星大气层曾富含氧气的最好线索。

火星表面因为富含氧化铁(或铁锈)而有了"红色行星"的绰号。但是除此之外,美国航空航天局的"好奇"号漫游者发现,火星盖尔陨坑中的岩石内含有大量氧化锰。

卡申说:"我们发现有3%的岩石含有高氧化锰成分。这将需要大量的水,以及非常强的氧化条件,因此火星大气层中曾经可能含有比我们认为的更多的氧气。"

当前,火星大气层95%由二氧化碳组成,其中仅包含了极少的氧气。然而,很多研究人员争论称,火星历史上曾有过大量氧气。"好奇"号团队表示,这是至今为止最直接的证据。"好奇"号通过化学摄像机发现氧化锰,该设备可以用激光击打岩石,分析由此产生的岩石粉末中的化学以及矿物成分。然而,研究人员尚不清楚氧化锰形成的确切时间,他们希望对漫游器未来获得的资料进行分析后,可以有所发现。

(2)火星大气中探测到原子氧。2016年5月,美国航空航天局官网报道,该局与德国航空航天中心合作研究项目使用的同温层红外线观测台,再次在火星大气层中探测到了原子氧。上一次,也是人类首次做出这一发现,是在40年前。

据悉,科学家此次探测到的原子氧,出现在火星大气上部被称为中间层的区域。原子氧会影响其他气体逃离火星的方式,因此对火星大气具有重要意义。他们探测到的原子氧仅仅是预期中的一半,这可能与火星大气的变化多端有关。研究人员将继续使用这个观测台来研究火星多变的大气。

项目组成员帕姆拉·马尔科姆表示,火星大气中的原子氧很难测量,为了观测远红外波来探测原子氧,观测仪器必须位于绝大部分地球大气之上,并且精度要非常高,而同温层红外线观测台恰恰是两者的结合。

20世纪70年代的"维京人任务"和"水手号计划",首次在火星大气中探测到原子氧。这次探测到火星中的原子氧,得益于同温层红外线观测台是个空中观测台。它的飞行高度为1.1万~1.4万米,超过了遮挡红外线的地球大气。观测台上有先进的探测仪器,允许研究人员分辨火星大气中的原子氧和地球大气中的氧气。

据介绍,同温层红外线观测台由波音747SP飞机改造而来,它携带了一个口径为2.54米的望远镜,该项目由美国航空航天局艾姆斯研究中心负责运营。

2.研究火星大气中二氧化碳转移的新成果

研究显示火星大气中九成二氧化碳已进入太空。2017年4月,美国航空航天局官网报道,该局火星大气和挥发物演化探测器,一项关键测量结果表明:约90%的火星大气,可能在数百万年来消失在太空中。

今天的火星是冰冷、干旱的沙漠,其大气密度仅相当于地球的1%,水几乎全部封锁在极地的冰盖中。但大多数行星科学家认为,火星并不总是如此。一些火星土壤含有地球上存在水时才会产生的矿物质,一些火星特征似乎指向古湖床,甚至是快速流动的河流。为了保留这些液体水,这个星球上以二氧化碳为主的大气层一度必须非常厚重,这样才能限制表面蒸发。火星大气和挥发物演化探测器自2014年起一直在围绕火星运行,以探寻那里的二氧化碳去了哪里。它可能进入了冰盖、作为碳酸盐矿物进入了岩石,或者可能进入了太空。

探测器跟踪了大气中两种氩同位素,氩—36和氩—38。因为氩是惰性化学物质,很难起反应。它离开火星的唯一方式,是一个离子猛撞到它的一个原子上,然后像一个台球一样被击打到太空,这一过程叫作喷溅。

质量更大的同位素很难通过这种方式去除。随着时间的推移,火星大气层中的氩—38就比氩—36更多。测量这两种同位素的比例,能够确切地告诉人们火星丢失了多少氩。

假设其最开始的比例,与地球及今天太阳系其他地方相同,并且假设火山爆发或天外陨石等其他来源,会向大气中返回一些氩。火星大气和挥发物演化探测器团队,计算出火星大气层约有66%的氩—36曾被喷溅。由此,他们计算出10%~20%的二氧化碳通过喷溅方式消失。该团队主持人贾科斯基说,这只是一个很低的限度，因为其他流程会消除二氧化碳，但氩不受到影响。考虑到此，他估计有80%~90%的二氧化碳气体消失。这可能发生地相对较快。约在距今41亿年前，火星的磁场以人们不了解的方式被关闭。由于没有磁场将其维持在那里，火星大气对于来自太阳风的带电粒子导致的喷溅更加脆弱。研究人员说，可能大多数气体逃离仅用了数百万年时间。

三、研究火星水与水体的新信息

（一）有关火星水方面研究的新进展

1.为证实火星上存在水提供样本或证据

（1）凤凰号探测器在火星上获得冰冻水样本。2008年6月20日，美国媒体报道，美国航空航天局科学家正式宣布，凤凰号火星着陆探测器在着陆地点附近挖到的发亮物质是冰冻水，从而证实火星上的确存在水。这也是人类通过探测器在地球以外首次获得冰冻水样本。

2008年6月15日，凤凰号 探测器在挖掘火星表面的红土时，发现了一些发亮的小方块，在阳光的照射下，四天后这些小方块消失了。据介绍，科学家已经排除了这些小方块是干冰或盐的可能性。因为盐不会蒸发；而二氧化碳需要更低的温度才能变成固态（干冰）。在凤凰号着陆地点，当时白天的温度大概是零下32℃，晚间是零下80℃。在火星稀薄的大气中，干冰需要更低的温度。在火星上，水的沸点只有4℃，它在很低的温度下也会迅速蒸发。

美国航空航天局科学家同时透露，凤凰号机械臂6月19日在挖掘时，碰到了坚硬的表层，科学家判断这很可能是更大的冰层。

（2）陨石分析为火星曾有水再添新证据。2012年10月，法国国家科学研究院网报道，由法国哈桑二世大学和巴黎六大地质学家组成的研究团队，近日在对一颗火星陨石的研究中发现，该陨石曾在火星表面受到过水蚀，从而为火星曾有水再添新证据。

2011年7月18日，一枚名为“提森特（Tissint）”的陨石，在摩洛哥沙漠坠落并被目击者寻获。陨石“提森特”后经证实源自火星，随即受到关注。它刚刚坠落即被发现，尚未遭受地球泥土、水分、细菌的污染，对研究火星地质极具科研价值，被认为是近百年来最重要的坠石之一。

“提森特”属于辉玻无球粒陨石，富含橄榄石。研究认为，“提森特”所在的火星位置遭到了其他天体撞击，它由此弹入太空。它在这次猛烈的撞击中形成黑色玻璃物质，这些黑色玻璃中封存着火星的气体，保存了火星内部、地表及大气间相互作用的痕迹。黑色玻璃物中不规则地分布着微量硫和氟，表明它可能在火星受到过含水蚀变。

目前，火星探测器和登陆车，尚无法向地球送回火星岩石样本，科学家所掌握的唯一火星岩石样本就是陨石。在全球不足百枚火星陨石中，除“提森特”外，还有多颗曾受到过广泛关注。例如，火星陨石艾伦丘陵陨石 84001，曾于 1996 年登上全球新闻头条，一些科学家在该陨石上发现了与生命有密切关系的痕迹：碳酸盐小球、多环芳香烃和微磁铁矿晶体的存在。围绕艾伦丘陵陨石 84001 的科学争论至今仍在继续，它能否证明火星上曾存在生命尚无定论。至于火星陨石中的新星，“提森特”中所封存的火星秘密，正被科学家们一点点揭开。与此同时，远在“提森特”故乡的“好奇”号火星车，也在不懈探索，为火星是否曾有水这一命题寻找答案。

2.提出火星表面可能存在液态水的学术观点

(1)研究发现火星表面可能有水流动的迹象。2014 年 2 月 10 日，美国媒体报道，水在火星上的存在，一直被认为是几十亿年前的事件。然而，美国航空航天局最新研究发现，至少在温暖的季节里，现今的火星表面可能仍有水在流动的迹象。

该局在一份声明中说，火星勘测轨道飞行器和奥德赛火星探测器发回的观测照片显示，火星表面局部地区的一些斜坡，有手指状的线条阴影特征出现，这些阴影会随着温度的升高而沿着斜坡向下移动。此外，探测器还观测到这些斜坡上有丰富的含铁矿物存在，而且其含量会随季节变化而变化。因此，最好的解释，就是火星上气温较高的季节仍存在水流。

鉴于火星表面绝大部分地区常年气温低于零摄氏度，科学家推测，水流是不容易冻结的盐水，而防冻成分可能就是硫酸铁等含铁矿物。

美国火星勘测轨道飞行器项目科学家理查德·茹雷克在声明中说，今天的火星表面有水流，哪怕是盐水如获证实，将是重大发现，会影响对火星目前气候变化的认识，并意味着现代火星有生命存在的潜在可能。

2011 年，还在美国亚利桑那大学读本科的卢恩德拉·奥杰哈，首次发现了火星斜坡上的手指状阴影，他将其命名为“季节性斜坡纹线”，并在《科学》杂志上报告了有关研究成果。而今在佐治亚理工学院读研究生的奥杰哈说：“我们依然没有发现‘季节性斜坡纹线’有水存在的确凿证据，尽管我们不知道这种过程没有水会如何发生。”以奥杰哈为第一作者的两篇最新论文，分别发表在《地球物理通讯》和《国际太阳系研究杂志》上。

有关专家说，即便火星有水流存在，也可能是一种罕见现象。过去 3 年中，奥杰哈和同事借助美国航空航天局的两个探测器，在 200 个地点仅仅确认了 13 个“季节性斜坡纹线”的存在，它们在寒冷的季节衰退、消失，来年气温升高时再次显现。

(2)公布火星表面有液态水的“强有力”证据。2015 年 9 月 28 日，美国媒体报道，美国航空航天局召开新闻发布会，宣布了一项重大科学发现：科学家利用美国航空航天局火星勘测轨道飞行器(MRO)上搭载的成像光谱仪，在这颗红色星球表面的神秘条痕中，找到了在水中沉淀形成的水合盐物质。

美国航空航天局科学任务理事会副行政官约翰·格伦斯菲尔德说：“我们在火星上对外星生命的探索一直‘循水而行’，现在终于有令人信服的科学证明，我们的推测是对的。这是一个非常重要的进展，因为它证实了水，尽管是咸水，流淌在现今火星的表面上。”

这一证据，由美国佐治亚理工学院科学家鲁詹德拉·欧嘉与其同事共同找到。科学家从火星探测器传回的高分辨率照片中发现，火星表面存在一些神秘的“手指状”条痕。这些条痕在温暖的季节出现并得以延伸，在寒冷的季节则会消退，它们被称为“季节性斜坡纹线”。科学家根据季节性斜坡纹线的活动规律认为，含盐的液态水参与了这些神秘条痕的形成。

为了支持这一论断，科学家从火星表面的光谱数据中确定了若干季节性斜坡纹线的位置，对其进行分析。最终发现，在这些位置获取的光谱信息中都出现了水合盐物质的光谱特征。与之相对应的是，在季节性斜坡纹线周围地带的光谱信息中，并没有发现这些光谱特征。

欧嘉说：“当大多数人谈到火星上的水时，他们往往在说古时火星上的水或者冻结的水。而现在我们知道，火星的故事远不止这些。这是第一个毫不含糊地支持，液态水参与季节性斜坡纹线形成理论的光谱检测数据。”

水是生命之源。美国航空航天局火星探测项目前负责人道格·麦克奎斯逊表示，找到火星上存在液态水的证据具有“颠覆性”意义。“这对火星上是否存在生命，以及人类能否在这个星球上永续生存，都具有重大影响。”

3.提出火星表面难以存在液态水的学术观点

(1)认为早期火星无法持续保存液态水。2014 年 4 月，美国普林斯顿大学等机构组成的一个研究小组，在英国《自然·地学》期刊上发表论文称，从对火星上撞击坑的分析来看，早期火星上的大气层十分稀薄，导致火星表面及其大气的温度较低，不足以持续保存液态水。

此前，有研究认为，与目前火星上寒冷干燥的环境不同，早期火星上的火山喷发会造成温暖、湿润的环境，而火星表面流水冲刷的痕迹，也表明至少在很早以前这里曾有液态水。不过新证据显示，数十亿年前火星上的温度较低，不足以维持液态水长期存在。

该研究小组依据美国火星探测资料，详细分析了火星上超过 300 个撞击坑的面积、深度等数据，并通过计算机模型评估这些与火星相撞的天体，推算其大小及进入火星大气层时的速度。这些撞击坑约有 36 亿年的历史，由于火星表面环境相对稳定，这些撞击坑的外形不会发生大变化。

研究人员认为，如果火星大气层有足够的厚度，陨星等闯入火星大气后，其很大一部分会因与大气剧烈摩擦而灰飞烟灭，就像如今坠入地球大气的小天体一样。但根据他们模拟计算的结果，当时的火星大气层虽然比现在要厚，但也仅相当于保持液态水所需的大气层厚度的 1/3，远不足以使火星表面及大气的温度长期保持在水的冰点以上。

研究人员说，这一发现支持了早期火星十分冰冷的观点。虽然火山爆发等因素，会在短期内造成火星温度升高，但从长期来看，早期火星可能没有此前想象的那么温暖湿润，在大部分时间内火星上的水无法保持液态。

（2）认为古代火星条件难以存在液态水。2017 年 2 月 7 日，美国航空航天局官网报道，好奇号化学和矿物学仪器研究者托马斯 · 布里斯托主持的研究小组，在美国《国家科学院院刊》上发表论文称，根据对好奇号数据的最新分析，大约 35 亿年前，火星上的二氧化碳稀少，不足以提供足够的温室效应来解冻水冰。他们认为，即使大气中的二氧化碳比火星基岩中的矿物质数量高出 100 倍，也难以得到液态水。

在水中，二氧化碳与带正电的离子如镁和亚铁会结合成碳酸盐矿物。好奇号在分析火星基岩样本数据时却发现，几乎检测不到碳酸盐矿物，这说明，当 35 亿年前湖泊存在时，火星大气不太可能有二氧化碳。

火星科学家认为，古代火星是潮湿的，液态水流动并汇集在其表面，随着太阳在漫长历史中减少了 1/3 的热度。气候建模者努力生成让火星表面足够温暖，并保持水不冻结的场景。得出一个主要的理论，较厚的二氧化碳层形成了温室气体“毯子”，帮助古代火星表面保温。

但是，好奇号自 2011 年降落在盖尔火山口后，就没有在任何湖泊岩石采样中检测到确定的碳酸盐。研究人员说，哪怕只有几个百分点，化学和矿物学仪器都能识别出来。然而，该研究小组分析计算显示不可能存在大量二氧化碳，这与碳酸盐缺乏的结论一致。大气层同位素比率等线索表明，火星曾经拥有比现在更密集的气氛，含有分子氢的二氧化碳气氛理论建模，允许液体水在火星表面停留数百万年，然而，如何产生并维持这种气氛是有争议的。

在过去 20 年中，研究人员使用光谱仪，在火星轨道上搜索由早期二氧化碳生成的碳酸盐，结果发现远远低于预期。布里斯托说，这是第一次在岩石中检查碳酸盐，结论同样不容乐观。美国航空航天局火星气候科学家罗伯特 · 哈伯勒说，这种分析符合许多理论研究，即火星表面即使在很久以前也不足以使水成为液体。

4.提出早期火星水大量流失的学术观点

认为火星水有一半以上流失到宇宙空间。2014 年 6 月，日本东京工业大学和名古屋大学的联合研究小组，在国际学术期刊《地球与行星科学通讯》上发表论文称，他们通过分析落到地球的火星陨石发现，在距今 45 亿年至 41 亿年间，超过总量半数的火星水流失到了宇宙空间，其余的火星水主要以冰的形态存在于火星表面以下。

研究小组说，通过调查地球上不同年代的火星陨石所含氢和氘（重氢）的比例，找到了火星水流失的“证据”：与约 45 亿年前的火星陨石相比，距今约 41 亿年的火星陨石所含的氘是前者的 2~4 倍。

研究人员指出，水被太阳光分解流失到宇宙空间的过程中，氘等质量较大的原子会相对更多地残留下来。日本研究者就是通过分析火星陨石中质量不同的氢原子和氘原子的比例变化,从而计算出早期火星上水流失的规模。他们认为,在上述4亿年间,一半以上的火星水流失到了茫茫宇宙中。

此外,研究小组还认为,火星上现存的冰要比以前推测的多得多,除了火星极地表面外,其表面以下也可能含有大量冰,总量至少是以前推测的3倍以上。

(二)有关火星水体方面探索的新进展

1.火星大湖与冰层研究的新见解

(1)认为火星早期的大湖由雪水融化形成。2016年9月17日,美国《基督教科学箴言报》报道,美国航空航天局喷气推进实验室香农·威尔森领导的研究团队对媒体宣称,他们在火星上发现了几个类似于北美五大湖的大型湖泊遗迹,其由融化的雪水形成的液态水出现在火星表面的时间,比以前认为的更晚。这项研究成果,有望重新书写这颗红色星球的历史,影响未来的火星研究和探测任务。

该研究团队在美国航空航天局的火星全球勘探者号、火星勘测轨道飞行器,以及欧洲的火星快车拍摄的火星阿拉伯高地区域的照片中,发现了火星上存在溪谷和火山湖的证据。

通过计算照片上不同区域火山湖的数量,他们绘制了时间轴,并确定这个潮湿的时期出现在20亿年到30亿年前。此前科学家们认为,火星"温暖、潮湿"的时期此时已终结了很长时间。

威尔森在声明中表示:"我们发现了让水流入湖盆的溪谷;有几个湖盆的水都溢出来了,这表明,那段时期这一地方水量充足。其中一个湖可与北美最大的高山湖太浩湖(海拔1897米,南北长35千米、东西宽19千米)相媲美;另一个名为'心湖'的湖的蓄水量比安大略湖还多。"

科学家起初认为,火星上的水存在时间很短且主要是地下水,但自从火星全球勘探者号20年前到达火星后,越来越多科学家认为,火星拥有大量地上水且持续存在了很长时间。2015年,科学家们发现了火星上存在湖泊的其他证据,新研究不仅佐证了这一结论,且增添了新证据。

火星勘测轨道飞行器项目科学家瑞奇·楚雷克说:"最新研究表明,火星上水出现的时间比以前认为的晚了数亿年。有迹象表明,这些水源于春天融化的雪水。"尽管人们目前仍没有确定雪为何融化,但有理论指出,"幕后推手"是火星斜坡的极端变化。

或许最重要的是,这一发现意味着,微生物生命在火星上出现的时间比以前认为的要晚,这可能对未来火星研究和探测任务产生影响。

(2)认为火星上埋藏着巨大冰层。2016年11月24日,美国趣味科学网报道,得克萨斯大学地球物理研究所凯斯·斯图尔曼领导,该校杰克·霍尔特、乔·乐维等学者参与的研究团队,在《地球物理研究通讯》杂志上发表论文称,火星上巨大沉积物中含有与地球上最大淡水湖一样多的水,该含水的冰沉积层面积比美国新墨西哥州的面积还大,被认为是未来宇航员探索火星的可用资源。

该研究团队详细分析了，美国航空航天局火星勘测轨道飞行器搭载的浅地层雷达观测资料，把目光集中在一片名为“乌托邦平原”的区域，这里呈现“扇形凹陷”，类似于加拿大处于深埋冰层上方的北极地面。

浅地层雷达随飞行器绕火星轨道600多次飞越收集的数据显示，这块沉积物位于北纬39~49度，厚度范围从80~170米不等，含水冰比例高达50%~85%，其余部分是泥土和岩石，沉积物上覆盖1~10米的土壤。这块沉积物的含水量，与苏必利尔湖的含水量(12090立方千米)大体相当。

霍尔特在一份公告中说：“这块沉积物可能比火星上大多数水冰更容易采集，因为它在相对较低的中北纬度地区，且该区域平坦光滑，着陆器更容易降落其上。”这个探测结果有助于未来探测火星活动时，帮助宇航员获得可持续的资源。

目前，研究人员还未能完全理解，为何冰层在火星表面某些地方能够沉积下来，但浅地层雷达能够区分含水层中是液体还是固体，“乌托邦平原”被鉴定为冰沉积层，这对于希望找到火星生命证据的科学家来说是个坏消息，因为地球上的生命与液态水密切相关。

然而，对该沉积层的研究，有助于搞清楚火星气候在漫长历史中是如何变化的。乐维说：“‘乌托邦平原’冰沉积层不仅仅是一种勘探资源，也是火星上最容易获取的气候变化记录之一。”

2.火星海洋及海啸研究的新成果

(1)认为小行星连环撞击或使火星出现短暂海洋。2016年3月，美国航空航天局加州喷气推进实验室科学家蒂姆·帕克主持的研究小组，近日在得克萨斯州举行的美国月球和行星科学会议上发表研究报告称，火星上可能曾有过海洋，但是在地质历史上仅存在过一瞬间。这一分析，让这颗红色星球上曾存在生命的观点受到挫折。帕克说，小行星连环撞击早期火星可能曾让水涌到该行星表面，至少暂时如此。

帕克一直认为，海洋曾蔓延至火星北半球一半的面积。随着火星研究的不断深入，这种可能性与日俱增。有迹象表明，火星现在的表面一度被水覆盖，如果火星一直像今天看到的那样干燥、被灰尘覆盖，那么其大量地质特征就很难解释。

这些特征，包括由机遇号漫游者在火星上漫步十多年发现的多边形裂缝。在地球上，这些裂缝需要水蒸气才能形成，因此帕克认为它们明显表明，漫游者行走的地方曾是海洋的边缘。他说：“机遇号行走过的，43千米多的火星表面的均匀特征非常容易解释，那里一度曾是浅海。”。然而，问题在于古火星气候模型，很难匹配让液体水留在火星表面的状态，这需要更厚的大气层。这些大气层可能曾很快消失，留下了人们今天所能观测到的火星。

现在，帕克研究小组表示，太阳系历史上的动荡时期，即晚期重大撞击事件时期，可能产生了水，而且不需要大气层发生巨大变化。在距今约40亿年前，据认为一系列小行星曾和太阳的这些行星发生撞击。因为小行星含有大量水，它们可能在撞击过程中将水带到了原本干旱的火星上。帕克说：“撞击事件也让火星温度升高。

这样就很容易把海洋带到火星上，而不是让原生的古海洋随着时间推移逐渐干涸。”

(2)研究显示34亿年前火星曾发生海啸。2016年5月19日，美国行星科学研究所亚历克西斯·罗德里格兹牵头，中国、德国、意大利、日本和西班牙科学家参加的国际研究团队，在《科学报告》杂志网络版上发表论文称，火星在绝大多数人的眼里，是一片如沙漠般的不毛之地。但他们的研究发现，曾经的火星不但拥有海洋，还出现过高度超过50米的骇人巨浪。该发现，为人们了解火星独特的地貌提供了一个全新视角。

此前就有研究推测，数十亿年前的火星上，不但有水还有原始的海洋，海水总量甚至超过了地球的北冰洋，覆盖了大部分北部低地区域。不过，由于火星表面缺乏明确的海岸线特征，这一假说并未得到验证。

该研究团队决定借助新的技术手段，再探“火星海洋之谜”。他们对火星北部平原环克里斯区和阿拉伯高地的地貌，以及热成像数据，进行分析。结果显示，曾经的火星不但有海，还发生过海啸。这些滔天巨浪在重塑火星早期景观上，或许起到了一定的作用。

罗德里格兹称，这些海啸很可能是由陨石撞击引发的。分析表明，产生直径约为30千米的陨石坑的陨石撞击，可产生到岸高度平均为50米的海啸波浪。这种规模的陨石坑每300万年会生成一次，这一时期在火星地质历史上位于西方纪的晚期，距今大约34亿年。他们目前已经在研究区域发现了两次海啸事件的证据。此外，火星北方平原的其他区域，或许也经历过类似的海啸，并导致海岸线发生改变，不过在此之前，还需将其与其他因撞击、山体滑坡以及火星地震导致的变化区分开来。

四、研究火星生命迹象的新信息

(一)搜寻火星生命迹象的新进展

1.从火星古老沉积岩探索其生命迹象

2015年1月，物理学家组织网报道，近日，探索火星生命的研究团队，又公布了对好奇号火星车所拍摄图像的分析结果。这些照片是好奇号驶过耶洛奈夫湾中，已经干涸的吉莱斯皮湖时拍摄的，数十亿年前，这里也曾经历过洪水的季节性泛滥。研究人员发现，火星上的古老沉积岩与地球上微生物“塑造”的岩层结构之间，具有有趣的相似之处。这一研究结果再次暗示，这颗红色星球早期可能有生命存在。在地球上，微生物群落如同地毯一般，覆盖住湖泊或者沿海地区等较浅水体中的沉积物，随着时间的推移，逐渐形成了独特的化石地貌。这些结构被称为微生物席成因构造，存在于全球各地的浅水环境及古老岩石中。

美国欧道明大学地质生物学家诺拉·诺福克，研究这种微生物席成因构造已经长达20年。她2014年报告说，在澳大利亚西部发现了34.8亿年前的微生物席成因构造，这可能是地球上最古老的生命迹象。

诺福克近期在《天体生物学》杂志网络版发表的论文中，详细介绍了她的重大发现:火星吉莱斯皮湖露出地面的沉积构造,最长有38亿年历史,与地球微生物席成因构造之间在形态上具有惊人的相似性,这些独特的形态包括侵蚀残余、凹穴、圆顶、卷筒、坑、碎片和裂缝。这不禁令人联想:这是古代火星生命可能存在的迹象吗?

不过,这份报告并不是一个确凿的证据,还无法证明这些结构是由生物学过程塑造出来的。要确认其构造成因,需要把火星岩石样本返回地球,进行更多的微观分析,而在短期内,还没有执行这类任务的时间表。

诺福克说:"我能说的这是我的假设,我所有的证据都在这里。但我的确认为,这证据已经很多了。"

诺福克认为:"如果火星沉积构造不是源自生物,那么其与地球微生物席成因构造,在形态上和分布模式上的相似,将是一个非同寻常的巧合。"她补充说:"目前我想做的就是指出这些相似之处。要验证这一假说,还需要提供进一步的证据。"

诺福克在论文的最后部分,提出了要确认火星沉积构造可能源自生物成因的详细策略。但令人为难的是,其中一个重要步骤:把样品返回地球以作进一步的分析,这在目前来说还是办不到的。

诺福克还提出,好奇号再次遇到这种构造时可能开展的一系列测量,包括利用其携带的火星岩土采样分析仪来识别有机物或化合物的"签名"。

但麦凯指出:"这可能行不通。原则上,如果样品中仍然遗留着大量生物有机体的话,这个仪器能告诉我们一些关于这些物质的生物性质的情况。"他解释说:"但这些都是古代的沉积结构,生物学痕迹早已消失不见了。而且,在实践中这台仪器也有诸多局限。据推测,在降落过程中,仪器中出现了污染泄漏,因此它(的测量结果)具有非常高的背景污染水平。"

在地球上,科学家们通常通过搜索特定的微观纹理,来确认微生物席成因构造的生物性质,这涉及将岩石切割成薄片,并在显微镜下观察它们。从工程学的角度来看,要在火星上进行这类操作是非常困难的。麦凯补充说:"采样返回任务将是验证这一结果的黄金标准,但这在短期内不太可能实现。"

2.发现火星古湖泊呈现微生物存活迹象

2017年6月,《新科学家》杂志网站报道,美国纽约州立大学石溪分校乔尔·霍尔维茨领导的研究团队报告称,美国好奇号火星漫游车发回的数据,近日研究又有新发现。它长时间探测盖尔火山口泥岩结果表明,30亿年前填满这里的湖泊有不同的层次,均满足微生物生存需要的条件。

据报道,自2012年8月好奇号在盖尔火山口着陆,它已经度过了1700多个火星日,"漫游"足迹超过16千米,此次的研究数据来自前1300个火星日的探测。

研究人员发现,火山口边缘有很多生锈的铁矿床,表明湖面附近的水中富含氧化剂,而湖床中央取样则未被氧化,铁可能在那里渗入了地下水,而不是由湖水运载并沉积在边缘。

霍尔维茨说："地球上的湖泊通常用相同的方式进行化学分层，因此做这个研究让我们感觉似曾相识。"他们的研究模型显示，在古代湖泊稳定的几十万年到几百万年中，周边区域气候正在缓慢变暖。尽管如此，"整个星球的气候却开始变凉"。科罗拉多大学的布鲁斯·雅克斯基补充说："这些详细信息，有助于我们了解火星湖泊是如何适应更广泛的水文循环和环境变化的"。

新发现充实了以前掌握的火星生命存在的证据，进一步证明，火星曾拥有一切适合生命存活的环境，比如水、化学物质和能量来源等。

牛津大学的尼古拉斯·托斯卡说，盖尔火山口被证明是火星最有趣和最具研究价值的地点之一，将之作为火星车着陆点确实被认为有助于了解火星的发展历史。

（二）研究火星生命存活环境的不同观点

1.由南极研究推论火星上可能没有适合生命存活的环境

2016年1月，加拿大麦吉尔大学的微生物学家杰姬·戈戴尔和莱尔·怀特领导的研究小组，在《国际微生物生态学会会刊》上发表论文称，他们对地球上最类似火星北极环境的地方，进行了长达4年的研究，没有发现任何活跃生命存在的迹象。这一研究结果，或许给那些试图在火星找到生命的科学家泼了一盆冷水。

4年来，研究小组对位于地球南极麦克默多干谷沙漠的大学谷进行了勘探，并对获得的1000多个皮氏培养皿内样本进行了检测，试图寻找生命存在的痕迹，却一无所获。

位于最冷南极的大学谷，被认为是地球上最像火星北极环境的地方，在长达15万年的漫长岁月中，此地都非常寒冷。这次没有发现活跃微生物或许暗示在火星寻找生命希望渺茫。

怀特说："起初我们都以为，在大学谷永久冻土层的土壤中，会探测到功能性自给自足的微生物系统，但我们没有探测到任何微生物迹象。与微生物有关的极少量线索，最有可能是正在休眠或慢慢死去的微生物残余，但在这个或已到达寒冷干旱临界点的地方，并不存在。"

研究人员没有在土壤中发现二氧化碳或甲烷存在的证据，DNA测试也一无所获。怀特说："鉴于此处多年持续干旱和低温，且缺乏可用水——即使盛夏也如此，干旱、极低温、营养物质缺乏等因素同时发生作用，让微生物群落无法在此繁衍生息。"

美国国家航空航天局行星科学家克里斯·麦凯表示："大学谷拥有地球上我们能找到的最寒冷干旱的土壤，此处无疑是火星寻找生命研究的训练场，最新结论对航空航天局的天体生物研究也意义重大。"

2.研究显示火星或曾拥有适合生命存活的环境

2016年8月，英国《独立报》报道，伦敦大学学院乔尔·戴维斯牵头的研究小组,在《地质学》杂志上发表论文指出,火星或曾也拥有温暖潮湿的天气,比现在“更适合”生命存活,火星上古老的冲积平原,可能是搜寻过往生命踪迹的好去处。

研究人员利用美国国家航空航天局火星勘测轨道飞行器提供的图像,发现了1.7万千米据信曾经是巨型河流的地区。他们认为,这一名为“阿拉伯高地”的地区,本质上是一个巨大的冲积平原,拓宽了火星的高地和低地。

戴维斯表示:“早期火星的天气模型预测,阿拉伯高地有雨,但迄今很少有地质学方面的证据支持这一理论。这使很多人相信,火星从来不曾温暖潮湿过,而是一个由冰层和冰床覆盖的冰冻星球。但现在,我们于这一区域发现的广阔河流系统存在的证据,证明了上述理论,表明火星曾经是温暖潮湿的行星,提供了一个适合生命存活的环境。”

戴维斯指出,火星上的河道约30米高、2000米宽。他解释称:“我们认为,这些河流在约39亿年前到37亿年前非常活跃,但慢慢干涸后很快被埋葬和保护起来,并延续了数十亿年。如此一来,潜在地保存了所有古老的生物物质,这些生物物质现在可能已‘现身’。”

戴维斯继续说:“实际上,其中一个名为‘阿拉姆山脊’的河道,是欧洲空间局和俄罗斯航天局联合项目,将于2020年左右发射的‘火星微量气体轨道器’的四个备选登陆点之一。”

(三)开发出寻找火星生命迹象的新设备

制成能“闻”出火星生命迹象的新遥感仪器。

2016年11月1日,美国航空航天局官网报道,戈达德航天飞行中心科学家,基于美国军队用来监控空气中危险化学物、毒气及病原体的遥感技术,开发出一种称为“生命迹象激光探测仪”的原型装置,利用它可“闻”出火星和太阳系其他星球是否存在生命迹象。

生命迹象激光探测仪,是一种基于荧光的激光探测装置。能像雷达一样探测并分析大气中颗粒物成分,只是雷达使用的是声波,而生命迹象激光探测仪使用光波。对原型机的检测结果表明,它既能检测出公众场所的生物恐怖威胁,也能有效探测出火星上的有机生物信号。

美国航空航天局曾使用过荧光探测装置,但只限于在气候研究领域探测地球大气中的化学物质,从未用于星际探测领域。负责开发生命迹象激光探测仪的拉尼米尔·布拉格耶维克表示,该设备将是首个能扫描星际尘埃的遥感仪器,其超强激光器可向尘埃发出激光脉冲,激发尘埃云层的颗粒物发出荧光,通过对荧光光谱进行分析,即可确定这些尘埃是否含有有机生命颗粒以及这些颗粒的大小。

与火星探测器上的其他装置相比,生命迹象激光探测仪具有无可比拟的优势。它能实时探测几百米外是否存在复杂有机物质,即使火星探测器在进行中遇见斜坡,它也能绕过去,灵敏地“闻”出尘埃中的生命信号。更重要的是,它能通过安装在地面的气溶胶分析仪对光谱进行实时分析,从而降低样本污染造成的误判。

该仪器也能安装在绕轨飞行的太空飞船上,增强美国航空航天局在太阳系搜寻生命信号的能力。布拉格耶维克和同事将继续改进生命迹象激光探测仪的各项性能,包括增强抗震性、减小尺寸,以确保其能探测火星地面悬浮颗粒中的痕量有机分子。

第五节 土星研究的新成果

一、研究土星特征及其卫星诞生的新信息

(一)土星特征研究的新进展

1.探索土星特征的新发现

(1)发现土星存在一种新型极光。2008 年 6 月,英国媒体报道,该国莱斯特大学的斯塔拉德及其同事发现,土星上可能存在另一种新型极光。这种极光在极地的周围产生了一个昏暗的光环,而土星的恩克拉多斯卫星的碎片,可能与这种极光的产生有密切的关系。

土星的极光为椭圆形,周期性照亮极地。人们认为,这种极光与地球北极光的形成很相似。地球北极的极光,是太阳风(辐射微粒流)的电子穿透地球的磁层时出现的,这些电子同上层大气层发生作用,就可以形成类似烟花一般的奇异极光。

但是天文学家认为,土星上还可能存在另外一种类型的极光。这种新型极光非常昏暗,人们很难发现它们。斯塔拉德等人利用地球上的观察仪器,观测了土星南极的红外线,发现土星椭圆形极光的外部,还有带电粒子发出的光芒,从而发现了这种新型极光。

天文学家认为,土星的新型极光虽然可能与土星环有关,但恩克拉多斯卫星更可能是直接制造者。这种极光的起源,可能与木星极光极为类似。木星的卫星艾奥上存在大量的火山,艾奥与其他木星卫星,每秒向木星的轨道上喷发 1 吨左右的物质,进而形成了木星极光。

2005 年,天文学家发现,土星的恩克拉多斯,每秒钟向土星轨道上喷发 100 多千克的物质。天文学家目前正试图发现,恩克拉多斯卫星与土星磁场相互作用的直接证据,以证明这个观点。科学家曾发现,木星的极光是由于其木卫二卫星喷发物质所形成,而科学家还未曾发现土星极光存在类似的情况。

科学家认为,该发现,揭示了极光是如何在拥有强大磁场的行星上形成的,并有助于建立太阳系外极光形成的模型。

(2)发现土星附近存在近乎无尘的"大空洞"。2017 年 5 月,美国航空航天局

官方网站报道,卡西尼号飞船在顺利完成首次从土星与其光环之间区域穿越任务后,再次与地球建立通讯联系,但其传回的数据令科学家非常困惑,因为探测器此次在土星附近发现一个几乎无尘的“大空洞”。在过去的13年里,卡西尼号兢兢业业地为人类探索着土星系统,按照任务计划,现在距离它的“终场演出”,即在土星怀抱中消殒只有几个月时间了。

日前,卡西尼号进入到土星与其光环之间的空隙,飞船距离土星云层顶部约3000千米,距离土星可见光环的最内侧边缘约300千米。在穿越之前,美国航空航天局官的工程师们对飞船信心满满,有把握让其从这个狭窄间隙内穿过,但他们仍然非常小心地进行操作,因为这是迄今人类所有设备从未涉足过的地方,即使科学家们也对该处十分陌生。

更重要的一点是,在穿越过程中,卡西尼号速度非常快,它与土星的相对速度高达每小时12.4万千米。工程师们曾担心,在极端速度下,即使最细小的颗粒也有可能对飞船敏感部件造成严重损害。而基于卡西尼号传回的图像,他们推测认为,土星大气顶部与其光环之间2000~3000千米的区域内,不会产生对航天器构成危险的大颗粒,尽管其也存在细微颗粒物,但直径都非常小,基本与香烟烟雾的颗粒大小差不多。

实际上,卡西尼号携带的无线电和等离子体波科学仪器在将数据转换为音频格式后,团队科学家并没有听到预期中的声音,也就是灰尘颗粒撞击仪器天线造成的声响。科学仪器团队负责人威廉·库尔特表示,他们非常困惑,此处尘埃颗粒的数量远小于预期。团队分析表明,土星附近应存在一个近乎无尘的“大空洞”区域。目前,卡西尼号仍在持续向地球回传探测数据。

2.研究土星特征出现的新方法

发现预测土星转速的新方法。2015年4月,以色列特拉维夫大学拉维·海立特领导的研究小组,在《自然》杂志上发表论文称,他们使用一种预测土星转速的新方法,得到的土星自转周期是10小时32分钟45秒。众所周知,由于土星自身特点,其自转时间,即绕其轴转一圈的时间,过去一直难以确定。

气态巨行星例如土星和木星,在表面没有固态物体可以用在观察它们的旋转速度上,所以要计算自转速度必须找到其他方法。土星的磁极和它的自转轴方向相同,这意味着土星的自转时间无法像木星那样利用磁场计算。其他测算方法,例如测量从土星发射的无线电信号,或者测量土星的云场,抑或是追踪云团增加了测算土星自转速度的不确定性,于是现在把土星的自转时间估计在10小时32分钟到10小时47分钟之间。

海立特研究小组使用了土星的引力场,来确认其自转周期。他们用观测到的土星形状和密度优化了相关结果。为了确认他们的研究结果,作者用同样的方法精确重现了木星的自转周期。这项研究方法,在未来可以用于计算其他巨行星或者地外行星的自转周期。

(二)土星卫星诞生研究的新进展

1.卡西尼拍到疑似土星新卫星诞生

2014年4月14日,英国玛丽女王大学学者卡尔·默里领导的一个研究小组,在美国《国际太阳系研究杂志》上发表论文称,通过分析卡西尼号探测器带回的照片,可以看到它在土星A环外层边缘拍摄到一个小型冰冻天体的形成。它有可能是土星的一颗新卫星。

美航空航天局发布消息说,在卡西尼窄角相机2013年4月15日拍摄的照片中,土星A环外层边缘发现干扰现象,其中一张照片上呈现出1200千米长、10千米宽的弧状影像,其亮度比A环邻近部分高出20%,与此同时还出现不同寻常的平滑突起现象。分析认为,这些干扰与突起现象,均由附近一个小天体的引力效应引起。

默里说:“我们此前从未观察到这种现象。我们可能正目睹一颗天体的诞生,该天体正向土星环外移动,以便成为一颗新卫星。”

研究人员把这颗天体非正式命名为“佩姬”,并估计其直径约为0.8千米。目前,卡西尼还无法直接观测到这颗天体,但不久后该探测器将有一次接近土星A环外层边缘的机会,届时也许能提供关于“佩姬”更多的细节信息,甚至直接观测它。

研究人员还表示,这颗天体可能不会再长大,甚至可能发生分裂。此外,土星环上的“造星”运动也可能随着“佩姬”的出现而结束,因为土星环上的“造星”原料已被过度消耗。研究人员希望,该发现有助于了解土星的卫星及太阳系行星的形成奥秘。

2.推测土星F环及小卫星是由有核大卫星撞击后诞生的

2015年8月18日,日本神户大学的一个研究小组,在《自然·地学》期刊上发表报告说,他们利用超级计算机进行模拟演算,推测土星光环中的F环及其两侧的“守护卫星”,是拥有高密度内核的较大卫星撞击后诞生的。

土星是太阳系中仅次于木星的第二大行星,它拥有多个光环及卫星。F环是美国行星际探测器“先驱者11号”在1979年发现的,它位于宽度达数万千米的土星主环外侧,是一个宽度只有数百千米的光环,其成分90%以上是冰。在土星F环的内侧和外侧分别有土卫十六和土卫十七这两颗小卫星,好似守护着F环。

天文学研究显示,这种“守护卫星”能通过自身引力的影响,使构成土星环的大量小碎块无法四散逃逸,从而维持土星环的存在。但对于土卫十六、土卫十七和土星F环是如何诞生的,科研人员莫衷一是。

研究小组说,他们用日本国立天文台的超级计算机,对土星卫星撞击进行模拟演算,结果发现当体积相对较大且拥有高密度内核的两颗卫星相撞后,它们不会完全粉碎,而是形成体积“缩水”、内核密度很高的两颗小卫星。与此同时,撞散的大小碎块在这两颗小卫星引力的作用下,在其运行轨道之间逐渐滞留下来,进而形成土星 F 环。

此外,研究人员还推算出,假如相撞的是两颗没有内核的较大卫星,那么它们可能会融合在一起,或者完全撞碎,不会形成“守护卫星”和土星环。

这个研究小组还指出,由于天王星也有与土星 F 环类似的光环及“守护卫星”,因此上述推算结果为研究其他行星和卫星的形成历史,提供了有益的线索。

二、探索土星最大卫星泰坦的新信息

(一)研究泰坦外形与地质的新进展

1.泰坦外形探索的新成果

首次证实土卫六即泰坦外形呈扭曲鸡蛋形状。2009 年 4 月,英国《新科学家杂志》报道,美国斯坦福大学霍华德·泽布克领导的研究小组,近日一项研究显示,他们首次精确证实泰坦的外形并不是一个球形,而是扁平的蛋形结构,该结构暗示着其表面之下可能蕴藏着大量的液态甲烷。

泰坦的直径为 5150 千米,比水星略大一些,比太阳系内最大的卫星木卫三稍小一点。“卡西尼”太空飞船,依据从泰坦被烟雾笼罩表面的雷达反馈信号,首次精确测量出泰坦的外形结构。

泽布克说:“我们首次实际测量显示泰坦并不是一个精确球体结构,依据观测结果,用‘扭曲的鸡蛋’形状来形容是非常恰当的。”与完美的球体进行对比,泰坦的两极被压扁,极地区域表面要比赤道低 700 米。泰坦总将一侧朝向土星,同时朝向土星的这一半球受土星重力作用稍微被拉伸,因此朝向土星的赤道隆起了 400 米。

2.泰坦地质探索的新成果

研究显示泰坦大沙丘或经数万年形成。2014 年 12 月 8 日,美国得克萨斯农工大学地质学家瑞安·尤文领导的研究团队,在《自然·地球科学》发表论文称,他们根据卡西尼号探测器的观测结果认为,在泰坦上形成波纹的沙丘,可能具有几千年的历史。

对这些沙丘进行的迄今最详尽的雷达成像研究显示,随着泰坦的轨道相对于太阳的摆动,塑造沙丘的风有可能改变了方向。这些轨道的变化,被认为改变了星球表面哪一部分能够照射到最多的阳光,而沙丘的形状则反映了气候模式的变化。尤文指出,让一个沙丘改变方向,可能需要 3000 土星年的时光,这相当于 9 万地球年。

地球上的一些大沙丘,例如撒哈拉沙漠西部的沙丘,事实上存留了关于过去气候变化的记忆。在最后一个冰河期,地球上的风要强劲得多,当时地球摇摆的轨道,使得冰川向着亚热带前进,并改变了那里的气候模式。在此期间形成的最大沙丘,在随后的 1.1 万年中没有改变方向。

科学家一直很难确定形成泰坦沙丘的原因。这些沙丘是由碳氢化合物微粒构成的,并很可能是太阳系中最大的。因此,它们更类似于煤烟堆,而不是地球的沙堆。地球沙堆,主要由二氧化硅构成。这些沙丘延伸达数百千米,面积相当于包括阿拉斯加州在内的整个美国的大小。

对于是什么原因塑造了这些沙丘有各种各样的想法,包括从西或从东吹来的风,这些风可能每天、每个季节或按照其他的规律变化。

尤文研究团队,分析了约 1 万座沙丘的脊线。这些脊线,是由从 2004 年环绕土星运转的卡西尼号探测器上装载的雷达设备绘制的。

研究人员使用的一种新算法,使得他们能够比以往从图像中提取出更精确的信息。这种更敏锐的观测,使得他们能够看清 1 千米左右的特征,包括第一次发现由 3 条甚至更多脊线交汇在一起形成的星形沙丘。

这些星形沙丘,意味着盛行风必定在不同时期从不同方向吹来。重要的是,小型星形沙丘,是从一个不同方向的更大的线性沙丘转化而来的,这意味着星形沙丘正在改变线性沙丘。

研究小组随后计算出,风需要几千年才能够改变沙丘的方向,从而阻断线性沙丘的生长,并开始形成星形沙丘。

约翰·霍普金斯大学应用物理实验室行星科学家拉尔夫·洛伦茨说,了解了沙丘的形成需要这么长的时间,意味着科学家可以开始回首过去。他说:“这项工作为研究泰坦的古气候,打开了一个沙丘形态学的窗口。”

尤文研究团队如今正使用研究地球气候的全球气候模型,分析轨道的变化将会如何改变泰坦上的风向。泰坦是土星卫星中最大的一颗,也是太阳系第二大卫星。由于泰坦是太阳系唯一拥有浓厚大气层的卫星,因此被高度怀疑有生命体的存在,科学家也推测大气中的甲烷可能是生命体的基础。

泰坦可以被视为一个时光机器,有助人们了解地球最初期的情况,揭开地球生物如何诞生之谜。泰坦上的表面重力极低,和月球相当,但又拥有浓厚大气层,其表面的大气压约为地球的 1.5 倍。

(二)研究泰坦气象气候的新发现

1.发现泰坦大气层有机分子集体“出走”南北极

2014 年 10 月 22 日,物理学家组织网报道,美国戈达德太空飞行中心天体化学家马丁·科迪纳主持,康纳·尼克松和安东尼·瑞米简等天文学家参与的研究小组,在《天体物理学快报》中发表研究报告称,他们在研究泰坦的大气层时,发现了一些有趣的有机分子密集区,这些区域游离于泰坦的南北极之外。这一位移现象,有别于人们对泰坦的传统认知。该现象由阿塔卡玛毫米/亚毫米波阵列望远镜“偶然一瞥”发现,有可能帮助天文学家更好地认识泰坦上复杂化学物质的形成过程。

一直以来,人们认为泰坦的大气层是多风的,很快就能吹散这些偏轴的分子密集区。科迪纳说:“这是我们未曾预料到的,而且可能是突破性的发现。我们从未在泰坦大气层的气体中发现这种变化。”

据报道，研究人员利用这台具有极高分辨率和敏感度的望远镜，观察泰坦大气层中异氰化氢（HNC）和丙炔腈（HC3N）的分布情况。最初，正如“卡西尼”号飞船之前的观测一样，这两者早先都均匀分布在泰坦的南北两极。

然而，当研究人员把不同层面的大气层相对比时，意外出现了：在最高层，有机分子密集区离开了南北极。这一现象让人始料未及，因为泰坦中层大气上存在由东向西快速移动的风，会完全混合其中的微粒。

目前，研究人员还不能对这些最新发现做出解释。与此同时，科学家也在猜想，那些足以包裹住火星的暖气流或者其他因素，是否是这一现象的潜在推手。尼克松说：“我们不能排除某些特定的大气环流系统。”

泰坦的大气层，长久以来受到广泛关注，因为它就像一个化学工厂，利用来自太阳和土星磁场的能量，大范围生产有机分子。研究这一复杂的化学现象，或许可以认知地球早期的大气属性，因为泰坦和早期地球在化学元素上相似甚多。

这也是该望远镜首次涉足对太阳系某一主要成员，进行大气层研究。未来，更进一步的观测，将有助于我们认知泰坦，以及太阳系其他成员的大气层和当下状况。

在太阳系中，泰坦与地球在某些方面极为相似，例如都有厚厚的大气层，以及河流、湖泊和海洋。但是，泰坦没有水，其寒冷的表面流淌着液态有机分子，包括甲烷和乙烷。

美国国家射电天文台天文学家安东尼·瑞米简说：“该阵列望远镜观测到的这些结果，让我们得以从新角度洞察有机分子，即生命的结构单元，是如何在类地环境中形成和进化的。”

2.泰坦南极上空发现巨大冰云

2015 年 11 月 11 日，卡西尼号探测器研究项目带头人安德森，在马里兰州举办的美国天文学会行星科学部门年会上发布研究结果称，卡西尼号探测器近日在泰坦的平流层底部和中部之间发现了大量冰云。该探测器此前拍摄的图像显示，有一大片云在泰坦南极上方约 300 千米处盘旋，但这还仅仅是冰山一角而已。最新发现的冰云系统规模，比此前发现的要大得多，且位于其下方，最高处海拔约为 200 千米。

安德森表示，这片云的范围跨越了足足 5 个纬度（在南纬 75 度至南纬 80 度之间），换算成长度约 240 千米。它由卡西尼号上的复合红外分光计发现。研究人员认为，其密度较低，类似于地球上的雾，但可能有着平坦的上边界。

过去几年间，卡西尼号探测器，有幸观察到了泰坦南极附近，从秋天到冬天的过渡阶段。这是人们首次利用宇宙飞船，看到泰坦上冬天的开端。研究人员说，如果按照地球历法来算，泰坦的每个季节都长达七年半之久，等到卡西尼号探测器于 2017 年结束其任务时，泰坦的南极地区仍将处在冰封的冬季。

研究人员发现,泰坦南极上空冰云的形成方式,不同于地球上雨云的形成方式。对于地球而言,从地表蒸发的水蒸气在上升至对流层时,会与冷空气相遇。如果在其所在高度上,气温和气压都达到某一合适的程度,水蒸气就会凝结成云。泰坦上的甲烷云就是以类似的方式形成的。

然而,泰坦极地上空的云所处海拔要高得多,且形成方式有所不同。大气循环将较暖一侧半球极地上空的气体,输送到较冷一侧的半球极地上。这些温暖的气体会随之下沉,就像浴缸中的水从出水口漏出去一样。下沉的空气由烟雾状的碳水化合物和腈类物质组成,在下降过程中,温度会变得越来越低。由于不同的气体凝点不同,形成的云便分成了若干层。

卡西尼号探测器于2004年首次到达土星,当时泰坦的北极正处于冬季中旬。由于北极地区现已过渡到了春季,所以上空的冰云已经消失了。而与此同时,南极地区上空正在形成新的冰云。这说明泰坦的全球大气循环方向已经发生了改变。

极地上空冰云的大小、高度和成分,将帮助科学家,更好地理解泰坦上冬季的特性和严峻程度。

从卡西尼号之前拍摄的冰云中,科学家推算出,泰坦南极的温度至少为零下150℃。而这片新发现的冰云位于平流层下层,所处温度比南极点更低。其中的冰粒由多种元素组成,包括氢、碳、氮等。而南极上空冰云中表现出的明显特征证明了一点:在泰坦上,冬天开始时比结束时要严酷得多。

泰坦在太阳系中是一个独特的存在,因为它有着稠密、由氮气和甲烷构成的大气,从某些方面来说,和地球有些相似,但从另外一些方面来说,又与地球大相径庭。它的地表温度约为零下180℃。从质量上来说,其固体部分的一半都由水构成。作为类地行星,地球表面覆盖着一层由岩石组成的地壳,而泰坦的表面则主要覆盖着冰层。

与地球一样,泰坦也有着季节的变换,不过每个季节都会持续七年半之久。2009年度过昼夜平分线之后,泰坦的南极地区便进入了极夜中,彻底为黑夜所笼罩。

对于人类来说,我们自己的月球已经够难造访了,而至于泰坦,研究人员认为,它很可能将任何来客杀个片甲不留。

(三)研究泰坦海浪与海洋的新发现

1.可能首次在泰坦上发现地球外的海浪

2014年3月17日,美国爱达荷大学行星学家詹森·巴恩斯领导的研究小组,在当天召开的美国月球与行星科学大会上报告说,2012年与2013年,卡西尼号探测器在泰坦的碳氢化合物海洋蓬加海表面,发现了几处不同寻常的太阳反光,他们经过研究认为,这些反光可能来自于正在“扰乱”平静海洋的不超过2厘米高的小波纹。他们同时发表的另一份报告,则暗示在泰坦的其他海洋中也存在波浪。

如果巴恩斯的观点得到证实，这将成为科学家首次在地球之外发现的海浪。

研究人员希望在接下来的几年中会出现更多的波浪，因为随着泰坦从冬季进入春季，预计将有更多的风出现在这颗卫星的北半球，而其大部分海洋也恰好位于这里。

约翰·霍普金斯大学应用物理实验室行星学家拉尔夫·洛伦茨说："泰坦可能开始搅动。海洋学将不再仅仅是一门地球科学。"

在以往多次飞越泰坦的过程中，卡西尼号探测器曾发现了由甲烷、乙烷及其他碳氢化合物构成的小型湖泊及大型海洋。液态雨水降落到卫星表面然后蒸发，形成了一个复杂的天气系统，据推测，可能包含有风的模式。

但之前的探测，从未发现风在泰坦海洋表面吹起的涟漪。它们通常就像玻璃一样光滑。这或许缘于液态碳氢化合物比水更有黏性，因此更难移动，又或许因为泰坦上的风太小了不足以吹动液体产生波纹。2010 年，洛伦茨和其他科学家提出，随着春季的到来，泰坦上的风力将越来越强，从而使科学家更有望发现波浪的存在。土星及其卫星围绕太阳旋转一周，大约需要 29 个地球年。

安装在卡西尼号探测器上的一部分光计，在 2012 年与 2013 年数次飞越泰坦的过程中，拍摄了蓬加海的图像。这些图像显示，阳光在海洋的表面闪烁，就像黄昏时刻在地球上看到一架飞机从湖面上低空掠过时产生的景象一样。

巴恩斯在此次会议上报告说，在这些图像中有 4 个像素点，比可能的反射阳光还要亮。他推断，它们一定代表了一些粗糙的表面，例如一个波浪或一组波浪。

对海浪高度进行的计算表明，它们只有微不足道的几厘米高。巴恩斯说："现在还不要急着想到泰坦上去冲浪。"

搞清这些波浪是如何形成的，将有助于科学家更好地了解泰坦的湖泊及海洋的物理状态。巴恩斯问道："如果我们投放一架湖泊着陆器，它是否只会溅起很小的浪花呢？"

在这次会议上，发表的另一项研究结果，也暗示了泰坦存在波浪的可能性。去 2013 年夏季，卡西尼科学家发现，在另一片叫作丽姬亚海的海洋中，一个所谓的"魔幻岛"在出现后又随即消失了。美国康奈尔大学行星学家杰森·霍夫加特纳表示，这两次拍摄的间隔为 16 天。在排除了一些相关的可能性后，研究人员推断，"魔幻岛"很可能是一组海浪。

2.卡西尼号证实泰坦有甲烷"海洋"

2016 年 4 月，在法国研究实验室协助卡西尼号雷达工作的爱丽丝牵头的研究团队，在《地球物理学研究》杂志上发表论文称，他们认为，从卡西尼号探测器发回的信息推测，泰坦上可能有一个由纯液态甲烷组成的巨大"海洋"，海床上可能覆盖着一种富含碳和氮的泥泞状物质，其海岸可能被湿地所环绕。

泰坦是环绕土星运行的最大一个卫星，它是太阳系唯一拥有浓厚大气层的卫星。泰坦上的氮气在大气中超过 95%，占主导地位。然而，其上的氧气很少，其余气体大多是甲烷和包括乙烷的其他微量气体。

据报道,基于卡西尼号雷达仪器,2007—2015 年飞越泰坦收集的数据显示,泰坦北半球被许多较小湖泊包围,靠近北极有三大海洋,其中第二大海即丽姬亚海富含甲烷,它的大小相当于地球上休伦湖和密西根湖总和。

爱丽丝称:"此前我们以为,丽姬亚海主要由乙烷组成,这次卡西尼号独立证实,这片海洋主要由纯甲烷构成,其海底可能是富含有机物的污泥层。"

研究人员认为,在泰坦大气中,氮和甲烷反应产生各种各样的有机物质,其中最重地落在表面。这些化合物进入海洋后,有些溶解在液态甲烷里,不溶性的化合物如腈和苯则沉入海底。经观测数据发现,丽姬亚海海岸线周围可能是多孔和液态的碳氢化合物。

然而,经卡西尼号测量,没有发现泰坦上的甲烷海洋和海岸之间的温度有任何显著差异,这表明,其上分布的湖泊和海洋是由潮湿的液态碳氢化合物组成,从而使其温度升降犹如大海一样。科学家推测,泰坦大气中的甲烷可能是生命体的基础,这一发现有助于了解地球最初情况,揭开地球生物如何诞生之谜。

三、研究土星其他卫星的新信息

(一)探索土卫二的新进展

1.土卫二上水源研究的新发现

(1)土卫二上发现百余个间歇泉。2014 年 7 月,美国航空航天局喷气推进实验室一个研究小组,在《天文学杂志》网络版上发表论文称,他们借助卡西尼探测器获得的数据,在土星的卫星土卫二上发现了 101 个间歇泉。分析还显示,这些间歇泉的源头是土卫二内部的巨大海洋。

据报道,过去 7 年中,卡西尼探测器对土卫二南极进行调查,这里有 4 条像老虎斑纹一样的显著裂缝,结果发现,至少有 101 个由冰晶和水蒸气组成的间歇泉,从这些"虎斑"裂缝中喷出。

土卫二直径约 500 千米,表面被白色冰层覆盖。2005 年,卡西尼探测器首次在土卫二南极"虎斑"中观测到间歇泉,但这种现象的成因至今存在争论。第一种理论认为,在土星潮汐力的作用下,"虎斑"裂缝两边摩擦生热产生液态水和水蒸气,形成间歇泉。而第二种理论认为,间歇泉源自土卫二"地下海","虎斑"裂缝张开时便有水蒸气从土卫二"地下海"中喷到空中。

为解开间歇泉形成之谜,研究人员又分析了,2010 年卡西尼探测器热敏仪器获得的高精度数据,结果发现每个间歇泉的直径都只有几十米。他们表示,这种间歇泉规模很小,说明不是"虎斑"裂缝两边摩擦产生,而是有更深的来源,即土卫二冰壳下的巨大海洋。

(2)在土卫二上发现热液活动例证的热泉。2015 年 3 月 12 日,美国科罗拉多大学行星科学家许祥文主持的一个研究团队,在《自然》杂志上发表研究成果称,他们发现在土星卫星土卫二地表下埋藏的海洋中,似乎正有热泉从底部喷出。这一发现,是在地球之外发现的首个热液活动的例证,很可能会支持向这颗星球发射探测器,以寻找生命迹象。

研究人员说,由美国及欧洲航天机构合作开发的“卡西尼”号探测器,已经发现在土卫二上流淌着富含硅的微小颗粒,这些微粒的直径为5~10纳米。这些微粒的大小和化学构成表明,它们来自在这颗卫星的海洋与底层的岩石交汇处发生的热液活动。

这意味着,有壮观的水柱从土卫二上喷出。这一现象,几乎可以肯定与那些地表深处的热泉有关。

许祥文表示:“我们注意到,在土卫二表面发生的事情,实际与其地表下的海洋有关。并且至少有一部分地下海洋是相当温暖的,事实上那里现在正存在着活跃的热液活动。”

在地球上,水与岩石在水下的热泉中相互作用,从而产生了对生命友好的化学物质,使得细菌和其他生物正好能够在这里茁壮成长。美国、欧洲和日本正在开发中的几项探测器计划,都打算在土卫二的水柱中寻找生命的迹象。

2009年,研究人员报告说在土星的一个著名的光环中发现了盐粒,而这个光环便是由来自土卫二的微粒所形成的。2011年,这些研究人员假设,这些微粒来自于土卫二上的一个由盐水构成的海洋。而2014年,另一个研究团队利用来自“卡西尼”号探测器的引力,测量确定了土卫二存在地表下的海洋。

如今,该研究团队描述了一些不但含盐并且含有二氧化硅的微粒。这一发现非常重要,因为它意味着热泉现在非常活跃,并且并非仅仅是在过去的某一时刻曾经存在。

许祥文表示:“如果你找到了盐,这可能意味着水正在与岩石中的物质发生接触。”发现硅表明水与岩石正在进行相互作用,并且是在相当高的温度下。

该研究团队还进行了实验室实验,旨在探讨微小的硅粒子是在什么条件下形成的。研究人员认为,二氧化硅微粒,是部分岩石成分在高温水中溶解后又急剧冷却时出现的。地球上的温泉和从海底涌出的热水中,也含有二氧化硅微粒。因此,在土卫二的岩石质海底,很可能与地球海底一样,有高温热水从裂缝中喷出。

在地球海底的热液喷口,有被地热加热到数百摄氏度的水喷出,地球最初的生命诞生时,很可能以这种热水中含有的硫化氢为食。

研究人员在不同的温度下将含有盐、氨及其他化学物质的岩石物质粉末进行了混合。他们发现,当温度到达90℃或更高后,在略微呈碱性的水中便能够形成硅石微粒。研究人员指出,在冰面以下约50千米深处的海底,如果有90℃以上的热水从岩石缝隙中喷出,就可以生成二氧化硅微粒。

在土卫二上,硅石微粒很可能从热泉中沉淀析出,随后被冻结的液滴所捕获,并从海底向上升起。它们作为羽状物的一部分向上喷出,最终落入环绕土星的轨道中。而还有一些则从那里逃入太空，就像“卡西尼”号探测器所观测到的那样。

博尔德市空间科学研究所行星科学家卡洛琳·波柯表示，这项新发现，是有关土卫二的海洋中，到底正在发生着什么的另一条线索。她说：“它告诉我们在土卫二的海底，有可能存在生命栖息地。地球上存在的生物，也有可能存在于土卫二上。”研究人员认为，在地球海底有热水喷出的地点，栖息着多种微生物，被认为是生命诞生的场所之一，土卫二上应该也有类似的地点。

波柯与其他研究人员刚刚向美国航空航天局递交了一份提案，建议开展一项“土卫二生命探测器”任务，即发射一架在土卫二的羽状物中寻找有关生命的化学迹象的探测器。

与此同时，“卡西尼”号探测器，最终投入土星的怀抱之前，将在 2015 年年底 3 次近距离飞越土卫二。

土卫二直径约 500 千米，被厚厚的冰层覆盖着。不过在土卫二南极厚达 30 至 40 千米的冰层下，存在着深 10 千米左右的液态海洋。从冰层的裂缝中，还不时有水像间歇泉那样喷出。

2.土卫二上水体探索的新成果

分析认为土卫二存在巨大的“地下海”。2014 年 4 月，美国加州理工学院教授戴维·史蒂文森等欧美天文学家组成的一个研究团队，在《科学》杂志上发表研究报告说，他们通过分析引力场判断，土星的卫星土卫二存在一个巨大的“地下海”。这也许是寻找外星生命的理想地点之一。

土卫二是一个直径只有约 500 千米的“小世界”，其表面被耀眼的白色冰层包裹。2005 年，“卡西尼”探测器发现土卫二南极分布着一些被称作“虎纹”的平行条带状地貌，并有冰屑间歇泉喷出，科学家因此猜想土卫二可能有一个“地下海”。

天文学家利用“卡西尼”探测器，在 2010 年至 2012 年期间，3 次近距离观测土卫二获得的数据，分析确定了土卫二的引力场。研究发现，土卫二的引力场存在“引人注目的不对称性”，其中南极的引力较弱，但又大于根据其地形计算得出的数值。他们认为，“起到弥补性作用”的是南极表面下的液态水，因为水的密度大于冰，形成的引力也大于冰。

进一步的分析认为，该“地下海”位于土卫二南极，30~40 千米厚的表面冰层之下，其厚度约为 10 千米，并延伸至南纬 50 度左右。史蒂文森说：“这意味着它的面积与地球上的第二大湖苏必利尔湖相当甚至更大。”

研究还显示，土卫二“地下海”的海底可能是硅酸盐岩石，这意味着此地环境适合复杂的化学反应，包括那些可能创造了类似早期地球环境的化学反应。

此外，科学家认为，与土卫二相似的木星的卫星木卫二也可能存在“地下海”。史蒂文森说，研究这两颗卫星，有助于了解太阳系中的宜居环境。太阳系中肯定还有其他水资源充足的星球。

3.土卫二上生命生存环境探索的新成果

发现土卫二具备支持生命生存的必要条件。2017 年 4 月 14 日，美国航空航天局卡西尼探测任务负责人亨特·怀特领导的研究团队，在《科学》杂志上发表论文，宣布卡西尼号探测器的巅峰发现：土星第六大卫星“土卫二”上面有海洋存在，有支持生命生存的可能性。与此同时，木星第四大卫星木卫二，也具备同样的潜力。这些发现，让我们更接近回答人类是否真正“孤独”的问题。

土星探测器卡西尼号，于2015年近距离观察土卫二的南极地区时，发现呈羽状喷发的冰喷射到了太空，当中含有大量氢气分子和二氧化碳，这两者存在的最佳解释是，它们由冰下温暖海洋和海底岩层之间的水热反应产生，而这种水热反应恰恰能为深海微生物提供能量。

这和地球数十亿年前诞生、孕育生命的环境非常相似。科学家相信，土卫二上不但存在巨大的海洋，并且受到了冰的保护；现在，土卫二几乎具备生命所需的所有条件：水、有机物以及能量来源。那些由深海热泉提供能量的微生物，可能就“藏身”海床之中。

怀特表示，尽管生命所需的硫和磷还没有找到，但并不妨碍土卫二“晋级”太阳系最可能存在地外生命之地。

这次发现，被视作卡西尼号职业生涯的顶尖成就，不过该探测器现即将开启穿越土星光环的最终之旅。9月15日，它将冲进土星大气层，正式结束探测使命。

另据报道，哈勃望远镜发现木卫二拥有含氧的稀薄大气层，并拍摄到木卫二上或是由水蒸气喷发形成羽流的珍贵景象。科学家们一直相信，木卫二表面下有一个全球性海洋存在，其水量应该超过地球海洋水量的两倍，而水正是支持生命存在的最基础条件。预计2020年后，美国航空航天局将开启“欧罗巴快帆”项目，对木卫二进行近距离观察，并派出登陆器重点研究冰层下的巨大海洋。

（二）研究土卫四的新见解

提出土卫四也可能存在地下海洋。

2016年10月，比利时皇家天文台米凯尔·毕友泽领导，阿蒂利奥·瑞瓦尔迪尼等人参与的一个研究小组，在美国《地球物理研究快报》上发表研究成果显示，冰冷的土星卫星之一土卫四，有一个地下海洋，里面充满了液态水。这样，直径1120千米的土卫四，将成为继土卫六和土卫二之后，第三个被发现拥有地下海洋的土星卫星。

据报道，这个巨大的海洋，可能深藏在土卫四冰壳以下100千米处。研究人员称，有趣之处在于，土卫四的地下海洋可能直接接触了它的岩石核心。瑞瓦尔迪尼说：“海洋与岩石核心之间的接触至关重要，他们的相互作用提供了关键的营养和能量来源，两者都是构成生命的基本成分。”此外，这种海洋可能存在于土星卫星的整个历史中，这意味着，在土卫四凸凹不平的冰壳之下，拥有让潜在生命扎根和进化的足够时间。

该研究小组，利用美国国家航空航天局发射的“卡西尼”号图形探测器，多次飞掠搜集的重力数据，模拟了土卫四和土卫二上的冰层。其他做过类似研究的团队认为,土卫四没有海洋,土卫二的海洋被深埋。毕友泽和同事在他们的模型中加入了新的褶皱,他说:"作为一项新增参数,我们假定冰壳在支撑最小的拉伸和压缩以保持现在的地貌,再多的压力就会将冰壳挤压成块。"研究结果表明,在土卫四厚厚的冰壳下面,地下海洋深达数十千米。

除了土星的卫星,天文学家认为,木星的卫星木卫二、木卫三和木卫四也有地下海洋,最近的研究表明,冥王星或许也同样如此。

第六节　其他大行星研究的新成果

一、水星与金星研究的新进展

(一)探索水星方面获得的新信息

1.水星演变及现状研究的新成果

(1)发现水星演变过程出现的收缩程度大于预期。2014 年 3 月,研究人员在《自然·地球科学》网络版发表研究报告称,水星直径只有 4880 千米,算是一个很小的世界。由于它演变过程内部冷却,星球变小,导致星体萎缩,表面曲皱,产生了大量的悬崖和山脊。

如今,他们在分析这些地形中的 5934 个案例后发现,水星的收缩程度比之前认为的要大得多:在过去的 40 亿年里,水星直径缩小了 7~14 千米。之前的估测可以追溯到水手 10 号所获得的数据。水手 10 号在 20 世纪 70 年代曾飞越水星 3 次,不过所观测到的地方不到水星的一半。

2011 年,"信使"号水星探测飞船,开始环绕这颗太阳系最内侧的行星运行,使水星整个表面得以成像。科学家对水星收缩程度的估测,符合岩石行星演变过程随内部冷却而收缩的模型模拟结果。新的研究结论,也许可以借以洞察那些与地球不同却与水星相似的太阳系外行星的进化。

(2)信使号探测器展现最真实水星现状的画面。2015 年 3 月 16 日,美国航空航天局信使号探测器项目负责人、地球物理学家西恩·所罗门领导的研究团队,在得克萨斯州召开的月球与行星科学会议上,公布了信使号向地球传回的水星现状照片。这是迄今为止拍摄的有关这颗行星最棒、最真实的现状图像。

于 2011 年开始围绕水星运行的信使号探测器,目前几乎已经耗尽了所有的推进燃料。现在,它距离水星表面约 15 千米,已到达离这颗行星最近的位置了。所罗门表示:"我们能近距离观察到水星的表面,之前我们从没见过这样的细节。"

在会议上,研究人员还报告了对到目前为止这项任务的一些新发现。例如,从这些图像中可以看到,尽管水星如此接近太阳,但在其极地附近永久阴影区陨石坑底部的凹面和漩涡中,依然存在着冻结的冰。而在水星的其他地方则出现了一些像短梯一样的山脊，这颗行星曾因这些巨大的“陡坡”而闻名于世。与此同时，那些标记着小坑的地方则表明这些地表曾被一些强大的空间风化作用侵蚀过。

约翰·霍普金斯大学应用物理实验室行星科学家南茜·莎铂指出，这些冰之所以仍然冻结在水星上，是因为它们从未被阳光直射过。

在这些新的低海拔图像中，信使号探测器粗略窥探了水星极地附近的一个冰冻陨石坑。最初，陨石坑底部的图像看起来除了黑色之外什么都没有，这是因为明亮的火山口边缘加重了图像的饱和度。但通过对这些图像进行不同的处理，莎铂看到了昏暗陨石坑的底部。她说：“我们正在观察水星上这些太阳光永远也照不到的地方。”

水星还因为穿过其表面的长脊，或者说陡坡而闻名。这颗行星上最大的陡坡长达数百千米，可能缘于行星随着时间流逝而冷却及收缩后产生的裂纹。如今，信使号探测器已经发现了这些陡坡的微型版本。美国国家航空航天博物馆行星科学家托马斯·沃特斯表示，它们看起来似乎是成群出现的。这些小型陡坡有时也出现在水星地壳下降部分的附近，这里类似于地球上因活跃地震带而发生移动的地壳。沃特斯说：“陡坡真令人兴奋。这些断层是如此年轻，它们很可能刚刚形成。”与此同时，信使号探测器还观察到，当其进入轨道后首次发现的神秘“窟窿”的新细节。

劳雷尔实验室行星科学家戴维·布勒威表示，探测器在一些陨石坑的内部发现了不规则形状的凹陷。而特写图像表明，这些凹陷比附近的其他水星区域看起来都要年轻。这也意味着这颗行星最近正在发生着一些变化。

水星是太阳系八大行星最内侧的一颗，也是最小的，并且有着八大行星中最大的轨道偏心率。它每 87.968 个地球日绕行太阳一周，而每公转 2.01 周同时也自转 3 圈。水星是一颗类地行星，由于其非常靠近太阳，所以只会出现在凌晨成为晨星，或是黄昏出现作为昏星。除非有日食，否则在阳光的照耀下通常是看不见水星的。

2.水星功能方面研究的新成果

破解水星反射阳光能力很弱的原因。2015 年 3 月，美国劳伦斯利弗莫尔国家实验室天文学家布鲁克·夏尔领导的一个研究小组，在《自然·地球科学》杂志上发表论文称，他们找到了水星反射阳光很少的原因。经过研究发现，跟太阳系其他天体相比，水星简直就是个小黑炭，表面颜色特别深，所以反射阳光的能力很弱。他们还认为，这是由于接近太阳的彗星，在碎裂时把含碳尘埃撒在水星表面而形成的。

此前的研究已表明，一般而言，彗星、小行星及其他小型天体，在相对较近的撞击中，会向水星表面散播一些物质。而这些物质所反射的太阳光，仅占月球上类似物质反射太阳光数量的 2/3。

研究人员指出,对于这种光线低反射率的一种最主要的解释,并不能适用于在水星表面发生的情况。该解释认为,包括铁元素在内的大量矿物质,能够强烈吸收与其接触的某一波长的光线。通常情况下,微小陨石和太阳风的轰击,会使这类天体表面产生一层薄薄的含铁纳米微粒,使其变黑。但光谱分析表明,水星表面的含铁纳米微粒非常少,不足以让它变黑。

科学家分析指出,这是因为水星的亮度在一个特定的波长范围内,这意味着其表面岩石中仅含有不到3%的铁元素。

如今,夏尔研究小组指出,导致这一切的责任完全在于另一种元素碳。研究人员报告说,彗星正是这些水星表面碳元素的主要来源。据估算,彗星的重量有18%是由碳构成的。这些“脏雪球”接近太阳时通常会裂解,损失多达25%的质量,将大量尘埃撒在水星这颗离太阳最近的行星上。计算表明,经过数十亿年的彗星尘埃轰击,水星表面含碳量可达3%至6%。

但研究人员同时指出,另一个更大的碳来源,可能是源自富含碳小陨石的持续不断的轰击。他们估计,彗星尘埃以及其他碳来源落在水星表面的可能性,是落在月球表面的50倍。

研究人员还进行了模拟实验,用糖模拟彗星里的复杂有机物,用类似月岩的物质代表被彗星尘埃轰击的天体。结果显示,轰击过程会使微小的碳粒子嵌入岩石表面,让它变得更黑,对光线的反照率降到5%以下,与水星表面最黑的区域类似。

此外,光谱分析显示,轰击过程得到的样本在光谱上没有独特之处,这一点也与水星相似。研究人员说,彗星中的碳可能起到了“隐形涂料”的作用,使水星变黑。

研究人员指出,这些撞击除了在水星表面锻造出类似于玻璃一样的物质外,当小陨石在撞击过程中汽化时还会释放出碳,当然是以有点儿类似于煤烟的无定形碳、石墨和纳米钻石的形式。所有这些物质在基本没有空气的行星表面是很稳定的,尽管那里在阳光照射的区域具有很高的温度。研究人员说:“因此,不难想象,一颗被煤烟和铅笔芯弄脏了的星球,会比预期显得更加暗淡。”

(二)探索金星方面获取的新信息

1.金星地质与地震研究的新成果

(1)揭示金星为何不像地球那样有板块运动。2014 年 3 月,金星因其质量和体积等多方面与地球类似,被称作地球的“姐妹星”。但是观测显示金星并没有像地球那样可移动的板块构造,日本广岛大学副教授片山郁夫主持的研究小组,在英国《科学报告》杂志上发表论文,对此提出了一种新解释,即那是因为两个星球地壳与地幔交界处的结构不同。

根据板块构造理论,地球表面的地壳由多个巨大的板块构成,板块在地幔上移动,在海岭处形成,又在海沟处沉降到地球内部。板块运动对地球有重要影响,不仅会引发地震和火山活动，还会改变海洋形态，甚至与生命的诞生有关。

那地球的"姐妹星"金星为什么没有这样的板块运动呢？研究小组解释道：他们根据金星观测数据，在实验室内模拟了金星高温高压的内部结构，并通过岩石变形实验和计算发现，在金星地壳与地幔交界处的"莫霍面"，其两侧岩石的黏性和强度与地球"莫霍面"不同。在地球上，由于没有这种黏性结构，地壳板块会下沉到地幔中；而金星上由于存在这种结构，地壳不会下沉，也就相应缺少板块运动。

研究人员认为，行星内部结构决定了是否有板块移动，而板块运动又会影响星球形态和是否有生命，因此本项成果可以应用到今后对其他行星的探索和研究中。

（2）提出可用声波技术探测金星上的地震。2015 年 4 月 23 日，物理学家组织网报道，美国洛斯阿拉莫斯国家实验室科学家阿罗·史密斯领导，加州理工学院凯克太空研究所专家参与的一个研究团队，在当天召开的美国地震学会年会上发表研究报告提出，认为可在金星部署一定数量的气球或卫星，通过声波来探测金星的地震活动。

探测金星上的地震，似乎是一项不可能完成的任务。由于这颗星球表面，具有不利的压溃压力和约 468℃灼热的高温，足以将铅融化，毁坏任何在其上用于测量地震活动的常用工具。然而，金星的大气条件非常友好，由此，研究人员提出了上述想法。

从金星发出的低频或次声声波，比在地球上测量的音响低沉得多，特别是那些来源于地球上不同火山、地震、海洋风暴和流星空中爆炸发出的"隆隆"或"哼哼"声。近年来，该研究团队，持续对地下新近产生的低频次声进行监听，特别采取了一种相对廉价的方法来监测大气层的核武器试验。而 2014 年，他们开始思考利用次声观测作为更好检测金星地质动力的方法。

据报道，美国喷气推进实验室研究员吉姆·卡茨在年会上指出，在金星表面上空 50~60 千米范围内，温度和压力的条件下更类似于地球上的状况，尽管大气比较密集。而这种稠密的大气层有助于将任何地震波转为次声波，它是可以用漂浮在金星上空的仪器检测到的。次声波既可以"感觉"到压力波动或被称为气辉的光排放或金星上层大气中的电子干扰。

史密斯说，在金星表面以上 55 千米的云层，用一系列的气球可以探测到气压的变化，如采用 20 世纪 80 年代由苏联发射到金星大气层的气球。研究人员探讨再利用轨道卫星探测气辉作为补充的方法，来分析这颗星球的次声波。这两种情况下，研究人员的首要目标是确定声噪到地震信号的比值是多少；还想知道在气球或卫星上的探测仪器是否足够敏感，能否在中间其他的次声波中探测和识别到地震信号，以及通过这种观测能否检测到几级地震。

研究人员说，如果这样的技术，能帮助科学家更好地了解金星上的地震活动，就能更好地揭示这颗星球的内部历史和现状。将金星的内部演化与地球作比较是特别有趣的,会发现更多关于行星形成的多样性信息,以及为什么在地球上的某些特征,如表面的构造板块和核心充满能量的机制,却不存在于金星上的原因。

2.金星大气层研究的新发现

(1)发现金星大气层存在巨型弓形结构。2017 年 1 月 17 日,东京立教大学田口真主持的一个研究小组,在《自然·地球科学》网络版上发表研究成果称,日本宇宙航空研究开发机构的拂晓号探测器,在金星高速移动的大气层中,发现了一个巨型静态结构。这一发现,很难与金星厚密的上层大气联系在一起。金星上层大气中的云,以每秒 100 米的速度移动,远快于金星缓慢的自转速度。金星自转一圈比围绕太阳公转一周的时间还要长。

研究人员说,他们在金星上层大气云端,发现了一块巨大明亮的弓形区域,绵延 1 万千米。拂晓号于 2015 年年末进入金星轨道后,在多天内观测到这一弓形结构。令人好奇的是,这块明亮区域没有随背后的大气层气流移动,而是在金星表面的一个山区上方保持静止。

作者认为,这个温度比周围大气层高的明亮区域,是由较低层大气流过山地地形上方时产生的重力波导致的,这与地球上空气流经山地上方的现象类似。

研究人员指出,虽然不清楚山地地形诱导的重力波,是否能够向上传至金星云端,但观测结果表明,金星的大气动力学情况,比之前预想的更为复杂。

(2)发现微风就可让金星大气层疯狂旋转。2017 年 3 月,国外媒体报道,葡萄牙里斯本天文台佩德罗·马查多主持的一个研究小组,近日发表研究成果称,他们发现金星上也会刮风:风不仅会环绕这颗地球邻居的赤道,还会从赤道刮向南极,这一现象此前从未被确凿地观察到。这些现象的存在,可以帮助解决金星大气的最大谜题:它如何旋转得如此之快?

金星每过 243 个地球日就会旋转一圈,而其大气层每 4 天就会旋转一次,其风速与赤道平行时每小时超过 400 千米。需要日光带来的能量维持这种“狂暴”运转。但到达赤道的日光比两极更多,科学家并不知晓足够的能量如何到达需要它的地方。

研究小组近日观测到的经向风,以每小时 80 千米的相对速度运行,可以将一些能量从赤道区域带走,将其在大气中更均衡地分布。

马查多说:“很难了解大气层如何在高纬度维持这一速度。但通过这些经向风,我们拥有从赤道区域转移到更高维度的能量和动能。”

研究小组利用多普勒效应“看到”这些风。就像汽笛声的音量,会随着朝着你的方向驶来或驶去而产生变化,金星大气层反射的光波也会因为大气的动态被压缩或延长。

研究小组研究了从金星的云层反射的日光。人们已经知道不同的原子核分子如何不同房时吸收光,留下独特的印记。为了检测云层的动态以及与其关联的风，马查多和同事利用那个已有的印记，对比了他们看到的多普勒频移光。

3.金星水资源研究的新见解

金星上的水或被电风"席卷一空"。2016年6月22日，美国商业内参网站报道，美国航空航天局大气电场研究专家格林·柯林森主持的一个研究小组，在《地球物理研究快报》发表研究成果称，很久以前，金星或许也曾拥有丰富的海洋，但现在变得极度干燥，这一直是个未解之谜。现在，他们的研究表明，造成这一后果的主要原因可能是"不起眼"的电风，它卷走了金星上所有的水分。这项发现，或将改变未来太空探索的方式。

尽管金星比地球热10倍，但金星的"块头"和引力与地球类似，有时被誉为地球的"姐妹星"。科学家相信，数十亿年前，金星也曾拥有海洋，因为金星大气中含有氘（重氢），氘在地球上就主要存在于海洋中。但现在，金星大气含水量仅为地球的十万分之一。

科学家曾认为，来自太阳的带电粒子流，即所谓的太阳风，让金星变得干燥。但该研究小组的最新研究表明，是稠密的电风刮走了金星上的水分，其电场能克服金星上的引力，将金星大气层中的分子拉进太空。

柯林森写道："人们曾经认为，电风只是一个不起眼的'小角色'，但我们的研究发现，它实际上是一个'大怪物'，把金星上的水分基本上席卷一空。"

据悉，这种电风的电压约10伏特，至少是地球上电风的5倍，至于为什么金星上的电风比地球上的电风强这么多，科学家仍不确定，但他们认为，可能与金星距离太阳更近有关。

研究人员相信，对于未来的太空探索来说，这是一个至关重要的发现。更多地了解电风对于探索外星生命有很强的指导意义。而且，在我们决定殖民太阳系哪个星球时，这或许也是一个考虑因素。

研究人员称："尽管现在火星广受关注，金星被认为是太阳系最不宜居住的星球之一，但前往金星所需的时间更短，已有科学家把金星大气层，作为人类未来建造太空殖民地的备选。"不过，他们也指出，这种稠密的电风，可能会成为人们未来在金星建造营地的"拦路虎"。

二、木星及其卫星研究的新进展

（一）探索木星特征与功能的新信息

1.木星特征与年龄研究的新成果

（1）发现木星拥有太阳系前所未见的独特特征。2016年9月，美国航空航天局官网报道，朱诺号探测器如约发回了首批木星图像，探测器上的广角彩色相机所拍摄图像显示，木星上的风暴系统和天气活动，与以往在太阳系其他巨型气态行星所见的均不相同。

8月27日，当朱诺号来到木星漩涡状云层上方时，9个有效载荷全部被激活，顺利完成了第一个36周轨道飞掠。据报道,研究人员下载6兆字节的数据花费了6个小时,而朱诺号从木星北极来到南极用了一天半时间。随着对第一批数据的分析,木星独有特征已浮出水面。

美国西南研究院朱诺号探测器首席科学家斯科特·博尔顿说:“第一眼看到木星北极时,竟完全超出我们预想,它跟所有以前见过的行星北极都不同。此处颜色比其他部位要蓝一些,还有很多风暴;云层阴影意味着其所处海拔较高。它真是独一无二。接下来,探测器的第二个36周轨道飞掠,还会提供进一步的信息。”

除了飞掠过程中拍摄的照片外,朱诺号上的8个科学仪器也积极开始收集数据。由意大利航天局提供的木星红外激光映射器(JIRAM),获得了木星北极和南极区域令人震撼的红外图像。正如该项目研究者阿尔伯特·艾德里安妮所说:“红外激光映射器正在探触地表之下的木星,首次公布的红外视角的木星北极和南极,揭示出一个我们从未见过的温暖和炽热的木星。”木星南极光异常明亮且条理清晰。高度清晰的红外图像,还会揭示出更多有关极光的形态及动力学信息。

此外,朱诺号携带的无线电/等离子波实验设备,记录了木星上空像幽灵一样存在的无线电波。美国爱荷华大学波仪器研究者比尔·科兹说:“木星正在告诉我们气巨星世界里高能粒子释放产生了大量极光,这种释放强度在太阳系中是最强的,现在要找出这些电子从哪里来以及如何生成的。”

(2)木星是太阳系内年龄最大的行星。2017年6月,美国劳伦斯利弗莫尔国家实验室托马斯·克鲁积,与德国明斯特大学同行组成的国际研究团队,在美国《国家科学院学报》网络版上发表论文称,他们对铁陨石上的钨和钼同位素进行分析后发现,木星是太阳系内年龄最大的行星,可谓行星家族的“老大哥”。其固体内核在太阳系诞生之后100万年内就已形成。知悉木星的年龄,对于我们理解太阳系如何演化成今天的“模样”至关重要。

研究中的陨石来自于两种迥然不同的星云,这两种星云在太阳系形成之后100万~400万年间同时共存,但彼此相互独立,互不接触。

克鲁积说:“对这种现象最有效的解释是木星的形成,其导致星盘(来自恒星的气体和灰尘面)上开辟了一个裂口,阻止两个星云交换物质。这表明木星是太阳系最古老的行星,其内核在太阳星云气体消散之前已成型,这一点也与巨行星形成的核吸积模型相吻合。”

木星是太阳系最重的行星,其出现对太阳吸积盘的动态具有重大影响。快速形成的木星也成了一个“隔离带”,阻止物质在星盘内流动,因此,这也可以解释为什么太阳系内没有超级地球。

研究人员表示,木星内核的质量在太阳系形成后100万年内,就达到了地球的20倍左右,并在随后的300万年内以惊人的速度成长到地球的50倍。

更早的理论提出,木星和土星等气态巨行星的内核会达到地球质量的10倍到20倍，然后气体会在内核上聚集，因此，气态巨行星的内核必须在太阳星云消失之前形成。而太阳星云消失，可能出现在太阳系形成之后的100万~1000万年。

2.木星在太阳系中功能作用研究的新成果

木星可能曾经为地球形成扫清道路。2015年3月，美国加州理工学院康斯坦丁·巴特金主持的研究小组，在《新科学家》杂志网站上撰文说，在太阳系形成早期，木星可能曾经飘移到离太阳较近的地方，销毁了一些早期固态行星，为地球的形成扫清了道路。

太阳系小行星带内侧有4颗较小的固态行星，即水星、金星、地球和火星。人们熟悉的这种情形，其实在宇宙中并不常见。

根据现有观察，大多数"恒星-行星"系统里有一些巨大的固态行星，这些超级行星离母星非常近，甚至比水星到太阳还要近。研究人员说，太阳系的特殊结构，可能应当归因于木星。研究小组计算发现，早期太阳周围的气体尘云可能拉动木星，使其飘移到接近现今火星轨道的地方。随后，木星巨大的引力牵引附近的固态天体，使它们互相碰撞、粉碎后落入太阳。

完成了"粉碎机"和"清道夫"的工作后，木星在另一颗大行星土星的引力作用下飘回自己的轨道，把太阳附近的空间留出来。这片空间里残余的固体物质形成较小的天体，就是我们的地球和邻居们。

（二）探索木星卫星获得的新信息

1.搜寻未知木星卫星的新成果

新发现木星两颗超小型卫星。2017年6月，《科学美国人》杂志网站报道，一个天文学家组成的研究团队，新发现两颗木星的超小型卫星。此类卫星非常难发现，这一新结果，使木星"登记在册"的卫星总数增至69颗。

木星被称为太阳系的"怪兽行星"，其质量是其他七大行星总和的2.5倍多，体积则是地球的1316倍，中心温度预计超过3万℃。在它的周围，簇拥着众多卫星，它们绕木星一圈所需时间相差甚远，其中快的约需要7小时，而慢的则需要1000天。此前，木星有记录的卫星数量保持在67颗。

但研究人员表示，除此之外，木星还有一些卫星的轨道很神秘，个头也非常小，这就导致人们很难发现它们的踪迹。此前研究认为，可能是彗星或小行星和从前的较大卫星发生碰撞，生成了这样微小的"卫星家族"。如今，他们找到了两个新成员。

研究人员在观测更遥远的柯伊伯带天体时，拍摄到了这两颗卫星，因为木星当时在天空中的位置恰好靠近他们原本的观测对象。这两颗卫星很小，直径在1~2千米。科学家把它们命名为"S/2016 J1"和"S/2017 J1"，分别距木星2100万~2400万千米。这一结果也使木星卫星总数增至69颗。

研究人员称，此类的外层卫星大多是很小的星体，只有少数直径能达到20~

60千米,多数直径只有1~2千米,迄今还未露面的那些越来越难以被人们发现。这些小卫星本身的价值,没法与木卫二等著名的伽利略卫星相比,但研究人员表示,它们仍然生动地展现了太阳系内物质的丰富及木星引力的强大。

就在不久前,一项针对木星的研究还发现,木星不但是太阳系最大的行星,也是太阳系最古老的行星,它的存在对原始太阳系的演化产生了巨大影响。

2.探索木卫二内质与外表的新成果

(1)研究证明木卫二内含大气密度被严重高估。2014年12月18日,每日科学网报道,科学家唐·舍曼斯基主持,阿曼达·亨德里克斯等人参与的卡西尼号紫外成像摄谱仪研究团队,当天在美国地球物理联盟年度秋季会议上发表研究报告称,他们的研究证明,科学家之前对木卫二内含的大气密度严重高估了。

研究团队对卡西尼号2001年的木星探测数据进行的最新分析发现,木卫二内含的大气,比此前设想的要稀薄得多。稀薄、炙热的空气,无法表明这颗卫星有地幔柱活动迹象,至少在卡西尼号飞近探测时是没有的。

木卫二被认为,是太阳系中最激动人心的未来太空探测目的地之一,原因是有强烈迹象表明其冰冷的地壳下有海洋存在。据报道,卡西尼号紫外成像摄谱仪研究团队,对相关数据进行分析后发现,木卫二上绝大部分炙热、活跃的气体或等离子体并不来自这颗卫星本身,而源于不远处的另一颗卫星木卫一上的火山。研究人员根据相关数据估算,木卫二对其周围氧气的贡献率,仅为之前预想的1/40。

舍曼斯基表示,研究证明科学家之前对木卫二内含的大气密度严重高估了。研究人员之前认为木卫二上纤薄的大气,可能只有地球大气密度的几百万分之一,然而最新研究发现其含量更低,实际上木卫二的大气密度只有设想的1/100左右。

木卫二向木星周围释放的氧气量被修正到更小值后,它规律地向轨道附近排放水蒸气的可能就微乎其微了,在卡西尼号对其进行探测期间尤其如此。

该研究团队对土卫二轨道周围的大气进行研究后发现,土卫二的地幔柱活动,把它们大量地"喷"到土星轨道附近。对于被土星磁场"强行拖走"的电子而言,这些气体相当于一道屏障,同时它也有助于降低土卫二上等离子体的温度。然而,研究人员在木卫二轨道上发现的是炙热的等离子体,这暗示木卫二并未向外喷发大量气体,包括水蒸气。

亨德里克斯认为,木卫二的地幔柱活动当然有可能出现,但是它比较少见,或者比土卫二上的规模要小。如果在卡西尼号探测时木卫二地幔柱有喷发活动的话,喷发一定十分微弱以至于探测器无法探测到。

美国航空航天局外行星项目科学家库尔特·尼伯表示,木卫二是一个复杂而又神奇的世界,由于科研人员对它的观察十分有限,理解它依然具有挑战性。据报道,科学家目前正在使用哈勃望远镜开展一项长达6个月的观测任务,以寻找木卫二上地幔柱的活动迹象。美国航空航天局也正在研究多种未来可能实施的木卫二探测计划。

(2)研究显示木卫二外表黑暗物质可能是海盐。2015 年 5 月,美国航空航天局喷气推进实验室首席科学家凯文 · 汉德领导的一个研究团队,在《地球物理研究快报》上发表研究成果称,他们近日实验证明,包裹在木卫二外面的黑暗物质,可能是从地下海洋暴露出来的经辐射后变色的海盐。木卫二海盐的存在表明海洋与多岩石海床之间进行了相互作用,这是考察该星球能否支持生命存在的重要因素。

十几年来,科学家一直想知道木卫二表面长长的、线性黑暗物质和其他相对年轻地质的性质和特征。已有的研究表明,黑暗物质确实来自木卫二内部,但是有限的数据无法明确这种材料的化学成分。汉德介绍说,此前研究使用的数据来自伽利略号木星探测器和各种望远镜,认为这种神秘黑暗物质,归因于木卫二表面含硫含镁化合物的色变。新的研究表明,经过辐照的盐也可以解释是其表面黑暗颜色的来源。

据报道,为了确定黑暗物质究竟为何物,该研究团队创建了模拟木卫二表面的实验室,来测试可能的备选成分。他们像搜集指纹一样,搜集每一样化合物材料在光反射情况下的光谱。汉德说:"我们称之为'罐头里的木卫二'。实验室的设置,模仿了木卫二表面的温度、压力、辐射度等。用这些材料的辐照光谱,可与航天器及望远镜搜集的光谱进行比对。"

研究人员测试了普通盐氯化钠的样本。在与木卫二表面同等温度(零下173℃)下的真空实验室里,他们用电子束轰击样本,模拟其在木卫二表面接收到的强烈辐射。几十个小时后,雪白的盐变成了黑棕色。研究人员发现,样本的颜色与所拍摄木卫二照片的颜色相似。汉德表示:"被辐射过的氯化钠的化学性质与航天器拍摄到的神秘物质的数据十分匹配,结果令人信服。"

此外,样品暴露于辐射的时间越长,颜色也越深。汉德认为,科学家能够用这类颜色变化,来帮助确认木卫二表面的地理特征,以及羽状喷射物质的年龄。

此前的望远镜观,测给出了辐照盐光谱特征的线索,但无法给出足够高的分辨率来查明确认。研究人员认为,随着飞行器到访木卫二,最终的结果会随之揭晓。

美国航空航天局外层行星项目科学家柯特 · 尼尔博说:"这项研究很重要,它最终将指向木卫二是否适宜生命存活的话题。一旦我们得到确切答案,就能继续寻找木卫二冰壳下海洋生命存在的更多证据。"

三、太阳系大行星研究的其他新进展

(一)探索天王星与海王星的新信息

1.研究天王星获得的新成果

天王星可能再添两颗昏暗卫星。2016 年 10 月,美国爱达荷大学行星科学家罗布·詹希亚和马修·海德曼等人组成的研究小组,在《天体物理学》杂志发表论文称,他们分析认为,天王星可能拥有两颗人们此前从未发现的小卫星。和任何其他卫星相比,它们在更靠近天王星的轨道上运行,并且在这颗行星的光环中形成波浪状模式。

作为一颗冰巨星,天王星拥有 27 颗已知卫星。这比其"邻居",拥有 67 颗卫星的木星和 62 颗卫星的土星,要少很多。天王星是一颗很小的行星,而这或许解释了上述差别。

不过,也可能是人类此前并没有机会寻找更多卫星。与其体积较大的"兄弟"不同,天王星只"招待"过一艘过往的太空船旅行者 2 号。在 1986 年飞越天王星时,旅行者 2 号令该行星的已知卫星数量增至原来的 3 倍。

除了卫星,天王星还拥有昏暗、狭窄的光环。科学家在 1977 年探测到首个光环。当时,天王星和它的光环阻挡了来自一颗遥远恒星的光线。随后,旅行者 2 号在被命名为 ε 环的最外层光环两侧发现了两颗卫星:"天卫六"和"天卫七"。两颗卫星的引力将光环的粒子赶在一起,形成狭窄的阵型。

如今,该研究小组重新分析旅行者 2 号的数据,并且在另外两个光环,即 α 环和 β 环中发现了波浪状模式。这可能同样源自位于每个光环外面的卫星所产生的引力作用。

詹希亚说:"这些卫星非常微小。"如果它们存在的话,仅有 4~14 千米宽。这意味着它们可能比天王星的任何已知卫星都小,并且小到无法让旅行者 2 号清楚地看到。同时,基于其"邻居"的颜色,这两颗据推定存在的卫星可能是昏暗的。海德曼表示:"不仅天王星的光环是昏暗的,位于这一区域的大多数小卫星也是昏暗的。"

2.探索海王星获取的新成果

研究海王星卫星"冰火山"获得材料学意义上的新发现。2011 年 2 月,英国伦敦大学学院的行星学家多米尼克·福特斯等人,在美国《科学》杂志上发表研究报告称,天体研究一般少有实用性发现,但他们却在研究海王星卫星海卫一的"冰火山"时发现,甲醇-水合物在某些条件下具有特殊材料学性质,这在纳米技术等方面具有实际应用前景。

近来,福特斯等人在研究太阳系中拥有"冰火山"的星球。发现海卫一的"冰火山",有类似地球火山的构造,但由于离太阳远、温度低,喷出的物质是水冰和甲醇-水合物等物质混合而成的冰状物。

福特斯等人在研究航天器传回的一些观测数据后发现,甲醇-水合物,在某些条件下具有特殊的材料学性质。通常的物质在受热时会在各个方向均匀膨胀,在受到均匀的压力时会在各个方向上都收缩。但在某些条件下,这些规律会被打破,例如甲醇-水合物,会出现受热时只向一个方向膨胀,而在其他方向上收缩等现象。

据介绍,现在人们已知很少的材料具有这种奇特性质,而这种性质可用于纳米技术等领域，如制作由压力控制的阀门等。

（二）搜寻太阳系未知大行星的新信息

通过建模分析认为太阳系存在“第九大行星”。

2016年1月21日，物理学家组织网报道，美国加州理工学院行星天文学教授迈克尔·布朗领导，副教授康斯坦丁·巴特金等参与的一个研究团队，在《天文学杂志》上发表论文称，他们发现，一个巨大的天体正在沿着奇怪的、高度拉长的太阳系外围轨道行进。尽管尚未直接观测到这颗天体，但已通过数学建模和计算机模拟，确认它是太阳系名副其实的“第九大行星”。

这一天体被研究人员昵称为“行星九”，其质量约为地球的10倍，其轨道与太阳的平均距离，大约是第八大行星海王星与太阳距离的20倍，它绕太阳转一周可能要花上1万~2万年。

布朗认为，“这可能是真正的第九大行星”。布朗强调，这颗质量是冥王星5000倍的天体足够大，所以不应该质疑它是否为一个真正的行星。与其他小一些的矮行星天体不同，“行星九”掌控了一个相当大的区域，用强大的引力影响着它在太阳系的“邻居”。

巴特金表示，尽管一开始非常怀疑这个天体的真实性，但在继续探讨它的轨道和对太阳系外围的作用后，越来越确信它存在的真实性。他说：“这是150年来，第一次有确凿证据证明，人类对太阳系的行星普查其实并不完整。”他认为，“行星九”将帮助科学家解释太阳系边缘柯伊伯带许多天体和碎片的奇怪特性。

据报道，研究人员从对柯伊伯带所属天体互相独立存在而不发生碰撞，引发了对太阳系外层大型天体存在的猜想，到用数字模型模拟了不同对象、不同平面的运行轨道，他们在过去的3年中，确定了影响它们的垂直行星轨道的存在。

布朗说：“那些因冥王星不再是行星而沮丧的人们该兴奋起来了，还有一颗真正的行星就在那里尚未被观测到，现在，我们可以开启寻找真正第九行星的旅程了。”

第七节　矮行星研究的新成果

一、探测研究冥王星的新信息

（一）冥王星探测器的收获与动向

1.冥王星探测器拍摄和发回大量清晰照片

（1）发布由探测器远程侦察成像仪拍摄发回的冥王星图像。2015年2月5日，物理学家组织网报道，美国航空航天局在2月4日发布了新视野号探测器在距离冥王星2.03亿千米处，拍摄到的冥王星最新图像。

1930年发现冥王星的克莱德·汤博,出生于1906年2月4日,于1997年去世。选择在这一天发布冥王星图像,就是为了纪念这位美国天文学家。新视野号首席科学家艾伦·斯特恩说:“这是我们送给汤博博士及其家族的礼物,以纪念他的发现和毕生贡献。”

新视野号自2006年1月19日发射以来,已经在深空中飞行了超过48.3亿千米了,目前正在以每小时5万千米的速度接近冥王星。其在跨越从火星到海王星轨道的旅程中,创造了史诗般的壮举,即便在接近冥王星轨道的第一阶段,也对附近空间环境中的尘埃、高能粒子和太阳风进行了测量。

克莱德·汤博的女儿安妮特·汤博说:“我父亲对‘新视野’号的发现会非常兴奋的。对于他所发现的星球,他会惊讶于能够真正看见它并对它了解更多。我确信如果他能活到今天,这对他意义重大。”

(2)公布由探测器最近距离拍下的冥王星清晰照片。2015年9月18日,美国航空航天局在其官方网站,公布了新视野号从冥王星最近距离拍下的照片。这是迄今最清晰的冥王星照片,而它让科学家们惊呆了。原因不仅仅是冥王星表面高耸的冰山、冰冻的氮河及萦绕在低洼的霾,还因为那颗遥远的天体看起来极像地球北极。

新视野号首席科学家阿兰·斯特恩说:“这张照片让我觉得似乎正身处冥王星,亲自展开考察,照片也极富科学价值,能揭示冥王星大气、山脉、冰山及平原等方面的许多新细节。”

由于逆光位置,以及高分辨率的拍摄仪器,对于冥王星稀薄但延展的氮大气中的雾霾,照片也提供了新线索。从照片中能分辨出大气中多达十几层的雾霾薄层,从冥王星表面一直延伸到100千米的高度。此外,照片中还能看到至少一团貌似雾的霾萦绕在低洼地区。新视野号化学成分分析研究团队负责人威尔·格兰迪说:“这些霾说明冥王星表面的天气和地球一样,每天都有变化。”

综合之前获得的冥王星“近照”,科学家认为冥王星表面的水文循环与地球表面很类似。但它表面的这一过程涉及的不仅仅是水冰,还有氮冰。

照片中斯普特尼克平原东边的高亮区域似乎已被冰封。构成这些冰的物质来自斯普特尼克平原。从那里蒸发后,它们在这片区域再次沉积。新视野号携带的红外成像光谱仪的观测同时发现,冰川中的物质会从这片区域回归斯普特尼克平原。这些特征与地球表面格陵兰岛及南极洲冰盖边缘的情形类似。

新视野号地质学、地质化学及成像研究团队成员阿兰·霍华德说:“我们不曾希望找到线索,证明冥王星在冰冷的太阳系外围进行着氮基冰川循环。这些由微弱光照驱动的冰川循环过程与地球表面的水文循环很相似。后者构造了地球的冰盖,而构成冰盖的水来自大洋。它们从大洋蒸发后,以雪的形式落到地面,然后通过冰川水流回归大海。”

斯特恩说:“在这方面冥王星与地球惊人地相似。在这之前,没有人预料到这一点。”

2.冥王星探测器面临终极考验

2015 年 7 月,美国媒体报道,大约在距离地球 47 亿千米的地方,新视野号探测器正走在走向与冥王星历史性约会的路上。为了实现这一壮举,它将需要实现一个非常小的目标:进入一个假想的 100 千米乘以 150 千米大小的矩形空间。

这项任务的导航仪需要将新视野号精确地放到这样一个区域中,从而确保这架探测器能够在飞越这颗遥远的矮行星期间,实现所有计划中的科学观测。

目前,新视野号探测器已经到达冥王星的上空。然而如何接近冥王星才是此次行星际航行中最棘手的任务之一。科学家需要在这几天内,对其最终的飞行路径做出决定。然而,新视野号探测器距离地球已经非常遥远,发送及接收一个信号需要 9 个小时。因此,科学家很难实时指挥探测器的行动。

负责新视野号任务导航团队的美国航空航天中心工程师博比·威廉姆斯表示:“一切都已推到了极致。”

新视野号探测器,必须在距离冥王星表面 12500 千米的高度掠过。这一高度是由探测器的飞行速度,以及它能多快翻转携带的仪器观测冥王星表面所决定的。探测器必须准确完成这一调整,其间,冥王星还会受到附近卡戎星施加的引力牵引。

在这一次最近距离的接触后,新视野号探测器必须按照一条精确的轨道,进入冥王星与卡戎星的阴影区,这是其回顾并探测这些天体的大气情况的唯一机会。威廉姆斯表示:“这里只有一次机会,它不像一颗轨道探测器。如果你错过了今天,明天就无法补回来了。”

为了寻找目标,新视野号探测器每天用其装载的长距离照相机拍摄冥王星图像。随着这颗矮行星在视野中变得越来越大,导航仪能够更为准确地计算其相对于背景恒星的位置。但它们并不能分辨出冥王星到底有多远。

该任务共同负责人、罗拉多大学空间物理学家弗兰·巴奇纳尔说:“你无法知道它是小而近还是大而远的。这真是一个非常有趣的问题,我们从未在其他行星上遇到过这种情况。”

只有在最后几天,当探测器在飞越之前足够接近冥王星,进而能够观测其左右的背景恒星移动情况时,才能够确定其距离。而在那一时刻,任务工程师将不再能够对探测器的路线进行调整。

(二)探索冥王星地质地貌的新进展

1.获得展示冥王星地貌的最新图片

高清近景图展示冥王星独特的“蛇皮”地貌。2015 年 10 月,美国媒体报道,美国航空航天局近日发布了新视野号探测器拍摄的冥王星高清近景图。通过这些迄今为止清晰度很高的照片,可以看到冥王星表面独特的“蛇皮”地貌,其上有众多冰丘,一个面积正缩小的冰川湖,以及有裂隙的冰山。

冥王星的地形地貌比科学家想象的要多姿多彩得多。冥王星的最新高清图片展示了其前所未有的地貌细节,特别是地表独特的“蛇皮”地形。其中一张最清晰的图片拍摄于昼夜分界线附近,展现了这颗矮行星广袤的表上的波纹状地形和直线山脊,这一切都令新视野号小组成员异常吃惊。

科学家还无法确定这种奇怪地貌的成因,一种猜测是板块构造运动导致了地表的波纹,或当地表温度上升时释放出了冰冻气体。最近几天,新视野号发回了大量数据,揭示了冥王星的“蛇皮”地表。

探测器还拍摄到了迄今为止最为清晰的冥王星照片,大量详细的光谱图,以及其他一些高清图。新的“扩展彩色”近景图,展现了冥王星地面的丰富色调。美国西南研究院科学家约翰·斯宾塞说:“我们对色彩变化进行了强化处理,以更好地显示出细微的色差。冥王星地表的色彩如此丰富细腻,彩虹般分布着淡蓝、黄色、橙色和深红色。许多地形都有各自独特色彩,这意味着这里有着复杂的地质和气候史,这一切都有待我们去探索解密。”

高清近景图显示,冥王星地表有着许多冰丘,一个面积正缩小的冰川湖,以及有裂隙的冰山,山体棱角分明,悬崖陡峭。被称为“斯普特尼克平原”的近景照显示,这个看上去光滑明亮的表面事实上坑坑洼洼的布满了深洞、低脊和扇形地形。科学家猜测,可能是明亮的挥发性冰丘导致这一现象,史波尼克冰可能特别容易升华,从而形成这种波纹地面。

除了这些最新图片,对冥王星部分地表绘制的甲烷冰地图显示出明显对比。“斯普特尼克平原”拥有丰富的甲烷,而被称为“卡苏鲁区域”的地区则不含甲烷。同样,斯普特尼克平原西侧的山脉,也没有甲烷。地表上的这种甲烷分布令人不解:在明亮的平原和陨石坑边缘集中有大量甲烷,而在陨石坑或者黑暗区域中心却没有甲烷。在斯普特尼克平原外围,甲烷冰似乎偏爱明亮区域。科学家还无法确定,到底是甲烷更倾向于集中在明亮区域,还是高密度的甲烷令这些区域变得更明亮。

2.研究冥王星心形区域的新成果

(1)发现冥王星心形区域充满一氧化碳和甲烷。2015 年 10 月 16 日,美国航空航天局新视野号太空飞船 2015 年 7 月飞掠冥王星以来,国际天文学家组成的研究团队,首次在《科学》杂志上发布深度研究报告,称冥王星最显著的心形区域充满了冰,而这种冰可能对人体有害,因为它由一氧化碳和甲烷构成。

这份报告称,冥王星上拥有广阔的平原、深深的坡谷和叶子形状的山脉,它的两个卫星还似乎有大量水冰闪耀着光芒。此外,冥王星似乎还很活跃,崎岖表面下的液体海洋还在不断塑造着上层结构。太阳辐射将冥王星表面照射得丰富多彩。

报告写道:“高能辐射落在冥王星的大气层和表面,每个富含氮和甲烷的较大有机碳分子,都闪耀着从黄色到深红色的不同色调。”分析表明,这些并不是很坚硬的冰。“新视野号探测到的图像显示冥王星拥有广泛的、更坚固的、可能是水冰为主的固体‘基石’,因此,我们进一步得出结论,观察到的氮、一氧化碳和甲烷冰只能是这块基石之上的一个结构层。”

报告称,冥王星表面有一个巨大的心形区域,该区域被暂命名为“汤博区”。“汤博区”东西两部分颜色各异,其中明亮而平坦的西部被命名为“斯普特尼克平原”。科学家猜测这块平原含有易挥发的甲烷冰和一氧化碳冰。而东部区域呈暗红色,只含有很少的挥发性冰。新视野号在平原上没有找到陨石坑,说明该平原比较年轻,年龄至多1亿岁。

另外一个值得强调的数据是,经过认真的测量,冥王星的直径为2374千米,比此前预计的小一点。

一周前,新视野号传回的首批彩照显示,冥王星上也有蓝天,其表面还有许多小块裸露在外的红色水冰。

新视野号太空飞船在飞临冥王星后,又奔向柯伊伯带一颗名为2014MU69的、距离冥王星10亿千米的天体。天文学家将持续分析新视野号不断传回的数据,其中一些重要结论要等到以后才能发布。

(2)揭开冥王星心形区域冰封之谜。2016年9月19日,法国巴黎第六大学研究人员坦吉·伯特兰和弗朗索瓦·福盖特领导的一个研究团队,在《自然》杂志上发表论文指出,冥王星心形区域的冰山,可通过表面特征和大气过程解释。这是科学家对冥王星数千年来气候和地形变化,进行计算机模拟重建,并结合“新视野”号探测器观测到的地貌特征得出的结论。

在冥王星表面的心形区域,有一座主要由氮冰、一氧化碳和甲烷组成的巨大冰山,覆盖了斯普特尼克平原4千米深、1000千米宽的盆地。为了理解它的起源,研究人员对5万个地球年间冥王星冰沉积物化学成分的演化,进行了数值分析。他们的研究表明,正是地形影响了冰山的形成。

此次计算机建模的过程,利用了美国国家航空航天局新视野号探测器,收集的冥王星地貌特征数据。新视野号于2006年发射升空,任务是对冥王星、冥卫一及位于柯伊柏带的小行星群进行探索,它是人类发射过的速度最快的太空设备,已于2015年7月14日飞掠冥王星,是首个探测这颗遥远矮行星的人类探测器。

就在新视野号成功飞掠后第二天,探测器传回了前所未有的冥王星局部特写,天文学家们惊喜地发现了一座覆盖着大量水凝冰的高山。其起源引起人们的强烈好奇,因为尽管甲烷和氮冰覆盖了冥王星大部分表面,但这些“材料”的强度,不足以形成如此的高山,而且不同于月球,冥王星周围没有更大的星体引力来与其相互作用,因此,肯定存在其他的演变过程形成了这样的山地景观。

在揭开冥王星之“心”冰封之谜的同时,这一新模型还预测,冥王星大多数季节性冰冻,将会在未来十年中消失。论文作者称,未来对冥王星的观测,将会为验证他们的模型提供更多的机会。

3.研究冥王星斯普特尼克平原的新成果

(1)破解斯普特尼克平原神秘多边形地带的成因。2016 年 6 月,有关媒体报道,冥王星斯普特尼克平原冰面上神秘多边形的成因,终于获得解释。发表在近日出版的《自然》杂志上的两篇论文显示,这种奇特的多边形,极有可能是数千米厚固态氮气层之间对流所导致的。

冥王星赤道地区著名的"心型区"左侧,有一个巨大的椭圆形盆地,被称为斯普特尼克平原。这里富含氮、一氧化碳和甲烷冰。根据此前的发现,其中不少由氮气形成的冰呈现出奇特的多边形。为了解释这块地形的形状,科学家们提出了热胀冷缩和对流两种假设。

在新成果中,美国华盛顿大学威廉·麦金农领导的研究团队,使用新视野号探测器的测量数据显示,当氮冰的厚度超过 1000 米时,就会发生对流,而只有这样冥王星的热力学流动条件才能得到解释。他们通过数值模拟发现,对流产生的翻转可以解释多边形巨大的横向宽度。根据斯普特尼克平原表面冰层纵向的移动速度,他们估计每过 50 万年,整个地区的表面就会完全更新一次。

研究人员称,类似冰层不断更新对流的过程,可能也发生在其他柯伊伯带的行星上。这一区域是海王星轨道以外的一个圆盘状区域,被认为存在彗星、小行星和其他含冰天体。

在另一项研究中,美国普渡大学亚历山大·特罗布里奇领导的研究团队,通过使用斯普特尼克平原上氮冰数值模型,也得出了冥王星上存在强有力对流现象的结论。此外,研究人员称,氮冰缺乏脆性变形的特点,也足以将此前的热胀冷缩假设排除在外。

2015 年 7 月,美国航空航天局新视野号探测器在飞行了 9 年、跋涉近 50 亿千米后,终于成功飞掠冥王星。这次飞掠也为科学家了解这颗"冰冻星球"提供了大量观测数据。最新发回的图像分辨率,达到每像素 80 米。科学家通过这些图像,能更好地分析冥王星不同类型的地形,确定其形成过程。

(2)分析冥王星斯普特尼克平原的特征及影响。2016 年 10 月 26 日,有关媒体报道,近日在加利福尼亚州帕萨迪纳市,召开的美国天文学会行星科学部与欧洲行星科学大会联席会议上,华盛顿大学威廉·麦金农、亚利桑那大学詹姆斯·基恩、马里兰大学西尔维亚·普罗托帕帕等行星科学家,发布了他们的最新研究成果。其中大部分成果,都围绕冥王星上的斯普特尼克平原。这是构成冥王星心形特征,位于左半部的一片冰冻的广阔区域。

2015 年 7 月,美国航空航天局新视野号探测器在飞越冥王星时,发现这颗矮行星的赤道北部有一个心形区域。如今,研究人员正在逐渐摸清这个巨大的冰盖,如何驱动冥王星从冻结表面到稀薄大气的大部分活动。

麦金农表示:"所有的路径都指向斯普特尼克平原。"研究人员已经知道这个平原大部分是由氮冰构成,并形成了巨大的冰川。它具有 1000 千米宽的庞大规模，并且至少深达几千米，这意味着它将对冥王星的运转发挥重要的影响。

基恩指出，这颗“心”甚至在自己的一侧，给了冥王星狠狠一击。在此次会议上，基恩展示了这一心形特征，如何改变了冥王星的倾斜角度。他认为，斯普特尼克平原最初可能是由一颗巨大陨石撞击形成的陨石坑，之后又被氮冰所填满。

基恩认为，冰的质量使得冥王星相对于其自转轴发生了旋转，最终使得斯普特尼克平原长期不变地面向近旁的卡戎星。他说：“冥王星一直追随着自己的‘心’。”

斯普特尼克平原还对冥王星复杂的大气造成了影响。挥发的化学物质如氮、甲烷和一氧化碳，一开始位于冥王星表面，而当温度上升，它们便会升华到大气中。随着大气变冷，挥发性气体凝结，并落回到冥王星表面，进而为后者裹上了一层“霜”。如今，冥王星正在远离太阳，所以其温度会越来越冷。

同时，新成果和新数据，也揭示了冥王星表面发生的季节性霜冻现象。普罗托帕帕利用新视野号探测器上装载的红外遥感仪器，绘制了氮与甲烷在冥王星表面的分布地图。当其中任何一种物质占主导地位时，冰便会以混合物的形式出现。

在斯普特尼克平原，温度与阳光相结合，从而形成了一个由氮统治的世界。而再向北，在北纬 55 度及以北的地区，持续的夏季阳光似乎会剥离大部分的氮，从而在冥王星的北极形成了甲烷冰。

普罗托帕帕说：“在过去的 20 年中，阳光一直持续照在冥王星的北部。”该研究成果已经在《伊卡洛斯》期刊上发表。

新视野号探测器在创纪录的飞越之后，一直在缓慢地把数据传回地球，到 10 月 23 日夜晚，所有数据已传输完毕。这些数据，将向科学家展示冥王星周围广阔的黑暗空间，而其中必将埋藏着许多未知的秘密。

冥王星曾被看作太阳系第九大行星。但国际天文学联合会于 2006 年对大行星重新定义，冥王星被降级为矮行星。冥王星体积很小且与地球相距遥远，以往人们对它知之甚少。

新视野号探测器发射升空后，主要目的是对冥王星、冥卫一等柯伊伯带天体进行考察。该探测器将成为人类有史以来最快速的人造飞行物体，它飞越月亮绕地球轨道不到 9 个小时，到达木星引力区只用了 13 个月。新视野号探测器，现在正以每小时约 5 万千米的速度前进。它近距离飞掠冥王星后，还将继续前行，进入太阳系边缘神秘的柯伊伯带，那里可能隐藏着数以千计的冰冻岩石小天体。如果一切顺利，它将成为人类第一个探索柯伊伯带的深空探测器。

4.研究冥王星独特雪山的新成果

冥王星上发现冰雪主要成分是甲烷的“雪山”。2016 年 3 月，美国媒体报道，美国航空航天局科学家约翰 · 斯坦斯伯里等人，组成的新视野号探测器项目团队，对外发布他们的最新发现说，就像地球一样，冥王星上一些高山的顶部也覆盖着皑皑“白雪”。

根据对新视野号传回照片的分析，研究人员日前发现，在冥王星一块被暂时命名为“克苏鲁”的深色区域中，有一条长约420千米的山脉，山顶被“有着异星情调的冰雪”覆盖。

“克苏鲁”是冥王星赤道地区一个狭长区域，长约3000千米、宽约750千米，表面覆盖着一层被称为索林的暗红色物质，索林是甲烷接触太阳光后形成的复杂分子。“克苏鲁”里有高山，有撞击坑，地形多变，是冥王星上最好辨认的地区之一。

最新发现的山脉位于“克苏鲁”的东南部区域。美国航空航天局公布的图片显示，这条山脉周围有着众多的撞击坑，低洼的山谷把一个个山峰隔开，山峰上覆盖的明亮“积雪”与周围平原的暗红色形成鲜明对比。

科学家认为，这些冰雪的主要成分是冥王星大气中的甲烷，冷凝后降到山顶上。斯坦斯伯里说，这种物质只覆盖在山峰顶部，这意味着甲烷就像地球大气中的水那样，会在高纬度凝结成“冰雪”。

这些照片是2015年7月14日，新视野号从冥王星旁边飞掠时拍摄的。现在，新视野号正飞往太阳系边缘一个名为2014 MU69的天体。

（三）探测冥王星大气环境的新进展

1.发现冥王星拥有一片“蔚蓝天空”

2015年10月8日，物理学家组织网报道，美国西南研究所科学家阿兰·斯特恩负责，卡莉·豪威特、詹森·库克等人为成员的新视野号探测器项目研究团队，分析探测器发布的最新数据证实，冥王星拥有一片“蔚蓝的天空”。

研究人员表示，以前从来没有在冥王星轨道边缘，分布着众多彗星和小行星的柯伊伯带，发现过如此细节。斯特恩说：“谁能预想出在柯伊伯带的蓝色天空吗？它简直美极啦。”

在地球上看到的蓝色天空现象，是因为空气中以极小氮颗粒为主散射阳光所致。而豪威特表示，冥王星上的蓝色色调更为醒目，其上像烟灰状、被称作“索林斯”的颗粒似乎要更大些，这些粒子可能是由阳光辐射分解冥王星大气中的氮和甲烷后形成的。

2.发现冥王星上氮气分子逃逸速率很低

2016年3月，一个美国天文学家组成的研究小组，在《科学》杂志上发表研究报告称，在美国航空航天局新视野号探测器掠过冥王星之前，有人曾以为这颗矮行星富含氮的大气正在以每秒1027个分子的速度消失到太空中，而现在，他们根据偶然获得的数据显示，由于大气层高处冷却作用的影响，冥王星大气的逃逸速度实际上要低4个数量级。

研究人员说，如果单独的气体分子变得足够热，并且达到逃逸速度，所有行星都会失去一小部分进入太空的大气。冥王星为什么会出现这种情况呢？一种观点认为，是像雾一样的极厚烟雾粒子层，充当了冷却剂，吸收并释放否则将加热大气层中氮气分子的太阳能。另一种观点则认为，可能是氰化氢在发生作用。这是一种最近由智利阿塔卡玛大型毫米波/亚毫米波阵列望远镜,在冥王星大气层中探测到的高效冷却剂。无论是何种机制,寒冷、稠密的大气层,有助于解释为何冥王星拥有像斯普特尼克平原一样的特征。斯普特尼克平原位于冥王星核心处,主要由氮冰构成。

研究人员指出,如果最新计算得出的逃逸速率,在太阳系45.6亿年前的历史中一直保持着稳定,冥王星会失去仅相当于6厘米厚氮冰的大气层,尽管由于冥王星轨道和倾斜度的变动,这一速率在过去可能更高。

二、探测研究卡戎星的新信息

(一)研究卡戎星地貌与大气的新成果

1.数据显示卡戎星表面地形丰富多样

2016年3月,美国新视野号探测器项目研究团队,在《科学》杂志上发表论文称,最新完成的观测数据分析显示,卡戎星表面呈现变化多样的地形地貌,而且卡戎星能通过与周围太阳风等离子体和高能粒子的相互作用,来改变自己身处的太空环境。

此次发表的一组研究论文,向人们描述了一个更加细节化的卡戎星,将有助于进一步深入研究这颗矮行星。例如,研究论文首次描述了卡戎星的丰富多样的地质特征。研究人员从观测数据中,发现了关于卡戎星地质构造等证据。

研究人员还把卡戎星与冥王星进行比较,认为冥王星表面地形如此多变,它的表面可能因为侵蚀等过程而频繁被改造,这表明在过去几亿年中冥王星发生着活跃的地貌改变过程。相比之下,卡戎星上的地貌改变没有那么活跃,其北部较崎岖、南部较平坦。

这组论文在对卡戎星与冥王星进行比较之后,得出结论认为,这两颗矮行星之间,不同之处要多于相似之处。比如卡戎星的最大特点,是具备一些古老的陨石坑和沟槽,而冥王星则没有。研究人员还对卡戎星与冥王星结冰表面的颜色及化学组成进行了分析。

2.研究表明是甲烷气体使卡戎星具有红色极冠

2016年9月,美国亚利桑那州弗拉戈斯塔夫洛厄尔天文台威尔·格兰迪主持的研究小组,在《自然》杂志发表发表论文称,矮行星卡戎星北极的暗红色极冠,可能是由被封闭的气体引起。

对新视野号所拍图像进行分析,并对冰盖演化情况的建模,有助于解释卡戎星北极极地特征是如何形成的。此前,人们推测冥王星大气层中的甲烷被封闭在附近卡戎星北极地区,并逐渐转化为红色物质,但是并无模型支持。

新视野号收集到的数据,让该研究小组得以判断卡戎星北极周边条件,是否支持捕捉并处理甲烷气体。使用已知的冥王星和卡戎星绕太阳运行轨道,对卡戎星表面环境建立模型。结果显示,卡戎星北极经历了漫长的连续低温时期,温度低到足以圈闭从冥王星大气层中逃逸的甲烷。这样漫长的寒冬,持续了100多年。模型还显示,卡戎星寒冷的北极重见阳光,引起甲烷产物转化成红色化学物质。

(二)研究卡戎星海洋资源的新成果

发现卡戎星可能拥有巨大的地下海洋。

2014年6月16日,英国《每日邮报》网站报道,美国航空航天局戈达德太空飞行中心阿莉莎·罗登亦牵头的一个研究小组,发表研究报告显示,矮行星卡戎星可能存在表面冰层且有巨大的裂缝。这意味着,卡戎星或许拥有一个巨大的、曾经温度适宜的地下海洋,即是说其曾以液态水的形式存在。这一发现,激起科学家们在此寻找地外生命的热情。

卡戎星与冥王星靠得很近,只有19640千米,两者体积相差并不悬殊,且它们始终保持同一面朝向对方。在2006年,冥王星由于体积和质量原因被"降级"后,冥王星和卡戎星一样,都被定义为矮行星。一直有天文学家认为,它们应是平等的伴星关系。

据报道,美国航空航天局天文学家依据表面冰层的厚度,建模预测了卡戎星表面不同的断裂模式、其内部结构、变形及轨道演化。通过对这颗冰冻矮行星表面裂缝的分析,研究人员认为卡戎星可能藏匿了一个曾经温暖的海洋。

鉴于液态水是已知生命形式的必要成分,这对卡戎星来说,是一个受重视和被关注的机会。但生命也需要一个可用能源,还需要大量诸如碳、氮、磷等元素,这片海洋是否有这些附加成分从而具备了支持生命的条件,还要等已出发的新地平线号探测器抵达后才能下结论。

三、探测研究谷神星的新信息

(一)谷神星探测器的收获及动向

1.黎明号探测器传回谷神星清晰图像

2015年1月27日,物理学家组织网报道,美国航空航天局黎明号太空船,传回了一张到目前为止最清晰的矮行星谷神星的图像。据报道,该图像是从远在23.7万千米外的太空中传回地球的。黎明号即将成为第一个探访谷神星的人造探测器,它将开启人类探索太空的新纪元。

美国航空航天局总部行星科学分部主任吉姆·格林说:"我们对巨大的太阳系知之甚少,感谢'黎明'号任务,很多谜团都将破解。"。

新图像的分辨率,比哈勃太空望远镜传回的图像分辨率高出30%。哈勃图像是在2003年和2004年距离谷神星2.41亿千米处拍摄的。黎明号获得如此高的分辨率,是因为它正在穿越太阳系接近谷神星,而哈勃望远镜则保持固定在地球轨道上。

新的谷神星图像显示的一个白色斑点,同哈勃图像看到的白点一致,但其性质仍然未知。当飞船靠近谷神星的时候,它的照相机系统会传回质量更好的图像。

谷神星探索任务首席科学家卡罗尔·瑞蒙德说:“我们看到了一些此前没有见过的谷神星区域和细节,比如说,在南半球有几个整体变暗的地带,可能是陨石坑。‘黎明’号的数据会帮助我们更加了解这个特殊的星体。谷神星正在吊起我们勘探细节和特点的胃口。”

直径有950千米的谷神星,是火星与木星之间小行星带中最大的天体。1801年天文学家发现它后,用罗马农业和谷物女神的名字为其命名。它最初被认定为行星,之后被更正为小行星,在2006年被最终认定为矮行星。一些科学家认为,这颗矮行星的地下深藏着过去的海洋世界,在它的冰冷地幔之下,或许还保留着液态水。

通过一个独特的推进系统供电,黎明号也对小行星带中的第二大天体、直径525千米的灶神星做了绕轨飞行。2011—2012年,黎明号传回了超过3万张图像,以及地面1800万个光学测量及其他科学数据。

科学家表示,通过黎明号的帮助,人类可以更多地理解与认识太阳系的起源和行星的形成。美国航空航天局喷气推进实验室黎明号项目主管罗伯特·马斯说:“我们很高兴能了解并与全世界分享‘黎明’号的发现。”

2.黎明号在谷神星引力轨道上空展开系统探测

2015年3月6日,美国媒体报道,当天,黎明号探测器开始进入谷神星引力轨道,在谷神星上空375千米的区间运行。迄今为止,谷神星是人类在太阳系中尚未探测过的最大天体之一,而这颗矮行星同时也有望为科学家揭示几十亿年前关于水的秘密。

如今,黎明号探测器,已在谷神星北半球的一个92千米宽的陨石坑中,发现了两个亮斑。它们可能是太阳光在冰面上形成的反光,而冰面正是行星科学家期望能够在这颗小行星上找到的东西。但解释为什么这里有不止一个亮斑,将成为有关谷神星的第一个大谜团。

黎明号项目副首席研究员、加利福尼亚州喷气推进实验室行星科学家卡罗尔·雷蒙德表示:“谷神星真的让我们感到非常惊讶。”

在达到谷神星后,黎明号探测器将成为第一架曾环绕灶神星和谷神星两颗地外天体运行的航天器。它的主要目标之一,便是探索谷神星中的水。

天文学家利用哈勃空间望远镜进行观测后认为,谷神星膨胀的方式表明,其冰冻的外壳下包裹着一颗岩石内核。2014年,科学家利用欧洲空间局的赫歇尔空间望远镜报告说,发现谷神星喷出了水蒸气。这些水分或许可以回溯到太阳系形成时的45亿多年前。

喷气推进实验室行星科学家卡斯蒂略·罗热指出,谷神星的原始海洋可能会从围岩中萃取盐分。而随着矮行星的冷却,水开始冻结,进而浓缩了液体中保留的盐分。这也就意味着谷神星曾经拥有,甚至依然存在一个埋藏的咸水海洋。天体生物学家推测,那样的地方有可能存在地外生命。

黎明号探测器将利用一种红外仪器，绘制谷神星表面矿物质图。寻找到盐分将会支持那里存在一个海洋的假设。参与该项工作的罗热表示："我真的非常兴奋。"

这架斥资4.73亿美元的探测器，在谷神星轨道上运行的初始任务，将持续到2016年6月。此后，黎明号探测器将在一条不确定的轨道中漂浮，成为谷神星的一颗人造卫星。

（二）探测谷神星水资源的新进展

1.观测到谷神星冒出的水蒸气

2014年2月，西班牙科学家米迦勒·库佩尔斯领导的研究团队，在《自然》杂志上发表研究报告说，他们分析赫歇尔太空望远镜获得的资料时发现，它以538微米波长的远红外线观测谷神星之际，曾在光谱信号中识别出清晰的水蒸气信号。赫歇尔太空望远镜在2009年5月由欧洲空间局发射升空，是体积最大的远红外望远镜。该望远镜已于2013年退役，但它提供的宝贵数据仍可供天文学家研究数年。

谷神星位于火星和木星轨道间的小行星带中，每4.6地球年绕行太阳一周。谷神星的轨道是一个椭圆形，当其运行至距离太阳较近的轨道位置时，由于温度上升，其地表冰层的一部分受热蒸发。而当谷神星抵达其轨道上远离太阳的位置时，便不再出现水汽蒸发散佚的现象。库佩尔斯说："这是我们首次找到确凿证据，证明谷神星上存在水蒸气，它证明谷神星拥有冰冻的表面和大气。"

另外，观测光谱中的信号，还存在小时尺度、星期乃至月份尺度上的变化，这是因为谷神星自身存在自转，因此发生水汽散佚的地点，会周期性地转入或转出赫歇尔望远镜的观测视野。这一特点，让研究人员得以将发生水汽散佚的地点，确定在谷神星表面的两块暗色区域。美国航空航天局的哈勃空间望远镜，以及地面上的大型望远镜，此前都曾观测到这两块颜色较深的区域。之所以水汽蒸发会发生在这样的位置上，可能是因为暗色区域更容易受热升温。

2.发现谷神星上存在冰火山的证据

2016年9月，有关媒体报道，一个由天文学家组成的研究团队，近日在《科学》杂志上发表论文称，他们利用美国航空航天局黎明号探测器观测研究后发现，在小行星带最大的天体谷神星，有一座称作阿胡纳山的奇特山脉，高达4千米，实际上是太阳系中典型的冰火山。

冰火山是由冰构成且喷出水而非岩浆的山脉。以往，天文学家在冥王星，以及土卫六上发现过可能存在冰火山的迹象，但它们表现出来的基本特征，都没有谷神星那么明显。

研究团队在谷神星表面，观察到地质历史中距今最近的一次冰火山喷发，大约发生在2亿年以内。研究人员认为，盐帮助冰降低了熔点，从而使卤水作为一种冰岩浆向上喷出。他们还表示，位于这颗矮行星另一端的陨击盆地，即一个被称为"科万"的280千米宽的区域,可能将冲击波发送到整个谷神星,并由此触发了喷发事件。

与此同时,一起发表的论文中有一篇,提到谷神星上水的存在。这已被从远处观察这颗矮行星的黎明号项目组报道过。黎明号探测器在对小行星带第二大天体灶神星进行探索后,于2015年开始绕谷神星运行。这篇文章提到,研究人员发现了需要水的黏土矿物存在的广泛证据。

另外,还有一篇文章则发现,尽管谷神星上到处都是由众多小型火山口构成的"伤疤",但它缺少大的陨击盆地。研究人员认为,这表明谷神星上存在由岩石和冰的混合物构成,并且创造了小型火山口的上地壳。同时,它是由更下面的黏性更强的冰地幔支撑的。这使得最大的陨击盆地,随着时间的流逝逐渐松弛,就像弹性橡皮泥恢复到最初的形状。

3.认为谷神星火山口内可能暗藏水冰

2016年12月,美国航空航天局黎明号项目研究团队,在《自然·天文学》杂志发表论文称,谷神星火山口坑洼下面可能含有水冰。这告诉人们,矮行星谷神星不仅是火星和木星之间小行星带中的"泥球",而且还有可能帮助科学家找出太阳系中的水。

自2015年以来,黎明号探测器一直围绕谷神星进行探测。研究团队在谷神星北极附近,确定了634个永久火山口。据报道,最新图像和数据显示,10个火山口附近发现微弱的反光亮点,可能是冰反射性沉积物。光谱分析证实其中一个沉积物为水冰。研究人员由此认为,谷神星黑暗冰冷的火山口可能含有冰冻水。

然而,研究人员并不知道水是如何到达那里的。虽然此前也有在谷神星上发现水的报告,但另一项发表在近期《科学》杂志上的新研究表明,谷神星大部分被地表下的水冰覆盖,特别是在极点附近,水的成分占据了30%左右。研究人员认为,对谷神星水冰的认知,将有助于人们更多地了解太阳系中的水情。

水冰不会长期存留在谷神星表面,因为其外层几乎没有大气层,水冰在最微弱的阳光下也能沸腾。但在谷神星北极永久黑暗的火山口内,气温能达到零下164℃。

充满水冰的冷阱在月球和水星上也曾被发现过,这在太阳系中可能是常见形态,人们希望有一天能够挖掘埋藏在月球南极的水沉积物,这种水可用于维持探月宇航员的生命,或者分解成氢气和氧气进而用于火箭燃料。但奇怪的是,月球飞船并没有观察到像谷神星那样的反射冰沉积物,只有氢的痕迹。有解释称,可能氢气被储藏在岩石和土壤中而非大冰块中,这可能导致很难在月球上挖掘到可用水。

(三)探索谷神星亮斑形成的不同见解

1.认为谷神星亮斑或为活跃冰体

2015年3月17日,德国哥廷根市马普学会太阳系研究所,行星科学家安德烈亚斯·纳秀斯领导的一个研究团队,在美国得克萨斯州伍德兰德斯市召开的月球与行星科学会议上,向外界公布了有关谷神星表面的"特征5号"图像。

美国航空航天局黎明号探测器传回的图像显示,谷神星表面的一个陨石坑内部,存在着两个闪烁的亮斑。这些亮斑被称为"特征5号",它们随着谷神星旋转着,在太阳光中进进出出而变化着角度。这一度让科学家感到困惑不解。

如今,该研究团队一项新的观测结果表明,它们可能来自某种冰羽或其他活跃的地质现象。天文学家注意到,这些图像展示的亮斑,有时甚至位于谷神星的边缘附近。通常情况下,陨石坑的侧面往往都会阻碍对位于坑底的事物的观察。事实上,所有这些可见物,从本质上表明,它们的位置相对于地面一定要高出很多。

纳秀斯表示:"令人惊讶的是,你能够在陨石坑的边缘,依然在视线范围内的情况下,观察到这些特征。"该研究团队负责处理黎明号探测器装载的一架照相机传回的数据。研究人员指出,每当谷神星的黎明来临,"特征5号"会变得更加明亮。而到了黄昏时分,它似乎便消失了。这可能意味着阳光在其中起到了重要作用。例如,通过加热谷神星表面下方的冰层,从而导致其释放某种形式的冰羽或其他特征。

此前天文学家认为,构成谷神星的物质中至少有四分之一是冰,这一比例超过了大多数的小行星。而黎明号探测器的目标,便是摸清这些冰存在于谷神星的什么地方,及其在塑造小行星的表面过程中扮演了一个什么样的角色。

有一种想法是,这些冰被一层非常薄的土壤覆盖着。由于小行星内部存在的压力,这些冰可能不定期地被喷向空中,形成高高的"冰火山"。纳秀斯在此次会议上表示:"最关键的问题是谷神星上是否有一个,或者几个活跃的区域。"

黎明号探测器项目负责人、加利福尼亚大学洛杉矶分校行星科学家克里斯·拉塞尔指出:"在这一项目的最后,黎明号探测器将以足够高的分辨率绘制谷神星地图,从而能够观察到仅为30米宽度的任何特征。随着图片精度的提高,冰羽可能将成为焦点,并揭示其本身,不管它是什么。"

拉塞尔说:"在这个项目结束的时候,我们希望表明,谷神星是一颗完完全全的行星,就像它的行星邻居——火星、地球、金星和水星那样。"

2.认为谷神星亮斑部位存在不同层次的含水盐类混合物

2016年6月29日,英国《自然》杂志及《自然·地球科学》杂志,公开发表的两篇行星科学论文,对美国国家航空航天局黎明号探测器,经过谷神星时收集的数据进行了全新分析,揭示了这颗矮行星的神秘亮斑及其表面以下的组成成分。论文指出,虽然时间可能很短暂,但谷神星的次表层中或存在一些液体。

谷神星位于火星和木星之间的小行星带,这颗星表面较为暗淡,点缀着超过130个亮斑。其中最显著的,分布在欧卡托撞击坑附近。黎明号探测器,自2015年3月开始,围绕谷神星进行考察。已发布的研究显示,这些小型明亮区域,有可能由大量的水合硫酸镁组成，其表面特定矿物质成分表明，这颗矮行星应在太阳系外围形成，但该星表面以下的组成成分此前并没有分析结果。

在《自然》杂志的论文中，意大利国家天文物理研究所克里斯蒂娜·德桑克蒂斯和她的研究团队，分析了黎明号在距离谷神星1400千米时，搭载的可见光和红外成像光谱仪收集到的数据。结果发现，欧卡托撞击坑底部的明亮物质，是由大量碳酸钠混合一种深色成分，即少量层状硅酸盐以及碳酸铵或氯化铵组成的。研究团队表示，这些化学成分是通过一种水介反应，在欧卡托撞击坑形成后从谷神星内部输送到表面的。

在《自然·地球科学》刊登的论文中，美国地质调查局迈克尔·布兰德和他的研究团队报告称，谷神星最大撞击坑的深度显示，这颗矮行星岩石外层之下的次表层，不太可能主要由冰组成。他们认为，此表层中可能只有30%~40%的冰，其余60%~70%是由岩石和低密度、高强度含水盐类和络合物混合组成。

四、研究灶神星与未知矮行星的新信息

（一）探索灶神星取得的新进展

1.探测器发回灶神星珍贵数据和图像

2015年3月，美国媒体报道，由电离氙提供动力的黎明号探测器，在2007年9月发射升空，开始长达8年超过50亿千米的星际探索之旅，最终飞往谷神星。现在，谷神星已把黎明号探测器拽入自己的引力怀抱。

2011年7月，黎明号探测器首先进入矮行星灶神星的轨道，到达了自己的第一个中转站。它对灶神星展开了14个月的探测，采集了关于这颗矮行星的珍贵数据和图像，进而发现灶神星是一个有趣的天体，其间遍布高耸的山脉并覆盖着含水的矿物质。

太阳系的小行星带，是位于火星和木星轨道间的小行星密集区域，天文学家估计这里有约50万颗种类各异的小行星。灶神星和谷神星就出现在这个小行星带，此前从未有探测器对它们进行造访。灶神星是与地球类似的岩石天体，而谷神星是典型的冰雪天体，这两个极不相同的天体竟可同处一个小行星带上，其原因也是黎明号探测器需要揭示的奥秘之一。

2.研究表明灶神星没有卫星

2015年5月，美国媒体报道，真没想到，灶神星原来一直在独自漫步。灶神星在主带小行星中重量居第二位，天文学家对其投入了大量研究。特别是，对环绕它运转的卫星，搜寻了数十年之久，最终却扑了个空。

研究人员说，近100颗主带小行星拥有卫星，而且大多数并未经过专门搜寻就被发现了。然而，尽管科学家从1987年起，便利用地基望远镜和哈勃太空望远镜寻找灶神星附近的卫星，但终究一无所获。

美国航空航天局戈达德宇宙飞行中心的露西·麦克法登介绍说：“我们观察

灶神星已有数十年,但一直没有好的理由解释它为什么没有卫星。”

麦克法登表示,寻找并且研究卫星,还能深入了解灶神星的轨道稳定性以及太阳系的演化,因为任何卫星都会记录其如何达到那里,以及在那里待了多久。她说:“所以,当美国航空航天局黎明号探测器在2011年接近灶神星时,我们无法错过再一次研究它的机会”。

美国西南研究所动力学家威廉·波特克表示,缺少卫星实在令人费解。说到灶神星两个巨大撞击坑,是一个小行星家族的来源会更加让人吃惊。他说:“这些撞击应当会产生很多残骸,而它们应该很有可能形成卫星。”

美国航空航天局的尼克·戈尔卡夫依有着另一种想法。他说:“我认为,高速旋转的灶神星在过去曾经拥有卫星,但这些卫星逐渐失去角动量并且同中心体融合在一起。”他指出,坠落的卫星拥有足够的动能,在灶神星表面形成巨大的峡谷。它们有几千米深,宽度超过10千米,长度达几百千米。如果真的是这样,这些峡谷可能记录了灶神星的卫星是如何“死去”的。

(二)探索未知矮行星取得的新进展

1.在柯伊伯带寻找未知矮行星的新成果

在柯伊伯带里发现了一颗待确定的候选矮行星。2016年7月12日,加拿大不列颠哥伦比亚大学官网报道,包括该校研究人员在内的一个国际天文研究团队,在海王星外的柯伊伯带里,发现了一颗轨道超长的矮行星。其出现将帮助揭示行星形成早期的情况,并促进人们了解太阳系“年轻”时的状况。

遵照2006年国际天文学大会对矮行星的定义,这是一类围绕恒星运转的天体,体积介于行星和小行星之间,质量足以克服固体引力以达到流体静力平衡(近于圆球)形状,并不是行星的卫星。目前最著名的矮行星,就是从太阳系大行星行列被“打入”到矮行星队伍的冥王星。不过,除了冥王星之外,属于这一类的天体很多信息仍不明确。

此次研究,隶属于“外太阳系起源调查”的一部分,研究团队利用“加拿大—法国—夏威夷天文望远镜”的数据和强大的计算机图像,搜索发现了这颗矮行星,国际天文协会的小行星中心将其命名为RR245。“加拿大—法国—夏威夷望远镜”,位于夏威夷高达4200米的莫纳克亚火山峰脊上,其有利条件是,可以使天文学家对柯伊伯带遥远的冰冷世界进行仔细观察。RR245首次被发现是在2016年2月,研究人员随后提出,这个明亮物体的移动速率如此之缓慢,它显然至少是在地球与海王星距离两倍之外的地方。

据目前对RR245轨道观察的数据推测,它绕太阳一周可能需要700年,是已知矮行星中轨道最长的一个,冥王星绕太阳公转一周的时间则为248个地球年。RR245旅行到最接近太阳时应该是在2096年前后,届时距日50亿千米;而其远日点将超过120亿千米。RR245的确切大小及漫长的轨道演化等各种属性,还需要进一步测量。而在未来几年,其精确的轨道获得后,RR245也将得到一个全新的名字。

此前,国际天文学联合会已认可的矮行星有6颗,分别为冥王星、卡戎星、阋神星、谷神星、鸟神星、妊神星。团队成员表示,大多数此类天体小而模糊,但这颗新发现的矮行星却很明亮,十分便于开展研究,将有助于揭示行星形成早期阶段的情况。

2.在太阳系边缘区域寻找未知矮行星的新成果

(1)在太阳系内冥王星外发现一颗候选矮行星。2016年10月11日,美国趣味科学网站报道,太阳系家族又添新“面孔”:美国密歇根大学天文学教授戴维·格德斯领导的研究团队,在太阳系内冥王星以外的地区,发现了一颗新的候选矮行星2014 UZ224,美国小行星中心证实了它的存在。

格德斯表示,根据国际天文学联合会(正是该联合会把冥王星降级为矮行星)公布的标准,直径约530千米的2014 UZ224应属矮行星,但可能会被认为太小,而不能被称作矮行星,这最终还需联合会来确定。

报道称,这颗矮行星直径约530千米,离太阳约137亿千米。此前太阳系内最小的矮行星是“谷神星”,它也是太阳系中唯一位于小行星带(木星和火星之间)的矮行星,直径约为950千米。

目前,除了谷神星,太阳系内另外几颗矮行星也早已被“验明正身”,但美国航空航天局的科学家认为,尚未发现的矮行星,可能有数十颗,甚至超过100颗。

研究人员说,他们历时两年才证实探测到了2014 UZ224,尽管其确切的轨道路径还是个未知数,但他们认为,2014 UZ224是太阳系内已知的离太阳第三遥远的天体。

据了解,发现这颗矮行星的是“暗能量相机”,其本来的主要任务是观测星系和超新星的运动,提供更多线索帮科学家揭示暗物质究竟是“何方神圣”。

德州大学阿灵顿分校天体物理学家曼弗雷德·昆特兹,接受美国《基督教科学箴言报》采访时说:“这项发现,将有助于我们理解位于海王星之外的天体,进一步厘清太阳系的起源、形成及演化进程。”

(2)发现拥有太阳系中已知最长轨道类似矮行星的新天体。2016年10月17日,在美国天文学会行星科学部与欧洲行星科学大会联席会议上,英国贝尔法斯特女王大学天文学家米歇尔·班妮斯特报告研究成果称,她率领的研究团队发现了一个遥远的类似矮行星的新天体,其轨道远远超出冥王星,位于太阳系的极远端。

这颗天体的非正式名称为L91,它可能正处于逐步从冰冻天体大本营的奥尔特星云,向同样冰冷的柯伊伯带转移的过程中。天文学家之前从未在其他天体中,观察到这样的现象。经过计算,L91拥有太阳系中已知最长的轨道,它环绕太阳一周需要2万多年。

L91的发现,揭示了轨道位于海王星即太阳系最远巨行星引力影响范围之外的,极端世界的更多信息。如今,天文学家还无法完全解释这些天体,最终是如何到达当前轨道的。

美国夏威夷西洛双子座天文台行星科学家梅格·施万布表示:“每一次我们

发现一颗这样的天体,便又为我们的拼图添加了一块内容。”

外太阳系起源调查项目的天文学家,在2013年使用位于夏威夷的望远镜发现了L91。研究人员对天空的一小块区域进行了详细调查,旨在记录和描述位于其中的柯伊伯带天体。

L91的椭圆形轨道,使其与地球的距离,从未小于50个天文单位而在最远的时候,这颗天体距离地球为1450个天文单位。这同时意味着,L91的轨道被强烈地拉伸着,这颗天体距离太阳非常遥远,甚至超过了赛德纳行星和2012 VP113。班妮斯特指出,L91的位置及轨道使它变得非常“迷人”。

L91可能在遥远的过去因为与海王星的引力相互作用,而被扔到了现在遥远的轨道上。俄克拉荷马大学天文学家内森·凯伯表示:“在太阳系的边缘,这是有可能发生的。”

班妮斯特和她的同事相信,在由于恒星的引力牵引而走上回归之路前,这颗遥远的天体曾被放逐了2000个天文单位。班妮斯特说:“L91的轨道,正在以一种相当引人注目的方式,发生着变化”。

然而,美国加州理工学院天文学家康斯坦丁·巴特金则不以为然。他认为班妮斯特所假设的L91首先被抛到奥尔特星云,并且如今正在向内迁移的说法太过复杂。巴特金表示,一颗看不见的巨行星,例如他和同事于2016年1月提出的“第九行星”,可能才是真正的幕后操纵者,它改变L91的轨道要更加简单与直接。

对此,班妮斯特反驳称,L91运转的轨道几乎位于太阳系的平面之内,而不是预想中的被“第九行星”拉扯之下的大角度倾斜面。

第八节　小行星与陨星研究的新成果

一、探测研究小行星的新进展

(一)搜寻与探测小行星的新成果

1.寻找小行星获得的新发现

(1)观测到仅宽2米的“袖珍”小行星。2016年12月,美国亚利桑那大学毗湿奴·雷迪领导,该校史蒂芬·缇格勒尔等学者参与的一个研究团队,在《天文学杂志》上发表研究报告称,他们发现了一颗体积非常小的小行星,它在太空中漂浮的整块岩石仅宽2米,是宇宙学家迄今为止观测到的最小行星。

研究人员说,他们使用4架不同望远镜,记录了这个接近地球的小行星的光学、红外线和雷达数据,并将其命名为2015 TC25。据报道,这颗小行星已在2015年10月掠过地球。

(2)发现与地球擦肩而过的铂金小行星。2015年7月,美国媒体报道,近日,一颗小行星与地球“擦肩而过”，因估计其核心含有约 1 亿吨铂金，而被网友称为铂金小行星，并掀起了去太空开采铂金的热烈讨论。

研究人员说，宇宙中可能富含贵金属的小行星，这并不稀奇。仅在地球附近轨道上，就有 9000 颗左右直径超过 150 米的小行星。2012 年，耶鲁大学研究人员曾发现过一颗“钻石行星”，这颗行星表面主要由石墨和钻石覆盖而成，名叫巨蟹座 55e，距离地球约为 40 光年。

研究人员强调，这颗铂金小行星之所以被如此称呼，依据的理由是这颗小行星的内核富含铂族金属，但科学家所说的铂族金属，并不是做首饰用的铂金，而是指元素周期表中第Ⅷ族元素，包括铂、钯、锇、铱、钌、铑六种金属，这其中有些金属元素在地球上也很丰富，价值并不是太高。而且，这只是科学家依据光谱特征和密度等数值，所推测的小行星的物质成分，但这些数据有不同的解释，因而存在一定误差。

研究人员指出，就像登陆月球采样探明了月球上富含氦-3 等物质一样，确认小行星上是否含有某种物质，目前最可靠的方法是登陆采样，其次是探测器飞越或环绕，近日探测冥王星的新视野号探测器，就是采用飞越方式探明其北极氮冰和甲烷冰的含量。

如此看来，即便对去铂金小行星采矿热情高涨，也需等待科学家先确认其核心是否真是铂金，才不至于空欢喜一场。

（3）搜寻到地球的特洛伊小行星。2017 年 2 月 10 日，美国航空航天局官网报道，“源光谱释义资源安全风化层辨认探测器”，正在搜寻一类神秘莫测的近地天体——地球的特洛伊小行星。研究人员表示，此次搜寻或许能探测到地球的原初组成成分。

地球的特洛伊小行星，被地球重力控制在拉格朗日点，共享地球的轨道，在地球围绕太阳旋转的时候分别在其前后追随。该探测器目前正处在追逐贝努小行星的旅程中，正通过地球的第四个拉格朗日点，离地球约 1.5 亿千米。这项任务的研究团队将利用这一机会，使用航天器上搭载的测绘相机拍摄这一区域的多幅图像，希望在此找到特洛伊小行星。

尽管科学家们目前已发现数千颗陪伴其他行星的特洛伊小行星，但迄今只为地球找到一颗特洛伊小行星—2010 TK7。科学家们推断，可能有更多特洛伊小行星共享地球的轨道，但很难从地球上发现它们的踪迹，也许是因为离太阳较近，所以淹没在太阳的光芒下。如果能发现更多特洛伊小行星，科学家们就能更好地探测它们，并寻找地球上匮乏的贵重矿物质。

该探测器首席调查员、亚利桑那州立大学图森分校的但丁·劳雷塔表示：“因为地球的第四个拉格朗日点相当稳定，组成地球的物质残余可能‘流落’其中。因此，此次搜寻或许能让我们探测到地球的原初组成成分。”

研究人员表示，不管该研究团队是否发现任何新的小行星，上述搜寻任务都大有裨益。搜寻特洛伊小行星进行的操作，非常类似于这款航天器在2018年接近贝努时，在其周围搜寻卫星和其他潜在威胁的操作，能够提前进行这些关键任务操作，将帮助该探测器在到达贝努时降低风险。

2.探测小行星取得的新成果

(1)以观察和取样方式深入勘测小行星贝努。2016年9月8日，美国航空航天局官网报道，美国东部时间当天19时5分，随着联合发射联盟的阿特拉斯5型火箭，在加利福尼亚州卡纳维拉尔角发射基地升空，搭载其上的美国航空航天局的"源光谱释义资源安全风化层辨认探测器"开始了历时7年的"猎星之旅"，奔赴亿万里外的小行星观察、取样后返回。

研究人员说，它是美国首个进入小行星并承担采样返回任务的探测器，旨在探测一颗名为贝努的小行星，并以此研究地球如何形成，生命如何开始，让人们更深入地认识那些可能撞击地球的小行星。

该探测器首席调查员、亚利桑那州立大学图森分校的但丁·劳雷塔介绍，它搭载了5台设备来探测贝努。由3台照相机组成的相机组主要用于观测贝努，并拍摄相关图像，帮助探测器选择合适的采样地点并见证采样事件；激光测高计用于测量航天器和贝努表面之间的距离，并帮助绘制小行星的形状；热辐射光谱仪研究矿物质丰度并观测红外热光谱提供温度信息；可见光和红外光谱仪主要用于测量贝努发出的可见光和红外光，确定其矿物质和有机物组成；风化层X射线成像光谱仪将观测X射线光谱，以确定贝努表面化学成分及丰度。

除了这5台探测设备，还有洛克希德·马丁太空系统公司提供的触摸和采样获得机制及样品返回舱，前者用于收集贝努表面样本，后者拥有一台隔热设备和一个降落伞，以便将样品送回地球。

按计划，重约2110千克、完全由燃料驱动的这架探测器，搭载阿特拉斯5型火箭升空后，于2018年抵达贝努，随后进入距离小行星表面约4.8千米的轨道进行为期6个月的勘测，之后利用机器手臂采集60~2000克的地表样本，并于2023年将样本送回地球。

美国航空航天局科学任务董事会执行副主席杰夫·约德说："这一任务，将有助于我们理解宇宙，以及我们在其中的位置。"

(2)探索小行星贝努的探测器修正轨道后继续飞向深空。2017年1月，美国航空航天局官网报道，新的跟踪数据证实其探索小行星贝努的"源光谱释义资源安全风化层辨认探测器"于2016年12月28日成功进行了第一次深空操作(DSE-1)，于2017年1月18日再次执行了一次较小轨道修正操作，以助其建立地球重力辅助系统并继续完成未来两年飞抵贝努的旅程。

美国航空航天局戈达德太空飞行中心的项目副经理阿尔林·巴特尔斯介绍说："DSE-1是我们第一次进行航迹改变的大型姿态调整操作，是该探测器升空后的第一个里程碑。"大调姿首次使用了探测器上的主发动机，用354千克燃料推动其速度变化达到每秒431米。来自深空网络的跟踪数据证实了调姿成功，随后遥测监控探测器的高速率下行链路显示，所有子系统按预期执行。

2018年8月抵达贝努后，该探测器将对其进行3D拍照、绘图，并寻找安全适宜的取样点。如果一切顺利，2020年7月，它将与贝努做一次5秒钟的亲密接触，抓取一小撮大约60克的表面尘土样本，并随返回舱于2023年返回地球。

该探测器远赴亿万里外“猎星”，是美国航空航天局继新视野号飞越冥王星、朱诺号探测木星后的第三个“新疆界项目”任务，其目的是希望通过对小行星的近距离观测和对行星样本的分析，加深对太阳系形成及演化、地球生命起源等的了解，以及对近地空间存在的资源与威胁的认知。任务成本为8亿美元，发射费用另需10亿美元。

美国航空航天局戈达德太空飞行中心为探测器提供全程的任务管理、系统工程及任务安全保证。洛克希德·马丁航天系统公司建造了航天器并指导了其飞行操作。搭载的科学仪器由戈达德空间飞行中心、亚利桑那州立大学及加拿大航天局提供。科学组的成员则来自全美各大学、民间科学机构和政府科研部门。

（二）防止小行星撞击地球研究的新成果

1.研究小行星撞击地球现象的新发现

发现一些近地小行星有可能撞击地球。2013年2月16日，国外媒体报道，当天一颗直径大约为46米的小行星近距离掠过地球。这颗被命名为2012DA14的小行星虽然与地球擦肩而过，但类似的近地小天体是否有可能撞击地球，让很多人有些担心。

研究人员介绍说，大多数小行星处在火星轨道与木星轨道之间，但在火星轨道的内侧，以及再往地球轨道内侧深入的范围内也有小行星存在，这些小行星被称为近地小行星。其中有的处于力学上不稳定的轨道上，因此被认为从过去到现在，一直有和地球等内行星互相撞击的事件发生。

据统计分析，直径10千米的小行星，以秒速10千米撞击地球时的能量，相当于30亿个广岛型原子弹。许多科学家认为发生在大约6500万年前的恐龙灭绝的原因，就是直径10千米左右的小行星撞击了地球。

天文专家介绍说，有可能作为太空“杀手”威胁地球和人类的不仅有近地小行星，还有近地彗星。在天文学中，常把近地小行星与近地彗星统称为近地小天体。

据美国“近地小行星追踪计划”的天文学家估计，有可能撞击地球并带来灾害的近地小天体总数大约700颗。其中令天文专家最为关注的是一颗叫作“阿波菲斯”的近地小行星，据科学家计算，到2029年，直径约300米的“阿波菲斯”与地球的距离将不到4万千米。尽管这颗小行星2029年撞上地球的危险已被排除，但在2036年仍然存在着与地球发生碰撞的可能性。

研究人员表示，为避免近地小天体撞击地球，目前一些国家的有关部门和机构正在拟订计划，制定措施，并逐步付诸实施。其要点有两方面：一是要对近地小天体建立空间警戒网，进行严密的空间搜索和有效监视；二是系统研究和掌握拦截、爆破、击毁及将其推离原来轨道等高新技术，以便化险为夷。

2.探索防止小行星撞击地球的新举措

（1）研究使用太空炸弹摧毁小行星。2015 年 6 月 22 日，英国《每日邮报》报道，美国退役宇航员艾德·卢曾说："在太阳系中，有上百万个足以毁灭纽约或更大城市的小行星，对我们虎视眈眈，而我们的挑战则是在它们撞向我们之前找到它们。"现在，制造太空飞船和核武器的美国机构，似乎在加紧步伐解决这个问题。

据报道，美国航空航天局和国家核安全局宣布，他们正在携手研究使用核武器摧毁未来可能给地球带来灭顶之灾的小行星的可能性。美国行星协会科学技术主管布鲁斯·贝特斯表示："这些机构的'联姻'意义非凡。"

科学家们认为，可能对地球造成威胁的近地小行星的数量，约有 100 万颗。但是，迄今被探测到的却屈指可数。2013 年 2 月 15 日，一颗直径 20 米的流星，在俄罗斯车里雅宾斯克市上空爆炸，其威力超过广岛原子弹爆炸 30 倍，玻璃被震碎，1500 多人受伤，尽管无人遇难，但这颗小行星向我们展示了其巨大的威力。

研究人员表示，用核武器来使小行星发生爆炸，可能会将小行星撞击地球可能产生的灾难性后果，扼杀在摇篮中。这一方法，尤其是对直径介于 50～150 米的中等规模的小行星有用。不过，另有专家表示，爆炸产生的岩石碎片可能使情况雪上加霜，让小行星偏离轨道可能是一个更好的解决方案。

其实，此前，就有人提出过使用核武器来摧毁小行星的方案。2014 年，美国爱荷华州立大学小行星偏转研究中心的研究人员，就在美国航空航天局的会议上提出了类似想法，他们表示，名为"超高速小行星拦截器"的航天器，可对威胁地球的小行星采取核打击，从而消灭即将撞击地球的小行星或者改变其轨道。这种飞船由两部分组成：一部分是动能撞击器；另一部分是核弹。动能撞击器首先在小行星上炸出一个巨大的坑，核弹头紧随而至，在炸出的坑内爆炸，把小行星炸成碎片。如果这一系统研制成功，只需提前一周告知就可发射。

过去 20 年间，美国航空航天局一直致力于寻找，直径约为 1000 米的近地小行星，他们宣称，已经"揪出"了其中的 98%。但致力于开发小行星矿产资源的"行星资源"公司表示，目前的小行星探测系统，只能追踪到围绕太阳旋转的小行星数量的 1%。该公司也是美国航空航天局此次行动的合作伙伴之一。

（2）建立预警陨石来袭的小行星防御系统。2016 年 11 月 1 日，美国国家公共广播电台官网报道，一个"大块头"陨石近距离飞掠地球，天文学家借助美国航空航天局研发的新系统，成功标记并算出其危险系数。该系统名为"侦察"，旨在防御对地球有潜在威胁的小行星。

2013 年 2 月，发生在俄罗斯的陨星事件造成上千人受伤，而全世界的宇航机构居然和普通民众一样，都是通过互联网了解此事的。此后，包括美国航空航天局在内的宇航机构，一直致力于查找并预知有可能对地球构成威胁的小行星信息。2016 年 10 月 30 日晚，一大块陨石与地球擦肩而过，此次天文学家早已利用“侦察”计算机程序算出其运行轨道，并提前预知它不会与地球相撞。

“侦察”系统现正在美国航空航天局喷气推进实验室进行测试，它可被视为一个“天体入侵者警报系统”，通过不间断扫描来自望远镜的大量数据，寻找是否有任何近地天体的报告。一旦发现，将迅速计算出地球是否处于危险中，并指示其他望远镜进行后续观察，以确定来袭危险是否属实。

3.探测研究小行星取得的其他信息

（1）建议把小行星打造成“天然太空飞船”。2013 年 11 月 14 日，俄媒体报道，俄罗斯科学家当天接受媒体采访时说，小行星今后可能成为人类太空探索和旅行的“新型交通工具”。

俄罗斯赫鲁尼切夫国家航天研究和生产中心，设计研究局负责人谢尔盖·安东年科说，绕地球轨道运转的小行星约有 1 万颗。一些小行星距离地球相当近，飞抵这些小行星比飞抵月球更容易，它们有望成为人类的“天然太空飞船”。

安东年科建议，可以先在小行星上建立永久基地，继而把它们打造为前往火星和木星的太空飞船。一些小行星定期靠近地球，比月球离地球的距离还近，人类可以轻易登陆这些小型天体。

俄罗斯科学院西伯利亚分院，生物物理学研究所所长安德烈·德格曼奇认为，人类在小行星建立基地、生存、继而前往其他行星并非不可能。首先，小行星绕轨运动可以产生重力。其次，可以在小行星上创建封闭循环生态系统，为人类生存创造条件。最后，一些小行星绕火星和木星的椭圆形轨道运转，人类可以搭乘这些“太空飞船”，前往宇宙深处。

德格曼奇说，美国有意在今后数年启动以小行星为目标的载人飞行。不过，与其瞄准小行星的矿产资源，不如先研究它们的内部构造。科学界迄今尚未获得小行星地表构成的一手数据。

了解小行星构造后，更长远愿景是“星际拓荒”，探索人类在包括火星在内的行星上生存繁衍的可能性。

（2）首次“目睹”小行星分裂。2014 年 3 月，美国加州大学洛杉矶分校戴维·朱伊特教授领导的一个研究小组，在《天体物理学杂志通讯》上发表论文称，他们发现在火星和木星轨道之间的小行星带中，有一颗小行星正以“慢悠悠的”速度裂解成差不多 10 块碎片。这是天文学家第一次观测到小行星在发生分裂。

这颗编号为 P/2013 R3 的小行星，是 2013 年 9 月首次发现的。因为看上去“模模糊糊、不同寻常”，科学家利用设在夏威夷的地面望远镜进行了进一步观测，结果在一团直径与地球相当的尘埃中，发现了 3 块碎片。

该研究小组认为值得进一步研究，于是改用精度极高的哈勃太空望远镜进行观测，很快发现这颗小行星正在裂解成约 10 块碎片，而且每块都有彗星一样的尾巴，其中最大的 4 块碎片直径近 200 米，有两个足球场那么长。

朱伊特说:“看着这颗小行星在我们眼前分裂,感觉真是非常奇妙!”他表示,这颗小行星从去年年初开始分裂,远离彼此的相对速度只有“慢悠悠的每小时 1.6 千米,比人们散步的速度还慢”。这么慢的速度说明该小行星发生分裂不是因为与另一颗小行星发生碰撞。碰撞导致的分裂一般比较猛烈。此外,该小行星与太阳的距离为 4.8 亿千米,温度非常低,因此也不可能有内部冰层升温挥发导致小行星承受不住压力而分裂的情况出现。

朱伊特猜测,这颗小行星发生分裂,是“亚尔科夫斯基效应”的结果,即吸收阳光后自转速度逐渐加快,最后在离心力作用下,小行星开始缓慢分裂。多年来,科学家一直猜想小行星会以这种方式分裂,但此前从未观测到这种情况发生。

朱伊特表示,这颗总重 20 万吨的小行星,最终将会成为流星体的丰富来源,其中绝大部分将会“葬身”太阳,但也有一小部分有一天会成为地球大气层中划空而过的流星。

二、研究陨星及其撞击事件的新进展

(一)搜寻研究陨星的新成果

1.搜寻陨星获得的新发现

发现 4.7 亿年前的新型陨石。2016 年 6 月 14 日,瑞典隆德大学伯格·施米茨领导的研究团队,在英国《自然·通讯》杂志上报告说,他们在瑞典一座石灰石采矿场,发现一颗 4.7 亿年前落到地球上的陨石。研究人员说,这颗陨石与迄今已知陨石均有明显区别,属于一种首次发现新的类型。

有关专家指出,这一发现,或将帮助人类重塑陨石历史。陨石是太阳系中偶尔坠入地球的宇宙碎片,大部分来自于火星和木星间的小行星带,少部分来自月球和火星,对研究宇宙的形成很有帮助。其中 L 型球粒陨石,是最常见陨石类型之一,约 40%被记载的陨石都属于此类。据认为,它们是约 4.7 亿年前一个较大陨石母体与一颗小行星撞击后产生的。不过,此前从没发现过这颗“肇事”小行星的痕迹。此次,瑞典研究团队在采石场中发现了一种长度不足 10 厘米的新型陨石。他们把这颗陨石命名为“东方 65 号”,同时发现的还有超过 100 颗 4.7 亿年前落到地球上的 L 型球粒陨石。为了将这颗陨石进行分类,研究人员使用了一系列岩石学及铬与氧同位素分析法,最后发现,从地球化学和岩石学角度,这颗陨石与至今为止落到地球上的已知陨石类型都有明显区别。

研究人员使用一种名为宇宙射线暴露年龄的测年方法分析后认为,这颗陨石产生于 L 型球粒陨石撞击事件发生的 100 万年之内。他们表示,这颗陨石的母体小行星,可能正是那颗撞击并导致 L 型球粒陨石母体碎裂的小行星。但他们认为,“东方 65 号”的母体小行星,也可能在与 L 型球粒陨石母体的碰撞中被基本摧毁了,从而导致这种类型的陨石过去在地球上从未发现过。

研究人员同时表示,虽然这颗小行星的母体已基本被摧毁,其残余可能还在宇宙中与定期光顾地球的L型球粒陨石一起游荡着。

2.研究陨星的新观点和新发现

(1)认为塔吉什湖陨星或是首个太阳系边缘来客。2016年8月,新科学家网站报道,2000年1月,一颗火球飞掠天空落在加拿大英属哥伦比亚西北部塔吉什湖冰面上,撒落下约500块煤球状的碎片。为此,专门组建了以美国西南研究院比尔·波特克、法国马赛天文台皮埃尔·维那扎等天文学家组成的国际研究团队。现在,经过十多年的研究后,研究人员认为,这颗陨星可能是第一个从太阳系边缘柯伊伯带来的“客人”。地球上已发现的大多数陨石,都来自火星和木星之间的小行星带,但塔吉什湖陨石的成分跟其他太空陨石都不太像,研究团队认为,它可能是在更远的柯伊伯带形成的。柯伊伯带是海王星轨道外一个巨大的环带,曾经的太阳系第9大行星冥王星也在这个带上。

该研究团队认为,在太阳系形成早期,木星、土星、天王星和海王星等巨行星不断运动,把一些碎片从太阳系边缘赶到了小行星带,有些可能会飞向地球。

波特克说:“在太阳系历史中,可能会有巨行星互相碰面的情况,他们都被海洋一般的彗星包围着。”在巨行星“会面”过程中,会将更小的天体向内赶,在短时间内形成壮丽的景观。

一种早期理论认为,太阳系曾有过第5颗巨行星,只是后来被“踢”了出去。研究团队认为,或许这第5颗巨行星的万有引力帮助吸引了最初一批小行星,而后慢慢形成了柯伊伯带。这些最初在太阳系边缘“定居”的小行星,可能解释了塔吉什湖陨星。

以往研究认为,塔吉什湖陨石属于一类罕见的D-型小行星。但维那扎说,从D-型小行星表面来看,与塔吉什湖陨石不是很匹配。

波特克说,无论塔吉什湖陨石来自柯伊伯带小行星的表面还是核心,太阳系5行星模型理论,都能解释得通。无论哪种方式,陨星撞到了塔吉什湖冰面上,给我们提供了第一批直接来自太阳系最外层边缘地带的样本,有助于人们理解太阳系的早期历史,解开地球之水哪里来的谜题。大部分研究人员认为,水是从太阳系其他地方降落到地球上的,但还不确定是什么原因带来了这些水。

(2)俄国陨石中发现首块“例外”准晶体。2016年12月,美国普林斯顿大学保罗·斯坦哈特率领的研究团队,在英国《科学报告》杂志网络版发表的论文,描述了一种新发现的准晶体。这块准晶体是在俄罗斯东部哈泰尔卡地区的一块陨石碎片中发现的,是首个在实验室合成前,先在自然界“露脸”的准晶体。

物质的构成由其原子排列特点而定。原子呈周期性排列的固体物质叫作晶体,原子呈无序排列的则是非晶体,而准晶体介于晶体和非晶体之间,拥有类似晶体的结构。准晶体的原子排列有序,这一点和晶体是相似的,但准晶体却不具备晶体的平移对称性,存在晶体不允许出现的无数种可能的对称性。

准晶体的出现违反了“自然规则”,推翻了晶体学建立已久的概念。以色列科学家丹尼尔·谢赫特曼就因发现准晶体,而一人独享了2011年诺贝尔化学奖。不过,绝大多数准晶体都是在实验室中人工制造出的。

而今出现的这块准晶体,是在哈泰尔卡陨石中发现的。研究人员从陨石颗粒中找到了这种准晶体,并发现这块颗粒中还含有天然形成的矿物二十面石。研究团队表示,与二十面石一样,新的准晶体也具有二十面体对称性,也就是说,它拥有60种旋转对称。

准晶体独特的属性使其坚硬又有弹性,且非常平滑。该研究团队认为,新发现的准晶体应该是在遭受冲击后,譬如与外太空的其他物体相撞,在高压下结晶形成的。此前研究也显示,准晶体确实可能源于环境更多变的太空中。

(二)研究陨星撞击事件的新进展

1.陨星撞击事件考古研究的新成果

(1)发现仅次于恐龙灭绝的陨星撞击事件。2013年9月17日,日本九州大学和熊本大学等机构组成的一个研究小组,英国《自然·通讯》杂志上发表研究报告说,他们近日研究,发现了约2亿年前一颗陨星撞击地球后留下的痕迹。该研究小组运用考古手段分析陨星后,认为其撞击规模,仅次于导致恐龙灭绝的陨星撞击,可能是地球上一次生物大灭绝的“罪魁祸首”。

研究人员说,这次撞击发生在约2.15亿年前,陨星的直径可能达7.8千米。导致恐龙灭绝的那次撞击被认为发生在约6500万年前,陨星直径约10千米。

研究者在日本岐阜县坂祝町的河流沿岸,以及大分县津久见市的海岸附近,发现了浓度很高的金属锇。这种金属在地表上非常罕见,但在陨星内则含量丰富。同位素分析证实,新发现的锇与地表本来存在的锇不同,其来源是陨星。

过去研究曾显示,陨星大小和含锇量存在一定关系,据此估算这颗陨星直径为3.3~7.8千米,质量最大约5000亿吨。

在加拿大魁北克省,有一处约2.15亿年前形成的,直径约90千米的火山口状凹陷,研究小组推测这个凹陷就是此次撞击形成的。撞击还使得陨星中所含成分,广泛散布到地表多个地方。

此前,考古证据曾显示,在2.37亿~2亿年前发生过一次生物大灭绝事件,称为三叠纪-侏罗纪生物大灭绝或第四次生物大灭绝。研究者认为,上述陨星撞击可能是导致那次生物大灭绝的原因。

(2)发现2亿多年前陨石撞击地球致海洋生物灭绝的证据。2016年7月,日本熊本大学和日本海洋研究开发机构等组成的一个研究小组,在英国《科学报告》杂志上刊登论文说,他们经过考古分析,发现了约2.15亿年前巨大陨石撞击地球导致海洋生物灭绝的证据。

2013年,该研究小组在岐阜县等地的地层中,发现了三叠纪晚期巨大陨石撞击地球的有力证据,研究人员推断这颗陨石的直径为3.3~7.8米。

在上述地层中,研究人员获取了多种具有远古海洋浮游动物遗体的微小化石牙形石，这些化石只有不到 1 毫米大小。通过分析这些化石，研究人员发现，巨大陨石撞击地球后，这些海洋浮游动物在约 2.15 亿年前发生了大规模灭绝。

此前，关于陨石撞击地球导致生物大灭绝的研究，只有 6600 万年前的恐龙灭绝事件。与此相比，这一新发现的时间更为遥远，而且是陨石撞击地球导致海洋生物灭绝。研究人员还将研究，那次陨石撞击对当时地球上陆地生物产生的影响。

（3）钻探到达希克苏鲁伯陨石撞击坑。2016 年 5 月，国外媒体报道，美国德克萨斯大学地球物理学家肖恩·古利克、英国伦敦帝国理工学院的乔安娜·摩根同为项目首席科学家的研究团队，终于到达了地球历史上最著名的一场灾难的“原爆点”。随着挖掘进入到导致恐龙灭绝的撞击构造中，他们已经实现了自己的主要目标，即采集墨西哥尤卡坦半岛沿岸海底 670 米以下的岩石。

研究人员指出，这些核心样本包含有少量原始花岗岩基岩，它们不幸成为距今 6600 万年前发生的一次天体碰撞的目标。当时，一颗小行星撞击了地球，形成了 180 千米宽的希克苏鲁伯撞击坑，并导致地球上生活的大多数生物的灭绝。

古利克在墨西哥湾距离大陆 30 千米的钻探平台的甲板上接受采访时说：“我们的感觉棒极了。我在这里没有多少睡眠。我们多少感到有些欣喜若狂。”

虽然科学家之前已经在陆地上钻入地下埋藏的撞击坑，但这是第一次在海上的尝试获得成功，也是第一次针对撞击坑的“峰值环”，即作为太阳系中最大撞击坑所特有的位于坑边缘内部的圆形山脊，进行的研究。

天文学家在月球、火星及水星上都曾发现过峰值环，但迄今为止，他们从来没有在地球上成功采样。该研究团队已经绘制了此次灭绝事件后，全世界的生物在钻探洞穴的更高位置上留下的印记。通过仔细分析峰值环的岩石，研究人员希望能够测试撞击坑形成的模型，同时确定撞击坑本身是否为微生物在撞击后的第一批栖息地之一。

峰值环大约是在撞击后的几分钟内形成的。研究人员指出，在撞击后，深部的花岗岩基岩就像液体一样流动，并在塌陷形成圆形山脊之前，反弹至一个高达 10 千米的位置。随后，峰值环被一层乱七八糟的岩石——被称为角砾岩——所覆盖，后者包含有大块遭受撞击的岩石及熔化物。在随后的几个小时里，海啸把大量的砂质沉积物倾泻在地球表面的这个大洞中。随着生命再次返回海洋，进一步的沉积过程缓慢发生着，并且在随后的几百万年中，石灰岩地层也覆盖其上。

就在上周，研究人员从一个深达 670 米的钻孔中获取了一个 3 米的岩心截面，该岩心包含有最初沉积在炙热的、填满液体的裂缝中的少量花岗岩及矿物质，而这是研究人员进入峰值环的第一个证据。古利克表示：“我们预测峰值环将是一个巨大的热液系统。”

这项钻探工作始于 2016 年 4 月，该研究得到了国际海洋发现计划的资助。为了避免波涛汹涌的海水，研究人员使用了一种名为起重平台的特殊船只。摩根表示：“我在许多年前便想钻探这个撞击坑。与大家一起看到这个巨大的撞击构造真是太神奇了。”

希克苏鲁伯撞击坑，是一个在墨西哥尤卡坦半岛发现的陨石坑撞击遗迹，是目前地球最大的陨石坑；希克苏鲁伯是一座位于其上的村庄。陨石坑体地表不可见。距推测，陨石坑整体略呈椭圆形，平均直径约有180千米；造成坑洞的陨石，直径推测约有10千米，撞击后完全蒸发，释放出的能量相当于120万亿吨黄色炸药，足以引发大海啸，并使大量灰尘进入大气层，完全遮盖阳光、改变全球气候，造成包括恐龙在内的大量生物灭绝。

2.运用实验论证陨星撞击事件产生的严重后果

实验求证陨星撞击是否引发全球性风暴大火。2015年1月，《新科学家》杂志报道，在白垩纪末期袭击墨西哥尤卡坦半岛的太空岩石，似乎最终彻底消灭了恐龙。但它是否引发了几乎以迅雷不及掩耳之势摧毁一切的全球性风暴大火呢？为了解答这个问题，英国埃克塞特大学的克莱尔·贝尔彻领导的研究小组，做了个“玩火”的小实验来进行论证。

实验表明，现实可能比人们想象的更加复杂。研究人员用4盏卤素灯创建了一幅小型的恐怖景象图。该想法旨在重现岩石撞击地区释放的巨大热能。研究人员把卤素灯放在一篮子诸如松树针等植物体的周围，以观察活着和死了的植被是如何被这种热量影响的。

研究人员发现，在希克苏鲁伯受撞击地区附近，即使是由计算机模拟预测的最严重的热脉冲，也只能持续不到一分钟。该过程太过于短暂，以至于无法引燃活的植物。不过，强度较低的热量能在远至新西兰的地方被感受到，并且持续了7分钟。该时间已经足够长，开始使活的植被燃烧。

贝尔彻说：“这改变了我们对希克苏鲁伯撞击事件产生影响的理解。”古生物学家可能需要从距离受撞击地区很远的地方发现的化石中寻找新的线索，以更好地理解大灭绝事件。早期的研究表明，此次撞击事件使地球变得灼热而非燃烧。该观点为关于风暴大火的争议增添了更多“佐料”。

第九节 彗星研究的新成果

一、彗星探测器的收获及动向

（一）彗星探测器直接获取的成果

1.彗星探测器直接采集到彗星的组成物质

（1）星尘号飞船成功把彗星尘埃样本带回地球。2006年1月15日，装有彗星尘埃样本的星尘号飞船返回舱，在美国犹他州沙漠着陆。这是人类历史上第一次把彗星样本直接带回地球。由于彗星是太阳系最原始的天体，在太阳系诞生46

亿年来，它几乎始终保持着形成初期的状况，同时还可能携带孕育生命的种子，因此引起了人类对其进行探测的重视。现在，人们有了彗星样本，期望通过对其研究，获得关于彗星乃至整个太阳系在46亿年前起源的信息。

星尘号彗星探测器，是美国航空航天局在1999年2月发射升空的。它已在太空历时7年，飞行了46.3亿千米。星尘号飞船重385千克，体外安装了一个特殊的防撞厚护罩，可以抵挡太空碎石的撞击。它携带的返回舱内，有一个重46千克的彗星尘埃捕获器，还有高分辨率照相机、用来获取有关彗星数据的科学仪器等。这台高分辨率照相机拍摄了72张彗星图片，使人类首次获得彗星的特写照片。

星尘号带回的彗星尘埃样本，是从太阳系边缘的“威尔德二号”彗星上采得的。星尘号有一个用气凝胶制成的网球拍状收集器。气凝胶是目前世界上最轻的固体，体内99.8%是空隙，密度只有玻璃的1/1000。但它能有效攫取速度比子弹还快40倍的星尘粒子，同时不改变它们的形状和化学成分。正是有了它，星尘号才得以在不到3分钟内捕捉到足够的彗星尘埃。

（2）罗塞塔成功获取彗星气体化学信息。2014年10月24日，欧空局网站报道，该局质谱仪首席科学家卡森·阿尔特维格领导的研究小组，通过罗塞塔彗星探测器上的设备，直接获取到67P/丘留莫夫-格拉西缅科彗星（以下简称67P彗星）气体中一些有趣的化学信息。其中包括氨、甲烷、硫化氢、氰化氢和甲醛等分子，不过它们的味道并不怎么让人愉快。从彗星上获得这些信息的，是罗塞塔上安放的质量光谱仪，当彗星靠近太阳时，它能分析出彗星气体的特征。

阿尔特维格表示，67P彗星的气味相当强烈，其中有硫化氢发出的臭鸡蛋味、氨产生的马尿味、刺鼻的甲醛味、氰化氢像杏仁一样的苦味，以及甲醛挥发出的酒精味。在这之外，还要再加上一点二硫化碳带来的甜甜香味。他说：“这就是你会闻到的独特，彗星香。”

欧空局的科学家称，现在这个阶段就检测到这么多不同的分子，已经让他们很惊喜了。

罗塞塔彗星探测器于2004年3月发射升空，经过历时10年5个月零4天、总长超过64亿千米的太空飞行，在2014年8月6日终于追上了它飞快移动的目标：67P彗星，进入距离彗星约100千米的轨道并围绕其运行。在飞行过程中，罗塞塔曾三次经过地球、一次经过火星和另外两颗小行星。作为人类首个近距离环绕彗星飞行的航天器，罗塞塔将在未来一年多时间里陪伴67P彗星接近太阳。11月12日，罗塞塔将开始执行具有高度风险的在轨机动，并在彗星释放着陆器，一旦成功，这将成为人类首次登陆彗星的壮举。科学家认为，太阳系旅行者——彗星就如同时间胶囊一样，蕴藏着太阳系形成时期留下的原始物质。对其尘埃、气体、结构及其他相关物质的研究，将有助于揭开太阳系形成、地球上水的来源，乃至生命起源的奥秘。

2.彗星探测器传回观察到的彗星图片资料

（1）罗塞塔号探测器传回首批彗星图像。2014年5月16日，国外媒体报道，欧洲空间局当天向外界公布了由罗塞塔号探测器上安置的照相机拍摄的图像。研究人员说,以追逐彗星为使命的罗塞塔号探测器,经过在宇宙空间日以继夜的以每小时数千千米的速度飞驰,终于拍摄到67P/丘留莫夫-格拉西缅科彗星喷射出的气体和尘埃,而也就在此刻,两者与太阳的距离正越来越近。

这架欧洲空间局斥资10亿欧元的探测器,在历经近3年的休眠期后,于2014年1月被成功唤醒。预计到8月,罗塞塔号探测器将有望追上67P彗星,开始对其表面进行为期两个月的绘图,探测其引力、质量、形状和大气等。而在11月,罗塞塔号探测器将向彗星表面投放着陆器——菲莱号。着陆器将在与彗核"对接"后,探测其表面和表层以下的物质成分、硬度和密度并拍照,其拍摄的照片将通过罗塞塔号探测器传回地球,供专家分析解读。预计,这项探测任务将于2015年12月结束。如果一切顺利,罗塞塔号探测器将成为人类首个近距离绕彗星运行,并在彗星表面投放着陆器的探测器。

被罗塞塔号探测器追赶的67P彗星,以1969年发现它的两位苏联天文学家名字命名。它是一颗围绕太阳运行的彗星,其彗核直径在3~5千米,围绕太阳飞行一圈的时间约为6年6个月。

科学家对于67P彗星的了解相对较少。质量约3吨的罗塞塔号探测器上的11项科学实验、着陆器及其装载的10件设备现在已被全部激活,并且甚至已经发现了一个"惊喜":67P彗星的自转速度为12.4小时——这比之前的预测缩短了20分钟。

天文学家认为,彗星由太阳系诞生初期的物质组成,由于它们自身温度极低并置身于"天寒地冻"的宇宙空间,因此自太阳系诞生以来,彗星成分几乎不变,对它们进行研究将有助于揭开太阳系形成的诸多奥秘。

天文学家希望,通过研究67P彗星及其尘埃,他们能够得到有关太阳系早期历史的更多线索,以及彗星是否在向地球传播水和基础生命物质的过程中,扮演了一个重要角色。

罗塞塔号探测器于2004年发射升空,任务是在2014年追上67P彗星,并在彗核上着陆、探测,寻找与太阳系形成和生命起源有关的信息。由于动力系统不足以将其直接送往彗星,探测器采取借助地球和火星引力的方法,4次调整速度和轨道,迂回抵达目标彗星,这一过程耗时10年。

为了节能,罗塞塔号探测器从2011年6月开始进入"深度睡眠",仅剩加热装置和闹钟系统继续工作。格林威治时间2014年1月20日10时,罗塞塔号探测器上装备的闹钟,让探测器的电脑启动,跟踪导航系统开始逐渐升温,大约6个小时后恢复正常工作。随后,罗塞塔号探测器向地球传回信号宣告"醒来"。

(2)罗塞塔传回彗星上存在有机分子链的新图片。2015年3月16日,国外媒体报道,欧空局罗塞塔号项目组研究人员,当天在美国得克萨斯州伍德兰市月球与行星科学研讨会上,展示了他们的新发现。从这些新公布的照片资料看,原来认为彗星表面特征由风塑造而成,实际上并非如此,该彗星上存在着有机分子链,所有的表面可能均由类似于沙粒的物质形成。

报道称,2014 年 11 月,登陆 67P 彗星/丘留莫夫—格拉西缅科彗星表面的菲莱号着陆器,为研究人员提供了丰富而宝贵的研究照片资料,现在研究人员正在热切地挖掘这些资料。但他们同样非常渴望唤醒这个着陆器,因为相关发现除了告诉科学家许多答案以外,也给他们留下了许多未解之谜。

菲莱号的母体罗塞塔号,目前正处于为时一周的菲莱号搜寻中期,但截至目前,仍未发现任何线索。罗塞塔号项目组科学家马特·泰勒说:"现在,我们只能通过声音寻找它。"但他认为,探测器可能直到 5 月天气足够暖时才能被唤醒。那时 67P 彗星的季节会发生变化,同时它的阴面会得到照明。因为专家认为,菲莱号处于光线分界线的阴面。

自 2014 年 8 月罗塞塔号抵达 67P 彗星至今,科学家一直为一个问题而迷惑:即该彗星很多表面特征似乎是由风塑造而成,如那些类似于在地球上看到的沙丘。但这颗彗星拥有的低密度大气应该不足以形成这些沙丘。泰勒说:"所以,我们很快进行了地表模拟,但可能不能做出极为精确的模拟,进行直接对比。"

拥有彗星表面的真实样品,将可以真正帮助科研人员,并搞清楚出现在彗星上的到底是哪种复杂有机物分子。

(3)罗塞塔传回揭示彗星秘密的紫外光谱仪近照。2015 年 6 月 2 日,美国约翰·霍普金斯大学天文学家保罗·费尔曼领导的一个研究团队,在《天文学与天体物理学》杂志网络版上发表论文称,罗塞塔探测器获得的数据显示,正在分解 67P 彗星周围大气中水分子和二氧化碳分子的是电子,而不是科学家之前预期的光子。费尔曼表示:"这真的太让人感到惊讶了。"

彗星在接近太阳的过程中,随着受热会释放出水与二氧化碳。这些气体夹杂着尘埃形成了彗星模糊的大气,以及与众不同的尾巴。在这一过程中,来自太阳的紫外线把这些分子分裂为组成它们的原子。氢原子、氧原子和碳原子都能够在紫外波长下吸收与释放光子。

通过观测这一"泄露天机"的发光现象,美国航空航天局的哈勃空间望远镜,已经在其地球轨道上发现了这些元素,但它们仅仅是以很低的分辨率,在很大的气体云团中被发现的,并且距离彗星表面达数千千米。

而如今正在环绕 67P 彗星轨道上运行的欧洲空间局的罗塞塔探测器,则有机会利用美国航空航天局的爱丽丝紫外光谱仪,为天文学家献上近距离的观测结果。

在罗塞塔探测器环绕 67P 彗星运转的头 4 个月中,费尔曼的研究团队发现,他们并没有观测到有任何原子是被紫外线"劈开"的,相反他们看到高能电子在接近彗星表面的地方形成了孤独的氧原子、氢原子和碳原子。

通过分析来自 67P 彗星的光线,爱丽丝紫外光谱仪利用这些受激原子的特征波长,以几十米的分辨率,绘制了这颗彗星的构成图谱。原子光谱中光波长的相对强度，让研究人员得以了解各种原子的比例。

在这种情况下，费尔曼表示，他的研究团队推断，这些原子是由电子从它们的分子那里分裂而来的，而非之前以为的光子，并将它们置于一种能够被爱丽丝紫外光谱仪所观测到的激发态。

一些研究人员之前曾担心爱丽丝紫外光谱仪，将很难观测到这些原子成分，这是因为它离彗星太近，导致气体不像哈勃空间望远镜看到的那样稠密。尽管事实被证明确实如此，但大量被电子劈开的原子无论如何都可以被观测到。

科罗拉多大学天文学家尼克·施奈德表示："这真是一个完美的结果。"他说："能够这么近距离地观测彗星真的很难得。"

罗塞塔探测器，是人类首个近距离环绕彗星飞行的航天器。科学家认为，彗星就如同时间胶囊，蕴藏着太阳系形成时期留下的原始物质；对彗星发散出的气体、尘埃以及彗星核结构和其他相关有机物质进行详细研究，将有助人类探清与太阳系形成、地球上水的来源乃至生命起源有关的奥秘。

（二）彗星探测器的动向与终结

1.彗星探测器阶段性动向的信息

（1）延长罗塞塔彗星探测项目。2015 年 6 月，国外媒体报道，总部设在法国巴黎的欧洲航天局近日正式确认，罗塞塔彗星探测项目，将延长至2016 年 9 月底，届时探测器将很有可能降落在 67P 彗星表面。

欧航局说，罗塞塔探测任务原本将持续至 2015 年年底，但欧航局科学项目委员会日前正式批准将该任务延长 9 个月。到那时，由于 67P 彗星将逐渐远离太阳，越来越少的光照，将无法保证围绕彗星运行的罗塞塔获得足够能量，其携带的一系列科研设备也将无法有效运行。

据悉，在任务延长的 9 个月里，项目团队将利用此前积累的经验，让罗塞塔尝试一些新的、更具挑战性的探索任务，包括飞到彗星无法被阳光照射到的阴暗区域，观测那里彗尾离子、尘埃、气体之间的互动情况，以及收集彗核附近处的尘埃样本。

欧航局指出，是否能够按目前的设想，让罗塞塔最终降落在彗星表面，尚需进一步研究。项目团队首先要研究罗塞塔在彗星远离太阳途中，以及自身接近彗星后的状态，再尝试为罗塞塔选定着陆点。着陆点确定后，罗塞塔将需要约 3 个月的时间完成着陆。

（2）菲莱彗星探测器失联数月"苏醒"与地球取得联系。2015 年 6 月 14 日，欧洲航天局网站当天发表消息称，其彗星探测器菲莱已经"苏醒"并和地球取得联系。它是历史上首个登陆彗星的太空飞船，2014 年 11 月由罗塞塔号送上 67P 彗星。

在彗星上工作了 60 个小时后，菲莱由于太阳能燃料不足而"冬眠"。现在，随着 67P 彗星距离太阳越来越近，它吸收了足够能量让自己"苏醒"过来。

菲莱项目负责人史蒂芬·乌拉梅克说:"菲莱表现得很好。它目前的工作温度在零下35℃,并有24瓦的功率。"。科学家表示,他们正期待与菲莱取得第二次联系。

欧航局科学家马克·麦考林说:"它失联长达7个月,说实话我们都不确信能否再次联系上它。"他表示,菲莱记录了大量数据,科学家希望与它取得联系后将这些数据下载下来。"现在它醒过来了,所以我们比较乐观,期待着研究它记录的科学数据。"

当菲莱首次发回登陆地点的照片时,研究人员发现它停靠在一个黑暗的沟壕里,太阳被很高的物体挡住了,减少了到达太阳能板的阳光。研究人员意识到,在其电池用尽之前,他们只有有限的时间,约60个小时来收集数据。不过估算显示,它的任务可能不会在电池用尽之时永久地结束。因为67P彗星目前正向太阳方向靠近,研究人员认为,落在其身上的光照强度应该足以让它重启。

事实证明果然如此。这让科学家舒了口气,因为他们一直担心这几个月来超低的温度,可能会对菲莱的电路造成不可修复的破坏。事实上,它的计算机和发射机都开始重新工作,这说明它很好地忍耐了一些极端的条件。

科学家现在只希望菲莱获得足够的能量来进行一系列实验。其中一个在它"冬眠"之前未实现的目标就是,在这颗彗星表面钻孔来检测它的化学成分。去年它曾试图这么做,但是失败了。它苏醒后,将会马上进行第二次尝试。

目前,67P彗星距太阳2.05亿千米,而且越来越近。8月份,在"全身而退"并折返至外太阳系之前,它将距太阳1.86亿千米,这会使67P彗星暖和起来,表面上的冰也会融化掉。如果菲莱可以继续工作的话,将允许科学家对67P彗星表面进行史无前例的观察研究。

2.彗星探测器太空旅程终结的信息

(1)"深度撞击"彗星探测项目宣告结束。2013年9月20日,美国媒体报道,在与地球失去联系一个多月后,美国航天局当天宣布,被称为"彗星猎手"的"深度撞击"探测器已经"死亡"。项目科学家说,他们"为失去一位老朋友而悲伤"。

在辉煌的8年多太空旅程中,"深度撞击"史无前例地飞近并释放撞击器击中一颗彗星,还飞近另两颗彗星近距离拍摄,此外还观察了6颗恒星,向地球发回约50万张照片。"深度撞击"一生飞行75.8亿千米,成为历史上飞得最远的彗星探测器。

自2013年8月8日突然失去联系后,项目科学家多次尝试激活该探测器上的系统,但均以失败告终。因此,项目小组不得不宣布,由于无法联系上"深度撞击"探测器,该彗星探测项目宣告结束。

项目首席科学家、马里兰大学天文学家迈克尔·埃亨在一份声明中说:"我为因功能故障而失去'深度撞击'探测器感到悲伤,但同时'深度撞击'项目为我们加深对彗星的了解做出许多贡献,我为此感到十分自豪。"

美国航天局表示,目前还不清楚“深度撞击”探测器失去联系的原因,但项目小组怀疑,该探测器电脑软件出现问题,影响了定位系统,从而导致与地球的通信中断,并使得太阳能电池板方向指向错误,最终探测器失去电力,其内部包括电池与推进系统等全被“冻死”。

“深度撞击”探测器2005年1月发射升空,7月,完成了人造航天器和彗星的“第一次亲密接触”,也使人类首次得以窥见彗星内部的物质。

2010年,“深度撞击”探测器飞近另一颗彗星哈特利2号,并进行近距离拍摄。今年,该探测器还拍摄了即将从太阳附近掠过的ISON彗星。由于通信中断,项目科学家还没有接收到任何关于ISON彗星的图像。

(2)发现菲莱彗星着陆器长眠之地。2016年9月5日,国外媒体报道,欧洲空间局宣布,彗星着陆器菲莱的最后长眠之地,已经得到证实。在距离这项探测任务结束不到1个月的时间里,研究人员终于在数十亿千米之外的地方找到了它的行踪。

9月2日,菲莱母船罗塞塔探测器拍摄的图像,清楚地展现了这架彗星着陆器及其三条“腿”中的两条。这些图像证实,菲莱位于一个悬崖的阴影之下,它被卡在一条裂缝中,并且有一条“腿”悬在空中。9月5日,欧空局对外公布了罗塞塔探测器拍摄的这一批图像。

确定菲莱的位置和方向,可帮助科学家解释着陆器在其短暂的一生里传回地球的数据。这特别有助于精炼来自于研究彗星内部的无线电仪器的数据。

欧空局罗塞塔项目科学家马特·泰勒,在该局的官方博客中写道:“这个好消息,意味着我们现在已经获得了失踪的彗星地面实况和信息。”

菲莱落脚的地方,曾对其科学使命有着巨大影响。彗星着陆器倾斜的位置,意味着彗星表面部分屏蔽了菲莱的天线,从而使其很难与地球通信,而这一背阴的地方意味着着陆器无法为其太阳能电池板充电,所以菲莱仅仅在彗星表面待了3天便进入冬眠状态。

在此之后,菲莱仅仅与罗塞塔探测器有过零星但不成功的联系。2016年7月,欧空局永久关闭了罗塞塔探测器与彗星着陆器的无线电联络。

研究人员表示,这些最新图像,每个像素的分辨率为5厘米,是在罗塞塔探测器以最近距离(仅2.7千米)掠过67P彗星的表面时拍摄的。它们确认了2015年通过将图像与来自菲莱无线电装置的数据结合后,得出的一个疑似着陆器正是菲莱。

罗塞塔探测器如今正越来越接近67P彗星的表面,从而为9月30日最终撞向这颗彗星做好准备。泰勒表示:“撞击着陆给了我们最好的完成科学任务的机会,我们将期待这一时刻的到来。”

罗塞塔探测器并不可能无限期地进行这项工作。2016年9月,支持这项探测任务的资金将会花完,而到那时,67P彗星将再次进入深空,在那里,由太阳能提供能量的探测器将会因为接收的阳光太少而无法开展工作。

撞击着陆于2014年成为科学家的首选。研究人员指出,尽管菲莱探测器在其下降过程中传回了一些数据,但罗塞塔探测器装载的传感器与仪器设备更加强劲,并且变化更多。同时后者还能够比前者更为缓慢地下降,从而使其能够搜集更多的数据,并拍摄出更好的图像。

罗塞塔探测器操控负责人西尔万·洛迪奥表示,撞击着陆最终将使这一项目硬停机,而无论以何种"温和"的方式落地。最初设计用来在轨道上飞行的罗塞塔探测器,在彗星的表面,将不再能够调整其天线与地球取得联系。

洛迪奥指出,类似的,它也将不能变换太阳能电池板的角度以获取能源,直至最终丧失动力。他说:"一旦着陆,不管你试着怎么联系它,游戏都已结束。"无论如何,罗塞塔的结局都会给故事一个恰当的结尾。

瑞士伯尔尼大学行星科学家凯瑟琳·阿尔特韦格说:"这样,罗塞塔便可以幸福地和菲莱生活在这颗彗星上了。"

罗塞塔探测器于2004年3月发射升空,经过历时10年多、总长超过64亿千米的太空飞行,按计划成功进入距离67P彗星约100千米的轨道。它是人类首个近距离环绕彗星飞行的航天器,将在一年多时间里陪伴67P彗星接近太阳。

科学家认为,彗星就如同时间胶囊,蕴藏着太阳系形成时期留下的原始物质;对彗星发散出的气体、尘埃及彗星核结构和其他相关有机物质进行详细研究,将有助人类探清与太阳系形成、地球上水的来源,乃至生命起源有关的奥秘。

二、搜寻与研究彗星的新信息

(一)寻找未知彗星的新发现

1.在绘架座β星发现原始彗星云

2013年10月5日,比利时鲁汶大学天体物理学家德·弗里斯领导的研究团队,在《自然》杂志上发表论文称,他们发现遥远恒星周围出现神秘的彗星群,其特征与太阳系中最原始的彗星存在惊人的相似之处。这一发现表明,在其他恒星系统周围的物质分布形式,有些类似于太阳系早期时期的状态。

目前,天文学家已经发现了数千颗系外行星,除了这些可能存在生命的天体外,还发现了类似太阳系外层彗星云的结构,其中包含着冰和空间岩石。

有研究认为,早在数十亿年前,地球就受到大量的彗星等天体撞击,不但提供了水资源,也包含了潜在的生命有机成分。为了了解更多关于遥远恒星系统中彗星群的信息,天文学家重点研究了距离地球大约63光年处的一个恒星系统,它被称为绘架座β星。该天体的年龄只有1200万年,但已经有一个行星,被确认存在于这个恒星系统中,与其主星的距离大约是地球到太阳距离的10倍,即十个天文单位,或者约为15亿千米。

研究团队使用欧洲空间局的赫歇尔空间望远镜,对绘架座β星系统进行扫描研究,发现恒星周围的物质,吸收了一些来自恒星的光线。研究人员通过光谱分析,识别它们是哪些材料。他们在其中发现了橄榄石晶体的痕迹,当其形成于宇宙空间中时通常该物质富含镁,如同在太阳系早期环境中出现的古老彗星物质,并不是像小行星那样聚集着富含铁的橄榄石物质。

绘架座β星系统周围的彗星云,位于较冷的区域内,距离该恒星15~45个天文单位,来自赫歇尔空间望远镜的数据表明,其中含有非常丰富镁的橄榄石物质,此外这些晶体组成了大约3.6%的尘埃物质环绕于恒星周围,使得其特征与我们太阳系中最原始的彗星存在惊人的相似之处。

弗里斯说:“我们发现,探测到了另一个行星系统中特别物质的‘光谱指纹’,在该系统中的尘埃盘显得非常昏暗。这项发现,使人感到非常惊叹。”

研究表明,橄榄石晶体,可以在距离恒星仅10个天文单位的空间中形成。事实上,由于彗星进行周期性的运行,可以将这种材料定期带离恒星周围的轨道。在绘架座β星系统周围尘埃带上出现的结晶橄榄石,与太阳系中的古老彗星存在类似之处,在这些恒星周围的物质可能具有相似的混成方式,即使绘架座β星质量达到了太阳质量的1.5倍,亮等是其8倍,也可以形成与太阳系相似的彗星云。

弗里斯认为,本次对绘架座β星系统的观测,是更好地了解行星和恒星形成机制上的重要一步。

2.首次发现“无尾彗星”

2016年5月,美国夏威夷大学、欧洲南方天文台等机构天文学家组成的一个研究团队,在《科学进展》杂志上发表研究报告说,他们在太阳系内发现了一个轨道与彗星类似,但没有彗尾的天体,其独特性质可能会为揭开太阳系形成和进化的奥秘提供线索。

大多数彗星由冰和其他冰冻物质组成,且多形成于太阳系边缘的寒冷地带,当它们靠近太阳时,构成彗核的冰物质受热蒸发,并反射太阳光而形成长长的“尾巴”。

美国夏威夷大学研究人员报告说,最初在2014年发现了这颗代号为C/2014 S3的“无尾彗星”,持续观测发现它的轨道与彗星类似,但许多方面的特征却与大多数彗星不一样,最明显的就是没有彗尾。天文学家称其为“马恩岛猫”彗星,据说是首次发现这种天体。马恩岛猫,是一种无尾猫的名字。

分析显示,这个天体的主要成分为岩石,水分含量只有常见彗星的十万到百万分之一。与常见的彗星不同,这可能是它没有像彗星那样出现彗尾的原因。此外,它绕其轨道一周需要860年,目前已经飞过了近日点,这个位置大概是地球距太阳距离的两倍,目前正飞向太阳系外缘的奥尔特云。

天文学家认为,这个天体是在地球产生时期形成的,很可能就是形成地球原始天体的一部分,然后像打弹弓一样被弹射到了太阳系外缘。

参与这项研究的欧洲南方天文台天文学家奥利维耶·埃诺表示,继续寻找同类天体并进行研究，有助探索太阳系形成的奥秘。如果能再发现50~100个“无尾彗星”，研究人员就能知道在太阳系形成早期，地球等行星是否就是在现在的位置上形成的，还是曾经在太阳系内“跳来跳去”。

（二）研究彗星内部物质的新进展

1.探索彗星拥有的化学物质

（1）首次在彗星尘埃中发现氨基酸。2009年8月17日，《新科学家》杂志网站报道称，美国研究人员第一次在彗星尘埃样品中发现了甘氨酸，这是一种结构最为简单的氨基酸。该发现证实，早期地球生命的部分构成元素来自于太空。

氨基酸对生命来说至关重要，它是构成蛋白质分子的基本单位。过去曾在陨石上发现过氨基酸，表明这种化合物有可能存在于星际空间。而在冰冷的彗星上发现氨基酸，这还是第一次。

研究人员是在对美宇航局星尘号飞船，带回的彗星尘埃样品进行分析后，发现氨基酸的。“星尘号”飞船于1999年2月发射，主要目的是探测维尔特二号彗星和它的彗发成分组成。它于2004年1月飞越维尔特二号彗星，飞越彗星时从彗星彗发收集到彗星尘埃样品，并拍摄了详细的冰质彗核图片。2006年1月，星尘号返回舱成功地在地球着陆。

在2008年，研究人员就在该样品中发现了多种氨基酸，以及含氮的有机化合物——胺类物质，但是当时没有弄清楚，这些物质究竟是源于彗星还是来自于地球污染。为此，研究人员花了近两年时间寻找答案。由于样品太少，研究工作非常艰苦。实际上，除了甘氨酸这种最简单的氨基酸外，这些样品材料均不足以用来追踪任何化合物。在只有大约十亿分之一克的甘氨酸中，研究人员检测出相对丰富的碳同位素。与地球上的甘氨酸相比，样品中甘氨酸含有更多的碳13，从而证明它们源于太空。

科学家们对地球生命的起始之谜，一直存有浓厚兴趣。以往的研究认为，在地球早期历史中，曾有小行星和彗星撞击地球，而新的发现表明这些星体携带着氨基酸。这也使人们不得不产生联想：或许生命源于太空。正如美国航空航天局戈达德航天中心的科学家杰米·艾尔希拉所言，“我们不知道生命是如何开始的，但这个发现，有助于我们了解地球原始时期的面目”。他表示，目前所研究的样品仅来自彗星彗发，而彗核则可能会含有更复杂的氨基酸混合物和更高水平的氨基酸形式。

（2）研究发现彗星上存在氨。2014年2月，日本京都产业大学教授河北处世主持的研究小组，在美国《天体物理学杂志通讯》上发表研究报告说，他们分析彗星ISON的观测数据时发现，彗星上有氨的存在。研究人员说，这是首次在彗星上发现氨，也许可以揭示彗星与地球生命起源的关系。

彗星内保留着太阳系形成初期的物质，是了解太阳系形成过程的线索。彗星ISON于2012年9月，由俄罗斯和白俄罗斯天文学家共同发现。这颗彗星于2013

年11月飞抵近日点。

2013年11月中旬，这颗彗星的亮度曾急剧增加，日本研究人员利用位于美国夏威夷的“昴星团”望远镜检测这颗彗星发出的光，以分析彗核内的物质，最终发现了由氮和氢构成的氨基的波长。研究小组分析后认为，氨基是彗核内的氨受到太阳紫外线破坏而形成的。

氨基是氨基酸的构成要素。河北处世说：“彗星内还含有其他与生命起源有关的物质，这些物质也许在地球形成初期被大量带到地球上。”

（3）在彗星上发现甘氨酸和磷元素。2016年5月，欧洲航天局等机构的研究人员，在美国《科学进展》上报告说，罗塞塔发现，67P彗星周围稀薄的气体中存在甘氨酸和磷元素。甘氨酸是一种氨基酸，而氨基酸在生命体中发挥重要作用，被认为是“生命基石”。磷元素也广泛存在于脱氧核糖核酸（DNA）和细胞膜等处，有重要的生理作用。

地球上的生命是怎么来的？有一种理论认为是彗星带来的。欧洲罗塞塔彗星探测器为此提供了新的支持证据，它发现，67P彗星上存在氨基酸等物质，它们被认为是生命形成的基石。

此前，美国航天局的星尘号探测器，曾穿越“怀尔德2”彗星的彗尾，有迹象显示其中存在甘氨酸。但由于星尘号是返回式探测器，其采集的样本可能在回到地球穿越大气层时受到污染，一些研究人员对此持怀疑态度。

罗塞塔探测器项目组的凯瑟琳·阿尔特韦格说：“这是第一次毫无疑问地在一颗彗星上探测到甘氨酸。”对于地球上生命的起源，有一种理论认为，是坠落到地球上的彗星带来了一些“生命基石”，这些物质在地球原始环境中互相作用，最终产生了生命。

欧洲航天局的罗塞塔探测器2004年升空，它携带的菲莱着陆器在2014年成功登陆目标67P彗星，是首个在67P彗星上软着陆的人造探测器。虽然菲莱已经失去联系，但罗塞塔仍在绕彗星的轨道上运行。

67P彗星诞生于46亿年前太阳系形成初期。与地球上地质变化频繁不同，彗星内部变化较少，因而好似一个在太空中飞行的“冰箱”，可能保存着最原始的物质。

2.探索彗星拥有的磁材料或磁场

发现67P彗星是典型的无磁场天体。2015年4月14日，物理学家组织网报道，在奥地利维也纳当天举办的欧洲地球科学联盟大会上，负责67P彗星磁场研究的首席科学家汉斯·尤利齐宣布：罗塞塔和菲莱探测器，登陆67P彗星后的多重测量显示，在该彗星上没有探测到磁场，这或许会让科学家重新认识太阳系的构成。报道称，相关论文发表在《科学》杂志上。

研究人员表示，彗星包含了太阳系初期的原始材料，提供了一个用以研究“较大物体”是否保留被磁化痕迹的天然实验室。研究彗星的磁场能够提供一些线索,用以探索大约46亿年前太阳系形成时期磁场扮演何种角色。目前仍不清楚的是,在行星、彗星、卫星等天体聚合过程中,究竟需要多大的磁场,才能在地球引力发挥作用前,将这些宇宙间的“建筑材料”黏合成分米、米甚至数十米大小的物质?

欧洲空间局的罗塞塔探测器,以前所未有的近距离贴近67P彗星,与着陆器菲莱一起,第一次详细考察了彗核的磁属性。据报道,菲莱的磁场探测设备,是罗塞塔着陆器磁强计和等离子显示器,而罗塞塔携带的则是一个作为系列传感器一部分的磁强计。2014年11月12日菲莱着陆过程中,罗塞塔的磁场变换使系列传感器有所感知,接下来则通过在菲莱着陆支架里的传感器,使离子显示器感知外部磁场的阶段性变化。

菲莱在彗星表面弹跳了四次,复杂的着陆过程恰好对于离子显示器感知磁场有利,科学家搜集了不同高度的精确磁场信息,发现磁场强度并不由菲莱在彗星表面的高度决定。

尤利齐解释说:“如果彗星表面是磁化的,应该能在着陆器接近彗星表面时,看到明显增加的数据变化。但在每个菲莱到访的地点,都没有发生这种状况,所以我们得出结论,67P彗星是一个典型的无磁场天体。”系列传感器首席科学家、论文合作者肯兹·格拉斯米尔强调:“在菲莱着陆过程中,罗塞塔距离彗星表面仅17千米,我们提供的磁场数据,排除了彗星表面的磁异常。”

尤利齐总结说:“如果67P彗星是所有彗核的代表,那么我们可以认为,磁场不太可能在直径大于一米的行星建筑材料中发挥作用。”

欧空局罗塞塔项目科学家马特·泰勒说:“很高兴能看到罗塞塔和菲莱的测量之间的完美配合,来回答彗星是否被磁化这一简单但很重要的问题。”

(三)研究彗星外在形状的新发现

1.发现67P彗星“脖子”上存在一条大裂缝

2015年1月,德国马克斯·普朗克太阳系研究所一个研究彗星的小组,在《科学》杂志发表论文,介绍对67P彗星的最新研究成果。科学家说,该彗星的多个特征令人意外,包括其“脖子”上有条长长的裂缝、地质形态的多样性,以及彗核的蓬松情况超过预期等。参与研究的德国马克斯·普朗克太阳系研究所史弦博士说,在各种发现中,令人首先注意到的,可能是67P彗星彗核独特的整体结构和表面形态。

彗核整体形状呈现“双瓣”结构,包括较小的“头”、较大的“身”和连接两部分的“脖子”。他说:“这种形状对解释该彗星的形成过程提出了挑战,目前还无法确定67P彗星的彗核是由两个较小的天体互相碰撞连接而成,还是一个较大的天体经历彗星活动的侵蚀而成。”彗核多个表面形态也是第一次看到。在罗塞塔拍摄的高清图片上,可以见到67P彗星“脖子”上横着一条清晰的裂缝。研究人员说,这条裂缝大约有500米长,目前还不清楚这条裂缝是否由机械压力引起,以及是否会导致彗星从这里裂成两半。

罗塞塔已对67P彗星约70%的表面部分进行了成像,其余看不见的部分位于彗星南半球。已成像区域可划分为5种地质形态:尘埃覆盖区域、岩石样表面区域、带有小型坑状结构和环形结构的区域、大型洼地和平滑地带区域。多样的地质形态出人意料,因为一般认为彗星各个部分大体上由同种材料构成,表面地质形态应大致相同。照片还显示,67P彗星表面存在着沙丘波纹状结构,有些石头后面还被“吹”出了风尾,可彗星并不像地球那样有风的存在。研究人员认为,这可能是因为彗星在被加热时,冰挥发形成大气或彗发,尘埃也随着气体逃逸,但速度不够快又落回彗星表面,形成了这些特殊的地质特征。另一个出人意料的地方是,67P彗星释放气体主要发生在“脖子”部分,而不是“头”和“身”。整体而言,67P彗星彗核的表面,主要覆盖着尘埃和富含碳的有机分子,水冰较少,而其核心由尘埃、岩石和冷冻气体组成,相当通透与蓬松,这一发现可以用来帮助改进彗星模型。

2.揭示67P彗星两瓣椭球体独特形状的成因

2015年9月28日,意大利帕多瓦大学天文学家利玛窦·玛西罗妮领导的研究团队,在《自然》杂志上发表研究报告称,构成67P彗星独特形状的两瓣椭球体,曾经是不同的天体,各自形成之后才融合在一起,这对了解其他彗星形状的形成也具有借鉴意义。

67P彗星由一个较大的椭球体和一个较小的椭球体构成,两者中间有一个较细的“脖子”区域连接,因此使得67P彗星被比喻成“橡皮鸭子”。此前,研究人员不清楚这种奇特的形状是由两个曾经不同的天体融合而成,还是由于彗星中心区域的局部腐蚀造成。此次的研究,阐明了67P彗星形状的渊源。

该研究团队,通过使用罗塞塔探测器上的奥西里斯成像系统发现,67P彗星上的椭球体是由“洋葱”般的分层组成的。横跨了彗星的地质分层显示,较大的椭球体是由厚度高达650米的岩层组成的,而且这种分层独立于较小的椭球体的类似分层。这些发现和重力矢量数据一起表明:67P彗星的形状,是由两颗独立的、分层星体低速撞击融合形成的。

由于组成彗星的两个椭球体的结构和组成的相似性,作者认为,这两个直径1千米的子彗星,在融合前是通过相似的吸积过程,在太阳系形成早期诞生的。

第四章　探测恒星与超新星的新进展

恒星指自身能发光和发热的星体，通常由引力凝聚在一起的离子化气体状物质组成，与地球最接近的恒星就是太阳。地球上夜晚肉眼看到的恒星，几乎全在银河系内。过去人们认为这些星体的位置是固定不变的，所以将其称作恒星。实际上，任何恒星都在不停地运动中，只是由于与地球相距遥远，不容易发现它们的位置变化。超新星是恒星在演化接近末期时出现的形象，它伴随着剧烈的爆炸诞生，这种爆炸会产生巨大的电磁辐射。经测算可知，一颗超新星几周内产生的辐射能量，可与太阳一生的辐射能量总和相媲美。21 世纪以来，国外在恒星领域的研究，主要集中在寻找到质量巨大的、不同年龄的和不同形态的恒星和恒星系；发现恒星周围存在着高温水蒸气、存在与生命起源相关的有机物质；发现大部分恒星拥有影响演化机理的强磁场，观测到巨大原始恒星喷射气流的旋转方向。同时，对恒星特有功能、恒星探测方法和图谱等展开探索。国外在矮星领域的研究，分别探测过白矮星、红矮星、黄矮星和褐矮星，找到含有氧气或生命基本组成成分的白矮星，发现了迄今最冷的褐矮星。国外在超新星领域的研究，主要集中在寻找超新星爆发后形成的新天体，寻找地球周围出现的超新星，研究超新星爆发前后的某些特征。同时，发现大量恒星出现超新星爆发会使星系停止造星。

第一节　观测和研究恒星的新成果

一、恒星和恒星系搜索工作的新进展

（一）寻找到质量巨大的恒星和恒星群

1.观测到气体云相撞产生的巨大新恒星

2015 年 3 月，日本媒体报道，名古屋大学研究生院教授福井康雄信领导的研究小组，观测到一颗由一大一小两个密度很高的气体云相撞而诞生不久的巨大新恒星。这是科学家首次发现刚刚形成的巨大恒星，将有助于弄清巨大恒星的形成机制。

研究小组利用位于南美智利的射电望远镜“南天 2”号等进行观测时，在盾牌座方向离地球约 1 万光年处，发现一个质量相当于太阳 20 倍的巨大恒星。

根据观测数据，研究人员确认这颗恒星诞生不到 10 万年。他们经分析认为，

有一个直径约 10 光年的分子气体云以每秒 10 千米的速度撞击另一个直径超过 20 光年的大型分子气体云，小气体云陷入大气体云之后，由于分子气体受到强烈压缩，在大气体云中凹陷的部位产生了这颗巨大恒星。

研究人员指出，质量相当于太阳 15~120 倍的巨大恒星数目非常少，围绕它们的诞生机制仍有很多谜团有待解开。

巨大恒星寿命终结时会出现超新星爆发，向周围散布重元素，这些元素成为形成下一代恒星的原料。因此，巨大恒星对星系和宇宙的演化有很大影响。

研究人员计划今后继续研究，弄清分子气体压缩并在压缩过程中形成恒星的经过，从而帮助弄清宇宙是如何演化的。

2.利用哈勃望远镜发现超大的新恒星群

2016 年 3 月，天体物理学家保尔·克劳瑟领导，天文学家卡巴列罗·涅韦斯等参加的一个研究团队，在英国《皇家天文学会月刊》上发表研究成果称，他们利用美国航空航天局哈勃太空望远镜在星团 R136 中发现超大质量的新恒星群。

据悉，这一超大恒星群中的 5 颗恒星为最新发现，其质量均在太阳的 100 倍以上。另外 4 颗在 2010 年被发现，其质量均在太阳的 150 倍以上。它们是目前科学家发现的最大的恒星样本。

报道称，星团 R136 的宽度只有几光年，坐落在蜘蛛星云，距地球约 17 万光年。这一年轻的星团中有很多质量极大、明亮炽热的恒星，它们的能量主要以紫外线的方式辐射出来。天文学家也正是通过紫外线发现了这些超大质量恒星的存在。这 9 颗超大质量恒星不但质量极大，而且极为明亮，它们加在一起亮度是太阳的 3000 万倍。除此之外，科学家还在这个星团中发现十几个质量超过太阳 50 倍的恒星。

天文学家还通过紫外线研究了这些庞然大物释放出的能量，并发现它们每个月都以 1%的光速喷射出相当于地球质量的物质。也就是说，它们短暂的生命一直在经历剧烈的“减肥”过程。2010 年，克劳瑟与他的同事，在星团 R136 中发现 4 颗超大质量恒星时，很多天文学家感到非常惊讶。因为它们的质量超出了公认的恒星质量的上限。现在，最新普查发现的 5 颗庞然大物，再次提出超大质量恒星是如何形成的问题，因为它们的起源依然不为人知。

涅韦斯解释说，有迹象表明，这些庞然大物可能是由双星系统中质量稍小的恒星合并而成的。但从已经了解到的超大质量恒星的合并频率来看，这个理论无法解释星团 R136 中出现的所有的超大质量恒星，因此这些恒星似乎有自己的起源过程。为了找到这一问题的答案，该研究团队将继续分析收集到的数据集。

（二）搜寻到不同年龄的恒星和恒星系

1.新发现高龄古老的恒星和恒星系

（1）发现宇宙诞生不久产生的古老的恒星。2014 年 2 月 10 日，国立澳大利亚大学斯特凡·凯勒博士领导的研究小组，在《自然》杂志上发表研究成果称，他们发现了一颗目前已知最古老的恒星。这一发现,让天文学家们第一次能够研究古老恒星的化学成分,更清楚地了解宇宙的婴儿阶段。

这颗恒星距离地球约6000光年,在天文学上算较近的距离,其构成显示,它是在137亿年前诞生宇宙的"大爆炸"后不久、紧接着一颗质量为太阳约60倍的原始恒星之后诞生的。凯勒博士说:"这是第一次我们能够肯定地说,我们已经找到了第一颗恒星的'化学指纹'。"

研究人员指出,要形成太阳这样的恒星,需要有从"大爆炸"而来的基本元素氢和氦,然后加上约为地球质量1000倍的铁。但是,这颗古老恒星却只有少量铁和大量的碳。它与太阳等恒星形成的显著不同,可以让人们了解宇宙中原始恒星的形成和死亡过程。

凯勒说,此前人们认为,原始恒星死亡时会发生极其巨大的超新星爆发,喷发出大量铁元素。但新发现的恒星显示,在它之前的原始恒星死亡时,释放出的主要是碳和镁等较轻的物质,而没有铁。

凯勒指出:"这显示,原始恒星的超新星爆炸释放出的能量非常低,尽管这能量足以让原始恒星解体,但铁等所有重元素都被爆炸中心产生的黑洞吸收了。"这一研究结果,可能有助于解释"大爆炸"理论的预测与实际观测之间长期存在的差异。

这颗恒星是使用国立澳大利亚大学"天图绘制者"望远镜发现的,它能够根据恒星的颜色分辨其含铁量。有关机构正在实施一项为期5年的绘制南半球星空数字星图的项目,采用该望远镜搜寻古老恒星。

(2)确认144.6亿岁的最长寿恒星。2014年11月,物理学家组织网报道,目前,土耳其安卡拉大学比罗尔领导的天文学家研究团队,再次确定宇宙中迄今最古老恒星HD 140283的年龄为144.6亿岁,同时表明宇宙的实际年龄要比既定的大一些。

通常认为,宇宙是由一个致密炽热的奇点,于137亿年前一次爆炸后膨胀形成的。1929年,美国天文学家哈勃,提出星系的红移量与星系间的距离成正比的哈勃定律,并推导出星系都在互相远离的宇宙膨胀说。基于这一推论,宇宙中一切天体的年龄都不应超出这个"宇宙龄"所界定的上限。恒星的年龄可以从它们的发射功率和拥有的燃料储备来估计。根据热核反应提供恒星能源的理论,人们得到的天体年龄竟与"宇宙龄"协调一致,这对大爆炸宇宙模型当然是十分有力的支持。

恒星HD 140283距离地球190光年,位于天秤座星群里的贫金属次巨星,其视星等7.223,几乎由氢和氦组成,铁含量不到太阳的1%。2013年,天文学家最初确定其年龄时,不禁感到困惑了。根据宇宙微波背景辐射估计,目前宇宙年龄为138.17亿岁。而它似乎大约有144.6亿岁,比宇宙本身还大。这种罕见的恒星似乎相当古老,以至于可以将其称为长寿之星了。此外,其作为一个高速的恒星为人所知有一个世纪左右,但它在太阳附近存在和其组成却有悖理论。

当然,最终揭示这颗“老寿星”的年龄估计误差,实际上比原来的研究更宽泛,天文学家给这个边际增加了8亿年。该误差边际,可能会使这个在宇宙中已知最早的星体年轻了许多。不过,仍在自大爆炸以来的时间界限内。那么,这个年龄的上限是多少呢?

据报道,目前,比罗尔提出是否有这种可能:这颗恒星与最初测量的一样老,但仍处于“大爆炸的边缘”?他采用宇宙辐射模型计算宇宙年龄为148.85±0.4亿岁,最低限度的比微波背景辐射估计推算宇宙的年龄稍微年长一些,随之也很容易地调整出HD 140283的原始年龄。

有趣的是,比罗尔的宇宙辐射模型理论,给哈勃常数提出了一种新的动态值,表明自从大爆炸后44亿年宇宙膨胀已经加速,很可能容纳了暗能量。此外,这种加速增长率本身是缓慢的,转而可能由暗物质占据。暗物质和暗能量已被广泛讨论、争议的物理现象,但有观测证据表明它们是真实的。此外,宇宙辐射模型暗示,描述量子大小的普朗克常数并非是单纯的常数,而是一个宇宙变量。

(3)观测到宇宙诞生初期第一代恒星的身影。2015年7月,葡萄牙里斯本大学天文学家大卫·索布拉尔领导的一个国际研究团队,在《天体物理学杂志》上发表研究成果称,第一代恒星的爆炸把碳、氧和其他元素注入宇宙,如今,他们已经观测到一些宇宙诞生初期第一代恒星的身影。此类星体在理论上被认为比太阳大上百倍,并且仅由原始的氢、氦和宇宙大爆炸所留下的少量锂构成。它们中最早的形成于宇宙诞生后最初的几亿年间,并且在以超新星的形式爆炸前仅存在了几百万年,而这些超新星为含有丰富元素的更多恒星的出现播下了种子。

近日,天文学家表示,他们在迄今观测到的最亮的遥远星系中,发现了一个“大器晚成”的此类恒星群。这些恒星,依然保留着在宇宙处于8亿年(仅为其现在年龄的6%)左右时的样子,在组成成分上也很原始,但比一些第二代恒星的形成距现在还要更近一些。如果这些发现得以证实,它将意味着这些难以捉摸的“怪物”,要比天文学家此前认为的更加容易探测。索布拉尔说:“以往关于这些恒星的研究,完全是理论上的。现在,我们首次开始获得能测试这些恒星理论的观测结果,并且开始了解它们是如何形成的。”

这项惊奇地发现,是该研究团队利用美国夏威夷莫纳克亚山昴星望远镜,对天空进行大面积扫视后得到的。他们利用3台望远镜扫视了特别亮的星系,并且发现了来自其中一个被命名为“宇宙红移7号”(CR7)星系的神秘信号。它是以葡萄牙足球运动员克里斯蒂亚诺·罗纳尔多命名的。来自CR7的光线光谱证实了电离氦的存在,这表明光线来源极端炎热。索布拉尔介绍说,在这样的温度下,任何存在的碳和氧也应该会被电离。不过,光线中并没有这些元素的信号,这有力地证明它来自第一代恒星。

(4)发现银河系中已知最古老的恒星系。2015年1月27日,英国伯明翰大学天体物理学家比尔·卓别林领导的研究小组,在《天体物理学杂志》网络版上发表研究报告说,他们发现了银河系中已知最古老的一组行星及其恒星系,这5颗炙热并且可能由岩石构成的天体的年龄,是太阳系的2倍多。对这一古老系统的进一步研究,将为了解星系中行星形成的早期阶段带来曙光。这项发现说明,类地行星的形成遍布宇宙的几乎整个历史,为寻找外星生命提供新的线索。

卓别林介绍说,这一行星系统的母星是开普勒-444,这是一颗距离地球117光年的与太阳类似的恒星,位于天琴座,个头略小于太阳。开普勒-444非常明亮,用双筒望远镜很容易找到。

研究小组对美国航空航天局(NASA)的开普勒项目收集的数据,进行了几年的分析研究。该空间望远镜,通过对银河系的一个区域进行观测,力图发现与地球类似的行星。而对于开普勒-444的研究,似乎已经让科学家得了一个大奖。

卓别林指出,这5颗行星由于距离恒星太近而不可能位于星系的宜居带中,因此它们的表面不可能存在生命。实际上,这些行星的表面温度比水星热得多,因此任何大气或海洋可能在很久之前便随着不断汽化而消失了,只留下烤焦的岩石表面。

为了估算开普勒-444的年龄,研究人员分析了恒星亮度的微弱变化:在一年的时间里,望远镜每一分钟便会采集一次恒星的亮度数据。这些变化,使得天体物理学家得以计算恒星内部的音速,从而让研究人员能够推断恒星内部的氢氦比例。这是确定一颗恒星在其演化的过程中走了多远的关键。天文学家认为,在我们的太阳系中,行星在太阳出现后很快便已形成。卓别林说:"在地球形成的时候,这一恒星系中的行星便已经要比今日的地球更为古老。"

2.新发现正在孕育中的年轻恒星系

首次观察到"孕育"中的新恒星系。2015年9月,英国利兹大学物理与天文学院伊格纳西奥·曼迪古蒂亚博士领导、该校莱尼·奥德梅亚教授为主要成员的国际研究小组,在英国《皇家天文学会月刊》发表研究报告称,他们利用位于智利天文台的"甚大望远镜干涉仪"(VLTI),首次成功观察到,一个恒星"胎胞"内部最深处正在迅速成长的恒星系HD100546。

曼迪古蒂亚说:"迄今还没有人这么近地探测过一颗正在形成中的恒星,而且在离它很近的地方还有至少一颗行星。我们第一次探测到从气盘最中心发出的辐射,没想到像是一颗年轻恒星发出的,没有任何行星活动的迹象。"

HD100546是一颗年轻的恒星,只有太阳年龄的1‰,被气体和尘埃组成的圆盘环绕。这种气盘在年轻恒星外围很普通,叫作"原始行星盘",可以形成行星。但围绕HD100546的气盘却非常奇怪:气盘中有个约为日地距离10倍宽的鸿沟。

曼迪古蒂亚说:"内盘的气体只能存在几年,就会被中心恒星吞噬掉,所以它一定是在不断地以某种方式补充养料。我们认为,鸿沟中可能有正在形成的行星,由于行星万有引力的影响,促进了物质从富含气体的外盘向内盘转移。"

奥德梅亚说:“该恒星离我们那么远(325 光年),这就像从 100 千米以外看一个针尖大小的东西。”

在已知的类似 HD100546 的恒星系中,原始行星盘中有一颗行星和一个鸿沟的极为罕见。奥德梅亚说:“该恒星大小跟我们的太阳系差不多。通过观察 HD100546 恒星系中的内气盘,我们可以理解含有行星的恒星最早期的情况。”

(三)探测到不同形态的恒星和恒星系

1.新发现人类迄今观察及测量到的最圆恒星

2016 年 11 月,物理学家组织网报道,德国马克斯普朗克太阳系研究所和哥廷根大学联合组成的一个研究团队观察到迄今为止人类所见的最圆天体,并将其确认为一颗恒星——开普勒 11145123。这颗恒星,在遥远的宇宙空间中,完美地展现了自然造物的巧夺天工。

在我们通常的认知中,宇宙间的星体并不是完美的圆球,当它们旋转时,会由于离心力而趋向变平,旋转速度越快,星形越扁平。相对于地球而言,我们熟悉的太阳自转周期是 27.275 天。而恒星开普勒 11145123 是在慢慢地旋转着,它的体积超过太阳的 2 倍,转速却不及太阳的 1/3。

德国研究团队成功地以前所未有的精度,测量了这颗慢速旋转恒星的扁率,即将星体视为一个椭球体,考察其扁平程度。开普勒 11145123 支持纯粹的正弦振荡测量,于是研究人员利用星体动力学中对于恒星振荡特性的研究,揭示了该星赤道半径(从地心到赤道的距离),与极半径(从地心到北极或南极的距离)之间的差异,只有 3 千米。该数字之小,震惊了所有研究人员,因为这意味着这颗明亮、炽热的恒星,是一个惊人的圆形天体。

这也是人类迄今观察及测量到的最圆天体。开普勒 11145123 比我们的太阳要圆得多,不过团队研究人员劳伦·积森表示,随着望远镜项目的扩展,其他可以用这种方法测量的星体也会出现。现在,团队已决定将该测量方法推广到更多的星体上,包括应用于开普勒太空望远镜,以及即将展开的柏拉图(PLATO)太空望远镜项目,后者的任务将测量类地行星及众多星球的频率,并通过分析星球表面的气体波动以探索其内部构造。

2.新发现一批由两个恒星并合形成扁扁的“南瓜”星

2016 年 10 月 27 日,美国航空航天局官网报道,该局艾姆斯研究中心高级研究员史蒂夫·豪厄尔领导的研究团队,利用开普勒望远镜和雨燕探测器,观测到一批高速旋转的恒星,其产生的 X 射线是太阳 X 射线峰值水平的 100 多倍。这些恒星,因旋转速度太快而被压扁成南瓜形状。研究人员认为,这是由密近双星造成的,在这种双星系统中,两个类日恒星发生了并合。豪厄尔表示,太阳平均自转一圈需要近一个月,而新发现的这 18 颗恒星平均仅需几天。他说:“这些恒星同样会出现恒星黑子、耀斑和日珥等活动,但如此快的自转速度,让这些活动发挥到极致”。其中 10 个新发现恒星比太阳大 2.9 倍到 10.5 倍,表面温度比太阳稍高或略低。天文学家将它们分成次巨星和巨星两类，它们大多处于比太阳更高级的进化阶段，最终将成为更大的红巨星。

这批恒星中最大的当属一个 K 型橙色巨星，被命名为 KSw 71，比太阳大 10 倍，但是更冷，颜色更红，自转速度比太阳快 4 倍，自转一圈仅需 5 天半，而产生的 X 射线则比太阳峰值多 4000 多倍。KSw 71 被认为，是紧密近双星系统里两个类日恒星并合后才形成的。

开普勒空间望远镜观测区域覆盖天鹅座和天琴座的一部分，研究人员利用它已发现 93 个新的 X 射线源，很多 X 射线源都是此前在 X 射线或紫外线中未发现的；研究人员还利用加州帕洛马山天文台的望远镜获得了最亮光源的光谱，该光谱展示了这些恒星的化学组成。

3.新发现罕见的三星盘联的恒星系

2016 年 10 月，外国媒体报道，丹麦哥本哈根大学尼尔斯·波耳研究所克里斯琴·布林克领导的研究小组报告说，他们发现了人们从未见过天文奇观：两颗恒星各自被包裹在一个形成行星的星盘中，第三个更大的星盘环绕着整个系统。这个被命名为 IRS43 的恒星系，位于距离地球 400 光年的地方。宇宙中充满了被行星和形成行星的星盘围绕着的恒星。它还是很多联星系统的家园，其中每颗恒星有其自己的行星星盘，即由气体和尘埃组成的旋转盘。尽管这样的情况比较罕见，但人们已经知道联星系统中的一些行星，会围绕两颗恒星运转。

布林克说，在 IRS43 系统中，所有的 3 个星盘彼此之间均相互倾斜，使该系统在已观测到的宇宙中具有独特性。IRS43 中的两颗恒星都很年轻，约相当于太阳的年龄。每颗恒星的星盘都与太阳系的规模类似，可能正处于行星形成过程中。

这些行星不能直接观测到，因为它们在灰尘的掩盖下非常模糊，但是人们可以利用智利北部的阿塔卡马大毫米波/次毫米波阵列，跟踪它们形成的天域。

他还指出："如果这些星盘在诞生时方向是偏离的，不在一条直线上，那么这种偏离可能是形成过程中发生的结果，如此一来我们会认为这样的系统非常普遍。然而，如果这种偏离是喷射而出的第三颗恒星造成的结果，那么类似这样的系统将非常罕见。"

二、恒星周围物质构成要素研究的新发现

（一）发现恒星周围存在着高温水蒸气的迹象

发现大质量恒星周围存在高温水蒸气旋转圆盘。

2014 年 3 月 4 日，日本国立天文台发表一份公报称，其助教广田朋也率领的研究小组发现，在刚刚诞生的大质量恒星周围，存在着由高温水蒸气形成的旋转圆盘。

研究小组观测的是位于猎户座大星云中 KL 星云内的一颗刚刚诞生的大质量

恒星,称为“电波源 I”。研究小组利用南美智利的 ALMA 射电望远镜进行观测,成功地捕捉到了“电波源 I”周围,由 3000 开氏温度的高温水蒸气发出的电波。

研究小组将观测数据与过去利用日本国内的 VERA 射电望远镜等获得的观测数据组合在一起,发现含有高温水蒸气的气体是一个环绕“电波源 I”的旋转圆盘。这个旋转圆盘与太阳系是同等大小,直径相当于太阳到地球距离的约 80 倍,每秒钟旋转约 10 千米。

大质量恒星一般是指相当于太阳质量 8 倍以上的恒星。迄今为止,大质量恒星是如何诞生的一直有各种说法,此次研究成果则显示,大质量恒星与太阳那样的中小质量恒星一样,也是通过旋转的气体圆盘汇集物质而形成的。

(二)发现恒星周围存在与生命起源相关的有机物质

1.发现新生恒星附近存在生命起源所需的基本物质

2014 年 9 月,日本国立天文台一个研究小组报告说,在宇宙空间中正在诞生的恒星附近,发现了一种氨基酸的“原材料”。氨基酸是构成动物营养所需蛋白质的基本物质,被认为是生命的起源物质。这一发现,使寻找地外生命有更大的可能性。

关于生命起源,有一种说法认为地球生命起源于彗星与陨石带来的氨基酸。由于宇宙空间存在稀薄的星际分子云,其间存在大量的星际分子,从 20 世纪 70 年代末开始,科学家就试图从星际分子云中,寻找氨基酸中结构最简单的甘氨酸,但一直未能发现。

此次,日本研究小组不是直接寻找甘氨酸,而是寻找作为其前一阶段物质的甲胺,它可以算作是形成甘氨酸的“原材料”。

研究小组利用日本国内的一架大型射电望远镜,对分别距离地球约 5500 光年和 2.8 万光年的两个星际分子云进行观测时,发现存在大量的甲胺。这两个星际分子云正在生成恒星,这说明在恒星生成的现场就存在氨基酸的“原材料”。

研究小组认为,甲胺与星际分子云中含量丰富的二氧化碳反应后,能生成甘氨酸,这种生命材料被彗星和陨石带到行星表面后,有可能在一些行星上产生生命。

2.发现初级恒星系统存在与培育生命相关的复杂有机分子

2015 年 4 月,哈佛·史密斯天体物理中心的卡琳·欧博尔格领导的研究小组,在《自然》杂志上发表论文称,他们在一个年轻恒星周围的行星带中,第一次探测到构成生命的基石复杂有机分子的存在,再次证明了在地球和太阳系中衍生的生命形式,不再是宇宙中的“唯一”。

这一发现,是由阿塔卡马大型毫米及次毫米波数阵列望远镜获得的。研究小组用它观察到围绕上亿岁恒星 MWC480 的原行星盘,充满了甲基氰化物(CH3CN),这是一种复杂的碳基分子。研究人员说,这种分子和比其更简单一些的氢氰化物(HCN),在恒星新形成的盘外沿被发现,这个区域类似于我们太阳系位于海王星外的柯伊伯带，由冰冷的小行星带和彗星组成。

欧博尔格说："对彗星和小行星的研究表明，催生太阳及其行星的太阳星云，是富含水和复杂有机物的。现在有证据表明，在宇宙别处同样存在具有相同化学成分的地方，它能形成不同于太阳系的另一个恒星系。"特别有趣的是，从恒星MWC480上发现的分子，与太阳系彗星上的分子浓度类似。

恒星MWC480的质量是太阳的两倍，在金牛座恒星的形成区域，距离我们大约455光年。其周围的圆盘状星体集合处在形成的初期，正凝结出一个寒冷黑暗的由灰尘和气体组成的星云。但阿塔卡马望远镜和其他天文望远镜还没有探测到任何行星形成的迹象。

据报道，天文学家已知，寒冷黑暗的星云是高效生产复杂有机分子的"工厂"，氰化物和大多数甲基氰化物包含的碳氮结构，对蛋白质形成具有重要作用。目前仍不清楚的是，这些复杂有机分子能否在新恒星系能量环境中形成并存活，因为在恒星系初期，震荡和射线很容易破坏化学组合。

借助阿塔卡马望远镜极高的灵敏度，天文学家发现这些有机分子不仅生存着，而且还在蓬勃成长。更重要的是，望远镜探测到的分子比星际云气中找到的更丰富。研究表明，恒星MWC480附近的氰化物足够填满地球的海洋。

鉴于太阳系还在持续进化发展中，天文学家推测，很可能有机分子还被安全地锁定在彗星或其他冰冷天体中，而这些正是培育生命的环境。

欧博尔格总结说："以前的研究让我们知道，太阳系并不是唯一含有行星和大量水的星系。现在我们知道，我们拥有的有机化学分子也不是唯一的。这再次确认我们并不特别。从宇宙生命的观点来看，这是个大好的消息。"

3.年轻恒星周围发现生命起源分子

2017年6月8日，荷兰莱顿天文台尼尔斯·礼格特林主持的，与西班牙马德里天体生物学中心马丁·多梅内克率领的两个研究团队，同时在英国《皇家天文学会月报》上发表研究报告称，他们在新形成的与太阳类似的400光年外的恒星周围，发现了一种生命起源分子，即一种潜在的生命模块。这种名为甲基异氰酸酯的分子具有与肽键相似的化学结构，正是后者在蛋白质中将氨基酸结合在一起。这一发现表明，相当复杂的有机分子可能在恒星系统演化的早期便已形成。

两年前，自从欧洲空间局的罗塞塔项目任务在彗星67P上检测到分子以来，甲基异氰酸酯就成为天体化学家的目标。彗星从太阳系早期开始就一直保持不变，因此，甲基异氰酸酯的发现，表明它从那时起就存在于彗星上，而不是在行星上形成。虽然一些人对在彗星67P上检测到的分子存在质疑，并且科学家分别于2015年和2016年，在两个恒星形成云猎户座KL和人马座B2(N)上，检测到甲基异氰酸酯，但这些都是充满了非常巨大恒星的炙热环境，与早期太阳的状况完全不同。

于是，研究人员开始研究更多的类似太阳的来源。其中一个研究团队已经观测了被称为 IRAS 16293-2422 的一组非常年轻的恒星。礼格特林说:“我们想,为什么不在我们的源头寻找甲基异氰酸酯呢?”

对于这样的研究,两个研究团队的天文学家选择的仪器,都是阿塔卡马大型毫米/亚毫米波阵列,这是位于智利安第斯山脉上的 66 个碟形天线的集合。

礼格特林团队通过梳理他们在 2014 年和 2015 年,利用阿塔卡马阵列从 IRAS 16293-2422 采集的数据,最终发现了 43 条可以清晰辨别甲基异氰酸酯的谱线。而多梅内克率领的研究团队利用新的和存档数据,在另一个不同的频率范围内找到另外 8 条谱线。

未参与该项研究的美国哈佛·史密森天体物理学中心天体化学家卡琳·奥伯格表示:“这意味着在行星形成之前,就可以得到复杂程度相当高的分子。”她说:“检测到的许多谱线让科学家相信,这是真实的。这是一个安全的探测。”

研究人员说,IRAS 16293-2422 的恒星,位于蛇夫座方位一个大型的恒星形成区域中,处于刚刚诞生不久的阶段,与幼年的太阳非常相似。分析发现,每颗恒星周围都存在着气态的甲基异氰酸酯,这种分子能参与合成氨基酸和多肽,而多肽是组成蛋白质的构件。

其中一个研究团队通过实验证实,甲基异氰酸酯能在极寒冷环境里的冰冻微粒上形成,这意味着大多数与太阳同一类型的幼年恒星附近都可能存在这种分子。

由于这批恒星与太阳属于同一类型,该发现有助于研究地球生命的起源。此前科学家已经在这批恒星周围发现一种名为乙醇醛的糖类分子。

礼格特林说,在太空中还存在许多其他分子,例如水、一氧化碳和二氧化碳。因此,还需要进行更多的实验,以确保这些分子不会影响他们的观测。

奥伯格表示:“我们不知道化学过程。我们不知道甲基异氰酸酯是否重要,我们不知道肽是如何形成的。尽管这些研究发现了行星形成之前的更为复杂的分子,但它们与行星上生命形成的联系还是未知的。”正如多梅内克所言:“这只是蛋白质合成的一小步。”

地球和太阳系其他行星诞生于约 45 亿年前,是太阳形成后剩余的气体尘埃凝结而成的。研究与太阳类似的幼年恒星,有助于弄清作为生命原料的各种有机分子来自何方,从而推进对生命起源的探索。

三、恒星演化机理研究的新发现

(一)探索恒星演化机理影响因素的新发现

发现大部分恒星拥有影响演化机理的强磁场。

2016 年 1 月,澳大利亚悉尼大学天体物理学家丹尼斯·斯特洛领导的国际科研团队,在《自然》杂志上发表论文称,他们发现,强磁场在恒星中很常见,这些磁场对恒星演化机理及最终命运具有重大意义。这一发现,将颠覆科学家对恒星演化的认知。

斯特洛表示,此前只有最多5%的恒星被认为拥有强磁场,因此目前的恒星进化模型缺乏磁场这一基础要素。强磁场之前被看作对理解恒星演化机理无关紧要,他们的研究结果则显示,需要重新审视这种假设。

研究人员介绍道,他们在早期研究中,发现对恒星内部振荡或声波的测量,可以被用于推测强磁场是否存在。在此基础上,最新研究分析了由美国国家航空航天局开普勒太空望远镜提供的大量恒星数据,结果发现700多个这些所谓的红巨星具有强磁场的特征,它们的内部振荡受到了磁场力量的抑制。

斯特洛说:“过去我们只能对恒星表面进行测量,所得出的结果被解读为恒星内部的磁场很少见。”现在研究人员可以借助一种叫作星震学的技术,透过恒星表面研究其核心附近的强磁场。这种强磁场对恒星而言非常重要,它是恒星核心燃烧的主要动力源,可以改变恒星核心的物理学过程,包括改变影响恒星衰老过程的恒星自转速率。

很多恒星和太阳一样在持续振动,声波在其内部不断传播并被弹回。斯特洛说:“它们的内部其实就像一个铃铛在响,而且就像一个铃铛或者乐器,它们产生的声音可以反映其物理特性。”

研究团队测量了由声波导致的恒星亮度的微弱变化,发现60%的恒星的振动频率是缺失的,因为它们被恒星核心的强磁场抑制了。这一研究结果,可使科学家更直接地检验关于恒星磁场形成与演化机理的理论,即天体磁场发电机理论。斯特洛说:“现在是时候,让理论学家来研究为什么这些磁场会这么普遍了。”

(二)探索恒星演化机理表现形式的新发现

观测到巨大原始恒星喷射气流的旋转方向。

2017年6月13日,日本国立天文台广田朋也主持的一个研究小组,在《自然·天体》杂志网络版上发表论文称,他们利用位于智利的阿尔玛望远镜,观测到猎户座大星云中隐藏的巨大原始恒星“猎户座KL电波源I”,并成功清晰地捕捉到原始恒星大量喷射气体的旋转状态。此次观测结果,可能向揭开巨大原始恒星诞生机理谜团迈出一大步。

研究小组解释说,喷射气流的旋转方向与环绕巨大原始恒星的气体圆盘旋转方向一致,这是气流受圆盘离心力和磁场影响被推向宇宙空间的确凿证据。

恒星一般是由宇宙空间漂浮的气体云,因其自身重力收缩而诞生。像太阳这样“小质量”星的形成过程比较易于了解,但大质量星因数量较少,形成现场非常遥远,难以详细观测,其诞生机理仍存在很多谜团。

目前在星系研究中的未解问题之一就是“角动量问题”。在恒星诞生过程中,旋转的力量(角动量)在某处大量丢失。一般认为,刚刚诞生的原始恒星喷射出的气体旋转带走了角动量。为证实这一学说,检测气体流的旋转以及明确气体流驱动机理就变得非常重要。为寻找答案,研究小组利用阿尔玛望远镜对大质量原始恒星进行了观测。"猎户座KL电波源I"位于距地球最近的大质量星形成场所,即猎户座大星云之中,距地球约1400光年。研究小组检测到"猎户座KL电波源I"周围气体释放的电波,并成功详细描绘出其运动的情景。

四、恒星特有功能研究的新发现

(一)探索恒星辐射功能的新发现

1.发现恒星落入黑洞时会运用辐射功能发现求救信号

2012年8月,物理学家组织网报道,天文学家2011年发现的名为"雨燕J1644+57"的高能辐射源,原是一颗恒星在被超大质量黑洞撕碎时发出的"求救"耀斑。近日,研究人员在《科学》网站发布报告称,他们发现"已故"恒星残存的余晖,在围绕着"凶手"黑洞旋转并发出X射线,这是45亿光年外物质落入黑洞发出的挣扎信号,它给了科学家一次绝无仅有的机会,去探索一个重量可能接近千万个太阳质量的黑洞的性质,以及能在一个超大尺度中去重测爱因斯坦相对论。

《自然》杂志发表文章称,2011年3月28日天文学家借助美国航空航天局(NASA)的雨燕卫星,探测到一个辐射源,其喷射的粒子束发射轴的一端恰好指向地球,使能观测到的亮度和能量大幅增强,进入了X射线范围。研究人员以坐标和探测器,把它命名为"雨燕J1644+57"。当时判断,该发射源可能距地球约39亿光年,应在天龙座星系中心附近,而这种异常的能量释放,或系超大黑洞残忍吞噬了过于接近它的恒星所致。

密歇根大学鲁本斯·雷斯领导的研究小组,在接下来的日子里进行了更为严密的观测,借助欧空局下属XMM-牛顿太空望远镜,让他们"听"到了能揭开该辐射源神秘面纱的关键:X射线源中一种极其轻微的"摇晃",即准周期振荡(QPOs)。这种现象的特征,是最爱环绕在宇宙中最致密白矮星、中子星或黑洞等天体附近。此前,天文学家也曾发现过类似的准周期振荡,但都是些仅相当于几倍太阳质量的黑洞附近。而"雨燕J1644+57"中的黑洞真正不容小觑:通过每200秒波动一次的强度,研究人员发现其质量应相当于一千万倍太阳质量,位置在45亿光年外。

黑洞的质量和自旋,可以插入到爱因斯坦的广义相对论方程里,来描述一个黑洞的引力。一些意见认为,在非常大的尺度上,广义相对论可能会与日常计算中有所不同。而遥远的超大质量黑洞,无疑提供了一种绝佳方法来测试这种看法。哥伦比亚大学天体物理学家认为,对"雨燕J1644+57"的研究,导致了探测黑洞自旋和质量更直截了当的方式,亦了解黑洞如何伴随着宇宙的生涯而改变。

2.发现恒星可以运用辐射功能让"热木星"膨胀

2016年9月,美国夏威夷大学的山姆·格兰布拉特领导,加州大学圣克鲁兹分校乔纳森·福特尼等学者参与的研究小组,在有关媒体发表研究成果称,他们通过观测分析,首次发现了一颗多亏宿主恒星膨胀而扩大的"热木星"。这一观测分析结果,或许能解决一场持续了 15 年的争论。

热木星是一类巨大的气态地外行星,运转轨道非常接近其宿主恒星。令人费解的是,热木星极其“蓬松”。格兰布拉特介绍说:“我们可以看到,这些行星的大小和恒星相仿,但质量和恒星相去甚远。”比如,HAT-P-1b 的质量仅为木星的一半,但半径比木星大 20%。

过去十几年里,人们一直试图解释此类行星是如何生长得如此庞大的。目前提出的十几种不同情形可归为两大类:要么恒星的热量阻止了行星冷却和收缩,要么恒星以某种方式渗透进行星的内部深处,导致其不断扩大。

为探究这一问题,该研究小组分析了来自开普勒太空望远镜的数据。他们发现,一颗被命名为 EPIC 211351816.01 的行星比木星大 1.3 倍,并且距离红巨星足够远,以至于其只能在恒星向外膨胀后才会变大。

福特尼说:“当我们发现 EPIC 211351816.01 时,它正处于这样一个阶段,即它的半径正在扩大,因为过去几亿年里其宿主恒星的亮度在大幅增加。”

来自普林斯顿大学的亚当·布罗斯认为:“我们无法仅从研究一个天体中得出强力有的结论。”不过,他表示,另一项最新研究表明,围绕较亮恒星运行得更古老行星,往往比绕相对暗淡的恒星运行的较年轻行星稍大一些。两项研究清楚表明,仅恒星辐射便能让行星膨胀。

(二)探索恒星发声功能的新信息

发现恒星会运用发声功能发出独特的声音。

2015 年 4 月,印度塔塔基础研究院约翰·帕斯利博士,与英国约克大学阿莱克斯·罗宾森博士等科学家组成的国际研究小组,在《物理评论快报》上发表论文称,他们发现恒星有发声功能,会发出独特的声音,并为此提供了实验证据。

据报道,对液体运动的研究称为“流体力学”,这可以追溯到古埃及时代,并不是什么新发现。然而,在检测一束超强激光和一个等离子物体的相互作用时,该研究小组有了意想不到的收获。在被激光冲击后的万亿分之一秒,等离子体迅速从高密度区流到密度更低、相对流动更滞碍的区域,这种情况有些类似交通拥堵。等离子在高密和低密物质之间堆积,产生了一系列的压力脉冲,形成了声波。研究人员在论文中指出,这种在太赫兹频段产生的超高频声波扰动,其本质上完全来自流体力学,是迄今为止在流体力学中尚未观察到的现象。

这种声音的频率非常高,接近一万亿赫兹,比任何哺乳动物能听到的声音要高 600 万倍。这种情况在自然界比较少有。帕斯利博士说:“我们认为可能发生这种情况的地方,是恒星表面。在恒星新物质堆积的过程中可能会产生声波,其方式非常类似我们在实验室里观察到的那样,所以恒星可能在唱歌,但因为声音不能通过真空传播,没人能听到它们的歌声。”

实验室里观察声波的技术,很像警察用的高速摄像机,让科学家能精确检测出流体在被不到万亿分之一秒的激光冲击后,在受击的位置是如何运动的。

罗宾森博士开发了实验中产生声波的数学模型。他说:“一开始很难确定声音信号的来源,但我们模型产生的结果和实验室观察到的波长变化吻合得相当好。这也表明,我们发现了一种产生声音的新方式:来自液体流动的声音。在恒星周围的等离子流中,可能也发生着类似情况。”

五、恒星探测方法和图谱研究的新信息

(一)推算恒星形成时间和探测器抵达恒星时间的新方法

1.提高测定恒星形成时间准确性的新方法

(1)开发出能更精确推断恒星形成时间的新方法。2014 年 4 月 7 日,澳大利亚国立大学发表声明说,该校卢卡·卡萨格兰德博士领导的一个国际团队,开发出一种新的天文研究方法,能更精确地推断恒星的形成时间或年龄,帮助确定银河系重大事件的发生时间,理解银河系的形成和演变。有关专家认为,它有望成为一种便捷可靠的恒星形成时间测定手段,就像古生物学常用的放射性碳年代测定法那样。

该工具结合了星震学和光度学研究。星震学观测恒星的振荡频率,可推算出恒星的质量和大小,但难以确定温度和重元素含量等属性。一种称为“斯特龙根测光”的光度学研究手段,对后者较为擅长。两者结合能更精确地测定恒星的各项指标,包括推算年龄。

开发这一工具的设想,由卡萨格兰德于 2011 年在德国工作时期首先提出。随后,他与来自不同领域的天文学家开展研究,他们收集的第一批 1000 颗恒星的数据,已经发表在最新的《天体物理学杂志》上。

卡萨格兰德说:“现在我们正在开展分析工作,具体结果将在未来的数月内发布。内容主要是研究银河系一个长 5000 光年的狭长地带内恒星的年龄和化学组成是如何变化的。”

他说:“我们可能也会得以发现一些发生在过去的‘暴力事件’的证据,例如银河系与其他星系的碰撞。”

此外,关于巨大的原初气体云如何凝结成恒星和行星、为什么气体云会形成我们熟悉的螺旋结构,都是此项研究会触及的课题。

(2)开发出更加准确测定第一批恒星形成时间的新方法。2015 年 2 月,英国《每日邮报》网站报道,意大利国际高级研究学院资深科学家卡洛·巴西加卢皮、米兰大学马尔科·博萨内利博士等人组成的研究团队,在《天文学和天体物理学》杂志上发表研究成果称,他们根据欧洲空间局普朗克太空望远镜公布的数据,开发出测量宇宙微波背景辐射的新方法,更加准确地测算宇宙大爆炸后第一批恒星形成的时间,其数据表明要比此前预计的晚 1 亿多年。研究人员表示,这项研究将改变我们对于宇宙演化历程及暗物质和暗能量的理解。

大约 13.8 亿年前,宇宙大爆炸发生,物质、空间甚至时间开始存在。科学家们

此前认为,在宇宙大爆炸之后4.4亿年,第一批恒星开始发光发热,但普朗克太空望远镜的最新数据表明,恒星大约在宇宙大爆炸之后5.5亿年开始形成。

普朗克太空望远镜于2009年发射升空,旨在研究“宇宙微波背景辐射(CMB)”,这是一种充斥在整个宇宙之中的微光,这种光由宇宙大爆炸产生,自宇宙诞生之始便在宇宙中穿梭,因此,在宇宙历史中发生过的所有事件都会在微波背景辐射中留下信息。科学家可以通过测量宇宙微波背景辐射中细微的温度变化,获得与宇宙的形状、年龄和成分有关的信息。2013年,普朗克太空望远镜,在以前所未有的高分辨率完成对早期宇宙的巡测任务之后,由于其携带的氦冷却剂用尽而退役。

在恒星形成之前,整个宇宙处于“暗黑纪元”,漆黑一片,没有任何可见光。随着第一批恒星开始发光发热,宇宙的“暗黑纪元”终结。由于这些恒星发出的强烈的紫外线会同宇宙间的气体相互作用,导致越来越多原子转变成它们的组成粒子:电子和质子。而这些电子会与宇宙微波背景辐射相互作用,在这种光的“偏振”中留下印迹,普朗克团队的科学家正是通过观察这种偏振得出了上述结论。

巴西加卢皮说:“最新研究表明,恒星或许比我们所认为的要年轻。尽管这一结果,还需要其他独立的实验和数据来佐证,但这一发现将改变我们对于宇宙演化历程的理解,对我们理解宇宙的暗成分,也具有重要意义。”宇宙的“暗成分”指的是看不见摸不着的暗物质和暗能量,迄今它们仍是宇宙未解之谜。

博萨内利在一份声明中表示:“尽管与宇宙近140亿年的年龄相比,区区1亿年似乎可以忽略不计,但对于第一批恒星的形成来说,它们带来的影响截然不同。”

2.测算探测器抵达恒星时间的新方法

推测探测器最快造访另一恒星所需时间的新方法。2017年4月,国外媒体报道,在所有恒星中,通常认为距离太阳最近的一颗最容易造访。不过,要是采用更加合理的方法测算,实际情况并非如此。德国哥廷根马普学会太阳系研究所任讷·海勒主持的研究小组,经过研究认为,探测器抵达夜空中最亮的恒星天狼星,要比到达太阳最近恒星,所需时间更少。

海勒说,如果用更加合理的新方法计算,人类到达太阳系最近的恒星半人马座阿尔法星,至少需要花费90年时间,而到达相当于这一距离两倍的天狼星,却只需69年。

报道称,一个叫作“突破射星”的私人航天计划,打算派出小型、轻量的探测器造访阿尔法星,并探索其可望而不可即的行星。“突破射星”计划此前的推测认为,如果以1/5光速前进,它们可以在20年内抵达阿尔法星。但这一推测,是为一次飞掠任务计算的,即在几秒内经过该恒星。

海勒说,这并没有多大用处,因为如果希望在附近观测到任何情况,探测器需要把速度降下来。2017年年初,海勒和独立研究人员迈克尔·希普科,展示了来自这些恒星的光,如何被用于降低由光帆驱动的探测器。

这种技术可能让阿尔法星处于不利位置。例如,海勒计算得出,这样的任务会让飞船处于恒星比邻星轨道周围140光年左右。

这一结果,一开始让海勒很吃惊,不过他说,其中的算法非常简单。飞往恒星系统并在那里停留的时间,是通过距离除以光度的平方根得出的,所以到达天狼星的时间将会比到达阿尔法星更少。

美国哈佛大学的艾维·劳埃伯认为,这一方法"具有创新性,非常有趣。然而,如果其目标是达到光速的几分之几,这个概念就需要极轻量的探测器。"

(二)开发测算恒星形成速率和表面重力的新方法

1.研究发现更准确计算恒星形成速率的新方法

2014年4月11日,天文学家琚尼·凯弩莱恁领导的一个研究团队,在《科学》杂志上发表论文称,他们所进行的一项新的研究,可帮助解释宇宙中最根本性的过程之一:恒星的形成速率。这一天体形成过程,主要受到了在个体分子云内密度分布的控制,新的恒星就是从这些分子云中诞生的。

但是,在没有足够的有关这些分子云数据的情况下,天文学家在估计其密度分布时一直局限于理论模型。

如今,凯弩莱恁介绍,用星尘消光图,来确定在这些形成恒星的整个分子云中的密度是如何分布的一种方法。星尘消光图,是对电磁辐射如何被星尘及气体分散的观察。在将他们计算的密度分布,插入至某经典的体积密度的概率密度函数后,研究人员能够为基于经验数据的恒星形成确定密度分布阈值;经典的体积密度概率密度函数,在传统上提供了由分析模型预测的恒星形成速度。这转而能让他们对密度分布高于该阈值的分子云中的恒星形成效率进行衡量。

研究人员用经典的体积密度,来探测16个附近分子云的密度结构及恒星形成活动。这些分子云中的每一个,都位于地球的260个秒差距之内。有趣的是,他们确定的这些恒星形成的阈值,比那些理论预测的阈值要低。

2.找到更加准确测算恒星表面重力的新方法

2016年1月,物理学家组织网报道,一个由科学家托马斯·卡林杰领导,杰米·马修斯等学者参加的国际科学家研究团队,在《科学进展》期刊上发表论文称,他们近日找到了更加准确测算遥远恒星表面重力的新方法,误差只有4%。

了解恒星的表面重力非常重要,不仅仅因为科学家可以据此推算出你在不同星球上的重量,更因为它与环绕这些恒星的行星上是否可能存在生命息息相关。

一颗星球的表面重力取决于它的质量和半径,这和人在地球上的重量取决于地球的质量和半径是同一个道理。但由于很多恒星过于遥远,科学家无法精确了解它们的基本特征。马修斯说:"系外行星大小的测算,与它所环绕恒星的大小有关。我们的技术可以告诉你恒星的大小、亮度以及环绕它的行星的大小、温度是否适于海洋和生命存在。"

据报道,该研究团队找到一种叫作"自相关函数时间尺度技术"的新测量方法。这种方法，依据加拿大恒星微变和振荡太空望远镜，以及美国开普勒太空望远镜等所记录的遥远恒星亮度的微弱变化进行测量，可使科学家以更高的精度测算遥远恒星的重量和大小。

新技术将帮助科学家进一步搜寻太空中既不太冷又不太热的区域，它们正好是适合海洋甚至生命存在的宜居地带。卡林杰说："这种时间尺度技术，是一个简单又强大的工具，它可以应用于系外行星探索，帮助我们理解像太阳这样的恒星的特征，并找到类似于地球的行星。"

（三）研制出能够反映恒星运动轨迹和起源的图谱

1.绘制成含有200万颗恒星距离和运动轨迹的信息图

2016年9月14日，欧洲空间局发布了第一批来自"盖亚"（Gaia）航天器的数据，以及据此绘制的包含200万颗恒星距离和运动轨迹的信息图。实际上，"盖亚"自2013年12月19日发射升空以来，即已开启了长达5年的"扫描并绘制银河系10亿颗恒星"的任务。

"盖亚"项目科学家提姆·普鲁斯提说："我们计划发布的，银河系全图，第一版本将包含10亿颗恒星的位置。我们看到的将是真正的夜晚天空，与用望远镜在随机方向看到的昏暗画面不可同日而语。首批数据是天文学非常基础的研究信息，人们希望通过这些信息考察恒星的活动。"此外，"盖亚"还将生成3000颗恒星，随时间推移形成的光变曲线图，它有助于科学家更好地分析恒星内在结构。

据了解，第一个描绘恒星运动、位置和距离的"依巴谷"卫星，只能涵盖10万颗恒星。而"盖亚"覆盖10亿颗恒星的能力，属于前所未有。它将帮助科学家回答关于银河系结构、进化，以及恒星如何到达现在位置等一系列问题。

关于恒星的海量数据如何传回地球？欧空局在同期发布的介绍短片中解释说，阿根廷、西班牙和澳大利亚的欧洲空间卫星追踪和遥感勘测网络等共同起了很大作用。数据传到航天器控制中心德国达姆施塔特，然后被送往位于马德里的欧空局数据处理中心，之后分发到位于欧洲专门处理天文数据的机构，汇总的科学结果返回给欧空局后，向全世界的科学家发布最新的恒星详细信息。

"盖亚"项目主管弗莱德·詹森说："现在，我们发布的第一批数据还将接受进一步处理。实际上，第二批数据几个月以前也开始接受处理了，我们会并行处理多批数据。"据介绍，第一张包含所有距离和运动信息的银河系全图，将在2017年年底完成。

2.借用生物技术建立反映恒星起源的家谱

2017年2月，有关媒体报道，英国剑桥大学天文学家保拉·约夫热领导的一个研究团队发表研究成果称，红矮星并没有脱离恒星家谱太远。他们正在借用生物学领域的一种技术，建立恒星起源的家谱。

恒星的化学成分，可以告诉人们很多有关于它来自哪里的信息。宇宙中的第一批恒星大多数由氢气和氦气构成，它们将那些元素融合在一起，形成质量更大的元素。当大质量恒星作为超新星爆发时,它们会将其积聚的重元素散布到太空中,后者在那里会成为下一代恒星的构建单元。经过若干代之后诞生的恒星重元素富集度比更早的恒星更丰富。

约夫热说:“这个过程中的‘世代’,影射了生物学上的后代,尽管生物学进化是由适应和生存驱动的,而化学上的进化是由恒星的消亡和诞生机制驱动的。”

恒星会围绕星系的悬臂和星盘运转,因而很难弄清它们来自哪里。但如果它们诞生于同一个星团,则应该有着类似的化学标记。为此即便它们已经飘移开来,天文学家也能利用化学标记设法找到其兄弟姐妹。约夫热及其同事认为,他们应该通过进化生物学的方法,将其再向前推进一步。约夫热说:“这是让天文学家,以新方法思考恒星历史,并解读它们的过去。这样,可以追溯到更多的信息。”

该研究团队综合了 17 个化学元素作为恒星的“DNA”,他们在银河系分类出 22 种恒星。该团队组成了与恒星不同起源相关的拥有 3 个分支的一棵进化树。他们认为,银河系星盘中更厚的地方形成新恒星的速度比其他地方更快,这与其他研究相一致。他们还发现一些恒星可能来自于很久以前与银河系相撞的其他星系。

澳大利亚国立大学天体物理学家马丁·阿斯普伦德说:“这是一个概念验证。他们发现这棵进化树是合理的,但仍需要对许许多多的恒星进行观察。”

第二节　探测矮星与超新星的新成果

一、观测研究矮星的新发现

(一)白矮星领域研究的新发现

1.发现含有氧气或生命基本组成成分的白矮星

(1)寻找到大气层几乎为纯氧的白矮星。2016 年 4 月,巴西南里奥格兰德联邦大学的奥利维拉·菲利奥领导,他的同事,以及德国天文学家参与的一个国际研究团队,在《科学》杂志上发表研究报告称,他们发现了一颗迄今独一无二的白矮星,其大气层 99.9%为氧气,而绝大多数白矮星的大气层由氢和氦等轻元素构成。它是已知第一颗大气层几乎为纯氧的恒星,挑战了现有的恒星演化理论,或将有助于科学家们更透彻地洞悉恒星进化的秘密。

当恒星的燃料耗尽,开始衰亡,它们会向内塌缩,被压缩的物质不断变热,让大量气体挥发,最终留下一个炙热稠密的恒星核,也就是我们俗称的白矮星。这些白矮星的大气层一般由氢气和氦气等轻元素组成,这些氢气和氦气漂浮在恒星大气层的顶端,就像一层面纱一样,阻挡了科学家们的视线。此次,科学家发现的没有包含任何氢气或氦气的白矮星——Dox,位于天龙座,距离地球大约 1200 光年,其大气层 99.9%为氧气。

菲利奥说:“这种情况太罕见了。这颗恒星将为了解恒星的临终阶段提供独特的视角,有望改变我们对恒星进化及恒星死亡场景的理解。”

研究人员并不清楚为何 Dox 与其他白矮星不同,对此,他们提出了一些假设。一种想法认为,附近恒星的引力将其最轻的元素如氢气和氦气剥离出来:另一种想法则是,恒星在死亡前,碳大规模燃烧,朝太空喷出大量气体燃烧产生的脉冲和等离子体,这些脉冲和等离子体带走了更轻的氢和氦等元素。

科学家们在借助一个 2.5 米宽的光学显微镜对整个宇宙进行绘图时,发现了 Dox 的行踪。他们表示,这颗恒星是已“现身”的 3.2 万颗白矮星中,唯一拥有此种大气组成的一颗。

(2)寻找到含有生命基本组成成分的白矮星。2017 年 2 月,每日科学网报道,美国加州大学洛杉矶分校天文学教授本杰明·扎克曼领导的研究团队,报告了一项天文学最新发现:在 200 光年外的一颗白矮星中,包含有生命基本组成成分。该研究意味着,地球生命起源方式也会在宇宙中其他地方出现,并第一次在其他星系发现了与我们柯伊柏带天体相似“成员”的存在证据。

许多科学家都认为,提供地球生命的有机化合物存在于太空中,并且通过与地球碰撞传递到了地球。换句话说,地球在最初是干燥的,而水、碳和氮等构成生命的基石,应是在地球与太阳系其他物体相碰撞过程中带来的,而这些天体曾在我们太阳系寒冷外部地区——柯伊柏带“居住”过。

现在,该研究团队报告称,他们在“邻居”星系发现存在同样情况的证据:一颗被称为 WD 1425+540 的白矮星大气中富含碳和氮,还有水和氧的组分。这颗白矮星,距离地球约 200 光年,位于牧夫座。

该白矮星系统中的一个小行星,曾经远远绕着白矮星轨道运行,但它的轨迹被某种力量改变了,导致其非常接近白矮星,而强引力场将小行星撕成了气体和灰尘,正是这些残骸赋予了白矮星生命的基石。长久以来,天文学家一直想知道其他行星系统是否也有一些天体,就像我们柯伊伯带中的那些一样,新的研究首次证实存在这样一个天体。

扎克曼说,这项发现表明,这颗与白矮星相关的行星系统,也包含生命的基本组成部分。虽然,此次研究主要集中在这个特殊的白矮星上,但事实上,其行星系统与我们的太阳系系统具有共通特点,强烈暗示着宇宙中其他行星系统也会出现此类情形。而这也意味着,一些生命形成的重要条件在宇宙中是常见的。

2.观察到白矮星发生爆炸前后的演化现象

发现白矮星在休眠状态中因热核反应失控而导致爆炸。2016 年 8 月,波兰华沙大学天文台普柴迈克·姆娄兹领导的一个研究小组,在《自然》上发表的一篇论文,报告了白矮星在发生经典新星爆炸前后的情况。该研究提供了有关这一现象演化的新观察。

经典新星,通常出现在一个白矮星双星系统中。白矮星从伴星中吸积物质。

2009 年 5 月在 V1213 Cen 星系中,一颗这样的新星爆发。光学重力透镜实验项目,自 2003 年开始一直在观测该星系。

该研究小组利用这些数据,寻找矮新星爆发(定期发光)的证据,6 年后最终观察到爆炸,并显示双星之间的质量迁移率不高。他们报告称,新星爆发发生在白矮星最后一次爆发开始后的 6 天内,表明这次堆积在白矮星上的物质引发了失控热核反应,最终导致爆炸。爆炸发生后,质量迁移率明显上升,目前该系统正在缓慢衰退。

研究结果提供了有关新星爆发前、中、后质量迁移变化的直接证据,并支持了新星休眠假说。该假说预测在未来几个世纪,在吸积过程再次开始并最终导致新的新星爆炸前,质量迁移率将会下降。

(二)红矮星与黄矮星领域研究的新发现

1.发现红矮星会对宜居行星产生不利影响

研究红矮星发现恒星风对宜居行星生存环境构成威胁。2014 年 6 月 3 日,在波士顿市美国天文学会召开的一次会议上,美国哈佛·史密森天体物理学中心天文学家奥弗·科恩领导的研究小组报告说,他们的一项研究表明,红矮星所释放的恒星风,很可能对宜居行星的大气构成侵蚀,从而不利于生命的存在。

研究人员经常会提到在红矮星的一种 M 矮星周围,会相对容易地找到适宜生命居住的行星。此类恒星是银河系中最常见的类型之一,并且它们较小的体积和质量使得环绕在其周围的行星更容易被天文学家所发现,并且能够利用恒星的光线探测行星的大气情况。

由于 M 矮星的温度低于太阳,因此与后者相比,它们的宜居带,即环绕在一颗恒星周围且能够在行星的固态表面存在液态水的区域,距离母星要更近些。而位于宜居带中的行星环绕母星一周的时间,要比地球环绕太阳一周的时间更短,这也为天文学家研究这些天体提供了更多的机会。

科恩指出,M 矮星周围的宜居带,或许因为距离恒星过近而无法维持生命的存在。就像太阳会释放出由带电粒子构成的稳定流即太阳风一样,M 矮星也会形成它们自己的恒星风。科恩表示,这些恒星风能够剥离宜居带中一颗行星的保护大气,从而使得生命更难在后者的表面立足。科恩强调,除非一颗行星拥有一个比地球还要强大的磁场:它强大到足以使恒星风产生偏转,行星才能紧紧抓住自己的大气。

而更早前的发现,曾让天文学家怀疑在这些行星上存在生命的可能性。例如,M 矮星的耀斑似乎能够侵蚀周围行星的大气。没有参与该项研究的宾夕法尼亚州立大学地球科学家詹姆斯·卡斯廷表示:"这是对环绕在 M 矮星宜居带中的行星的又一次打击。"

科恩研究团队就 M 矮星,对由开普勒望远镜发现的 3 颗,位于其母星宜居带中的系外行星的影响,进行了分析。由于母星的关键属性尚未可知,研究人员于是选择一颗矮星，相对年轻3亿年的蝎虎座EV Lac作为替身。它的亮度以及地磁活动性（正是它驱动了恒星风）已经得到了很好的描述。与水星与太阳的距离相比，这3颗候选系外行星与其母星的距离要更近。

研究人员发现，这3颗系外行星遇到的来自恒星风的压力，要比施加于地球上的压力大10~1000倍。

但维纳诺瓦大学天体物理学家爱德华·裘那指出，由于M矮星比EV Lac要老，因此其恒星风可能要弱一些。他说，如果是这样的话，一颗在头10亿年中幸存下来的、大部分大气完好无损的宜居带中的行星，仍有可能支持生命的存在。

报道称，美国航空航天局的凌日系外行星调查卫星项目，主要是研究位于M矮星宜居带中的行星。科恩指出，对于这样的项目而言，天文学家在与太阳大小和质量类似的恒星周围，发现生命的可能性或许更大，而这就是一个理由。科恩说，这样的观测将提供关于整个银河系潜在生命的洞察力。

麻省理工学院的凌日系外行星调查卫星项目科学家萨拉·西格尔认为，天文学家一直对M矮星的活动将对宜居带产生哪些潜在影响心存担忧。他说："观测者们总是在不受理论限制的情况下，寻找着宜居的可能性。"

宜居带是指一颗恒星周围的一定距离范围，在这一范围内水可以以液态形式存在，由于液态水被科学家认为是生命生存所不可缺少的元素，因此如果一颗行星恰好落在这一范围内，那么它就被认为有更大的机会拥有生命，或至少拥有生命可以生存的环境。

2.发现有助于研究太阳演化历程的黄矮星

发现类似于早期太阳系的黄矮星系。2017年5月3日，英国《独立报》报道，美国天文学家马西莫·马伦戈领导的研究团队宣称，他们发现了一个距离太阳系很近，且"极为类似"的矮星系，该矮星系将有助于我们理解地球及其他邻近行星的形成历程。

在这项研究中，研究人员使用了美国航空航天局的"红外天文学平流层观测台"拍摄的数据。他们从该望远镜拍摄的遥远恒星的图片细节中，挑选出了与这颗黄矮星有关的观察数据。

研究表明，这颗看起来类似太阳的恒星，是波江座第五恒星，年龄仅为太阳的五分之一，距离地球约10光年，是所有包含"年轻版太阳"的星系中离地球最近的，因此，有助于我们研究太阳的演化历程。

马伦戈表示："波江座第五恒星拥有一套行星系统，其行星系统目前正经历巨大的变动。太阳系年轻的时候也发生过这些巨大的变动，彼时，月球上的环形山已形成大半；地球上的水汇聚成海洋；地球的宜居环境也已被'设置'好。"

他们发现，这颗恒星被一个内盘和一个外盘环绕，两盘之间存在一个似乎由行星造成的巨大鸿沟。马伦戈解释说："我们现在能很自信地说，这颗恒星的内带和外带被分开，中间的裂缝很有可能由行星造成。我们迄今还没有探测到这些行星,但我们确信它们存在,将于2018年10月发射的詹姆斯·韦伯望远镜,或许能看见它们。研究这些行星,将有助于我们进一步了解地球以及周围行星的遥远过去。”

(三)褐矮星领域研究的新发现

1.搜索褐矮星工作的新进展

(1)发现迄今最冷的褐矮星。2014年5月,物理学家组织网报道,美国航空航天局斯皮策项目科学家迈克尔·沃纳、宾夕法尼亚州立大学天文学副教授凯文·卢迈等人组成的研究小组,近日在7.2光年外发现迄今已知温度最低的褐矮星,这也是已知的距离太阳第四近的天体系统。它与我们的太阳系如此临近,令天文学家们兴奋不已,不过有鉴于其温度几乎和地球上的北极一样,这里其实并不是适合星际旅行的好去处。

褐矮星的别名是“失败的恒星”,它们也是类恒星天体的一种,但与一般恒星不同,褐矮星的质量“不达标”,不能像正常恒星那样通过氢核聚变来维持光度,因而无法成为主序星。同时,正由于褐矮星逐渐冷却光芒非常的暗淡,想要发现它们十分不容易。目前,褐矮星的形成机制仍众说纷纭,难有定论。

据报道,此次最冷褐矮星的发现,借助了美国航空航天局的广域红外线巡天探测卫星与斯皮策太空望远镜。巡天探测卫星的红外线侦测器,比此前的同类设备要灵敏1000倍以上,而斯皮策望远镜也以观测天体红外波段见长。两者围绕太阳的不同位置进行了联合检测,凭借它们拍摄的图片,研究人员利用视差法测算出这颗天体的距离为7.2光年外。

卢迈说:“发现我们的新邻居与太阳系是如此接近,实在令人兴奋。其极端的温度,也会告诉我们很多关于行星大气的情况,即它们往往也拥有相似大气层环境。”

新发现的褐矮星被命名为WISE J085510.83-071442.5,温度介于零下48℃至零下13℃之间,十分之寒冷。而此前这项“最冷褐矮星”纪录的持有者,温度大约为室温,也是由巡天探测卫星和斯皮策望远镜发现的。

研究人员预测,新褐矮星约是木星质量的3~10倍。一般来讲,褐矮星都是处于13倍木星质量与80倍木星质量之间的天体,那么这颗WISE J085510.83-071442.5,会是人们已知的最小褐矮星之一。

沃纳表示,最值得注意的一点是,在经历数十年的天文学研究之后,人们仍然没有掌握太阳最近邻居的完整“名录”,而此次发现展示了像巡天探测卫星与斯皮策望远镜这样的新技术手段,正是探索宇宙的强大力量。

(2)在太阳附近发现165颗褐矮星。2016年9月11日,《科学新闻》网站报道,加拿大蒙特利尔大学天文学家贾思明·罗伯特教授、该校太阳系外行星研究所乔纳森·加涅教授主持,加拿大其他机构和美国同行参与的一个国际研究团队,在《天文物理期刊》上发表研究成果称,他们发现了165颗褐矮星,其大小介于气态巨行星和小恒星之间，位于距离太阳大约160光年的位置。这一发现，有助于天文学家更好地量化褐矮星在太阳邻域以及太阳系外出现的频率。

据报道，褐矮星寒冷而暗淡，很难被发现，也不容易将其进行分类。因为质量太小，褐矮星不能维持内核氢聚变反应，为此有时被称为“失败的恒星”，但它们的确具有恒星的属性。通常情况下，褐矮星是木星质量的13~80倍，比行星大，具有类行星的特征。其温度区间较大，有些地方像恒星一样炎热，有些地方却像行星一样寒冷。

了解褐矮星的数量以及分布情况，将为进一步了解宇宙中质量分布情况和褐矮星形成机制提供关键信息，如它们是独立存在，还是从其他更大的行星系统喷射出来的等问题。

研究人员说，虽然以前已经发现了数以百计的超寒褐矮星，但用于发现这些褐矮星的技术忽略了一些褐矮星的异常成分，而这些异常成分很难被通用的基色测量方法检测到。为此，他们调查了太阳附近28%的区域，进而发现了165颗超寒褐矮星。

加涅认为，因为褐矮星常常孤立存在，这在很大程度上能够排除明亮的行星对仪器设备的蒙蔽，以便获得褐矮星特性的准确数据。他表示：“在太阳系附近搜索超寒褐矮星的工作远没有结束，我们的研究表明，还有很多超寒褐矮星处于未被发现的状态。”

2.观测分析褐矮星获得的新发现

(1)首次在一颗褐矮星上发现水冰云迹象。2014年8月，华盛顿哥伦比亚特区卡耐基科学研究所天文学家杰奎琳·法赫蒂，与她率领的研究小组，在《天体物理学杂志快报》上发表论文称，他们在距离地球仅为7.3光年的一颗褐矮星上发现了水冰云的迹象，这颗褐矮星尚不及地球与半人马座阿尔法星距离的2倍，是与太阳最近的恒星系统之一。

一旦得到证实，这一发现将成为在太阳系外与含水云团的第一次邂逅。报道称，美国宾夕法尼亚州立大学天文学家凯文·卢迈，利用美国航空航天局的红外空间望远镜提供的图像，发现了这颗邻近的褐矮星。这颗名为WISE J0855-0714的褐矮星，是迄今为止已知最冷的此类天体。它的温度略低于水的冰点，因此这颗褐矮星比地球的平均温度更冷，但要比木星暖和。

然而，尽管如此，由于这颗褐矮星又小又冷，因此昏暗的它很难被地基天文望远镜所观测到。法赫蒂说：“我在望远镜上试图发现这颗天体。我在眼睛旁边涂上了颜料并戴上了头巾，因为我知道这不是一件容易事儿。在望远镜前我从未如此紧张。我从来没有如此迫切地想要看得更清楚一些。”

天文学家之前曾在太阳系外行星的大气中发现了水蒸气，但法赫蒂指出，水冰云是一个新的现象。她说：“我们真的不知道的一件事，就是这种情况在部分多云的天体中有多普遍。”云层包含硫酸的金星完全是阴天，而地球是部分多云的天气。法赫蒂指出,这颗褐矮星也是部分多云的,其星球的表面有一半被云层所覆盖。

(2)观测到褐矮星出现超地球百万倍的极光。2015 年 8 月,国外媒体报道,如果你想看极光,可以去北极看,极光的形成与太阳有关,一旦太阳爆发高能粒子风暴,北极就可以看到极光,甚至在一些纬度较低的地方也能够看到。那么太阳系之外是否存在极光呢？目前,英国谢菲尔德大学天文学家斯图尔特博士主持的一个国际研究小组,发现在一颗褐矮星周围出现了极光。

这颗褐矮星位于 18 光年外的天琴座方向上,斯图尔特认为,这是人们第一次看到褐矮星极光,它与地球上的极光有着许多不同之处。地球上的极光来自太阳带电粒子与大气之间的相互作用,褐矮星的质量没有达到恒星的级别,但又比行星要大,这颗褐矮星被命名为 LSR J1835+3259,由甚大阵射电望远镜和凯克望远镜联合观测,科学家通过先进的望远镜对其进行观测,寻找出现异常的极光。

据介绍,已经证明发现的闪光是褐矮星上的极光,但亮度的变化与人们期待的极光现象有些不同。褐矮星上的极光主要是红色的,这是因为带电粒子与氢在大气中发生相互作用,如果在地球上,绿色的极光主要由太阳的带电粒子与氧原子相互作用。因此在褐矮星上,我们可以看不同颜色的极光。褐矮星没有像太阳那样的强大带电粒子,因此其电子的产生,来源于一些表面物质。

人们可从木星的极光来研究褐矮星上的极光产生方式,带电粒子来自木卫一的火山群,导致木星上出现了极光,这一发现有助于科学家更好地了解褐矮星。不论褐矮星有着接近恒星的属性,或者接近行星的特点,人们已经知道它的大气中存在云这样的现象,而且还有极光。

二、观测研究超新星的新发现

(一)搜寻超新星工作的新进展

1.寻找超新星爆发后形成的新天体

(1)发现超新星爆发的“幸存者”。2014 年 8 月,美国一个天文学家组成的研究小组,在《自然》杂志上发表论文称,超新星爆发时,通常会彻底毁灭一颗濒死的恒星。但是,他们却在一次超新星爆发后,发现了一位“幸存者”。

研究小组通过哈勃太空望远镜发现,超新星 SN 2012Z 的爆发强度不高,爆发后原本应当毁灭的恒星仍然存在,只不过成为一颗“僵尸恒星”,也就是这颗恒星的氦核从它的氢气层中消失了。

美国航空航天局透露,哈勃太空望远镜早期的照片显示,爆发前,一颗蓝色伴星不断地向这颗濒死的恒星输送能量,加速了超新星的爆发。研究人员把这一发现公布出来,从侧面证明了此前的一项推断:双星系统中,此类输送能量的现象,将导致白矮星的爆发。

(2)发现超新星爆炸后形成的脉冲星。2014 年 10 月,美国航空航天局核光谱望远镜阵列首席研究员菲奥纳 · 哈里森领导,天文学家麦缇欧等人参与的一个研究团队,在《自然》杂志上发表论文称,他们检测到一颗有着太阳1000万倍能量的熠熠生辉的致密脉冲星。

脉冲星,通常就是旋转的中子星。一般而言,它的能量是太阳的1~2倍,而拥有上述如此巨大能量的天体物质,在以往被认为应该形成黑洞。

负责分析原始数据的沃尔顿说:"老实讲,我们也不知道为什么会这样,这个结果可能会被理论界长期争论。"除此之外,该结果还有助于科学家们更好地理解,一系列非常明亮的超亮X射线源。

据报道,不久前,天文学家在距离我们1200万光年、靠近被称为"梅西耶82(M82)"星系的地方,发现了一个极其特殊的、百年一遇的超新星"SN2014J"。因为罕见,全球对准宇宙深空的望远镜调整了它们的"目光",开始深入研究宇宙大爆炸的余波。哈里森团队也不例外。

除了这颗超新星,M82还被另几种超亮X射线包裹,当麦缇欧仔细研究望远镜捕获的射线源数据时,发现星系中有东西在发出脉冲,或者说在闪耀着光芒。

哈里森说:"惊喜啊!几十年来,每个人都认为超亮X射线源自黑洞,且黑洞不会用这种方式产生脉冲。"无处不在的黑洞质量,是太阳的亿万倍,其吸引力在吞噬物质时放出热能,进而发出超亮X射线。

但脉冲星就会产生脉冲,就像磁铁从两极发出磁力线,当它们自转时,光束会像灯塔光标一样扫过,观察者的深空望远镜如果角度正合适,恰巧能看到这些强光。

观测组反复核查了从M82星系发出的闪光的相关数据,闪光确实来自那个星系,且脉冲频率为1.37秒。接着,沃尔顿和同事筛查出25个目标,并最终确定了真正的发光源,超亮射线来自名为"M82X-2"的星体。而且,它的亮度远超爱丁顿极限很多倍。沃尔顿说:"这次的亮度简直把所谓的'极限'抛到九霄云外了!"

哈里森指出,其他已知的超亮X射线源也很可能来自超新星。她说:"现在人们恐怕要重新考虑,来决定超新星和黑洞哪个是真正的射线源了。这次的发现可能很特殊,但也可能普遍存在。这需要更多的观察和研究。"

2.寻找地球周围出现的超新星

发现迄今距地球最近的超新星。2016年4月,德国柏林工业大学迪特尔·布莱彻沃特领导的研究团队,在《自然》杂志上发表论文称,他们发现了一颗迄今为止距离地球最近的超新星,并且它的爆发时间就发生在过去数百万年前,相对而言是一颗较为年轻的超新星。这一研究,对人们了解恒星的形成,以及地球周围的恒星环境具有重要的价值。

超新星爆发,是恒星在演化接近末期时经历的一种剧烈爆炸,通常会产生强度极大、持续时间很长的电磁辐射,能照亮整个星系。这个过程中,恒星会将其大部分甚至所有物质,以高达十分之一光速的速度向外抛散,在为星际物质提供丰富的重元素方面起到了重要作用。

超新星爆发时,会产生一种特定铁的同位素铁-60,这种同位素在地球上本不存在也不会产生。因此,通过对铁-60 的研究,就能大致确定出超新星的位置及其爆发时间等信息。

此前,有科学家通过对地球深海地壳中铁-60 的研究发现,太阳系附近大约 220 万年前一个或者多个超新星爆发了,最近分析表明爆发在离太阳 196 光年到 424 光年(60 秒差距到 130 秒差距)处。

为了确定这些超新星爆发的时间和地点,德国研究团队对超新星把铁-60 输送到地球深海地壳的过程建立了模型,通过计算发现了最有可能的轨迹和发展为超新星的恒星的质量。

研究人员表示,该研究不但有助于加深人们对恒星形成过程的认识,也为了解地球周围的恒星环境提供了参考。

(二)超新星特征及其原因研究的新成果

1.研究超新星爆发前后的某些特征

(1)研究超新星爆发前特征的新发现。首次探测到恒星演化为超新星前出现的爆炸激波。2016 年 3 月,美国圣母大学天体物理学教授皮特·伽纳维奇领导,澳大利亚国立大学天文与天体物理学研究院布雷德·塔克博士等参与的一个国际研究团队,在《天体物理学》杂志上发表论文称,他们借助美国航空航天局开普勒太空望远镜,拍摄到两颗恒星爆炸最初几分钟的景象,并第一次看到从较大那颗恒星塌缩的核内产生的激波。这一发现,有助于人们理解这些复杂的爆炸。正是这类爆炸,产生了构成人类、地球和太阳系的多种元素。

据介绍,该研究团队过去 3 年来,一直在分析开普勒捕获的来自 500 个遥远星系的光,每 30 分钟分析一次。发现的这两颗星,属于"老年"恒星红巨星。第一颗 KSN 2011a,大小相当于近 300 个太阳,距地球 7 亿光年。第二颗 KSN 2011d,大小约 500 个太阳,距地球 12 亿光年。

据报道,当恒星的燃料燃烧殆尽,它们就会爆炸向核内塌缩,形成超新星,比所在星系的其他部分更亮,会持续发光几周时间。人们早就知道超新星爆发,但对其早期阶段还知之甚少。塔克说,它就像原子弹爆炸的冲击波一样,只是更大而已,也没人受伤。

当超新星的核塌缩成中子星,能量会以激波的形式从核反弹出去,速度达到 3 万~4 万千米/秒,并导致核聚变而产生重元素,如金、银和铀等。

研究人员表示,他们只在较大的超新星上探测到激波暴,较小的超新星上没有。他们猜测,可能是因为较小超新星周围环绕气体,遮住了所产生的激波暴。美国航空航天局将这一发现,称为天文观测上的一个"里程碑"。

研究人员指出,这些观察有助于天文学家掌握更多关于宇宙大尺度结构的情况,理解恒星的大小和组成在其爆炸式死亡的早期有什么影响。塔克说,超新星造出了我们赖以生存的重元素,如铁、锌和碘,可以说,我们正在探索人类是怎样产生的。

（2）研究超新星爆发后特征的新见解。认为发光碎片云耳状突起可能是超新星爆发后的特征。2016 年 11 月，外国媒体报道，由宇宙最暴力的超新星留下的很多发光碎片云，似乎拥有被称为“耳朵”的膨胀突起。这种可爱的特征，如今被加入到一场关于这些爆发起初如何发生的争论中。

当大质量恒星耗尽燃料时，它会爆发并将大气喷射到太空。在金牛座发生的一次这样的事件，于 1504 年被地球上的多个地点观测到。如今，人们仍在研究其留下的碎片云——蟹状星云。不过，关于恒星如何撕裂自身的巨大引力，从而发生爆发的具体细节，引发了激烈争论。

这些所谓的核心坍缩型超新星很难发生爆发，因为恒星大气的巨大重量会向下压，并且可能抑制即将发生的爆发。关于这些剧变的主导模型表明，由来自核心处的大量中微子驱动的冲击波会闯入恒星大气。不过，来自以色列理工大学的诺姆・索克认为，由大质量恒星旋转核心释放的带电粒子流冲出了一条道路。

在超新星残骸每个侧面突起的“耳朵”或许能帮助解决这一争论。索克的学生阿尔丹那・格力车内，打算在已发布的大质量恒星残骸图像中，更加系统地找出并测量它们。格力车内和索克提出，约 1/3 的核心坍缩型超新星残骸拥有一对“耳朵”，同时这些侧面突起可能是由喷射流吹起来的。

考虑到它们的大小和形状，研究人员估测，超新星爆发产生的全部能量中约有 10%用于吹起这些“耳朵”。索克介绍说：“如果这种假设是正确的，那么它表明喷射流能量很大，并且在爆发中起着重要作用。”

不过，研究此类超新星爆发的其他理论学家，对此持怀疑态度。来自美国普林斯顿大学的亚当・布罗斯表示，喷射流可能在一些爆发中起到了一定作用，甚至达到吹起“耳朵”的程度，但由中微子驱动的冲击波在大多数此类爆发中更加重要。

2.探索超新星具有超高亮度特征的原因

发现超新星异常明亮特征是由“引力透镜”聚光效应引起的。2014 年 4 月 25 日，东京大学卡夫利数学物理学联合宇宙研究机构特聘研究员罗伯特・昆比率领的研究小组，在美国《科学》杂志上发表论文称，他们最新研究发现，超光亮超新星异常明亮特征的秘密，在于它的光被一个“引力透镜”聚集了起来，因而看起来异常明亮。这一发现解决了天文学上的一个重要争议。

2010 年，天文学家发现一颗距离地球 90 亿光年的超光亮超新星，它的超高亮度让一些人认为它是一种非常明亮的新型超新星。

昆比介绍说，这颗编号为“PS1-10afx”的超新星，虽然距离地球非常遥远，但是却极为明亮，这很让人不解。其实它只是一个光亮被“引力透镜”聚集放大的极为普通的“Ia 型超新星”。发挥“引力透镜”作用的，是它与地球间的一个大质量星系。

研究小组经过分光调查,发现“PS1-10afx”的波长分布、亮度的时间变化与常见的“Ia 型”超新星特征完全一致,于是在 2013 年提出一种假说,认为它就是“Ia 型”超新星,只是与地球之间存在一个大质量星系,形成了“引力透镜”现象。

2013 年 9 月,研究小组利用位于夏威夷的“Keck-I”望远镜成功发现了“PS1-10afx”超新星所在星系,与地球之间存在一个星系。这个发挥“引力透镜”作用的星系,距离地球约 80 亿光年,使得本应该到达太空其他地点的光被聚拢过来,因此从地球上观测时,这颗超新星亮度看起来,相当于实际水平的约 30 倍。

昆比指出,通过测定其他天体的“引力透镜”效果,有助于弄清宇宙中的暗物质、暗能量以及黑洞等无法直接观测的宇宙现象,还可以帮助观测宇宙膨胀的情形。

(三)通过观测和研究超新星现象获得的新发现

1.通过观测超新星发现万有引力常数 90 亿年不变

2014 年 4 月,《每日天文新闻》网报道,通过观测超新星,澳大利亚墨尔本斯威本科技大学杰里米·穆尔德教授领导的研究小组,在《澳大利亚天文学会出版物》上发表论文称,他们发现,决定物体间引力大小的万有引力常数,在过去 90 亿年里保持不变。

牛顿在发表于 1687 年的《自然哲学的数学原理》中,提出万有引力常数 G,认为两个物体之间的吸引力大小与之成正比。1789 年,英国科学家卡文迪许通过自行设计的扭秤,验证了万有引力定律,并首次测量出万有引力常数 G 的数值。科学家们认为,在大爆炸至今的 138 亿年里,这一常数并非保持不变。而如果万有引力常数 G 在逐渐减小,这意味着过去地球与太阳的距离比现在要远,而当前我们正经历着比过去更长的四季。

该研究小组通过分析 580 颗超新星爆发时发出的光线,否认了这一假设。他们认为,过去 90 亿年里这一常数并无变化。穆尔德说:“通过回望宇宙的历史来确定物理规律是否有所变化,这并不新鲜。现在超新星宇宙学,使我们能对引力进行这样的研究。”

澳大利亚科学家的观测对象是 Ia 型超新星。穆尔德假设这类超新星爆发发生在白矮星达到临界质量或者与其他恒星相撞时。穆尔德说:“临界质量的大小取决于引力常数,这使得我们能在几十亿年的宇宙尺度来研究引力常数的变化,而不是像以前的研究那样在几十年的时间跨度上监测它的变化。”

20 世纪 60 年代,“阿波罗计划”曾通过月地距离精确测量引力常数的变化。虽然年代相隔久远,但澳大利亚科学家的发现与当时月球激光测距实验获得的结果吻合。澳大利亚科学家的研究认为,引力常数在过去 90 亿年里没有发生任何变化。

2.发现大量恒星出现超新星爆发会使星系停止造星

2015 年 9 月,日本媒体报道,日本爱媛大学宇宙进化研究中心,与美国加州理工学院等机构研究人员联合组成的研究小组宣布，他们在距离地球约100亿光年的宇宙中，发现一个星系内很多恒星发生超新星爆发，同时发现该星系造星运动正趋于停止。超新星爆发使作为造星原料的气体被释放到星系外部，这是造星运动停止的原因。有关专家称，这项成果将有助于探明星系进化的全貌。

科学界一般认为，宇宙诞生于约138亿年前。在宇宙年龄约20亿~30亿岁时，星系中爆发性地生成恒星，此后旺盛的造星运动趋于停止，转而平静地进化。不过，科学家们一直未弄清造星运动停止的原因。

此次，研究人员利用位于美国夏威夷岛的昴星望远镜，观察了六分仪座方向距离地球约100亿光年的宇宙空间，发现了6个造星正在停止的星系。

科学家迄今观测到的星系几乎都是正在生成恒星的星系和造星已停止数亿年的星系，而此次发现的6个星系处于二者之间的过渡期。由于这种星系具有全新的性质，研究小组将其命名为MAESTLO星系。

宇宙空间的气体是形成恒星的原料。研究人员发现，这次新发现的星系内气体非常少。他们通过分析这些星系发出的光，发现这些星系内有很多恒星发生了超新星爆发，使气体被释放到了星系外部。他们认为，这种所谓“超级风”现象是造星运动停止的原因。

第五章 探测黑洞的新进展

黑洞是一种特殊天体，由于时空曲率无限大使得光都无法从其视界逃脱。它由一个奇点和一片天区组成，奇点表现为体积极小而时空曲率、密度和热量极大，天区则是空空如也，不见一物。黑洞是恒星死亡的产物。恒星演变到寿命尽头，其核心部分会通过自身重力作用，迅速收缩、塌陷，并发生猛烈爆炸，最终剩余物质被压缩成密度极高的物体，从而产生强大引力成为黑洞，吞噬邻近区域的所有光线和物质。21 世纪以来，国外在搜寻黑洞方面，主要是找到年龄最轻、质量最大、双体合并或单身独游的黑洞，在遥远星系和小型矮星系中探测到新黑洞。在模拟黑洞方面，主要是利用计算机建立模拟黑洞活动的模型，利用实验室制造出供研究用的黑洞。在黑洞演化方面，主要是观测到黑洞诞生的首个直接线索，发现黑洞可以通过吸积寒冷云团而长大，发现超大黑洞成长的关键在于高密度气体盘；同时对黑洞吸积与辐射活动、黑洞周围物理现象，以及黑洞双星系演化等展开探索。在黑洞影响方面的研究，主要集中于探索引力波与黑洞的关系，揭开黑洞影响星系演化的方式。

第一节 搜寻与模拟黑洞的新成果

一、寻找太空未知黑洞的新信息

(一)探测到不同类型的新黑洞

1.找到年龄最轻和质量最大的黑洞

(1)发现处于婴儿时期的黑洞。2016 年 5 月，意大利比萨高等师范学校天文学家法比奥·帕库奇领导的研究团队，在英国《皇家天文学会月报》发表论文称，他们在遥远的古老宇宙中发现的两个斑点，或许是如今占据每个星系核心的超大质量黑洞的“种子”。

此项发现，有助于解决一个长期悬而未决的谜题。研究发现了质量是太阳数百万倍甚至几十亿倍的黑洞。同时，它们与地球相距如此遥远，以至于人们认为这些“巨兽”是在宇宙不到 10 亿岁时形成的。然而，它们不应当拥有生长为如此庞然大物的时间。

这些早期黑洞或者形成于大质量恒星，并且通过“吞食”气体，以极快的速度变得庞大起来。又或者它们抢得先机,在出生时便比太阳重上 10 万多倍。

如今,帕库奇研究团队认为,他们发现了这类膨胀"婴儿"黑洞的两个例子。研究人员对遥远星系进行了筛选,以寻找释放 X 射线的红色天体。如果某个黑洞仍被笼罩在诞生前的云团中,那么来自附近黑洞的光将在红外波段出现,因此红色是找到上述黑洞的良好指标。而能量较高的硬 X 射线会穿过云层,并且可被清楚地探测到,从而提供了另一种线索。

在上千个古老星系中,研究人员仅在矮星系中发现了"婴儿"黑洞的两个候选者。考虑到超大质量黑洞,存在于现代宇宙人们观察到的几乎每个星系中,因此为何仅发现了两个"婴儿"黑洞,成为一道猜不透的难题。

不过,来自美国科罗拉多大学的比奇曼·贝杰门认为,这可能并不是问题。以这种方式产生的黑洞,会吃掉将其暴露出来的发光云团,从而使它们在生长时更难被发现。因此,人们如果在这个关键阶段探测不到很多此类黑洞,也就不足为奇了。

(2)发现质量最大的黑洞。2016 年 5 月,英国每日邮报报道,天文学家最新利用哈勃太空望远镜,观测到一个"其貌不扬"的椭圆星系,名为 NGC 4889。但最新研究显示,它隐藏着黑暗秘密:其内部存在超大质量黑洞,是太阳质量的 210 亿倍,是迄今观测到的最大黑洞。该黑洞视界直径大约 1300 亿千米,是海王星轨道直径的 15 倍,相比之下,银河系超大质量黑洞的质量大约是太阳的 400 万倍,黑洞视界直径仅是水星轨道的 1/5。椭圆星系 NGC 4889 距离地球 3 亿光年,位于后发星系团,但是该星系吞噬恒星和毁灭灰尘的时代已过去了。事实上,天文学家认为,该星系内部庞大黑洞停止"进食",它吞噬椭圆星系 NGC 4889 物质之后已处于休息状态。

目前,椭圆星系 NGC 4889 内部环境非常平静,残留气体中形成恒星,这些恒星安静地环绕黑洞运行。当该黑洞处于活跃状态,它将被热吸积过程进一步刺激。当星系物质(气体、灰尘和其他残骸)朝向黑洞方向缓慢地坍塌,将累积形成一个吸积盘。

2.找到双体合并和单身独游的黑洞

(1)发现可能正在合并的两个超大黑洞。2015 年 4 月,马里兰大学天文系研究生刘婷婷牵头组成的一个研究小组,在《天体物理学杂志通讯》上发表研究成果称,大型星系中心通常都有一个质量为百万到十亿个太阳的黑洞。理论预测认为,当两个这样的星系合并时,它们各自的黑洞也应渐渐靠近而最终合二为一。她们的研究表明,可能找到了两个这样的超大质量黑洞,它们正处于合并的最终阶段。

刘婷婷说:"这是迄今发现的首个相距如此之近的,超大黑洞双子系统的候选者。如果我们的结论是正确的,将有望在未来的十几年或者几十年内,看到这个系统的两个黑洞靠得越来越近,最终合二为一。"

刘婷婷介绍道,她们利用设在夏威夷的"全景巡天望远镜和快速反应系统",

搜寻类星体。类星体可能是一种超大质量黑洞系统，它在高速、高效地吸收周围物质的同时，会发出电磁波辐射而能被人们观测到。结果，在距离地球约105亿光年的地方，发现了编号为“PSO J334.2028+01.4075”的类星体。

研究人员表示，大多数类星体产生的光的明暗变化是没有规律的，但电脑模拟发现，由两个黑洞合并形成的双子系统，吸收物质的速度会有周期性变化，导致产生的光也周期性地变化。新观测到的这个类星体中的黑洞，约有100亿个太阳质量，该系统发出的光的亮度有542天的周期性变化，刘婷婷说：“对它最好的解释就是那种超大黑洞双子系统，我们计划在未来几年里继续观察它，收集更多的数据”。

爱因斯坦的广义相对论预测，黑洞双子系统会辐射引力波。引力波可理解为一种时空涟漪，就像一块石头扔到水池里产生的波纹一样，但科学界一直未找到引力波存在的证据。刘婷婷指出，她们推测出的黑洞总质量和黑洞之间距离显示，这个类星体是“一个潜在的引力波源”，希望未来在地面实验中直接测量到它发出的引力波。

（2）首次发现“独自生存”的超大质量黑洞。2016年11月2日，物理学家组织网报道，美国国家射电天文台在内的多家机构研究人员组成的一个研究团队，在《天体物理学》杂志上发表研究报告称，他们利用超长基线阵列仪器，首次发现一个抛弃宿主星系、几乎“独自生存”的超大质量黑洞，这种情况极其罕见。研究人员表示，此类天体或许在宇宙中还有，但要发现它们却可遇而不可求。

从地球角度可观测到的超大质量黑洞，位于大多数星系的核心。这些大型星系被认为是通过吞噬较小的同伴而生长起来的。成长后的超大质量黑洞，质量可达太阳的数十亿倍甚至一百亿倍，其亮度最终会使所在的整个星系相形见绌。但这并不意味着它们会抛弃星系而生存。

该超大质量黑洞被命名为B3 1715+425，所在的星系簇距离地球超过20亿光年。不可思议的是，该黑洞周围有一个与它的“体型”完全不匹配的小星系，而它却正在加速逃离另一个它本该身处其中的大星系。

天文学家分析认为，在数百万年前的一场“近身肉搏”中，较大星系是获胜方，剥离了较小星系内几乎所有的恒星和气体，却把它的黑洞“剩”下了。这个较小星系被蚕食后剩余的部分十分可怜，只大约跨越3000光年，而我们的银河系都要横跨10万光年。

研究人员表示，此次超长基线阵列仪器的数据质量非常高，获得了超大质量黑洞高精度位置信息，从而发现这一此前从未遇到的情形。超长基线阵列仪器，是由位于美国国家射电天文台操作中心遥控的10架巨型射电望远镜组成的阵列，被认为是全世界最有贡献的天文设备。

（二）在不同类型星系中找到新黑洞

1.在遥远星系中探测到新黑洞

发现一个遥远星系核心位置的超大质量黑洞。2015年10月，德国基尔大学天体物理学家雅各·冯·罗恩领导的一个研究小组，在《皇家天文学会月报》上发表论文称，他们近日发现的一个遥远星系的核心位置，存在着一个巨大的黑洞，其质量比理论计算结果高出将近30倍。

这个星系编号SAGE0536AGN，估计其年龄约90亿年，质量约为太阳的250亿倍。研究显示其核心存在一个超大质量黑洞，质量约为太阳质量的3.5亿倍。

对于这样一个星系来说，这样的黑洞质量实在是太大了，这表明其成长的速度超过了它的宿主星系。研究人员表示，这个黑洞正在以令人不可思议的速度，吞噬着周遭的气体和其他物质。

在大多数情况下，星系中心的超大质量黑洞，成长的速度应该是与宿主星系的成长速度相一致的。

天文学家们表示，该星系有可能是一类全新星系类型中，发现的首个案例。罗恩表示，星系拥有巨大质量，而它们中央的黑洞也同样具有巨大的质量。他说："但即便如此，这个星系核心的黑洞质量，也仍然是太大了，它完全不应该如此巨大。"

在这项工作中，研究人员使用"南非大望远镜"，对这一星系开展了详细研究。该星系，起初是利用美国航空航天局的斯皮策空间望远镜，在红外波段发现的。在红外波段，这一位于星系中央位置的黑洞，显得格外明亮。因为其正大量吞噬周遭气体和尘埃物质，随着这些物质在其强大引力作用下旋转加速下落，这一吸积盘内物质的相互摩擦产生高温，进而发出强烈辐射。

在这项最新研究中，研究人员测量了这一吸积盘中，围绕黑洞旋转下落的气体物质的运动速度。结果发现这个星系中央的氢光谱线发生了加粗，这里物质的谱线显示明显的蓝移或红移，显示吸积盘不同部分物质的不同运动方向。

光谱线加粗的程度，让天文学家们能够得知在黑洞引力作用下形成的吸积盘中，物质正在以极高的速度旋转。

2.在小型矮星系中寻找到新黑洞

(1)发现矮星系内存在巨大质量的黑洞。2011年1月，弗吉尼亚大学和美国国家射电天文台科学家组成的一个研究小组，在《自然》杂志网站上发表研究成果称，他们在一个由恒星组成的小型矮星系中，发现了一个超大质量黑洞，其质量是太阳的100万倍。这是超大质量黑洞早于星系形成的更有力证据，它也有助于天文学家进一步研究宇宙早期黑洞和星系是如何生成的。

该星系名为Henize 2-10，距地球3000万光年。它正在很快地形成恒星，形状不规则，跨度约3000光年，与科学家所认为的某些宇宙早期的第一代星系很相似。

研究小组使用美国国家科学基金会的超大射电阵列望远镜和哈勃太空望远镜，对该星系进行观察，发现在星系核心附近的区域发出很强的无线电波，而这种波只有在距离黑洞很近的地方，物质喷发形成超快"喷射"时才能产生。

(2)在超小型矮星系中首次发现特大质量黑洞。2014 年 9 月,美国盐湖城犹他大学阿尼尔·塞思牵头,美国、德国和智利等国天文学家参与的一个国际研究小组,在《自然》杂志上发表论文称,他们首次发现了有力证据,表明在一个侏儒星系中竟然存在一个特大质量黑洞。这一发现表明,特大质量黑洞,在周围宇宙中的数量可能是之前估计的两倍,它们中的许多都隐藏在那些看似不起眼的小型星系的中心。

研究人员最初对超小型矮星系 M60-UCD1 产生了兴趣,这部分缘于其释放的 X 射线暗示它可能蕴含着一个黑洞。M60-UCD1 距离地球约 5400 万光年。

美国航空航天局哈勃望远镜拍摄的图片表明,这一星系在其中心蕴含着一个高密度的质量团。然而,研究人员并不知道如何利用质量,推测出一个黑洞的存在。

该研究小组为了给这头“猛兽”称重,他们利用位于夏威夷莫纳克亚山顶的双子座北天文台,测量了环绕星系中心运行的恒星的速度。研究人员推断,高速运行的恒星,是星系中央存在一个特大黑洞的最佳解释。估计该黑洞的质量,相当于 2100 万颗太阳,这是银河系中央黑洞的 5 倍,而据测算,M60-UCD1 的直径大约仅为银河系直径的 1/600。

特大质量黑洞,通常拥有约 0.5%的聚集在星系中央的恒星的质量,而 M60-UCD1 的黑洞则具有约 18%的星系恒星的质量,从而使得这一引力怪物能够对星系的形状和结构施加更大的影响。美国得克萨斯大学奥斯汀分校天文学家卡尔·盖伯哈特表示,搞清一些特大质量黑洞在小型星系的进化中所起到的主要作用,是这项研究最重要的成果。

盖伯哈特说:“这是一个非常有力的证据,表明小型星系也能够拥有大黑洞。”他认为:“这是一类新的星系,这让人非常兴奋。”

塞思研究小组推断,依照其当前的规模,M60-UCD1 缺乏拥有一个如此之大的黑洞的实力,但这个星系或许曾经比现在大得多。研究人员推测,20 多亿年前,与附近一个更大的邻居星系(M60)进行的一次碰撞,剥离了 M60-UCD1 的外部结构,最终留下了一个密集的遗迹,即一个超小型矮星系及现在看起来过大的黑洞。

如今,天文学家已经开始研究,附近的其他几个可能拥有特大质量黑洞的超小型矮星系。塞思指出,由于这些小型星系与通常能够发现特大质量黑洞的大型星系一样普遍,因此今天宇宙中的特大质量黑洞的数量,或许要比研究人员之前所估计的翻一番。

塞思强调:“我们至今还不能搞清楚特大质量黑洞,到底是如何形成的。对它们是如何集合在一起的更好理解,可能基于对特大质量黑洞,尤其是那些在较低质量星系中的黑洞的数量,进行的更多调查”。

3.运用不同方法搜寻到新黑洞

(1)寻找行星的卫星意外观测到超大黑洞。2015 年 1 月,美国杨百翰大学迈克尔·琼勒教授领导，他的学生卡罗尔·洛尔等人参与的一个研究小组，在《天体物理学杂志》上发表研究成果称，他们的研究显示，担负着寻找新行星任务的开普勒卫星，在天鹅座和天琴座两个星座之间，意外发现了一个超大质量黑洞。

这一遥远黑洞，位于被称为 KA 1858 的星系内。研究人员是在美国航空航天局和加利福尼亚大学的天体物理学家的帮助下观察到的。据估计，这个黑洞的质量约是太阳质量的 800 万倍左右。

最初，美国航空航天局开普勒卫星的主要任务，是在银河系寻找类似地球的行星。然而，在这项研究中，研究人员能够把来自开普勒任务的数据，与基于地面观察黑洞特性的数据结合起来。而在杨百翰大学西山天文台、犹他州最大天文台进行了许多基于地面的观测。

琼勒教授说：“这是一个涉及许多在世界各地不同观察员的长期项目。通过杨百翰大学完成的测量，可以确定这个星系中心黑洞的质量，是太阳质量的 800 万倍左右，这是一个真正巨大的物体。”

天文学家通过不同类型的物体测量辐射光，而由于黑洞不发出任何辐射能量，因此很难衡量。为此，该研究小组使用了一种称为混响映射的方法。

混响映射包括观察物质发出的光螺旋朝向黑洞。从其中心不同的距离，光与附近再次发出光的气体相互作用，这些光团在几天内抵达地面的望远镜。研究人员通过分析这个时间差，以及测量这些物质是如何快速围绕银河中心移动，能够确定出该中央黑洞的质量。

根据洛尔的说法，这种方法需要一些超过目前世界上最大望远镜的设备。琼勒和她正致力于一种使用较小的望远镜观察不同活跃星系的方法。通过这种方式，各地天体物理学家可以做到使用更小和更少成本的望远镜，完成这项科学研究。

（2）用迄今最精确方法发现超大黑洞。2016 年 5 月 6 日，美国罗格斯大学物理和天文学副教授安德鲁·贝克等人组成的一个国际研究小组，在《天体物理学》杂志上发表论文称，他们在 NGC 1332 星系的中心位置，发现了一个超大质量黑洞，质量相当于 6.6 亿个太阳，很可能是目前关于黑洞质量最精确的一次测量。

这个超大质量黑洞位于 NGC 1332 星系，距离地球 7300 万光年。为测得其质量，研究人员借用了位于智利的阿塔卡玛大型毫米波天线阵（ALMA）。它是目前世界上最大的射电天文望远镜阵列，由 66 面射电望远镜构成，全部位于海拔超过 5000 米的高原上。在毫米波段能够提供高达 35 毫角秒的分辨率，相当于在 110 千米以外看见一枚硬币。

贝克称，每个大质量星系，如银河系的中心都有一个超大质量黑洞。黑洞几乎无处不在，它们是星系形成发育的一种重要指标，会对一个星系产生深远影响。这一研究，对了解 NGC 1332 星系及其中心的超大质量黑洞的形成具有重要意义。超大质量黑洞一般会通过吞噬气体、恒星和其他黑洞的方式成长。但是黑洞并不完全像台真空吸尘器，如果它附近的恒星稳定运行在一个轨道上，而且速度足够快,也可以避免被它吸进去。

贝克表示,黑洞和其所在星系的发育应该是相协调的,要了解星系形成和演化的过程,必须首先了解超大质量黑洞。其中很重要的一方面,就是明确其质量等信息。这可让科学家确定,黑洞与其所在星系的成长速度相比,是快一些,还是慢一些。如果黑洞质量不准确,科学家将无法得出明确结论。

二、模拟黑洞活动的新信息

(一)利用计算机建立模拟黑洞活动的模型

1.用超级计算机成功模拟黑洞内部状态

2008 年 1 月,日本高能加速器研究机构发表新闻公报说,他们成功地用超级计算机模拟了宇宙黑洞的内部状态,验证了霍金关于黑洞辐射的理论。

据介绍,黑洞是质量极度集中的天体,其引力之大可以使周围的时空发生弯曲,包括光线在内的所有物质都会被黑洞吞噬。但英国物理学家霍金于 1974 年提出,黑洞也会放出光子和中子等,即存在霍金辐射,而且黑洞的质量越小,温度越高,“蒸发”的速度就会越快。不过由于技术等方面的限制,科学家们此前一直未能验证霍金辐射理论中温度和能量的关系。

在这项最新研究中,研究人员以超弦理论为基础,开发出了一种根据频率对“弦”的振动进行计算的新方法,从而计算出了黑洞中心附近“弦”的凝聚状态的能量。超弦理论认为,“弦”是组成物质的最基本单元,所有的基本粒子都是弦的不同振动激发态。研究人员再把模拟计算结果绘成和温度对应的图表,结果显示,黑洞能量随温度的变化情况,与霍金理论一致。

新闻公报说,这项研究,拓宽了超弦理论应用的可能性,使其有望在探明黑洞蒸发现象、宇宙起源和万物诞生等方面发挥重要作用。

2.用超级计算机成功模拟特殊的五维环形“项链”黑洞

2016 年 2 月 19 日,英国剑桥大学发布新闻公告称,该校科研人员和伦敦大学玛丽皇后学院同行共同组成的研究小组,使用超级计算机,成功模拟了一种特殊的五维环形黑洞。这种黑洞,可以无情地推翻广义相对论背后的完美公式。

研究小组模拟的环形黑洞就像一条珍珠项链,膨胀的部分就如同珍珠,其余部分则如串起珍珠的线,这些“线”会越变越细,直到“项链”断开,变成一系列更小的黑洞。这种项链状环形黑洞背后,暗藏着广义相对论的克星——裸奇点。

广义相对论,是目前我们理解万有引力的基础。这一理论告诉我们,物质可以使其周围的时空发生弯曲,万有引力便是这种弯曲的结果。从预测恒星的寿命,到帮助我们导航的 GPS,都离不开爱因斯坦广受赞誉的公式。这一理论,诞生 100 年以来,经受住了种种考验,却在解释奇点的存在上卡了壳。

所谓奇点,就是万有引力极其强烈,以至于空间、时间和物理定律都失效的点。广义相对论预测,奇点存在于黑洞的核心,被黑洞视界线所包围。所以只要奇点一直乖乖藏在视界线后面，它们就不会惹麻烦，广义相对论也就站得住脚。

但宇宙不会总遂人愿，如果有的奇点并没有视界线的包裹，也就是存在所谓的裸奇点怎么办？那将意味着一种物体由于密度无限大而崩溃，这种状态会颠覆现有的物理定律。

（二）利用实验室制造出供研究用的黑洞

在实验室制造出能捕获音波的黑洞。

2011 年 1 月 10 日，美国物理学家组织网报道，通常概念里的黑洞由于能吸收所有入射光而得名，它非常致密，没有光线能从它的最外层边界中逃逸出来。近日，以色列理工学院的杰夫·斯坦豪尔领导的研究小组，在实验室造出了一种类似的音波黑洞，所有音波而不是光波都会被它捕获而不能逃逸。研究人员希望借助这种音波黑洞，来研究难以捉摸的霍金辐射。

该音波黑洞是一种由 10 万个铷原子构成的玻色—爱因斯坦凝聚物，铷原子在磁阱中达到它们的最低量子态，冷凝在一起的原子团就像一个具有量子力学属性的大原子。为了将这种冷凝物转变成音波黑洞，研究人员找到了一种方法，将部分冷凝物加速到超音速，让整个冷凝物中包含了超音速流动区域和亚音速流动区域。

研究人员用大口径激光照射冷凝物，使它具有了类似音阶的势差和谐波势差。当冷凝物在类音阶势差中通过“音阶”时，冷凝物就加速到超音速。他们还证明了冷凝物能加速到超过音速范围的多个音阶。

斯坦豪尔说：“这项研究的最大意义在于，我们成功地克服了朗道临界速度，在这种状态下流动的速度无法超过声速。”此项实验在一段时间内超越了这一限制。

在实验设计中，音阶标志了超音速区域和亚音速区域的分界，作为音波黑洞的事件视界。在这一事件视界上，冷凝物流动的速度和声音速度相等。在超音速音阶的一边，冷凝物的密度比亚音速的一边要低得多。研究人员解释说，由于质量守恒，低密度相当于更高的流动速度。在实验中，研究人员能稳定地维持黑洞的事件视界至少 20 毫秒。

音波黑洞和捕获光子的黑洞类似，它的超音速区域也能捕获声子和处于 1.6～18 微米波长之间的广泛的玻戈留玻夫激发过程。波长非常短的激发能够逃逸，而那些较长波长的激发一开始就无法留在超音速区域。

研究人员计划用音波黑洞来观测霍金辐射。霍金辐射是物理学家斯蒂芬·霍金首次提出的预言，由于量子效应，黑洞会发出少量的热辐射，这些辐射会导致黑洞收缩并最终完全蒸发掉。而要探测到这种辐射很困难，需要很多准备工作，比如捕获激发过程必须有负能量。他们在模拟实验中已经证明了这一点：将两束频率略为不同的激光束集中到冷凝物的超音速区域时，模拟冷凝物从一束激光中吸收了一个光子，并发射一个光子到第二束激光中，产生了具有负能量的激发过程。将来，音波黑洞或能帮助科学家看到霍金辐射。

第二节 黑洞演化及影响研究的新成果

一、黑洞生长与活动研究的新信息

(一)探索黑洞诞生与成长的新进展

1.研究黑洞诞生的新成果

观测到黑洞诞生的首个直接线索。2016 年 9 月,美国媒体报道,俄亥俄州立大学克里斯托弗·柯查纳克带领的研究团队,瞥见了哈勃太空望远镜观测到的一些非常特殊的数据,发现这是距离地球约 2000 光年以外的红巨星 N6946-BH1。

这颗恒星于 2004 年首次观测到,曾是一颗相当于太阳质量 25 倍左右的恒星。柯查纳克及其同事发现,2009 年的几个月里,这颗恒星的亮度突然比太阳亮了上百万倍,然后其光亮逐渐消退。新哈勃望远镜图像表明,它在可见波段已经消失,但是在同样的位置却在红外线波段观测到微弱的热源,就像是其温暖的余晖。

这些观测结果与此前理论预测的非常接近,即一颗如此大质量的恒星会塌缩成黑洞。首先,这颗恒星在质量减少的过程中喷射出如此多的中子,随着质量的减少,它会缺少足够的引力稳定住其周围环绕的松散的氢离子团。随着这些离子漂移开来,它会逐渐冷却,使分离的电子重新附着到氢气上。这会形成约一年时间长短的明亮闪光,而当其消失后,仅会存在黑洞。红巨星 N6946-BH1 的演变过程,就像黑洞理论预测的那样,一步步向前推进着。

还有另外两种关于该恒星消失现象的可能性解释:它可能与另一颗恒星合并,或者被尘埃掩盖了。但是它们并不符合收集到的数据的分析结果:合并会使该恒星在很长一段时间内比此前的亮度更大,而不是仅仅在几个月内亮度提高一些,而尘埃则不可能遮住其如此长时间。

因此,研究人员认为,他们接收到 2000 万光年以外的一个新生事件,它是人们观测到的首个黑洞诞生的证据。当大质量恒星燃尽之后,它们会在巨大的爆炸中死亡,喷发出物质和辐射高速喷射物。其留下的“遗产”将会塌缩成为黑洞,其密度如此之大、引力如此之强,即便是光也难以逃逸。

加利福尼亚州利克天文台的斯坦·伍斯利说:“这是一项令人振奋的研究成果,也是长期预期的结果。”哈佛大学的艾维·劳埃伯指出:“这可能是关于恒星塌缩如何形成黑洞的首个直接线索。”

2.研究黑洞成长的新成果

(1)发现黑洞可以通过吸积寒冷云团而成长壮大。2016 年 6 月,美国耶鲁大学格兰特·特伦布莱领导的研究团队,在《自然》杂志发表研究报告称,他们近日在邻近星系中,观察到大块寒冷分子云,坠入星系中心的一个超大黑洞。这些发现和黑洞的经典模型产生了显著的反差,经典模型认为,黑洞是在热气流的平稳吸入后增长的。

在星系中间的超大黑洞,可以通过气体吸积成长壮大。吸积指致密天体由引力俘获周围物质的过程。吸积增长,可能给整个星系中恒星形成的调控提供了能量。不过,由于缺乏观测证据,理解这种特质很困难。

该研究团队利用智利的阿塔卡玛毫米/亚毫米波阵列望远镜,研究了阿贝尔2597星系团最亮星系的冷气团的位置和运动。研究人员在论文中,描述了观测到的星系中超大黑洞的冷吸积,这是一项在最近的模拟和理论中被预测的发现,此前一直未能直接观测到。

研究人员表示,在适当的条件下,密集冷分子云在坠入黑洞时会投射出阴影,黑洞在此时起到了背景灯的功能。这些研究结果支持了一个假说:星系中心的温暖气体只是一层薄膜,包裹着更加寒冷和更加巨大的分子云。相关发现,有助于了解位于巨大星系中的黑洞是如何吸收气体而成长的。

(2)发现超大黑洞成长的关键在于高密度气体盘。2016 年 8 月,日本东京泉拓、河野孝太郎主持的一个研究小组,在《天体物理学杂志》网络版上发表论文称,他们首次发现,在超大黑洞的成长过程中,一些高密度分子气体圆盘,具有重要的气体质量供给源的功能,可以综合证明星系中心部位的气体质量流入和流出的平衡,符合“高密度分子气体圆盘内形成的大质量星体发生超新星爆发,气体中产生强烈乱流,促进向内侧供给气体”的理论模式。

该研究小组利用阿尔玛望远镜,获得高解析度电波观测数据,对附近星系中心超大黑洞周围数百光年范围的低温、高密度分子气体圆盘进行了调查。新的发现,是接近揭开超大黑洞起源之谜的重要成果,该研究小组今后将继续对远方的黑洞天体进行详细观测,以增进对宇宙中黑洞成长的理解。

根据近年来的观测,多数星系中心,普遍存在超过太阳质量 100 万倍以上的超大黑洞,但它们的形成过程仍是个谜,这也是现代天文学的重要课题之一。以前科学家就知道,超大黑洞吸收的气体量与星系中心星体形成率相关,即中心大量产生星体的星系,其黑洞的气体吸收率也增大。这意味着两种现象具有某种物理结构关系,星体形成驱动黑洞的成长,但对其详细机理尚不明了。

此次,研究小组利用“低温高密度分子气体”作为解决这一问题的突破口,进行了观测研究。这是因为低温分子气体,是星系中心部位星际物质的主要存在形式。特别是高密度分子气体是星体形成的母体,对于研究超大黑洞成长和星体形成之间物理关系最为合适。

研究小组通过对中心存在超巨大黑洞的 10 个星系进行分析,首次发现了高密度分子气体圆盘的质量与超巨大黑洞质量吸收率,具有很强的正相关联。研究结果认为,作为超大黑洞的质量供给源,附近的高密度分子气体圆盘起到了重要作用,而星系全体气体的多少对超大黑洞成长并没有影响。

(二)探索黑洞吸积与辐射活动的新进展

1.研究黑洞吸积活动的新成果

(1)对黑洞吸积活动经典理论提出质疑。2014年9月25日,物理学家组织网报道,黑洞作为宇宙中最黑暗质量最密集的物质,点燃了不少人的想象力,为众多科幻小说和电影提供了精彩的素材和设定。但美国北卡罗来纳大学教堂山分校理论物理学教授梅尔西尼·霍顿则具有完全不同的观点,她经过数学计算得出结论,认为黑洞吸积活动经典理论难以成立。

霍顿说:“科学家们研究黑洞活动,已经50多年。本次研究得出不同结论后,即便我自己都感到十分震撼。但新研究提出的解决方案,给了我们许多新的思考。”

经典理论认为,黑洞是宇宙中存在的一种超高密度天体,由一个质量足够大的恒星在能量耗尽后因引力坍缩形成。其中心是一个密度无限大、时空曲率无限高、体积无限小的奇点。围绕在奇点四周的是一片空空如也的区域,这便是黑洞视界。一个恒星形成黑洞的过程,就像是把一个地球大小的天体,压缩成一个花生大的小球。根据爱因斯坦的相对论,黑洞会通过吸积活动,吞噬邻近宇宙区域的所有光线和任何物质,只要进入黑洞视界就有去无回。

然而,这种解释与另一种基本理论产生了冲突:量子力学认为,任何物理演化过程都应满足因果律,即信息是守恒的,没有信息能从宇宙中永远消失。不少科学家试图使用数学的方法来让两种理论形成统一,但都无功而返。自此,关于黑洞中的信息是否丢失的问题,就成了一个谜。

1974年,霍金通过量子力学的方法得出结论:黑洞不仅能够吸收黑洞外的物质,同样也能以热辐射的方式向外“吐出”物质。而这种量子力学现象,就被称为霍金辐射。

报道称,霍顿在新研究中描述了一种全新的方案。她和霍金都同意,当恒星因自身的引力发生坍塌时会产生霍金辐射。但霍顿认为,发出这种辐射后,恒星的质量也会不断地发生损失。正因为如此,当这些恒星坍缩时,就不可能达到形成黑洞所必需的质量密度。她认为,垂死的恒星在发生最后一次膨胀后,就会爆炸,然后消亡,奇点永远不会形成,黑洞视界也不会出现。根本就不会存在像黑洞这样的东西。

其实,在2014年年初,霍金就曾通过论文指出,在经典理论中黑洞是不存在的,他承认自己最初有关视界的认识是有缺陷的,并提出了新的“灰洞”理论。该理论认为,物质和能量在被黑洞困住一段时间以后,又会被重新释放到宇宙中。

(2)计算表明黑洞并不吸积或吞噬信息。2015年4月,物理学家组织网近日报道,数十年来,物理学家们一直认为,黑洞是终极墓穴,是吞噬信息的实体,随着黑洞的萎缩以及最终消失,黑洞内的信息也会消失殆尽。但美国布法罗大学物理学副教授德扬·斯托科维克最近通过计算证明,黑洞内的信息并不会消失,黑洞外的观察者能够恢复黑洞曾有的信息。这表明，困扰了物理学家们40多年的黑洞“信息丢失悖论”或许已经被解决。

1976年，英国物理学家斯蒂芬·霍金称通过计算得出结论，黑洞一旦形成，就开始向外辐射能量，但这种辐射并不包含黑洞内部物质的“信息”。最终黑洞将因为质量丧失殆尽而消失，而黑洞内部的信息也随着灰飞烟灭。这便是所谓的“黑洞悖论”。

霍金的上述理论与量子物理学理论背道而驰。量子物理学认为，类似黑洞这样质量巨大物体的信息，是不可能完全丧失的。霍金对此解释说，黑洞巨大的万有引力场在某种程度上破坏了量子物理学的理论。

尽管霍金后来表示，他的“黑洞悖论”是错误的，信息可能会从黑洞逃逸，但黑洞内曾经包含的信息是否能恢复，以及如何能恢复，一直是物理学家们争论的焦点。据报道，现在斯托科维克的最新论文厘清了这个问题。

在这项研究中，斯托科维克不仅考虑了黑洞辐射出的粒子，而且也对这些粒子之间的相互作用进行了深入研究。结果表明，信息可以在黑洞中被保存下来，黑洞外的观察者能恢复黑洞内曾经包含的信息，例如形成黑洞的物体的属性，以及黑洞所吸收的物质和能量的属性等。

斯托科维克表示，这是一个重要发现，因为即使相信信息并不会在黑洞中消失的物理学家们，也一直试图从数学上证明这一点是如何发生的，最新研究正好揭示了这一点。

粒子间相互作用的范围很广，从因为引力造成的相互吸引到像光子一样的中介交换等。其实，科学家们一直知道存在着这样的“相互联系”，但过去，很多科学家们认为其不屑一顾。

斯托科维克解释说：“在相关的计算中，这些相互作用常常被忽略，因为它们被认为很小，不会造成根本性的区别。但我们的计算表明，尽管这种相互作用刚开始很小，但会随着时间的延续而不断变大，最后足以改变整个结果。”

(3)认为被黑洞吸积的信息是可以逃出来的。2015年8月26日，英国《每日邮报》报道，英国著名物理学家史蒂芬·霍金，在瑞典首都斯德哥尔摩的瑞典皇家理工学院，向一群世界顶尖的科学家以及媒体人士，介绍了他关于黑洞研究的最新理论观点。

霍金认为，黑洞并不像人们此前认为的那样，是不可逃脱的“永恒监狱”。当信息被吸入黑洞之后，并非被存储在黑洞内部，而可能位于黑洞边缘，甚至黑洞视界(黑洞最外层的边界)附近。一些信息会以黑洞辐射的形式逃逸出来，另一些仍然会停留在黑洞当中。因此，黑洞中的信息并没有真正消失，它们有可能逃出了黑洞，也可能进入到了另一个平行宇宙。

传统理论认为，黑洞由质量巨大的恒星在燃料耗尽时引发的引力坍缩形成，质量极其密集，引力异常强大，包括光在内的任何物质都无法从中逃脱。很多人对此都坚信不疑。但根据广义相对论,信息不会凭空消失。由此,就产生了著名的"信息悖论"。在过去40年里,理论物理学界一直试图破解这一难题。

报道称,根据霍金的观点,宇宙中并不存在永久无法逃离的黑洞。他说:"但逃离黑洞的信息会以一种混乱无用的形式回到宇宙,失去了原先的价值。就像一本被烧掉的百科全书,即便留下了所有的灰烬,你也很难从中查到美国明尼苏达州的首府是哪个城市。"这就像一个3D全息信息被记录在了一个二维平面上,即便你得到了这些信息,也需要进行破译。

霍金甚至大胆假设,即便人掉进黑洞同样也不会凭空消失,而是有可能逃离出来的,只不过这个黑洞必须足够大才行。由于黑洞会不断旋转,你很可能会进入到另一个平行宇宙。最后,他幽默地说:"虽然我热爱太空飞行,但我绝不会做出这样的尝试。"

2.研究黑洞辐射活动的新成果

通过观测卫星变化发现黑洞辐射活动的证据。2010年6月20日,美国马里兰大学帕克分校迈克尔·科斯领导,美国航空航天局"雨燕"卫星首席科学家尼尔·格雷尔斯、马里兰大学理查德·穆什斯基、席尔瓦·维尔列克思和科罗拉多大学太空天文学中心利萨·温特等人参与的一个研究团队,在《天体物理学杂志通讯》上发表研究成果称,他们根据"雨燕"卫星的长期观测数据,发现了黑洞辐射活动的确凿证据。美国航空航天局就"雨燕"卫星的最新发现发布了新闻简报。这一发现,将有助于天文学家解答数十年来一直困扰他们的神秘难题,即为什么一小部分黑洞可以释放出巨大的能量。

据科学家介绍,只有1%的超大质量黑洞有此行为。新的发现证实,当星系发生碰撞时,这些黑洞可以"点亮"。通过"雨燕"卫星的观测数据,天文学家可以更加深入地了解银河系黑洞的未来行为。

从星系中心或星系核发出的强烈辐射,通常在超大质量黑洞附近产生。这种超大质量黑洞的质量,大约是太阳质量的100万~10亿倍。这些活动星系核所发出的能量,大约是太阳能量的100亿倍,是宇宙中最明亮的事物,它们包括类星体和耀变体。科斯指出:"理论家已经证明,强烈的星系合并,可以形成一个星系的中心黑洞。这项研究,可以解释黑洞是如何结合的。"

在获得"雨燕"卫星高透力X射线观测数据之前,天文学家一直无法确信,他们是否已经将活动星系核的大部分都已数清。在一个活动星系中,黑洞周围通常包围着厚厚的尘埃和气体。这种尘埃和气体可以阻挡紫外线、可见光和低透力X射线。尽管从黑洞附近的温暖尘埃中所发出的红外辐射能够穿透尘埃,却容易与星系中恒星形成区的辐射相混淆。"雨燕"卫星的高透力X射线,可以帮助天文学家们直接探测到活跃的黑洞。

自2004年起,"雨燕"卫星上的爆发警报望远镜,已经开始利用高透力X射线绘制天空图。格雷尔斯介绍说:"经过数年的建设和曝光,'雨燕'卫星爆发警报望远镜高透力 X 射线探测,已经成为最大、最敏感和最全面的太空普查项目。”该探测器揭开了数个此前未被承认的系统的面纱,它甚至对 6.5 亿光年外的活动星系核都非常敏感。

研究团队发现,爆发警报望远镜所发现的星系,大约有 1/4 正在合并或形成了紧密的双子星系。科斯认为:“‘雨燕’卫星爆发警报望远镜高透力 X 射线探测项目,让我们对活动星系核有了完全不同的认识。在这些星系中,大约有 60%将会在未来十亿年中完全合并。我们认为,我们已经发现了理论家此前预测的由合并所引发的活动星系核的确凿证据。”

密歇根大学天文学家乔尔 · 布莱格曼没有参与该项研究,但他表示:“我们从来没有如此清晰地看到活动星系核活动的开始。‘雨燕’研究团队利用高透力 X 射线探测器,肯定可以识别出这一过程的早期阶段。”

(三)探索黑洞周围物理现象的新进展

1.观察测量黑洞附近磁场的强度

(1)测量表明黑洞附近磁场强度相当于自身万有引力。2014 年 6 月,美国能源部劳伦斯 · 伯克利国家实验室研究员亚历山大 · 柴可夫斯基、德国马克斯 · 普朗克射电天文学研究所研究人员穆罕默德 · 扎曼尼那萨博负责的一个研究团队,在《自然》杂志上发表论文称,他们通过对 76 个黑洞的观察测量发现,其强度比得上由黑洞强大万有引力产生的拉力。

在整个研究中,柴可夫斯基负责协助解释现有计算机模型的观测数据,他说:“本研究是首次系统地检测黑洞附近磁场。这非常重要,因为以往我们不知道这一点。而现在我们有了不止一两个证据,而是来自 76 个黑洞的证据。”

活跃星系中心的吸积超大质量黑洞,通常会产生“喷射”。而在喷射形成和吸积盘物理学中,磁场可能也起了关键作用。研究人员最近在银心黑洞附近发现了一个动态重要磁场,如果这种现象是普遍的,且磁场能延伸到黑洞的事件视界附近,吸积盘结构就会受到影响,这样由标准模型得出的假设就是错的。

柴可夫斯基在加州大学伯克利分校做博士后时,曾提出一个包含了磁场的黑洞计算模型。该模型认为,一个黑洞能支持的一个磁场,该磁场和它的万有引力一样强。但迄今为止还没有观察证据支持他的预测。

据报道,研究人员观察到的超大质量黑洞喷出的气体,证明了其磁场的强度。这些气体喷射由磁场形成,并产生电波辐射。论文第一作者扎曼尼那萨博说:“我们意识到,从黑洞喷射发出的电波辐射,可以用来测量黑洞附近的磁场强度。”

此前,曾有其他研究小组用美国射电望远镜网络,即甚长基线阵列收集了来自“射电噪”星系的电波—辐射数据。这次的研究通过分析这些数据后,绘制出不同波长的电波辐射图。然后,根据不同辐射图之间喷射特征的变化,计算出黑洞附近的磁场强度。

根据这些结果,研究小组不仅测出黑洞的磁场强度和它的万有引力一样强,而且也和医院里磁共振成像仪产生的磁场强度差不多:大约是地球磁场的1万倍。

柴可夫斯基认为,这些新结果意味着理论学家,必须重新评价他们对黑洞性质的理解。他说:“黑洞的磁场极强,足以大大改变气体落入黑洞及我们观测到的气体外流的方式,我们需要返回去重新审视我们的黑洞模型了。”

(2)通过光逃离黑洞的分化路径测量黑洞附近的磁场强度。2016年4月17日,瑞典查尔莫斯技术大学伊万·马蒂-维戴尔、塞巴斯蒂安·穆勒等5位天文学家组成的研究小组,在《科学》杂志上发表研究成果称,他们用“阿塔卡玛毫米/亚毫米波阵列望远镜”,揭示了来自非常接近巨大黑洞的超远星系中的强大磁场。这项新成果,能帮助理解星系核心的结构和形式。

迄今为止,在距离黑洞几光年范围内已经探测到微弱磁场。在这次研究中,该研究小组在距离超大黑洞视界线(黑洞的边界,在此边界以内的光无法逃离)非常近的,名为PKS1830-211的遥远星系中,探测到了直接与强磁场有关的信号,而这个磁场恰好位于从黑洞中喷发等离子体射流的地方。

据报道,通过研究光在“逃离”黑洞的分化路径,研究小组测量出磁场的强度。马蒂-维戴尔说:“‘分化’是光的非常重要属性,在日常生活中比如说在太阳镜和3D眼镜中会经常用到。在自然界中发生的分光现象,可以用来测量磁场。因为当光线通过被磁化的媒介传播时会改变其分化度。在这种情况下,我们用望远镜探测到的光穿越了接近黑洞的物质,那里充满高度磁化的等离子体。”

天文学家采用了一种改良的数据分析技术,发现PKS1830-211星系中心辐射极化的方向,已经发生转动。磁场引入了能以不同方式在不同波长两极分化过程中的法拉第旋转,这种取决于波长的旋转,能提供该区域的磁场信息。

“阿塔卡玛毫米/亚毫米波阵列望远镜”观测到的有效波长在0.3毫米,是这类研究中使用过的最短波长,能探测到非常接近黑洞中心的区域。早期探测使用长波,但长波辐射容易被黑洞吸收,只有毫米级的短波才能逃逸出来。

穆勒说:“我们找到的明确信号,比此前在宇宙中找到的高出上百倍。这一发现,在观测频率方面是个巨大飞跃,这要归功于这架望远镜。至于被探测的磁场距离黑洞视界线到底有多远,我们的结论是只有几‘光天’。这些结论和未来的研究将帮助我们理解,在紧邻超大黑洞的地方究竟发生了什么。”

2.发现黑洞周围的确存在“引力漩涡”

2016年7月,美国航空航天局官网消息,荷兰阿姆斯特丹大学亚当·英格拉姆主持,成员来自剑桥大学、南安普顿大学、东京大学的一个国际研究团队,近日借助欧洲空间局的多镜片X射线观测卫星和美国航空航天局的核光谱望远镜阵列,首次在黑洞周围观察到兰斯—蒂林效应,即一种处于转动状态的质量会对其周围的时空产生拖拽的现象。这项研究不仅让一个困扰天文学家们30年之久的谜团真相大白,更能在新环境下进一步验证广义相对论。

物体落入黑洞一刻，其温度会不断升高，可能高达数百万度，此时会发出X射线。20世纪80年代，天文学家们借用X射线望远镜发现，恒星质量黑洞发出的X射线不断闪烁，且遵照特定的模式。当闪烁开始时，变暗和重新变亮可能需要10秒，但随着时间的流逝，这一周期不断缩短，直到发生每秒10次的震荡，之后闪烁情况突然全部停止，这一现象被称为“准周期震荡”。

因为该现象来自距离黑洞非常近的地方，所以引发了该研究团队的关注。英格拉姆自2009年开始研究准周期震荡。在20世纪90年代，天文学家们提出了一种怀疑：准周期震荡与广义相对论预测的兰斯—蒂林效应有关，但一直未获得证实。

美国航空航天局于2004年发射的引力探测B卫星，对兰斯—蒂林效应进行了精确验证和测量。

科学家们认为，在引力场更强大的黑洞周围，这一效应可能更加显著。在最新研究中，该研究团队对黑洞周围吸积盘内的物体进行了研究，他们借助多镜片X射线观测卫星，对准周期震荡观察了26万秒，用核光谱望远镜阵列对准周期震荡观察了7万秒。结果证实准周期震荡是由黑洞周围的兰斯—蒂林效应引起。

这是科学家们首次在强引力波场内测量到这一引力漩涡效应，未来或许也能借助这一方法，对广义相对论进行测验，如果发现与其相背离的现象，那可能预示着存在一个更深层的引力理论。

二、黑洞双星系演化探索的新信息

（一）搜寻与观测黑洞双星系的新进展

1.搜索发现宇宙中稀有的黑洞双星系

2016年1月5日，物理学家组织网报道，美国科罗拉多大学波尔德分校的朱莉·科默福德，当天在佛罗里达州基西米举行的美国天文学会年会上，报告了她的新成果。她不仅搜索发现了宇宙中稀有的黑洞双星系，而且还发现其中一个黑洞“饿得瘦骨嶙峋”，在它周围却没有可供填肚子的星星。

科默福德说，迄今为止，科学家只找到12个黑洞双星系。而通常情况下，星系的中心只有一个大型黑洞，其质量几乎可以达到太阳质量的100万~10亿倍。

科默福德观察的这个星系编号为SDSS J1126+2944，是最新发现的黑洞双星系，距离地球大约10亿光年。黑洞通常会被很多星星环绕。可是，该星系中心的两个黑洞中，比另外一个明显小很多的黑洞周围似乎什么都没有。

她推测，在SDSS J1126+2944星系由两个星系碰撞合并而成的过程中，这个“苗条的”黑洞损失了一部分质量；又或者，它有可能成为一个中等大小的黑洞，随时间推移而演变成一个超大“怪物”的罕见例子。中级黑洞的质量是太阳质量的100倍到100万倍。目前天文学家还没有确认中级黑洞的存在，这使得科默福德的猜测显得格外有吸引力。

2015 年,科默福德使用哈勃太空望远镜,以及美国航空航天局钱德拉 X 射线天文台,发现了 SDSS J1126+2944 星系。这是她找到的第四个黑洞双星系,而其中一个黑洞有可能是中级黑洞,这简直是个"额外收获"。她说,第一个黑洞双星系,是在 2003 年偶然被发现的,希望有系统地发现更多这样的星系。这些研究结果,有望为揭示黑洞的演化提供线索。

2.通过可见光对黑洞双星系进行观测

2016 年 1 月,据日本京都大学官网消息,日本科学家参与的一个国际研究小组,在《自然》杂志上发表论文称,可以通过黑洞活跃期间其周围气体释放出的可见光,对黑洞进行观测,而这只需要一台口径 20 厘米的普通望远镜。

京都大学研究生、论文第一作者木村真理子说:"我们现在知道,通过光学射线,也就是可见光,就可以对黑洞进行观测,而不需要依赖高频 X 射线和伽马射线望远镜。"该研究小组在 2015 年 6 月,观测到了天鹅座 V404 黑洞爆发时释放的可见光。

天鹅座 V404 被认为是距地球最近的黑洞之一,它拥有一个比太阳稍小的伴星,因此是一个黑洞双星系。黑洞双星系每过几十年就会"爆发"一次,其原因是黑洞对其伴星施加的巨大拉力作用,会将其伴星表面的物质"扯"下来。而黑洞一般由一个吸积盘包围,这些"扯"下的物质最终会以螺旋状态被吸入黑洞,当吸积盘内部温度达到 1000 万开尔文甚至更高时,就会产生 X 射线。因此,科学家一般通过 X 射线对黑洞进行观测。

2015 年 6 月 15 日,美国国家航空航天局(NASA)的斯威夫特太空望远镜,观测到了天鹅座 V404 沉寂 26 年后爆发的第一个信号。

日本科学家随即发起了在全球范围内使用光学望远镜,对这一黑洞进行观测的行动。该研究小组史无前例地获得了,大量关于天鹅座 V404 黑洞双星系爆发的数据,监测到了时间尺度从几分钟到几小时的光学射线和 X 射线的重复波动模式。分析发现,这些光学射线与吸积盘最内侧释放的 X 射线有关:X 射线照亮,并加热了吸积盘的外部区域,使这一区域释放出人眼可见的光学射线。

英国南安普顿大学天文学家波沙克 · 甘地说,尽管被星际气体和尘埃所遮盖,这个黑洞在物质被卷入之时极其明亮。如果没有这层面纱的遮挡,天鹅座 V404 可能是当时黑暗的天空下肉眼可见的银河系中最遥远天体。

(二)研究黑洞双星系活动及原因的新进展

1.探索黑洞双星系活动的新发现

(1)首次发现黑洞双星系附近"刮大风"。2016 年 5 月,英国南安普顿大学官网报道,该校物理与天文学教授查理斯、天文学家穆诺兹 · 戴瑞安斯等人组成的一个国际研究小组,在近日出版的《自然》杂志上发表论文称,他们首次在距地球较近的双黑洞系统附近,探测到强劲的"大风"。

据报道,研究小组近期对处于剧烈爆发状态的天鹅座 V404 黑洞,进行了观测。他们使用世界上最大的光学红外望远镜——加那利大型望远镜,对其进行了光学测量。

天鹅座 V404 是一个距地球约 8000 光年的黑洞双星系,也是距地球最近的黑洞系统之一,其中一个黑洞的质量约为太阳的 10 倍,它不断吞噬着来自其伴星的物质。物质源源不断地被吸引到这个黑洞之中,并形成了巨大的吸积盘。

研究人员在观测天鹅座 V404 黑洞爆发的过程中,发现了包含中性物质(氢和氦)的强风。它形成于黑洞吸积盘的外侧,影响着吸积盘附近物质的积聚。这是研究人员首次在黑洞双星系附近探测到风。由于风速很高(每秒 3000 千米),因此可以逃脱黑洞附近的引力。

查理斯认为,这种风可以帮助科学家解释,为什么天鹅座 V404 黑洞在爆发时,虽然十分明亮、十分剧烈,但其过程却非常短,只进行了两个星期。

天鹅座 V404 黑洞爆发即将结束时,研究人员观测发现,被这种风驱逐出来的物质形成了一片星云,这一现象首次在黑洞附近被观测到,它使研究人员有机会对喷射到星际空间的物质总量进行估算。

论文第一作者戴瑞安斯表示,由于爆发中的天鹅座 V404 黑洞十分明亮,而且加那利大型望远镜的观测区域很广,因此研究小组不但可以探测到这股大风,还可以在分钟的时间尺度上,对这股风的特征变化进行测量。戴瑞安斯认为,这次观测,将帮助科学家理解黑洞是如何利用吸积盘吞噬物质的。

(2)发现黑洞双星系两个黑洞彼此环绕运行。2017 年 6 月,一个天文学家组成的国际研究团队,在《天体物理学杂志》上发表论文称,在一个距离地球 7.5 亿光年的巨大弯曲星系中心,存在两个迄今为止有记录的最大黑洞,近日研究发现,它们可能环绕彼此运动,就像在跳双人芭蕾一样。

这两个黑洞位于 0402+379 星系中,彼此相距仅 24 光年,加起来的总质量是太阳的 150 亿倍。2003—2015 年,天文学家利用一个大型射电望远镜网络 4 组测量设备,获取了大量测量结果,现在结合光学波长数据分析,发现它们彼此环绕运行,且 3 万年转一圈。

尽管天文学家识别出了有记录以来轨道最接近的黑洞双星系,但该研究团队最关注的是另一个问题,从地球上看,这些黑洞正在缓慢地相互远离,而这一速度,可能是有史以来最微小的。

2.研究黑洞双星系活动原因的新成果

分析双星系黑洞不断喷射 X 射线的原因。2010 年 11 月,美国西北大学弗朗西斯卡·瓦尔塞奇领导的研究团队,在英国《自然》杂志发表论文称,他们最近借用双星体系 M33 X-7 中的黑洞,研究不断喷射出大量 X 射线的神秘特性及原因,演绎出一个全新的黑洞形成历史。这一理论,丰富了科学家对于黑洞双星体系演化及大质量黑洞形成的理解。

双星体系 M33 X-7 距地约 270 万光年,位于三角座星系。体系中的黑洞质量为 15.7 个太阳质量，它的伴星约为 70 个太阳质量，而在其他具有喷射 X 射线特性的双星系统中，黑洞质量最多为太阳质量的 10 倍。

宇宙间双星体系的数量其实非常多，甚至不少于单星，但 M33 X-7 却不甘平凡。在发现它以后，研究人员曾经试图利用传统的 X 射线双星体系物理模型来解释 M33 X-7 黑洞特性。以往也有密近双星，物质流动时会发出 X 射线，但已有模型无法描述此黑洞释放如此大量 X 射线并进行旋转、黑洞的伴星相对较暗，以及它们之间紧密的椭圆形轨道等现象。

该研究团队提出了一个关于这个黑洞形成过程历史的新见解：巨型恒星（即未来的黑洞），以紧密的轨道每隔大约 3 天就围绕一颗伴星运转一圈。此间该巨型恒星会燃烧氢燃料，当氢被烧得差不多时，它变成一颗"W 星"，特征是谱线中具有很强很宽的发射线，并最终露出氦核。而燃烧的过程也是转移质量的过程，伴星会得到更多的质量，成为两者中更大的一个，原始恒星则开始坍缩，产生一个黑洞，塌缩的助推力使轨道拉成椭圆形。新生成的该黑洞开始"报复"，吸收来自其伴星的恒星风，从而导致强大的 X 射线喷薄而出。

这是一个迥异于以往的黑洞形成的历史，但该研究团队称其已由双星体系演化理论及黑洞形成理论所证实。瓦尔塞奇说："因此，它让我们更坚信自己的物理模型，并准备让它在预测其他尚未发现的黑洞系统中大显身手。"

三、黑洞引力效应与黑洞影响的研究信息

（一）探索黑洞引力效应的新进展

1.研究引力波与黑洞关系的新成果

（1）揭示引力波推动黑洞合二为一的内幕。2015 年 4 月，英国剑桥大学天文学家牵头的一个国际研究团队，在《物理评论快报》上发表论文称，继宇宙大爆炸之后，最富有活力的事件当属两个各自旋转、具有漩涡的黑洞合并为一个更大的黑洞了。他们针对是什么力量促使其发生如此巨变的问题，揭示了宇宙中这一壮观事件，解开了数十年来描述在双星系统轨道上的两个各自旋转黑洞螺旋式碰撞的方程式。这项研究结果不仅影响了之前对黑洞的研究，而且有助于加快科学家对宇宙中难以捉摸的引力波的搜寻。

据报道，不像行星与太阳的平均距离不随时间变化那样，广义相对论预言两个黑洞彼此靠拢，并作为一个系统释放出引力波。

论文第一作者的美国得州大学迈克尔博士说："加速电荷，像电子一样，产生包括可见光波在内的电磁辐射。同样，任何时候有一个加速质量，就可以产生引力波。"输送给引力波的能量会导致两个黑洞螺旋式靠拢，直至合并，这是宇宙大爆炸之后最有意义的事件。那种能量不像可见光那样很容易看到，而是更为难以察觉的引力波。

迈克尔博士说，尽管爱因斯坦的理论预言了引力波的存在，但人们还不能直

接探测到它们。根据广义相对论,巨大的天体会扭曲环绕它们的时空,就像一个保龄球落入一片橡胶薄皮上,导致天体,即使是光线,也得沿着曲线路径前行。当两个极度密集的天体,例如中子星或者黑洞,它们成对出现彼此环绕,之间的相互作用会在时空上产生波纹,也就是所谓的引力波。

迈克尔博士强调,通过一定的工具,比如是“看到”的引力波,就可以为观察和研究宇宙打开新的窗口。光学望远镜可以捕捉可见物体的照片,如恒星和行星,而无线电和红外望远镜可以揭示肉眼看不到的更多信息。引力波为研究天体物理现象,提供了一个定性的新媒介。

论文合著者之一的剑桥大学博士生大卫·杰罗萨说,“用引力波作为观测工具,可以了解数十亿年前黑洞发射这些波的特点,如质量和质量比率的信息,这些都是充分了解宇宙特性及进化的重要数据。”

据悉,再过些时候,当美国的激光干涉引力波天文台(LIGO)升级和欧洲 Virgo 实验天文台完工时,它们将首次揭示隐匿的引力波。这些观测将不仅仅证明引力波的存在,还将提供有关产生引力波的罕见信息。与此同时,“丽莎”探路者的使命,就是为将在空间建立一个具有较高灵敏度的引力波探测器进行测试。

论文合著者之一的剑桥中心理论宇宙学成员乌尔里希博士说:“我们解决的方程式,将有助于预测引力波天文台看到双黑洞合并的引力波特性,我们期待将这个解决方案与引力波天文台搜集的数据进行比较。”

研究人员解开的方程式,有助于专门解释双黑洞的自旋角动量和被称为岁差的现象。研究人员解释说:“岁差现象,就像一个旋转的陀螺,随着时间黑洞双旋改变着方向,而这些黑洞自旋的行为就是理解其进化的一个关键部分。”

正如开普勒研究地球绕太阳的轨道运动和发现轨道可以是椭圆、抛物线或双曲线那样,研究人员发现,黑洞双旋根据其旋转性能,可以分为三个不同的阶段。此外,研究人员还导出有关方程式,将有助于精确跟踪这些从黑洞形成到合并的自旋相位,比以前的方法更快和更有效。

研究人员说:“采用这些解决方法,我们可以创建计算机模拟数十亿年来黑洞的演化,而以前一个需要几年模拟的现象,现在可以在几秒钟内完成。它不只是快,我们还可以从模拟结果中获得一些新的发现。”

引力波、方程式……这些将为人类带来对黑洞的新认知。现在,借助于引力波信号,人们就可以更好地解读宏大宇宙的奥秘。

(2)从一母所生的双黑洞上直接探测到引力波。2016 年 2 月 23 日,美国哈佛·史密森天体物理研究中心艾维·劳埃伯领导的研究小组,在《天体物理学》杂志上发表论文称,2015 年 9 月 14 日激光干涉引力波天文台直接探测到产生引力波的双黑洞,可能同生于一个寿终正寝时爆发伽马射线的大质量恒星。

劳埃伯说:“这一宇宙中的事件,相当于一个孕妇怀了一对双胞胎。”这两个超恒星级黑洞的质量,分别为太阳质量的 29 倍和 36 倍。激光干涉引力波天文台探测到双黑洞并合的信号后，费米伽马射线太空望远镜从天空的同一区域，在仅 0.4 秒后发现爆发出的伽马射线。

通常，当一个巨大的恒星到达生命尽头时，它的核心会坍塌成一个黑洞。但如果这个恒星旋转得异常迅速，其核心可能会延展成一个哑铃型，并分为两个团块，然后各自形成一个黑洞。

在这一对黑洞形成后，恒星的外层瞬时向内冲向它们。这个双黑洞初始分离成地球般大小，并在几分钟内并合期靠得足够近，从而既产生引力波，又爆发出伽马射线。之后，新形成的单一黑洞争分夺秒地“大快朵颐”周围的物质，向外喷射爆发的物质。

然而，欧洲新一代伽马射线望远镜并未确认此信号。劳埃伯说：“即使费米的检测是虚惊一场，未来激光干涉引力波天文台也应监测伴随事件迸发出的光。不管其是否来自于黑洞的并合，自然总会给我们带来一些惊喜。”

2.研究揭示黑洞引力效应的新方法

认为用“潮汐瓦解事件”可分析黑洞引力效应。2016 年 6 月 22 日，美国马里兰州大学艾琳·卡拉领导的研究团队，在《自然》期刊网络版上发表论文称，他们发现，一个通常处于休眠状态的超质量黑洞，撕碎了一颗临近的恒星。

卡拉说，她的研究团队分析了收集到的 X 射线数据，这些数据来源于这颗恒星经历的“潮汐瓦解事件”和被吸入超质量黑洞的过程。这为研究通常处于沉睡状态的黑洞的引力效应开辟了新方法，并可以将其用于测量黑洞的自旋。

目前，人类对超大质量黑洞周围时空的了解，是基于积极吸积的黑洞。遗憾的是，有 90%的超大质量黑洞处在休眠状态，相当于是“沉睡的巨人”。而“潮汐瓦解事件”对我们来说，相当于短暂唤醒这些“巨人”，为研究这一数量庞大的黑洞提供了机会。这一事件通常在一颗恒星太过靠近星系中心的黑洞时发生，黑洞产生的潮汐力会撕裂这颗恒星，部分恒星碎片会被高速分裂，或进入了黑洞的吸积区，或被抛射进入宇宙空间里。而如果某些物质落入黑洞中，则会导致不同 X 射线信号出现。

此次，该研究团队，使用被称为“X 射线混响映射”的技术，重新分析了 2011 年探测到的被判断为一次“潮汐瓦解事件”的 X 射线数据，也就是“Swift J1644+57”。他们报告了对铁发射的 X 射线的回声，即被称为混响的观测结果。对这些混响的分析，揭示出它们来源于吸积流的内部，并伴随着以高达光速一半的速度流出的反射气体。

虽然本次研究中科学家并没有估计这个黑洞的自旋，但他们指出，随着未来对气体流动建模的改进，将可能用于测量黑洞的自旋。研究人员说，这样，我们不仅可以测量那 10%主动吸积的黑洞，也可以测量宇宙中另 90%“不积极”的休眠黑洞，进而窥视黑洞这一宇宙中最神秘现象的性质和行为。

(二)研究黑洞对星系影响的新进展

揭开黑洞影响星系演化的方式。

2016 年 11 月 13 日,物理学家组织网报道,希腊雅典大学负责的一个天体物理学家研究团队,在《天文和天体物理学》杂志上发表论文称,他们分析阿塔卡玛大型毫米波天线阵(ALMA)收集的数据发现,黑洞喷气可以通过分散和加热星际气体,来影响星系中恒星的形成。这一结果,令研究人员备受鼓舞,它展现了未来对分子云检测的潜力,同时有助于加深对银河系演化及命运的理解。

气体会因重力被吸进质量巨大的黑洞,但又能摆脱重力影响喷射而出,形成一种黑洞喷气现象。之前的研究认为,这种气体最初缓慢喷出,之后甚至可以被加速至接近光速。

天文学家已经知道,一些星系的演化会受其中心特大质量黑洞的影响,在银河系中心同样盘踞着这样一个黑洞。此次,该研究团队对星系 IC5063 观察研究发现,有一个超大质量黑洞位于该星系中心,黑洞喷气通过在大面积上分散和加热大量气体,来影响星系中的恒星形成。黑洞可以把星系中几乎所有冷气体全都驱逐,而没有足够的冷气体,星系不能形成新的恒星。

这项结论,是基于欧洲南方天文台,阿塔卡玛大型毫米波天线阵收集的数据形成的。该阵列由 66 个天线组成,分布范围最远可达 16 千米,长于观测恒星形成过程中的引力坍缩,以及遥远的红移辐射。研究团队在星系 IC5063 中发现,在大约 1.6 亿年前,流向中央黑洞的带电粒子,因遭高速旋转而产生的磁力线捕获,并高速向外排出高能电子流,加速了氢气分子云的外流,而这种流出同样影响了星系及恒星的演化。

第六章　探测系外行星与星系的新进展

系外行星泛指太阳系以外的行星。探测系外行星的动力，是与搜寻外星人的热情密不可分的。要找到地球以外的生命，首先必须找到其赖以生存的栖息地。由于恒星多为等离子体构成，且高温灼热，不适于生命存在，于是研究者把目光投向与地球类似的行星。这样，探索系外行星，逐渐升温为当代天文学的热门命题。星系是指一个包括各类星体、气体星际物质、宇宙尘和暗物质等组成的运动系统。21世纪以来，国外在系外行星领域的研究，主要集中在搜寻不同类型的系外行星，分批辨认新找到的系外行星身份，寻找类似地球的系外行星；探索系外行星的大气、宜居环境、运行机制和测量方法。同时，对系外小行星与卫星展开探测。在星云与星系领域的研究，主要是发现宇宙中最大的气体云，发现大麦哲伦星云奇特的旋转形式。寻到多种古老而遥远的星系，以及其他不同类型的星系；揭示星系具有不同外形的原因。另外，搜寻超星团与星系团也取得丰硕收获。

第一节　观测太阳系外行星的新发现

一、搜寻太阳系外行星的新收获

（一）搜寻到不同类型的系外行星

1.找到围绕多个恒星旋转的行星

（1）在天鹅座发现围绕“双日”旋转的行星。2016年6月，美国航空航天局天文学家，与加州大学圣地亚哥分校威廉·韦尔什等学者共同组成的研究小组，在《天体物理学杂志》上发表论文称，他们借助开普勒太空望远镜，发现了迄今最大的环双星行星。也就是说，站在这颗行星上，人们可以看到两个太阳的奇观。

最出名的环双星行星，也许是科幻电影《星球大战》中的“塔图因”星，它绕着一个双恒星系统运转，是天行者家族的故乡行星，其上能同时看到两个落日的景象是电影著名场景之一。此类行星，也因此被称为“塔图因”星。现实中，天文学家直到2011年才发现第一颗环双星行星：开普勒-16b。

新发现的这颗环双星行星代号为开普勒-1647b，位于3700光年外的天鹅座中，年龄在44亿年左右，跟地球的年龄差不多，也处于这个双星系统的“宜居带”内，但在其他方面跟地球没有相似之处。

研究人员说，这颗行星是一颗气态行星，无论质量还是大小，都跟木星相似。因此，虽然它是迄今发现的最大环双星行星，但上面应该没有生命存在。不过，如果这颗行星还有大型岩石卫星的话，这些卫星倒是有可能存在生命。

研究人员早在 2011 年就发现了开普勒-1647b 的存在迹象，但它绕两个恒星的周期较长，达到 1107 天，刚好超过 3 年，因此研究人员花了很长时间才证实它确实存在，这也是迄今发现公转周期最长的环双星行星。

韦尔什在一份声明中说："除了宜居问题外，开普勒-1647b 的重要之处在于理论上预测存在很多大型长周期环双星行星，它是这个群体的冰山一角。"

（2）在半人马座发现拥有三个"太阳"的行星。2016 年 7 月 7 日，欧洲南方天文台发布消息说，美国亚利桑那大学天文学家领导的研究小组，利用欧洲南方天文台设在智利的甚大望远镜观测发现，在半人马座存在一颗拥有三个"太阳"的行星。

这颗行星名为 HD 131399Ab，形成仅 1600 万年，距离地球约 320 光年，温度约 580℃，质量相当于 4 个木星。这是目前利用直接成像技术发现的温度最低、质量最小的系外行星之一。

研究人员说，这颗处于三恒星系统中的行星，沿着超长的轨道运行，行星上的一年大约相当于地球上的 550 年。根据季节变化，有时行星上一天会出现 3 次日出和 3 次日落，也有时恒星们"轮班"出现，使行星每天都处于白昼状态。不过，这颗行星上的每个季节都在 100~140 个地球年，比人类的寿命还要长。

在这个三恒星系统中，最亮的主恒星 HD131399A 质量较太阳大 80%，距离两个较暗的恒星 B 和 C 大约 300 个天文单位。B 和 C 相距大约 10 个天文单位，这两个恒星相互环绕，像一个自己旋转的哑铃。研究人员在《科学》杂志上报告了观测成果。

三恒星系统中的行星，围绕与其相距约 80 个天文单位的主恒星运转。不过，研究人员认为，行星的轨道通常会因来自另外两颗恒星的引力变化而变得不稳定。一旦它距离主恒星过远，就很有可能被抛出这个三恒星系统。

研究人员表示，判断这个行星的轨道如何变化还有待长期观察。这一最新发现表明，太阳系外的多样性超乎人们想象，虽然多恒星系统对人类来说还非常陌生，但实际上，这种多恒星系统可能和地球所在的单恒星系统一样常见。

2.发现富含碳元素的行星

（1）斯皮策望远镜发现首个"富碳行星"。2010 年 12 月 9 日，美国国家航空航天局牵头组织，麻省理工学院等美国和英国科学家参与的一个国际研究团队，在《自然》杂志上发表研究报告称，他们利用斯皮策太空望远镜，结合早先所做的天文观察，发现了一颗系外行星中碳元素含量极为丰富，竟然在氧元素之上。该系外行星，从而成为人类有史以来观察到的首颗"富碳行星"。

这颗系外行星代号为 WASP-12b，是一颗质量约为木星 1.5 倍的气态巨行星，

2009年被发现。据当时的英国《新科学家》杂志报道，该行星环绕其主恒星一周只用1天的时间，也因轨道与恒星过分接近导致该星温度能达到2250℃，从而被认为是迄今最炽热的行星。

此次，该研究团队利用最新技术分析了这颗行星大气中的元素成分，令人惊异的是，他们首次发现行星中碳元素与氧元素的含量比例大于1，而这是以往天文学研究中前所未见的，科学家普遍认为，行星大气层中的碳元素含量通常应为氧元素的一半左右。

“富碳行星”此前只是一种假设存在的系外行星。据美国普林斯顿大学研究人员尼库·麦德苏丹解释称，本次发现意味着该行星的固体内核，很可能也富含碳元素，而不是像地球内核那样富含硅酸盐。由于硅元素是石头和沙子的主要成分之一，所以我们看到的地球上遍布石头和沙子；但碳元素却能构成石墨或钻石，研究人员分析也许在该行星上存在着厚厚的钻石内层或是由石墨或钻石构成的地质山脉，因而这种“富碳行星”也被叫作“钻石行星”。天文学家之前曾报告发现过“钻石恒星”的踪迹，却只能推测或许也有“钻石行星”存在。

新发现系外行星碳元素含量“超标”而氧元素匮乏，其演化必将与地球、金星及火星这些以矽氧化合物为主的行星截然不同。研究人员表示，这颗首次发现的“富碳行星”的将为行星研究提出了新课题

（2）发现行星表面是金刚石的“钻石星”。2012年10月，法新社报道，美国耶鲁大学物理学和天文学博士后马德胡苏德汗、他的同事，以及法国天文学家组成的研究小组，近日在《天体物理学杂志通讯》发表研究报告称，他们在地球“附近”发现一颗主要由碳单质构成的星球，金刚石含量占星球总质量的1/3。一些学者认为，这一行星的发现，意味着行星种类远超过人类想象。

报道称，这颗行星距离地球40光年，命名为“巨蟹座55e”，在人类肉眼观测范围内。40光年，意味着光从地球传至这颗行星需要耗费40年，而光速是每秒30万千米。常人看来，这是穷尽一生无法走完的路程；而对天文层面而言，这颗星球就在地球附近。

马德胡苏德汗说：“这颗行星看似主要由碳、铁、碳化硅构成，可能含有一些硅酸盐，行星表面可能覆盖着石墨和金刚石，而不是水和花岗岩。”石墨和金刚石是两种碳元素单质，金刚石就是价值颇高的钻石。

这颗行星绕行一颗与太阳类似的恒星，由于较为靠近恒星，表面温度高达一两千摄氏度，公转周期18小时。它位于巨蟹座，半径为地球的两倍，质量为地球的8倍。

据悉，天文学界不是第一次发现“金刚星”。澳大利亚和英国天文学家2011年发布报告，称距离地球4000光年的太空中，有一颗主要由碳元素构成的高密度行星，可能含有大量钻石。不过，这项新成果，是研究人员首次发现绕类太阳恒星运动的“金刚星”，也是首次分析这类行星的化学构成。

研究小组在一份声明中说，这颗行星与地球构造大不相同。研究人员指出，这颗行星的大部分质量，来源于碳单质和化合物，而地球内部富含氧气，含碳物质非常少。

有的学者先前估计，“金刚星”密度应该远大于地球密度。但是，对照体积和质量，最新现身“金刚星”的密度，与地球相当。

有的学者认定，这颗行星的发现拓展了天文学和物理学界对岩态行星的认知。马德胡苏德汗说：“这是我们第一次看到，一个与地球化学构成完全不同的岩态世界。”

3.发现离母星最远和质量最小的系外行星

（1）发现距母星最遥远的系外行星。2014 年 5 月 13 日，加拿大一个天文研究团队，在美国《天体物理学杂志》上发表研究报告称，他们发现了一颗“古怪”的气态行星，它与母星的距离极其遥远，其一年相当于 8 万个地球年。

研究人员说，这颗行星名为 Gu Psc b，位于距地球约 155 光年的双鱼座中，它的质量是木星的 9~13 倍，围绕着一颗质量不到太阳 3 倍的恒星运行，两者之间的距离是地球与太阳距离的约 2000 倍，创下了迄今所观测到的太阳系外行星与母星距离的最远纪录。

研究人员说，考虑到两者间的距离，这颗行星绕母星运行一圈要花费约 8 万个地球年，或 2920 万个地球日。

研究人员说，结合设在加拿大、美国和智利的多个天文望远镜的观测，结果发现了这颗行星。科学家把这一新发现称为“自然界的真正礼物”，它证实行星与母星之间确实可以相隔得极其遥远。这种遥远的距离，也使得人们可用多种工具对其中的行星进行深入研究，从而更好地了解系外气态巨行星。

（2）发现直接成像最模糊和质量最小的系外行星。2015 年 8 月 13 日，双子座行星成像仪（GPI）项目负责人、美国斯坦福大学物理学家布鲁斯·马辛托什领导，美国航空航天局艾姆斯研究中心马克·马利、加利福尼亚大学伯克利分校詹姆斯·格雷厄姆等天体物理学家参与的一个研究团队，在《科学》杂志网络版上发表研究报告称，迄今为止已经发现约 2000 颗太阳系外行星，但它们能够直接观测到的只有 10 颗。这是因为与其环绕的明亮母星相比，这些行星实在太昏暗了。如今，他们设计出一个用来直接成像的仪器，已经找到第一颗新的系外行星，它位于波江星座 100 光年之外，是与木星类似的天体。

研究人员说，这是迄今为止直接成像的最模糊、质量最小的系外行星，并且是第一颗显示大气中富含甲烷的系外行星，类似于太阳系中的巨行星。这颗名为 51 Eri b 的行星相当年轻，大约只有 2000 万年。其质量约为木星的 2 倍，其轨道与母星的距离大约是木星距离太阳的 2 倍。

据马辛托什介绍，天文学家曾期待在与木星类似的巨大系外行星光谱中，发现甲烷存在的有力证据，但迄今为止只探测到了微量的痕迹。他说，其他许多直接成像的行星的光谱与那些小而低温的恒星类似，而 51 Eri b 却显示出了水蒸气与甲烷的强烈信号。

马利指出："由于 51 Eri b 的大气富含甲烷，这意味着这颗行星正处在成为我们熟悉的木星表亲的过程中。"马辛托什对此表示赞同，他说："这真的是迄今为止直接成像的最像木星的天体了。"

无论是导致母星摆动还是所谓的凌日现象，至今几乎所有的系外行星都是通过间接手段被发现的。这些技术能够让天文学家了解一颗系外行星的质量或大小，但却无法搞清行星是什么样子的。然而，直接捕捉系外行星的光线，就如同在一条探照灯光束的附近寻找一只萤火虫。目前的天文望远镜并不具有这样的分辨率，除非在一些特殊情况下，即恒星是昏暗的而行星是明亮的，且在一条宽阔的轨道上运行。

51Eri b 是指在增加直接观测数量的新一代仪器，所发现的第一颗未知系外行星。这些仪器，是附属于一些世界上最大地基望远镜上的复杂的光学"盒子"。双子座行星成像仪便被安装在位于智利的 8 米双子座南方望远镜上。

这种设备利用一个日冕仪，它是一个遮挡来自母星光线的"面具"，以及其他复杂的光学设备，以消除日冕仪边缘衍射的杂散光。他们还采用了极端的自适应光学，以及时补偿地球大气对系外行星光线的扭曲。

尽管复杂的直接成像依然非常困难，以至于天文学家只能够观测到那些年轻、炙热并能够发射红外线的大型系外行星，通常具有木星规模甚至更大。这样的行星，对于天文学家尝试摸清行星，如何从周围年轻恒星的碎片及气体盘中形成是有价值的。最好的例证，就是天文学家能用它来研究太阳系当时的行星形成情况，这已经是几十亿年前的事情了。观测处于演化不同阶段的年轻系外行星，有助于研究人员对不同的行星形成模型进行评估。

格雷厄姆指出，51 Eri b 大约有 377 ℃，"恰恰是我们设计双子座行星成像仪时待发现的系统"。

麻省理工学院行星科学家萨拉·西格表示："这么快就看到双子座行星成像仪找到了感兴趣的东西，真太棒了。希望这只是一长串直接成像研究成果的开端。"

（二）分批辨认新找到的系外行星身份

1.证实一批候选太阳系外行星为真正的行星

2014 年 3 月，加利福尼亚州埃姆斯研究中心天文学家杰克·利绍尔、外星智能探索研究所天文学家詹森·罗等人组成的研究小组，在《天体物理学杂志》上以两篇论文的篇幅，发表他们的分析结果，宣布开普勒空间望远镜发现的 715 颗候选太阳系外行星被证实为行星。这一"富矿带"，几乎使由开普勒望远镜发现并已确认的外星世界的数量，增加了 4 倍。同时，把已知太阳系外行星的总数，从 1035 颗提升至 1750 颗。

利绍尔表示，这些发现，为研究系外行星的统计特征，提供了一个新数据的母矿，同时为找到一个像地球这样的行星带来了好兆头。他强调，该天体都属于多行星系统——这有助于快速确定候选系外行星的属性。

研究人员表示，过去科学家寻找系外行星，通常是“一个一个分析的艰苦过程”，一次只能发现一颗或少数几颗，而他们利用一颗恒星通常有多颗行星绕转的特点，开发出一种“多重确认”统计学技术，使得一次性“大批量”确认系外行星成为可能。

研究人员说，他们根据开普勒望远镜，在2009—2011年采集的数据编纂成一份新系外行星花名册。它意味着，多行星系统在空间望远镜持续监控的15万颗恒星中，是相对较为常见的。詹森·罗指出，这些系外行星，约95%的大小介于地球与海王星之间，最新的发现中，有4颗系外行星的母星位于“宜居带”中。宜居带温度条件适宜，理论上其表面可保有适宜生命存在的液态水。但这4颗天体的大小均为地球大小的2倍左右。

这715颗行星分布在约305个多行星系统中，并配有太阳系的类地行星所具有的圆形轨道，但排列要更加紧密。

2.千余颗系外行星同时被“验明正身”

2016年5月10日，美国航空航天局宣布，有搜寻类地行星“神探”之称的开普勒太空望远镜，再次给世人带来惊喜。它同时为1284颗新的系外行星“验明正身”，其中包括9颗潜在宜居星球。这次大规模系外行星发现的研究论文，发表在《天体物理学》杂志上。

美国航空航天局总部首席科学家埃伦·斯托芬表示：“这一发布使开普勒证实的行星数量增加了一倍多，为我们最终发现另一个地球带来更大希望。”

科学家们对开普勒望远镜发现的4302颗行星候选者进行了分析，确定其中的1284颗有99%（天体获得“行星”地位的最低要求）的概率属于行星；1327颗没有达到99%的门槛，需要进一步分析；707颗可能是其他天体物理现象；另外984颗此前已通过其他技术被排除。

在这1284颗行星中，约550颗可能是类地岩石行星；9颗行星位于其恒星的宜居带，至此，人类观测到的宜居带系外行星总共为21颗。

新发现归功于能进行批量分析的新统计方法。论文主要作者、普林斯顿大学副研究员提摩太·莫顿解释称：“候选行星就像面包屑，如果将大块的面包屑撒在地板上，你可以逐一捡起来，但如果撒上一整袋小面包屑，你就需要一把扫帚，新统计分析方法就是我们的‘扫帚’。”

2015年7月，美国航空航天局宣布，开普勒望远镜发现了和地球极为相似的系外行星开普勒452b，其距离地球1400光年，体型是地球的1.6倍，公转周期相当于地球上的385天，允许液态水在表面存在，是迄今发现的与地球各项特征最接近的星球。

目前，科学家发现了约5000颗行星候选者，3200多颗已获证实，其中2325颗要归功于开普勒望远镜。研究小组称，迄今已监测过15万颗行星的开普勒载有充足的燃料，可运行到2018年夏季。未来，美国航空航天局的“凌星”系外行星探测卫星，将接替其搜寻地球和超级地球大小的行星。

3.开普勒再确认104颗系外行星

2016年7月19日，美国亚利桑那大学月球和行星实验室，天文学家伊恩·克罗斯菲尔德领导的一个国际天文学家小组，在《天体物理学杂志增刊》上网络版上发表论文称，他们从197颗候选行星中，确认了104颗新的系外行星。至此，人类确认的系外行星数量已经达到3368颗。这也是开普勒“死而复生”后确认系外行星数量最多的一次。

研究人员称，他们借助双子望远镜、夏威夷的凯克天文台及加州的自动行星探测器等设施，分析了开普勒在K2任务期第一年发现的197个行星候选者，确认其中104个是行星，30个不是行星，还有63个有待进一步观测。

在这些行星中，最令人感兴趣的是4颗类似于地球的岩石行星。它们位于水瓶座方向，距离地球181光年，直径比地球大20%~50%，绕着一个名为K2-72的红矮星运转，周期介于5.5~14天。其中编号为K2-72c和K2-72e的两颗行星位于宜居带，受到的照射水平与地球受到太阳的照射水平大致相同。K2-72c比地球温暖10%左右，K2-72e比地球寒冷6%左右。

克罗斯菲尔德说，尽管这些行星的轨道到母星的距离，比水星到太阳的距离还要近，但由于其母星是一颗红矮星，宜居带可以更靠近恒星，因此在这里存在生命的可能性不能被忽略。

开普勒通过持续测量每一颗恒星的亮度，从中寻找可能由行星产生的细微的亮度变化，借此来发现行星。这项工作需要非常精确的指向性，但在2012年7月和2013年5月，由于开普勒望远镜，用于控制方向的4个反应轮中的2个先后出现故障，它差点“报废”。幸好开普勒项目团队很快想出了办法，用太阳光子产生的压力作为一个“虚拟反应轮”，成功救活了这台太空望远镜。2014年，美国航天局批准开普勒开展K2任务，以“半残”的身躯继续寻找遥远的行星。

克罗斯菲尔德表示，K2任务将观测到的红矮星的数量提高了20倍，显著地增加了这些“天文学明星”的数量，为今后的研究奠定了基础。

二、寻找宜居或类地系外行星的新收获

（一）探测搜索到宜居太阳系外行星

1.同时确定8颗宜居系外行星

2015年1月6日，美国媒体报道，在西雅图召开的美国天文学会会议上，美国搜索外星文明研究所道格拉斯·考德威尔领导的研究团队报告说，通过对来自开普勒天文望远镜的数据进行分析，他们已经把太阳系外已知或疑似行星的数量提

升至4000余颗。但是其中的大部分系外行星是荒凉的，不是太大、太热，就是太冷而不适于任何生命形态存在。与此同时，他们已经鉴别出8颗新的可能适宜生命存在的星球，其中包括一些大小和状况与地球类似的系外行星。考德威尔表示："我们已经显著增加了可居住区域内已经证实的小型行星的数量。"

如今已经失去部分功能的开普勒天文望远镜，通过在几个月的时间里观测一片天空，并监测可能拥有行星的任何恒星的亮度变化来发现系外行星。一旦一颗行星从其母星前掠过，它将导致母星的亮度减弱。而其他天文学现象也能够导致这种变化，例如轨道彼此缠绕在一起的双星系统，这也解释了为什么在4175颗系外行星中有3000多颗被认为是疑似"候选"行星。

开普勒科学办公室的弗加尔·穆兰里表示："刚刚公布的第六份开普勒候选目录新名单，比以往任何时候包含了更多与地球类似的候选行星"。

穆兰里指出，其中一颗是"迄今为止发现的与地球最类似的行星"。他说，这颗系外行星被毫无诗意地命名为5737.01，该候选行星的轨道周期为331天，并且比地球大30%。

这些新的候选行星并未得到验证。但考德威尔研究团队已经证实了其他的候选系外行星。

研究人员开发出一种新统计技术，该技术能够计算出各种假阳性天体看起来是什么样子，并随后将其与开普勒候选行星的亮度曲线进行比较，同时整合由其他观测提供的任何跟踪数据。

研究人员从12颗被认为是小型岩石天体的开普勒候选系外行星入手——通过新统计技术分析，最终把它们削减为8颗新的系外行星，其半径不超过地球半径的2.7倍，所有的行星都位于宜居区域内。

考德威尔指出，这些系外行星中的一颗（开普勒-438b），从其母星接收的能量比地球稍多，因此可能更热一些。但它可能拥有一个岩石表面，同时其红矮星母星很可能给了这颗行星一片红色的天空。

这项分析历时两年，考德威尔表示，他们正在尝试开发一套批量程序，从而为研究提速。其目标是，更好地确定到底有多少颗恒星拥有与地球类似的行星。他说，当前的估计是10%~50%，"我们想让不确定性下降至10%"。

哈佛·史密森天体物理学中心天文学家考特尼·德若昕表示："我对把新统计技术与地基跟踪观测整合，从而确认可能的宜居系外行星感到兴奋。"她接着说："研究人员已经开发出了一种完美的途径，用来了解那些对传统行星验证方法而言太过昏暗的候选系外行星"。

开普勒太空望远镜，是世界首个用于探测太阳系外类地行星的飞行器，于2009年3月6日从佛罗里达州卡纳维拉尔角空军基地发射升空，它是美国航空航天局发射的首颗探测类地行星的探测器。在为期3年半的任务期内，开普勒太空望远镜对天鹅座和天琴座中大约10万个恒星系统展开观测，以寻找类地行星和生命存在的迹象。

2013年5月，开普勒空间望远镜发生重大故障，卫星基本停止了正常的观测工作，当时如果美国航空航天局的工程师无法及时对其进行修复，那么这项耗资6亿美元的空间项目将有可能提前夭折。2014年8月19日，在经过连续数月的分析和测试之后，开普勒望远镜项目团队，正式宣布放弃让这台望远镜重新恢复到完全工作状态的努力，转而考虑在不利条件下，这台望远镜设备还能承担何种形式的科学任务。

2.在红矮星附近发现位于“宜居带”的行星

2016年10月19日，哈佛·史密森天体物理学中心天文学家考特尼·德若昕领导的研究团队，在美国天文学会行星科学部与欧洲行星科学大会的一次联席会议上报告说，他们运用开普勒空间望远镜日前发现了20颗环绕一些冷而小的恒星运转的系外行星，其中部分位于“宜居带”区域。这是迄今为止发现此类系外行星数量最多的一次。这些被称为K矮星和M矮星的长寿恒星，在银河系中无处不在，并且有可能是许多宜居行星的家。

在开普勒空间望远镜于2013年出现机械故障，以至于无法再观测最初的目标后，天文学家赋予了它新的使命，被称为K2。科学家如今使用日光压力来稳定望远镜。而K2项目进行的新观测，紧接着之前宣布的667颗候选系外行星，又发现了87颗候选系外行星。几乎所有候选行星的大小都介于火星与海王星之间。

尽管最初的开普勒计划探测了大量与太阳类似的恒星，但银河系中的大多数恒星却是更小、更暗且更冷的恒星，被称为红矮星。而这些恒星几乎构成了K2项目一半的观测目标。

德若昕说：“其中有250多颗恒星与地球的距离不超过30光年，可谓到处都是，这也就是为什么一些天文学家称它们为太空中的‘寄生虫’。”

华盛顿大学天文学家维多利亚·梅多斯表示：“因为这些恒星在银河系中很常见，因此它们有助于我们了解生命在宇宙中有多‘普通’。”

在天文学家确认的系外行星中，有63颗比海王星小，并且有一些甚至比地球还小。但这些小候选行星依然有待证实。德若昕认为，它们有可能是其他现象，例如宇宙射线或仪器故障造成的“误报”。

其中5颗经过确认的候选行星，位于母星“宜居带”之中或附近。该区域距离恒星不远也不近，适合生命存在。

红矮星释放的能量要少于更大、更热的恒星释放的能量，因此它们的行星宜居带要更近一些，其距离通常小于水星到太阳的距离。因此行星会频繁地穿越恒星表面，有的围绕恒星运行一周甚至只需要几个星期，这也使得开普勒空间望远镜上装载的仪器能够更容易地发现这些系外行星。

天文学家关注红矮星部分缘于K2项目的局限性，即只有不足3个月的时间，观测某一块天空。不过，这也使得他们有更多的机会调查更多的天体。德若昕说:“每 80 天就研究一组新的恒星,这很有趣。”

加拿大理论天体物理学研究所行星科学家克丽斯塔・拉尔厚文认为,德若昕的工作为今后寻找像地球一样大小的系外行星,铺平了道路。

(二)找到多种类似地球的太阳系外行星

1.搜寻到地球的“兄弟”和“堂兄弟”

(1)太阳系外发现大部分为岩石和铁的地球“兄弟”。2013 年 10 月,美国麻省理工学院副教授、科维理天体物理学与太空研究院研究人员乔希・韦恩领导的研究小组,在《自然》杂志上发表论文称,他们发现一颗有着极短轨道周期的系外行星,正围绕天鹅座中一颗名为 Kepler-78 的恒星飞快地旋转,经过测算发现,其大小和质量甚至组成成分都和地球非常相似,称为 Kepler-78b。另一个来自瑞士日内瓦大学弗朗西斯科・佩佩主持的独立研究小组,也发表了同样论文,报告了相似结果。

Kepler-78b 是一颗炽热的行星,距离地球有 700 光年之遥。它的公转周期只有 8.5 小时,这与地球的公转周期 365 天相比,简直是闪电般的速度。根据开普勒太空望远镜数据测算,它的大小是地球的 1.2 倍,质量约为地球的 1.7 倍(日内瓦大学的数据是 1.86 倍),也是迄今为止探测到的最小系外行星。研究人员还计算出它的密度是 5.3 克/立方厘米,与地球极为相似(地球是 5.5 克/立方厘米)。这些发现,也为它的组成成分与地球类似,提供了有力的证据,即大部分由岩石和铁组成。

除此之外,它和地球就再没什么相似之处了。由于离主恒星极近,它的温度可能非常高而无法支持生命存在。韦恩说:“它的温度比地球高出至少 2000℃,称它为类地行星只是从大小和质量上说。但这是在研究真正的类地行星过程中必经的一步。”

这颗行星是一个极热的火山世界,距离自己的恒星不到 100 万英里。按照目前的行星形成理论,在离恒星这么近的地方,它是无法形成的,也不能绕恒星运动。佩佩说,尚不清楚它为何会离其恒星这么近,以及未来是否会进一步陷入恒星。韦恩说,这颗行星离它的恒星太近了。如果质量更小,假如是完全由气体构成的行星,在这么窄的轨道上可能无法聚合在一起。

研究人员认为,这一发现有助于研究类似地球和太阳系的天体,在宇宙中存在的可能性,推测太阳系形成的特殊性,及其形成初期的环境状况。韦恩表示,虽然该行星与地球的相似性仅限于大小和质量,但仍值得深入研究,它的表面和大气成分,是研究小组的下一个目标。

(2)宜居带首次发现地球“堂兄弟”。2014 年 4 月 17 日,美国搜寻外星文明研究所埃莉萨・金塔纳领导的研究小组,在《科学》杂志上发表研究报告说,他们借助开普勒天文望远镜,发现了第一颗和地球体积近似、位于宜居带中的行星。不过,由于它绕转的是一颗红矮星而非太阳那样的恒星,天文学家说它只是地球的“堂兄弟”,而非“孪生兄弟”。

这颗行星被命名为开普勒-186F,围绕一颗距地球约500光年的红矮星运行。在这个星系中,共有5颗行星,其中开普勒-186F是最外层的一颗行星,从其距离看,正好位于可保有液态水的宜居带外层。

计算表明,这颗行星的直径只比地球大10%,围绕母星的公转周期为130天。尽管其质量和组成成分无法探测,但研究人员认为,类似大小的行星非常可能是岩石行星。此外,该行星从母星获得的能量是地球从太阳获得能量的1/3。站在这颗行星表面上,正午的“阳光”亮度差不多是地球上日落前一个小时的阳光亮度。

多名天文学家认为,新发现具历史性意义,它首次证实了恒星宜居带中确实存在接近地球大小的行星。金塔纳说:“发现开普勒-186F只是第一步,我们不希望保持这个记录停止不前,我们希望发现更多类似的行星”。

此前,天文学家已找到近1700颗太阳系外行星,其中大约20颗位于宜居带内,但这些行星都比地球大得多,且人们无法弄清它们是岩石行星还是气态行星。研究人员说,开普勒-186F是迄今发现的“最像”地球的行星,然而,由于它围绕一颗M红矮星运行,还不太适合被称为“第二地球”。

在银河系中,70%的恒星都是M红矮星,它们比太阳小得多,温度也更低,因此新发现意味着也许可以在这些恒星的周围寻找外星生命迹象。金塔纳说:“我们的银河系中很可能到处都有开普勒-186F的堂兄弟。”

传统天文学理论认为,红矮星的行星并非寻找外星生命理想之地,因为其宜居带中的行星通常会被母星潮汐力锁住,一面永远面对恒星,另一面永远背对恒星,从而不适合生命生存。

但研究人员认为,开普勒-186F距其母星足够远,因此可能不会出现被潮汐力锁住的问题,这也同时帮助它远离恒星耀斑带来的威胁。即便开普勒-186F被潮汐力“定身”,根据一些最新研究,大气气流和海洋洋流也可以改变行星的气候环境,从而形成适合生命的环境。

2.搜寻到“巨型地球”或“超级地球”

(1)发现拥有稠密岩石的“巨型地球”。2014年6月3日,物理学家组织网报道,美国哈佛·史密森尼天体物理中心艾克萨维尔·杜穆斯克领导的研究团队,在美国天文学会举行的会议上报告说,他们发现了一颗“体重”为地球17倍的新型岩石行星Kepler-10c。此前,理论学家们认为,这种行星不可能形成,因为如此“大块头”的行星在其形成和发展壮大的过程中,会抓取氢气,变成一个与木星类似的气体行星,但Kepler-10c全是固体,且比以前发现的“超级地球”还大,因此称其为“巨型地球”。

美国航空航天局首个用于搜寻类地行星的宇宙飞船“开普勒”号,发现了这一行星。据报道,该研究团队使用西属加那利群岛伽利略国家望远镜上的HARPS-

North 装置,测量出其质量约为地球的 17 倍,远远超出预期,这表明,Kepler-10c 一定拥有稠密的岩石和其他固体。研究还发现,Kepler-10c 围绕一颗与太阳类似的恒星旋转,周期为 45 天,距离地球大约 560 光年,位于天龙星座;其直径约为 2.9 万千米。

行星形成理论很难对这样一颗巨型岩石行星的形成和演化进行解释,但新研究表明,这并非孤例。丹麦哥本哈根大学尼尔斯·玻尔研究院的拉尔斯·巴克哈尔表示,行星的周期,即围绕恒星旋转一周所需时间,与多大的行星能从岩石行星转变成气体行星之间有关联。随着搜寻工具关注更多周期更长的行星,或许会有更多“巨型地球”被发现。

他们解释称,早期的宇宙中仅仅包含有氢气和氦气,因此,制造岩石行星所需要的硅和铁等更重的元素,必须在第一代恒星内被制造出来。当这些恒星爆炸时,它们会在整个宇宙空间散发这些关键成分。这些成分随后可能被整合进后来出现的恒星和行星内。这一过程应历时数十亿年才完成,而 Kepler-10c 表明,即使在这些重元素稀缺的时期,宇宙也能形成这样巨大的岩石行星。

杜穆斯克表示:“Kepler-10c 的发现对梳理宇宙的历史,以及发现其他生命具有重要意义。岩石行星的形成年代或许比我们认为的要早,而且,如果你能制造岩石,你就能制造生命。”

这一研究表明,天文学家们在搜寻类地行星时,不应将一些古老的恒星排除在外。如果古老的恒星能拥有“岩石行星”,那么,我们应该也能在宇宙邻居那找到潜在的宜居世界。

(2)发现距离人类最近的“超级地球”。2015 年 12 月,澳洲新南威尔斯大学莱特教授领导的研究小组,在《天文物理期刊通讯》上发表研究成果称,他们在太阳系外发现新的超级地球“沃尔夫 1061c”,它距离地球仅 14 光年(约 133 兆千米),上面可能有水,温度合宜,适合人类居住,是目前天文学家在太阳系外发现距离人类最近的超级地球。

莱特表示,沃尔夫 1061 是位于蛇夫座的红矮星,周围共有 3 颗行星围绕,分别为沃尔夫 1061b、沃尔夫 1061c 和沃尔夫 1061d。

沃尔夫 1061b 每隔 5 天就围绕沃尔夫 1061 运转一圈,质量是地球的 1.4 倍。沃尔夫 1061 c 每隔 18 天围绕沃尔夫 1061 运转一圈,质量是地球的 4.3 倍。沃尔夫 1061d 每隔 67 天围绕沃尔夫 1061 运转一天,质量是地球的 5.2 倍。3 颗行星中,只有沃尔夫 1061c 位于“适居带”,意味着其中可能有流动的水,甚至有生命存在。

莱特表示,这个发现特别令人兴奋,因为沃尔夫 1061 非常稳定,不像大部分的红矮星十分活跃,会发生 X 射线爆闪和超级火焰,不利生物存活。这颗星的稳定性是关键因素,可依此判断围绕其运转的行星上,是否能存活生命。

莱特说,沃尔夫 1061 就像太阳一样,甚至比太阳更稳定,可能是非常古老的星系。它的质量只有太阳的 1/4,表面温度约 3100℃,只有太阳的一半,3 颗围绕它的行星地表应是崎岖岩石。

3.在矮星与比邻星附近找到类地行星

(1)在矮星附近发现3颗类地行星。2016年5月2日,比利时列日大学米夏埃尔·吉隆、英国剑桥大学阿莫里·特里奥等天文学家组成的一个国际研究团队,在《自然》杂志网络版发表研究报告称,他们在离地球40光年的一颗矮星附近,发现了3颗与地球大小相近的行星,这些行星可能具备宜居条件,值得深入研究。

矮星是一类特殊的天体,它们往往由恒星演化而成,其光度和体积与普通恒星相比都较小,按表面温度等特征可分为白矮星、红矮星、褐矮星等。

研究人员利用位于智利的大型天文望远镜,对位于宝瓶星座中一颗名为TRAPPIST-1的矮星进行观测,发现它每隔一定时间会变暗,说明有物体在它面向地球一侧经过。于是,通过仔细搜索,最终找到这3颗行星。研究人员说,这是一颗温度较低的矮星,这是第一次在此类矮星附近找到行星。

观测显示,其中两颗行星绕矮星公转的周期分别为1.5天和2.4天,但第三颗行星的公转周期目前还不太确定。研究人员说,如此短的公转周期,说明这些行星离矮星的距离,要远远小于地球与太阳之间的距离。由于这颗矮星的温度比太阳低,行星与它之间的距离如此近,正好说明这些行星可能处于宜居带中。

吉隆指出,如果天文学界希望在茫茫宇宙中寻找其他生命,环绕这类矮星的行星搜索,应该是一个比较现实的起点。

特里奥表示,这个矮星系统由于包含了多颗行星,未来可以仔细对比这些行星的气候状况,以及它们与地球的气候差别,来进一步判断其中究竟是否有某颗行星宜居。

(2)发现一颗环绕比邻星旋转的类地行星。2016年8月,英国伦敦玛丽王后大学吉列姆·昂拉达-艾斯库德领导的研究小组,在《自然》杂志上发表论文称,他们的研究发现,一颗小型岩石行星,在围绕距离太阳最近的恒星比邻星运行。该行星被命名为比邻星b,质量约为地球的1.3倍,温度在理论上可使水在其表面保持液态。

比邻星是一颗红矮星,距太阳系仅4光年,是人类研究最深入的低质量恒星之一。研究小组,分析了欧洲南方天文台两架望远镜,在2000—2014年收集到的多普勒测量数据,以及2016年1月19日至3月31日之间收集到的一系列观测数据。多普勒数据,可用于测量潜在轨道行星的引力作用下,主星的摄动(微小扰动)。作者的观察得到实际印证,一颗质量与地球相当的温暖行星,围绕比邻星运行,运行周期为11.2天,距比邻星约为750万千米,约相当于日地距离的5%。这样的轨道周期使比邻星b处于其恒星的宜居带内,这意味着该行星的表面温度,在理论上可使水保持液态。从维持大气层和液态水方面来看,比邻星b之类行星的宜居性仍存在争议,未来几十年还需要进一步的研究,来确认该行星的大气层特征,评估其是否可以支持生命。此外,比邻星b轨道距其恒星较近,这意味着它所受的 X 射线通量远高于地球，而它是否像地球一样拥有保护性磁场仍未可知。

在未来几百年里，利用机器人探索比邻星 b 或将成为可能。阿蒂·哈泽斯在伴随的新闻与观点文章中总结说："比邻星的寿命将比太阳长几百倍，甚至几千倍。在太阳死亡后的很长时间里，该星球上存在的任何生命仍可以不断演化。"

三、观测研究太阳系外行星的新信息

（一）探索太阳系外行星大气的新进展

1.研究类地或宜居系外行星大气的新成果

（1）确定一颗"超级地球"的大气性质。2013 年 12 月，美国芝加哥大学助理教授雅各布·比恩率领的一个研究小组，在《自然》杂志上发表研究报告说，他们近日对太阳系外行星 GJ1214b 进行了仔细观察，发现这颗距地球 40 光年的"超级地球"里，天气是始终如一的"多云+高温"。确切地说，这颗行星由于距离绕转的母星较近，气温可能总是保持在炙热的 232℃左右。

研究人员说，这是天文学界首次确切断定一颗系外行星的大气性质，因而是在太阳系外寻找可能宜居、类似地球的行星的一个重要里程碑。

GJ1214b 于 2009 年被发现，它属于"超级地球"类系外行星，质量介于地球与海王星之间。此前的研究，对这颗行星的大气层状况做出两种解释：要么它的大气层全由水蒸气或分子质量大的其他气体组成，要么它的上层大气层被云层笼罩。

而今，比恩研究小组在近一年时间里，利用哈勃太空望远镜在近红外光波段，对 GJ1214b 进行了 96 个小时的精确观测，结果获得的证据清楚地表明，这颗行星的上层大气层被云层笼罩。

（2）在"超级地球"的大气中首次探测到氢和氦。2016 年 2 月 16 日，英国伦敦大学学院官网发布消息称，该校物理和天文系乔凡娜·蒂内蒂教授、天文学家乔纳森·坦尼森等人组成的研究小组，在最新一期《天体物理学》杂志上发表论文称，他们首次对一颗"超级地球"系外行星的大气进行了直接探测，在其中发现了氢气和氦气存在的证据，但没有发现水的踪迹。

这颗名为"巨蟹座 55e"的"超级地球"属于岩石行星，大小约为地球的 2 倍，质量为地球的 8 倍多，它离中央恒星很近，旋转一圈仅需 18 个小时，表面温度超过 2000℃。其母星"巨蟹座 55 A"名为"哥白尼"，距离地球 40 光年，因其非常明亮，科学家们可以借其提供的光谱信息，揭开蒙在该"超级地球"大气头上的"面纱"。

研究人员说，他们利用哈勃太空望远镜上的第三代广域照相机，对整个"哥白尼"恒星进行扫描，制造出很多光谱。在最新研究中，科学家们比较了这些快速扫描信息之间的差异并用计算机"管道"分析软件对信息进行处理，获取了"巨蟹座 55e"行星嵌入恒星光内的光谱印记。此前，第三代广域照相机，已受命探测其他两个"超级地球"的大气，但未曾发现光谱特征。

蒂内蒂表示，最新研究首次洞悉“巨蟹座 55e”这颗“超级地球”的大气，并能知道其形成和演化历程以及目前的样子，这对进一步了解它和其他“超级地球”意义重大。

除此之外，研究人员还在此次研究的数据中，发现了氢氰酸的存在迹象。这种化学物质，常被用作大气中富含碳的标记。这一结论再次证实，“巨蟹座 55e”也是一颗碳含量很高的“钻石行星”。不过，氢氰酸毒性很强，这里或许不适合人类居住。坦尼森表示，这颗行星是否真正含碳丰富，还需几年后下一代红外望远镜，对其大气中氢氰酸和其他分子，做进一步探寻。

(3)在一颗大小与质量类似于地球的系外行星上发现大气层。2017 年 4 月，《新科学家》网站报道，英国剑桥大学与德国马克斯·普朗克天文学研究所组成的国际研究团队，近日发表文章称，在距离我们 39 光年外，一颗围绕昏暗恒星运行的地球大小岩石行星，可能被朦胧的大气层所笼罩，表明那里存在一个“水世界”。这是天文学家，首次在一颗大小与质量类似于地球的系外行星上发现大气层，也是在发现外星生命道路上迈出的重要一步。

这颗名为 GJ1132b 的系外行星，是一个小型“超级地球”。经测算，其半径是地球的 1.4 倍，质量是地球的 1.6 倍。研究团队利用位于智利的欧洲南方天文台 2.2 米 ESO/MPG 望远镜，从 7 个不同波段对其观测，发现在某一特定波长的观测中，它看起来比其他波长下的影像更大也更朦胧，这说明该行星拥有这种波长无法穿透的大气层。

研究人员模拟了一系列可能的大气模型，发现富含水或甲烷的大气模型，能更好地解释观测到的朦胧现象。由于 GJ1132b 比地球热得多，表明它可能是一个拥有热蒸汽大气层的“水世界”。

一年前，天文学家首次在一颗被称为“巨蟹座 55e”的“超级地球”上探测到大气层，但这颗系外行星的质量比地球大得多，约是地球的 8 倍。

报道称，分析系外行星大气的化学成分，可能有助寻找地外生命。美国麻省理工学院的萨拉·西哲汇编了一份 1.4 万种不同分子的清单，为寻找外星人世界提供了生命特征的“坐标”，其中就包括臭氧、甲烷等关键成分。

美国航空航天局计划于 2018 年推出的詹姆斯·韦伯太空望远镜，作为哈勃太空望远镜的继任者，将具有足够的能力开展系外类地行星的大气研究；投资数十亿英镑、拟于 21 世纪 30 年代推出的国际项目高分辨率太空望远镜，也将直接在外星系行星大气中搜寻生命痕迹，而 GJ1132b 将成为它们进一步研究的优先目标。

(4)模型研究表明比邻星类地行星有较佳宜居气候条件。2017 年 5 月 15 日，一个由多学科科学家组成的研究团队，在《天文学与天体物理学》杂志上发表论文称，通过建立气候模型研究表明，距离太阳系最近的比邻星类地行星可能是宜居的。这对探索系外行星能否孕育生命问题，又有了新的推进。

半人马座比邻星，是距离地球最近的恒星。2016年，科学家发现了一颗环绕其运转的行星比邻星b，并发现这是一颗与地球相似的多岩石行星，于是，引起研究人员的强烈兴趣。当时，人们只知道这颗恒星的亮度（相当于太阳亮度的1/600），而这颗行星的质量（相当于地球的1.3倍）及其轨道长度（11.2天）。发现比邻星b的研究团队，通过建立模型预测，它可能拥有多种大气，其表面或有液态水。

现在，另一个研究团队，通过与英国气象办公室联合开发，为地球设计出一个气候模型，升级了其中的细节，并把它作为探索比邻星b的一个新模型。人们并不知道比邻星的大气层由什么构成，但出于讨论的原因，研究人员假设其大气层是由类似地球的简单气体构成，即大多数是氮，同时有少许二氧化碳等。

他们还计算了轨道，使其倾斜度更大一些，并降低了其恒星的亮度（观察到的这些因子都存在不确定性）。他们还仔细研究了比邻星b被潮汐锁定的可能场景，即经常将同一面朝向恒星，或是绕轨道每运行两次自转3圈。该研究团队表示，他们发现比邻星b比此前在更大范围内存在水的可能性。

2.研究其他系外行星大气的新成果

（1）在离地球124光年的系外行星上发现水蒸气。2014年9月25日，美国马里兰大学天文学家组成的一个研究团队，在《自然》杂志上发表论文称，他们在一个太阳系外的行星大气中发现了水蒸气和氢气，该行星位于天鹅座，离地球约124光年。对于了解太阳系外行星而言，这一发现，标志着科学家已经能够确定系外行星大气中的一些化学成分。

据报道，研究人员利用当一颗行星经过其恒星前面时发生的急转光，发现了水蒸气。该行星大气层里的物质，吸收了一些恒星的光线，使得这颗行星看起来更大，类似于我们的太阳在日落的余晖中显得更大一样。通过绘制系外行星大小的变化，将其与该望远镜观察到的电磁辐射波长关联，天文学家得到一个曲线图，显示这颗行星的大气吸收了多少恒星的辐射。该图的形状称为透射光谱，可以揭示在大气中存在哪些化学物质。

行星越大，在经过其恒星的过程中大小的变化越明显。天文学家已经用这种独特的方法，描述过几个巨大行星的大气，以及太阳系中木星的大小。在这项研究中，该研究团队要分析较小行星的大气成分。

该研究团队选择的行星HAT P-11b，是由匈牙利制造的自动望远镜发现的。它约是地球半径的4倍，地球质量的26倍。相比于太阳系的行星，这颗星的大小最接近海王星。但它在距离上更接近其恒星，因此热得多，约有605℃。它可能有一个岩石芯，被包裹在约90%厚的氢气膜中。其高空的大气层晴朗无云，但该研究团队发现，它含有水蒸气的信号。

因为水是生命存在的前提，天文学家们热衷于在系外行星上寻找水。水分子广泛存在于宇宙之中。只要有氢气和氧气，即会自然形成。天文学家认为，行星越小，像水蒸气这样较重的分子，越有可能随着氢气而丰富。

（2）在离地球440光年的系外气体行星上发现含水大气层。2017年5月，国外媒体报道，同是气体巨星，彼此可能存在很大差别。天文学家对海王星样系外行星HAT-P-26b的观察结果显示，它的大气中重元素含量比预期的要低。这表明，该行星的形成，很可能是在其恒星附近完成的。

在太阳系中，气体巨星的金属含量规律是：越轻的气体行星，大气层的重元素含量越高，比如木星大气层中的重元素含量就比海王星要少。而对于太阳系外其他恒星周围的行星，如果想要研究它们大气层，至少该行星得满足如下条件：第一是这颗行星的运行轨迹必须穿过它所围绕的恒星与地球之间，第二是它所围绕的恒星要足够亮，以至于当光线穿过行星大气层时，人们能够清楚地辨别光线在大气层中亮度的变化。因为能满足这些条件的行星少之又少，所以人们很难判断太阳系内大气层重元素的比例关系，是否同样适用于系外的气体巨星。

美国航空航天局戈达德太空飞行中心的汉娜·韦克福德说："为了更好地探索太阳系，从根本上尝试了解太阳系的形成，我们需要了解其他星系是怎样形成的。"

HAT-P-26b行星是一颗距离地球大约440光年的系外行星，其自身质量与海王星相近，并且拥有一个非常广阔但相当稀薄的大气层。韦克福德与同事正在用哈勃太空望远镜对它进行观察。当该行星运行到其母星前方时，研究人员能够在该行星的大气层中清晰观测到很明显的水分特征。

韦克福德说："能够发现水分特征实在是太好了，这对我们来说很关键。这真是一颗意义非凡的行星！"

（3）在离地球1000光年的系外行星上发现红蓝宝石云层。2016年12月，英国华威大学的大卫·阿姆斯特朗领导的研究小组，在《自然·天文学》杂志上，发表首份系外行星气象学报告。它显示，一颗距地球1000光年的超大行星，拥有可能以红宝石和蓝宝石为基本成分的云层。

从木星著名的大红斑，到火星的尘卷风，以及土星的北极六角形风暴，我们发现这些位于太阳系的行星，有很多种不同的天气。不过，围绕其他恒星运行的行星距离人类太远，以至于无法直接观测到它们的短期天气，比如云或风的变化。

如今，英国研究小组仔细分析了来自开普勒卫星的4年数据，并且注意到一颗名为HAT-P-7b的行星亮度随着时间发生变化。

该行星比木星大40%左右。同时，部分因为距其恒星过近——每两天完成一次运行，它被"烘烤"到灼热的1927℃。研究小组发现，HAT-P-7b上最亮的区域随着时间不断移动。他们认为，这要归结于该行星附近的云层覆盖范围不断发生变化。

由于HAT-P-7b始终保持原来的位置，因此它有一面永远面对着其恒星，正如月球总是以相同的一面面对地球。于是，该行星的昼侧比夜侧要炎热很多。云层会在较冷的夜侧凝结，同时温度上的差异，导致云层成为能在该行星附近流动的风。

阿姆斯特朗介绍说："当我们说云层时，它们肯定不像地球上的云层。"HAT-P-7b是如此的炎热，以至于矿物质会被蒸发。

基于该行星的沸点，阿姆斯特朗表示，云层可能由刚玉构成，这是与地球上蓝宝石和红宝石相同的矿物质。不过，研究人员仍需要研究更多细节，以确定云层的具体成分。

3.研究行星系碎片圆盘上大气的新成果

发现行星系“碎片圆盘”存在碳原子气体。2017 年 4 月，日本媒体报道，日本理化学研究所、茨城大学等组成的研究小组，利用位于智利的阿塔卡玛亚毫米波望远镜，观测距地球 200 光年和 63 光年的两个行星系碎片圆盘，发现了碳原子气体存在的证据，初步支持了碎片圆盘中的气体来源于“供给说”理论。

星际漂浮的以氢分子为主要成分的气体和尘埃形成了分子云，分子云因自身重力收缩，诞生了行星系。原始恒星周围的气体和尘埃成长为圆盘。尘埃合体形成微小行星，残存的尘埃和岩石撞击，飞散的碎屑呈圆盘状漂浮，这被称作“碎片圆盘”，相当于行星形成的最后阶段。现在太阳系边缘部位的奥尔特云即被认为是碎片圆盘的残余。随着行星完全形成，原始行星系圆盘的气体成分消失。

但近年来，科学家发现碎片圆盘中含有一氧化碳分子（CO）、碳阳离子和氧原子，其起源有两个理论：一个是“残存说”，认为是形成行星时残留的气体成分；另一个理论是“供给说”，认为原始行星系圆盘的气体消失后，从残存的尘埃和微小行星中重新获得了新的气体成分。

这两个学说区别在于，碎片圆盘内是否含有大量氢分子。中心恒星发出的紫外线将 CO“离解”，生成游离态碳原子，如果有氢气介导，碳和氧会重新结合成 CO，如果没有氢，反应就不会发生，碳仍然保持原子状态。

此次，研究小组通过对鲸鱼座和绘架座方向的碎片圆盘鲸鱼座 49（距地球 200 光年），以及绘架座 β（距地球 63 光年）进行观测，检测到了碳原子的亚毫米波亮线谱线。换算发现，在气体总质量中，碳原子气体量高出 CO 气体量数十倍。

日本理化学研究所研究员樋口彩说：“这一发现令人非常吃惊，观测之前我们没想到会有这么多的碳原子气体。”她表示，其他碎片圆盘也可能存在碳原子气体。如果今后能证实这一点，起源理论将更加支持“供给说”。

（二）研究太阳系外行星环境的新成果

1.探索类地或宜居系外行星环境的新进展

（1）在实验室再现“超级地球”内部的极端环境。2015 年 1 月 23 日，美国劳伦斯利弗莫尔国家实验室物理学家马里厄斯·米洛特主持，加州大学伯克利分校，以及德国拜罗伊特大学相关科学家参与的一个研究小组，在《科学》杂志上发表论文称，他们进行了新的激光驱动冲击压力实验，在实验室再现太阳系外“超级地球”和巨行星内部深处的极端环境，以及类地行星诞生时的混乱环境，利用超快光学测量技术，揭示了构成行星的重要物质性质，这些物质决定了行星的形成和演化过程。

石英（SiO2）是组成岩石的重要成分，在极端压力和温度条件下，石英不寻常的性质，关系到行星的形成和内部演化。据报道，德国拜罗伊特大学研究人员通过高压晶体生长技术,合成了一些毫米大小的、透明的超石英多晶体和单晶体。超石英是一种高密度石英,通常只在陨石坑附近才有少量可见。

利用这些晶体,该研究小组美国科学家首次进行了激光驱动冲击压力实验,检测了500Gpa(500万大气压)压力下石英的融化温度。对"超级地球"行星(5倍地球质量)、天王星和海王星而言,这相当于地核—地幔边界的压力。

米洛特说:"在行星深内部,极端的密度、压力和温度强烈改变了构成成分的性质。固体在融化前能承受多高的温度,压力是关键,决定了一颗行星的内部结构和演化,现在我们能在实验室里直接检测这些。"

结合以前对其他氧化物和铁的融化检测,新数据显示在300GPa到500GPa压力下,地幔硅酸盐和地核金属的熔化温度差不多,这表明大型岩石天体深处,可能普遍存在长期活动的岩浆海洋,而这种液态岩浆层会形成行星磁场。米洛特说:"此外,我们的研究表明在海王星、天王星、土星和木星的核心,石英可能是固态的。这为将来改良这些行星的结构与演化模型设置了新的限制条件。"

最近,银河系中已发现超过1000个绕其他恒星公转的系外行星,这表明行星系统、行星大小及其性质有着广泛的多样性。太阳系外是否还有适合地外生命生存的其他世界?这一实验为人们研究太阳系提供了更深视野。

研究人员还打算研究构成行星的主要成分的奇异性质,利用动力压力实验更好地理解地球的形成和生命的起源。米洛特说:"目前对行星物质的动力压力研究是一个非常令人兴奋的领域。在行星深处,氢是一种金属性的液体,氦像雨一样,液态石英是一种金属,而水可能是超离子。"

(2)发现"新地球"开普勒438b环境或已无宜居环境。2015年11月,国外媒体报道,开普勒438b是太阳系外最适合人类居住的星球之一,它具有与地球相似的光照条件,存在液态水甚至大气层,曾是不少人心目中的"新地球"。然而,英国华威大学天文学家大卫·阿姆斯特朗领导的研究小组,提供的最新研究成果,或许会让这一希望化为泡影。

研究人员日前发现,开普勒438b的环境,似乎并非人们想象中的那么美好。他们的测量结果表明,这颗行星经常会遭到其恒星耀斑喷发的袭击,这些强大的辐射足以剥离大气层,让其地表直接暴露在宇宙环境当中。

阿姆斯特朗说,与相对较为温和、安静的太阳不同,开普勒438b的恒星开普勒438,每隔几百天就会发生一次超强耀斑喷发,而每一次都比有记录以来的最剧烈太阳耀斑喷发还要强烈。

经过计算,研究人员发现,这颗位于天琴座、距离地球470光年的红矮星,它的恒星每次耀斑爆发时所释放出的能量,与1000亿兆吨TNT炸药的爆炸相当。对类地行星而言,这还不是最致命的,耀斑大爆发一般都会伴随日冕物质抛射现象,这些抛射物质能轻松剥离一个行星的大气层,让其变成毫无生机的死亡地带。

研究人员称,如果开普勒438b具有像地球一样的磁场,还能稍稍起到一些屏蔽效果。如果没有的话,这颗星球应该已经完全失去了大气层,其地表会遭受多种致命辐射,存在生命的可能近乎零。

开普勒 438b,是 2015 年 1 月,由美国哈佛-史密森天体物理研究中心天文学家发现的两个类地行星之一。它们距离各自的恒星不远不近,接收到的光照与地球相似,产生的温度可以让水以液态的形式存在于星球表面。开普勒 438b 比地球稍大,有 70%的可能是岩石星球,围绕恒星公转一周仅需 35 天,比地球快 10 倍。科学家推测,如果有大气存在的话,该行星上的平均温度大约为 60℃。

(3)发现一颗"超级地球"呈现昼夜都"超级热"的环境。2016 年 3 月 30 日,英国剑桥卡文迪许实验室奥利弗·戴莫瑞领导的研究小组,在《自然》杂志上发表的一篇行星科学论文,公布了一颗被称为"超级地球"的太阳系外行星的大气和表面温度测量结果。热力地图显示出这颗名为"巨蟹座 55e"的"超级地球"非常之热,而这颗在遥远世界的行星和太阳系中的一样,也有强风和熔岩流这些现象。

过去十年中,人类对于太阳系外巨行星的观察,已经提供了关于它们大气层的重要信息,然而对于质量较低的太阳系外行星仍然所知甚少。

此次,戴莫瑞研究小组,把"巨蟹座 55e"行星作为研究对象。"巨蟹座 55e"行星一直被视为研究行星演化及存留的一个重大发现。该行星环绕着距地球大约 40 光年的"巨蟹座 55A"恒星运行,构造为岩质,质量为地球的 1~10 倍,具有已知系外行星中最短的公转周期。美国国家航空航天局的斯皮策红外太空望远镜,曾对该行星进行 2 年的观测,数据显示 2 年中该行星温度变化幅度非常剧烈。

此次,研究小组发现,热力地图显示出这个"超级地球"上很热,不过其向阳面(白天)和向阴面(夜晚)之间的温差很强。他们的报告显示,"巨蟹座 55e"附近有一个纵向的热亮度区域,其略小于地球的 2 倍大小。他们使用斯皮策太空望远镜阵列式红外摄像机,监测了"巨蟹座 55e"的红外辐射,发现这颗行星的夜晚一侧的温度大约在 1107℃,白天一侧温度约为 2427℃,温差为 1320℃。

此外,研究人员还发现了一个热点,他们认为这是来自该行星表面强烈的大气气流或者低黏度溶液流。这表明在那个遥远的世界中,它和太阳系中的行星一样,也有强风和熔岩流这些过程。论文作者总结说,这颗行星上应当还存在当前未知的热源,才能解释从这颗行星表面观察到的红外辐射。

2.探索系外气态巨行星环境的新进展

研究发现系外气态巨行星环境极端干燥。2014 年 7 月 24 日,英国剑桥大学天文学家尼库·马杜苏丹领导的一个研究小组,在《天体物理学杂志快报》上发表研究报告称,他们在寻找太阳系外行星时,研究了 3 颗类似于木星的遥远的气态巨行星环境,结果发现,它们都极端干燥。这一发现,对现有行星形成理论提出严重挑战。

研究人员用美国航空航天局的哈勃空间望远镜进行的观测显示,与之前的预期相比,这些被称为"热木星"的系外行星,大气包含的水分只有前者的 1/10~1/1000。这一发现,有悖于行星形成理论。

“热木星”是指大小与木星相当，但温度极高、运行轨道距其绕行恒星非常近的气态巨行星。

这项研究，重新分析对太阳系外行星 HD 189733b、HD 209458b 和 WASP-12b 的观测结果，这些天体距离地球 20~270 秒差距（60~870 光年），它们围绕着类似太阳的母星运转，表面温度介于 815~2200℃，是典型的“热木星”。在每一颗系外行星从其母星前经过时，哈勃空间望远镜便会观测经由行星大气过滤的红外光谱。马杜苏丹研究小组，利用大气模型确定形成每一颗行星光谱的元素构成情况。

结果表明，所有这 3 颗热木星的环境，都比木星本身还要干燥。其中进行了最精密测量的 HD 209458b 似乎是最干燥的，测到的大气水蒸气含量介于 4~24ppm（百万分之一）之间，也就是说，它的大气比木星大气要干燥 1000 倍，比太阳则干燥 100 倍。马杜苏丹说：“我们现在能以比以前大得多的确定性宣布，我们已经在系外行星找到了水。但是，其含量之低令人相当吃惊。”

研究人员指出，在当前的理论下，行星通常能够比它们的母星更快地积聚分子，例如水。热木星通常形成于恒星系统中富含水的区域，并向着它们的母星迁移。但马杜苏丹指出，新发现表明，这些理论可能要修改。

马杜苏丹说：“基本上，这说明行星形成理论遇到了大麻烦。我们期盼着，在这些行星中找到大量的水。但现在我们不得不重新讨论巨行星，尤其是‘热木星’的形成与迁移模型，研究它们是怎么形成的。”

与此同时，一些科学家更偏爱另一种可能的解释。位于系外行星高空的云团，可能会模糊哈勃空间望远镜，对于隐藏在大气底层的水蒸气的观测。如果真是如此，并未参与该项研究的，美国新泽西州普林斯顿大学天文学家亚当·伯劳说：“他们的结论，则是完全站不住脚的。”

马杜苏丹认为，尽管存在这种可能性，但云团不太可能使其研究结果发生偏移。马杜苏丹同时认为，这一发现意味着，未来科学家寻找潜在宜居的地球大小的系外行星时，“可能得准备面临其含水量比预想低得多的情况”。

根据现有的行星形成理论，行星是在年轻恒星周围，由氢、氦、冰和尘埃粒子组成的尘埃星盘中形成。这些粒子聚集在一起日益增大，直到在引力作用下形成一个固体核，继续吸引周围的尘埃和气体后，形成巨大的行星。在这个过程中，行星大气的氧，应该大体上以水蒸气的形式存在。但是，马杜苏丹及其美国与加拿大的同行发现，水蒸气含量极低，给这一理论“提出了许多问题”。

研究人员希望，正在不断提升性能的天文望远镜，包括美国航空航天局的詹姆斯韦伯空间望远镜，以及其他在建的大型地基设备，未来将能够提供高分辨率的数据，从而驱散当前的困惑。

（三）探索太阳系外行星运行机制的新发现

1.利用地基望远镜捕捉到系外行星凌日现象

2016 年 12 月，日本国立天文台和东京大学等机构组成的研究小组，在美国

《天体动态杂志》上发表研究成果称，他们利用新一代地基望远镜，首次成功捕捉到可能存在生命的太阳系外行星“K2-3d”，通过主星（行星凌日）时的影子。

“K2-3d”行星的大小和温度环境与地球相近。精确观测其“影子”现象可探索行星大气中的氧分子。但目前太空望远镜观测“K2-3d”的轨道周期精度不够，也无法预测其通过主星的正确时间。此次，研究小组利用冈山天体物理观测所188厘米望远镜和系外行星观测装置MuSCAT，成功以约15秒误差测定了“K2-3d”行星的轨道周期，大幅提高了预测行星“影子”现象的精度。该成果，为未来地外生命探索，打开了一扇重要大门。

“K2-3d”行星，是美国国家航空航天局开普勒太空望远镜发现的，其距地球约150光年，体积约为地球的1.5倍。与地球相比，“K2-3d”行星在非常接近主星的近轨道公转。由于主星温度较低，因此认为具有和地球相似的较为温暖的环境。该行星表面可能存在液体水，有存在生命的可能。“K2-3d”行星有通过主星前面的轨道，可周期性观测到行星遮蔽主星轨道产生的减光现象，也称为行星的影子。精确测定各种波长的主星减光率，即可分析出行星大气层成分。

开普勒太空望远镜在第一期观察中，已发现近30个具有行星影子轨道，且有适合温度的行星。开普勒的K2观测任务，将持续到2018年2月，以期发现更多类似“K2-3d”一样可能适合生命存在的行星。2017年美国国家航空航天局还将发射系外行星凌日观测卫星，计划用两年时间，全天候搜寻太阳系附近的生命迹象。

2.发现原始行星系圆盘形成机制

2017年2月8日，日本理化学研究所与东京大学以及法国同行等组成的一个国际研究小组，对媒体宣称，他们通过观测，了解到一个太阳系外原始行星系圆盘形成的机制，这对于研究行星系圆盘形成非常重要。

据报道，该研究小组利用建于智利北部的射天望远镜阵列阿塔卡马大型毫米波天线阵进行观测。观测对象是距地球450光年的金牛座“L1527”分子云，它的中心有一个太阳型原始恒星（今后可进化为类似于太阳的恒星）。

科学家发现，太阳型原始恒星外侧的气体，一边旋转一边向恒星圆盘中心掉落，同时和圆盘外缘冲撞，部分气体会因冲击波被释放到与圆盘垂直的方向。这种冲撞会消耗部分旋转能量使圆盘转速降低，并释放部分角动量，由此慢慢形成日后会演化成行星系的原始行星系圆盘。

四、观测系外小行星与卫星的新信息

（一）探测研究太阳系外小行星的新发现

1.发现系外小行星上围绕着光环

2014年3月，巴西里约热内卢国家天文台科学家布拉加·里巴斯领导的研究团队，在《自然》杂志上发表研究报告称，他们在南美洲多个站点观测发现，半人马小行星群中的女凯龙星(小行星10199)被两道光环围绕,这是迄今发现的最小的一个带光环的天体。

宇宙中有一群小天体,显现出小行星和彗星的双重特征,它们被命名为半人马小行星群。1997年发现的女凯龙星,是目前已知最大的半人马小行星。包括女凯龙星在内,半人马小行星的运行轨道均不稳定,加之它们身处太阳系外缘,对这类天体的研究充满挑战。

研究人员说,他们借助7个观测点的13架望远镜,在女凯龙星于2013年6月遮盖一颗遥远的背景恒星、发生掩星现象时,发现了环绕女凯龙星的光环。掩星,是指一个天体在另一个天体与观测者之间通过时,发生的遮蔽现象,如金星凌日。

观测数据显示,女凯龙星有两条光环,其宽度分别为7千米和3千米,光环间有9千米的间隔,而该小行星的直径约为250千米。

里巴斯说:"女凯龙星的光环近一半物质都是冰块,因此像土星的光环一样容易被看到。"他介绍说:"当时我们没有寻找光环,也没想到像女凯龙星这样小的天体会有光环,这绝对是个意外发现。"他认为,其他小行星应该也有类似环状物,只是未被发现。

这是天文学家首次发现小行星也有光环,太阳系此前只发现木星、土星、天王星和海王星拥有光环。对于女凯龙星的光环是如何形成的,天文学家猜测可能是女凯龙星受到另外一个小天体撞击,导致大量碎屑物溅射出来,形成光环结构。此外,由于女凯龙星的质量很小,女凯龙星很可能存在千米级别大小的卫星,来维持两条光环结构的稳定。

2.观测发现系外小行星存在大规模互撞"踪迹"

2014年9月,日本东京大学卡夫利数学物理学联合宇宙研究机构,与美国亚利桑那大学组成的研究小组,在《科学》杂志上发表研究报告说,他们首次观测到巨大小行星之间大规模撞击的"踪迹"。这一发现,将有助于加深对岩质行星形成过程的认识。

岩质行星是指以硅酸盐类岩石为主要成分的行星,又叫岩石行星。宇宙空间中漂浮的星际物质集中在一起,经历漫长岁月和复杂过程,会形成闪耀的恒星及其周围的行星,而地球这样的岩质行星,被认为是在围绕年轻恒星旋转的尘埃中生成的。

这种尘埃聚集在一起先形成体积较小的小行星,这些小行星会不断地互相撞击。碰撞后的小行星多数都粉碎了,但有的小行星随着时间推移会变得更大,最终成长为地球那样大小的岩质行星。

研究小组利用美国航天局的斯皮策太空望远镜,对一颗代号为ID8的恒星定期进行红外观测。这颗恒星的位置在船帆星座中距离地球约1200光年的NGC2547星团里,其"年龄"约有3500万岁,但在恒星界尚属"年轻人"。

在观测过程中,研究人员发现,该恒星系统内的尘埃量突然急剧增加。他们认为，根据尘埃增加的规模，可以推断有两颗岩石质地的巨大天体发生了剧烈撞击，应该是一颗直径不小于100千米的小行星，以每秒15~18千米的速度，撞击了另一颗体积更大的小行星。

研究人员不仅发现了剧烈撞击后的残迹，还观测到撞击产生的沙粒大小的粒子，被粉碎得更为细小并且逐渐远离恒星的情形。研究人员表示，他们首次得到一批数据，可以反映小行星撞击的生成物如何向岩质行星转变。今后，研究者将继续观测ID8恒星，以了解上述增多的尘埃能在太空中保留多久，并计算这种大规模撞击的发生频率。

（二）观测太阳系外行星卫星的新发现

发现疑似系外首颗围绕行星运转的卫星。

2014年4月10日，美国媒体报道，美国圣母大学戴维·贝内特牵头，由多国天文学家组成研究小组，在《天体物理学杂志》上发表论文称，他们可能已找到太阳系外第一颗围绕行星运行的卫星。但由于观测时机已过，无法进一步观测确认这一发现，因此“这个系外卫星及其伴侣的真正身份将永远无法弄清”。

人类已经发现了约1700颗太阳系外行星，但迄今没有确认发现一颗系外卫星。在新研究中，该研究小组利用设在新西兰和澳大利亚的望远镜，发现了一个叫作MOA-2011-BLG-262的天体系统，其中那个较小的天体很有可能是一颗天然卫星。这一成果，借助了微引力透镜效应，即从地球上看去，一颗遥远天体发出的光，会在引力的作用下被中间的某颗恒星或“漫游”行星聚焦，从而变得更亮，就像透镜一样。分析这一亮度，可以了解中间恒星或行星的许多信息，包括它有没有绕转星球，如果有，它们之间的质量比是多少等。

该研究小组发现，尽管此次观测到的中间天体的身份不清楚，但其质量是绕它运行的小星球的2000倍。这意味着有两种可能：要么是一颗暗淡的小型恒星被一颗质量为地球18倍的行星绕转；要么是一颗质量与木星相当的行星，被一颗质量不及地球的卫星绕转。

但从地球上观测时，遥远天体刚好和中间作为透镜的天体在视线方向对齐的机会只有一次，错过了就无法再次观测，研究人员也不清楚到底哪种可能性更大。美国喷气推进实验室行星科学家韦斯·特劳布说，此研究的模型指向了卫星的答案，如果这是正确的，那么将是一个“令人惊叹的发现”。不过，特劳布也不能排除是行星的可能性。

研究人员指出，这一谜团的答案依赖于透镜天体与地球的距离。如果距离较近，则答案是卫星；如果距离较远，则答案是行星。因此，错过这颗疑似系外“月球”之后，他们只能寄希望于今后再意外发现其他的系外卫星进行对比分析。

第二节　观测研究星云与星系的新成果

一、观测气体云与星云的新进展

（一）探索气体云的新发现

发现宇宙中最大的气体云。

2014年1月20日，美国加利福尼亚大学圣克鲁兹分校天文学家塞巴斯蒂亚诺·坎塔卢波和谢尔维亚·普罗恰斯卡主持的研究小组，在《自然》杂志网络版上发表研究报告称，他们近日发现了宇宙中迄今为止最大的气体云。这个庞大的星云可能是科学家第一次拍摄到由星系、气体和暗物质构成的宇宙网络的细丝，从而能够用来追寻宇宙中的大规模结构。研究人员在该项研究中利用了一颗明亮的类星体，从而照亮了这颗“灯塔”周围的昏暗气体。

来自类星体洪水般的光线，促使气体中的氢原子释放出一种具有特征波长的紫外线。随着宇宙的膨胀，这种辐射后来延伸到更长的波长，变成了可见光。该研究小组，利用夏威夷莫纳克亚山上的凯克天文台记录了这些光线。凯克的图像，揭示了一个长度为150万光年的气体云，该长度相当于银河系直径的10倍。普罗恰斯卡表示，这是第一次探测到一个云团的辐射“远远超过一个星系的规模”。

荷兰莱顿大学天文学家卓普·雪耶看到这篇论文后，评论说：“它报告了一个惊人的观测结果：迄今发现的最大的扩散的气体云”。

在星系形成之前，宇宙包含了一种原始的、充满了物质的气体，它由普通原子和暗物质构成。根据星系形成的主要模式，引力首先将暗物质浓缩为晕轮，这些结构即所谓的“重力井”，星系由此合并而成。模拟研究一再表明，并不是所有物质都会落入重力井中，取而代之的是，一些细小的桥会留下来，将星系连接成一张像蜘蛛网一般的宇宙网。

研究人员认为，宇宙网使星系凝聚在一起，他们希望通过对宇宙网的研究，进一步理解宇宙结构和银河系等星系的进化过程。研究人员之前曾发现了一些构成宇宙网的细丝的证据，这些细丝由暗物质组成，并推断这种质量和形状看不见的卷曲是由来自更遥远星系的引力弯曲和明亮光线所致。

据悉，这项研究，涉及一颗释放强烈辐射的名为UM287的类星体，该类星体距离地球约100亿光年，它释放的强光照亮了邻近的宇宙网细丝。

此前的主流宇宙模型提出，星系被庞大的气体细丝所包裹，由这些气体云形成的宇宙网络蔓延数千万光年，而星系像蜘蛛一样，通常位于这些宇宙蜘蛛网的交叉点上。

（二）探索星云的新成果

1.发现大麦哲伦星云呈现慢动作版本的旋转木马场景

2014 年 2 月 18 日，美国航空航天局当天发布消息说，美国太空探测科学研究所鲁兰德·范德马雷尔领导研究小组发现，银河系“邻居”大麦哲伦星云的中心，正呈现慢动作版本的旋转木马场景。根据公布的哈勃太空望远镜测量结果，它旋转一圈的时间为 2.5 亿年，与太阳系围绕银河系中心公转的周期相当。这也是科学家首次利用哈勃望远镜，精确测定一个星系的旋转速度。

大麦哲伦星云距地球约 17 万光年。研究人员说，过去 7 年中，他们利用哈勃望远镜测量大麦哲伦星云内部恒星的平均运行速度，并据此计算出星云中心部分的旋转速度。此前，星系旋转速度只能根据星系发出的光谱中谱线的移动，即多普勒效应来推算。

范德马雷尔说：“事实上，这是我们首次从太空观测到一个星系的旋转。您可以把大麦哲伦星云想象成一个挂在天上的时钟，其指针需要 2.5 亿年才能走完一圈。我们都知道它的时针在转动，但即便利用哈勃望远镜，我们也需要盯着它看几年，才能发现它在运动。”

美国航空航天局专家说，哈勃望远镜是目前唯一有能力观测星系旋转的天文望远镜，因为它具有极高的图像稳定度与精度。这种精度，可以让人们观测到：站在月球上的人头发的生长速度。

研究人员指出，研究星系的旋转，可帮助人们更好地了解类似的盘状星系的内部结构，也有助于了解星系的形成及计算星系的质量。接下来，他们计划利用哈勃望远镜，观测大麦哲伦星云的“堂弟”小麦哲伦星云。

2.甚大望远镜深入观测猎户座星云

2016 年 7 月 13 日，《每日科学》网站报道，霍格·德拉斯为首席科学家，成员来自智利和德国的一个天文学研究团队，近日利用欧洲南方天文台的甚大望远镜，对猎户座星云的中心，展开了迄今为止最为深入的观测。有关研究成果，对猎户座星云形成及历史认识的常识，提出了不同看法。

猎户座是赤道带星座之一，非常著名的猎户座大星云就位于其中，跨度约 24 光年，是正在产生新恒星的一个庞大气体尘埃云。这些恒星形成区中包含大量氢原子气体、年轻的炽热恒星、原行星盘以及以高速扫过物质的恒星喷流，而猎户座星云亮度很高，甚至在地球上肉眼都可以看见。一直以来，其理想的相对距离和观测条件，为人们提供了探索恒星形成理论的重要条件。

据报道，此次，该研究团队对猎户座大星云，展开了最为全面也最为深刻的一次剖析。望远镜配备的强大 HAWK-I 红外仪，不仅为人们呈现了壮观美丽的图片，还揭示了众多褐矮星及独立的具有行星质量的天体，其数量是以往所知的 10 倍。

褐矮星的构成类似恒星，但因质量不够大没能点燃聚变反应。虽然被叫作

“失败的恒星”,但研究人员表示,发现这种低质量星体的存在本身,就是一件令人兴奋的事,因为它们存在的形式正取决于其所处的环境,这对天文学家来说就是“意想不到的财富”,可以帮助更好地洞察恒星形成的历史。

此次研究结果还显示,拥有行星体积的天体数量,要远远大于人们此前的预期,但以目前的技术观测这些对象仍有难度。欧南天文台在建的欧洲极大望远镜(E-ELT)的主要目标,就是把这些天体展现给人类,其主镜直径为 39 米,计划于 2024 年开始运营。

德拉斯表示,此次研究成果“向探索恒星与行星形成的科研新时代望了一眼”,数量庞大的行星,也给未来找到一颗如地球般大小的同类星球,提供了很大的机会。

二、探索星系与星系团的新进展

(一)寻找古老而遥远星系的新收获

1.发现距离地球 131 亿光年的星系

2013 年 10 月 24 日,美国得克萨斯州大学奥斯汀分校天文学家史蒂文·芬克尔斯坦领导,得州农工大学、美国国家光学天文台、加州大学河滨分校等学者参与的研究团队,在《自然》期刊发表论文称,他们分析哈勃空间天文台拍摄的光学与红外线影像,发现 z8-GND-5296 距离地球约 131 亿光年,是当时已知的最远星系。

研究人员说,他们使用该星系氢原子光谱中的莱曼 α 谱线,确认它是至今已确认的红移量最高星系之一;因此该星系是最古老且距离地球最远的星系之一。该星系在大爆炸之后只有 7 亿年的时间就形成了,相当于宇宙年龄 138 亿年的 5%。该星系的红移值 7.51。该星系在观察时间中以惊人速度形成恒星,每年形成恒星总重量大约达到太阳的 300 倍。

研究人员说,他们在夏威夷,用当地凯克天文台望远镜搭载的红外线探测多目标摄谱仪,对 z8-GND-5296 星系的红移量进行了验证。

据报道,为了以明确证据量测如此遥远的星系,该研究团队以光谱学和红移现象对该星系进行研究。当光源远离观测者时就会发生红移现象,而天文学上的红移被认为是因为宇宙膨胀而造成。而距离地球足够远的光源(至少数百万光年)红移,就会显示出速度增加率和地球距离的关系。在天文学上红移是可以被量测的,这是因为天文学家已经相当了解来自原子的发射线或吸收线,并且可在地球上的实验室使用仪器进行标定。

2.发现距离地球 131.3 亿光年的星系

2015 年 5 月,英国《每日电讯报》报道,美国耶鲁大学天文学家帕斯卡尔·欧斯克领导,该校天文学院教授彼得·多库姆、荷兰莱顿大学雷哈德·布文斯、美国加州大学圣克鲁兹分校加斯·伊林沃斯等人参与的研究团队,利用位于夏威夷凯克天文台直径 10 米的望远镜发现了距离地球 131.3 亿光年的星系 EGS-zs8-1,其红移值为 7.73。这项发现,有助于科学家们进一步厘清宇宙诞生之初早期星系的演变历程。

据报道,尽管美国航空航天局的哈勃太空望远镜和斯皮策太空望远镜,以前曾对该星系惊鸿一瞥。但其与地球的距离,现在才由该研究团队确认,而将位于宇宙深处距离地球 131 亿光年的 z8-GND-5296 拉下了“最遥远星系”的宝座。欧斯克表示,那时,宇宙大爆炸制造出了“目前宇宙 15%的质量”。

目前,科学家们只精确测量出了早期宇宙部分星系的距离。多库姆说:“每次的精确测量结果,都为我们进一步理解早期宇宙中第一代星系如何形成做出了贡献。”

人们现在观察到的是宇宙大爆炸后仅 6.7 亿年时该星系的样子,当时宇宙还处于幼年期。据估计,宇宙当前年龄约为 138 亿年。新的观察认为,EGS-zs8-1 形成时,宇宙正经历一个重要的转变,即星系之间的氢气从中性状态,变为带电离子的状态。布文斯说:“显然,类似 EGS-zs8-1 这样早期星系内的年轻恒星,是这一转变过程主要的驱动力。”

3.发现距离地球 132 亿光年的星系

2015 年 8 月 28 日,美国加州理工学院天文学家阿迪 · 齐特林,与英国伦敦大学学院天体物理学教授理查德 · 埃利斯领导,成员主要来自加州理工学院的一个研究团队,在《天体物理学快报》上发表研究报告称,他们花费了数年时间寻找宇宙里最古老的天体,最近观测到一个距离地球约 132 亿光年的星系,又一次打破了距地球最遥远星系的纪录。

据报道,美国哈勃望远镜和斯皮策太空望远镜,首先拍摄到这个名为 EGS8p7 的星系。此后,该研究团队利用夏威夷凯克天文台的 MOSFIRE 红外光谱仪确定其红移值为 8.68,而此前最遥远星系的红移值是 7.73。

由于宇宙膨胀,星系之间在互相远离,从地球上观测,来自其他星系的光线波长会变长,这种现象被称为红移。一般来说,红移值越大,天体距地球越远。

研究人员认为,EGS8p7 之所以异常明亮,一个可能的原因是它由一些极其炙热的恒星组成。此外,该星系诞生于宇宙大爆炸 6 亿年后,这为研究早期宇宙中星系的形成提供新线索。

4.发现距离地球 134 亿光年的“婴儿”星系

2016 年 3 月,美国航空航天局和欧洲航空航天局联合组成的一个研究团队,在《天体物理学杂志》上发表研究报告说,他们通过哈勃望远镜,成功地观测到年仅 4 亿岁的新生星系,距离地球 134 亿光年远,这是目前发现最遥远的星系,打破了先前的纪录。

他们在报告中指出,命名为 GN-z11 的星系,是异常明亮的“婴儿星系”,位于大熊座方向,距地球约 134 亿光年,意味目前从地球观测到的,只是它在宇宙大爆炸后4亿年时的样子。

据报道,GN-z11的大小不到银河系的4%,恒星质量只有银河系的1%,即约太阳的10亿倍,但以当时宇宙年龄来计,已算非常巨大了。它正处于婴儿期,成长速度极快,造星速度比今天的银河系快约20倍。

研究人员认为,GN-z11作为最遥远星系的头衔可保持数年,直到哈勃继任者詹姆斯·韦伯太空望远镜2018年升空后才有望打破。

(二)搜索发现不同类型的新星系

1.用自制望远镜发现7个矮星系

2014年7月10日,物理学家组织网报道,美国耶鲁大学天文系主任冯·多克姆,与多伦多大学天文学家罗伯特·亚伯拉罕领导,艾莉森·梅里特等人参与的研究小组,在《天体物理学快报》上发表研究成果称,他们把长焦镜头拼接在一起,自制出一种新型望远镜,并用它在一个螺旋星系附近惊喜地探测到7个矮星系。而探测到这些以前看不见的星系,可能对暗物质和星系演化提供重要的见解,同时,可能预示着在空间中一类新对象的发现。

据报道,2012年,多克姆和亚伯拉罕在新墨西哥州梅希尔的一个天文台,建立了紧凑、烤箱大小的望远镜,由于其镜头类似昆虫的复眼,故命名为蜻蜓。该长焦阵列采用8个有特殊涂层且可抑制内部散射光的长焦镜头,使其拥有探测到非常分散,且表面低亮度的星系的独特能力。梅里特说:“我们在天空中一个相对较小的区域,很快获得这一发现。我们拍摄第一个图像,便得到了令人振奋的结果。”

除了发现新的星系,该研究团队正在寻找很久以前星系碰撞的碎片。这是一个新的领域,他们正在探索以前未曾探索过的空间区域。

研究人员下面将解决的一个关键问题是:新发现的这7个矮星系是环绕M101螺旋星系,还是它们的位置更接近或远离,并且只是偶然在M101的同一方向可见。梅里特说:“如果是后者,那么这些对象代表完全不同的东西。有必要对在宇宙中非常分散、孤立的星系进行星系形成理论的预测。这7个星系可能只是冰山一角,在空中还有成千上万我们看不到的星系。”梅里特强调,直到收集更多的数据,并确定这些物体的距离,才会知道它们的性质。

2.发现宇宙迄今最曜亮星系

2015年5月,美国媒体报道,美国航空航天局一个天文学家组成的研究团队,通过“广角红外测量探测器”(WISE)发现了迄今宇宙中最曜亮的星系,其亮度比太阳高出300万亿倍。

研究人员认为,这是迄今发现的最明亮的星系。该星系属于极亮红外星系,研究人员将其命名为WISE J224607.57-052635.0。这一星系这么亮,也许是因为其中心有一个超大质量黑洞。研究人员解释说,超大质量黑洞在吞噬周围气体和物质的同时,会释放出可见光、紫外线和X射线,照亮整个星系。但这些光基本被星系周围的尘埃气团吸收,而该气团被加热后,会释放出红外线,这就是为什么用红外探测器才能发现该星系的原因。

在星系中心有巨大的黑洞很寻常，但是能够在宇宙中找到一个这么遥远的黑洞实属罕见。这个星系的光线在宇宙中旅行了125亿年才抵达地球，被天文学家观测到。所以今天观测到的影像，实际上是它125亿年前的状态。那时宇宙还很年轻，年龄只有今天的1/10，但该星系中心黑洞的质量已相当于数十亿个太阳。

研究人员称，这个黑洞如此庞大，有不同的解释。一种观点认为，它生来巨大，或者说黑洞在“胚胎”阶段就可能大得超出想象。另一种观点则认为，该黑洞在发育过程中，打破或绕过了黑洞进食的理论极限，即所谓的埃丁顿极限。当一个黑洞吞噬气体和物质时，释放光的光压也会驱散气体，限制黑洞持续吞噬物质的速度。如果黑洞打破了这个限制，理论上它就能够以惊人的速度膨胀。

过去科学家也曾观察到有黑洞打破这一限制，而该研究中观测到的黑洞则是一再突破这个限制，才会成长到如此规模。绕过黑洞进食的理论极限，则意味着黑洞旋转得足够慢，可以“吃”到比旋转快的黑洞多得多的东西，以致成长得更为巨大。目前，研究人员正在计划通过研究确定这个星系中超大黑洞的质量，了解这些有助于揭示宇宙初期阶段该星系及其他星系的历史。

3.发现正被巨型星系撕碎的矮星系

2016年3月，有关媒体报道，美国加州大学天文学家亚伦·罗曼诺夫斯基、得州理工大学天文学家埃利萨·托洛领导的两个独立研究团队，分别发现了一个矮星系，正在围绕巨型螺旋星云NGC 253痛苦地运转着。该螺旋星云距离地球约1100万光年，是玉夫星系团中最大的星系，它跨度约2万光年，其恒星加起来是太阳质量的1000万倍。

研究人员说，新发现的星系是一种矮球状星系，其恒星之间的距离非常遥远。1938年，该类星系首次被发现时，天文学家误认为是照相底片上出现了手印或是缺陷。

银河系周围有数十个这样的星系，但是矮球状星系都非常暗淡，直至最近，天文学家才在本星系群之外发现了它们的一些踪迹。

但是和很多同类星系不同，这个新发现的矮球状星系被拉长得很厉害，而其长轴则指向这个巨型星系。这表明，该巨星系对矮球状星系接近的一端，比另一端引力作用更大。

罗曼诺夫斯基说：“它看起来就像正被一个更大的星系撕扯。”

4.找到发射超高能中微子的星系

2016年4月，德国科学家领导的国际科研团队，在《自然·物理学》杂志发表研究报告称，位于南极冰层下的中微子探测器“冰立方”，曾在2012年发现了超高能中微子，现在，他们首次为其找到了一个位于银河系外的源头星系。这一重大发现，有可能开启中微子天体物理学的新时代。

有关专家解释道，在宇宙大爆炸时期，中微子是产生得最多的粒子之一，现今仍大量产生于恒星内部的核反应,以及宇宙射线撞击地球大气层的过程。中微子的质量非常小,不带电,很少与其他物质相互作用,很难被探测到。不过,在极少情况下,中微子会撞到原子,产生能发出一种蓝色闪光的带电粒子,像电子或缪子。这种蓝色闪光,能被“冰立方”探测到。

2012 年,“冰立方”发现了有史以来能量最高的中微子,其能量高达 2000 万亿电子伏特,这比大型强子对撞机产生的高能质子还要高 300 倍,如此高能量的中微子应来自极高能量的宇宙线粒子的碰撞过程。在过去几年中,科学家一直在搜寻可能产生它们的奇异星系活动。

最近,科学家们对来自距离地球 90 亿光年之外的,“PKS B1424-418”活动星系产生的射电和伽马射线数据,进行了分析。结果表明,中微子和这个活动星系爆发在时间和方向上一致,由此,推断出中微子可能来自此银河系外该活动星系的爆发,使其成为首个拥有银河系之外源头的超高能中微子事件。

(三)揭示星系具有不同外形的原因

发现星系肥胖或扁平取决于转速。

2014 年 3 月,西澳大利亚大学副教授丹尼尔主持,斯威本科技大学教授卡尔·格莱兹布鲁克等人参与的一个国际天文学家研究团队,在《天体物理学杂志》上发表研究成果称,一些螺旋星系肥胖和隆起,而另一些则是平坦圆盘,星系看起来如此不同,一直是个备受争议之谜。近日通过研究发现,这取决于它们的旋转速度:快速旋转的螺旋星系平而薄,而慢慢旋转同样大小的星系胖而鼓。

丹尼尔说:“有些星系是由恒星构成的平盘,其他的则更膨隆,甚至是球形。在 20 世纪,很多研究一直致力于了解在宇宙中星系的多样性,而在这项研究中,我们已经取得了更进一步的理解,显示出螺旋星系的旋转快慢,是其形状的一个关键动因。”

研究团队采用世界上最著名的射电望远镜之一、美国的央斯基甚大天线阵,格莱兹布鲁克能够测量比以前精确 10 倍以上的星系旋转。他们选择了 16 个距离地球 1000 万~5000 万光年的星系,对这些星系里的冷气体进行了观察。冷气体不仅能表明它在哪里,还能呈现其如何旋转。这是一个关键点,但要测量星系旋转,不能只拍张照片,必须拍摄到特殊的图像。

一个螺旋星系的形状是由它的自旋和质量决定的,如果让一个星系靠其自身数十亿年运转,这两个量将保持不变。据物理学家组织网近日报道,星系形成的方式看起来有点类似于由弹性圆盘构成的“旋转木马”(即圆盘传送带)。研究人员说:“如果传送带在休息的时候,弹性盘是相当小的。但当整个传送带在旋转,弹性盘会因离心力而变大。”

我们所在的银河系是一个相对平坦的圆盘,只有一点小隆起,其形状在夜空中可见。研究人员说:“银河系在星空中是相对薄的且厚度不变,但在人马座附近的中心,可以确切地看到增厚的银河系。”

（四）搜寻超星团与星系团的新收获

1.寻找超星团的新成果

（1）发现宇宙早期的超星团。2015 年 5 月，有关媒体报道，法国原子能及可替代能源署、法国国家科研中心和巴黎第七大学联合组成的一个研究团队，近日发现宇宙大爆炸后约 30 亿年时期的超星团。该发现，将为进一步研究宇宙早期恒星形成的物理机制和条件提供帮助。

超星团通常十分稠密，是孕育恒星的活跃区域。为了研究宇宙早期恒星的形成机制，法国天文学家利用哈勃望远镜和位于夏威夷的昂星望远镜，将观测目标投向宇宙深处遥远的超星团。

该研究团队在观测距离地球 110 亿光年、直径约为 5 万光年的星系中，发现了新的超星团。这一年轻的超星团，成型仅有 1000 万年，含有大量气体，每年可形成总质量为太阳 30 倍的恒星。这一效率，是此前观测到同时期恒星形成速度的 10 倍。由于该超星团十分年轻，还无法通过其内恒星亮度对它进行观测。它的发现，得益于其散发的电离气体。

这一发现，首先表明，在宇宙早期，星系内部新形成的超星团，能够抵御恒星风和超新星的破坏，并可能延续上亿年，从而推翻了此前一些模型的预测。

研究人员针对早期超星团，设计了新的流体动力学模型，借助法国原子能及可替代能源署和国家高效能运算中心的超级计算机进行模拟。结果显示，宇宙早期富含气体的星系中，在初期 1 万年间，气体会富集在分散的区域内并形成很多恒星。在约 1500 万年后，大质量恒星的星风和超新星爆炸，将能够抵消气体塌缩引力，随后恒星的形成效率逐渐下降。这一模拟结果与观测相符。

另外，这一年轻超星团的发现，对于理解星系的形成也有帮助。新发现表明，宇宙早期超星团的寿命，有可能达到 5 亿年以上，这使得超星团有足够时间进行演变，并迁移至星系的中心地带，在中心巨型黑洞的增长过程中发挥重要角色。

（2）发现宇宙空间最大的超星团。2016 年 3 月，国外媒体报道，加那利群岛西班牙天体物理学研究所海蒂·礼知恩领导的研究团队，在寻找 45 亿～64 亿光年之外的超星团时，发现了一个叫作“老板长城”的遥远超星团，它的直径可达 10 亿光年，可能是至今为止在宇宙中发现的最大结构。

像银河系一样的单个星系，通过引力作用被“捆绑”在一起，它们构成的星系团簇就形成了超星团。超星团反过来可以进一步连接在一起，形成叫作“长城”的星系长阵。从最大尺度来讲，宇宙就像一张由巨大星系围绕着空无一物的空间构成的网，而那些星系长城就是最粗的网线。

在附近的宇宙空间，人们都知道“斯隆长城”的存在。2014 年，科学家发现银河系是拉尼亚凯亚超星团的一部分，这两者规模都很庞大。但新发现的“老板长城”质量可能相当于银河系的 1 万倍，比斯隆长城和拉尼亚凯亚超星团均大 2/3。

礼知恩说：“它比同类的天体结构体积不止大一点。”据悉，“老板长城”超星团内,现在能观测到的已有 830 个星系,可能还有一些星系,因为距离过于遥远难以被望远镜观测到。

加州大学圣地亚哥分校的埃里森·况尔说,与其他星系长城一样,这个新发现天体系统的定义也存在主观性。“我完全不知道他们为什么要把这些特征加在一起,称其为一个结构。很明显,这个结构中,并不存在斯隆长城中存在的扭结和弯曲。”

但是夏威夷大学拉尼亚凯亚超星团发现者布伦特·塔利则表示,决定哪些天体组成一个系统,取决于个人的定义。超星系群也会竞争“已知最大天体”的桂冠。由于星系彼此之间缺乏将其连接在一起的物理机制,很多天文学家并不确定天体是否真的存在关联,因此,他们倾向于寻找坐落在宇宙网上的星系之间的巨大关联。从这一角度来说,新发现的“老板长城”位居第一宝座。

2.寻找星系团的新成果

(1)发现一批“韬光养晦”的球状星团。2015 年 5 月,国外媒体报道,欧洲南方天文台近日宣布,一个天文学家组成的研究小组,在巨型椭圆星系半人马座 A(NGC 5128)周围,发现一批“另类”的球状星团,它们处于一种“韬光养晦”的状态,实际质量比看起来要大得多。这一现象,让天文学家困惑不已。

球状星团是大量恒星密集而成的球形集合体,一般形成于宇宙形成早期。天文学家认为,研究球状星团,对研究星系的形成和演化具有关键意义。

该研究小组利用欧洲南方天文台设在智利的甚大望远镜,对半人马座 A 星系周围 125 个球状星团,进行深入研究。根据观测数据,推算出这些星团的质量。研究人员把星团的质量与亮度进行比较后发现,大部分星团“循规蹈矩”,也就是星团中包含的恒星越多,总亮度也就越大,总质量也就越大。

然而,奇怪的是,有些星团质量的推算数值比看上去要大很多倍,且它们的质量越大,其中看不见的物质所占比例越大。这些看不见但质量巨大的东西到底是什么?

目前,研究人员仅能猜测,这些神秘星团核心部分,可能有些黑洞或其他看不见的星际残余物,但这种可能性只能部分解释上述奇怪现象。也可能是星团中存在大量暗物质,但这与通常认为的球状星团缺乏暗物质的传统理论相悖。科学家认为,这一发现,预示着或许存在具有不同形成历史、不同种类的球状星团。

(2)发现迄今最远正值恒星“诞生潮”的星系团。2016 年 8 月 30 日,法国新能源与原子能委员会王涛领导,其同事戴维·艾尔巴茨,以及芬兰赫尔辛基大学亚力克西斯·菲诺格诺维等人参与的一个国际研究团队,在《天体物理学杂志》网络版上发表论文称,他们利用多台望远镜提供的数据,发现了迄今最遥远的星系团,它发出的光穿越约 111 亿光年的漫长旅程,终被人类捕获。这一星系团尽管“年轻”,但正经历恒星“诞生潮”。该研究成果,将有助于更好地了解星系团及其内部星系的形成过程。

星系团由十几个到上千个被引力束缚在一起的星系组成。最新“现身”的星系团名为“CL J1001+0220”,这一发现也将星系团形成时间前推了约7亿年。王涛说:“这一星系团之所以引人瞩目,不仅因为与地球之间遥远的距离,还因为它正经历一个迥然不同的发展阶段。”新星系团的核心包含11个大质量星系,其中9个星系正以令人难以置信的速度在造星:每年有3000多颗类似太阳的恒星“诞生”。

艾尔巴茨说:“我们探测到该星系团处于关键时期,即从原星团转变成星系团,科学家们以前只在比它更遥远的地方,发现了原星团。”

研究团队将最新结果,同其他科学家关于星系团形成的计算机模拟相比后发现,新星系团的恒星质量很大。这可能表明,遥远星系团内的恒星形成速度比模拟更快;或者此类星系团极其罕见,以至于科学家们在迄今最大的宇宙学模拟中没有发现其“芳踪”。

菲诺格诺维说:“通过研究这一对象,我们能更好地了解星系团和其包含星系的形成情况,我们希望发现更多此类星系。”

这一研究成果的结论,是基于多台望远镜提供的数据得出的,包括钱德拉望远镜、哈勃太空望远镜、斯皮策太空望远镜、欧洲空间局的XMM-牛顿望远镜及欧洲南方天文台的甚大望远镜等。

第七章　研制航天仪器设备的新进展

探测宇宙空间，研究日月星辰，需要大量航天和观测专用的仪器设备。航天仪器设备主要包括运载发射设备、空间探测设备、图片记录与传输设备、实验检验仪器、测算绘图仪器、地基观测仪器，以及相关的工具、器具或装置等。自21世纪以来，国外在航天工具领域的研究，主要集中在开发新型载人或货运宇宙飞船，研制低成本且安全可靠的航天飞机，开发飞行器控制与动力系统的配套设备。在航天平台领域的研究，主要集中在进一步做好国际空间站的建设与维护工作，研制国际空间站所需的材料与设备。另外，批准塔顶可作飞行器平台的太空电梯专利，计划在月球轨道建造太空港平台往返火星。在太空探测器领域的研究，主要集中在研发登陆火星实地考察的探测器及其配套装置，研发进入火星轨道考察的探测器。同时，研发探测太阳及引力波、大行星、矮行星、小行星、系外行星和月球的探测器，研发星球探测机器人与测量工具。在人造卫星领域的研究，主要集中在研制小型人造卫星和卫星群，研制不同功能的人造卫星，开发人造卫星配件和制造设备。在运载火箭领域的研究，主要集中在改良运载火箭，计划研发新型运载火箭，探索火箭发射与回收技术，开发火箭配件和燃料。在天文仪器领域的研究，主要集中在开发红外、X射线和射电等多种类型的天文望远镜，研制高灵敏与高清晰太空望远镜，建造大型地基天文望远镜，并研制太空摄像机与天文照相机。

第一节　航天工具与航天平台研究的新成果

一、研究开发宇宙飞船的新进展

（一）研制宇宙飞船取得的新信息

1.开发新型载人宇宙飞船

（1）研制兼有飞船和航天飞机特点的混合型载人宇宙飞船。2005年7月27日，俄罗斯能源火箭航天集团向媒体宣布，他们将研制混合型新一代宇宙飞船。据设计人员介绍，飞船船体大部分呈舱式形状，可以像“联盟”载人飞船一样发射。飞船返回舱安装着折叠式舱翼，在它准备降落进入地球大气层时，返回舱的舱翼会自动展开，使飞船像“暴风雪”号航天飞机一样着陆。这样，飞船就兼有“联盟”系列的舱式载人飞船与“暴风雪”翼式航天飞机的优点，使今后的航天载人飞行更加安全可靠。俄国专家认为，将来这种兼有“联盟”飞船和航天飞机特点的载人飞船，将具有很大应用前景。

据介绍，新一代混合型载人飞船的优点之一，是其表面隔热层可对飞船返回舱舱翼产生有效防护。与美国航天飞机的绝热层采用耐热陶瓷瓦不同，混合型载人飞船返回舱的绝热层由耐高温的合金做成，可有效防护飞船返回舱舱翼，不会像美国航天飞机一样因耐热陶瓷瓦受损而产生安全隐患。而且，耐热合金也不像航天飞机上的耐热陶瓷瓦一样造价昂贵。

（2）计划全力打造核动力新一代载人飞船。2009 年 11 月 12 日，俄罗斯媒体报道，俄罗斯将在能源发展和节能领域优先考虑发展核能源，特别是在“建造用于保证星际飞行的动力装置方面，将积极采用核技术研究成果”。

俄国航天署官员说，他们计划研制配备有 1000 千瓦级核动力装置的宇宙飞船。并认为，这个项目的实施，将使俄罗斯的航天技术达到新高度，超越外国的发展水平。据悉，核动力飞船研制项目的实施，需要 9 年时间，共需财政预算 6 亿美元左右，飞船的初步设计草图在 2012 年完成。核动力飞船项目的实施，还将大幅提升俄新一代载人飞船的性能、降低飞船发射和运行时的能耗，同时有助于能源创新产品的研制工作。

俄航天专家表示，在目前的航天技术条件下，要实施登火星项目及开发太阳系必须考虑使用核动力装置。并认为，人类可以先在发射的各种卫星上试验核能技术，之后可以建造使用核能的货运飞船及载人飞船，然后发射到地球同步轨道、月球轨道、火星及太阳系其他星体进行探索。此外，根据飞行任务的不同，人类探月及登陆火星所需核动力装置的功率将从 500~6000 千瓦不等，而要开发宇宙深空所需的功率要达到 2.4 万千瓦。据估计，人类在未来 10 年间，能研制出功率为 150~1000 千瓦的飞船用核动力装置。

2. 开发新型货运宇宙飞船

（1）研究能自行修补的宇宙飞船。2005 年 9 月，国外媒体报道，近日，澳大利亚联邦科学与工业研究组织所属的一个研究小组，正在与美国国家航空航天局合作，研制一种新型宇宙飞船皮肤。这种皮肤能够对由太空碎片和其他物体撞击造成的损伤进行评估。这一技术，是受蚂蚁行为方式启发而发展出来的。它是飞船向自我修复发展的第一步。

目前，研究小组已经制造出一块由 192 个独立细胞组成的皮肤模型。每一个细胞下面都有一个撞击传感器和一个处理器，且这种处理器在一定的运算法则下，只能与紧挨自己的细胞进行交流。这就像蚂蚁用来指导同伴找到食物的信息素一样，该运算法则在系统周围的细胞中留下表示如：受损区域边界的位置等数字信息。而后，细胞中的处理器就能够用这些信息汇总成受损区域的数据。

研究小组希望，能够进一步提高这个系统，使其能够识别不同的损伤，如腐蚀和突然撞击伤害。这样一来，就能够快速地开展修理工作。与此同时，另外一些小组正在研制一种由中心处理器控制的传感系统。但这种系统放置处理器的位置一旦受损，就将失去作用。因此，相比较而言，分散型的系统可靠性更高。

美国国家航空航天局的最终目标，是研制出一种被称为“不老宇宙运输工具”。它能探测、分析并修复损伤。

（2）欧洲首艘自动货运飞船发射升空。2008 年 3 月 9 日，欧洲首艘自动货运飞船（ATV）于当天上午在法属圭亚那库鲁航天中心被发射升空，发射这艘飞船的是欧洲阿丽亚娜-5ES 型火箭。

这艘以法国著名科幻作家儒勒·凡尔纳名字命名的自动货运飞船，将于 4 月 3 日飞抵国际空间站并与其对接，飞船将给国际空间站带去 8 吨饮用水、食品、燃料和科学仪器，另外还将提升国际空间站轨道，回收空间站垃圾，飞船预计在 6 个月后返回地球。

欧洲首艘自动货运飞船，由欧洲宇航防务系统公司在德国不来梅阿斯特里姆工厂制造，飞船呈圆筒状，长 9.79 米，直径 4.48 米，重达 20 吨，相当于一辆双层巴士。制造这艘飞船共花费了 10 年时间，耗资 13.5 亿欧元，其中德国承担了 24%。

欧洲首艘自动货运飞船的成功发射，标志着欧洲在太空运输方面不再完全依赖美国的航天飞机和俄罗斯的太空飞船，甚至欧洲很快也有能力发射载人飞船。

（3）成功发射鹳号无人货运飞船。2013 年 8 月 4 日，日本媒体报道，日本宇宙航空研究开发机构和三菱重工业公司，在鹿儿岛县种子岛宇宙中心用 H2B 火箭，发射鹳号无人货运飞船，用于向国际空间站运送各类补给和科研物资。飞船在发射约 15 分钟后与火箭实现分离，顺利进入预定轨道，发射获得成功。飞船抵达国际空间站后，由宇航员用机械臂实现与国际空间站对接。约一个月之后，将搭载美国废弃的实验装置等离开国际空间站，返回地球大气层焚毁。这是第四艘鹳号无人货运飞船，搭载有约 5.4 吨物资，除供应宇航员的食物、饮用水和日用品之外，还搭载有能够用日语会话的小型人型机器人“KIROBO”、供日本宇航员若田光一拍摄彗星用的 4K 高清晰相机、首次设置到日本“希望”号实验舱的实验用冰柜、山梨大学提供的实验鼠精子及 4 颗超小型卫星等。

鹳号是日本开发的，向国际空间站运送各类物资的无人货运飞船，全长约 10 米，直径约 4.4 米，呈圆筒状，最多能运载 6 吨物资。日本预计，在 2016 年前共发射 7 艘鹳号无人货运飞船。

7 月 11 日，山梨大学宣布，该校与宇宙航空研究开发机构的联合研究小组，将开展一项实验，在国际空间站内长期保存实验鼠精子，以调查太空放射线对于哺乳动物生殖的影响。这些实验鼠精子，搭载鹳号无人货运飞船升空后，将在国际空间站内冷冻保存约半年至两年时间，并逐次回收到地面。研究人员在调查实验鼠精子 DNA 的损伤情况后，将与卵子进行人工授精，产下“太空实验鼠”，然后调查其健康状态和寿命，以弄清太空放射线对哺乳动物下一代的影响。这是 H2B 火箭连续 4 次发射成功，如果加上 H2A 火箭，是连续 20 次发射成功。H2B 火箭是在对H2A火箭进行改造后研制成功的，推力更加强大。这也是宇宙航空研究开发机构将发射业务移交给三菱重工业公司以来首次发射H2B火箭。

3.开发以商业形式打造的货运宇宙飞船

（1）首艘商业航天器“龙”飞船平安返回地面。2012年5月31日，美国媒体报道，造访空间站的首艘商业航天器“龙”飞船，成功返回地球。尽管只是一次测试飞行，但此行具有多种意义。

对美国航天局来说，这意味着当初政策转向收到的回报。由于发射成本和风险过高等因素，航天局去年终结了已运行30年的航天飞机项目，鼓励商业公司开发往返空间站的“太空巴士”。有人质疑此举将导致美国过于依赖俄罗斯飞船，损害美国在太空的领先地位。

“龙”飞船的成功表现，显然有助于打消这种批评，让航天局更有底气。发射成功后，航天局局长博尔登便宣称，这标志着“美国再次成为太空探索的领头羊，其重要性怎么评价都不为过”。飞船返回后博尔登又说：“通过设计并使用新一代航天器向空间站运送货物，美国的创新和灵感再次展现了强大力量。”

此行成功，也意味着商业太空飞行的“钱途”初见曙光。制造“龙”飞船的太空探索技术公司与航天局签署了价值16亿美元的合同，向空间站发射12次货运飞船。航天局将视“龙”飞船此行成功与否确定何时开始执行合同。此行成功，意味着企业已具备向近地轨道发射飞船的能力，也给航天局吃下一颗“定心丸”，将相关业务交给企业。与航天局签订了19亿美元合同的另一家企业轨道科学公司，也计划下半年向空间站试射商业飞船。

事实上，商业太空飞行的“钱途”，已吸引美国多位知名企业家和投资者前来“淘金”。例如，网上支付公司贝宝创始人埃隆·马斯克（太空探索技术公司现任首席执行官）、微软公司联合创始人之一保罗·艾伦，以及网上零售巨头亚马逊公司创始人杰夫·贝索斯等。

这次成功飞行还意味着，至少在美国，企业参与航天有助于降低发射成本。以航天飞机为例，这种火箭和飞机的“杂交体”，每次往返空间站的成本约为4.5亿美元，考虑通胀因素之后，美国花在航天飞机项目上的资金已超过登月、制造原子弹以及开凿巴拿马运河的总和。而太空探索技术公司等企业的成本远低于此，这也是奥巴马政府极力推动企业进军太空发射的重要原因。

太空政策专家、美国海军军事学院教授约翰逊·弗雷泽认为，最近几十年来的研究表明，太空领域公私合作非常有必要。以飞机和计算机领域为例，最初也是政府出资研发，随后企业介入，最终实现整个行业的繁荣。更多企业的参与，将有助于美国实现长期太空目标。

当然太空“企业化”还在萌芽状态，面临诸多不确定因素。比如，进军太空领域的企业仍需要政府合同，一旦政策变化它们即“钱途”堪忧；目前的太空企业能否仅依靠发射盈利还是问号，投资者不可能无限“烧钱”；企业削减成本是否会损害航天发射的可靠性、安全性也未可知……

但是,竞争是推动人类航天发展的主要推动力。冷战时代,美苏太空竞赛曾极大促进了航天事业进步,而冷战后时代则多年未见重大突破。引进商业竞争,有望改变这一沉闷局面。就这一角度看,“龙”的成功意义或许更大。

(2)首艘重复使用的货运“龙”飞船成功升空。2017 年 6 月 4 日,美国太空探索技术公司官网报道,该公司在实现“猎鹰 9 号”火箭的重复使用后,当天又成功利用该火箭首次将一艘重复使用的“龙”飞船送入太空,这一进展对全球航天机构的经济发展和技术革新都至关重要。

传统火箭通常都是一次性使用,但美国太空探索技术公司的“猎鹰 9 号”火箭却成功实现了海上回收,并在之后数次重复完成这一动作。“二手火箭”发射成功,标志着该公司已掌握了火箭重复使用技术。但对该公司掌门人埃隆·马斯克来说,这只是他全面降低发射成本的第一步,第二步是飞船的重复使用。

飞船在发射及返回过程中要经历一系列空间辐射、强震动、高温灼烧及海水浸泡的考验,在人类航天史上,只有美国的航天飞机和苏联的 VA 飞船等少数航天器,曾执行过两次以上的轨道飞行任务。

当地时间 6 月 3 日,美国太空探索技术公司,成功执行了向国际空间站运送补给的任务,为空间站送去 6000 磅“快递”。此次发射意义重大的原因在于,任务中的“龙”飞船曾在 2014 年 9 月升空执行货运任务,到达国际空间站并停留 34 天后成功返回地球,降落于太平洋。该公司此次对它的加压舱实现了重复使用。而“龙”飞船的非加压舱部分,在每次执行完任务后,都会在进入大气层前烧毁。此次火箭发射升空后,该公司又一次成功完成了“猎鹰 9 号”火箭的陆地回收,至此已成功回收火箭 10 多次,对其来说,回收一级火箭已“习以为常”。

据悉,该公司总裁马斯克的“全面回收并重复使用大计”总共包括三部分:一级火箭、二级火箭和“龙”飞船。现在该机构已成功实现了一级火箭和“龙”飞船的回收。马斯克此前曾表示,再过些时候,该公司或将尝试回收二级火箭。

二、研究开发航天飞机的新进展

(一)航天飞机研制的新信息

研制低成本而安全可靠的航天飞机。

2009 年 11 月,英国媒体报道,简单、低成本、可靠的进入太空的方式,对于全球空间市场的发展是至关重要的,据估计,它在全球范围内的价值超过 1500 亿美元。如今,英国航空航天工程专家,正在研制一款能够重复使用的航天飞机——Skylon,它可以载重 12 吨,能够从常规飞机跑道进入轨道,并且可以在同一个跑道返回地面,这一切只需 10 年就能成为现实。

这个项目由英国的 REL 公司领导,它是一个斥资数百万英镑的公共和私有部门联合项目的一部分,并且得到了欧洲空间局(ESA)100 万欧元的资金资助。这项由包括布里斯托尔大学航空工程系的学者在内的一组欧洲专家，正在开发新技术，研制“佩刀”吸气式火箭发动机，将为该航天飞机提供动力。

佩刀是一种特殊的混合发动机，当它在大气层中时，它可以吸入空气，像喷气式飞机发动机一样运行；当进入太空时，它会转变为一个火箭发动机。在吸气模式时，空气在被压缩之前，首先会被一个热交换器预冷装置冷却，并和氢燃料一起燃烧，为火箭发动机提供动力。在火箭模式时，氢将和液氧一起燃烧。

该公司负责人艾伦·博德认为，这一项目的最终目标，是“利用一个真正可再利用的、能够在机场起飞，并直接进入太空的航天飞机，发射有效负载卫星并安全地自动返回地球”。他补充说：“传统的一次性使用火箭，每次发射的费用超过1亿美元，这拖累了空间市场的发展。多年来，该公司一直对航天飞机进行规划和研究，并开发其独特的佩刀吸气式发动机，这意味着我们处在实现这个目标的有利地位。据估算，该航天飞机可以使进入太空的成本，将减少到原来的1/10。”

这个示范项目，将关注发动机的3个关键领域。第一个关键领域，由REL公司负责，主要关注可以在空气进入发动机时，对其进行冷却的革命性预冷装置。第二个关键领域，是燃烧室的冷却。燃烧室是推进剂混合及燃烧，并产生大约3000℃水蒸气的所在。佩刀发动机利用空气或液氧作为冷却液，这是一个重要且不寻常的设计特点，因为大多数火箭发动机利用氢燃料进行冷却。第三个关键领域总裁，是探索可以适应周围大气压力的先进排气喷嘴。这个示范项目的目标，是消除所有佩刀发动机的明显技术忧虑。这将作为航天飞机开发项目的一部分，为整个发动机开发项目铺平道路。

英国科学与创新大臣德雷森勋爵说：“这是一个能够为空间未来发展带来令人兴奋结果，并震撼世界的技术例证。REL公司、布里斯托尔大学和欧洲空间局能够成功达成合作协议是一件极好的事情，我期待项目的推进。”

（二）航天飞机配件及材料研制的新信息

1.研制航天飞机的配套设备

（1）研制出航天飞机上使用的红外热成像镜头。2005年7月7日，瑞典《每日新闻》报道，位于斯德哥尔摩市郊的红外热成像系统公司，根据美国航天飞机的要求，研制出一种红外热成像镜头，以协助监测航天飞机表面的损伤状况和温度变化。

据该公司的专家介绍，他们为美国航空航天局专门设计的红外热成像镜头，能承受太空飞行中的高温和零下40℃的低温，并能监测航天飞机表面是否有裂纹等损伤，拍摄能反映航天飞机表面温度变化的照片。之后，该镜头记录下的有关信息会传给地面监测站。2003年2月，美国“哥伦比亚”号航天飞机，就是因为升空时一块绝热材料脱落，并撞伤其左侧机翼，导致航天飞机返航时解体。

（2）开发增强航天飞机安全性的新型机械臂。2005年7月，外国媒体报道，发射航天飞机，最令人头疼的是安全问题。美国在以后发射的航天飞机中，除了会配备原有的一种名叫“加拿大臂”的装置之外，还会安装一个专用机械臂来检查系统,以避免再次发生像“哥伦比亚”号航天飞机那样的灾难。

“加拿大臂”由加拿大斯帕航空航天公司和国家研究委员会,在20世纪70年代,共同开发制造,主要用于在太空中抓取卫星之类的重物。同时,加上激光摄像机后,能够检查航天飞机外壳在发射后是否存在微小的裂缝。

这次,由加拿大安大略省一位工程师设计的机械臂检查系统,采用了“轨道飞行器悬臂”和“传感器系统”。此外,这种新型机械臂还具有数据存储量大等特点。新型机械臂长15米,被安装在航天飞机货舱的两侧,能够在航天飞机进入轨道飞行后进行检查工作,或者在与太空站对接后,借助太空站上的加拿大臂与航天飞机的机械臂连接在一起,做进一步的检查。

检查机械臂的末端装有三台摄影机,其中一台是三维摄影机,一台是红外线激光摄影机和一台较小的黑白摄影机。三维摄影机负责记录精确的数据,红外线激光摄影机负责拍摄常规的视频图像,黑白摄影机则用来保证机械臂不会碰撞到任何东西。

据悉,三维摄影机不仅能够拍摄下航天飞机外部的三维图片,而且能立刻将数据发送到美国航空航天局的地面控制中心,再加上红外线激光摄影机的数据,地面人员就能够确定是否需要宇航员进行维护工作。通过这些手段,新型机械臂能保证航天飞机更加安全。

2.研制航天飞机的零部件

(1)发明可用于航天飞机发动机叶片的陶钉。2005年1月,奥地利媒体报道,具有很高强度和耐热性能的陶瓷,现在应用的范围越来越宽广,包括航天飞机发动机叶片和其他一些耐高温部件,都使用陶瓷材料制成。

然而陶瓷材料太脆,无法用铆钉连接,因此陶瓷部件的安装或与其他部件连接还非常复杂,并受到限制。针对这个问题,奥地利蒙塔大学的莱哈德·西蒙研制出一种含纤维材料制成的钉子,可以克服陶瓷的脆性,使钉陶瓷像钉木头一样简单。西蒙的研究成果,在德国乌尔姆的戴姆勒-克莱斯勒研发中心得到了应用,并开发出了系列产品。

未来这种特殊的陶钉,可用在高温汽轮机上,使陶瓷叶片替代金属叶片,提高汽轮机功效。因陶瓷叶片能承受1500℃,而金属叶片只能承受1200℃。同样,这种钉子,还适用于航天器的耐高温整流罩。

(2)发明航天飞机用碳纤维增强耐高温陶瓷瓦。2005年8月,德国《世界报》消息,德国航空航天中心发明了一种碳纤维耐热陶瓷瓦,有望解决目前美国航天飞机耐热陶瓷瓦脱落的难题。

碳纤维增强耐高温陶瓷瓦,是确保航天飞机飞行安全的重要部件,不久前升空的美国发现者号航天飞机上,就有2.5万多块耐热陶瓷瓦。陶瓷瓦在进入大气层时经历高温摩擦,会出现大片脱落,是造成航天飞机事故甚至机毁人亡悲剧的重要原因。美国航空航天局一直在致力改善耐热陶瓷瓦的性能,但至今仍未取得突破性进展。

德国航空航天中心采用一种新的制造工艺，使生产的碳纤维增强碳化硅陶瓷瓦，可以反复经受1700℃的高温，并具有很强的抗冲击性和耐化学性。新型陶瓷瓦的另一突出优点是，在大尺寸下性能稳定，没有裂纹。新型陶瓷瓦，在俄罗斯发射的联盟号飞船火箭上首次使用，取得理想的效果。

目前，美国航空航天局对这种新型陶瓷瓦很感兴趣，已在美国新研制的“X-38”空天飞机上进行过试验。这种新型碳纤维增强陶瓷还被一些汽车制造商看好，可用于制造刹车系统中的耐高温陶瓷刹车片。

三、研制航天器配套设备的新进展

（一）开发航天传感器及其材料的新信息

1.研制用于航天器的新型传感器

（1）开发出能够监测航天器中微量气体的纳米传感器。2007年6月18日，美国媒体报道，美国国家宇航局表示，研究人员近日对首台飞行在太空中以纳米技术为基础的电子设备，进行了测试。结果显示，他们研制的“纳米传感器”能够监测航天器中的微量气体。有关专家指出，该技术有望帮助人们为航天器乘务舱开发出更小、功能更强的环境监测器和烟雾探测器。

纳米化学传感器单元，是美国海军科学研究卫星的负载试验项目。传感器设备于2007年3月9日升空，5月24日完成试验。加州硅谷艾姆斯研究中心科学家李静说：“我们的研究表明，纳米传感器能够在太空环境和发射时的剧烈振动和重力不断变化中，完好保存下来。”

在长途太空旅行中，有害化学污染物，可能会在宇航员的空气供给环境中逐步积累起来。纳米传感器将能探测到即使是很微量的有害物质，并警告宇航员它们可能会造成的麻烦。纳米传感器由镀有感应材料的微小的碳纳米管构成。试验的目的是要证实它们是否能经受得起太空飞行的恶劣条件的考验，同时帮助科学家了解纳米传感器在太空中面对微重力、热和宇宙射线环境的反应。

科学家使用了一种特殊的感应材料，它能探测到每一种科学家所期望探测到的化学物质。当微小的化学物质接触到感应材料后，它将引起某种化学反应，导致流经传感器的电流放大或缩小。为在太空中进行传感器测试，研究人员在一个小气室内充入了氮气含量占20%的二氧化氮气体，同时气室内还安装着含有32个纳米传感器的计算机芯片。测试过程中，仪器记录下了，二氧化氮气体与被探测物质发生接触时引起流过纳米传感器电流的变化。

科学家开发的利用碳纳米管和其他纳米微结构的化学传感器，能检测氨、氧化氮、过氧化氢、碳氢化合物、挥发性有机化合物以及其他气体。含有32个纳米传感器的芯片尺寸不足半英寸，与具有相同功能的其他分析仪相比，它不仅尺寸要小而且价格也便宜。其他优点还包括纳米传感器功耗低，且更耐久。

（2）开发出可用于航天仪器的高性能热感知传感器。2010年1月，韩国媒体报道，韩国电子通信研究院金贤卓博士领导的研究小组，在绝缘体变导体技术的基础上，开发成功可用于航天仪器的高性能热感知传感器。

该研究小组2009年9月通过绝缘体导电实验，首次证实科学家50多年前提出的绝缘体可以导电的猜想，在世界上率先发明了能使绝缘体导电的技术。利用这种技术，绝缘体在特定温度下可变为导体。

研究小组进一步开发出高性能热感知传感器。这种传感器可用于家用电器等的配用电池，并能防止它们在过热时爆炸。实验显示，手机用二次锂电池的爆炸温度为177℃，而采用高性能热感知传感器的二次锂电池在210℃高温下也不爆炸。另外，采用高性能热感知传感器后，二次锂电池能避免因过热而明显膨胀。

高性能热感知传感器，比现有同类传感器的热感知性能高出约100倍。假如现有同类热感知传感器能在1米距离感知热度，那么高性能热感知传感器能在100米距离感知热度。鉴于这一特点，高性能热感知传感器不仅可广泛用于食品发酵、火灾报警等领域，而且有望用作军事、航空航天领域的热感知仪器。

（3）开发可检测航天器结构性缺陷的微型石墨烯传感器。2012年12月5日，物理学家组织网报道，美国航空航天局开发出只有原子大小的基于石墨烯材质的微型传感器，用以检测地球高空大气层的微量元素，以及航天器上的结构性缺陷。

美国航空航天局戈达德太空飞行中心技术专家苏丹娜说，两年前其研究团队就开始以石墨烯为基础研究开发制造纳米大小的探测器，以探测大气层上空的原子氧和其他微量元素，从飞机机翼到航天器总线一切的结构性压力。该中心机械系统分部首席助理杰夫·斯图尔特说："石墨烯最酷的是其自身属性，这为研究提供了大量的可能性。坦率地说，我们才刚刚开始。"

一年多以前，苏丹娜的团队开始研发基于化学气相沉积（CVD）技术的石墨烯设备。他们在一个真空室中放置一个金属基体并注入气体，生成所需的薄膜。现在，该团队已可以成功地生产出高品质的石墨烯片。苏丹娜说："这种材料最有前景的应用之一，是作为一种化学传感器。"

近日，该研究团队开发出小型化、低质量、低功耗石墨烯传感器，可以测量大气层上空中的氧原子量。而大气层上空中的氧原子量，来自于太阳紫外线辐射分解氧分子时而形成，其生成的相关元素具有高度腐蚀性。当卫星飞过大气层上空，会受到这种化学物质以每秒约8千米的时速攻击，从而严重破坏航天器的常用材料，如聚酰亚胺薄膜。虽然科学家们相信氧原子组成了低地球轨道上稀薄大气层的96%，但是在测量其密度和更准确地确定其在大气阻力中的作用时发现，其可能导致轨道航天器过早地失去高度降至地球。研究人员说："我们仍然不知道氧原子在航天器上创建的拖曳力的影响；不知道原子与航天器之间转移的动量是多少，而这是很重要的，因为工程师可根据这种影响来评估航天器的寿命，以及飞船在重新回到地球大气层之前会飞多长时间。"

苏丹娜表示，石墨烯传感器对此提供了一个很好的解决方案。当石墨烯吸收氧原子,材料的电阻会产生变化,石墨烯传感器可迅速测量出一个更精确的密度。她说:"这真令人兴奋,我们希望可以计算频率阻值的变化,大大简化测量氧原子的操作步骤。而且,这种化学传感器不只可以测量氧原子,也可测量甲烷、一氧化碳和其他行星的气体,以及从行星内部释出的气态物质。"

2.开发用于航天传感器的新型材料

研制出可做航天器传感装置的超黑材料。2011 年 11 月 11 日,英国《每日邮报》报道,美国航空航天局戈达德太空飞行中心的科学家约翰·哈格比安领导,该中心科学家爱德·沃莱克、工程师曼纽尔·基哈达等人参与的一个研究小组,研制出一种新的超黑材料,能吸收几乎所有照射在其上的光,吸收率超过 99%,从紫外线到远红外线多个波段,都获得几近完美的吸光效果。

研究人员表示,这种材料,可广泛应用于,从光抑制到为太空设备降温和"瘦身"等领域,有望开启太空技术研究的新时代。

研究人员介绍,新材料是由中空且多壁的碳纳米管组成的一层纤薄涂层,纳米管之间细小的孔隙能收集和捕获背景光,以防止其从表面反射出去对要测量的光造成干扰,由于只有很少一部分光反射离开,人眼和灵敏的探测器看到该材料为黑色。该材料,可用在太空科学仪器中主要使用的硅、氮化硅、钛、不锈钢等不同表面上。

研究人员表示,这种新材料,能显著减少,用于探测宇宙中最微弱和最遥远光的深空设备,发射光的数量。因此,它最有可能用做太空传感装置的光抑制剂。另外,因为材料越黑,它辐射的热量就越多,所以,这种涂层也可作为冷却剂,用在一些为太空装置移除热量,并把热量辐射回深空的设备中。在宇宙探索中,这些太空装置必须在超冷环境下工作,以收集宇宙深处,物体发出的非常微弱的远红外信号。如果这些装置的冷度不够,其产生的热会淹没微弱信号。而且,这种涂层比其他吸光材料更轻,而对任何发往太空的装置来说,重量都是非常关键的一个因素。

哈格比安表示:"反射测试的结果表明,该材料的吸收能力,是目前吸收能力最强材料的 50 多倍,它在从紫外线到远红外线多个波段,都获得几近完美的吸收效果,这是前所未有的创新。"

基哈达表示:"我们都对实验结果感到震惊,我们知道它吸光能力很强,但并没有想到,它能把从紫外线到远红外线的光线一网打尽。"

沃莱克补充道:"这是一种非常有潜力的材料。它柔韧、轻便且非常黑,它比现在广泛使用的吸光材料黑漆,功能还要齐备得多。"

(二)开发航天器防护与隔热系统的新信息

1.研制航天器防护系统的新成果

发明保护航天器的防护屏幕。2004 年 11 月,有关媒体报道,俄罗斯国家航空系统科研所和科学院应用力学研究所,通过多年研究与试验,成功地研发出保护航天器的新方法，可以有效地避免航天器遭受太空垃圾的碰撞，改进了目前太空中保护航天器的措施。有关专家指出，该成果对解决日益严重的太空垃圾问题，具有重要实践意义。

早在 1947 年，美国科学家惠普耳，就针对高速飞行的太空垃圾袭击航天器现象，提出建议：在航天器表面保护层前安装一层防护屏，当太空垃圾与防护屏发生碰撞时，防护屏被击碎，同时太空垃圾也被撞碎变成粉末，从而解除对航天器的威胁。但是，随着人类开发太空活动的推进，宇宙飞船等航天器的体积在逐渐增大，惠普耳防护屏的面积不断扩展，于是，发射航天器的费用也随之大大提高。

俄国科研人员研制的方法，不同于惠普耳的防护屏。它包括两个部分：一是确定宇宙飞船等航天器上，哪些部位可能与太空垃圾发生碰撞，以及碰撞的强度水平；同时，把飞船的运行方向，与太空碎片可能发生碰撞的方向等因素综合考虑，计算出飞船上每个部位最佳的保护方案。二是根据确定的保护方案，选择相应的材料制作防护屏幕，并把防护屏幕制成网状。网状防护屏幕具有重量轻、保护性能好的特点。以每秒 5000 米速度飞行的太空碎片，与其碰撞后会瞬间变成粉末。

俄国专家研制的防护屏幕，有一个重要特点：在网状的防护屏幕上，涂一层特殊材料。当太空碎片与其发生碰撞时，碰撞产生的能量使其与太空垃圾发生爆炸式的化学反应，大大促进了太空碎片变成粉末的过程。网状防护屏幕，还能使前来碰撞的太空碎片，横向面积增大，降低碰撞的强度。因此，研究人员把这种保护法，称为“力学-化学”保护法。

报道说，研究人员在地面试验中，用直径 1 厘米的铝球粉，以每秒 7000 米的速度，向防护屏幕射击，结果铝球粉化为粉末而防护屏幕安然无恙。专家认为，这种新方法，不仅保护性可靠，由于减轻了航天器发射的重量，经济效益也提高了。

2.开发航天器隔热系统的新成果

（1）为下一代载人航天器选定隔热板材料。2009 年 4 月 7 日，美国航天局发布新闻公报说，它们已为美国下一代载人航天器“奥赖恩”，选定了名为 Avcoat 的隔热板材料。这种材料，可以让“奥赖恩”足以抵御执行任务时遇见的高温。

公报说，该材料曾在“阿波罗”飞船的隔热系统中使用过，其成分主要是石英纤维和甲酚醛环氧树脂等。

按计划，美国现役的 3 架航天飞机将于 2010 年全部退役，“奥赖恩”将于 2015 年首飞，前往国际空间站，并于 2020 年运送美国宇航员重返月球。从月球返回地球时，“奥赖恩”有可能面临高达 2760℃ 的极端高温。

为解决这一问题，位于休斯敦的美航天局约翰逊航天中心“奥赖恩”项目办公室，组建了专家小组，专门为“奥赖恩”设计隔热系统。专家小组最初挑选了 8 种候选隔热板材料，经过 3 年多的层层筛选、测试，最终确定了这种材料。

（2）成功测试可充气式航天器隔热罩。2009 年 8 月 19 日，美国媒体报道，以往用于保护航天器外部的耐高温隔热装置,都是硬质材料。然而,美国航天局最近成功测试了一种可充气式航天器隔热罩,将来有望大大减轻航天器的发射重量。

据报道,这一新型隔热罩,名为"IRVE"。在美国航天局位于弗吉尼亚州的一个飞行基地,有关专家日前用一枚小型火箭,将其发射升空进行测试,测试获得了成功。据美国航天局兰利研究中心称,测试结果令人"非常满意",隔热罩与火箭成功分离,保护试验载荷安全地重新进入地球大气层。

目前,航天器使用的隔热装置均为硬质材料,有的可在穿越探测对象大气层过程中瓦解,有的可在穿越大气层后剥离,比如美国火星车在穿过火星大气层后,外部隔热保护装置就自动脱离。但这类隔热装置的缺点,是自身重量过高,从而限制了航天器的有效载荷。另外,隔热装置的体积也受限制,因为它必须能够容纳到运载火箭中。

充气式的隔热罩很好地解决了上述问题。它材质很轻,由几层耐热性能良好的特殊材料制成,自重仅 40 千克,未充气时所占体积很小。因此,使用这种隔热罩的航天器的有效载荷可以更大。航天器发射后,这种隔热罩可充气膨胀到相对较大的体积,在穿越大气层时保护航天器。美航天局兰利研究中心称,这种可充气式隔热罩,未来可应用到探测火星或土卫六的探测器上,或者应用到往返于国际空间站和地球之间的货运航天器上。

(三)开发航天器控制与动力系统的新信息

1.研制航天器控制系统的新成果

开发出可自动修复的航天器计算机系统。2008 年 5 月,美国媒体报道,在航天事业中,卫星或其他航天器,只要一个小小的电子元件出现故障,就可能导致某项耗资庞大的太空探索计划搁浅。而要在距离地球几百万千米之外的星空更换电子元件,却不是一件简单的事。

在太空开发初期,解决此类问题的方法,是给重要设备添置备用元件。例如,火星或木星探测器的设备或电子元件出现问题,只能通过备用系统加以解决。但此法增加了航天器的重量,提高了地面发射的难度和成本。后来,虽然修复过太空天文望远镜,制成过能自动维修的卫星,但其操作过程非常复杂,成本也很高。

最近,美国亚利桑那大学的科研人员,研制出了一种特殊的计算机系统,它们能够自动诊断航天系统中出现的设备故障,并可对设备进行重置,令其继续工作。

这种可自动修复的计算机,是在现场可编程门阵列(FPGA)的设计思想上诞生的。FPGA 是专用集成电路领域中的一种半定制电路,它既解决了定制电路的不足,又克服了原有可编程器件门电路数有限的缺点。其使用非常灵活,同一片 FPGA,通过不同的编程数据可以产生不同的电路功能。也就是,它可以通过硬件和软件灵活组合系统,达到重置失效芯片的功能。因为,一般来说,大多数硬件的功能都可以用软件进行模拟,通过 FPGA 重新"学习"各种不同硬件的功能,再将其成功地模拟出来。FPGA 已广泛应用于通信、网络、数据处理、仪器、工业控制、军事和航空航天等领域。

目前,科研人员已研制出 5 个无线连接的硬件单元,每一个硬件单元可控制一个设备,例如在火星上工作的 5 个着陆器或漫游器。如果计算机在航天器的某个地方发现一个重要元件受损,同时又不能自动重置,第二个单元将来帮助执行自动修复;如果第一、第二两个单元都不能胜任工作,其他三个单元则将承担起所有任务,全部活动都能在无人帮助的条件下自主完成。

研究人员指出,这种自动修复的计算机系统能够长时间工作,非常适应太阳系外的宇航探索活动,并将对未来的宇宙开发和探测研究提供更高的安全保障。

2.研制航天器动力系统的新成果

(1)设计出有望为航天器提供电力的便携式核反应堆。2011 年 8 月 30 日,美国太空网报道,美国能源部爱达荷国家实验室科学家詹姆斯·沃纳领导的研究团队,设计了一种只有手提箱大小的原子能发电装置,并准备先制造出一个原型样品。由于其体积小,耐久性强,将有望为建立月球基地以及登陆火星等任务,提供电力支持。

沃纳说,虽然这种便携式反应堆的发电量,无法与传统核电站相提并论,但能满足 8 座普通住宅的用电需求。而小巧的尺寸更赋予它不少大型发电装置所无法企及的优势:这样的发电装置更加灵活,可以放置在行星上无人居住的陨石坑或洞穴里;此外,由于外形小巧、容易移动,对经常需要移动的太空工作而言,更是极为适合。

沃纳表示,美国航空航天局已经为这种便携式发电装置,设想了几个潜在应用领域,如将用其驱动氧气和氢气发生器,或为各种车辆和设备充电等。该研究团队计划 2012 年建造一个原型样品,以测试其功能。

目前,宇航员使用较多的供电装置是太阳能电池,通过光电转换为交通工具或其他设备补充电力。但即便是在太空中,光源也不是完全可靠的,相比之下,核电装置更为可靠、电力供应也更为充足。

由于有切尔诺贝利事故和福岛核事故在先,不少人对核能利用仍然心有余悸。但沃纳认为,这种便携装置不会存在类似问题。他说:“相对于大型的核电站,这种便携式反应堆功率极低,不会有熔毁的危险,因此安全系数也要高得多。即便出现紧急情况,反应堆也能够自动关闭,对此完全不必忧虑。”

虽然美国国家航空航天局已经结束了其航天飞机计划,但沃纳表示,这不会对他们的项目产生影响。因为运载火箭也同样适合这类装置的运输工作。他乐观地认为,一旦该装置完成后,美国国家航空航天局就会允许他们将其送入太空以进行相关测试。

(2)开发出航天器太阳能电池动力系统的新配件。2012 年 4 月 12 日,俄媒体报道,俄罗斯技术公司的下属企业——奥布宁斯克科研生产公司,研制出一种用于航天器的超轻型太阳能电池板骨架。

该公司副总经理阿纳托利·赫梅利尼茨基表示，这种新型骨架由碳纤维复合材料制成，每平方米的重量仅为480克，而欧洲研究卫星和航天技术的阿斯特里姆公司正在研制的同类超轻型骨架，其设计重量要超过每平方米1000克。

赫梅利尼茨基介绍说，使用装有这种骨架的太阳能电池板，将有助于延长航天器在太空的工作时间。俄罗斯的“月球-全球”和“月球-资源”探测器，将使用这一新型骨架。

四、研究开发航天平台的新信息

（一）进一步推进国际空间站建设

1.制造组装国际空间站新实验舱

（1）制造国际空间站“哥伦布”实验舱。2006年5月2日，德新社报道，位于不来梅的德国欧洲航空防务与航天公司举行仪式，把经历10年制造完成的“哥伦布”实验舱正式移交给欧洲空间局。这个耗资8.8亿欧元打造的空间实验舱，预计在2007年年末送入太空，与国际空间站对接。

德国总理默克尔参加了“哥伦布”实验舱的交接仪式并致词。默克尔称赞“哥伦布”实验舱具有无可估量的价值，她强调了空间科学基础研究的重要性，并表示德国愿意进一步承担对欧盟空间科学的资助。默克尔表示：基础科学研究需要给予自由的空间，航天科技是一个相对较小、但却体现高技术和科学前沿的领域，德国联邦政府将确保在这一领域的经费资助。根据德国政府的科技预算，至2009年，每年用于航天科技的经费为1.1亿欧元。

由欧洲10个国家的40家公司参与制造的“哥伦布”实验舱，是欧空局最大的国际空间站项目。德国欧洲航空防务与航天公司总裁埃文特·杜东克介绍说，“哥伦布”实验舱原计划在2004年与国际空间站对接，但由于美国“哥伦比亚”号航天飞机失事而被推迟，工程人员利用推迟的时间对“哥伦布”实验舱进行了改进。美国航空航天局副局长夏纳·达勒称，“哥伦布”实验舱将使国际空间站的规模进一步扩大，并有助于开展太空医学、生物技术、新材料和基础物理方面的研究。“哥伦布”实验舱直径4.5米，长8米，可容纳3名宇航员，使用寿命至少10年。

（2）建成国际空间站“希望”号实验舱。2009年7月18日，日本媒体报道，美国“奋进”号航天飞机两名宇航员，当天与国际空间站机组人员合作，完成了空间站日本“希望”号实验舱的最后一个组件外部实验平台的安装工作。这意味着，日本“希望”号实验舱的组装工作全部完成，标志着日本在太空拥有了本国首个载人宇宙设施。“希望”号实验舱的建设耗资7600亿日元，它由舱内实验室、舱外实验平台、舱内保管室、舱外集装架、机械臂和通信系统6大部分组成，最多可容纳4人。

"希望"号的组件共分3次,搭乘美国航天飞机前往国际空间站。日本宇航员土井隆雄和星出彰彦,分别于2008年3月和6月组装了"希望"号的舱内保管室、舱内实验室和机械臂等。

2.成功运送并组装充气式太空舱

(1)国际空间站迎来首个充气式太空舱。2016年4月,美国航空航天局官网报道,当地时间4月8日下午4时43分,首个充气式太空舱搭乘太空探索技术公司的"龙"飞船,从美国卡纳维拉尔角空军基地发射升空。按照计划,发射10分钟后,"龙"飞船到达预定轨道,进入飞行状态。飞船在4月10日到达国际空间站,宇航员使用空间站的机械臂捕捉"龙"飞船完成对接。

研究人员说,国际空间站的"建筑面积"又增加了,而与以往不同的是,这次来的是一个对接后能变大数倍的"充气房间"。

此次"龙"飞船携带约3.18吨物资,主角便是由美国毕格罗宇航公司研制的可扩展式活动模块,即充气式太空舱,此外还有一些科研设备和船员补给。

这个充气式太空舱以折叠状态升空,在"龙"飞船与空间站完成对接后,由空间站上的机械臂安装在空间站的3号节点上。根据宇航员的时间表,充气式太空舱将于5月末或6月初充气,完全充气后,其内部空间将扩大到发射时的5倍以上。它将在国际空间站停留一段时间,用于测试充气式太空舱长时间使用情况下的保温与辐射隔离效果,以及能否抵御偶尔出现的太空碎片。

充气式太空舱最大特点是结构紧凑,能够最大限度利用运载火箭中有限的空间。与其他方案相比,占用空间更小,质量也更轻,能大幅减少发射费用,尤其适用于长期深空飞行任务。

除了在国际空间站上对充气式太空舱进行测试外,美国航空航天局还与毕格罗宇航公司签署了另外一项合同,目的是检验该公司研制的B330充气模块能否在未来开展的月球乃至火星探索任务中发挥作用。该技术也被认为,是建造火星基地和太空酒店的又一种解决方案。

(2)国际空间站首个"充气房"成功展开。2016年5月28日,美国媒体报道,经过7个多小时的艰苦工作,国际空间站上的首个试验性充气式太空舱,在第二次充气尝试中成功展开。这个"充气房"被看作未来人类探索深空的栖息地雏形。

当天的工作,从美国东部时间9时4分开始,由空间站上的美国宇航员杰夫·威廉斯负责,给这个名为"比格洛可展开活动模块"的太空舱充气。鉴于微重力环境与地面完全不同,为确保安全,威廉斯每次只把充气阀门打开很短时间,最长30秒,最短只有1秒,然后观察一段时间。

充气过程中,威廉斯向地面控制中心报告说:"我听到了像在锅里炸爆米花的噼啪声。"充气式太空舱的制造商比格洛航天公司随后在社交媒体推特上解释说:"好消息,'噼啪声'是(充气房)内部条带展开的声音。"

人工充气工作到美国东部时间下午4时10分全部结束。期间,威廉斯先后开关充气阀门25次，总充气时间2分钟27秒。充气式太空舱的长度，从两天前的0.15米增至1.7米，直径扩至3.2米。

随后，威廉斯打开了充气式太空舱内部储存的8个气罐，用了10分钟把此太空舱内气压增加到与空间站内部大体相同。在此过程中，充气式太空舱长度继续增加，最终长度达到约4米，而内部空间大小为16立方米，与一个小型卧室相当。

美国航空航天局有关专家说，接下来一周将检查充气式太空舱是否漏气。如果一切顺利，威廉斯将在检查工作完成后约一周打开舱口，第一次进入其内部。

2016年4月初，充气式太空舱搭乘“龙”货运飞船飞抵空间站。在5月26日的第一次充气尝试中，据说，由于太空舱可能被紧压收缩的时间太长，其外层纤维织物难以顺利展开。

按计划，这个充气式太空舱将与空间站对接两年。美国航空航天局称，充气式太空舱重量轻，在运载火箭内占用空间小，但膨胀后可供利用的空间大，人类未来到月球、小行星、火星乃至其他太空目标的旅行都可能用得上。

（二）做好国际空间站的维护工作

1.确保国际空间站与地面基地之间运输畅通

（1）“联盟”载人飞船同国际空间站顺利对接。2011年12月23日，俄罗斯地面飞行控制中心发布消息说，俄今年发射的最后一艘载人飞船“联盟TMA-03M”，于莫斯科时间当天夜晚，同国际空间站“曙光”号对接舱以自动方式顺利对接。

“联盟TMA-03M”载人飞船搭载的3名宇航员，分别是俄罗斯人奥列格·科诺年科、美国人唐纳德·佩蒂特和荷兰人安德烈·凯珀斯。飞船于21日在哈萨克斯坦境内的拜科努尔发射场由一枚“联盟”运载火箭送入预定轨道。

按计划，这3名宇航员在未来5个月内将完成百余项科学实验，其中多项试验是首次进行。他们还将进行舱外作业，并实施两艘俄“进步”货运飞船和一艘欧洲航天局货运飞船同空间站的对接。2012年2月，这批宇航员还有望成为美国第一艘商业货运飞船，同空间站对接的见证人。

据俄航天部门公布的材料，此次飞抵国际空间站的3名宇航员，均具有太空考察经历。其中56岁的佩蒂特不但年龄最大，而且太空飞行经验也最为丰富。这位具有化学博士学位的宇航员曾在2002—2003年及2008年两次在国际空间站执行考察任务，并多次完成舱外作业。

随着新宇航员的到来，国际空间站上进行长期考察任务的宇航员人数增至6人。一个多月前飞抵空间站的俄罗斯宇航员安东·什卡普列罗夫、阿纳托利·伊万尼申和美国宇航员丹尼尔·伯班克，预计将于近期返回地球。

（2）货运飞船顺利抵达国际空间站。2015年7月5日，美国国家航空航天局官网报道，3日从哈萨克斯坦拜科努尔航天发射场升空的“进步M-28M”货运飞船，已与国际空间站实现对接。

报道称：“美国东部时间7月5日3时11分，俄罗斯‘进步M-28M’与国际空间站俄罗斯'码头(PIRS)'号对接舱顺利完成对接。"

据悉,俄罗斯"进步 M-28M"号无人货运飞船,这次为国际空间站运来了近 3 吨的物资。其中包括 880 千克推进剂,48 千克氧气,420 千克水和 1421 千克备用零件、给养和实验装置。

2014 年 10 月,携带美国"天鹅座"飞船的"安塔瑞斯"号运载火箭,在弗吉尼亚州瓦勒普斯岛发射升空时爆炸。2015 年 4 月,俄罗斯"进步 M-27M"货运飞船,在发射后出现故障而后失去联系,未能与国际空间站对接。6 月,执行国际空间站货运补给任务的美国"猎鹰 9"火箭,在升空 2 分半钟后突然爆炸解体,携带约 2500 千克补给的货舱也被炸毁,原本计划的火箭回收着陆试验同样未能进行。这是 9 个月以来,空间站补给任务连续 3 次失败后的首次成功补给。

据悉,因货运飞船连续发生事故,国际空间站储备物资无法得到补充,此前国际空间站上的宇航员不得不采取节约资源的措施。按照计划,"进步 M-28M"货运飞船,将在国际空间站停留 4 个月的时间。

(3)"进步 MS"系列货运飞船与国际空间站成功对接。2015 年 12 月 23 日,俄罗斯联邦航天署对外界发布消息说,俄罗斯新型货运飞船"进步 MS-01"与国际空间站成功对接,送去约 2.4 吨补给物资。

据报道,"进步 MS-01"货运飞船,此次向国际空间站送去水、燃料、压缩氧气等补给物资。"进步 MS-01"货运飞船 21 日发射升空,经过两天自主飞行后与国际空间站对接。

俄新一代货运飞船"进步 MS"系列,装备新型 KURS-NA 交会对接系统,以及新型控制和遥测系统,并针对空间中小陨石及空间碎片的危害采取特别防护措施。据悉,"进步 MS"货运飞船所采用的大部分先进技术,将被利用到俄新一代载人飞船中。

此前,俄罗斯利用"进步 M"系列货运飞船,向国际空间站运送货物。2015 年 10 月 1 日,该型号最后一艘"进步 M-29M"完成任务。

2.按照要求调整国际空间站的运行轨道

利用货运飞船把国际空间站运行轨道抬高。2015 年 7 月 10 日,俄罗斯媒体报道,俄罗斯航天部门专家当天接受采访时表示,目前,航天控制中心的工作人员,已利用"进步号"M-26M 货运飞船的发动机,抬高国际空间站的运行轨道。

报道称,莫斯科郊外的航天控制中心专家指出,"进步号"货运飞船的发动机,已在计划时间点启动,随后工作了约 11 分钟,以每秒 1.22 米的速度,将国际空间站的平均运行轨道抬升了 2.1 千米。

据专家介绍,之所以进行此次抬升工作,是为了让随后将升空的"联盟号"载人飞船能够在最优条件下与国际空间站对接。

按照目前的计划,"联盟号"将载着一批新宇航员,于 7 月 23 日在哈萨克斯坦的拜科努尔航天发射场升空。而预计"联盟号"在起飞 6 小时内,与空间站进行对接。

3.确保宇航员能够更加安全高效地开展工作

(1)研制国际空间站用能自我修复的宇航服。2006年7月,英国《新科学家》杂志网站近日报道,美国特拉华州多佛有限公司的研究人员,正使用"聪明材料"研制能够自我修复破损的宇航服。美国航空航天局计划在2018年左右让宇航员重返月球,届时可能会使用这种更加安全的宇航服。

多佛有限公司主要生产航天服及其附件、航空机组设备、浮空器、汽艇和气球、飞机燃料电池、武器减速装置、冲击缓冲气囊、增压服和充气空间结构等产品。自20世纪60年代以来,它一直为美国宇航员提供宇航服,要让宇航员能在寒冷、没有空气而且充满有害辐射的太空中安全生活,宇航服必须"天衣无缝",一点点破损都可能造成严重后果。为此,新型宇航服最里面的密封层,将使用三层结构的"聪明材料"制造。

所谓"聪明材料",就是在两层聚氨酯之间夹着厚厚的一层聚合物胶体。如果聚氨酯层出现破损,胶体就在破损部位渗出、凝固,自动将漏洞堵上。在真空箱中进行的试验表明,该材料可以自动修复直径最大为2毫米的破洞。

"聪明材料"将附有一层交叉的通电线路,如果材料出现较大破损,电路就会被破坏,传感器会立即把破损位置等信息传送给电脑,及时向宇航员发出警报。另外,"聪明材料"将使用涂银的聚氨酯层,因为银涂层能够缓慢释放出银离子,它们可以杀死病原体。

研究人员正在用几种不同的材料进行测试,尚未最终决定设计方案。他们还打算用类似材料来设计可充气式的太空"住房",供月球基地或国际空间站使用。

(2)宇航员空间站测试高科技除味内衣。2009年7月30日,美国太空网报道,日本宇航员若田光一,当天随美国"奋进"号航天飞机返回地球,结束他4个多月的驻站生活。在他的随身行李中,有一套日本研制的高科技除异味内衣,此次在太空接受了长达约一个月的试穿。

据报道,这套内衣被称作"J服",是日本专为宇航员长期太空生活研发的,包括短裤、衬衣、裤子、袜子等一整套行头。这套内衣的最大特点就是能控制异味,因此长期穿着也无须清洗。此外,"J服"的抗菌、吸水、阻燃、抗静电等特性,也都适合宇航员太空生存的特殊环境。

若田光一在与地面控制中心的媒体通话时介绍说:"这套内衣我穿了大约一个月,同伴们在那期间并没抱怨有异味,所以我认为试穿进行得很顺利。"

据悉,在若田光一之前,另外一名日本宇航员土井隆雄,2008年搭乘美国航天飞机飞行时,也曾试穿过"J服",但那次太空飞行仅持续十几天。此次长达一个月的空间站内试穿,真正测试了"J服"的各项性能。若田光一说,试穿结束后,他会把这套衣服保存好,带回地球,然后由科学家对其进行分析。

美国航天局空间站项目经理迈克·苏弗雷迪尼评价说,在太空中测试太空服装这类旨在提高宇航员太空生活质量的物品非常重要,毕竟在太空根本没法洗衣服,以往穿脏了的衣服,都被当成垃圾由货运飞船运离空间站。

(3)国际空间站宇航员进行三项科学试验。2009年9月14日,俄罗斯地面飞行控制中心发言人伦金对媒体说,国际空间站俄罗斯宇航员,当天在站内实施了3项科学试验,分别对失重对人的影响、自然灾害预警及温室气体的排放进行研究。

据伦金介绍,这3项科学试验分别称为"驾驶员""飓风"和"美人鱼"。"驾驶员"试验借助一台电脑系统来实施,宇航员在电脑上模拟国际空间站与航天飞行器的手动对接,电脑传感器记录下宇航员操作时的反应速度。据了解,长期处于失重状态将影响宇航员的反应能力,甚至导致宇航员对信号指令反应过慢,从而影响空间站与航天器的对接。

在"飓风"试验中,宇航员对地球指定的区域进行多次拍照,目的是研究地球自然灾害预警体系的效率,以提高地震、火山爆发、水灾和森林火灾等自然灾害的预测准确性及相关信息的处理能力。

在"美人鱼"试验中,宇航员借助一台光谱仪,测量地球特定地区温室气体的排放,记录地球气候变化过程。伦金说,这项试验从上个月开始实施,研究结果将有助于了解温室气体的产生机制和对地球大气的影响,从而帮助科学家更好地研究人类活动与地球气候变化之间的关系。

(三)研制国际空间站所需的材料与设备

1.开发建造国际空间站的新材料

发明可用于建造国际空间站部件的充气硬化材料。2004年11月,俄罗斯媒体报道,建设一个国际空间站,往往需要从地球向太空运送成百上千吨物资,耗费大量燃料和财力。为降低航天运输成本,俄罗斯巴巴金科研中心开发出一种充气硬化材料,可用于建造国际空间站部件,它的强度与传统材料相当,但重量却轻得多。

据介绍,这种新材料,可用于制作空间站的内部隔板、墙体、太阳能电池底板、天线和太空望远镜的某些部件等。在加工这些部件的过程中,需先对新材料进行剪裁、缝制、粘贴,把一块块材料拼接成某部件应有的外表形状,然后在拼接好的材料内部放置橡胶胎,其作用与足球内胎类似,并把制成品折叠好,放入特殊溶液中浸泡,之后再装入尺寸较小的密封箱,送入太空。

空间站宇航员,把这种折叠状态的制成品接到压缩气罐上,通过充气,使其完全展开,形成所需部件的样式。与此同时,制成品表面的特制溶液,会在失重状态下自动凝固,使制成品表面坚固、耐燃。

负责研制的专家说,目前人们常把体积过大、无法整个放入飞船的部件拆开送入太空,然后再组装起来。但是,这种方法,对精确度要求很高的部件不太适合,如直径达几十米的抛物线形天线和太空望远镜的镜体。如果采用可折叠和充气的新材料制成部件,就可使运输、组装等问题迎刃而解。此外,由于新材料重量很轻,因而可以大幅降低航天运输成本。

目前，俄罗斯专家正在优化浸泡新材料的溶液，改进制作工艺。他们认为，经过进一步改进后，这种材料将有望在空间站和未来的月球、火星站建设中得到广泛应用。

2.开发国际空间站所需的科研设备

为国际空间站精确寻找新物质安装阿尔法磁谱仪。2012 年 6 月 19 日，有关媒体报道，在日内瓦附近的欧洲核子研究中心阿尔法磁谱仪项目办公室，该项目首席科学家丁肇中教授说："2011 年 5 月 19 日至今，阿尔法磁谱仪已收集到 170 亿个宇宙射线数据，远超过去 100 年人类收集到的宇宙射线数据总和。"

丁肇中表示，未来 20 年内，在距离地球近 400 千米的国际空间站上，阿尔法磁谱仪将收集到 3000 亿个数据，为人类寻找新物质提供前所未有的精度。

2011 年 5 月 16 日，美国"奋进"号航天飞机耗资 5 亿美元执行最后一次任务，把太空粒子探测器"阿尔法磁谱仪 2"送至国际空间站。3 天后，宇航员操纵机械臂，将 7.5 吨的阿尔法磁谱仪安装在空间站外部金属托架上。过了 260 分钟，阿尔法磁谱仪收集到的首批数据，发回位于日内瓦的控制中心。由此，国际空间站从探索空间技术的平台，升级为负有更重要使命的科研平台。

丁肇中说，阿尔法磁谱仪项目，实际上是一个大型粒子物理实验，首要目的是寻找宇宙中的暗物质及其起源。宇宙中大约 90%的物质是暗物质，暗物质碰撞会产生额外的正电子，这些正电子的特征，会被阿尔法磁谱仪精确地测量到。

他还说，阿尔法磁谱仪能捕捉到远至可见宇宙边缘的信号，它的另一目的是寻找由反物质组成的宇宙。假如宇宙是由大爆炸而来，大爆炸以前是真空，那么大爆炸之后应该有相同数量的物质与反物质。换言之，大爆炸后既然有物质世界存在，就应存在相应的反物质世界。

他进一步解释道，反物质的存在已在加速器上得到证实。科学家面临的问题是：是否存在基本粒子组成的反宇宙？由于物质和反物质在大气中相互湮灭，人们无法在地面上探测到反物质。而宇宙是最广阔的实验室，宇宙中射线能量远高于任何加速器，阿尔法磁谱仪项目是唯一直接在太空中研究这一课题的大型科学实验，用永磁体来测量反物质在磁场中的轨道。

阿尔法磁谱仪在广阔太空中大显身手，而地面上的物理学家则设计了通过粒子对撞模拟宇宙大爆炸的试验，希望从微观世界揭开宇宙起源的奥秘。

（四）开展国际空间站特有资源的研究

研究国际空间站外壳附着的海洋浮游生物。

2014 年 8 月，俄罗斯科学家使用高精度设备，在对取自国际空间站窗户和墙壁的样本进行分析时，发现国际空间站的外壳竟然附着了海洋浮游生物，目前科学界对其来源还没有达成一致说法。而最新一项研究观点认为，这些浮游生物，可以成为"地球生命来自外太空"的有力证据。

俄罗斯科学家，在国际空间站表面上找到的浮游生物痕迹，成了研究课题的一大热门。空间站成员称该实验的结果“绝对是独一无二的”,但目前仍不清楚这些浮游生物是如何进入太空的。它们在海洋中容易找到,但俄罗斯的升空地点是哈萨克斯坦的拜科努尔发射场,属于典型的内陆地区,这里是难以找到此类生物的。这项发现可表明,某些生物,是能够在国际空间站的外壳上生存的,有科学家甚至认为,这些生物应该也可以在恶劣的环境下,例如真空、低温、辐射等航天条件中生长。

以往的实验也曾显示,细菌可以在地球以外的环境中生存,但这却是第一次在外太空发现了更复杂的生命体。据英国《每日邮报》网络版近日消息称,一项最新的来自英国白金汉郡大学的研究认为,该发现证明了地球上的生命,都是“外星血统”这个命题,不过,该结论目前仍有争议。

来自白金汉天体生物学中心的研究员钱德拉·威克拉马辛表示,藻类生物体或硅藻类,以前曾被发现经由陨石降落到地球上,“在斯里兰卡的陨石样本上就发现了硅藻类,但一直没有证据表明它们是从何处来的。而现在是第一次有证据指向复杂生命形式可以‘从天而降’来到地球。”

尽管有一种观点认为,这些浮游生物是从空间站“美国那部分”来的,因为美国航空航天局的发射场,多数临近大西洋。但威克拉马辛表示,鉴于空间站外部是一个完全真空的环境,那些说海洋浮游生物是从地球带过去的人,完全是无视物理定律。唯一的解释是,它们来自太空的其他区域。英国谢菲尔德大学的微生物学家弥尔顿·温赖特教授也认为,对于这项惊人的发现来讲,有压倒性证据表明它们来自外太空。

因此,研究人员认为,这些浮游生物支持了长期以来的一个命题:宇宙才是包括人类在内的地球上所有生命的“发源地”。这一理论,也被称为有生源说,如果其确实站得住脚,将预示着宇宙里存在生命,且任何地方都有可能存在这种情况。不过,该理论也一直遭受质疑,因为在传统观点看来,宇宙放射线对微生物构成的伤害将推翻这一可能。

而关于在空间站上发现的浮游生物一事,美国航空航天局尚未确认他们过去是否曾得出过相同的结论,也没对最新发现表明立场。

第二节　太空探测器研究的新成果

一、研究开发火星探测器的新进展

(一)研发登陆火星实地考察的探测器

1.研发“极光”项目首个任务火星漫游车

2006年6月12日,英国粒子物理与天文学研究理事会宣布,将投资170万英镑,支持英国科学家与工程师为欧空局火星探测计划任务研发关键仪器与技术。

火星探测计划,是欧空局行星探索“极光”项目的首个任务。它将使用移动漫游器和静止科学模块探索火星表面,将在火星表面或附近寻找过去、现在生命的迹象;研究火星多处地点的星球化学与水文分布特点;增加对火星环境及星球物理的了解;在其他机器人航天器或人类着陆之前确认潜在的危险。

英国粒子物理与天文学研究理事会的投资重点,将是英国已证明和认可的仪器与技术,如在“猎兔犬”-2 技术及火星快车、惠更斯等任务中获得的经验。这些投资,将研发英国认为至关重要的领域,可使学术界与工业界及时为火星探测计划任务,研发飞行就绪的技术。

投资领域包括:探索火星表面的漫游器;寻找有机物质的生命标识芯片;绘制火星三维地图的全景照相机;研究火星地质的 X 光衍射仪;寻找火星地震的微震计;研究风传感元件的大气试验包;观察火星辐射的紫外-可见光分光计;航天器安全着陆火星表面的进入(大气层)、降落、着陆系统技术;模拟火星上降落活动的液体惯性仿真器。

英国是欧洲投资“极光”项目数额第二多的国家,此项投资将使英国获得火星探测计划任务中仪器与技术方面的领导权。

2.研制出可充气的足球机器人火星地表漫游车

2008 年 6 月,英国《新科学家》杂志报道,瑞典乌普萨拉的埃米航空公司,佛瑞德林克 · 布鲁恩主持的研究小组,开发一种可充气的足球机器人,它们有一天将成群结队到火星地表上滚动,以进一步探测火星。设计此轻型探测器的工程师表示,它们将更加经济有效地探测其他行星的广大区域。

布鲁恩说:“我们的充气漫游车很轻便,可以行进很长的距离,且只需很少的能量。它们将非常便宜。一节充满电的电池,将让这种漫游车行进大约 100 千米。”

在研究人员提出此滚动的球形漫游车之前,没有人建议把它们制造成可充气的。如今,瑞典国家太空部提供了研发资金,布鲁恩的研究小组,已设计出这种直径为 30 厘米的可充气的足球机器人样品,当它着陆其他行星时,其里面的储气筒,将泵出纯氙气,使它变成一个圆圆的球。

布鲁恩说,最为关键的是,当其充气展开时,这个带灵敏仪器的漫游车部件将占住其充气后一半的内部空间。

此技术,可让美国航空航天局机遇号和勇气号火星车的下代产品,自身携带一些迷你漫游车,到达火星后,再派遣它们去侦察有科学价值的新地方。布鲁恩确信此漫游车能出色完成任务,因为由瑞典斯德哥尔摩一家公司制造的较大球形机器人,已经在跑动了。此公司制造的球形“地面机器人”,现正在进行安全和监视性能方面的测试。

这种充气机器人,有一个由聚芳基醚酮塑胶制成的可充气的外壳。此塑胶是普遍应用于太空飞行中的一种超强塑料,能耐受高温。在此机器人里面,一根空心的金属轴,从此球的一侧伸到另一侧,悬挂着此漫游车的电子钟摆。此钟摆很关键,因为它是这个球的驱动机械装置。当发动机驱动此钟摆的摆锤向前摆动时,此球会因重心的变化而转动,直到达到新的平衡。

据介绍,这种球形机器人,将通过其球面镶嵌的六边形太阳能板获取能量,这种六边形太阳能板,使其看起来像一个足球。为了清扫其表面上的尘埃,此球里面安装了一个超声波清洁器,可以振动此球,抖落其尘土。

大气传感器、照相机和钳子隐藏在此空心轴中,当钟摆让此球倾向一侧时,钳子就能从地表上获取样品。此外,此球的表面还布满电极,可以用来感知地面的电学特性,如电导系数和电阻系数。之后,这种球形漫游车,通过无线电把它所发现的有趣地形,发送给它的轨道探测器或母漫游车。

3.好奇号漫游车登陆火星后提前完成主要任务

2013 年 8 月 5 日,美国航空航天局网站报道,好奇号漫游车即将迎来成功抵达火星一周年纪念日。在这一年里,好奇号已经达成了它此行的主要科学目标,即证明火星曾经拥有足以支持生命生存的环境。这辆先进的火星车的实际运行,也将为工程师们设计未来更加先进的下一代火星车,提供参考和借鉴。

美国航空航天局局长查尔斯·博尔顿说:“好奇号一年之前的伟大着陆,以及在那之后做出的科学发现,帮助我们进一步推进科学的边界,我们终会将人类宇航员送上火星和小行星。好奇号在火星上留下的轮胎印,将会最终引向人类的脚印。”

2012 年 8 月 6 日,好奇号在万众瞩目之下成功着陆火星。在过去的一年里,好奇号为美国航空航天局提供了 190G 的数据,其中包括 3.67 万张高分辨率图像以及 3.5 万张低分辨率图像;其搭载的激光设备发射激光 7.5 万次,用于对目标岩体的成分进行分析;另外它还完成了对两个选定目标的取样分析,在一年的时间里行驶了 1.6 千米。

4.拟派机器蛇探索火星地表

2013 年 10 月,国外媒体报道,从冰冷的北极到干旱的沙漠,蛇的足迹几乎遍布地球的每个角落。现在,欧洲空间科学家计划把蛇的高智商,用于探索一个环境更为恶劣的所在,即火星地表。不过,他们派遣的并不是真正的蛇,而是挪威研究人员研制的机器蛇。

研制这条机器蛇的,是挪威特隆赫姆科技工业研究院,帕尔·里尔杰巴克和阿克萨尔·特兰塞斯等人组成的研究小组。目前,他们正在研究如何利用机器蛇,在环境恶劣的火星表面收集样本。

研制中的机器蛇,由 10 个相同的模块构成,通过“关节”连接在一起。每一个模块拥有 2 个自由度。这些模块表面覆盖被动轮,赋予机器蛇地面摩擦力,允许它在平坦的地面上行进。特兰塞斯表示:“我们正在研究一系列方式,允许火星车和机器蛇协同工作。”

5.合作研制登上火星的探测器

2014年8月4日，俄新社报道，俄罗斯航天署与欧洲航天局合作研制的探测器，将于2018年登上火星，并将施放一辆火星车“漫游”登陆点周边。俄方将为该计划提供火箭发射服务和一系列仪器装备。

据报道，国际外层空间研究委员会，当天在俄首都莫斯科举行全体会议。俄科学院太空研究所，在会上介绍了其主导参与的俄欧“火星太空生物”计划进展情况。

这一计划于2005年由欧洲航天局发起，旨在探索火星大气并登上火星巡游考察。俄航天部门于2013年正式加盟该计划，承担火箭发射及部分仪器设备研制。

据主导俄方任务的太空研究所科学事务主任罗季奥诺夫介绍，“火星太空生物”计划将分两步走。2016年，俄火箭将把欧航局的“微量气体探测器”送入环火星轨道。该探测器将携带两套俄方制造的仪器——大气化学光谱测量组合仪和精细分辨率超热中子探测器。前者将研究火星大气化学成分及气候特点，后者会检测宇宙射线与火星土壤相互作用时反射出来的中子，这种反射中子的剂量与土壤表层所含水冰的多少直接相关。

预计欧航局的火星车，将在2018年“上场”。届时它将“坐在”俄方制造的着陆舱中向火星疾驰，该舱体上的挡热板和气动护板，将分别应对与火星大气剧烈摩擦所产生的高温，抵御高速飞行时受到的各种外力。

在接近火星表面时，着陆舱会抛出两级降落伞，使下降速度从两倍于音速减至音速以下(即每秒不足340米)。此后，该舱体的缓冲发动机将启动，以实施软着陆。等舱内登陆平台的四条腿都站稳后，会有数个斜坡伸出，为重约300千克的火星车送行。

这位“巡游者”的使命，是地质考察和寻找生命迹象，服役期约为6个月。俄研制人员将在这辆车的桅杆式“脖子”上安装红外分光仪，它能对火星表面进行矿物分析。此外，火星车的一只“手”将举着一个手电筒似的仪器，边走边照。它其实是个中子探测器，使命是探测火星表面下两米内与水冰含量相关的反射中子，并据此绘制沿途水冰分布图。

被火星车抛在身后的登陆平台也不会闲着，它将以“天”和“季节”为时间单位，观测火星上的各种自然现象，时长为一个火星年——约687个地球日。

6.着手打造有望返回地球的下一代火星车

2015年8月，国外媒体报道，美国航空航天局好奇号火星车在2012年登陆火星表面，使用核动力推进，目前它正在火星表面寻找微生物的踪迹。随着火星探索计划的推进，美国航空航天局开始寻找下一代核动力火星车，时间预计在2020年，该火星车的设计将全面借鉴好奇号的设计，比如着陆系统和火星科学实验室的设计方案。几乎是以好奇号为蓝本继续建造一台火星车。下一代火星车仍然采用核动力,目的是采集火星土壤样本,有望返回地球。

好奇号的成功着陆,使得下一代火星车可以使用它的登陆装置,目前美国航空航天局科学家正在选择未来的登陆场。火星探测计划首席科学家迈克尔·迈尔说:"火星2020年登陆计划,将是我们当前制定的最后一次火星无人登陆探索计划。此后,可能转入载人登陆火星,我们的目的是将人类送出近地轨道,火星是终极目标。"火星2020年探测车,会利用好奇号的设计,比如下降减速装置、着陆系统、平台架构等。

下一代火星车的车载仪器选择,将围绕着火星样本返回地球制定,这辆火星车将对火星岩石和土壤样本进行采集,因此如何严格控制污染是美国航空航天局科学家面临的一大难题。如果返回样品被地球微生物污染,那么就无法确定火星上是否存在微生物。因此这辆火星车看似利用了好奇号的成熟地方,但仍然有许多设计要改变,而且工艺要求更高。由于仪器的数量可能增加,因此火星车的车轮需要负重,车身体积也会变大,重量比好奇号要大。

研究小组面临一个难题,就是车轮的问题。好奇号的车轮已经磨损严重,下一代火星车的车轮需要更耐磨的材料制造。美国航空航天局工程师还想出来一个方法,采用先进的处理器计算火星车的路线和驱动动力,这样可以减少火星车部件的磨损,任务效率将提升到95%左右,远超好奇号。火星着陆场指导委员会主席马特·格伦贝克认为:"岩石是地质学家最喜欢的东西,它能反馈火星信息,但也能破坏火星车,我们要做的就是把车轮弄得更加坚固。"

(二)研发用于火星探测器的配套装置

1.研制火星探测器着陆方面的配套装置

(1)开发确保在火星表面精确着陆的新型减速装置。2015年6月2日,美国媒体报道,美国航空航天局喷气推进实验室对"低密度超音速减速器"的太空飞船,当天进行了第二轮试验发射,这是该局2025年将人类送上小行星和2030年将人类送上火星计划的一部分。

低密度超音速减速器是确保较大质量航天器,在火星表面精确着陆的重要技术内容,既可以为将来载人和机器人火星任务发挥重要作用,还可以为大型航天器安全返回地球提供技术保障。

2014年6月28日,美国航空航天局第一次对低密度超声速减速器技术,进行了一系列平流层试验。利用平流层大气环境模拟探测器进入火星大气时所处的环境,验证整个超声速减速技术的减速效果。为此,美国航空航天局专门研制了用于技术试验的"超声速飞行气动试验"飞行器和平流层气球等装置。

登陆火星已经成为时下最热门的太空探险计划之一,然而,人类仍需克服机械设备登陆并在火星展开探索任务的一系列技术问题。

有关专家介绍,火星上的大气非常稀薄,平均大气密度仅相当于地球的1%,

因此,空气阻力非常小。那么,火星探测器依靠其自身气动外形进行减速时,相比地球上的飞行器需要在高度更低时才能达到明显的减速效果。

研究人员说:“留给减速着陆系统剩余部分的时间缩短,可能导致进入器没有充足时间做着陆准备。同时,火星大气密度是随火星年不断变化的,这也使得很难研制出一种通用的减速着陆系统方案来适应所有火星大气环境的需要。”

截至目前,飞往火星的最大探测器好奇号成功登陆,让人们看到了踏上火星的希望。但是,如果要让人类真正踏上火星表面,需要的太空舱重量将远远超过好奇号。

为了承载巨大的负荷,以满足在火星表面长期停留的需要,而且必须以更快的速度飞过去并返回,以尽量减少人类暴露在宇宙射线中的时间,太空飞船在到达目的地时就需要使用新的减速着陆器,有效地抵消高速飞行和高负荷带来的加速度。

2011 年,美国航空航天局在“太空技术项目”中,设置了“低密度超声速减速器”技术验证任务,并希望通过对该项技术的验证,提高超声速段减速性能,掌握新的大质量火星软着陆减速技术和能力。该技术也是美国航空航天局在火星进入、下降与着陆技术领域正在开发验证的技术之一。

在低密度超声速减速器之前,勇气号、机遇号、好奇号还采用了其他的减速、缓冲方法。勇气号、机遇号探测器使用了缓冲气囊进行保护。在降落最后阶段时,释放出气囊。登陆舱撞击火星表面后会反复弹起,能量耗尽后,才最终落定。但是,由于火星的引力和气压都远小于地球,因此,反弹的距离非常高。这不仅不利于探测器的精确着陆,一旦气囊破损,还可能造成探测器的损毁。

因为好奇号火星车的质量太大,无法使用传统的安全气囊进行软着陆,好奇号为了将着陆时的冲击力减至最低,使用了一种被称作“天空起重机(Sky Crane)”的辅助设备助降。

在经过大气摩擦减速和降落伞减速后,“天空起重机”开启 8 台反冲推进发动机,进入有动力的缓慢下降阶段。当反冲推进发动机将速度降至大约每秒 0.75 米之后,几根缆绳将好奇号从“天空起重机”中吊出,悬挂在下方。距离地面一定高度时,缆绳会被自动切断,“天空起重机”随后在距离好奇号一定安全距离范围内着陆。

研究人员说:“尽管好奇号的着陆方式是目前为止最精确的,但是低密度超声速减速器有望将火星表面软着陆质量提高至 2~2.7 吨。”如果通过低密度超声速减速器技术发展的减速器,同时再采用 4~5 个降落伞组成的多伞系统,甚至可以使火星表面软着陆质量提升至最高 15 吨。

除此之外,由于新型减速器减速效果的提升,还可以减少火星着陆器气动减速的飞行距离,为高海拔地区着陆提供可能,从而大大增加火星表面可探测区域。

(2)研制登陆火星用的探测器电力推进系统。2016 年 4 月 20 日,美国航空航天局官网报道,该局与阿罗吉特洛克达因公司签署了一项总额为 6700 万美元的合同,旨在设计并研制一款先进的电力推进系统。美国航空航天局希望这个为期36 个月的合同,能显著提升美国的商业太空能力,并使包括小行星重定向任务和探测火星在内的深空探索任务成为可能。

据悉,该合同研制的电力推进系统,相对目前的化学推进系统,燃料效率有望提高 10 倍以上。另外,与目前的电力推进系统相比,推力能力增加 2 倍。美国航空航天局太空技术任务理事会副理事长史提夫·尤尔奇克表示,通过这一合同,该局将着力研制先进的电力推进单元,为将于 2020 年左右进行的先进太阳能电力推进系统验证铺平道路。这一技术的研发将提高太空运输能力,可用于美国航空航天局的多项深空载人和机器人探索任务,以及“火星之旅”。

阿罗吉特洛克达因公司,将负责一整套电力推进系统的研制和生产,包含一个推进器、电源处理单元、低压氙流量控制器以及电缆。该公司还将制造一个工程开发单元,并对其进行测试和评估,为飞行单元的制造做准备。

研究人员介绍称,电力推进系统的第一个工作试验,是于 1964 年 7 月 20 日进行的格伦空间电火箭实验。从那时起,在长期的前往多个目的地的深空机器人科学和探测任务方面,美国航空航天局一直在精益求精地推进航天电力推进技术的研发工作。

这个先进电力推进系统,是美国航空航天局的“太阳能电力推进”的下一步,该局打算在 21 世纪 20 年代中期,开展的小行星重定向任务,将对有史以来最大最先进的太阳能电力推进系统进行测试。

2.研制火星探测器图片处理方面的配套装置

开发出能组合火星探测器图片的信息处理系统。2007 年 1 月,德新社报道,德国航天部门和波茨坦大学联合组成的一个研究小组,开发出一种新型火星地质信息处理系统,科学家用它可以更准确地计算出火星上陨石坑和山谷的大小。

这个新系统,能把火星探测器拍摄的各种图片组合在一起,供科学家更加方便准确地计算和分析。目前,该系统处理的大部分图片,来自欧洲航天局发射的火星探测器“火星快车”。

研究人员认为,该系统将帮助人类完成更艰巨的任务,如为寻找火星上水的痕迹提供更可靠的依据等。

(三)研发进入火星轨道考察的探测器

1.成功发射分析火星大气和地质的轨道探测器

(1)曼加里安号火星探测器顺利进入地球同步轨道。2013 年 11 月 5 日,印度媒体报道,印度曼加里安号火星探测器当天下午发射升空,运载火箭已将探测器送入地球同步轨道。按计划,探测器将绕地球运行 20 多天后飞往火星。

据报道,曼加里安号探测器是在当地时间 5 日 14 时 38 分,从印度南部斯里赫里戈达岛的萨蒂什·达万航天中心发射升空的。发射后 40 分钟内,曼加里安号从火箭上分离，进入地球同步轨道。

印度空间研究组织表示，曼加里安号探测器重约 1.35 吨，携带由太阳能电池板供电的 4 台科研设备和一架照相机，将分析火星大气和地质等方面特征，并探索火星上是否曾存在某种原始生命形态。

印度 2012 年 8 月宣布这项火星探测计划，耗资 45 亿卢比（约合人民币 4.5 亿元）。近年来，印度在空间探索方面动作频繁，并取得一定成果。2008 年 10 月，印度成功发射该国首个月球探测器月船 1 号。2013 年 7 月，印度成功发射首颗导航卫星，为构建自己的卫星导航系统迈出重要一步。

（2）曼加里安号火星探测器进入预定轨道。2013 年 11 月 12 日，印度空间研究组织发布新闻公报称，印度曼加里安号火星探测器在排除故障后，于当天日凌晨再次点火助推，成功完成变轨并进入预定轨道。

公报称，印度空间研究组织于当地时间 5 时 3 分开始启动探测器的助推器，这一过程持续 5 分钟左右，使探测器的远地点高度提升到距地 11.86 万千米，速度增量提高到每秒 124.9 米，达到计划要求的高度和运行速度。

印度空间研究组织主席拉达克里希南说，目前所有操作按计划进行，一切正常。探测器的最终运行轨道将在数小时内确定。

曼加里安号火星探测器于 11 月 5 日升空，进入地球同步轨道后，分别于 7 日、8 日、9 日连续完成三次变轨。不过在 11 日的操作中，由于火箭助推器发生故障，缺乏足够动力，未能将探测器的远地点提升至距地 10 万千米的所需高度，只达到 7.83 万千米。

按计划，该火星探测器，将于本月底或下月初脱离地球轨道，奔向火星，预计 2014 年 9 月到达环绕火星的飞行轨道。

火星探测的成功率很低，除发射失败之外，一些探测器在脱离地球后的漫长航程中也容易发生故障，导致最终失败。目前，世界上只有美国、欧盟和俄罗斯成功执行过火星探测任务。

（3）曼加里安号火星探测器任务延长。2015 年 6 月 26 日，印度媒体报道，印度空间研究组织主席基兰·库马尔当天表示，由于燃料充足，他们发射的曼加里安号火星探测器的探测任务将延长。

研究人员表示，这枚低成本的火星探测器仍有 45 千克燃料。库马尔说："我们很少使用燃料，燃料的需求非常低，这将可能会使曼加里安号寿命维持许多年"。

库马尔解释说，火星探测器从发射到进入轨道，可能会面临许多困难。在这种状况下它会消耗更多燃料。然而，这次火星发射"没有任何突发事故，也没有故障"。他表示，印度科学家"甚至为发射探测器可能出现的错误留有余地，但这也没有发生"。

曼加里安号于 2013 年 11 月发射升空，在 2014 年 9 月抵达火星轨道。该火星探测器原定于2015年3月24日完成使命,由于燃料充足,印度空间研究组织3月宣布将其工作年限延长6个月。现在,印度科学家更加乐观,认为其探测时限还可以更长。

2.成功发射火星微量气体轨道探测器

2016年3月14日,欧洲空间局网站报道,火星微量气体轨道探测器,于当天从哈萨克斯坦拜科努尔太空基地发射升空,将于10月19日抵达火星。研究人员表示,这是"非载人火星探测项目"任务的一部分。该项目科学家豪尔赫·瓦戈指出,这个探测器相当于太空中的一个巨大"鼻子",可用来嗅出火星上的甲烷,并确定其是否由生物过程产生。

地球大气中的甲烷大多由微生物制造,比如牛和白蚁的肠道细菌。而探测到火星上的甲烷的话,将为火星存在或者曾经存在过某种生命形式的设想提供强有力支持。为此,欧空局与俄罗斯同行联手,希望绘制出一份火星甲烷地图。

此前的火星任务曾发现大气中低含量的甲烷,而该探测器拥有一套高灵敏度光谱仪,即使甲烷水平低至万亿分之几,也能检测出来。方法有两种:一是在黎明和黄昏时观测火星,这时阳光直射探测器,科学家可以获得距离火星地表不同高度的甲烷含量的详细信息;二是向下"看"火星地表,由此绘制出火星的甲烷热点地图。

研究人员说,火星微量气体轨道探测器的光谱仪,还能检测出甲烷以外的关键化学物质和气体,以确定火星甲烷是由生命体产生,还只仅仅是地质过程的副产品。瓦戈强调,如果甲烷与其他复杂烃类气体同时存在,比如丙烷或乙烷,这将是表明其与生物过程相关的一个强有力证据;如果找到甲烷的同时还发现二氧化硫,则可以肯定甲烷来自地底,是在地质活动中逸出的。

"非载人火星探测项目",除了发射火星微量气体轨道探测器外,还定于2018年发射火星漫游车。因此,此次任务,不仅肩负着寻找甲烷和其他痕量气体的重担,还对两年后将要使用的登陆设备包进行测试。据悉,该探测器10月份抵达火星轨道后,一个名为"斯基亚帕雷利"的登陆飞船,届时也将被释放,这个着陆器将传回其降落时穿越火星大气层的精确信息。

3.设计下一代火星轨道探测器

2016年7月,有关媒体报道,美国航空航天局正在探寻如何建造火星轨道探测器,用来支撑人类的地面任务。该局与波音、洛克希德·马丁、诺斯罗普·格鲁曼、轨道ATK公司和空间系统/劳拉等5家工程公司合作,以了解哪家公司能够为2020年的潜在任务打造一种航天探测器。

目前的火星轨道探测器,大约可以对火星漫游者收集的95%左右的信息进行传输。另外5%的信息直接由漫游者传输,但这需要更长时间,而且仅能在某些时间点进行。

美国加州喷气动力实验室的理查德·佐莱克说:"现役的轨道探测器已经越来越年迈。"下一代轨道探测器将需要更大的推进力、更优的成像能力以及更好的通信系统，来支持人类的航天任务。

佐莱克表示，设计太阳能电池驱动的探测器，对于实现这些目标非常关键。太阳能电力推进器，已经用于地球轨道卫星，利用太阳能给离子加速，从而推进探测器。这样的节能型卫星将能够飞到火星表面，获得着陆点的高清地图，同时携带新型的通信系统，从而与地面的科学家进行沟通。

光学通信系统，将利用激光束把数据以高保真度传输回地面控制室。但是，该探测器需要非常精确地把激光指向地面上的接收者。

佐莱克表示，美国航空航天局还希望该探测器能够带着火星样本返回地面。若如此，计划于2020年发射的火星漫游者，将会收集微量的火星表面土壤，这样新探测器可以将其带回地球。

二、研发其他星球探测器的新进展

（一）太阳及引力波探测器研制的新信息

1.正在建造“亲密”接触太阳的探测器

2015年4月，美国媒体报道，经过长达4年多的准备和最终评估，美国航空航天局已经确定，将于2018年7月31日，首次将探测器送入太阳的上方大气层，在长达20天的时间里，航天器将实现有史以来与太阳最亲密的接触。

据悉，这个名为“太阳探测附加（SPP）”的新航天器，将携带四套设备进入日冕，对太阳风和太阳投掷到空间的带电粒子流进行深入细致的研究。新探测器的大小与一辆轿车相差无几。在接近太阳时，探测器表面的温度将高约1093℃，探测器将到达距太阳表面约644万千米处，穿越其大气层。迄今，还未曾有其他航天器，到达过距离太阳如此之近的地方。这可帮助科学家们在未来太空探索中更好地理解、描绘并预测太阳的辐射环境。

该探测器将搭载德尔塔4重型火箭，从卡纳维拉尔角空军基地发射，飞行时间为20天。在24次绕太阳轨道飞行的过程中，该探测器将7次掠过金星从而缩短与太阳的距离，最近的三次飞越与太阳的距离仅约612万千米。

科学家们一直希望能将探测器送入太阳的外部大气层日冕，以便更好地了解和认识太阳风及其携带进入太阳系的物质究竟有哪些。“太阳探测附加”的首要科学探测目的是追踪能量的流动；厘清日冕温度高于太阳表面温度上百倍的原因；洞悉让太阳风和能量粒子加速的物理学机理。

“太阳探测附加”携带的设备将研究磁场、等离子体、带电粒子，并为太阳风拍照。探测器表面4.5英尺厚的碳复合热防护罩将保护其能经受高温和剧烈的辐射。

“太阳探测附加”任务，是2010年9月由美国航空航天局提出的一项新计划。2015年3月16日至20日，美国航空航天局一个独立的评估委员会，在约翰·霍普金斯大学应用物理实验室召开会议，对该探测任务的所有方面进行了综合评估。结论认为,“太阳探测附加”探测器的设计处于先进水平,接下来,科学家们将逐一对与这一探测任务有关的各个零件的构建、组装、集成和测试进行评估。

2.研制由三个绕太阳公转探测器组成的引力波探测器

2015年12月3日,国外媒体报道,欧洲航天局在法属圭亚那航天中心,于当地时间凌晨1时4分,使用织女星固体运载火箭成功发射“LISA”探路者号探测器。发射2小时后,该探测器成功与火箭分离,进入一个椭圆形的临时轨道,而后,它将利用自身推进系统通过6次远地点升轨,进入距离地球150万千米远的日地L1拉格朗日点。它预计在2016年1月下旬抵达目的地附近轨道,3月开始在轨工作。

“LISA”探路者号探测器,是由欧洲空客防务与航天公司制造的,直径2.4米、高3.1米、重约1.9吨,造价超过4亿欧元,它将为未来欧洲航天局的“LISA”引力波探测器“探路”,验证探测引力波的相关技术。

“LISA”探路者号探测器,搭载的两个测试质量将被维持在几乎自由落体的运动状态,研究人员将以空前的精度对两个测试质量的位置进行测量和控制。为实现此目的,探测器采用了世界上最先进的技术,包括惯性传感器、激光测量系统、无拖曳控制系统和超高分辨率微推系统。除此之外,“LISA探路者”还验证爱因斯坦广义相对论。

根据爱因斯坦的广义相对论,大质量天体的加速、合并、碰撞等事件可以形成强大的引力波,如同时空中的涟漪。引力波被视为宇宙中的“时空涟漪”,如同石头丢进水里产生的波纹一样。引力波的形成过程虽然涉及黑洞、超新星等天体,但传递到地球时却变得非常微弱,需要更加精密的仪器才能探测到引力波。在此之前,科学家们始终未能使用地面观测设备证实它的存在。

LISA引力波探测器,将由三个绕太阳公转的探测器组成,预计2034年后发射。它们置于边长为500万千米的三角形的三个顶点上。然后使用1瓦的激光和30厘米的望远镜,来测量悬浮在每个探测器中金属立方体之间,相对位置的变化。其测量的精度可以达到10皮米(也就是1/10埃,远小于一个原子的大小)。

比探测器更至关重要的是其搭载的设备:6块边长为4.6厘米的金-铂立方体,它们各自悬浮在“Y”形仪器舱的每个上臂之中。这些就是LISA的“检验物质”,在时空弯曲和伸缩使它们可以自由的漂移。为了LISA的正常运转,每个2千克重的立方体都必须沿独立的轨道绕太阳转动。探测器会把它们隔离在真空室内,并将使用必要的硬件,即激光和小望远镜,来监测它们相对位置的波动。

当它们在太空中运动时,每一个探测器都会监测与另外两个探测器之间相对位置的变化,而不是去测量绝对距离。其目的就是用来探测大质量天体互相绕转时所引发的时空周期性膨胀和收缩。每个探测器的光学系统,会制造出每秒钟切换1百万条暗条纹的,高速变化干涉图样。时空波动,会或多或少的交替加强或者减弱这些干涉图样。通过这些干涉图样的变化,就可以发现引力波。

（二）行星探测器研制与运行的新信息

1.开发用来观察大行星的探测器

探求金星大气奥秘的晓号探测器进入预定轨道。2015 年 12 月 7 日，日本媒体报道，日本宇宙航空研究开发机构宣布，日本首个金星探测器晓号当天上午进入了环绕金星的轨道。它将在最大高度约 30 万千米的椭圆轨道上用 8~9 天环绕金星一周，在未来两年内对金星进行观测，探求金星大气现象的奥秘。

宇宙航空研究开发机构说，从当天上午 8 时 51 分开始，晓号的发动机喷射了约 20 分钟以进入环绕金星轨道，并且确认通信状态正常。

据介绍，由于探测器的主发动机处于故障状态，所以用 4 个姿态控制发动机喷射了约 20 分钟，降低了速度，然后被金星的引力吸引改变飞行方向。

晓号由日本宇宙航空研究开发机构和三菱重工业公司联合研制，2010 年 5 月 21 日由 H2A 运载火箭在鹿儿岛县种子岛宇宙中心发射升空。当年 12 月 7 日，晓号曾尝试进入金星轨道，但由于主发动机故障而失败。

5 年来，晓号一直在金星围绕太阳运转的公转轨道附近飞行。科研人员曾担心太阳的高热和射线会破坏观测仪器，不过目前尚保持正常。

晓号搭载了 6 种观测装置，将对覆盖着厚重云层的金星进行立体调查，探究金星大气中一种速度高达每秒 100 米、名为“超级气旋”的高速风暴的发生机制。

2003 年，日本“希望”号火星探测器尝试进入火星轨道而失败。2005 年，日本隼鸟号小行星探测器成功采集小行星岩石样本。

2.研制用于观察小行星和矮行星的探测器

（1）开发预测小行星撞击地球的探测器。2009 年 5 月 5 日，《读卖新闻》网站报道，日本宇宙航空研究开发机构吉川真副教授等组成的研究小组，不久前研制出小行星撞击地球预测系统，他们计划利用即将返回地球的隼鸟号小行星探测器，对正在开发的小行星撞击地球预测系统的精确度进行测试。

目前，世界许多国家，都在对可能接近地球的小行星进行观测。该研究小组研制的新系统，初步测试表明，不但能预测小行星撞击地球的概率，而且能以 0.5 秒和 13 千米的误差，预测小行星冲入地球大气层的具体时间和位置。为进一步验证系统的精确度，研究小组选择隼鸟号探测器，作为假想中 100%将撞击地球的小行星。

据报道，日本宇宙航空研究开发机构的小行星探测器隼鸟号，于 2003 年 5 月 9 日发射。至今，已总计飞行 45 亿千米。现在，隼鸟号已“浑身是病”，它的 3 台姿态控制装置中，已有 2 台发生故障，剩下 1 台也岌岌可危；化学引擎因燃料泄漏不能使用；4 台离子引擎只有 1 台能正常工作。因此，控制人员正努力使其尽快返回地球。

（2）冥王星探测器完成任务后开始飞向新目标。2015 年 9 月 1 日，参考消息网报道，2015 年 7 月，新视野号探测器完成史无前例的飞掠冥王星任务后，又有了一个新目标:一块名为“2014 MU69”的直径48千米的大冰块,其轨道距离冥王星约16亿千米。

据报道,科学家一直计划让新视野号访问柯伊伯带的另一个天体。柯伊伯带是位于海王星轨道外,由岩石和冰块构成的云状带。8月29日,美国航空航天局宣布,负责新视野号任务的科学家,选择了“2014 MU69”天体,来替代之前考虑过的柯伊伯带一个体型较小的名为“2014 PN70”的天体。如果一切按计划进行,探测器将于2019年1月到达这一遥远的目的地。

新视野号为何会访问柯伊伯带天体?很多人都认为冥王星位于太阳系最边缘。然而实际上,它只是数千个柯伊伯带天体中最大的天体之一。早在新视野号任务初始,美国航空航天局就计划让新视野号在造访冥王星后,飞掠另一个柯伊伯带天体。它在起航时也携带了足够的燃料来完成任务。过去数年来,科学家们一直都在使用哈勃望远镜来物色合适的对象。

那么为何要探访两个柯伊伯带天体呢?主要原因是我们对柯伊伯带知之甚少。同时,探索柯伊伯带天体的构成,或许能让我们了解很多关于太阳系起源的信息。

柯伊伯带在46亿年前形成,与地球和其他行星同时诞生。然而,不知为何,就在地球不断膨胀之时,冥王星的体积却不再增长。此外,它还和柯伊伯带的许多天体一道,距离太阳越来越远。

这就意味着,它们或许可被看作是保存着太阳系诞生之初情形的冻结时间胶囊。如今,我们已研究过柯伊伯带中一些最小的天体,如有着椭圆形轨道的彗星,它们有时可接近地球,也研究过这一区域最大的天体之一冥王星。早在探测器飞掠冥王星之前,新视野号任务的首席研究员艾伦·斯特恩就曾说:“造访‘2014 MU69’这样中等大小的天体,能帮助我们完善对柯伊伯带的了解。”

为了接近新目标,负责该任务的科学家将在2015年10月,远程指挥新视野号点燃推进器,并适当调整其轨道,指引它沿着正确的路线行进。2019年当它飞掠这一柯伊伯带天体时,将会对该天体进行拍照,并收集其他科学数据,之后一并发回地球。此后,新视野号将朝着太阳系外漫无目的地独自飞行,直到21世纪30年代的某个时刻,新视野号动力燃尽,其宇宙探索生涯也就画上句号。

3.研制用于观察系外行星的探测器

开发能“嗅出”系外行星生命分子的甲烷的探测器模型。2014年6月,英国伦敦大学学院谢尔盖·尤尔琴科教授主持,乔纳森·丁尼生教授,以及澳大利亚悉尼新南威尔士大学研究人员参与的一个国际研究小组,在美国《国家科学院学报》上发表论文称,他们新研制出一种甲烷探测模型,能够更广泛地发现系外行星上的生命分子,它或许能够探测到神秘的地外生命。不过,由人类主动去发现地外智慧生物是否是一种明智的行为,目前尚未有定论。

地球的大气层中,至少90%的甲烷气体是由生物体产生的。甲烷因此被认为是生命潜在的迹象，这种地球上最简单的有机分子，出现在其他行星上，也会被视作是生命能否存在的一个指标。但在此前，科学家的甲烷模型的制作方法有失准确，导致甲烷模型并不完整。

据报道，英国伦敦大学学院和澳大利亚悉尼新南威尔士大学的研究人员，日前研制出了强大的甲烷检测模型。这是一种新型“热”甲烷光谱，可以检测高于地球环境温度的有机分子。研究人员预计，目前已可探测到高达1220℃环境下的甲烷气体，这在以前是不可能实现的事情。

为了找出环绕其他恒星运行的遥远行星组成成分，天文学家分析了那些大气层吸收不同色彩星光的行星，并将其对照模型光谱，从而鉴别出了不同的分子。丁尼生表示，当前的甲烷模型是不完善的，它导致某些行星上的甲烷水平被严重低估。他预计，最新模型将对未来行星研究产生重大影响，帮助科学家们探测到系外行星上的生命体的迹象。

研究人员称，他们使用英国最先进超级计算机提供的项目，计算了近100亿个光谱线。由于甲烷能够吸收光线，而每个光谱线具有不同颜色，这就意味着模型将能提供大温度范围下甲烷的更准确信息。研究人员指出，新研究调查的光谱线，数量是之前研究的2000倍之多。

目前，该模型已经过测试和验证，其成功再现了褐矮星中甲烷吸收光线的细节。尤尔琴科补充道：“我们建立的光谱模型，要与现代超级计算机的惊人力量结合才能完成。”未来他们会对模型进行更多研究，以将温度阈值调至更高。

不过，随着近年有宜居潜力的系外行星的发现不断增多，与这种科学界寻找地外生命的热情高涨相反，也有声音一再提醒：此举并非明智。著名物理学家史蒂芬·霍金几年前就曾警告，外星人存在但别主动去寻找，如果外星人想拜访我们，他认为结果可能与哥伦布当年踏足美洲大陆类似——对当地印第安人来说不是什么好事。

（三）月球探测器研制的新信息

1.试验可穿透月球表层的钻地火箭探测器

2008年6月7日，英国广播公司报道，参加拟议中的英美联合探月项目的科学家相信，他们的核心技术钻地火箭的试验取得了圆满成功。这项名为“月球轻量内部及电讯试验”，计划在2013年实现。

该计划与发射在月球着陆探测器的传统方式不同，它准备从地球发射出绕月卫星，再由绕月卫星向月球表面反射4枚装有各种科学仪器的钻地火箭。火箭将深入月表3米深，搭载的仪器可以发回地震活动、矿物组成、地下温度等大量数据。

2008年5月底，英国科学家在威尔士一处保安严密的国防部试验场，试射3枚这种火箭，效果大大超出预期。

试验火箭，被安置在1500米长的加速轨道上，射入模拟月球表面的一个沙堡。这些火箭,虽然看起来和普通的导弹没有什么区别,但撞上目标后并不爆炸,而是尽量保持完好,使里面的科学仪器免予受损。

负责这一项目的奎奈蒂克公司,是从英国国防部私有化出去的,他们不仅设计了这些火箭,还负责提供火箭内的电池和通信系统。除美国航空航天局外,欧洲航天局也对他们的成果有兴趣。

研究人员认为,和探测器着陆相比,钻地火箭可以收集星球表面以下更多信息,也更适用于地表岩石较多的、一般探测器不易安全着陆的星球及其卫星。

这方面的候选者,包括太阳系中木星的卫星欧罗巴,据信其冰盖表面下可能是海洋,还有土星的卫星泰坦和恩科拉多斯。

2.研制用于月球探测的"蜘蛛机器人"

2009年5月,美国太空网报道,目前,全球范围内十几家航空公司正在积极准备,研制新型月球探测器。其中,意大利那不勒斯市国际航空和宇宙航行空间文化学会,主席皮尔罗·梅西那领导的一个研究小组,设计的月球探测器别具特色,它是一种"蜘蛛机器人"。

据悉,梅西那帮助协调了意大利所有航空、航天工程大学,以及国内两家最大的航空宇宙工程公司,为该团队2012年研制新型月球探测器提供支持。

三、研发星球探测机器人与探测工具的新进展

(一)开发星球探测机器人的新信息

1.研制可用于星球探索的八肢发达的"蝎子机器人"

2005年2月10日,《自然》杂志报道说,迄今,登临地外行星进行科学探测的机器人,均靠轮子行走,然而轮动机器人最大的局限在于很难探测峭壁和小块岩石。最近,德国不来梅大学的机器人专家研制出一种"蝎子机器人",这种机器人是模仿蝎子走路方式设计的,像狗一般大小,有8条腿,能够满足在其他星球上探险和研究的许多条件,比轮动机器人更具优势,它们既能走得远又能下陡坡、攀悬崖,甚至能钻进裂隙,因而更适宜在诸如火星、土卫六等行星上进行科学探测。

据报道,"蝎子机器人",很快将送至美国航空航天局加利福尼亚基地进行评估。如果评估结果令人满意,这种"蝎子机器人"将会大量生产,以供未来对其他星球的探索和研究,当然,这种机器人也可以运用到其他科学研究领域。

2.研究用于执行太空探索任务的超级球形机器人

2014年1月,物理学家组织网报道,美国航空航天局艾姆斯研究中心,一个电气电子工程师为主组成的研究团队,在《科技纵览》上研究报告称,他们正在研究利用超级球形机器人执行太空探索任务的可行性。

对于美国未来的太空探索目标而言,任务的轻量化和低成本显得日益重要。而当前太空机器人的设计,需要将降落伞、反推进火箭和冲击气囊等装置结合在一起,以减少冲击力,让机器人正确定向登陆。这样,非但难以轻量化,而且成本很高。为

了设计出更适合未来目标的太空机器人，该研究团队进行了这项创新活动。

研究人员介绍说，他们认为：“可能有一种更简单、更便宜的探索太阳系的方法。也就是把科学仪器，嵌入一个灵活的、可变形的机器人外骨骼内。”目前，他们正在基于“拉张整体”这一概念，建造超级球形机器人，其主要优势是具有登陆和有效移动的双重能力。按照报告的说法：“这种机器人可以同时作为登陆器和一个移动平台，从而大大简化任务剖面、降低成本。”

总之，超级球形机器人，就是一个集多种功能于一体的结构。研究人员设想：“在理想情况下，几十个甚至数百个仅重几千克的小型、可折叠机器人，在发射时可以方便地压紧在一起，并在抵达目的地之后可靠地分离并展开。”他们描述说，球形机器人在发射时可以被折叠成一个非常紧凑的结构，登陆时会爆开并弹落，以缓释冲击力。降落到目标星体表面后，它会四处滚动，并根据周围地形，用推拉杆和绳缆有效地操控自己的行动，比如从柔软的沙子中挣脱出来。

3.研制探测小型天体的“刺猬”新型机器人

2015 年 9 月，美国航空航天局官网近日报道，该局科学家伊萨·内斯纳斯负责，所属的帕萨迪纳喷气推进实验室，以及斯坦福大学和麻省理工学院专家参加的研究团队，正在研发一种叫作“刺猬”的新型概念机器人，它在微重力小型天体上，能够翻滚弹跳地行进，并开展工作。

传统的航天器，如好奇号火星探测器，像汽车一样靠轮子前进，翻过来就不能运行。但在小行星、彗星等小型天体上，重力是非常微弱的，加之粗糙的地表环境，传统的行驶方式变得困难。该研究团队设计研发的“刺猬”机器人，有望克服这些挑战。

据报道，“刺猬”的基本设计理念是，在一个布满钉子的立方体上，安装能够滚转和制动的内置调速轮，调速轮带动立方体向前行进，钉子则一方面保护机器人免受地形崎岖之害，一方面在跳跃滚动时起到像脚一样的支撑作用。内斯纳斯说：“‘刺猬’是一款与众不同的机器人，在特定表面上它以又滚又跳的方式前进。它的形状像一个立方体，不管哪面着地，它都能运转自如。”

帕萨迪纳喷气推进实验室和斯坦福大学分别为“刺猬”设计了两个原型。今年 6 月，美国航空航天局通过模拟微重力环境的 C-9 飞机，对它们进行了测试。经过 180 次的抛物线飞行，“刺猬”机器人演练了很多种在小型天体上可能会遇到的情形：布满沙砾的、怪石嶙峋的、光滑结冰的，抑或是疏松易碎的。“刺猬”屡次证明了自己。它既能够在一两颗钉子的支撑下进行长距离的跳跃，也可以进行短距离的翻滚。其中一个实验模拟了龙卷风的环境，结果“刺猬”机器人“暴跳而起”，把自己从地表发射出去并逃脱了险境。

研究人员表示，“刺猬”机器人所特有的立方体几何形状使其方便携带，而且比传统探测器更便于加工制造，因此成本更低。他们正在着手提高机器人的自主可控性，使其无须地球指令即可自行开展工作。

(二)研制星球探测工具的新信息

开发出探测星球重力场的测量工具。

2009 年 8 月,英国《新科学家》杂志报道,荷兰特文特大学雅普·弗洛斯达博士领导的研究小组,研制出一种名为“重力梯度仪”的探测星球重力场的测量工具,使得揭示星球地表下方的隐藏地貌变得更加容易。这款装置的设计初衷,是探测不同地点间重力大小的变化,使其能映射出某一星球的重力场的分布。

作为欧洲航天局研制的最先进的探测卫星之一,地球重力场和海洋环流探测卫星,正在探测地球的重力场,其装备了多套灵敏度极高的探测设备,有助于科学家更深入地了解地球的内部结构。但其重约 1 吨,造价高达 4.5 亿美元;庞大的质量使得把它送往深空进行探测的费用更加高昂,不易实现。

为此,荷兰研究小组设计出一款重量仅为 1 千克的小型测量工具,它采用单硅晶片,设计理念十分简单:使两种重物分别附在弹簧上,如果其中一种重物略微接近星球表面,它将感受到更强烈的重力,牵引弹簧的力度也将比另一种重物更大。对比两种重物对弹簧的拉力的大小,可探测出星球上不同地点的重力梯度。重力梯度空间参量图能给出构造倾角和倾面的信息,结合重力梯度剖面和梯度空间参量图,可以构建出地下构造的几何模型,进而对一些复杂构造进行解释。

相对于探测卫星内附重物间长达半米的特长距离,新型测量工具的测试重物间仅相距几厘米左右。为探测到十分微小的重力变化,测试重物必须附着在极为精细的弹簧上,每一个重物测量的位置需在 1 皮米范围内,约合 1 米的万亿分之一;驱动重物的梳状装置的电容也将随重物的上下移动而发生改变。

美国航空航天局喷气推进实验室的布鲁斯·比尔斯表示,小型重力梯度测量工具具有相当的潜力,如果感应度如此之高且重量极轻的梯度测量工具,能够制造成功并实现深空飞行,它将对星球的重力场分布探测起到至关重要的影响。

研究小组计划把这一测量工具,放置在环绕某一星球航行的宇宙飞船上,它可探测到重力场 200 千米内或更广范围的重力变化,或探寻隐藏在南极圈或土卫二表层下的未知海洋等。下一步研究人员将率先制造出一件样品测量工具用于地球的探测,探测时长为几个月左右。

第三节 人造卫星研究的新成果

一、研究开发人造卫星的新信息

(一)研制小型人造卫星和卫星群的新进展

1.研制小型人造卫星的新成果

(1)发射高精度的小型卫星。2008 年 1 月,日本媒体报道,日本东京大学与国立天文台联合组成的研究小组，着手开发边长 50 厘米、重量约 14 千克的小型卫星。它被叫作“纳米茉莉花”，将用于对银河系的精密观测。

过去，承担宇宙观测、对地观测工作任务的，都是大型卫星。但是，大型卫星开发周期长，费用高昂，同时，要求发射升空的运载火箭载重量大，给研究机构带来不少困难。像“纳米茉莉花”这种小卫星，制造和发射费用低廉，还能够大大缩短开发周期，其优势是不言而喻的。日本开发的小卫星，将发射到没有大气颤动的宇宙空间，主要任务是，利用红外线精确探测银河系各星球的位置等。

此前，东京大学已发射过两颗边长 10 厘米的四方形微型卫星，积累了一定经验。本次发射的微型卫星，体积虽小，但使命重大，它承担着几年前大型卫星的同样任务。这要求它有很高的精确度，能够分清 100 多千米外人的头发丝。研究人员将以其搭载的照相机拍下的星球图像为基础，通过校正卫星的微动得到高精度照片。

（2）发射仅面包块大小的纳米级人造卫星。2009 年 5 月 6 日，美国太空网报道，日前，美国航空航天局发射一颗小型纳米级人造卫星，其大小如同面包块一般，它将帮助科学家揭示杀菌药物在太空中的反应。

这个纳米级人造卫星，重量为 10 磅，该设计是为了研究当人造卫星以 1.7 万英里/小时飞行速度，在地球轨道盘旋飞行时，人造卫星上携带的杀菌药物对酵母菌如何产生反应。美国得克萨斯州大学的大卫·涅塞尔是该人造卫星的研究设计人员之一，他说：“它是一项非常重要的实验，它将产生太空环境下杀菌类抗生药物对细菌的‘攻击效力’。”

这颗微型人造卫星，装载着内部是传感器的微型实验室，它能够探测到酵母菌的生长、密度和健康状况。科学家计划使用 3 种不同的杀菌治疗药剂，在 96 小时内测试酵母菌将产生怎样的反应。美国航空航天局太空飞行工程师，将在发射成功后 1 小时尽快地与卫星建立联系，并发送指令开始酵母菌实验。此后，这颗人造卫星会把 6 个月的实时实验数据发回地球。

（3）计划从空间站释放小型卫星。2011 年 3 月 2 日，日本媒体报道，日本宇宙航空研究开发机构宣布，计划 2012 年 9 月，在国际空间站的日本“希望”号实验舱上，进行释放绕地小型卫星的实验。

报道说，释放的卫星预定长宽各 10 厘米，高 30 厘米以内。日本宇宙航空研究开发机构还将征集大学等研究组织的创意，最多选择 4 颗卫星，而开发和运输卫星的费用，将由这些研究组织承担。征集要点将发布在宇宙航空研究开发机构网站的主页上。

宇航员将在“希望”号实验舱内，把这些卫星装入特殊装置，然后通过密封室，利用机械臂把装置释放到太空。为了不与国际空间站相撞，将选择与国际空间站运行方向不同的方向释放卫星。这些卫星将在环绕地球运转的同时，逐渐降低高度，大概 100 天后进入大气层燃烧殆尽。

2.建造小型卫星群的新成果

(1)打造用于监测和试验的小型卫星群。2009年4月15日,《读卖新闻》网站报道,日本政府准备向地球低轨道发射50~100颗超小型人造卫星,打造一个用于观测和技术试验的卫星群。

据报道,计划部署的超小型卫星的边长不足50厘米,重量控制在50千克以下。卫星群的运行轨道距离地面约400千米。这些卫星的主体完全一样,只是根据不同用途,配备不同的装置。这样,卫星主体就能批量生产,缩短研发时间,控制生产成本。

超小型卫星群计划,将由日本文部科学省和经济产业省负责,这两个政府部门将各自申请约20亿日元预算,以实施部署计划。这个超小型卫星群,将被用于监测灾害、观测气象及农作物生长情况等,也可以搭载新材料,在宇宙空间测试新材料的性能,帮助发展具有竞争力的新型产业技术。

目前,日本的大型卫星价格高昂,影响了其商业应用。而超小型卫星有望以便宜的价格,提供图像和数据,而且可以按使用方的要求提供专门服务。据日本政府估计,这些超小型卫星有望在3年内催生约100家风险企业。

(2)计划建造可编队飞行的纳米级卫星群。2012年2月28日,以色列《耶路撒冷邮报》报道,以色列理工学院航空航天工程系皮尼·格尔菲尔教授领导的一个研究小组,多年来经过在卫星微型化领域的努力,计划建造一个由3颗各重6千克的纳米级人造卫星组成的固定编队。据悉,这是人类首次在航空航天领域进行这样的尝试。

在以色列费舍尔航空航天战略研究所举办的,纪念伊兰·拉蒙国际航天会议上,格尔菲尔说:“科学家尝试发射3颗在同一受控编队内飞行的人造卫星,这在世界上还是第一次。由于体积和重量问题、多个卫星在同一编队内发射以及这些卫星需要在太空中滞留很长时间等问题,到现在为止,这种尝试仍不可能实现。”

以色列理工学院,在建造体积比电冰箱更小的卫星方面成绩显著,较之美国和欧洲,其建造的设备效率更高、成本更低。该纳米级人造卫星,计划用于接收来自地球的各种不同频率信号,并计算传输设施的位置。

如果实验成功,此类卫星群可能会用于确定迷路者及遇难者所在的位置。该工程旨在证明,让小型卫星,保持在距离地球表面约600千米的编队里,运行一整年是可以实现的。该工程中,每个卫星都将建有一个运动系统,使卫星能够长期在一个编队里运行。这些卫星,将根据标准的立方体卫星模型建造,其零件由以色列理工学院的学生装配到一起。另外,卫星还会附上测量设备、天线、计算机以及控制系统和导航设备。用于控制卫星飞行状态的程序和算法,是以色列理工学院太空研究实验室研发出来的。该纳米级人造卫星群,将通过运载火箭由欧洲、俄国或印度发射。

几个月以前,格尔菲尔收到欧盟拨付的150万欧元投资款,并和他的跨学科研究团队建立了一种运行模式，以克服纳米级人造卫星距离彼此太远或太近的问题。当它们之间的距离出现问题时，零件必须能够正常传输信号和运转，并必须能够以最少的燃料消耗锁定卫星的相对位置，以便于其能够在太空里运行更长时间。

（二）研制不同功能人造卫星的新进展

1.研制发射导航卫星的新成果

（1）发射3颗全球卫星导航系统卫星。2008年12月25日，俄新网报道，俄罗斯航天部门当天用一枚运载火箭，发射了3颗全球卫星导航系统卫星（即“格洛纳斯”系统），使得该系统的在轨卫星总数达到20颗。

报道称，莫斯科时间25日13时43分，俄航天部门从位于哈萨克斯坦境内的拜科努尔发射场，用一枚“质子-M”火箭，把3颗“格洛纳斯-M”导航卫星送往近地空间，此次发射是俄罗斯2008年最后一次航天发射。

（2）首颗伽利略实验导航卫星运行良好。2010年12月28日，总部位于巴黎的欧洲航天局宣布，欧洲伽利略全球卫星导航系统（简称“伽利略计划”），首颗实验卫星“GIOVE-A”自2005年发射以来，在太空中运行良好，为今后正式卫星的发射奠定了基础。

项目负责人瓦尔特·阿尔普表示，“GIOVE-A”和随后发射的“GIOVE-B”，设计寿命均为27个月，但前者至今已在太空中停留了60个月，却依然呈现出良好的状态。他认为，除了设计合理，这颗卫星的“长寿”也有运气的成分，因为它运行的5年正值太阳活动相对平静的阶段，这意味着它受到的宇宙辐射大大低于预期，损毁的程度也相对小。

2.研制发射通信卫星的新成果

（1）一箭发射两颗通信卫星。2009年2月11日，俄媒体报道，俄罗斯国家赫鲁尼切夫航天科研生产中心发言人，博布列涅夫宣布，俄罗斯当天用一枚“质子-M”运载火箭，成功发射了2颗“快船”系列通信卫星。

据报道，莫斯科时间11日3时，一枚“质子-M”运载火箭，搭载“快船-AM44”及“快船-MD1”通信卫星，从位于哈萨克斯坦境内的拜科努尔发射场顺利升空。发射后，卫星和“微风-M”推进器一起按计划与运载火箭分离。预计在发射约9小时后，两颗通信卫星将先后与“微风-M”推进器分离，分别进入西经11度和东经53度的地球静止轨道。

“快船-AM44”及“快船-MD1”卫星，属新型通信卫星，用于更新俄罗斯现有的通信卫星系统，与之前的卫星相比，该系列卫星输出功率大，设计寿命较长。

“快船-AM44”通信卫星，由俄罗斯列舍特涅夫卫星信息系统公司制造，卫星发射重量约2.6吨，在轨寿命12年，它将为俄罗斯及独联体国家的用户提供数字电视、广播、电话、数据传输、视频会议、互联网接入及VSAT通信等数据传输服务。

“快船-MD1”通信卫星，由俄罗斯国家赫鲁尼切夫航天科研生产中心设计生产，卫星发射重量约 1.1 吨，在轨寿命 10 年，它将为俄罗斯及独联体国家提供数字电视、广播、互联网接入及视频会议等数据传输服务。

这两颗通信卫星的发射，是按照俄罗斯国家民用卫星更新计划及俄罗斯 2006—2015 年联邦航天计划实施的。卫星运营商俄罗斯“航天通信”公司总裁奥斯塔普丘克此前曾表示，在 2015 年前俄罗斯将发射 15 颗不同系列的新型通信卫星，其中包括“快船-AM”系列重型卫星。

“质子-M”运载火箭，及“微风-M”推进器，由俄国家赫鲁尼切夫航天科研生产中心生产，运载火箭为三级液体燃料火箭，发射重量约 700 吨。

（2）发射一颗新一代大功率通信卫星。2009 年 6 月 30 日，俄塔社报道，俄罗斯国家赫鲁尼切夫航天科研生产中心，发言人博布列涅夫宣布，俄罗斯当天晚间用“质子-M”运载火箭成功发射一颗美国通信卫星。

这颗名为“天狼星”FM5 的通信卫星，由一枚“质子-M”运载火箭从哈萨克斯坦境内的拜科努尔航天发射场发射，顺利升空。

该卫星由美国劳拉空间系统公司建造，为美国卫星广播巨头天狼星 XM 卫星广播公司所有。此卫星属新一代大功率卫星，重 5840 千克，使用寿命超过 15 年，它将为美国、加拿大、墨西哥及加勒比海地区的用户，提供包括音乐、体育节目在内的高质量无线电转播服务。

3.研制发射天文探测卫星的新成果

（1）发射探测天体与宇宙辐射的卫星。2009 年 5 月 14 日，欧航局和欧洲阿丽亚娜空间公司电视直播报道，格林威治时间 14 日 13 时 12 分，欧洲阿丽亚娜 5-ECA型火箭，携带欧洲航天局两颗科学探测卫星：“赫歇尔”和“普朗克”，从法属圭亚那库鲁航天中心发射升空。

据报道，发射地当天天气晴好，火箭按照预定时间点火，随后搭载两颗卫星腾空而起。目前卫星的飞行状况一切正常。

两颗卫星分别以英国天文学家威廉·赫歇尔和德国物理学家马克斯·普朗克的名字命名，其发射任务是欧航局 2009 年的工作重点之一。“赫歇尔”实质上是一个天文望远镜，也是人类有史以来发射的最大远红外线望远镜，它将用于研究星体与星系的形成过程。“普朗克”则主要用于对宇宙辐射进行观测。

（2）发射内有四部 X 射线望远镜的天文探测卫星。2016 年 2 月 17 日，日本的 H-IIA 火箭，把自 1999 年以来最大最先进的 X 射线天文探测卫星，成功送入了轨道。这颗卫星，将用于调查宇宙的发展过程，研究隐藏在太空中的物理现象。

这颗名为 ASTRO-H 的卫星，携带有 4 部 X 射线天文望远镜，能够覆盖软硬 X 射线，以及伽马射线。这些仪器，有望揭示被困在星系团中以及飘荡在超新星残骸周围的气体，还有盘旋着远离黑洞的物质湍流的细节。科学家表示，其他额外的发现将难以被预期。

这是日本空间和宇宙航空科学研究所，与美国航空航天局的一项合作计划，它会聚了来自日本、北美和欧洲的60所研究机构的240位科学家。

报道称，ASTRO-H 卫星重约2.7吨，全长14米，服役期预计为3年。它由日本和美国的多家机构联合开发，能发现高温高能天体释放的X射线，可观测距离地球数十亿光年的黑洞。它入轨后，每96分钟环绕地球一周。

该卫星的工作任务主要有两个：一是调查宇宙的发展过程，例如研究巨大的黑洞如何成长，以及会给周围带来怎样的影响，星系团在暗物质的支配下是如何形成和进化的。二是验证极限状态下的物理现象，例如在超高密度和超强磁场下，会出现什么样的物理现象，时空在黑洞附近会出现怎样的扭曲。

H-IIA 火箭于当地时间下午5时45分，从位于日本南部的鹿儿岛县种子岛太空中心发射升空，并在随后相继成功分离了两级火箭。人造卫星在升空14分15秒后实现分离。

按照日本以往发射卫星的惯例，这颗卫星将被赋予一个新的名字——Hitomi，用于取代 ASTRO-H 的任务名称。Hitomi 在日语中是“瞳”的意思，象征着宇宙中的一只新的眼睛。该项目管理者，将在未来几个月中验证各种仪器的功能。预计全面观测将在2016年年底前展开。

自1979年以来，日本已发射了5颗X射线天文卫星。此次发射的卫星，用于接替2005年发射并于2015年停止使用的朱雀号卫星。现在这颗卫星的摄像和分光能力，达到朱雀号的100倍。

如果仅观测宇宙天体的可见光，那么太空中的绝大多数物质都无法观测研究。因此，要想了解宇宙面貌，针对源自各类天体的X射线进行观测是不可或缺的手段。

4.研究开发地球监测卫星的新成果

(1)发射观测地表环境的卫星。2009年11月2日，俄媒体报道，俄罗斯航天新闻和公共关系局局长佐洛图欣宣布，俄罗斯当天用“轰鸣”火箭成功发射两颗欧洲科研卫星。

佐洛图欣说，莫斯科时间2日4时50分，一枚“轰鸣”运载火箭携带两颗欧洲科研卫星：土壤湿度和海洋盐度研究卫星，以及普罗巴2号小型卫星，从俄西北部的普列谢茨克发射场顺利升空。火箭将在3个小时的时间内，分别把卫星送入预定轨道。

土壤湿度和海洋盐度研究卫星，是第一颗用于测定全球范围内土壤和海洋参数的卫星。卫星发射是在欧洲航天局“生命星球”项目框架内进行的，该项目旨在研究地球大气层、生物圈、水圈、地球的内部结构及人类活动对这些自然现象的影响。该项目的首颗卫星地球重力场和海洋环流探测卫星，已于2009年3月被成功送入轨道。

土壤湿度和海洋盐度研究卫星，是由一家法国公司制造的，重658千克，在轨寿命3年。卫星上装备了一台先进的综合孔径微波成像辐射计。发射升空后，它至少每3天绘出一幅地球土壤湿度图,每30天绘出一幅海水含盐量图。专家将根据这些数据研究土壤湿度和海洋盐度的变化过程,及对地球天气的影响,从而提高气候变化,及极端自然现象预测的准确性,并了解地球冰层的情况。

普罗巴2号小型卫星由欧航局研制,卫星重130千克,在轨寿命2年,主要功能是观测地表的各种形态、验证多项新型航天器技术,并执行太阳和宇宙环境观测任务。

用于发射的"轰鸣"运载火箭为两级火箭,长28米,直径2.5米,起飞重量为107吨,由俄罗斯赫鲁尼切夫国家航天中心,在俄罗斯"RS-18"洲际弹道导弹的基础上,加装"微风-KM"推进器改良而成,能将2吨以下的有效载荷送入近地轨道。

(2)研制监测地球大气环境的静止轨道卫星。2012年6月,韩国媒体报道,韩国环境部近日发布消息,为监测韩半岛地区气候与大气变化,韩国正在制订计划,着手研制静止轨道环境卫星,即地球环境卫星。

据悉,上述卫星计划于2018年发射升空,由韩国国立环境科学院在2012年选定海外合作伙伴后,到2015年完成环境卫星本体和地面站等的建造。本卫星工作寿命为10年,通过监测臭氧、二氧化硫、二氧化氮、甲醛等温室气体的排放情况,以及东亚地区气候与大气变化,提高对气候变化的预测能力,进而有效降低因气候变化可能出现的损失。

韩方又称,该卫星在世界上将是第一颗用于监测大气环境的静止轨道卫星,虽然美欧曾利用低轨道卫星监测大气变化,但尚无利用静止轨道卫星进行环境监测的先例。

(3)发射监测地球环境的"哨兵-1A"卫星。2014年4月3日,国外媒体报道,欧洲首颗"哥白尼"计划环境卫星"哨兵-1A",于格林威治时间当天21点2分,搭乘联盟VS07运载火箭,从法属圭亚那航天中心发射升空。

卫星被送入高约700千米、倾角98.2度的一条太阳同步极轨道,将用于为"哥白尼"计划提供基础数据。从这条轨道上,卫星将能每12天重访任何一个给定区域。

2003年,欧洲委员会和欧洲航天局正式启动"全球环境与安全监测"计划,后更名为"哥白尼"计划。它是欧盟继"伽利略"计划之后又一项重大的军民两用航天发展计划。其主要内容是整合欧洲各国的卫星观测力量,形成综合的观测网络并提供运营服务。

"哥白尼"计划的应用与运营服务部分包括:监测海洋、陆地、污染、水质、森林、空气、全球变化、土地利用与土地覆盖状况及其变化等,应对污染和石油泄漏、洪水和森林火灾危机、地陷和山崩危机等突发事件。

"哨兵-1A"由泰雷兹·阿莱尼亚空间公司作为主承包商牵头研制,采用"普莱马"平台,发射质量约2200千克,专用于地面和海洋观测,设计寿命7年零3个月。空客防务与航天公司负责提供星上"C波段合成孔径雷达"有效载荷。该有效载荷设有多个成像模式,地面分辨率为5~20米。

（4）再次发射监测地球环境的“哨兵-2A”卫星。2015年6月23日，国外媒体报道，欧洲“哥白尼”计划环境卫星“哨兵-2A”于当天发射升空，预计工作寿命为7年零3个月，“哨兵-2A”卫星携带一枚多光谱成像仪，可覆盖13个光谱波段，幅宽290千米。“哨兵-2A”卫星在农业、林业等种植物监测方面具有大面积连续监测优势，同时也在粮食估产、气候变化监测方面发挥巨大作用。

“哨兵-2A”数据含有13个光谱波段、10米空间分辨率、重访周期10天。从可见光和近红外到短波红外，具有不同的空间分辨率，在光学数据中，“哨兵-2A”数据是唯一一个在红边范围含有三个波段的数据，这对监测植被健康信息非常有效。“哨兵-2A”是高分辨率、高重访率的多光谱成像卫星，主要用来监测土地环境，包括陆地植被、土壤以及水资源、内河水道和沿海区在内的全球陆地观测。

据悉，过不多久，欧洲航天局将发射“哨兵-3A”卫星。“哨兵-3A”是全球海洋和陆地监测卫星，由泰雷兹-阿莱尼亚空间公司研制，设计寿命7.5年，主要用于监测全球陆地、海洋植被和大气环境。

另外，欧洲航天局正在研发“哨兵-4”“哨兵-5”任务设备，其中“哨兵-4”任务的有效载荷将在2017年和2024年分别由2颗欧洲静止气象卫星——“第三代气象卫星”搭载升空。“哨兵-5”任务的有效载荷将在2021年由欧洲极轨气象卫星——“气象业务”搭载升空。它们主要用于大气化学、环境污染、臭氧及气溶胶的全球实时动态环境监测。

二、开发人造卫星配件和制造设备的新信息

（一）研制人造卫星配件取得的新进展

1.开发卫星发动机的新成果

（1）研制可用于卫星的超低能耗发动机。2006年4月3日，俄罗斯赫鲁尼切夫航天系统科学研究所所长梅尼希科夫，向媒体宣布，该所已开发出一种能量损耗很小可用于卫星的新型发动机。

据介绍，这种新型发动机使用液体或固体工作介质。发动机工作时，通过吸收很少的外部能量，内部的工作介质即以一种特殊的方式旋动，由此使发动机产生推力。

科研人员从事这种发动机的研究，已有4年多时间。他们预计，这种超低能耗发动机可以工作15年，它所需的电能将由航天器的太阳能电池板提供。

研究者认为，这种发动机如果装备在卫星上，借助卫星太阳能电池板存储的能量，可以产生100千克力的牵引力，持续工作时间20分钟。它属于环境清洁型发动机，除可以用于调整卫星和空间站的轨道，还可以用于飞机及地面各种交通工具。俄联邦航天署表示，大力支持这一发明成果的应用，将尽快把它发送到太空进行试验。

（2）研究小微卫星紧凑型发动机取得突破。2012年5月，国外媒体报道，瑞士洛

桑联邦理工学院专家领导，成员来自荷兰、瑞典、瑞士和英国的一个研究团队，在欧盟第七研发框架计划190万欧元的资助下，针对小微卫星的主要缺陷，研究开发出一种新型的微型紧凑型发动机，从而开启低成本开发空间和观测地球的新时代。

进入21世纪以来，地球轨道小微卫星，因为其巨大的制造和发射成本优势，在世界范围内得到迅速发展。小微卫星的主要优势在于其价廉物美，一般情况下，其制造成本在200~500欧元，而大型卫星的制造成本往往在数千万欧元~数亿欧元。小微卫星的主要缺陷，是一旦发射进入指定地球轨道，就很难再对其进行变轨，因此其应用范围受到一定限制。

新型微型发动机作为关键辅助装置，专门为瑞士正在研制的空间碎片清理卫星而设计，包括无线电子控制系统和自备燃料在内，总重量200克，体积呈现10厘米立方体。研究人员经过测算，如果把小微卫星从进入地球轨道的速度2.4万千米/小时，加速提升至月球轨道速度4万千米/小时，需要6个月的时间，但仅仅需要1升燃料。

新型微型发动机，也称作“离子发动机”。它的运行，不是利用传统意义上的燃料通过燃烧反应产生推进力，而是利用被称作离子液体的化学溶剂EMI-BF4，溶剂由带电荷的分子即离子构成。“离子发动机”通过控制1000伏的电场加速离子，并将离子从末端喷嘴口喷出产生推力。电场的正负极每秒转换一次，从而保证充分利用溶剂中的正负离子。

2.开发卫星配套雷达的新成果

开发出可搭载在卫星上的雷达系统。2013年2月，日本媒体报道，日本宇宙航空研究开发机构（JAXA），与情报通信研究机构组成的研究小组，近日开发出一种可搭载在卫星上的雷达系统，利用该系统，人们可在全球范围内把握云粒的运动与分布情况。卫星上搭载这种雷达在世界上还是首次。

云粒指的是漂浮在大气中、可组成云的水滴或冰晶粒子。这次日本开发的这种卫星雷达系统，可以每秒7000次的频率，发射波长约3毫米的电波（毫米波），电波经最小直径0.01毫米左右的云粒反射回来后，再使用天线进行观测。除了云粒，该系统也可以观测到雨和雪颗粒的动向。

该系统预计将于两年后，由日本与欧洲联合研制的地球观测卫星搭载升空。开发人员希望其投入应用后，可以在判明酷暑、暴雨等气象现象，以及提高地球变暖预测精度等方面发挥重要作用。

（二）开发人造卫星制造设备的新进展

开发出制造卫星发射设备的先进机床。

2006年6月14日，印度媒体报道，印度国有重型工程公司（HEC）已经开发出该国首台自行建造的用于制造卫星发射设备的机床。当天，这台机床被移交给印度空间研究组织维克拉姆·萨拉巴伊太空中心。

这家公司开发的这种“计算机数控三轴单柱立式车床”，可用于加工极轨卫星运载火箭使用的产品和组件。报道称，该公司自行设计并建造了这台机床。

该公司的一位高级官员称，此机床被认为是世界先进的机床之一。它可用于建造卫星发射设备。他还表示，印度空间研究组织曾经试图从日本获得此类机床，但政府主管部门没有同意。

第四节　运载火箭研究的新成果

一、研制开发运载火箭的新信息

（一）研发与改良运载火箭的新进展

1.近年研发并投入使用的运载火箭

（1）运载火箭“KSLV-1”首次公开亮相。2009 年 4 月，有关媒体报道，韩国首枚运载火箭“KSLV-1”，在位于全罗南道高兴郡的罗老宇宙中心首次亮相。韩国航空宇宙研究院近日把地面试验用发射体移动到发射台，进行了安装发射认证试验。

韩国将于 2009 年 7 月末发射“KSLV-1”，它将搭载韩国自主开发的人造卫星升空，重量 140 吨、长度和直径分别为 33 米和 3 米，推力达 170 吨。

（2）发射用于检验航天新技术的火箭。2010 年 8 月 31 日，日本媒体报道，日本宇宙航空研究开发机构宣布，当天当地时间 5 时，该机构在日本南部的内之浦宇宙空间观测所，发射了一枚小型固体燃料运载火箭。该火箭利用所携装置，检验了有望用于在轨卫星姿态和速度控制的新技术。

这枚火箭全长 8 米，发射时总重量为 2.2 吨，在上升到 309 千米高度的过程中，载有实验装置的子机分离，研究人员随即用连接火箭和子机的一根长约 300 米的导线，进行了通电实验。

专家最终确认，当有电流通过导线时，电流与地球磁场相互作用并产生了力。未来如果能人为控制这种力，就有望将其用于控制人造卫星等航天器的姿态和速度等。

上述实验装置，由日本宇宙航空研究开发机构与东京首都大学、静冈大学和香川大学等合作开发。火箭在实验结束后，坠入内之浦东南方向约 400 千米的大海里。

（3）展示用于发射鹳 3 号机的 H2B 火箭。2012 年 3 月 8 日，日本共同社报道，日本宇宙航空研究开发机构与三菱重工业公司，在爱知县的三菱重工工厂，向媒体展示了用于发射无人货运飞船鹳 3 号机的 H2B 火箭主体。火箭主体将于 3 月 14 日，海运至种子岛宇宙中心（位于鹿儿岛县），完成最后组装后于夏天发射升空。

H2B 火箭92%的部件为日本国产，含发射费用在内的制造费共计约140亿日元。鹳3号机，将向国际空间站运送生活物资及实验器材。

2.改良已使用的运载火箭

着手改良H2A火箭以提高其运载能力。2012年2月11日，日本媒体报道，日本宇宙航空研究开发机构近日发表一份公报，宣布将对国产主力火箭“H2A”进行改良，使其运载能力提高一倍以上，能够发射大型卫星，从而提高在商业领域的竞争力。第一枚改良后的H2A火箭预计在2013年发射。

静止卫星需要用火箭发射到一定高度，然后卫星利用自身的发动机，进入对地静止轨道。在日本鹿儿岛县种子岛宇宙中心发射H2A火箭，与欧洲从赤道附近发射的火箭相比，为了将卫星送入静止轨道，前者需要让卫星携带更多燃料，所以导致卫星自身的重量受到限制。

根据改良计划，H2A火箭利用第二级发动机的时间将延长，一直将卫星送入静止轨道附近。由于卫星自身的燃料负担减少，所以能够发射的卫星重量将由现在的2.2吨增加到4.6吨，而且卫星的寿命还可以延长3年左右。同时，宇宙航空研究开发机构还准备改良使卫星与火箭分离的装置，并将在火箭上安装位置信息传感器等。

（二）列入计划正在研发的运载火箭

1.欧洲计划投资研发的运载火箭

（1）投资研发阿丽亚娜6型火箭。2010年12月14日，法国总统府发表公报称，法国总统萨科齐表示，该国将一如既往地把航天业视为“战略优先发展目标”，并会从政府借贷计划中拿出2.5亿欧元用于研发阿丽亚娜6型火箭。

萨科齐表示，国家将在政府借贷计划（总计350亿欧元）的框架下，拿出5亿欧元航天专项经费，其中2.5亿欧元用于研发阿丽亚娜6型火箭，其余用于研发创新型卫星项目。

据报道，法国政府已与法国国家航天研究中心签署协议，首期投入8250万欧元进行阿丽亚娜6型火箭的研发工作，新型火箭有望在2020年到2025年间投入使用。

（2）将开发可重复用的太空火箭发射器。2015年6月11日，物理学家组织网报道，欧洲航空巨头空中客车公司将推出一个新计划，到2025年实现太空火箭发射器的可重复使用，以把火箭最昂贵的部分引擎从太空带回，再利用10次或20次。

据报道，自2010年以来，该公司工程师团队一直秘密在巴黎郊外空客的一个仓库里工作，寻找回收太空火箭发射器的方式。他们需要解决的一个难题是，确保回收火箭发射器的成本，要小于传统上的一次性发射所耗费用。

空客将分两个阶段实现发射器可重复使用的理念：结合了创新引擎和经济性的先进发射器艾德琳（Adeline）和太空拖船（Space Tugs）。空客防务与航天项目主任弗朗索瓦解释说:“在第一阶段工作中,主要是发射和操作火箭。后期将进入行动的第二部分。”在进入操作艾德琳阶段,要依靠发射器底部的一个稳定器,及配备的小机翼和螺旋桨发动机。与大多数飞机一样,燃料储存在机翼里。太空拖船则要求设备可在海拔 1000 千米处盘旋,在卫星技术帮助下为发射器加油。

弗朗索瓦说:“为了达到重复利用的终极目标,我们要把火箭发射器最昂贵的部分从空间带回实现再利用,此方法比使用新的发射器更为便宜。”他们的想法是,将占发射器总价值 80%的推进装置舱和引擎放在隔热板里,以保护它们返回地球,然后重复使用。一旦艾德琳完成了其使命,会像无人机一样远程飞行并在地球上着陆。弗朗索瓦说,希望可以重复使用发动机 10 次或 20 次。

空客公司表示,这将完全区别于竞争对手美国太空探索科技公司(Space X)的理念。空客防务与航天技术总监赫尔夫声称,空客在这个项目上是出众的,因为它可以比美国公司设计出更多可以重复利用的版本。此外,空客估计,将火箭发射器带回地球需要两吨燃料,这相当于其竞争对手需要燃料的一半。

2.日本正在研发的运载火箭

研发拟于 2020 年发射升空的大型火箭“H3”。2015 年 7 月 2 日,日本媒体报道,日本宇宙航空研究开发机构,在该国文部科学省的宇宙开发利用工作组会议上透露,已正式决定把正在研发的大型火箭命名为“H3 火箭”。首枚 H3 火箭计划于 2020 年度发射升空。

据报道,日本宇宙航空研究开发机构从 2014 年开始研发 H3 火箭。该火箭全长约 63 米,发射价格力争比现行的 H2A 火箭减少一半至 50 亿日元(约合人民币 2.5 亿元)左右。通过设备检查自动化等措施,发射场的整修期也将比现行的最短纪录 53 天缩短将近一半。

据了解,日本政府 2015 年 1 月制定了宇宙基本计划,提出在 2025 年度之前,将宇宙相关设备的业务规模,从目前的 3000 亿日元扩大至合计 5 万亿日元左右。发射基地的增强是此前讨论的课题。

对此,日本宇宙航空研究开发机构于不久前宣布,将于 2019 年,在位于该国鹿儿岛县的种子岛宇宙中心,建设新的火箭发射基地。日本媒体称,该机构希望以此建立随时都能接受卫星发射订单的体制,扩大与美欧俄激烈竞争的太空领域业务。

3.美国正在设计研发的运载火箭

(1)正研制可数月往返火星的核聚变火箭。2013 年 10 月 7 日,美国太空网报道,现有技术让宇航员往返火星约需 500 天,但美国科学家正研制一种利用核聚变技术驱动的火箭,可将往返时间缩短至半年左右。他们预测,数十年内核聚变火箭就将帮助人们进行火星等深空探索。

据报道,美国空间推进技术公司科学家安东尼·潘科蒂领导的研究小组,最近给美国航天局介绍核聚变火箭研制进展时指出,核聚变火箭并非科幻情节,而是完全可实现,有关物理学基础已在实验室里得到证明。利用核聚变火箭将人类在 90 天内送上火星,有可能在几十年内实现。

潘科蒂说:“大体上这将成为现实,核聚变不仅发生在太阳上,也发生在我们的实验室里。”

按潘科蒂等人的设想,火星往返旅程只要 210 天,其中去程 83 天,回程 97 天,在火星上停留 30 天。他们的核聚变火箭工作原理是,先将氢的同位素氘氚等离子体注入一个金属室,然后利用磁场压缩等技术让等离子体发生核聚变,从而获得驱动能量。飞船上还装有太阳能电池板以收集太阳能,提供触发核聚变所需的初始能量。

研究人员说,他们正制造与真实火箭工作时差不多大小的核聚变实验设备,希望近期能取得突破。

(2)着手设计送宇航员上火星的新火箭。2015 年 7 月,美国媒体报道,美国航空航天局日前完成美国有史以来最大推进力火箭:“太空发射系统”第一型的设计评估,朝 2018 年发射该火箭迈进了一步。而美国航空航天局的最终目标是利用这型火箭把宇航员送上火星。

报道称,该火箭高度 98 米,重达 2500 吨,安装在尾部的四台大推进力发动机在火箭升空时,最大推力可达 3810 吨,火箭可载 70 吨货物。

此外,该火箭主体直径约 8.4 米,采用液态氢和液态氧作为燃料,外挂两个推进器。报道指出,“太空发射系统”无人任务包括:拍摄、观察接近地球的小行星;研究月球表面矿物丰富的区域;用酵母菌研究生物体长时间暴露于太空辐射的影响等。

(3)研制拟在首发中载人升空的“巨无霸”火箭 。2017 年 2 月 15 日,《大众科学》网站报道,美国航空航天局正在加速其最大推进力火箭“太空发射系统”的任务进程,更令人震惊的是,其有意在火箭的第一次发射中,就携带宇航员升空,而在火箭首发中载人升空是非常“反传统”的。

“太空发射系统”本质上是一种从航天飞机演变来的超重型运载火箭,之所以被称为“巨无霸”,是因为它将是史上最强的运载火箭。其第一阶段以 70 吨到 110 吨的任务为主,之后会发展出 130 吨的货舱型载荷任务,最终运载能力将达到 143 吨甚至 165 吨。除了庞大体型和惊人载荷,该火箭还将成为载人火星任务的一部分,美国航空航天局也希望能以此铺就未来探索深远太空之路。

按照此前的任务表,该火箭将在 2018 年进行首飞,也就是“探索任务一”(EM-1)环节,届时将携带一个空的舱室,宇航员并不会乘坐其中。直到约 2021 年,火箭才会发射“猎户座”载人舱进入月球轨道,但现在美国航空航天局正在开展研究,评估在 EM-1 环节就实施载人飞行的可行性。

不过,原计划中该火箭首航所携带的舱室虽也是载人舱,却并没有适用于人类的安全系统,研究团队现在不得不增加所需设备,这就有可能延误火箭首次发射的时间。

按照以往的做法,美国航空航天局的载人航天任务,包括最早的"水星"计划以及后来的"双子星座"计划和"阿波罗"计划,在首次载人飞行之前都经过了测试飞行,以致今天的私人航天公司也都采取这种谨慎的做法。但美国航空航天局"猎户座"载人舱工程师斯图尔特·麦克朗则表示,就他个人而言,对火箭在EM-1阶段就搭载宇航员升空感到兴奋,因为这极具挑战性。

（三）运载火箭发射与回收技术的新进展

1.运载火箭发射技术方面的新信息

（1）顺利完成"一箭五星"发射任务。2012年7月22日,俄媒体报道,俄罗斯联邦航天署宣布,俄"联盟-FG"型运载火箭于莫斯科时间22日10时41分,从哈萨克斯坦的拜科努尔发射场升空,将其携带的5颗卫星送入太空。

据俄航天署介绍,这次发射的5颗卫星来自俄罗斯、白俄罗斯、加拿大和德国。其中,俄罗斯的"MKA-PN1"卫星,是第一批基于俄自主研制的新卫星平台"克拉"制造的微型科研卫星。它不足100千克,用途是搜集地球海洋表面的温度和盐度,以及陆地表面温度和湿度的数据。这些数据,对气候学家建立气候模型和海洋环流模型,必不可少。

执行这次发射任务的"联盟-FG",是三级液体燃料火箭,最大有效载荷为6.9吨,主要用于发射载人飞船,也可用于商业发射卫星。2001年至今,该火箭进行的40次发射,无一失败,与其他俄运载火箭相比可靠性较高。

（2）计划重启"空中发射"项目。2012年7月,俄媒体近日报道,俄罗斯有意重新启动因全球金融危机而遭搁置的"空中发射"项目,即使用重型运输机在空中发射运载火箭。俄计划与印度尼西亚合作,利用俄罗斯生产的重型运输机和印尼的地面基础设施来实施这一计划。

2006年,负责实施这一项目的俄罗斯"空中发射"航空航天企业,与印度尼西亚一家公司签署协议,决定在印尼斯考滕群岛上的飞机场,部署安-124-100VS"鲁斯兰"重型运输机,利用这里靠近赤道的有利地理位置,实施空中火箭发射。

"空中发射"航空航天企业的大股东俄罗斯"飞行"航空公司,曾在2007年表示,这一项目已进入最后阶段,2010年将实施首次发射。但此后全球金融危机爆发,项目因缺乏后续资金而被搁置。

"空中发射"航空航天企业的总设计师罗伯特·伊万诺夫,接受俄《消息报》采访时说,"飞行"航空公司一直没有放弃这个项目,并已投入近2500万美元资金。

他解释说,用飞机发射火箭的商业价值,在于更高的性价比,因为这种发射方式比在地面发射同样重量的负载便宜20%至30%。目前实施空中发射的成本约为3亿美元,随着技术的完善,费用还会进一步降低。

利用空中发射火箭技术,重型运输机可将轻型运载火箭携带到巡航高度再分离发射,由于高空中火箭承受的压力相对较小,对火箭的结构强度要求也不会太高，火箭发动机可在更理想的环境下工作。目前，美国在这一领域处于领先地位。

2.运载火箭回收技术方面的新信息

（1）火箭首次实现软着陆并完成回收。2015 年 11 月 24 日，美国蓝色起源公司官网报道，11 月 23 日该公司发射的一枚火箭成功实现软着陆并完成回收，成为全球第一个发射升空后又完好无损返回地面的火箭，该公司由此完成了一次足以载入史册的火箭飞行。

蓝色起源公司还在网上发布了一段火箭发射和着陆的视频。该公司称，这款火箭由其自行研发的 BE-3 发动机驱动，此次测试搭载的新谢泼德飞船达到 100.5 千米的高度和每小时 4557 千米的速度，进入了亚轨道太空。如果飞船载人的话，在返回地面前，其中的乘员将会经历 4 分钟的失重状态。

过去，在将卫星或飞船送入太空后，火箭会像石头一样落地后报废。但蓝色起源的火箭在箭船分离后，回到着陆点上空，重新点燃引擎，经过短暂的姿态调整，缓缓地落到地面。降落过程中火箭保持直立，落地后箭体完好无损。这次软着陆回收意味着火箭能像飞机一样重复使用，将显著降低太空飞行的成本。此前，没有任何一个机构或者公司做到这一点。

蓝色起源在其新闻稿中，披露了更多火箭着陆的详细信息。火箭物理设计首先帮助它滑翔到发射台上空。在即将靠近地面时，火箭的 8 个“刹车装置”将其下降速度降至每小时 622 千米；而后火箭外部的鳍状装置帮助其调整姿态，速度降至每小时 192 千米；距离着陆点上空 1500 米时，火箭对准着陆点，BE-3 发动机点火反冲，着陆架展开；距离地面 30 米的时候，火箭速度降至每小时 7.1 千米，最终安全着陆。

据报道，蓝色起源公司属于亚马逊“掌门人”杰夫·贝索斯旗下的企业。贝索斯在公司网站发表文章说：“火箭一直是一种一次性消耗品。今后将大为不同。”据称，为期两年的飞行测试后，蓝色起源将提供载人太空旅行服务。此外，该公司还有“建造太空站并将人类送上去的愿景”。

另一家进行此类尝试的是由伊隆·马斯克创办的太空探索技术公司。但该公司多次回收“猎鹰 9”火箭均未成功。对蓝色起源的成功，马斯克在推特网站上予以祝贺，但也指出两家公司在技术和目标上的不同。他说，“猎鹰 9”火箭的目标，是把有效荷载运送到低地球轨道，而蓝色起源的火箭只是将乘客送往亚轨道太空。的确，由于其轨道更高、体积更大，“猎鹰 9”火箭的回收难度也大一些。但“开发出首个可回收火箭”的名号，已经花落蓝色起源公司，这点已无法改变。

（2）猎鹰九号火箭成功实现着陆回收。2015 年 12 月 21 日，美国太空探索技术公司官网报道，当天晚上该公司的猎鹰九号运载火箭，在把 11 颗通信卫星送入预定轨道的同时，成功实现火箭第一级的着陆回收。

网上发布的现场直播视频显示，猎鹰九号火箭从位于美国佛罗里达州的卡纳维拉尔角空军基地升空，大约 2 分 30 秒后火箭的第一级开始与第二级“分道扬镳”，并调头返回地面，最后在一片火光中稳稳地垂直降落在距发射场不到 10 千米处。掌声、欢呼声在现场瞬间爆发。

猎鹰九号并不是第一个实现第一级着陆回收的火箭。上个月，亚马逊掌门人杰夫·贝索斯旗下蓝色起源公司的一枚火箭，已经抢占先机。不过，猎鹰九号火箭此次升空高度是前者的两倍，约 200 千米。它的垂直着陆，可以说是火箭回收利用技术的里程碑事件。

太空探索技术公司一直试图通过重复利用火箭等太空探索工具，来削减私人太空探索的成本，但屡遭不顺。此前，该公司曾多次尝试让猎鹰九号火箭的第一级降落在海上平台，均以失败告终。2015 年 6 月，猎鹰九号在执行国际空间站货运任务时发生爆炸。这次发射，是爆炸事故以后该公司第一次发射火箭。它的成功，也标志着这家公司的巨大进步。

太空探索技术公司首席执行官埃隆·马斯克曾表示，目前私人太空探索行业方兴未艾，但竞争十分激烈，拥有火箭回收技术可以实现火箭的重复利用，从而大大减少该公司太空探索的成本。马斯克为庆祝这次成功，在社交网站上发帖说：“欢迎回来！宝贝儿！”

（3）首次利用回收的“二手火箭”发射卫星。2017 年 3 月 31 日，美国太空探索技术公司官网报道，该公司当天在肯尼迪航天中心 LC-39A 发射平台执行 SES-10 任务，这是其首次利用之前回收的“二手火箭”发射卫星，如此次发射成功并再次完成火箭回收，则意味着人类在快速可重复用火箭的道路上树立了一座里程碑，更将被视为航天工业的又一个分水岭。

传统火箭都是一次性使用的，但美国太空探索技术公司的“猎鹰 9 号”，却在 2016 年成功实现了火箭海上回收，并在之后数次重复完成这一动作。此次一旦利用“二手火箭”发射成功，便标志着该公司已“彻底掌握”火箭重复使用技术，而火箭复用正是降低发射成本最为关键的一步。据估算，火箭回收再利用一次，至少能将发射成本降低 30%，重复使用 10 次，则能降低 80%左右。

美国太空探索技术公司此次的客户，是位于卢森堡的全球最大卫星运营商——SES 公司，其在全球提供可靠和安全的卫星通信解决方案。“二手火箭”运送的货物名为 SES-10 卫星，用于向拉丁美洲提供通信服务。该卫星将在发射后约 32 分钟部署，最终将在距离地球表面 3.54 万千米的地球静止轨道上运行，成为覆盖拉丁美洲的迄今最大的卫星之一。

美国太空探索技术公司此前拥有卡纳维拉尔角第 40 号发射台，但其在 2016 年 9 月 1 日火箭爆炸事故中受损。自 2017 年恢复发射以来，该公司启用了改造后的肯尼迪航天中心 LC-39A 发射复合体。该平台历史悠久，曾经在阿波罗登月时代执行过所有登月任务所用的“土星 5 号”火箭发射；后又在航天飞机时代执行过多次发射，包括第一次和最后一次的航天飞机升空。

二、开发火箭配件与燃料的新信息

(一)研发火箭配件方面的新进展

1.研制火箭动力取得的新成果

(1)开发成功世界首个甲烷燃料火箭引擎。2005年8月29日,美国媒体报道,加州一家名叫XCOR的太空旅游公司当天宣布,完成了其重达50磅的甲烷燃料与液体氧火箭引擎的一系列测试工作,并获得圆满成功。

该公司首席工程技术人员丹·德隆说:“本公司全体人员对此次测试的圆满成功感到非常兴奋,他们会继续努力在今后的一系列开发与测试中表现出最好的状态。”

此次测试工作,给这家太空旅游公司带来不小的收获。通过此次测试,更好地掌握了甲烷的工作与燃烧原理。因为,此前该公司在此方面已积累了很多经验,对液体氧的物理特性非常的熟悉,因此,其此次开发的低温甲烷燃料引擎,并没有遇到太大阻碍。

该公司在未来时间里,还将继续研究更新一代的燃料引擎——3M9,此类引擎将主要用于火箭反应控制体系,以及卫星机动系统。该公司之所以青睐甲烷燃料引擎的研制,主要是因为,甲烷燃料引擎具有很高的燃料存储性能,密度比氢燃料的密度大,并且比煤油燃料的使用效果好。

有关人士指出,使用甲烷燃料引擎,最为诱人的好处是:此种引擎可能在不久的将来,使用火星大气中提取出的甲烷,作为其燃料以供使用。

XCOR公司此次测试工作总共进行了65秒钟,在此期间对22个燃料引擎进行了测试。其中燃烧时间最长的燃料引擎总共燃烧了7秒钟。此次测试的引擎所使用的燃料都是密封在其内部的推进剂。燃料压力推进与抽吸系统,正在研制与开发过程之中。额外的技术与执行性能细节,可以直接询问该公司的有关人员。

(2)研制超音速冲压火箭发动机。2006年3月25日,英国广播公司报道,一种能够达到7倍音速的新型喷气发动机,日前在澳大利亚试飞成功。

据报道,这种超音速燃烧冲压喷气发动机名为“海肖特III”,由英国国防科技公司设计。装有该发动机的火箭升空314千米后开始俯冲下降,研究人员认为,火箭在俯冲期间应该达到了7.6马赫(约每小时9000千米)的速度。

目前,一个国家专家小组正在对实验数据进行分析。发动机的主设计师、英国国防科技公司的英国专家欧文表示,目前看来,一切都在按计划进行。如果最终证明发动机试飞成功,将为制造超高速洲际航空旅行奠定基础,还能大幅度减少将小型负荷送入太空的费用。这是“海肖特III”国际联合体计划今年进行的3次试飞的第一次。

第二次试飞的火箭,是由日本宇航空研究开发机构设计的,而第三次试飞的火箭将由澳大利亚联邦科学与工业研究组织设计。第一个“海肖特”冲压发动机在2001年发射，当时运载发动机的火箭偏离航向所以试飞失败。

超音速燃烧冲压喷气发动机又叫冲压发动机，机械构造十分简单。发动机没有移动部件，该发动机以空气中的氢气作为燃料，以空气中的氧气助燃。因此，冲压发动机比常规火箭发动机效率更高，因为他们不需要携带氧气，所以航天器能够装载更多负荷。不过，冲压发动机只有速度达到音速5倍的时候才能开始工作。

冲压发动机达到高速的时候，穿过发动机的空气被压缩，温度上升产生燃烧。急速扩张的空气从尾部排出形成推力。为了达到需要的速度，“海肖特III”冲压发动机将被安装在常规火箭顶部，发射上升到330千米的高度，然后再冲向地面。冲压发动机俯冲下降，速度可以达到7.6马赫，即每小时超过9000千米。

根据计划，实验在发动机俯冲到距离地面35千米的高度进行。当发动机继续俯冲时，冲压发动机内部的燃料就会自动开始燃烧。在实验中，研究人员只有6秒钟的时间观测发动机的运行情况，因为6秒过后价值100万美元的发动机就撞地坠毁了。

（3）火箭离子发动机技术获得新突破。2013年2月，美国加州理工学院喷气推进实验室一个研究小组，在《应用物理快报》上发表论文称，他们已经找到一个方法，可以有效地控制通道壁被离子轰击导致的“侵蚀”现象，从而使火箭离子发动机技术可以走向普及。

传统的火箭发动机以化学能燃烧为动力，科学家预计未来行星际航行的宇宙飞船，需要配备跨时代的火箭引擎。这样，火箭离子发动机技术就进入了人们的视野。它是指采用电能加速工作物质，产生高速喷射流驱动飞船前进。

应用这种技术打造的动力系统，也被称为霍尔推进器，其通过轴向电场产生喷射离子推进，与化学能火箭发动机最大的不同之处，是利用电能来形成离子化的推进动力，在现有的空间探测器中，离子驱动技术已经成功用于姿态控制等操作。

电推发动机技术之所以没有得到推广应用，是因为放电通道壁存在“侵蚀”问题。现在，该研究小组已经攻克了这道技术难题。研究人员说，当放电室中的电子与推进器原子发生碰撞时，就会在霍尔推进器中产生离子，在外加电磁场作用下形成向前的推力。磁场大多是垂直于放电通道的边壁上，而电场则平行于边壁，叠加之后可将离子加速至非常高的速度，即大于每小时7.2万千米，最后由尾喷口喷射出形成推力。

为了消除离子对通道边壁产生“侵蚀”效应，该研究小组根据理论和数值模拟，设计了沿着边壁的磁场线分布，使之对等离子体的影响降至最小，将电场方向进行了修改，大大降低了加速离子过程对边壁的“侵蚀”。研究人员把它称为新的磁场屏蔽法，对真空状态的推力驱动装置进行部分修改，综合模拟和实验结果显示，可将加速离子的侵蚀程度减少100~1000倍。

3.研制火箭发动机部件的新成果

3D打印的火箭发动机喷嘴点火成功。2014年9月1日，物理学家组织网报道，近日，美国航空航天局成功测试了两个迄今设计最复杂的、3D打印制造的火箭发动机喷嘴。两个喷嘴分别进行了5秒钟点火试飞，产生了8900千克的推力。设计的氢氧旋混几何流型使燃烧产生的推力，达到每厘米250千克，温度达到3300℃。测试地点在亚拉巴马州的马歇尔空间飞行中心。

据报道，通过这次设计，研究人员把3D打印技术推进到极限。他们先把设计方案输入3D打印计算机，然后由打印机一层层地打出每个部分，通过激光把金属粉末融合在一起，这一过程叫作选择性激光熔融。

3D打印也叫加法制造。设计者可以用40个喷头打印一个整体部件，而不用分别制造。他们打印的部件在尺寸上类似小火箭发动机喷嘴，而设计上却类似推进大型发动机如RS-25发动机的喷嘴。RS-25发动机是用来推进美国空间发射系统（SLS）火箭的，是举重型探测类火箭，将把人类带到火星上。

马歇尔工程指挥部主管克里斯·辛格说："我们不只是想测试一个喷嘴，还想证明3D打印能给火箭设计带来变革，提高系统性能。在测试中，这些部件表现得出乎意料的好。"如果用传统制造方法，要造163个单独零件然后再组装起来，但3D打印只需两个零件，不仅节约了时间金钱，而且造出的部件能提高火箭发动机性能，减少失败的可能性。

两个火箭喷嘴分别由两家公司打印。马歇尔推进工程师詹森·特宾说："我们的目标之一，是与多家公司合作，为这种新的制造工艺制定标准。我们与行业合作，学习怎样在航空硬件制造的每个阶段，从设计到空间操作，都利用这种加法制造的优势。我们正在把学到关于火箭发动机部件制造的一切，应用到空间发射系统及其他航空硬件上。"

由于加法制造设计独特，不仅能帮设计师制造和测试火箭喷嘴，还能使测试更快更智能。马歇尔中心拥有室内加法制造能力。负责本次测试的推进工程师尼古拉斯·凯斯说："这让我们能看到测试数据，根据数据来修正部件或测试标准，迅速改变生产再返回来测试。这会加速整个设计、开发与测试过程，让我们能以更少的风险和成本努力改革设计。"

本着降低未来发动机的制造复杂性、节约时间、减少制造组装成本的目的，工程师们不断测试越来越复杂的喷嘴、火箭喷管及其他零件。对于改进火箭设计、完成深空任务来说，加法制造是一种关键技术。

（二）开发火箭燃料方面的新进展

1.发现可作为未来火箭燃料的新氮氧化合物

2011年1月，瑞典皇家工学院物理化学托尔·布林克教授及其同事，在德国《应用化学》杂志上发表研究报告说，他们发现了一种名为"Trinitramid"的新氮氧化合物。它的燃烧效率很高，实验测试表明，它比目前最好的火箭燃料，燃烧效率还要高25%左右，有望成为未来火箭燃料家族的新成员。

据悉，瑞典研究人员在氮的氧化物系列中，发现了这种可替代目前火箭燃料的新化合物。目前，该研究小组已掌握如何制造和分析这种分子，并能在试管中制造出足够多的这种氮氧化合物。接下来，他们还将研究这种分子在固态形式下的稳定性。

2.开发出成本大幅度降低的火箭燃料

2017年4月，国外媒体报道，巴西国家空间研究所卡多·维埃拉博士领导的一个研究小组，近日开发出一种可用于火箭和卫星推动引擎的燃料，成本比传统燃料大幅度降低。

这项成果是巴西国家空间研究所燃料和推动力实验室完成的一个项目，目的是让巴西航天工业能够使用本国产的更加便宜的燃料。这种燃料是乙醇和乙醇胺与过氧化氢反应后形成的，而目前空间工业常用燃料成分是肼和四氧化二氮。

维埃拉介绍说，这种新型燃料每千克成本只有11.2美元，而目前火箭发射使用的传统燃料每千克价格为320美元。

除了经济上的优势，这种燃料反应能力极强，接触氧化剂时氧化反应非常强烈，因此不需要其他点火装置。维埃拉说："这样就减少了点火时间，增加了驱动力，同时还节约了成本。我们研制初期只是有一个想法，但最后的结果令我们都感到惊讶。"

据介绍，这项研究成果已用于实践。巴西航天局与实验室签署协议，由巴西ABC联邦大学负责这种燃料的生产，同时还将生产适合这种燃料的推进器。

维埃拉说："空间科技是一个非常复杂的市场，必须证明产品的有效性、可行性和投入产出比，我想我们的产品将会是非常有说服力的。"他估算，使用这种燃料发射一枚火箭节约的资金能够达到3.2万美元。

第五节　天文仪器研究的新成果

一、研制各种类型的天文望远镜

（一）研制开发红外天文望远镜

1.制成可识别太空垃圾的大型红外望远镜

2004年11月，外国媒体报道，俄罗斯在萨彦天文台，安装了一部新研制的AZT-33IK型超宽角红外望远镜。据悉，这部望远镜，由圣彼得堡的LOMO公司研制和生产，通过拆解方式运到萨彦天文台组装。它的主要任务，是用于观测、追踪宇宙空间亮度较低和体积较小的天体。

专家介绍说，它能准确而可靠地识别出星空中的微弱天体，并测定它们的来源。尤其重要的是，它还可以发现散布在地球轨道上的大量“太空垃圾”。近年来，这些“太空垃圾”，对人造卫星和其他航天器造成的威胁，正在日益加剧。

2.世界最大远红外太空望远镜首次观察宇宙

2009 年 6 月 14 日，英国媒体报道，欧洲航天局发射的世界最大远红外太空望远镜“赫歇尔”，当天“睁开眼睛”，为完成探测任务迈出了成功的第一步。

“赫歇尔”望远镜造价 10 亿欧元，于 2009 年 5 月发射升空，近日成功打开用于保护其敏感仪器免遭污染的舱门。这一程序可允许“赫歇尔”望远镜直径 3.5 米的镜面采集的光线首次涌入其超低温仪器舱或低温恒温器。“赫歇尔”的使命，是研究恒星和星系的形成及在宇宙时期的发展变化。14 日当天的指令要求“赫歇尔”打开舱门的两根螺栓，毋庸置疑是这次任务的一个里程碑时刻。

“赫歇尔”被看作是欧洲航天局的“旗舰”太空望远镜，在其全面展示能力之前，天文学家和公众必须耐心等待。“赫歇尔”望远镜的镜面直径比美宇航局“哈勃”太空望远镜还大，对波长较长的光线极为敏感，即远红外线和直径小于 1 毫米的光线。这样一来，它就能穿透驱散可见波长的尘埃物质，探索宇宙中真正超低温的空间和物体，即从正在诞生的新恒星云到太阳系中遥远的冰状彗星。

“赫歇尔”望远镜正在向一个距地球 150 千米远的观测位置进发，如今已完成了超过 90%的路程。事实上，它现在与地球的距离十分理想，地面指令用不了 5 秒钟就能到达“赫歇尔”望远镜。根据控制人员探测到的“赫歇尔”温度略微升高和晃动等现象，表明舱门成功打开。

3.研制“广角红外测量探测器”太空望远镜

(1)发射搜寻未知天体的红外太空望远镜。2009 年 12 月 14 日，美国媒体报道，美国航天局当天在加利福尼亚州范登堡空军基地，顺利发射升空了“德尔塔Ⅱ”运载火箭，它搭载着一架名为“广角红外测量探测器”的红外太空望远镜。

据介绍，这次发射升空的“广角红外测量探测器”，比美国 2003 年发射的“斯皮策”太空望远镜，以及欧洲 2009 年 5 月发射的“赫歇尔”望远镜更加灵敏，观测范围也更广。

按照美国航天局的计划，这架太空望远镜，最终将在距地球约 500 千米的轨道上开展观测工作。其主要任务是在 9 个月内扫描整个天空，搜寻那些人类未知的小行星和彗星等，对它们进行归类，并列出可能对地球构成威胁的天体。

参与该项目的科学家埃米·迈因策尔说：“通过了解各种各样具有潜在危险的小行星和彗星，可以帮助我们更好地保护地球。”

该工程总造价约为 3.2 亿美元，由美国航天局喷气推进实验室负责。它拍摄到的图像，将传送到加州理工学院的红外处理和分析中心。

(2)红外太空望远镜完成首次宇宙全面观测。2010 年 7 月 17 日，美国航天局喷气推进实验室宣布，2009 年 12 月升空的红外太空望远镜“广角红外测量探测器”，完成了为期 7 个月的首次宇宙全面观测。

在这次观测中，“广角红外测量探测器”发现了 2.5 万颗此前未知的小行星，其中 95%的小行星为近地小行星。幸运的是，在可预见的未来，没有一颗小行星会对地球形成威胁。

同时，发现了 15 颗彗星，以及一个距地球 100 多亿光年、由其他星系碰撞后形成的超亮星系。此外，这个探测器还观察了数百个恒星体，并对其中 20 个的存在状态进行了确认。

按计划，在未来 3 个月内，该探测器将再次对宇宙进行观测，以发现更多隐藏的小行星、恒星和星系，从而补充更多的数据，帮助科学家进一步探究宇宙的奥秘。

（二）研制 X 射线太空望远镜及所需材料

1.建造 X 射线太空望远镜的新信息

（1）研制观测视野达 180°的 X 射线“龙虾”望远镜。2006 年 4 月，英国媒体报道，该国莱斯特大学奈杰尔·班尼斯特博士主持，他的同事参与的一个研究小组，目前正在研制新一代的 X 射线空间望远镜。

班尼斯特介绍说，这种新型望远镜将拥有与龙虾一样宽阔的视野，能够在短时间内拍摄整个天空的照片。

龙虾的视觉系统非常特殊：它由大量光纤通道组成，并通过反射将收集到的光线进行会聚，因此具有非常宽阔的视野。该研究小组研制的新一代 X 射线望远镜，正是利用了这一原理。

目前，研究人员已经把这种模拟龙虾视觉系统研制的新型望远镜，命名为“龙虾全空域 X 射线监视器”。

班尼斯特解释说：“在天文学研究领域，你必须能在需要的时间观测正确的区域，这就意味着：研究人员要么靠运气，要么就得毫无间断地进行观测。我们研制的这种仪器完全能够满足迅速和全面观测的需要。”“龙虾全空域 X 射线监视器”将由六个模块组成，观测视界可达 180°。如果把它部署到公转周期为 90 分钟的绕地轨道上，它将能够在一个半小时内拍摄到天空的完整图像。

按照现有的计划，“龙虾全空域 X 射线监视器”，可能会被安装到国际空间站位于欧洲或俄罗斯所辖部分的外置组件上。当然，它也有可能像“哈勃”望远镜那样，被部署到独立的轨道上。科学家们希望通过它来记录那些有趣的 X 射线事件。例如，超新星爆发和黑洞在吞噬恒星的过程中，都会产生强烈的 X 射线辐射。

（2）发射高能 X 射线太空望远镜。2012 年 6 月 13 日，美国媒体报道，美国航天局当天从太平洋地区的马绍尔群岛，发射了一颗高能 X 射线太空望远镜飞船，用于观测黑洞等宇宙天体。

这个望远镜，全称为“核光谱望远镜阵列”。美国东部时间 13 日 11 时，该望远镜飞船及其运载火箭，由一架飞机运载至空中，约一小时后，两者被抛下飞机，自由落体运行数秒后，火箭开始点火，随后将望远镜飞船推入轨道。美国航天局说，望远镜飞船的太阳能电池板目前已完全展开，与地面的通信也一切正常。

该望远镜造价约 1.7 亿美元，是美国低成本小型探测器项目的一部分，其空中发射方式，比地面发射节省燃料成本。

除黑洞外，该望远镜也能够观测中子星、日冕等其他 X 射线源。该望远镜首席科学家、加州理工学院教授菲奥娜·哈里森说："它是第一颗专注于高能 X 射线的望远镜，其影像清晰度，比观测同光谱区的其他任何望远镜都要高 10 倍以上，敏感度则至少提高 100 倍。

2.研制 X 射线望远镜所需材料的新信息

开发可制超轻薄 X 射线反射镜的单晶硅。2017 年 2 月 7 日，美国航空航天局官网报道，戈达德航天飞行中心科学家多次重复实验证明，单晶硅可用来制造超轻超薄、高分辨率 X 射线反射镜，从而将大大降低太空望远镜的建造成本。

随着太空观测设备建设规模不断扩大，成本也"水涨船高"，开发出既不会降低性能，又容易复制的超轻光学元件迫在眉睫。为收集到高能 X 射线光子，X 射线反射镜必须卷曲进罐状设备内"筑巢安家"，以便 X 射线能像在水池表面扔小石片一样轻轻掠过镜面，不会穿过镜面造成光子流失。

但之前的 X 射线镜面所用的玻璃、陶瓷和金属等材料，都不能满足这些性能目标，而戈达德中心航天物理学家威廉姆·张领导的研究团队经过数年研究证明，硅是一种可行性替代材料。单晶硅的独特晶格结构使得其能对内部压力"应付自如"，在进行切割或变形处理时不会发生弯曲，再加上来源丰富，价格低廉，被认为是制作航天用 X 射线镜面的理想材料。

戈达德中心另一位技术人员文斯·布莱，在为美国航空航天局陆地卫星数据连续性任务开发热红外传感器时，用单晶硅制作出超轻的备用镜面，虽然因太厚最终没有获选，但这些测试证明了用单晶硅制造光学镜面的可行性。

威廉姆·张创建了一种全新的制造工艺，为美国航空航天局核光谱望远镜阵列任务研制出超薄型卷曲状玻璃镜面。利用这一全新工艺，他与布莱合作制造出形状近似的硅基镜面，其厚度不到 0.5 英寸。威廉姆·张表示，他们正在继续改进工艺，希望在 2020 年前，让硅基镜面的性能，超越目前分辨率最高的钱德拉 X 射线望远镜，以便在未来执行任务。

（三）研制射电望远镜及配件和技术

1.建造射电望远镜的新信息

（1）合力打造大型毫米波射电望远镜。2007 年 2 月，有关媒体报道，俄罗斯与乌兹别克斯坦，着手联合建造大型毫米波射电望远镜。它的镜面直径达 70 米，能够观测到最微弱的宇宙背景辐射。借助这台天文望远镜，科学家们能够预测地震、监测地质活动，并建立高精度坐标系统。

这架代号为 PT-70 的射电天文望远镜，将安置在乌兹别克斯坦的苏法高原上。专家指出,只有利用这样的射电天文望远镜,才能够更好地开展宇宙探索,并进行宇宙中冷物质的研究。该望远镜能够对近太空和远太空同时展开大规模研究,同时能够帮助天文学家解决一系列天文研究领域的实际难题。

据悉,目前,全世界只有安装在西班牙皮科·瓦莱托山上的射电望远镜,能够在此波长范围内进行天文观测。它属于欧洲毫米天文学联合研究所所有,镜面直径为 30 米。此外,美国也将实施一项打造 100 米直径的射电天文望远镜的项目。

(2)平方千米阵列射电望远镜项目取得新进展。2011 年 7 月,据澳大利亚联邦科学与工业研究组织报道,澳大利亚平方千米阵列射电望远镜(SKA)项目取得新进展,在澳大利亚国家宽带网、澳大利亚学术与研究网,以及 新西兰现代研究与教育网的支持下,澳大利亚与新西兰的 6 个望远镜成功连接,可将 6 个望远镜观测的数据实时传送到位于珀斯的科廷大学国际射电天文研究中心,在那里加工处理,制成图像。

这 6 个望远镜包括:澳大利亚“探路者射电望远镜”、位于新南威尔士州的联邦科工组织三个望远镜、塔斯马尼亚大学望远镜及新西兰奥克兰大学望远镜。

这 6 个望远镜相距 5500 千米,它们的成功连接,为未来平方千米阵列射电望远镜项目打下了良好的基础。该项目未来将把几千个射电望远镜连在一起,像单一望远镜一样协同工作,为天文研究人员提供更加精准的观测手段,探索黑洞的秘密和宇宙的起源。

据澳大利亚联邦科学与工业研究组织天文学家塔索·兹欧弥斯博士介绍,如果国际平方千米阵列射电望远镜项目落户澳大利亚,那么该项目可以很方便地与中国、印度、日本及韩国的大望远镜连接。

(3)研制技术核心是毫米波极化相机的组合望远镜。2016 年 10 月 25 日,美国《大众科学》杂志报道,美国马萨诸塞大学阿默斯特分校天文学家格兰特·威尔逊领导,他的同事,以及亚利桑那州立大学天文学家参与的研究团队,计划开发“一眼看透”宇宙星际气体的望远镜。其技术核心是世界上最灵敏的毫米波极化相机,完成后将联合大型毫米波望远镜展开迄今为止最深远、最大规模的宇宙观测。

研究人员说,目前他们正在开发这种被命名为“托尔特克”的超灵敏毫米波极化相机。相机将在电磁光谱中的三个不同频带上使用 7000 个检测器。在它完成后,世界上最大的单盘可操纵毫米波望远镜,即直径约 50 米的大型毫米波望远镜会与它“联手”。报道称,托尔特克相机将在 2018 年完工,其首项任务是投入到一个为期两年的大型巡天观测研究中。

大型毫米波望远镜,坐落在墨西哥普埃布拉省里一座休眠的火山顶上,其物理型号、毫米波长的优化设计结合高纬度位置,使其具备了非常独特的效果。2011 年投入使用后,已成为天文学家观测恒星、星系和行星形成的利器。而它与托尔特克相机的组合,则会以最强手段处理宇宙“环境背景”,包括彗星核中包含的内容、星际尘埃的深层内部、星云、星尘以及星系演化。

威尔逊说,此前耗时五年时间才能完成的天文观测,今后只需一星期即可完成。而且,当前望远镜技术与世界最灵敏相机合作后,超高分辨率可以在一个此前一无所获的区域里,发掘到人们从未见过的细节与过程。

这将允许天文学家,以有史以来的最清晰视野,"看"到天体物理事件发生的环境,无论是星系发展的大规模结构,还是星爆形成的星系环境,抑或是恒星间的气体复合物,都可能被它"一览无余"。更重要的是,相机与望远镜结合后,其绘制天际的速度将是以前大型毫米波望远镜单独作业的100倍。

2.研制射电望远镜配件和技术的新信息

(1)为射电望远镜制成超低温成像仪。2011年12月7日,夏威夷茂纳凯山顶的SCUBA-2的天文成像观测仪正式亮相。这一精密设备,能够探测到人类肉眼无法观察到的深空亚毫米波。它为了避免地球能量源的扰动,必须冷却至-273.05 C°。

据报道,该成像仪其实就是安装于詹姆斯·麦克斯韦望远镜上的一个冰柜,其中安装有超导硅探测器阵列。麦克斯韦望远镜是目前工作在亚毫米波段的最先进的射电望远镜之一。

宇宙中星球的形成,对人类来说还是个谜。该望远镜及成像仪的目的,就是用于探测、研究银河系中,形成星球的物质及其行为模式。亚毫米波介于无线与光线之间,由于信号极其微弱,难于捕捉,该望远镜的热成像信息,可以让天文学家看到形成星体的宇宙尘埃和气体更为详细的细节。

加拿大不列颠哥伦比亚大学的科学家利用电子技术,设计、制造了这部"宇宙中最冷的立方体",它比自然界中发现的任何物质冷30多倍,望远镜核心部分被制冷至绝对零度之上的0.1C°。SCUBA-2项目的合作方,包括英国爱丁堡大学、卡迪夫大学,美国国家标准枝术研究所、加拿大不列颠哥伦比亚大学、滑铁卢大学,以及美国联合天文中心。

(2)射电望远镜技术获重要进展。2014年6月11日,澳大利亚联邦科学和工业研究组织宣布,该国建设的ASKAP射电天文望远镜已具备运行能力,该组织开发的新技术具有革新性潜力。

射电天文望远镜观测的是源自遥远天体的无线电波。这对即将开建的世界最大射电天文望远镜——"平方千米级射电望远镜阵列"(SKA)来说,是一项重要进展。ASKAP望远镜全称为"澳大利亚SKA探路者",其建造目的就是为SKA望远镜项目研发新技术。

SKA望远镜是国际合作项目,将在澳大利亚和南非建造。中国是SKA和ASKAP项目的关键合作者之一。ASKAP望远镜所用的36个天线全部由中国电子科技集团公司制造。

澳联邦科学和工业研究组织公布了ASKAP望远镜拍摄的一张照片,显示了南天极区域的一些遥远星系。该图像相当于一张黑白照片,不过是在射电波段而不是可见光波段拍到的,拍摄耗时 12 小时。

研究人员说,这一图像显示该组织研发的"相位阵列馈源技术"能稳定工作 12 小时。这项技术发挥了"射电照相"的作用,使天文望远镜能同时观测较大面积的宇宙空间。该图像还验证了另一项新技术的效用——为望远镜的多个天线设定特殊的旋转轴,帮助稳定望远镜的朝向,提高图像质量。

同时公布的还有一张 NGC 253 星系的图像,它相当于一张彩色照片,显示了这个 1000 多万光年外的星系里中型氢原子气体发出的射电波。科学家将该图像与其他望远镜拍摄的该星系图像对比,确认这一图像的色彩平衡令人满意。

该项目的专家认为,这些结果表明,ASKAP 望远镜虽还处于调试阶段,但已表现出卓越性能。而且它的巡天观测速度是南半球任何同等级望远镜的至少 2 倍,预计彻底完工之后其观测速度还将大幅加快。

ASKAP 望远镜投入调试只有几个月,其 36 个天线中有 6 个进行了初步调试。负责调试的科学家说,作为一台综合孔径望远镜,ASKAP 望远镜已在正常运行。综合孔径望远镜是一种"化整为零"的射电望远镜,利用多个天线来实现巨大的单孔径天线的功能。澳大利亚有关专家对此评价说:"射电天文学的未来已经到来。"

(四)研制高灵敏与高清晰太空望远镜

1.研制高灵敏太空望远镜的新信息

发射带来丰硕成果的高灵敏普朗克望远镜。2011 年 1 月 11 日,《自然》杂志网站报道,继 2010 年 7 月欧洲航天局首次发布宇宙全景图之后,在本周巴黎召开的新闻发布会上,普朗克望远镜任务合作团队公布了他们的首批研究成果。这批成果,以递交给《天文与天体物理学》杂志的 25 篇论文为基础,集中展示了 2009 年 5 月 14 日发射升空的普朗克望远镜,搜集到的从银河系到遥远太空的丰富信息。

在首次宇宙全景探测中,普朗克绘制出了所有致密源的位置,并详细列在了《致密源表》(第一版)中。它包含了超过 1.5 万个致密源和多种类型的天体目标。

本次公布的研究成果,在《致密源表》(第一版)的基础上,根据进一步探测在毫米和亚毫米波长尺度继续绘图,给目录增加了数千个超冷的独立目标源,目前研究团队可以对它们自由研究。

此外,在探测到的微波源中,研究人员发现了,位于广布在整个宇宙巨大星系"蛛网"交叉处的,30 个以前未曾发现的星系团。研究团队还发现了一种覆盖了大部分太空的红外光。他们认为,这种光来自遮蔽在过去几十亿年的尘埃下面的不可见星系团,可能是宇宙中最早的星系,它看起来 1 年能形成 10~1000 个新恒星。而与之相比,银河系 1 年只能形成 1 个新恒星。

在离我们更近的地方,研究人员还确定了笼罩着银河系的微波雾的来源。虽然几十年前就知道这种微波雾的存在，但至此才有了确切证据，表明其来自星际空间迅速旋转的尘埃颗粒。

从远景来看，这些新发现还只是序曲。普朗克任务的主要目标，是绘制宇宙微波背景图。普朗克项目首席科学家简·陶伯说："这只是刚刚品尝了将要到来的美味大餐的第一道菜。"他们将操作普朗克望远镜直到年末，希望能在 2013 年绘制完成宇宙微波背景图。

2.研制高清晰太空望远镜的新信息

建立有可能接替哈勃太空望远镜的高清晰空间望远镜。2015 年 7 月 26 日，英国《自然》杂志网站报道，传奇总有落幕时，过了 25 岁生日的哈勃太空望远镜已去日无多。谁将接棒继续为人类探索宇宙呢？最近，美国一群天文学家提出应建造迄今最大且最好的太空望远镜即高清晰空间望远镜（HDST），他们认为，这款望远镜可以接替哈勃，为人类探索系外行星。

美国大学天文研究协会（AURA）日前发布的报告称，高清晰空间望远镜计划安装 10 到 12 米口径的主镜，这是哈勃主镜的近五倍，也是将于 2018 年发射升空的詹姆斯·韦伯望远镜（JWST）主镜的近两倍。它将直接探测多颗系外行星的大气层以寻找生命迹象，从而回答人类在宇宙中是否孤独这个问题。另外，它或许也能刷新我们对于宇宙如何演变的理解。

25 年来，哈勃望远镜立下赫赫战功，但宇航员们已不再对其进行维护，它或许还能工作 5 到 6 年。韦伯望远镜拥有高灵敏度红外观测能力，美国航空航天局（NASA）随后计划制造的"宽视场红外巡天望远镜（WFIRST）"同样利用红外波段对系外行星成像。这两者的观测范围都不包括紫外波段和多数可见光波段，其任务中也不包括寻找类地系外行星。因此，美国大学天文研究协会的报告提议，建造一座更大的高清晰空间望远镜，它可以像哈勃那样全面承担对可见光、紫外和近红外波段的观测任务。

据报道，美国天文学家马克·珀斯特曼解释称，高清晰空间望远镜主镜的口径至少需要 10 米，这样它才能对数十个系外行星的大气层进行探测；主镜的口径也不能超过 12 米，因为再大，望远镜则会太重，很难将其发射进太空。

高清晰空间望远镜将与韦伯望远镜一样折叠发射，到达第二拉格朗日点，即距离地球 150 万千米后，像花朵一样展开。但与韦伯望远镜不同的是，高清晰空间望远镜将在室温下工作，这将有可能降低其制造成本和复杂程度。

美国大学天文研究协会委员会坦言，只要美国航空航天局和美国天文学委员会现在能开始进行此项计划，2030 年左右高清晰空间望远镜就可以发射升空。

二、研制太空摄像机与天文照相机

（一）研制太空摄像机的新信息

研制出飞船用可回收的太空摄像机。2012 年 6 月 26 日，日本媒体报道，日本宇宙航空研究开发机构和石川岛播磨宇航公司，当天联合公布了一款名为 iBall 的太空摄像机，由于能在高温条件下运作，因此能用来拍摄飞船从太空重返大气层时的周边图像。

据介绍，iBall 呈直径约 40 厘米的球状，重约 25 千克，搭载有摄像头，并配备测量温度和加速度的传感器，可在高温状态下正常操作。目前已预定安装在日本“鹳”号无人太空货运飞船上。这艘飞船将从鹿儿岛县种子岛宇宙中心发射升空。

“鹳”号飞船在为国际空间站运送补给物资后，重返大气层时将几乎燃烧殆尽。而 iBall 会在飞船进入大气层后释放出来，获取数据的同时，用降落伞降落到海上等待回收。

日本宇宙航空研究开发机构，已开始考虑开发载人太空飞船，并考虑通过改良“鹳”号实现这一目的。因此，它搭载的拍照装置，将用于收集货运飞船返回时与大气摩擦加热的各项数据。

据介绍，研究人员将利用获取的数据，分析“鹳”号的分解过程，确定今后无人太空货运飞船重入大气层时碎片落下的区域，并根据这些数据开发能安全返回的载人太空飞船。

（二）研制天文照相机的新信息

1.已成功研制出的天文照相机

（1）发明天文观测无须凭运气的数码相机。2004 年 11 月，英国媒体报道，自从伽利略发明望远镜后，人们一直面对着一个难题，就是大气层扰动形成的“视像度”问题。这像风吹湖面看不到水中的鱼一样，观星时如果风吹云起，人们就什么也看不清了。为此，英国剑桥大学天文学家麦基教授主持的一个研究小组，发明了一架新型数码相机，它可以帮助人们解决天文观测当中“雾里看花”式的难题。

这架数码相机名叫“幸运成像”，科学家说，以前人们利用望远镜观测天象时，确实需要些运气，而现在幸运可以自己创造了。把这种数码相机安装在望远镜上，即使天气情况不好，也能拍到清晰的照片。

麦基说：“我们发明的数码相机，具有很强的解析能力，它可以达到 1/10 的可解析角，也就是说它的清晰度很高，从地面上就能拍出清晰的天文照片”。

“幸运成像”数码相机每秒钟可拍 100 张照片，人们可以把照片输入电脑，选择效果最好的保留下来。

超广角拍摄是这种数码相机的另一个独特的功能。麦基说：“我们可以利用数码相机，拍摄银河系复杂的星团，哈勃望远镜也能做到这一点。但是它一次只能观测天空中面积很小的一块区域，而这种数码相机的拍摄范围更大，如果我们能利用它获得更多的图像，我们就能拓宽我们的研究领域”。

麦基接着指出，银河系中 90%的物质都是看不到的，里面存在着很多人们通常所说的“暗物质”。人们不知道暗物质具体分布在哪里，也不知道它们是怎样形成的。只有通过宇宙的其他表象,间接地进行观察。可以排除大气干扰的高清晰度数码相机,将帮助人们获得更多的图片资料,辅助科学家在暗物质领域的研究。

(2)成功研制红外线天文观测照相机。2005 年 7 月 26 日,国外媒体报道,葡萄牙研制的首架红外线天文观测照相机,当天在里斯本公开"亮相"。这台为欧洲南方天文台研制的照相机,将被装配于该天文台设在智利的超大规模天文望远镜中。

据该项目协调人安东尼奥 · 阿莫里姆介绍,20 多位来自里斯本大学科学院、葡萄牙量子物理实验室、葡萄牙工程、技术与创新局,以及欧洲南方天文台的专家,花费近 3 年时间制成这架红外线照相机,项目预算达 120 万欧元。

凭借极佳的拍摄效果,以及对光线的大范围和超强的捕捉能力,这架照相机将为天文学家提供遥远和幽暗天体的高清晰度照片。阿莫里姆指出:"利用红外线的高穿透力,我们的相机可以拨开宇宙中的灰尘和云雾,令科学家更直接地观测目标天体。"据悉,这台照相机近日将先运往德国慕尼黑,接受模拟真实环境下的各项测试,并将于 2005 年年底应用到在智利的超大规模天文望远镜中。

欧洲南方天文台机构,是由欧盟部分国家出资建立的国际性天文组织,总部设在德国慕尼黑,在智利设有天文观测台。该组织规定,凡被其邀请并成功研制天文观测设备的国家,都将有权参与组织内部的更多研究活动。这次葡萄牙成功研制红外线天文照相机,不仅填补了国内天文学研究领域的空白,又为葡萄牙年轻天文学工作者们,提供了更多参与国际天文研究的机会。

(3)研制出高速高灵敏度的天文照相机。2009 年 6 月,英国媒体报道,该国科学家研制出一款新型天文照相机,每秒钟可以拍摄 1500 张图片,是现在世界上速度最快、灵敏度最高的天文照相机。

尽管拍摄图片的制式为 240×240 像素,但是比起目前使用的超级天文望远镜,它能减少至少十倍的数字噪音。天文学家认为,这款相机能给天文学研究带来非同一般的影响。

2.批准计划研制的天文照相机

获准建造世界最大天文用数码相机。2015 年 9 月 6 日,美国国家加速器实验室官网报道,美国能源部近日已批准建造世界上迄今最大数码相机的研制计划。这台 32 亿像素的数码相机,是美国大型综合巡天望远镜(LSST)的核心部件,建造完成后,将成为大型综合巡天望远镜的一只慧眼。

该相机付诸建造前的最后一道审批文件,被称为"关键决策 3"。大型综合巡天望远镜项目主任史蒂芬 · 卡恩说:"现在我们将向前迈进,着手获取相机配件并投入建设。因此,审批通过具有里程碑式的意义。"

这台数码相机重 3 吨多,体积和小汽车差不多,它将在美国能源部所属的国家加速器实验室进行装配,整个装配和调试工作会持续 5 年。相机包含了一个可切换的滤光遮板装置,透过它可以看到不同波长的光线,可观测大致为 0.3~1 微米，从近紫外光到近红外光的波长范围。

从2022年开始，坐落于智利帕穹山顶上的大型综合巡天望远镜将投入使用。每隔几个晚上，它就会拍摄一次整个南部天空的景象，把深邃、广阔的夜空快速呈现出来。大型综合巡天望远镜10年内能够观测到的星系数量，将超过地球人数总和，这在望远镜的历史上尚属首次；它不仅能拍摄照片，还将摄制影像，进而更加细致入微地展现星空面貌。

据了解，整个大型综合巡天望远镜及其所在地的相关设施，由美国能源部出资兴建；其数据管理系统和其他面向教育、公众的延伸设施，将主要由美国国家科学基金会提供建设资金。大型综合巡天望远镜每年将生成大约600万GB存储量的庞大数据库并向公众开放，这些数据将帮助科学家研究星系的构成、追踪有潜在危险的小行星、观测星体爆炸，以及更好地了解暗物质与暗能量的存在，它们都是宇宙研究中至今未能解决的重要课题。

第八章　太空开发利用的新进展

宇宙内含的空间、时间和万物，以及各种精神财富都是可以开发利用的太空资源。特别是，太空物质资源要比地球多得多：通过太空探测，人们已经发现富含矿产资源的星球，富含氢能资源的天体，富含真空资源、大温差资源和辐射资源的行星空间和行星际空间；还有太空旅游资源、轨道资源和微重力资源，也是地球上找不到的。21世纪以来，国外在利用太空进行科技研究方面，主要表现为利用太空验证科学原理，利用太空开发新产品与新技术，利用太空开展生命科学与健康研究。在利用太空加强通信系统方面，主要表现为利用太空建设全球卫星导航系统，利用太空推进通信网络系统建设。在通过太空加强环境保护方面，主要表现为通过太空卫星监测地球环境变化，通过清理太空垃圾减轻地球周围空间污染。在太空资源开发方面的研究，主要集中在制订开发月球资源计划，做好建立月球基地的准备工作，推进利用月球矿产资源和土壤资源的研究；制订和实施火星殖民计划，提出低成本上火星的新路径，做好建立火星基地的前期工作，推进利用火星土壤资源的研究；通过建造和试飞太空旅游飞船，启动太空旅游资源的开发；研究开发太空太阳能和太空信息存储资源。

第一节　利用太空进行科技研究的新成果

一、利用太空验证科学原理

(一)利用太空对爱因斯坦理论进行新探索

实施“超越爱因斯坦”计划的先行方案。

2007年9月，美国国家研究委员会在报告称，美国航空航天局和美国能源部将把“暗能量合作计划(JDEM)”，作为“超越爱因斯坦”计划的第一步先行实施。“超越爱因斯坦”计划是美国航空航天局在2003年提出来的，目的是针对爱因斯坦的一些基本理论进行新探索，主要研究黑洞并追溯宇宙大爆炸等现象。“超越爱因斯坦”计划，包括两个天文学观测计划：

(1)使用空间激光干涉天线探测引力波的计划。它将由美国航空航天局和欧洲宇航局联合实施。这项计划，需做大量前期准备工作，如在空间激光干涉天线发射到太空以前，要完成许多测试任务，还要与欧洲宇航局的进程相一致，必须在他们预定2009年发射升空的"探路者"取得成功后,才能开始执行计划的具体内容。所以,它不能作为"超越爱因斯坦"计划的"领头羊"。

(2)"星群-X计划"。包括研究制造黑洞发现者探测器、暗能量探测器等一系列探测器。黑洞发现者探测器,用于大范围搜索太空,广泛寻找黑洞线索,帮助研究人员为"星群-X计划"挑选观察目标。暗能量探测器,将通过观察超新星,使研究人员能够依靠导向目标,追踪暗能量的真实面貌。"星群-X计划"内含5个项目,"暗能量合作计划"是其中之一。

由于"暗能量合作计划",可以直达"超越爱因斯坦"计划的核心,技术可行性最高。同时,它已有较扎实的前期基础,如科学家已开始研制超新星加速探测器、暗物质太空望远镜和高级暗物质物理望远镜等设备,与其他计划任务相比,它无须很大的技术改进。因此,"暗能量合作计划"被列为"超越爱因斯坦"计划的先行方案。

(二)利用太空验证爱因斯坦广义相对论

1.利用"出轨"卫星改弦测试广义相对论

2015年11月9日,欧洲空间局宣布,德国柏林应用空间技术与微重力中心,跟法国巴黎天文台时空参照系统部门一起,把意外发射到错误轨道上的两颗人造卫星改变用途,用来对爱因斯坦广义相对论的一项预言,进行迄今为止最严格的测试。该预言认为,距离大质量物体越近,钟表的转速就越慢。

由欧洲空间局操控的这两颗卫星,于2014年被一枚俄罗斯联盟号火箭错误地发射到一条椭圆形轨道上,而不是之前设计的圆形轨道。这使得它们不再适合自身的预期用途,即作为被称为"伽利略"的欧洲全球导航系统的一部分。

但是这两颗伽利略卫星都安装有原子钟。根据广义相对论,时钟的"滴答"声,会随着卫星在其摇摆的轨道中,向地球靠近而逐渐变慢,这是因为大质量行星的引力,会使时空结构弯曲所致。而随着卫星离开地球远去,时钟则会越转越快。

如今,德国和法国两个有关机构,打算跟踪这种时钟的减速与加速。通过比较已知高度卫星上的时钟运行速度,研究人员将能够测试爱因斯坦广义相对论的准确性。

广义相对论是爱因斯坦于1915年发表的用几何语言描述的引力理论,它代表了现代物理学中引力理论研究的最高水平。广义相对论把经典的牛顿万有引力定律,包含在狭义相对论的框架中,并在此基础上应用等效原理而建立。在广义相对论中,引力被描述为时空的一种几何属性(曲率);而这种时空曲率,与处于时空中的物质与辐射的能量,即动量张量直接相联系,其联系方式即是爱因斯坦的引力场方程。

2.发射验证爱因斯坦等效原理的"显微镜"卫星

2016年5月,美国《基督教科学箴言报》报道,法国科学家最近发射了一颗"显微镜"卫星,将直接验证爱因斯坦广义相对论的重要组成部分等效原理。研究人员表示，如果证明这一理论有误，将拉开新物理学的序幕。

等效原理是广义相对论的第一个基本原理。那么，等效原理正确吗？这就是法国发射的"显微镜"卫星的使命，该卫星已从法属圭亚那搭载俄罗斯"联盟"号火箭进入太空。

"显微镜"卫星由法国国家航天研究中心研制而成，其上携带两个圆柱形物体：一个用金属钛制造；另一个用铂铑合金制造。法国国家航天研究中心在新闻发布会上表示："在太空中，旋转卫星上的这两个物体将在长达数月内处于几乎完美且持久的自由落体运动中，没有在地球上可能受到的扰动影响，因此，我们能很精确地对它们的相对运动进行研究。"

如果爱因斯坦是正确的，那么不管其组成如何，两者的运动将会一样。法国国家航天研究中心称："如果两者加速度不同，那么等效原理将被推翻，这将撼动物理学的基础。"

科学家们一直无法让爱因斯坦的引力理论，与粒子物理学标准模型统一起来。标准模型预测，广义相对论会在非常小的尺度上失效，但迄今还没有人观察到这一现象。现在，"显微镜"卫星的观测精度，比迄今地球上进行的实验提高了3个数量级。研究人员表示，任何违反爱因斯坦等效原理的情况，均将开启新的物理学领域。

二、利用太空开发新产品与新技术

（一）利用太空研制和测试新产品

1.利用太空特有条件开发新产品

（1）把太空开发的新型材料用于制造日常产品。2004年10月，有关媒体报道，多年来，为了经受探索火星和其他行星中极端的太空环境，科学家们致力于各种新型材料的研发，其中塑料受到了特别的青睐。现在，在这些太空材料不断成熟后，科学家们又开始把它们运用于人类日常生活中，欧洲航天局专门成立了一家技术转化和促进办公室，负责太空技术在日常产品中的推广。

在雅典残奥会期间，德国运动员茨亚兹在用太空技术制造的人造假腿的帮助下，荣获三项（100米、200米和跳远）冠军，两破世界纪录。在德国杜塞尔多夫展览中心举办的国际塑料和橡胶展览会上，推出茨亚兹假腿的欧洲航天局太空技术转化和促进办公室专门，设立了一个展台，展示太空技术在运动中的运用和前景，并以"冠军们的第一选择"作为这一个展台的主题。

利用太空中控制易碎的人造卫星结构原理研制的太空鞋，同样将给运动员们带来惊喜。这种太空鞋在鞋子中的两大蓄水池中装入电磁流变液，这种由纳米至微米尺度的颗粒与液体混合而成的复杂流体，在电场或磁场作用下切变强度可发生几个数量级的变化，能从类似液体变为类似固体，是一种独一无二的软硬程度可调节的智能材料。利用该材料，太空鞋可通过双脚的压力来控制人体和各个关节的平衡。另外，利用太空中的稳定性装置制造的太空雪橇，将大大提高滑雪运动员的滑雪速度。其技术核心，是欧洲航天局研发的扩增性电压控制器。

另外，太空技术也进入 F1 赛车中。迈凯轮 F1 车队借用了宇航员太空服中的制冷系统，在太空服中遍布着塑料管，这些管子可以将热量传送到迷你型冰箱控制的冷却回路，从而达到散热降温的作用。

太空技术转化和促进办公室主任皮埃尔表示，除了体育运动中的不断推广，太空技术必将进入日常生活的方方面面。

(2)首次在太空制成光晶体。2006 年 7 月，日本宇宙航空研究开发机构宣布，该机构的一个研究小组在国际空间站制成了光晶体，这在世界上尚属第一次。光晶体在通信领域有广泛应用，使用光晶体制造的光纤传输特性优于传统光纤。

新闻公报中说，研究人员利用国际空间站上的实验装置，把直径约 200 纳米的二氧化硅微粒等间隔排列，生成了长度为数毫米、截面为四角形的柱体。

新闻公报指出，若在地面上制作光晶体，由于受重力的影响，二氧化硅粒子的间隔会出现不均匀，晶体长度最长也不会超过几十微米，而在太空能生成构造均匀的较大尺寸晶体。

2.利用太空特有条件测试新产品

首次从太空测试“地面遥控机器人”。2013 年 6 月 30 日，美国太空网报道，美国宇航员近日在国际空间站，实施了首次从太空测试“地面遥控机器人”的试验。这一技术，将来能够应用在机器人探索月球、火星甚至小行星上。

报道说，6 月 17 日，国际空间站上的美国宇航员克里斯托弗·卡西迪通过遥控操作，指挥美国航天局艾姆斯研究中心一个名为 K10 的四轮机器人模拟部署天线。操作时，卡西迪通过实时传输的视频，监控机器人对他从太空发出的命令的反应。

艾姆斯研究中心智能机器人组主任特里·方说：“我们从国际空间站上成功实施了第一次‘地面遥控机器人’测试，卡西迪使用 K10 开展了地面场地调查工作，并指挥它模拟部署聚酰亚胺薄膜天线。”

(二)利用太空开发工业技术和空间技术

1.开发出“太空焊接”新技术

2006 年 9 月，日本共同社报道，茫茫太空中游荡着许多火箭和卫星的碎片，这些太空垃圾可能撞伤国际空间站或运行中的人造卫星，这种损伤现阶段尚无法在太空中修复。日本专家开发出一种新的焊接技术，被证实在真空和失重状态下同样安全有效，它有望成为未来在太空中修理受损航天器的方法。

这种“太空焊接”技术的开发者，是日本高松工业高等专科学校教授吹田义一等人。吹田教授说，地面使用的依靠放电焊接的方法无法直接应用于太空，因为太空的真空环境会使放电扩散，而失重会导致熔解的金属飞散。于是，研究人员在棒状的焊接器具尖头部位开了一个直径 1.8 毫米的小孔，让电流从小孔通过，成功解决了放电扩散的问题。同时,由于电压得以降低,金属不易飞散。

研究人员在利用比较容易焊接的不锈钢反复实验后,于 2006 年 7 月到 8 月间,在模拟太空的环境下再次对这一方法进行了验证。他们将真空装置带入一架飞机,操纵飞机使其反复急速上升和下降,以制造出短时间的失重状态。实验中焊接的对象是制造国际空间站的主要材料—铝。实验结果显示,新技术在类似宇宙空间的环境下不产生火花,且安全可靠,焊接强度不比在地面时逊色。

报道说,研究人员计划与日本宇宙航空研究开发机构合作,争取让新技术能够在国际空间站接受检验。该技术也可以在地面使用,比传统焊接方法省电。

2.发射探空火箭测试空间技术

2015 年 7 月 7 日,美国媒体报道,美国航空航天局当天宣布成功发射一枚"黑雁 IX"探空火箭,其携带的仪器用于测试空间技术。

报道称,美国东部时间当天早晨 6 时 15 分,携带两个空间技术测试项目的"黑雁 IX"探空火箭,从位于美国东海岸的瓦勒普斯岛基地发射升空。发射约 10 分钟后,有效载荷按计划从约 331.5 千米高处,坠入瓦勒普斯岛外约 263.9 千米处的大西洋海域。

两个测试项目,一是为艾姆斯研究中心"亚轨道空气动力再入试验"的"外构刹车"飞行测试,用以测试在极高速度和低气压状态下类似降落伞的新型"外构刹车"技术。这种技术被认为有可能应用于国际空间站返回货运飞船。二是格伦研究中心的"径向核心散热器"项目,采用了可应用于放射性同位素电力系统的新型散热技术。

美国航空航天局在当天发布的一份声明中说,两个测试项目的数据接收正常,有效载荷不会回收。

三、利用太空开展生命科学与健康研究

(一)利用太空开展细菌与藻类生长研究

1.利用太空条件对细菌活动展开探索

(1)拟送细菌上火星开展生命星际飞行实验。据报道,2009 年 10 月,俄罗斯科学家开始在太空开展一项生命科学实验,旨在研究地球生物,在未加防护的条件下,能否在外太空长时间存活。以此验证一种关于生命起源的有生源说假设。这种假设认为,物种都是由以往生物繁殖而来的,原始生命是一切后来生命的渊源。并认为简单的生物能够在太空漂浮、存活很长时间,地球上的生命起源于从其他星球漂浮到地球上的简单生物。

按照实验计划,俄罗斯已发射一艘名为"火卫一土壤"的自动飞船,搭载地球生命,飞往预定目标。飞船将飞行 10 个月抵达火星轨道,并围绕火星轨道飞行数月,最终在火卫一着陆。该飞船将从火卫一采集土壤样本,同飞船生命星际飞行实验舱一同返回地球。这些采集自火卫一的土壤,将有望成为自人类从月球取回

土壤后，首次从外星球取回的土壤样本。

“火卫一土壤”飞船，将持续执行任务 34 个月。搭载的地球生物，放在一个直径 3 英寸的钛金属盒子内。这些将经受严酷考验的地球生物，包括能耐受强辐射的科南细菌，能无中生有获得父母不存在基因的阿拉伯芥，能忍受极端温度和压力的熊虫，还有酿造啤酒的酵母菌，以及从西伯利亚极地地区永久冻土中含有的许多微生物。

（2）发明航天器细菌快速检测新技术。2009 年 10 月，美航天局下属喷气推进实验室艾德里安·庞塞等人组成的研究小组，在《应用与环境微生物学》杂志上发表研究报告说，他们最近开发出一种能快速检测航天器细菌的新技术。这项技术，也能同时运用于军事、医疗、制药等领域，如检测可引发炭疽病的炭疽杆菌。

研究人员说，这项新技术能找到构成细菌芽孢的主要物质吡啶二羧酸，从而发现细菌芽孢的位置。而芽孢是细菌生长到一定阶段在细菌体内形成的一种微生物体，其数量及其生长状况等是鉴定细菌的依据之一。

这项技术的工作原理是，先在被检测物表面约一角钱硬币大小的地方涂上铽，然后将其置于紫外线灯下照射。几分钟内，人们通过显微镜和特殊相机便能看到是否有细菌芽孢，因为铽能把细菌芽孢的主要物质吡啶二羧酸，变成明亮的绿色。铽是一种化学金属元素，它的化学符号是 TB，被用于生成电视机屏幕上的绿色。

庞塞说，细菌芽孢可以在极其恶劣的环境下生存，可抵御高温、低温、强辐射和化学物质，并最多可以在太空存活 6 年之久。他说，发现了细菌芽孢，就可以发现细菌本身。

目前，这项被称为“航天器洁净方法”的技术，已引起美国国土安全部的兴趣。美国国土安全部化学生物研究项目负责人詹姆士·安东尼认为，该技术将有助于加快生物污染事件发生后的现场检测工作，并节省时间和成本。

（3）发现失重环境让一些细菌更顽强。2017 年 6 月，《新科学家》杂志报道，美国休斯敦大学一个研究小组发表实验报告说，太空的微重力环境可能会让大肠杆菌变得更顽强，并且这种特性会遗传很多代。这对载人航天来说，这可能不是个好消息。

据报道，研究人员把大肠杆菌放置在模拟微重力环境的容器中。它们在繁殖 1000 代之后，产生了 16 个基因突变。其中一些突变，能增强细菌形成生物被膜的能力，生物被膜是许多细菌聚集在一起，并用分泌物把自身包起来形成的膜状物，细菌在这种条件下的生命力比单个细菌更顽强。

研究人员把变异的大肠杆菌，与没有经历过失重环境培养的大肠杆菌混合培养，结果变异菌株在生存竞争中有明显优势，形成的群落是普通菌株的 3 倍之多。在脱离微重力环境繁殖 30 代之后，变异菌株仍保持了 72%的生存优势，由此可以显示出失重的影响是可长期遗传的。

这对发展载人航天事业来说,它可能会产生负面影响。因为如果失重环境对其他一些细菌,如毒性更强的沙门氏菌,也有同样效果的话,这类细菌随飞船“偷渡”上天后,可能大大增加宇航员的感染风险。但目前来看幸运的是,变异并没有增强菌株的耐药性,抗生素对它们同样有效。

2.利用太空条件对原始藻类生长状况展开探索

拟合作进行螺旋藻生长的太空科学试验。2009 年 6 月 14 日,日本媒体报道,据日本宇宙航空研究开发机构公布的消息,今年秋天,该机构将与印度研究机构一道,使用返回式卫星,为探索建立宇宙中的“植物工场”开展生命科学方面的研究。

据介绍,此次共同试验中使用的,是由印度宇宙研究机关(ISRO)开发的,带有密封舱的返回式试验卫星——“SRE2 号”。该卫星上,将搭载日本研制的小型试验装置,并将于 2009 年 10 月在印度东南部沿海地区发射升空。日印两国计划在卫星的密封装置中,装入一种叫螺旋藻的原始藻类,并在据地面约 625 千米的太空轨道上进行培育。约两周后,返回式密封舱落回地面,研究人员就可以通过分析基因,研究无重力光合作用条件下,这些藻类的生长状况。而该项研究的最终目的,则是为了建立未来能给人类提供粮食的太空“植物工场”,寻求可行之路。

据介绍,此次日印宇宙合作,由印度在两年前首先提出,在两国历史上还是第一次。其背景是,由于美国至今还没有公布下一阶段计划,日本在 2015 年“国际宇宙空间站”项目告一段落后,为继续开展宇宙空间试验,希望能与世界比较先进的航天大国保持合作。而在印度方面,则是提出了雄心勃勃的宇航计划,为加快计划实施,当然也希望能够借助外力,获得日本先进的技术,以推动自己太空生命科学领域的研究。目前,日印两国已经表示,将会以此次研究为契机,今后继续探索共同试验的机会,以进一步加深两国在宇航方面的合作深度。

(二)利用太空开展蔬菜与花卉栽培研究

1.研究在太空中种植蔬菜的新成果

(1)共同研制可在太空种蔬菜的转轴式温室。2006 年 2 月,俄罗斯《消息报》报道,为了给未来飞赴火星等处的宇航员,及时提供新鲜蔬菜,俄罗斯医学生物学课题研究所和美国肯尼迪航天中心的专家,共同研制出能在航天器内种植生菜的温室,并计划进行太空试验。

这种温室,由一个外筒和被它套住的转轴部件组成。转轴部件的两端是两块圆形挡板,连接挡板的是沿挡板边缘均匀分布的 6 根轴。这些轴上都包裹着像毯子一样的“培养土”,“土”中含有生菜生长必需的肥料。

参与这项开发的专家别尔科维奇说,温室外筒的内壁上,装有发光二极管可产生阳光的光照效果,而转轴部件的挡板可以转动,使一根培养轴转到最靠近光源的下方。由于生菜发芽时最需要“阳光”,宇航员须首先在最靠近发光二极管的一根轴上播种。

在温室内供水等保障系统的控制下，播种 4 天后就会长出生菜新芽。这时宇航员再转动挡板，让另一根培养轴转到光源下，然后播种，依此类推。这样在首次播种 24 天后，所有培养轴上都已长出生菜，而最先播种的轴上已可收获生菜，并开始第二轮种植。在模拟试验中，这种温室能每隔 4 天提供约 200 克生菜。

研究人员正计划在国际空间站内测试这种温室，并研究温室内微生物对宇航员和其他设施的影响。

（2）宇航员首次品尝国际空间站种植的生菜。2015 年 8 月 11 日，美国航空航天局电视台当天播放的视频图像显示，正在国际空间站执行任务的 6 名宇航员，最近显示出自己在种菜方面的才能，他们在空间站种植的生菜喜获丰收。宇航员首次品尝了他们在太空种植的紫叶生菜，标志着该空间站蔬菜培育试验取得阶段性成功。科学家把这一口舌尖上的味道，视为人类向载人飞船火星探测迈出的重要一步。

据报道，宇航员斯科特・凯利和谢尔・林德格伦等，作为第一批品尝者食用了这些生菜。几十年来，美国航空航天局和其他机构，已经在太空中试验种植农作物，但种出的作物不会马上给宇航员吃，而是被送回地球进行检测。如今，宇航员们首次享受到了自己的劳动果实。

宇航员在吃这种“令人惊讶”的蔬菜时颇为兴奋，大赞“太空生菜”味道不一般，如同芝麻菜的香味。美国航空航天局也在官网上略带调侃地评论说：“这是个人的一小口，却是人类的一片大叶子。这让我们距离飞向火星又近了一步。”

美国航空航天局研究未来生活及活动的首席科学家维勒说，红生菜、西红柿和蓝莓这类含有抗氧化剂的食物，将有可能改善宇航员的情绪，以及有效地抵御太空辐射。

在执行前往火星的任务途中，定期提供补给的可能性根本不存在。凯利表示，宇航员想要生存下来，就必须自己种出食物来，而这是往既定方向迈出的一大步。

据报道，这些蔬菜生长在一个特殊的“蔬菜盒子”里，每个盒子重约 7 千克，可折叠或拉伸。之前宇航员将蔬菜种子撒在由土壤和化肥组成的垫层上，用于生根发芽。由于在太空不能给蔬菜浇水，所以垫层底部设有特殊的灌溉系统。

这些蔬菜的种子由“龙”号宇宙货运飞船送入空间站，由轨道科技公司与肯尼迪航天中心合作开发的“素食者”植物种植系统培育。该套系统使用的能量比传统的植物照明系统要少 60%。

美国航空航天局网站称：“对这些‘太空生菜’，宇航员会吃一半，然后把其余一半留下冷冻，待返回地球后供科学家研究。”

2.研究在太空中栽培花卉的新成果

（1）“第一朵太空花”在空间站绽放。2016 年 1 月，《每日邮报》报道，一株距离地面约 400 千米的百日菊近日成了明星，非但如此，它还极有可能以“第一朵太空花”的名号被载入史册。

这条消息，是身处国际空间站的美国宇航员斯科特·凯利在社交网站推特上发布的，之后立即引来大量的转发和评论。由其发布的一张橘黄色百日菊的照片也迅速成了热门。

与在地面不同，“第一朵太空花”从种植到开花的过程并不轻松。据报道，此前宇航员们已在空间站完成过多项植物种植实验，并成功种植过生菜。但百日菊对环境和光线更为敏感，种植起来更为困难。起初，百日菊无法吸收水分，大量水汽从植物叶片渗透出来。为了解决这个问题，宇航员调大了种植室中风扇的风速以吹干水分，结果因为效果太过强劲，两株百日菊脱水而亡。好在余下的两株长势良好，并出现了花蕾，最终在刚过去的周末完全绽放。

百日菊是一种著名的观赏植物，也可食用和入药。从照片上看，这朵太空版的百日菊颜色和外形都与地球上的差异不大。不过由于失重，前者的花瓣看起来并不怎么舒展，缺乏地球上那种优美的弧度。

美国航空航天局的科学家认为，这次实验是植物在极端条件下生长的一次成功试验，能帮助研究人员更好地了解植物如何在微重力的情况下开花、生长，未来在空间站中还将出现更多的植物。据了解，除现有品种外，国际空间站还计划于2018 年培育出西红柿。

这项百日菊外太空生长实验，是在国际空间站的植物实验室中完成的。实验室成立于 2014 年，其目的不仅在于研究植物在外太空的生长，还希望能帮助宇航员在与地球没有联系的情况下，实现自给自足。此外，太空种菜也能为长期生活在封闭、孤立环境中的宇航员调节心理。

（2）测试发现牵牛花种子可胜任星际旅行。2017 年 5 月，法国国立农业研究所凡尔赛宫研究中心名誉植物学家大卫·特普费，与法国巴黎-默东天文台物理学家悉尼·利奇共同负责的研究小组，在《天体生物学》杂志上发表研究成果称，他们发现，天然防晒剂能够帮助牵牛花的种子，在足以灼伤大多数人类皮肤的紫外线辐射剂量下幸存下来。研究人员指出，普通开花植物的耐寒种子，甚至可能在一次行星间的旅程中幸存下来。

这一发现，可能有助于研究人员确定哪些物种，能够参与未来飞往火星的探测活动。由于大气层稀薄，那里是一个被紫外线轮番轰炸的地方。它同时也验证了有生源说的概念，即认为生命可能通过搭乘小行星或彗星的顺风车，而在太阳系或其他星系中迁移。

并未参与该项研究的，英国白金汉大学白金汉天体生物学中心主任钱德拉·维克拉马辛表示：“这些发现增添了新的证据，表明有生源说不仅是可能的，而且绝对是不可避免的。”

这项研究始于 10 年前，当时宇航员把大约 2000 粒来自烟草植物和一种名为拟南芥的开花植物的种子，放在了国际空间站的外面。在 558 天里，这些种子暴露于高水平的紫外线、宇宙辐射和极端温度波动下。这些条件,对于大多数生命形式而言都是致命的。然而,当这些种子于2009年回到地球时,大约有20%的种子发芽并成长为正常的植物。特普费表示:“种子非常适合储存生命。”

如今,10年后,该研究小组仔细研究了其中一些太空旅行种子的脱氧核糖核酸(DNA)。

研究人员指出,一些脱氧核糖核酸的结构单元可能发生了化学融合过程,在这一过程中,遗传密码往往会失活。特普费推测,被波长很短的紫外线损坏的种子,如果能够随着生长修复脱氧核糖核酸损伤,则有可能发芽。

然而,科学家想看看,一粒种子到底能够承受多大的考验。在实验室的后续试验中,研究人员把牵牛花、烟草和拟南芥等3种植物的种子,暴露在高剂量的紫外线下。最终,研究人员认为,牵牛花的种子可能基于它们较大的外壳、坚韧的种皮,从而有能力在土壤中存活超过50年。

研究人员发现,只有牵牛花的种子,在暴露于大约是通常用来消毒饮用水剂量600万倍的紫外线下之后,依然能够发芽。而这一剂量,会杀死更小的烟草和拟南芥的种子。

研究小组认为,包含黄酮类的一个保护层,可能与牵牛花种子的这种超强生命力有关。而黄酮类物质,是一种可作为天然防晒剂的在红酒和茶叶中常见的化合物。特普费指出,给动物喂食含有高黄酮类化合物的饮食,可能会提高它们抗紫外线的能力,从而使它们更适合星际旅行。

(四)利用太空开展蜘蛛与鼠类生存研究

1.国际空间站蜘蛛战胜太空失重织出完美蛛网

2008年11月22日,路透社报道,搭乘“奋进”号航天飞机,前往国际空间站执行科研任务的蜘蛛,目前已经能够在失重状态下自如结网。

据报道,这几只蜘蛛11月14日晚,随“奋进”号航天飞机启程前往国际空间站。美国国家航空和航天局计划让它们在空间站生活3个月,研究它们在失重状态下如何结网和捕食。

报道说,蜘蛛初到空间站时,显然还不适应环境的转换,它们在失重状态下织出的网“乱成一团”,但仅仅一周之后,蜘蛛又能够织出“正常且均匀”的网。国际空间站第18长期考察组指令长迈克·芬克说:“蜘蛛能如此神速适应太空环境,这让我们惊叹不已。”

近日,收看蜘蛛录像已经成为地面监控人员最热衷的事情。对此,芬克向地面监控人员打趣说:“以前看宇航员录像是你们最感兴趣的事情,但现在,我们已经被蜘蛛所取代。”

2.培育出二代太空鼠

2016年10月,日本媒体报道,日本宇宙航空研究开发机构和筑波大学等机构联合组成的一个研究小组,在国际空间站饲养的12只雄性实验鼠,全部安全返回地球,并且已经用雄鼠的精子培育了二代太空鼠,以研究太空环境对物种下一代的影响。

研究人员说,12只雄性实验鼠,在国际空间站日本"希望"号实验舱中,被成功饲养了35天,已于8月27日全部安全返回地球。这是全球首次大规模在太空中饲养实验鼠,并全数安全返回地球。在太空饲养期间,日本宇航员对实验鼠开展了人工重力环境和微重力环境的重力影响比较实验。

该研究小组已于9月28日利用太空鼠的精子成功培育出二代太空鼠。由于一代太空鼠已出现了腿部肌肉减少等身体机能下降的状况,今后研究人员将详细分析一代太空鼠的基因,同时将利用二代太空鼠,研究太空环境会对物种的下一代产生怎样的影响。

(五)利用太空开展疾病防治研究

拟在太空研制"万能流感药"。

2009年5月28日,据日本媒体报道,日本横滨市立大学科学家朴三用领导的研究小组,计划让宇航员,在距离地面400千米的国际空间站进行太空实验,以研制可能对所有流感都有效的"万能流感药"。

该研究小组计划从7月起,让宇航员在国际空间站的日本"希望"号实验舱内,进行蛋白质结晶生成实验,以争取在失重环境下使对流感病毒繁衍起重要作用的蛋白质形成高品质结晶,进而以其为对象研制出可治疗各种流感的新药。

朴三用说,对流感病毒在人体内繁殖起重要作用的蛋白质,名为RNA聚合酶蛋白,对它的高品质结晶进行研究,科学家就能找到抑制这种蛋白质的药物或方法,从而抑制病毒。

甲型H1N1流感和H5N1型高致病性禽流感等流感类型,都是根据病毒表面的蛋白质种类来决定的。由于表面蛋白质频繁发生变异,所以根据不同类型病毒研制的疫苗和治疗药物,往往对新型流感病毒无效。

对此,朴三用表示,RNA聚合酶蛋白具有不容易发生变异的特性,如果找到能够阻碍这种蛋白质活动的药物,今后无论出现何种类型流感,都能够有效抑制病毒的繁殖。

在太空不会发生溶液的对流和沉淀现象,因此可以获得杂质和缺陷较少的优质结晶。日本媒体认为,或许不久的将来,"宇宙制造"的RNA聚合酶蛋白结晶,能够帮助人类远离流感的威胁。

(六)开展宇航员太空生活与健康研究

1.开发有利于宇航员太空生活的新产品

(1)研制把宇航员汗水尿液变成饮用水的装置。2005年3月21日,美国媒体报道,美国马歇尔宇航中心,一直在为空间站研制一种装置,试图把宇航员的汗水、呼吸出的气体,甚至尿液循环利用,使其成为比任何水龙头中流出的水都纯净的饮用水。

自从为空间站宇航员送水的“哥伦比亚”号航天飞机失事，导致美国航天飞机计划搁浅后，空间站内常驻的宇航员已由三名减至两名。目前，那里的俄美宇航员是靠俄罗斯宇宙飞船送去的水在维持生命。俄罗斯宇宙飞船中，也载有一个能将部分呼吸出的气体再生为数量有限的饮用水的设备，但当时太空中使用的设备，还难以把尿液循环利用。

（2）为宇航员研发出可吃的食品包装膜。2017 年 1 月，俄媒体报道，俄罗斯萨马拉国立技术大学一个研究小组，为宇航员们开发出可食用的食品包装。这是一种用各种植物材料生产的耐用包装膜，此前从来没有过同类产品。

校方称，这种包装可以储存和加热各种食物，薄膜可以和食物一起吃。食用薄膜不仅可以用在太空，还可用在其他极端条件下，如在北极、南极等地区使用。可食用包装也将有助于解决废物处理问题，其抗菌属性还将延缓储存产品的氧化过程。

与其他薄膜不同的是，这种新型薄膜只用天然成分制作，所用材料是蔬菜和水果，如苹果酱、土豆泥。使用添加剂后，可食用包装膜的耐用性不次于聚合物薄膜。

2.研究有利于宇航员太空工作的新成果

研制可为宇航员代劳的仿真机器人。2015 年 3 月，俄新社报道，国际空间站上常有一些“琐事”：去舱外拧螺丝、更换设备、检查有无异物……这些工作的技术含量实在不高，但又必须做，还要太空行走，耗费生命保障资源。为解决这类难题，俄罗斯专家日前研制出，有望为宇航员代劳的 SAR-401 型仿真机器人。

据报道，SAR-401 机器人由俄“仿真技术”公司研制，其原型机已在莫斯科附近的加加林宇航员训练中心测试了约两年，目前正计划飞赴国际空间站经受实测检验。

所谓仿真机器人，就是指其外形与真人相似，能用四肢逼真地模拟人的动作，并完成精细工作。为实现这一目的，SAR-401 机器人肢体上装有特制传感器。当它抓握、撑扶物体时，传感器会将其四肢感受到的各种作用力传到远处的计算设备中，操控员则根据这些受力数据，为机器人设计用力大小和整个作业细节。

操控员将留在空间站内，穿上特制的衣服，根据舱外视频画面，原地做出行走、出舱、使用工具、检修、维护等各种动作。操控员服装上的机械同步控制装置，能以有线或无线方式向 SAR-401 机器人发出指令，使它精确地模拟操控员的动作，实施太空行走，按计划开展作业。

3.研究促进宇航员身体健康的新举措

开发用于宇航员锻炼的太空健身器。2015 年 7 月，美国麻省理工学院航空航天学系教授劳伦斯 · 杨格领导的一个研究小组，在《宇航学报》杂志上的论文称，他们制造出一种可供宇航员在太空中使用的健身设备。这种装置，能为宇航员营造出在一定重力下进行锻炼的体验,有望显著改善因长期失重所导致的骨流失和肌肉萎缩等问题。

在国际空间站,宇航员有许多运动器材,其中包括类似于动感单车、举重机和跑步机这样的设备,它们都被固定在空间站的地板或是墙上。宇航员们每天都会花一定时间来进行锻炼,以克服长期失重对健康带来的影响,但仍会遇到骨丢失、肌肉萎缩等问题。为了抵消这些破坏性影响,世界各地的科学家都在研究人造重力,即通过强大的离心力模拟地球上的重力,让宇航员在太空中也能像在地球上一样有脚踏实地的感觉。

杨格称,人造重力将给宇航员带来巨大好处,对那些需要长时间飞行的人将更为明显。例如,在未来火星之旅这样的长期航行中,这种离心机将能让宇航员在旅途中保持良好的身体状态。

实验结果显示,与单项锻炼相比,这种装置能显著减少失重所带来的不利影响。在人造重力作用下,志愿者们能用更大的脚部力量进行踩踏锻炼,而这是保证骨骼生长、维持强度的重要条件之一。

第二节 利用太空加强通信系统的新成果

一、利用太空建设全球卫星导航系统

(一)近年全球卫星导航系统建设的新进展

1.“格洛纳斯”导航信号即将覆盖全球

2009年4月14日,俄航天署网站报道,俄罗斯航天署署长佩尔米诺夫当天宣布,俄“格洛纳斯”全球导航系统卫星总数,到2010年可达24颗,届时该系统信号将覆盖全球。

据报道,佩尔米诺夫当天表示,“格洛纳斯”导航系统目前在轨卫星总数已达20颗,俄罗斯计划今明两年分别再发射6颗“格洛纳斯”导航卫星,考虑到个别卫星退役等因素,到2010年该系统卫星总数将达到24颗,届时“格洛纳斯”导航系统将实现“满员编制”,信号可完全覆盖全球各地。

佩尔米诺夫还表示,俄目前正在研制新一代导航卫星“格洛纳斯-K”,该卫星是俄卫星导航系统第三代产品,与前两代卫星相比,它重量更轻,性能更加优越,服务寿命至少为10年。他介绍说,首颗“格洛纳斯-K”卫星初步计划于2010年发射升空进行测试。

谈到导航仪问题,佩尔米诺夫说,俄罗斯市场上目前有各种型号的导航仪供消费者选择,这些导航仪可同时接收“格洛纳斯”导航系统与GPS导航系统信号。此外,俄罗斯目前正在研制可大规模普及的汽车专用导航仪。据了解,目前俄境

内的公路、铁路、航海和航空等公共交通工具，均已安装能够同时接收“格洛纳斯”导航系统与 GPS 导航系统信号的导航仪。

“格洛纳斯”导航系统于 20 世纪 70 年代由苏联开发，主要用于军事领域。2001 年俄罗斯与印度合作，将其升级为军民两用全球导航系统。目前，全球共有四大卫星定位系统，除了俄罗斯的外，其他还有：

（1）GPS 系统。这是美国从 20 世纪 70 年代开始研制，主要目的是为陆海空三大领域提供实时、全天候和全球性的导航服务，并用于情报收集、核爆监测和应急通信等一些军事目的，经过 20 余年的研究实验，耗资 300 亿美元，到 1994 年，全球覆盖率高达 98%的 24 颗 GPS 卫星星座已布设完成。此后，将根据计划更换失效的卫星。

GPS 全球定位系统由空间系统、地面控制系统和用户系统三大部分组成。其空间系统由 21 颗工作卫星和 3 颗备份卫星组成，分布在 20200 千米高的 6 个轨道平面上，运行周期 12 小时。地球上任何地方任一时刻都能同时观测到 4 颗以上的卫星。地面控制系统负责卫星的测轨和运行控制。用户系统为各种用途的 GPS 接收机，通过接收卫星广播信号来获取位置信息，该系统用户数量可以是无限的。

（2）北斗系统。这是中国自行研制的全球卫星定位与通信系统，是继美国 GPS 全球定位；系统和俄国“格洛纳斯”系统之后第三个成熟的卫星导航系统。系统由空间端、地面端和用户端组成，可在全球范围内全天候、全天时为各类用户提供高精度、高可靠定位和导航等服务。北斗卫星导航系统正按照“三步走”的发展战略稳步推进。第一步，2000 年建成北斗卫星导航试验系统，使中国成为世界上第三个拥有自主卫星导航系统的国家。第二步，建设北斗卫星导航系统，2012 年左右形成覆盖亚太大部分地区的服务能力。第三步，2020 年左右，北斗卫星导航系统将形成全球覆盖能力。

（3）“伽利略”系统。总投资达 35 亿欧元的伽利略计划是欧洲自主的、独立的民用全球卫星导航系统，提供高精度、高可靠性的定位服务，实现完全非军方控制、管理，可以进行覆盖全球的导航和定位功能。“伽利略”系统，计划是一种中高度圆轨道卫星定位方案，总共发射 30 颗卫星，其中 27 颗卫星为工作卫星，3 颗为候补卫星。卫星高度为 24126 千米，位于 3 个倾角为 56 度的轨道平面内。该系统除了 30 颗中高度圆轨道卫星外，还有 2 个地面控制中心。

2.拟斥巨资发展全球卫星导航系统

2012 年 2 月 8 日，俄媒体报道，俄政府人士透露，俄联邦航天署和经济发展部，已就制定中的《2012—2020 年“格洛纳斯”系统维护、发展和利用》联邦专项计划达成协议，打算在未来 8 年，为开发俄全球卫星导航系统（即“格洛纳斯”系统），提供约 3466 亿卢布（约合 115.5 亿美元）的国家拨款。

俄各方在 2001—2011 年，实施的上一个专项计划中，为发展“格洛纳斯”系统投入 1071 亿卢布。目前制定的新计划将资金投入增加了两倍。俄《生意人报》报道，这反映了政府不惜代价发展该系统的决心，这一专项计划已于1月28日送交俄联邦政府审批。

按计划，到2020年，"格洛纳斯"系统预计将有30颗在轨卫星，其中6颗备用。为此，俄将在2012—2020年发射13颗"格洛纳斯-M"卫星和22颗它的升级版——"格洛纳斯-K"卫星。这是联邦专项计划的最主要开支，预计花费1469亿卢布。

专项计划的第二大开支是"格洛纳斯-K"卫星的研制和试验，预计需要1383亿卢布。"格洛纳斯-K"卫星是俄生产的第三代导航卫星。它比第二代"格洛纳斯-M"卫星的服役期限更长，重量更轻，导航更精确。

第三项重要任务是在俄境内外更新并扩建地面控制及测量系统。俄计划在南极建立一个卫星监控站，以确保"格洛纳斯"系统完全覆盖南半球。

披露消息的俄政府人士说，目前"格洛纳斯"系统的精确度，已能与美国GPS导航系统竞争。到2020年，"格洛纳斯"系统的导航精度将达到0.6米。

由于导航卫星的工作寿命只有数年，"退役"卫星通常会坠入无人海域，因此需要定期发射新的导航卫星以补足差额，并保持全球覆盖。

（二）与全球卫星导航系统相关的研究成果

1.开发全球卫星导航系统的新仪器和新技术

（1）研制可用于卫星导航通信的半导体激光仪。2004年8月，有关媒体报道，半导体激光不仅特别亮，而且聚焦能力很强，但迄今人们还没能把这两种特性完美地集成在一起，用于开发特殊的仪器，如用于提高检测液体或气体有害成分的光谱分析效率。

德国柏林费笛南·布劳恩研究所的专家注意到这一点，他们成功地开发出一种半导体激光仪，可用于卫星导航通信系统中的原子钟。新的激光仪功率为0.3瓦，相比之下，CD和DVD的激光探头的功率只有0.05瓦。

目前的半导体激光仪至少也有拳头大小，新的激光仪只有大拇指指盖大小，非常适合于用在卫星上。这是因为，空间装置每减少1克重量都有很大意义。

（2）开发出误差仅1厘米的新一代GPS定位技术。2013年6月13日，《日本经济新闻》网站发布文章称，日本三菱电机、日本电气股份有限公司和日本宇宙航空研究开发机构，已联合开发出基于新一代卫星的世界最高精度定位技术。文章指出，与目前的全球定位系统（GPS）相比，该项技术定位误差可降至1厘米左右。这将成为日本汽车和铁路无人驾驶等新一代交通系统的基础性技术。日本企业将于2018年率先在日本国内提供该项服务。这项技术，也有望成为日本基础设施出口的一张王牌。

文章称，日本政府在2013年1月制订的宇宙基本计划中，将被称为日本版GPS的"准天顶卫星"，定位为增长战略的支柱。精确的定位技术，在日本国内将促进多种服务的开发，同时在海外也有望获得需求。

目前，日本利用美国卫星获取定位数据，定位误差在10米左右。日本政府计划部署3颗以上在日本上空飞行的准天顶卫星，即使同样利用美国GPS数据，定位误差也可降至1米以下。三菱电机等已经开发出将误差降至1~2厘米的技术。

在靠近宇宙空间的上空，存在电波反射层等。用于测定位置的数据受这些因素影响会发生混乱。而三菱电机开发出了利用先进解析技术来修正数据的装置。将修正后的数据，从日本宇宙航空研究开发机构的通信基地，传输到准天顶卫星，能大幅提升定位精度。日本电气股份有限公司，负责开发实现卫星与地面数据交换的新一代通信技术。

2.研究全球卫星导航系统的影响因素

分析显示日食可能导致全球定位系统精确度下降。2009年7月19日，日本媒体报道，日本信息通信研究机构一个研究小组的分析显示，天空出现日食时，日食覆盖区域上空的电离层，会发生异常变化，从而可能导致全球定位系统（GPS）精确度下降。

电离层是地球大气层中的一个电离区域，距地面70~500千米，存在大量的离子和自由电子，并且能够反射电磁波。日食发生时，电离层会受到影响。

该研究小组对日本上空电离层进行的超级计算机模拟实验显示，日食初亏后，电离层的电子数量开始减少，待形成全食时，电子数量减少的区域，将从冲绳一直扩大至东京。

研究人员认为，电离层中电子数量减少对GPS精确度的影响，将会造成车载导航仪等出现误差，但不会给日常生活造成严重影响。

二、利用太空推进通信网络系统建设

（一）建设卫星通信网络取得的新进展

1.利用平流层激光束向地面高速传输数据

2005年8月31日，德国航空航天中心科学家在瑞典北部一个测试场，首次成功利用看不见的激光束，实现从大气平流层中漂浮的气球到地面之间的大数据量传输，为开发基于飞行器的新型宽带移动通信迈出重要一步。

他们开发的能发射激光束的终端设备，放置在一个位于距离地面22千米的高空气球上，气球有时能升至距地面接收站60千米高处，而大气平流层的距地高度，通常为十几千米至50千米。试验过程中，数据传输速度达到每秒1.25千兆字节，而且没有出现差错。这一速度相当于每秒传送大约50首MP3音乐。

这项研究的长远目标是，利用固定分布在平流层的各个平台上的发射天线，使地面使用者享受高速数据连接，或者与飞机进行通信。该研究属于欧盟某数据移动通信项目的一部分。

无人驾驶的飞行器，在这一项目中充当相应的平流层平台。与卫星相比，这一平台具有多个优点：在需要改建时，可以很容易地回收平台；当某一地区发生灾害、无线电和通信网络出现瘫痪时，可很快部署这种平台到达预定位置，恢复通信系统；在举办超大型体育赛事时，利用自由飞行或漂浮的平台满足大数据量传输的需要。

2.成功进行卫星与地面站间的光学通信试验

2006年4月7日，日本宇航探索局网站报道，3月22日至31日，日本国家信息通信技术研究所光学地面站，与日本宇航探索局“光学轨道通信工程试验卫星”之间，进行了光学通信试验。3月31日试验取得成功。这是世界首度成功进行的低地球轨道卫星，与地面站间的光学通信试验。

低地球轨道卫星与地面站的光学通信，需要高度成熟的技术。因为卫星需要在高速运动的同时，持续向地面站准确发射激光束。因而，试验取得成功，验证了日本轨道间光学通信设备的优良性能，以及精确的卫星捕获和跟踪能力。

该卫星还将继续与光学地面站进行通信试验，包括日本国家信息通信技术研究所和德国航天局的地面站，还将与欧洲宇航局的“先进中继及技术任务”卫星进行轨道间光学试验，验证太空环境中的轨道间光学通信设备的性能，评估大气的影响。

3.发射一颗提供高速宽带上网服务的通信卫星

2010年12月27日，《俄罗斯24小时新闻》频道报道，俄罗斯赫鲁尼切夫国家航天科研生产中心，发言人博布列涅夫宣布，俄当天凌晨从哈萨克斯坦境内的拜科努尔发射场，用一枚“质子-M”运载火箭，成功发射了一颗欧洲通信卫星“KA-SAT”。

据报道，莫斯科时间27日0时51分，一枚“质子-M”运载火箭，携“KA-SAT”顺利升空。预计发射约9小时12分后，卫星将与火箭推进器分离，进入东经9度的地球同步轨道。

欧洲通信卫星“KA-SAT”，是由欧洲通信卫星公司向法国阿斯特里姆公司订制的，用于向欧洲及地中海的某些至今未能铺设地面光缆的地区，提供高速宽带上网服务。卫星发射重量6150千克，在轨寿命15年。

这是“质子-M” 2010年的第12次发射，也是它在年内的第8次商业发射，同时也是“质子-M”自1996年投入商业发射以来，发射次数最多的年度。

4.新一代全球卫星通信网络将百倍提升传输速率

2015年8月17日，英国卫星通信企业国际海事卫星组织宣布，将在8月底发射其“全球无线宽带网络”的第三颗组网卫星，构建新一代移动通信服务，其传输速率比上一代系统约快100倍。

这颗组网卫星，原计划在3个月前利用俄罗斯的“质子”运载火箭发射，但由于这一型号的火箭在5月份的一次发射中出现故障导致发射失败，迫使国际海事卫星组织不得不延后卫星发射计划，等待事故原因调查结果。在过去5年里，俄“质子”系列火箭已出现6次发射失败。

据这家公司介绍，“全球无线宽带网络”系统的组网卫星，都是由美国波音公司制造，计划中的第三颗卫星发射将在 8 月 28 日进行，仍由“质子”运载火箭来实施，发射地点位于哈萨克斯坦境内的拜科努尔发射场。

“全球无线宽带网络”系统的前两颗卫星，目前已发射入轨，但要实现全球覆盖，需要三颗卫星同时在轨运行，由于卫星配备了更先进的设备，这一网络可在全球范围内向用户提供高速移动通信服务。

国际海事卫星组织首席执行官鲁珀特·皮尔斯说，这一项目一旦投入运营，不但能为公共和私人领域的机构提供高效的通信服务，还能让那些缺乏基础通信设施的偏远地区也使用上宽带通信。

如果第三颗组网卫星发射成功，国际海事卫星组织预计，最快在 2015 年年底“全球无线宽带网络”就可以开始提供通信服务。

（二）利用卫星通信网络取得的新成果

1.利用卫星通信网络开发“遥控治病”的新功能

2008 年 4 月，《费加罗报》报道，随着科技的发展，人造卫星在人类的日常生活中发挥着越来越重要的作用，它能够传输通信信号、观测气象。最近，法国科学家又开发出一项卫星通信网络的新功能——遥控治病。

据报道，法国国家航天中心的科学家们，在 4 年前启动相关研究，目前已开发出了一套类似于“个人数字助理”的移动系统。有了这套系统，医生即使在千里之外，也可以通过卫星传输的数据为病人治病。在具体的操作中，医务人员先将系统连接到病人身上，然后与医生建立卫星联系，将各种检查数据，如心电图和病人的视频图像等传给医生，医生再根据这些数据做出诊断，并开出药方。

参与这项研究的航天中心专家安东尼奥·盖勒表示，该系统对于那些居住在边远地区的人们尤其有用，因为这些地区大多没有足够的医生，通信也不便利。此外，在大规模的自然或人为灾害发生时，系统也可以在交通中断的情况下及时联系到病人，省去医生赶往现场的时间。

除了这套系统，航天中心的科学家们还发明了，一种智能检测仪器对病人进行超声波检查。只要把仪器放在病人适当的部位，机器臂就能在医生的卫星遥控下进行操作，医生还可以通过它随时与病人沟通，指示病人配合治疗，然后根据传回的扫描图像对病情做出诊断。

目前，已有 4 家法国医院装备了这种仪器，研究人员希望通过这种方法节省救治病人的时间，同时减轻医院急救室患者过多的压力。

2.利用卫星通信网络开发出先进的消防信息系统

2009 年 11 月 6 日，南非媒体报道，南非科学和工业研究理事会开发出一套先进的消防信息系统，该系统将卫星数据与移动电话技术结合，可以针对自然火灾提供关键的早期预警。

南非是自然火灾频发的国家，大火每年都要吞噬掉无辜的生命，毁坏财产和牧场。火灾还会破坏电力网络等关键的基础设施，事实上，火灾是继闪电后，造成电力故障的第二大罪魁祸首。如果在输电线下发生火灾，不仅严重破坏输电网络，还会导致尖峰脉冲的出现，有可能对全国各地的电网设备造成损害。因此，对火灾进行监测并提供早期预警是非常需要的。

在这方面，遥感技术可以大显身手。首先是极地轨道卫星，可以非常准确地定位起火位置，误差不超过 200 米。但对某一地点来说，极地轨道卫星每天只能扫过四次。如果卫星经过时恰巧有云遮住野火，或者卫星刚刚过去火灾就开始了，这样的状况下极地轨道卫星就显得“力不从心”，这时就该轮到地球同步卫星上场了。

目前，第二代气象卫星可以每隔 15 分钟提供分辨率较低（约 3 千米）的数据以及敏感度较低的火灾信息。在获得这些卫星数据后，如何将它们及时转化为易于使用、易于理解的信息，并传递给灾害管理人员、消防队员、农民和森林管理员，则是火灾管理的另一个难题。移动电话技术恰恰满足了这一挑战。

南非的消防信息系统，最初是为南非最大的电力公司设计的，目的是协助该公司应对火灾造成的线路故障。从 2007 年开始，它被用于更广范围的灭火工作。例如，它会给分布在全国的 40 多个消防联络点发出警报，有关信息也成为国家电视台每周天气预报的一部分。

南非的消防信息系统，同时使用极地轨道卫星和气象卫星的数据来检测热点，并将获得的数据与背景温度比较，以过滤掉非火灾（如烟囱）信息；并使用风矢量数据，来预测明火的蔓延轨迹，然后，通过电子邮件和手机短信自动将警报信息通知到有关人员。

这套消防信息系统服务，是完全免费的，任何人都可以注册，接收其活动区域内的警报。使用它的技术要求较低，因为该系统是完全自动化的，人机交互界面非常少。

第三节　通过太空加强环境保护的新成果

一、通过太空卫星监测保护地球环境

（一）借助卫星监测保护地球水资源环境

1.借助卫星掌握地球水量季节性变化

2004 年 8 月，波茨坦地球研究中心发表的新闻公报说，他们借助卫星勘测，首次通过测量地球重力场的变化，掌握了大陆蓄水量分布的季节性变化模式。

据悉，该中心的研究人员利用执行美德联合“GRACE（重力恢复和气候试验）”任务的两颗地球卫星获得的相关数据显示，在如亚马孙河、刚果河和尼日尔河等热带河流域，以及西伯利亚地区的鄂毕河流域和勒拿河流域等，地表和地下

水的季节性波动幅度最大。

研究人员介绍说，他们利用的是2002年3月升空，并开始围绕近地轨道运行的两颗地球卫星，两颗卫星之间的距离随着地球表面质量的变化而发生变化。卫星上的一个装置可以精确测量间距的细微改变，并记录这一信息以及卫星在地球上空的准确位置。研究人员们收集这些数据，并把距离变化转换为地球重力场月度图表。

研究人员解释说，他们利用了物体质量和重量的基本物理关系。如果一个物体（如地球）的部分质量（如地下水）出现移动，那么该物体质量中心的位置将会发生改变，这个物体的重力场也将会发生改变。研究人员已经证明，在一定时间内，地下水的移动是地球重力场变化的一个主要原因。

大陆水资源包括地下水、湿润土壤、雪、冰和地表水，位于地下蓄水层的地下水占绝大多数。研究人员已经知道，一个地区的气候和天气变化与该地区的蓄水量两者相互影响，但并不清楚具体的作用原理。因此，即使有最先进的计算机模型，预测水量分布变化也非常困难。研究人员此次的新成果，将会决定性地改善现有模型。

目前，研究中心的研究人员正加紧从GRACE数据中，揭示有关气候变化的指标，其中包括大范围的海水循环模式，以及对地球气候有重要影响的热量和二氧化碳的传输，南极冰层厚度变化和格陵兰岛的冰层变化。

2.建造监测全球降水的卫星网

2006年4月，有关媒体报道，目前，美国航空航天局和日本宇宙开发机构，正在开发一套用于监测全球降水情况的人造卫星网络。根据这项名为“全球降水监测”的计划，这套卫星网将每3小时提供一次有关全球降水情况的详细信息。

参与的专家介绍，这套卫星监测系统投入使用后，将有助于完善天气预报系统，同时，还可帮助科学家们掌握水汽环流对全球气候的影响程度。未来，对降水的精确测量，还将使得对洪水和滑坡的预测变得更为准确。该项计划的总投资，预计将高达11亿美元，首颗卫星于2011年发射升空。

据悉，对降水量进行测量的工作，将由一颗中心卫星上携带的两部雷达和被动微波辐射计完成。此外，这颗卫星，还将作为校对整个系统中其他卫星的基准星。

“全球降水监测”系统，将由6~8颗装备有不同仪器的卫星组成。为了持续不断地向科学家们提供全球降水情况的发布图，这些卫星将被部署在不同的轨道上。

科学家们强调说，这套系统所收集到的海洋上空降水数据学者，将显得尤其重要。这是因为，各种地面监测站，均无法对这些地区的降水情况进行测量。

3.通过卫星可实时追踪全球冰川活动

2016年12月21日，《自然》杂志网站报道，美国地球物理学联合会最近在加州举行会议，首次公开了美国航空航天局投资100万美元，启动全球陆地冰融速提取项目。研究人员将利用全新工具，对美国航空航天局的“陆地卫星8”拍摄的数据进行分析，系统化实时追踪气候变暖导致的世界各地冰川和冰层融化情况。

“陆地卫星 8”，每隔 16 天就会对整个地球进行一次全方位拍摄，研究人员因此能够对全世界冰层活动进行常规、半自动化测量，比较每次拍摄图像中冰层内标志性和敏感性部位的融化情况，从而跟踪并记录下每周、每季和每年的冰川流动。

研究人员运用卫星成像和雷达技术，跟踪冰川活动和演化已经长达数十年。一些雷达系统，甚至比可见光卫星成像系统更有优势，能穿透云层和黑夜对冰层进行跟踪检测。但全球陆地冰融速提取项目借助先进的卫星技术、计算机算法和数据处理能力，将帮助研究人员更深入理解冰河和冰层融化速度，以及全球变暖引起的海平面上升到底多快。

目前，类似项目只能通过收集欧美多个卫星拍摄数据，记录格兰陵和南极洲冰层流动，而全球陆地冰融速提取项目是首个全球性项目，无论身处何地，科学家们都可以获得经过处理的“陆地卫星 8”拍摄的最新数据。研究人员在会议上表示：“我们现在眼界更加开阔，能实时观察地球上所有冰川口的变化，从此将开启冰川行为预测的全新时代。”

（二）建造监测和保护地球气候环境的卫星网络

1.实施建造气象和资源卫星群计划

2015 年 11 月 16 日，俄媒体报道，俄罗斯联邦航天署副署长海洛夫当天宣布，该国着手实施建造卫星群计划。这个卫星群由气象卫星和自然资源卫星等一起组成，共有 17 颗在轨卫星，计划于 2025 年全部建成，以基本满足俄国家各部门的相关信息需求。

海洛夫对媒体说，该卫星群的组建主要基于 3 颗“资源-PM”遥感卫星，2 颗“气象-MP”卫星和 1 颗“海洋”卫星，此外还包括 4 颗在高椭圆轨道运行的“北极”系列卫星，3 颗对地静止“电子”系列卫星，2 颗“观察-O”系列监测卫星和 2 颗“观察-R”系列雷达卫星。

海洛夫说：“组建该卫星群，将不仅使俄罗斯基本具备独立获取气象和资源信息的能力，还可以增加俄罗斯同其他国家在信息交换领域合作的谈判筹码。”据悉，俄罗斯将在 2016 年年底前集中发射一批组成该卫星群的卫星。

2.通过发射一群小卫星加强气候变化研究

2016 年 11 月，美国《基督教科学箴言报》报道，美国航空航天局将于近日开始，发射一群小卫星进入太空。这些尖端微型设备将绕地球轨道，测量大气、监测风暴并研究与气候变化相关的因素。这些设备，也是美国航空航天局小卫星家族的“先行军”，该局打算用小卫星替代“块头”更大的传统卫星。

与传统的卫星设备相比，小卫星有诸多优势：重量轻，因此发射成本低；制造起来更快捷也更容易，可降低失败的风险成本。

据悉，首批将有 6 颗小卫星进入太空，它们的体积从一块面包到小型洗衣机大小不等。第一个出发的将是“使用垂直排列碳纳米管的辐射评估仪”卫星，它能探测地球大气层边缘的能量波动，提供温室气体对气候变化影响的关键数据。

辐射评估仪卫星是一种“立方体卫星”，由美国航空航天局研制，标准大小为10厘米×10厘米×11厘米，重量不足3磅（约2.7斤）。借助“立方体卫星”，教育和非营利机构能以相对较低的成本进行太空实验。2017年年初还将有两个“立方体卫星”追随辐射评估仪卫星的步伐进入太空。

美国航空航天局科学任务理事会副会长托马斯·祖布臣说：“我们越来越多地使用小卫星来解决重要科学问题，这些小卫星也使我们能在太空测试创新技术。”这些创新技术包括使用新型高频率微波辐射计来测量云层中出现的“冰立方”、能在大气中测量粒子及水滴分布的“高角彩虹旋光仪”、仅鞋盒大小却拥有全尺寸气象卫星所有能力的“微波辐射计技术加速卫星”。

另悉，8个“气旋全球导航卫星系统”微型卫星，将在下个月同时升空，它们用来收集热带风暴及飓风如何发展的数据。研究人员希望这些极具探索性的卫星，能提供新的视角，让人们更好地理解地球。

3.成功发射史上最强的气象卫星

2016年11月20日，物理学家组织网报道，当地时间19日18时42分，美国在佛罗里达州卡纳维拉尔角空军基地，利用“宇宙神-5”号火箭，成功将新一代静止环境观测卫星送入太空。有评论称，该卫星是有史以来最先进的气象卫星，有望让天气预报发生彻底变革。

新卫星由美国国家海洋和大气管理局负责管理，价值10亿美元，主要用于天气观测与预报。据报道，该项目负责人格雷·戈曼特介绍称，静止环境观测卫星上搭载有6台科学设备，包括先进基线成像仪、地球静止闪电测绘仪、极紫外线X光辐射度传感器、空间环境现场监测器、磁强计、日光紫外线成像仪，可以对飓风、龙卷风、洪水、火山灰云、野火、雷暴甚至太阳耀斑等进行高分辨率观测。

与现有在轨气象卫星相比，它的空间分辨率提高了4倍；扫描速度提高了5倍。该卫星每隔15分钟生成西半球的完整图像；每5分钟生成美国大陆的完整图像；特定风暴区的信息每30秒更新一次。新卫星能显著提升美国的气象观测能力，让人们获得更精确、及时的预报和警告。

为了获取所有高质量的气象信息，这颗卫星将于两周内进入距离地面约3.58万千米的地球同步轨道。一旦成功入轨，它将被重新命名为“GOES-16”。科学家们随后会耗费数月时间对搭载其上的6台科学设备进行在轨检验和验证，新卫星预计一年内正式开始科学运作。

美国航空航天局科学任务理事会副主管托马斯·祖布肯说：“静止环境观测卫星的发射是一个重大的进步，表明我们能够提供更及时更准确的气象信息，从而能挽救更多生命。”

4.通过卫星数据分析发现全球闪电最密集地区

2016年12月，巴西圣保罗大学气象学家瑞秋·阿尔布雷希特主持，她的同事,以及美国马里兰州大气物理学家史提芬·古德曼等参与的研究团队,在《美国气象学会学报》上发表研究报告称,他们分析卫星数据发现,委内瑞拉中部的马拉开波湖,是全球闪电最密集地区。

这一发现的资料,来自于一颗名为“热带降雨测量任务”的人造卫星所装载的仪器,该卫星于1997—2015年在轨运行。

瑞秋指出,这颗卫星围绕地球运转的轨道,覆盖了北纬38度(相当于希腊雅典的纬度),至南纬38度(位于澳大利亚墨尔本南部)之间的每一个角落,它一次可以观测约600平方千米的面积。她强调,该卫星每天飞过一个点3~6次,每次能够观测约90秒钟。

瑞秋和她的同事,计算了1998—2013年,由这颗卫星发现的每10平方千米内的闪电次数。随后,研究人员基于每年每平方千米的观测结果,统计了地球上前500个闪电热点地区。(数据表明,由于卫星每天只能观测每一个点约10分钟,所以热区中最热的地方,每年都可能被闪电击中数万次。)研究人员表示,许多气象学家早就注意到,这种由卫星调查收集硬数据的做法,正在成为一般趋势。

一般情况下,闪电在陆地上出现的比在海洋上更频繁,同时夏天的闪电比冬天多,并且闪电多出现在当地时间中午到下午6点之间。随着高空和地面空气之间出现的温度差,这些因素中的每一个都倾向于增加,这反过来又增加了潮湿空气上升的数量,从而为雷暴提供了“燃料”。

但是,马拉开波湖的闪电热点区域,却与其他地方有较大差别:它的闪电大部分发生在湖上,时间为午夜时分到上午5点之间,一般出现在春季后期和秋季。总而言之,卫星发现,在相当于美国康涅狄格州面积的马拉开波湖中,每平方千米每年约发生233次闪电。

瑞秋指出,世界上许多闪电热点地区都与陡峭的地形有关,这有助于建立冷暖气团之间的冲突,从而可以驱动雷暴的发展。

古德曼表示,世界上至少还有14个大型湖泊,包括非洲的维多利亚湖和坦噶尼喀湖,也是闪电热点地区。他说,虽然马拉开波湖是所有热点地区中最热的那一个,但中部非洲仍然是遭受闪电袭击最广泛的地区——世界“闪电热点500强”中有283个就位于那里。

闪电是云与云之间、云与地之间,或者云体内各部位之间的强烈放电现象。通常是暴风云(积雨云)产生电荷,底层为阴电,顶层为阳电,而且还在地面产生阳电荷,如影随形地跟着云移动。正电荷和负电荷彼此相吸,但空气却不是良好的传导体。正电荷奔向树木、山丘、高大建筑物的顶端甚至人体之上,企图和带有负电的云层相遇;负电荷枝状的触角则向下伸展,越向下伸越接近地面。最后,正负电荷终于克服空气的阻挡而连接上。巨大的电流沿着一条传导气道从地面直向云涌去,产生出一道明亮夺目的闪光。

一道闪电的长度可能只有数百米(最短的为100米),但最长可达数千米。闪电的温度,从 1.7 万~2.8 万℃不等,也就是等于太阳表面温度的 3~5 倍。闪电的极度高热使沿途空气剧烈膨胀。空气移动迅速,因此形成波浪并发出声音。

(三)利用卫星监测研究地球周围的辐射带环境

通过卫星观测发现地球正在推离范艾伦辐射带。

2017 年 5 月,美国科罗拉多大学,大气和空间物理实验室科学家丹·贝克等人组成的一个研究团队,在《空间科学评论》上发表研究报告称,美国航空航天局通过称作“范艾伦探测器”的两颗卫星,发现了一个人造的“太空屏障”正在向外推动范艾伦辐射带。这一惊人事实意味着,我们人类不仅在改造地表,也在改造近太空环境。

范艾伦辐射带由被地球磁场捕获的带电粒子构成,是环绕地球的高能辐射带,经常因太阳风暴和其他空间天气事件而剧烈膨胀,会给卫星通信、GPS 定位系统和宇航员的人身安全造成一定威胁。

于是在 2012 年,美国航空航天局发射了两颗卫星去观测环绕地球的范艾伦辐射带,它们被称为范艾伦探测器,又名辐射带风暴探测器。这一任务让科学家了解到了辐射带的环境和它的变异性,用以研究太空船的操作及系统设计,并且对未来派遣与规划宇航员的安全领域有重要意义。

但是目前,在监视地球磁场捕获的带电粒子活动时,范艾伦探测器观察到了非常奇怪的现象。研究人员调查后发现,一个人造的太空“障碍物”在向外推动范艾伦辐射带。

这个“太空屏障”是甚低频无线电通信(VLF)创造的,甚低频无线电通信一般适合于深海潜艇的长程和海底通信,它能将编码的信息传送到遥远的地方。但这些通信信号会泄漏到太空,与地球周围的带电粒子发生作用,从而影响粒子的运动和位置。随着时间的迁移,这些互动就在地球周围创造出了一个人造的“障碍物”,甚至可以对抗来自太空的高能带电辐射。

美国航空航天局的科学家发现,过去几十年来,这种“太空屏障”一直在将范艾伦辐射带“推离”地球。一直从事这项研究工作的贝克,已经开始称这个“太空屏障”为“不可逾越的障碍”。

二、通过清理太空垃圾保护地球周围环境

(一)开发清理太空垃圾保护地球周围环境的新设备

1.发明清理卫星垃圾的太空缆索

2004 年 11 月,美国太空网站报道,随着人类飞离地球的愿望逐步实现,给太空制造了大量飞行垃圾。这些垃圾包括废弃的火箭、松开的连接栓、临时车轮、核燃料芯棒等,其中停止工作的卫星也是大型垃圾。它们在地球外无控制地飞行,好像是一颗颗定时炸弹,随时危及航天器的工作。到 2004 年 10 月,已发生 124 起

卫星撞上垃圾,导致受损的事故。而且,今后这样的危险还会增加。

科学家说,占据卫星轨道的各种物体,有可能飞行几百年。唯一的解决办法,是升高卫星轨道高度,但是所费资源太大,技术难度也需要大幅度提高。例如,给卫星加装一个推进器,在需要的时候,持续地将卫星推向高空,可是这样不仅卫星的重量将增加,而且燃料和导航系统的寿命也将受到限制。

科学家还指出,面对宇宙射线的危害,卫星的高度不能无限增加而离开地球磁场。因此,必须研制出清理太空垃圾的新技术。目前,美国科学家已研制出名为"终结者"的太空缆索,并且通过了无重力测试。这种新设备,由一条5000米长的轻量电缆加上一个线轴组成。

专家介绍说,在制造人造卫星的过程中,太空缆索也被安装在其中。卫星发射成功并且开始运行后,该装置处于休眠状态。但它能定时启动检查卫星的状态,准备接收激活命令。当卫星完成使命,销毁的命令下达后,这条5000米长的电缆就会自动展开。电缆与电离层的等离子体和地球磁场作用,从而在电缆中产生一股电流,对卫星形成一种拉力,促使它降低轨道,直至在地球大气层中完全燃烧。这样,人造卫星将自动消失,从根本上解决了低地轨道的太空垃圾问题。

2.研发清理太空垃圾的卫星

2012年2月,美国物理学家组织网报道,瑞士洛桑联邦高等理工学院教授、宇航员克劳德·尼科里埃尔等人组成的"瑞士空间中心"项目组,将发射一颗"清道夫卫星",它是专为清除散落在太空轨道上的垃圾碎片而特别设计的。

报道称,该项目组正在兴建造价约1100万美元、被誉为"清空一号"的卫星家族的首颗卫星。这颗卫星,将在3~5年内发射,其首要任务是去攫取瑞士分别于2009年和2010年曾发射升空的两颗卫星。

美国国家航空航天局说,在环绕地球的轨道上,有超过50万个报废火箭、卫星碎片及其他杂物。这些残骸以每小时接近2.8万千米的速度飞驰,快得足以摧毁或损坏卫星或航天器,这样的碰撞还会产生更多的碎片飘飞在太空中。尼科里埃尔说:"意识到太空碎片的存在及其叠加的运行风险,非常必要。"

项目组科学家称,建造这样的卫星意味着得过三大技术关卡:一是应对轨道问题,该卫星应能够调整其路径与目标保持一致。研究人员在实验室寻找到一个新的超紧凑型发动机来做到此点。二是卫星需要在较高速度中紧紧稳抓碎片而不出现闪失。科学家们正在研究一些植物和动物如何紧握东西的技能,并以此作为备用模式。三是"清空一号"可以去抓获太空轨道中的碎片或废弃卫星,将其遣返地球大气层燃为灰烬。

瑞士航天中心主任福尔克·盖斯说,将来会尽可能地设计出具有可持续性的多种类卫星,以提供和出售这种专门清理空间碎片的卫星家族的全套现成系统。

3.开发清除地球轨道垃圾碎片的仿壁虎智能手臂

2017年6月28日,据《新科学家》杂志网站报道,美国斯坦福大学机械工程系教授马克·库特考斯基领导的研究小组,受壁虎在垂直光滑墙面自由爬行的启发,设计出一种全新智能抓手装置,并证明它能在太空微重力下对不同形状物体抓放自如。该智能装置将担当太空拾荒者重任,清除地球轨道上具有潜在威胁的大量垃圾碎片。

壁虎仅靠几个指头就能在一块垂直抛光玻璃上快速攀爬。科学家发现,这是因为壁虎每只脚趾头都长着数百万细毛,每根细毛末端还有数百根分支,使得趾头与所接触的表面产生足够强的范德华引力,就像纽扣一样紧紧附着在一起。

受壁虎脚趾微结构的启发,该研究小组用10年时间研发出具有强黏性的材料,并将黏性材料覆盖成楔形薄层,成功帮助微型机器人背着重物在光滑墙面爬行。这次研究中,他们在两层楔形薄层间装上智能滑轮,当碰到物体时,滑轮将两薄层拉近,从而将物体"紧握",将其连上智能手臂后,就变身为能抓取大块太空碎片的拾荒者。

随着大量卫星和探测器"寿终正寝",近地轨道充斥着数十万个太空碎片,这些垃圾碎片可能会撞击卫星和国际空间站,造成严重后果。由于太空空气稀薄,接近真空及失重环境,现有在地球上能抓取物体的智能手臂在太空一般会失灵。

库特考斯基研究小组与美国航空航天局喷气推进实验室合作,对智能手臂进行了检测。他们在最新一期《科学·机器人》杂志上发表论文称,在模拟太空环境的太空舱内,智能手臂能自如抓放尺寸和重量大其100多倍的管状、柱状和球状等不同形状的物体。而在国际空间站内,它能在舱壁上坚持攀爬数周,不受飞船颠簸的影响。研究人员表示,能力超强的新智能手臂除用于清除太空碎片外,还能帮助宇航员在太空飞行中爬到舱外进行检修。

(二)开发清理太空垃圾保护地球周围环境的新技术

1.开发清理太空垃圾的生物技术

尝试用微生物分解"太空移民"生活垃圾。2006年7月,日本媒体报道,当地球人发射的探测器登陆遥远的火星时,日本科学家开始研究人类登陆火星后的生活,他们尝试利用微生物来分解"太空移民"每天产生的生活垃圾。

日本科学家在第36届世界空间科学大会上,向与会者介绍了一种微生物分解系统,该系统能分解人类新陈代谢后的产物,并且不会破坏环境。他们认为,这种生活垃圾处理方式,适合人类移居火星后的生活。

参与该项目探索的日本宇宙航空研究开发机构山下雅道教授说:"人类产生的废物的循环是发展太空农业面临的挑战。未经适当处理的人体废物将会使太空种植业的产量下降,直接进入农作物系统的人类排泄物极有可能导致有害细菌通过吸收有机物而大量繁殖,从而威胁人类的生存。"

据介绍,这种新的废物循环系统,已在日本城市的一些小型社区开始应用,并取得了良好的效果。不过,山下雅道表示,要在火星上建立起这样的微生物分解系统，人类至少还需要 100 年。

2.开发清理太空垃圾的激光技术

(1)开发利用激光限定和跟踪轨道碎片的技术。2014 年 11 月，物理学家组织网报道，美国航空航天局哥达德太空飞行中心的激光研究人员巴里·科伊尔和保罗等人组成的研究小组，着手开发一种很有前景的新技术，使用激光阵列限定和跟踪轨道碎片，可以克服无源光和雷达技术的不足。碎片跟踪器可用于定位和跟踪废弃的卫星、航天器部件及其他在低空和地球同步轨道上大部分驻留的残余物。

报道回忆说，2012 年的一天，费米伽马射线太空望远镜遭遇惊险，在飞行轨道上将与一个废弃的卫星狭路相逢。费米研究团队情急之下，在一秒中爆破了飞船的推进器，以改变其前进的路径。

在人类近半个世纪雄心勃勃的太空探索活动中，在近地轨道上丢弃了大量这样的人造碎片，大到火箭残骸和废旧卫星，小到涂料薄层和金属残片。它们有一个共同的名字叫作地球轨道上的空间碎片，简称轨道碎片。

这些“游荡”的碎片速度约为 7.5 千米/秒，即使是最小的碎片撞击到航天器上，也可能致其“重伤”，后果如灾难。而数以百万计的人造轨道碎片，再加上天然的微流星体聚集在近地空间，对航天器的生存构成了重大威胁。

像费米团队那次急中生智的调整，是需要航天器携带额外的燃料来执行，而每次规避会耗费卫星常规任务的时间，以及付出昂贵的成本。此外，国际空间站还要让这些执行任务的飞行器能够耐受住十几次的意外撞击。

一直以来，近地空间碎片的测量数据，来自于地基雷达和光学望远镜、天基望远镜以及对返回航天器表面的分析。其中最重要的数据源，是美国空间监视网、“干草堆”雷达、返回航天器表面的“长期暴露装置”和航天飞机等。

然而，光学望远镜可以跟踪阳光照射的碎片，但对于有海拔的碎片几乎不能提供信息。此外，当太阳照在以黑暗天空为背景的对象上时，对日出和日落基于光学的计算是有限的。并且，雷达能够提供的只是一个范围，而不是轨道残骸的确切位置。瞬时定位通常精确到几百米，而由于来自太阳风的阻力和颗粒、轨道的变化，意味着其预测的位置将以千米的范围而扩大。实际上，很多碎片能够被观测却无法跟踪、确认，因此未进行编目。

新方法的灵感，来自澳大利亚学者研究的发现，与其他方法相比，激光跟踪碎片的精度将提高 10 倍。研究人员如果使用哥达德地球物理和天文观测台，加装反射器卫星的先进激光测距的世界领先技术，在更大的幅度上提高这种技术。

哥达德观测台的 48 英寸望远镜建于 20 世纪 70 年代初，作为一个研究、发展和测试激光阵列、激光雷达及天文仪器的设备，将输出和接收激光束。该设施用来为哥达德太空飞行中心的一些航天器测高，进行在轨标定。2005 年，美国航空航天局也使用这种设施，确定对水星进行飞近探测飞船的激光测高仪表现。

科伊尔认为：“轨道碎片是一个国际性的问题，所有能够发射卫星的机构，都应对此担负责任。”。

科伊尔说:“虽然很难将其去除,美国航空航天局的任务可以最小化地减少其对空间资产运作的影响。他们可以发射非经营性的航天器到不太繁忙的轨道上移除这些威胁,或让不再工作的飞船重返大气层烧毁。重要的是,跟踪和监视这些遗留物,可保护未来执行任务的飞行器免受潜在的有害冲突。”

美国航空航天局采用激光测距,可以收集更多的数据,包括碎片的形状、大小、轨道投影和范围。它还可以根据物体的形状和大小,追踪垒球大小物体的精度达到米数级。

为了表明激光跟踪的有效性,该研究小组计划把哥达德观测台激光,从 1.064 微米更新到 1.57 微米,使其达到相关安全操作标准。研究人员将发射激光,在天空中寻找碎片,并使用返回的光,帮助估计物体轨迹及其可能运动的范围。通过每次互相传递添加数据,以提高准确度。

哥达德观测台是卫星激光测距的发源地,也是一个管理地球物理应用全球性的地面站网络。该研究小组计划,实现基于这个地面激光观测台全球网络,进行观察和更精准追踪轨道碎片,从而帮助世界上现有的太空碎片跟踪工作。

(2)开发可分析太空垃圾成分的激光偏振检测技术。2017 年 6 月 20 日,物理学家组织网报道,美国麻省理工学院航空航天系工程师迈克尔·帕斯科尔主持的研究小组,最近开发出一种激光偏振检测新技术,不仅能确定太空垃圾位置,还能分析其成分。

在地球空间轨道上,数以亿计的太空垃圾高速旋转着,给航天器和卫星带来巨大威胁。目前,美国航空航天局和国防部在用陆基望远镜与激光雷达,跟踪 1.7 万块碎片,但这一系统只能确定目标的位置。

该研究小组指出,新技术能分析出一块残骸由什么组成,有助于确定其质量、动量及可能造成的破坏力。

这项技术,利用激光来检测材料对光的偏振效应。帕斯科尔说,涂料的反射光偏振模式和金属铝有明显区别,所以识别偏振特征是鉴定太空残骸的一种可靠方法。

为检验这一理论,研究人员设计了一台偏光仪来检测反射光的角度,所用激光波长为 1064 纳米,与激光雷达激光类似,并选择了 6 种卫星中常用的材料:白色、黑色涂料、铝和钛,还有保护卫星的两种膜材料聚酰亚胺和特氟龙(聚四氟乙烯),用偏振滤镜和硅探测器检测它们反射光的偏振状态。他们识别出 16 种主要的偏振态,并将这些状态特征与不同材料对应起来。每种材料的偏振特征都非常独特,足以与其他 5 种区别开来。

帕斯科尔认为,其他航天材料如防护膜、复合天线、太阳能电池、电路板等,其偏振效应可能也各有特色。他希望用激光偏振仪,建一个包含各种材料偏振特征的数据库,给现有陆基激光雷达装上滤波器,就能直接检测太空残骸的偏振态,与特征库数据对比,就能确定残骸构成。

第四节　太空资源开发研究的新成果

一、开发月球资源的新信息

(一)制订开发月球资源的计划

1.计划21世纪30年代在月球建立研究基地

2011年4月,俄媒体报道,最近,俄罗斯航天局局长彼尔米诺夫透露,该国科学家制定了到2050年开发太空的长期构想。计划先建立月球基地,再进行火星开发。

该构想计划分3阶段实施,21世纪20年代中期飞往月球,30年代在月球建立研究基地,40年代初开始开发火星。但构想的最终能否实现还将取决于国家财政及综合实力。

同时,该构想还计划开展多方面的国际合作,来实现开发目标。俄罗斯也愿意帮助其他国家实现太空计划,提高其计划实施的可靠性。

据悉,近日美国航空航天局局长将率代表团到莫斯科访问,与俄罗斯航天局共同讨论开发太阳系问题,包括基地选址、火箭和宇宙技术优势的相互利用,例如美国现有的重型载运火箭和俄罗斯载人飞船及月球降落设施的合作等。

该构想提到,俄罗斯在研究和开发宇宙方面具有优势条件,如俄建立核动力设施能力在世界上是首屈一指的。在宇宙开发中核能利用前景广阔,因为目前使用固态及液态燃料的发动机航天器,必须长期飞行才能达到目的星球,乘员的危险性随着飞行时间加长而不断增大。

俄罗斯航天局与核动力局,正研制大功率核动力装置,用于飞向火星及其他远星球的星际航天器,核能的利用可大大缩短飞行时间。

2.计划创建连接至月球或火星的太空互联网

2013年9月20日,据国外媒体报道,地球轨道数百颗卫星持续中继发送和接收数据,但是这些传统老化的数据传输系统已达到满功率。因此,美国航空航天局正在计划研制一种安全有效的网络系统。9月初,美国航空航天局开始正式讨论新一代太空通信技术,并决定由菲利浦·利伯雷彻特和詹姆斯·彻尔负责建设美国航空航天局太空通信平台。

跟踪与数据中继卫星系统是一个集线器中心,多颗卫星可以发送它们的数据或中继返回至地球。毕竟并不是每一颗卫星都适合于装配庞大通信装置传输高带宽信号,因此它们需要将数据信号穿过太空传输至数据中继卫星系统,再传输至地面。

第一代中继卫星系统始于20世纪80年代末至90年代初,被2000年年初新二代系统所替代。2013 年开始发射第三代中继卫星系统的第一部分,并适配当前太空任务和人造卫星发射,21 世纪 20 年代初将进行另一次技术更新。目前,国际空间站的宇航员经常进行视频连线,浏览网站和传输太空任务数据,但是未来太空中人类的数量将逐渐增多,这将需要更高级别的网络带宽。

利伯雷彻特说:“如果未来实现太空旅游和太空旅馆,那时太空网络的要求将更高,需要一些理想的太空中继器进行连接,尤其对于太空轨道的航天器,可让太空旅行者与家人和朋友进行网络连接,发表微博信息等。”

现今的太空网络,可以应对未来 10~15 年的商业太空旅行,但对于未来大量的太空旅行者,则需要高速互联网。美国航空航天局正在关注使用激光代替微波实现太空通信,光学数据链将更快、更有效地发送数据,未来或将开启连接至月球的一个快速可靠数据连接系统,或者连接至火星和更遥远的星球。另一种正在调研的技术是延迟耐性网络,它可使太空网络更好地处理末端传输和接收的间隔。

3.制订在月球开发矿藏的计划

2015 年 8 月,美国太空网的报道,据俄罗斯连塔网的消息,俄罗斯科学家已经制订了在月球开发矿藏的长期计划,并已将该计划草案提交给政府。俄罗斯科学家认为,月球是获取非地球物质、矿产资源、挥发性化合物和淡水的最近来源,也是人类目前唯一可以获得的来源。在月球上开采矿藏,并不比在地球两极更困难。与此同时,人类还可将危险的制造业转移到月球,从而降低地球生态环境面临的风险。科学家称,相关方案正在研究当中。

其实,不只俄罗斯科学家想去月球“掘金”,到月球采矿已经被科学家们提出了很多年,有多个国家和私人企业都提出了雄心勃勃的月球采矿计划,比如,美国国家航空航天局每年都会举行一次机器人采矿竞赛;谷歌则为月球 X 大奖提供赞助:如果能让一个机器人登上月球并行走 500 米,就能获得数千万美元奖金。

美国科罗拉多矿业大学太空资源中心主管安吉尔·马德里说:“月球资源探测本来应该基于数个世纪以来人类对地球资源的开采方法。在地球上,发现资源后,很快就会进行钻孔、挖掘及处理等操作,最终使这些资源的利用成为可能。”

他说:“但月球与地球不同,在月球上,应该通过遥感技术进行足够详细的勘察工作,鉴别有价值资源(比如氧气和氢气)的所在位置,然后基于这些发现以及必要的技术模型,在地球上的模拟地点对收集和开采工作进行测试。”

马德里举例说,美国国家航空航天局,准备在 2018 年发射的“资源探测者号”宇宙飞船,就将鉴定月球资源开采的可行性;另外,还有其他几项由私人航天公司主导的宇宙探测任务,也在进行类似的程序。这样的研究,会为将现有资源利用和未来探测计划很好地整合在一起铺平道路。他由此得出结论:“现在到了我们开始在月球表面证明这些系统的时候了。”

（二）做好建立月球基地的准备工作

1.研发用登月“金钟罩”来抵御太空辐射

2005 年 1 月，美国媒体报道，人类要在地球以外的星球长期居住，太空辐射是一大致命威胁。由美国航空航天局赞助的研究小组，正在以月球为研究对象，研发未来登月宇航员抵御太空辐射的工具。

研究小组，正在测定一套安装在 40 米高杆上的带电球体所产生的“静电防护屏”，看其能否消除覆盖范围内的辐射。如果证实可行，它将保护宇航员在脱离地球磁场的太空飞行期间，免受长期的致命辐射危害。

静电辐射防护屏是个非常简单的构想，主要抵御太阳在大规模太阳风暴中发射，或以银河系宇宙射线形式在宇宙中穿梭的高能质子和电子。

在过去的月球探索中，抵御宇宙射线的研究进展缓慢。然而，没有足够的防护，人类要在月球上居住和进行长时间太空探索是不可能的。

研究小组正在寻找安置那些不同尺寸的球形大型电场发生器的方案，从而建立一个电场来抵御高能质子和电子。小组的专家指出：第一个要解决的问题是，用什么样的电场阻止这些带电的粒子。

当前的设计是，采用带有微弱负电荷的球体分布在防护屏外围，以此过滤电子；而带有强大正电荷的发生器聚集在中心地带，则使高能质子偏离。然而，技术难题在于，安置一定数量的球体来建立一个综合电场，其强度要足以消除辐射，却又要不至于剥离月球基地建筑或周围物质的电子。因此，需要一个 40 米高的高杆，必须保证发生器处于安全的水平距离。研究人员指出，这是设计最大的约束因素之一。

为了让这种静电场在月球上效力最佳化，研究者还设想了一个将辐射防护分层的办法：球形发生器可与贴近地面的平面静电防护屏结合，防止发生器表面吸附月球灰尘，影响正常工作。

2.拟在月球建造自动航天器着陆基地

2010 年 10 月 18 日，俄媒体报道，俄罗斯主要的航天器研究和生产企业之一拉沃奇金科研生产联合体，经理兼总设计师哈尔托夫透露，俄计划在 2015 年之后，在月球上建造自动航天器着陆基地。

哈尔托夫说，2015 年之后，俄罗斯将启动“月球-资源 2”探测计划。根据这一计划，俄罗斯将在月球兴建航天器着陆基地、发射具有大作业半径的月球车、研制能从月球上发射的火箭、研制装载和储存准备运回地球的月球土壤样本的设施等。按照计划，俄罗斯航天部门还将实施航天器在月球的精确着陆。

哈尔托夫说，“月球-资源 2”探测计划，是俄罗斯重返月球探测计划的第三阶段。在这一阶段，首先要将一个重型月球车送上月球，并让月球车在月球表面采集土壤样本。在该阶段的第二步，将使用从月球上发射的火箭，把月球土壤样本带回地球。俄罗斯重返月球探测计划的第一阶段，将于 2013 年开始实施。

（三）加强利用月球矿产资源的研究

用哈勃太空望远镜研究月球矿产资源。

2007年7月，英国《新科学家》杂志网站近日报道，美国科学家正在用哈勃太空望远镜，研究月球上的矿产资源。这项研究，是建立月球基地前哨的重要步骤。

据报道，美国航空航天局下属的戈达德航天研究所的科学家们，正努力测出月球表面富含二氧化钛的钛铁矿储量，如果月球表面土壤二氧化钛中的氧被分离出来，就会成为可以呼吸的氧气甚至火箭燃料。

月球表面紫外线图像所显示的形态，与“阿波罗”登月计划采到的月球土壤样品中二氧化钛含有量，是有关联的。因此，月球的紫外线地图，可用来标明二氧化钛的丰富程度。但地球大气层干扰了紫外线的读取，所以研究人员用哈勃望远镜，对月球表面的小块区域拍摄紫外线图像，其中包括“阿波罗”15号和17号降落的地点。

研究小组把紫外线图像数据，与“阿波罗”飞船采集回来的土壤样品中的二氧化钛含量水平进行比对，他们发现低地的玄武岩中含有6%~8%的二氧化钛，而高地的岩石中只有2%。精确的紫外线图像，为美国航空局将来发射月球探测飞船绘制月球地图的任务，开辟了道路。

（四）推进利用月球土壤资源的研究

1.着手研制月球土壤挖掘机

2008年9月，美国太空网报道，当人类最终在月球上建成自己的家园后，我们的生活将会发生翻天覆地的变化。因为我们在地球上使用良好的工具，而到了月球未必好用。所以，一直来，科学家致力于研究制造出可以在月球上使用的机器。其中一个例子，就是月球建筑设备，如月球土壤挖掘机的研发。

美国纽约市“蜜蜂机器人技术”钻掘系统负责人克里斯·扎西尼称：“推土机和挖掘机都相当笨重，我们发明了一种完全不同的挖掘方法——使用气体。”扎西尼发明的月球土壤挖掘方法，是通过向土壤中注入气体，因此产生高压，受压力作用自然迫使气体向上运行，气体的强劲冲力最终破开土地并将其一起带走，进而将土壤收集起来等待利用。

2008年7月，“蜜蜂机器人技术”钻掘系统，接到一份美国航空航天局开发新型月球工具合同，制造适于宇航员在月球上工作生活使用的挖掘机，并且将其作为美国航空航天局“星座计划”的重要组成部分。扎西尼凭借他曾在南非金刚石、煤炭和金矿工作中所学到的知识，及其所掌握的针对外星挖掘研究的博士学位学识，设计发明出了极富创造性的月球挖掘方法，包括气体挖掘机。

这部所谓的由压缩空气推动的挖掘机械装置，由气体泵、细软管和一条粗软管与储存容器组成，当气体受压溢出时，随之带出的土壤通过粗软管而被送到了储存容器内。扎西尼说：“它就像是真空吸尘器，但却是反向的，不是吸，而是先将气体注入机器,然后获得所需要的土壤。”

该气体挖掘机的重量,要比普通的挖掘机轻许多,虽然该机器回避了很多问题:未来月球居住者将从哪里获得运转该机器所需的气体?一种比较好的途径,是宇航员每天呼出的二氧化碳气体;另一种可能就是燃烧登陆月球时火箭推力器所剩下的燃料,收集这些气体。

扎西尼称:“当一个航天器要登陆月球时,以防万一比计划会多飞一段里程而多准备一些额外的燃料,而当你成功着陆后它就成为一种负担。”而且,扎西尼认为燃烧火箭剩余燃料所产生的气体,是给气体挖掘机提供动力的一种比较好的方式。

此外,扎西尼认为,一旦该机器收集到月球土壤,可以利用收集到的月球上的土壤堆积,成为宇航员栖息地的外部建筑,并作为一种辐射屏蔽,而且还能从月球土壤里提取出氧气和其他矿物质。

为了释放月球土壤中的氧气,必须对它进行高温加热。工程师建议,收集到月球土壤后,经过一台热交换器,或者,如果挖掘机气体的来源为剩余的火箭燃料,那么排出的气体已经是热气体,再将热气体挤压到土壤中挖掘土壤,那么土壤也就随之受热温度升高。

因为我们每带一点原料到月球,都是在给航天器增加额外负担,所以工程师必须设计出能以一种很节俭的方式来获得所需要的原材料,尽可能从月球上获取可以循环利用的资源。扎西尼:“在月球上,你将相当多地采用循环利用的方式来进行日常生活。”

2.模拟实验表明月球土壤可3D打印成砖块

2017年5月,欧洲空间局官网报道,该局负责材料项目的工程师艾德文尼特·马卡亚、负责材料和制作过程工作的托马索·海蒂尼等人组成的一个研究小组,通过实验表明,未来或许能利用太阳光的热量,把月球尘土3D打印成可以建造定居点的砖块。

马卡亚说:“我们在太阳能炉中模拟了烧制月球材料的过程。3D打印平台可以在1000℃的温度下,烘烤直径约0.1毫米的月球尘土颗粒,在5个小时内完成一个20厘米×10厘米×3厘米的建筑用砖块。”

该实验以陆地火山材料作基础原料,按照真正月球土壤的组成成分和颗粒大小,加工成模拟月壤;接下来,在位于德国航空航天中心的太阳能炉设施中,由147个弯曲镜面将阳光聚焦形成极高温,将土壤颗粒融化在一起。北欧的天气并不总是很理想,因此有时候会用到氙气辅助模拟过程。

经过详细的机械测试,这种3D打印砖块具备了石膏的强度。但一些砖块在边缘出现了翘曲,科研人员说,因为他们的边缘比中心冷却得更快。马卡亚说:“我们正在寻找方法控制这种情况,也许加快打印速度能让砖块内部积聚较少热量。这个项目或许表明,在月球这一施工方法确实可行。”

这项成果,是欧空局调查用月球现场资源制造基础设施和硬件系列研究的一部分,其后续项目还将获得欧盟 2020 计划的资助。

马卡亚补充说:“我们的演示是在标准大气条件下进行的,但后续项目将在具有代表性的月球条件,即真空和极端高温中探测砖块的打印效果。”如效果不错,欧空局只需将 3D 打印机和太阳能聚焦设备运送到月球即可。

海蒂尼指出:“为了建立月球基地,当地资源的利用必将成为重要的实用技术之一,而由此创造出的可持续发展方式也可以惠及地球,如使用太阳能聚焦设备和当地资源 3D 打印出来的建筑材料,可以快速建设灾后紧急避难所,以避免昂贵、低效的常规供应链阻滞援建进程。”

二、开发火星与太空旅游资源的新信息

(一)开发火星资源的新进展

1.制订和实施火星殖民计划

(1)提出首个火星殖民计划。2012 年 6 月,外国媒体报道,荷兰独立太空发射公司“火星一号”,计划在 2023 年 4 月前将 4 名宇航员送往火星,并建造首个火星殖民地。火星殖民计划开始后,“火星一号”公司将每两年派遣 4 名宇航员。截至 2033 年,将有 20 名宇航员生活在火星上。

目前,“火星一号”公司,正与 Space X 等独立太空探索公司展开磋商。最近,Space X 公司,将第一艘私人货运飞船送上国际空间站。“火星一号”公司的计划获得诺贝尔物理学奖得主杰拉德·特·胡夫特,以及真人秀《老大哥》联合创始人保罗·罗默的支持。

“火星一号”公司指出,他们将于 2013 年开始培训宇航员,同时记录下整个宇航员挑选和培训过程,就像拍摄一场真人秀一样。“火星一号”公司称:“这是一次属于我们所有人的旅途。出于这个原因,我们要把每一步记录下来,并与所有人分享。我们计划的火星任务,是历史上规模最大的媒体事件,我们也通过这种方式筹集资金。全世界的人们都可以观看整个宇航员挑选和培训过程,并帮助我们做出决定。准备工作结束后,被选中的宇航员将奔赴火星。在火星建造新家、做实验和执行探索任务过程中,他们也将与我们分享他们的经历。”

2011 年,“火星一号”公司便提出了火星殖民计划。罗默表示:“‘火星一号’公司创始人第一次找到我时,他们问我是否可以向我介绍一下他们的火星任务,我的第一感觉是这帮家伙一定疯了。他们难道能够做到美国航空航天局还没有做到的事情吗?通过他们的介绍,我了解了这项任务。他们的想法非常富有创造性。他们设想的火星任务既让人充满畏惧,又让人感到非常兴奋。火星任务的很多方面都适合拍摄成真人秀,与全世界的人们分享。”

(2)火星殖民计划候选人初选完成。2014 年 1 月 2 日,“俄罗斯之声”广播电台报道,火星殖民计划候选人初选完成,共从全球 20 万移民申请者中筛选出 1058

名候选人。

荷兰独立太空发射公司“火星一号”，于2012年6月宣布了一个惊人的殖民火星计划。该公司计划在2023年4月，将首批4名宇航员送上火星，此后每隔两年再派出2到4名宇航员“殖民”火星，这样到2033年，将至少有20名地球人生活在火星上，这些宇航员都将在火星永远“定居”，不打算重返地球。

目前，火星殖民计划的候选人初选已完成，共从全球20多万移民申请者中筛选出1058名候选人。该项目联合发起人巴斯·兰斯多普说道：“从众多申请者中初选候选人很不容易，不相符条件的申请者很多。”

据报道，在入选的1058名候选人中，有156名美国人、75名加拿大人、62名印度人和52名俄罗斯人。他们都收到了电子邮件通知。

报道中还提到，在初选过程中，项目组织者主要根据候选人参加项目的态度进行筛选，而第二轮筛选将测试候选人的体能和心理能力，以便在几年后参加火星单程之旅。

2.提出低成本上火星的新路径

2014年12月，物理学家组织网报道，美国空间科学家弗朗西斯科·多普多和爱德华·贝尔布鲁诺，近日提出可以通过“弹道捕获法”到达火星。他们认为，这种方法成本更为低廉，而且没必要赶在最佳发射期发射。

到达火星的传统方式，是计算出这个星球在某个时间点将到达什么位置，然后发射火箭使其在同一时间到达那里。这种方式被称为“霍曼转移法”，它需要使用制动火箭在到达目的地时进行减速，因为火箭在整个行程中都以最快的速度前进。由于这种制动火箭耗费大量燃料，因此人类对这颗红色星球的探测任务就变得既笨重又昂贵。

另外，“霍曼转移法”还需要精心规划时间，以赶在最佳发射期发射。这段时间是地球和火星距离最近时，但是一旦有任何原因造成延误，就不得不等待下一个最佳发射期，这一等就是两年。

多普多和贝尔布鲁诺提出的新方法，不需要直接“瞄准”火星作为目的地，而是在火星绕日轨道中选取一个位于火星前方的点，作为目的地，然后等火星追赶上来。这种方式，被称为“弹道捕获法”。

据报道，“弹道捕获法”不需要制动火箭，这就让火星探测任务的成本大大降低。不过它也使行程增加了好几个月，这对载人飞行来说确实是个问题。对此，两位科学家提出“弹道捕捉法”是将无人驾驶飞行器送到火星的最佳办法：一方面可以用于无人火星探测等科学任务；另一方面可以专门为载人任务运送设备，以备宇航员达到火星后使用。由于这样的任务对时间要求没那么严格，它们可以在任何时间发射，没必要等待最佳发射期。

“弹道捕获法”的弊端之一，是无法进入火星的低空轨道，因此仍然需要某种推动力将探测器转移到足够低的轨道中进行科学探测，或者采取某种措施让探测器在火星表面着陆。这样,火箭就需要专门为此而装载一些燃料,不过,多普多和贝尔布鲁诺认为,这要比“霍曼转移法”中制动火箭所需要的燃料少得多。他俩正在与美国航空航天局的承包商之一波音公司协商,寻求合作并完善这一想法,以看它是否可行。

3.做好建立火星基地的前期工作

(1)开发用于火星基地的人造空气。2004 年 12 月 2 日,俄罗斯《消息报》报道,俄国科学家已经研制出一种人造空气,能够有效避免在密闭环境下引起火灾。它是氧氩混合气体,可以用于建设未来的火星居民点。参与研究的专家说,在试验过程中,专门安排一个月的时间,让志愿者居住在充满氧氩混合气体的模拟“火星住宅”中,以观察他们是否会有不适的感觉。之所以选择氩,是因为它能够增强对氧缺乏状况的抵抗能力。俄罗斯航天局官员指出,俄国将继续开展一系列以开发太阳系为最终目的的前瞻性研究活动。有可能在 2020—2025 年期间建立月球基地,而等到 21 世纪中叶,类似的基地可能还会出现在火星上。

(2)通过与世隔绝一年来体验“火星生活”。2015 年 8 月 29 日,国外媒体报道,在遥远而荒凉的火星,人类要如何生活?目前,6 名科学家开始展开长达一年的模拟生活实验,在狭小的“居住舱”里与世隔绝一年,帮助美国航空航天局研究未来的火星任务。

报道称,6 名科学家于当地时间 2015 年 8 月 28 日正式进入位于美国夏威夷冒纳罗亚火山山麓上一个圆顶“居住舱”,他们将在封闭的环境中生活一年。

据介绍,这 6 位科学家分别是法国的天体生物学家、德国的物理学家,以及来自美国的飞机驾驶员、建筑师、医生、土壤学专家。

此次是美国历来时间最长的“隔绝实验”。科学家们要在直径 11 米、高 6 米的“居住舱”内生活,每人有自己的独立卧室,吃的是粉状芝士、罐头金枪鱼,离开“居住舱”时必须穿上宇宙飞行服,上网也受限制。

美国国家航空航天局称,在执行火星任务时,航天员要长期处于狭窄空间,没有新鲜空气和食物,甚至没有隐私可言,这些都是远征火星要面对的挑战。6 名科学家的“闭关”实验,就是要帮助美国国家航空航天局研究并改善这些问题。

美国国家航空航天局首席调查员基姆·宾斯特德表示,之前有科学家进行过隔绝 8 个月的生活实验,期间组员之间无可避免发生了冲突。他说:“即使跟很优秀的人一起生活,但在长期任务中仍难免起冲突”。

(二)开发太空旅游资源的新进展

1.太空游飞船首次点火试飞

2013 年 4 月 29 日,美国媒体报道,美国私营企业拥有产权的太空游飞船——“太空船二号”,进行首次发动机点火试飞,飞行速度一度达到 1.2 马赫,成功突破音障。

“太空船二号”飞船由“白骑士 2 号”飞机搭载,从加利福尼亚州莫哈韦升空,

45分钟后在距地面大约14千米的空中与飞机分离，依靠自身动力继续飞行。飞船的火箭发动机点火持续16秒钟后，飞船升上16.8千米高度，随后返回地面。

该飞船由斯凯尔德复合技术公司建造，“业主”是维尔京银河航天公司，此前曾进行25次带飞、滑行等无动力试飞，火箭发动机点火进行动力试飞是首次。

维尔京银河首席执行官乔治·怀特赛兹在一份书面声明中说，火箭点火持续时间、发动机性能和飞船操控状态都达到预期；再进行几次点火试飞后，飞船将尝试亚轨道试飞。

“太空船二号”设计用于搭载太空游客进行亚轨道飞行，即轨道最高点位于大气层外、但还不能绕地球一周的飞行。其“票价”为每人单次20万美元，可让旅客短暂体验失重状态、领略从太空中遥望地球的景观。

维尔京银河航天公司说，它已经接受大约580名太空游旅客“预订”、收取合计超过7000万美元“定金”，预计最早于今年年底投入实际运营，成为全球首家商业航天运营商。“太空船二号”长18米，能搭载两名机组人员和6名乘客。

2.太空游飞船完成超音速飞行测试

2014年1月10日，美国媒体报道，维尔京银河航天公司的太空游飞船，即亚轨道飞行器“太空船二号”，在美国西部完成了第三次超音速飞行测试，并攀升至21.6千米的新高度。

当地时间10日7时22分，在两名飞行员控制下，母飞船“白骑士二号”携带“太空船二号”，从美国西部的加利福尼亚州莫哈韦航空航天港起飞，升至大约14千米的高空后，将“太空船二号”释放。

“太空船二号”的火箭发动机随即启动，工作了约20秒时间，“太空船二号”加速至每小时1715千米，攀升到21.6千米的高空，这也是3次超音速飞行测试中“太空船二号”飞行的最高高度，随后该飞船安全返回。

维尔京银河航天公司创始人理查德·布兰森对媒体说，这是“太空船二号”又一次“完美的超音速飞行”，验证了不同系统的功能。2014年，我们终于要把美丽的太空船投放到太空的自然环境中去。

维尔京银河航天公司是目前全球开发太空旅游的领头羊之一，计划2014年晚些时候发射“太空船二号”至距地面约100千米的高处，让乘客体验太空失重状态，欣赏太空美景。据报道，目前已有超过600人预约了座位，每人的票价为25万美元。

三、开发太空资源的其他新信息

（一）研究利用太空中太阳能的新成果

1.计划建造太空太阳能发电厂

2006年1月23日，德新社报道说，在太空中建立一些太阳能“发电厂”，直接为地球上的人类提供能源，似乎有点异想天开的味道。不过，德国欧洲航空防务与航天公司科学家哈特穆特·米勒领导的研究小组，日前表示，这个方案切实可行,他们已经解决了一些最主要的相关技术难题,有望在50年后让地球人用上直接来自太空的能量。

据报道,米勒在不来梅,演示了一种该公司与卡尔斯鲁厄大学科学家用两年时间合作研制成功的新型激光设备。这将是未来太空太阳能发电厂向地球传送能量的最重要部件。科学家说,该设备将可以利用激光光束把在太空中收集到的能量传送回地球。

科学家解释说,他们的计划,是首先利用太阳能电池,在离地球3.6万千米的太空中收集太阳能,然后通过激光光束把能量发送回地球。在此过程中,最为困难的,是如何控制激光光束,在远距离"旅行"后可以精确地找到地面接收设备,然后与地面能量传输网进行连接。现在,德国专家新开发的设备成功解决了这一难题。

但是,目前已耗资60万欧元的这一宏伟计划,似乎离现实还有点远。尽管科学家们说,他们计划在2008年把第一台激光装置送入国际空间站,然而他们的第一座"太空发电厂"要在50年后才开始工作。在进行太空试验之前,专家们还需要更多的地面研究,尝试提升通过激光光束传送回来的能量级别。

米勒说,近30年来,全世界都在寻找把太阳能这一"用之不尽"的能源,直接转化为地球上可用能源的方法。而他们的研究成果,则在建造以激光技术为支持的"太空发电厂"方面,迈出了重要的一步。

2.试制传输太阳能的太空"蜘蛛"机器人

2006年9月,有关媒体报道,日本在不久前通过发射卫星,进行了一项试验:把一个造型酷似蜘蛛的机器人送上太空,并让它在太空中编织复杂的结构,最终形成一个巨大的太阳能电池网,然后通过卫星把太阳能传输回地面,取得了预期的满意结果。

这次试验的太空"蜘蛛",其原型是由欧洲宇航局和维也纳工学院的工程师共同研制的,旨在测试它们在无重力或微重力的状态下,是否能平稳地沿着各自的路径爬行。

报道说,这些太空"蜘蛛"外表奇形怪状,测试过程充满有趣的情节。例如,试验伊始,只见母卫星释放出3颗小卫星,它们拉开阵势,形成一个三角形的网,每条边长约为40米。这就是太空太阳能板的雏形。

与此同时,母卫星会释放一根根"蜘蛛线",与这些小卫星相互连接,借以保持稳定。一旦部署停当,太空"蜘蛛"即根据地面控制站的指令,对母卫星和自身的微波天线进行同步调整,将信号发回地面。

然后,从母卫星中爬出2个体积较小的机器人,它们各自装有一套小轮子,可用来抓住"蜘蛛线"的两侧,以免向别处漂移。"蜘蛛"在完成"编织"任务后会"以身殉职",成为太阳能板的一部分。随着众多"蜘蛛"的不断补缺,最后便形成一块巨大的太阳能电池板。在前面的任务完成后,卫星就可以反射太阳光束,也可以通过储存甚至以微波的形式把能源传输回地面。

在本次试验中，由于运载火箭把四颗微型卫星只送到地球亚轨道地区，因此科学家只有10分钟的微重力展开试验，接着飞船便开始向地面坠落，最终在大气层中烧毁。不过，也只有采取这种办法，试验成本才能大大低于在轨试验所需的费用。据估算，卫星若要把10亿瓦太阳能电力输送回地面，或许需要一块面积相当于1平方千米的太阳能电池板。

(二)开发太空中信息存储资源的研究成果

利用“宇宙云”永久保存人类信息。

2016年7月，美国太空网近日报道，美国加州大学教授菲利普·卢宾创建的“人类之声”的激进项目，提出复制备份人类生命基因蓝图和知识文化的计划。该团队成员表示，使用激光发送信息至“宇宙云”，以防可怕的灾难发生时地球和人类信息无法保留。

这一计划旨在复制备份人类信息。卢宾表示，他们的长期目标是发送人类抵达太阳系之外的星球，但在计划最初阶段，会把宇宙飞船的规模小型化，使用激光传送数据，直至缩小到集成电路晶片大小，再把这个“人类信息晶片”发送至地球轨道，晶片内容将包含DNA(脱氧核糖核酸)编码、语音制品与书籍。此后，研究团队会尝试利用定向能来推动所谓的“晶片宇宙飞船”，作为地球的使者把家园的人类文明重要信息，扩散至宇宙空间。

“人类之声”计划的目的是要表达所有人类的信息，并将这些信息永久保存。目前，团队成员正希望通过众筹平台来筹募资金，以实现激光推进“宇宙飞船”的最终目标。

卢宾表示，人们有时候会说，“我们希望备份人类文明”，但这并不是开玩笑，他们的团队正在从事这件事并已将其作为努力目标。在某种意义上，他们支持全人类使用宇宙作为“云”储存平台。

卢宾同时还参与了“突破摄星计划”，这是霍金在2016年4月宣布的。该计划是霍金联合互联网投资人尤里·米尔纳启动的，一项可以更好地了解宇宙，给科学和太空探索带来革命性变化的项目。这项投资1亿美元的计划，就包括研制一个可以用激光发射的微型“晶片太空飞船”，其配备帆状结构。按设想，它可抵达半人马座阿尔法星，以及其他外太阳系系统。

(三)研究开发太空资源的新设备和新方法

1.研制开发太空资源的新仪器

发明高精确度的星际资源搜索“指南针”。2004年12月，俄媒体报道，俄罗斯科学院宇宙研究所专家阿瓦涅索夫等人组成的研究小组，最近设计出一种能使航天器准确识别方向的新型星际资源搜索“指南针”。与目前使用的同类仪器相比，它具有抗干扰能力强、重量轻、能耗小和精确度高等特点。

据报道，这种星际“指南针”，实际是一种数字摄像机，其外形为不透光的黑色管状物，大小与一个容量为3升的液体罐相当。安装在管状物内部的星体传感器和微型信息处理器，能协同分析浩瀚星空中的星体数字化影像，调节星体影像的亮度，确定星体间的相互位置，然后再根据存储器中的记录对星体进行识别。

据介绍，新仪器中存储了8500颗星体的资料，浏览一遍仅需6秒钟时间。对星体定位后，这种仪器就可以确定携带该仪器的航天器的位置，并为它们指引方向。

阿瓦涅索夫说，新仪器内部安装了一种特殊软件，它可以使新仪器对进入其“工作视野”的卫星、彗星、小行星和太空垃圾等物体，具有很强的鉴别力，在进行定位时能避开它们的干扰，从而保证航天器沿正确方向飞行。

2.探索开发太空资源的新方法

发现硅化合物有助于寻找太空星际物质。2014年12月，日本东京大学基础科学系泰樹远藤主持，其同事参与的一个研究小组，在美国物理联合会出版的《物理化学学报》上发表论文称，他们确定了两种新发现的具有高度活性的硅化合物的电磁辐射光谱。据悉，这项研究，将有助于天文学家在太空星际介质中寻找相关物质分子。

泰树远藤说：“正如人体的指纹和DNA序列可以被用来识别人的身份一样，我们也可以通过分子辐射的电磁波的频率来识别分子。”

研究小组考虑是否会有和SiCN来自同族，但具有更长的碳链的分子存在于太空星际介质中。为了填补这些知识的缺口，远藤研究小组制造出了SiC2N和SiC3N分子。他们使用喷气式飞机混合前体气体，然后用电场脉冲轰击混合气体，最终得到所需的分子。随后，研究人员使用傅里叶变换微波光谱仪，对这两种分子的电磁辐射进行测量。为了找到辐射光谱中的峰值，研究者使用理论计算作为导向。远藤说：“我们的实验使得在星际介质中找寻Si2N和Si3N分子成为可能。”

研究小组计划把他们的研究结果，用于一颗叫作IRC+10216的巨大的红外恒星中，他们将在围绕该恒星的气体云层中寻找以硅原子或者氮原子收尾的碳链分子。科学家们以前曾在这颗恒星的周围探测到单个的SiCN分子。

远藤说：“如果这些‘SiC2N和SiC3N’分子在天体中被发现，并且能够确定是大量存在的，我们就可以获得很多有价值的信息以帮助我们了解这些分子的产生机制。”他接着说，“另外，这些信息也会为我们了解其他含硅分子的形成方式提供线索。”这些新的信息，能够为科学家们提供更多关于宇宙的化学组成，以及恒星、行星诞生条件和物质组成等线索。

参考文献和资料来源

一、主要参考文献

[1]斯蒂芬·霍金.宇宙的起源与归宿[M].赵君亮,译.南京:译林出版社,2009.

[2]布赖恩·格林.宇宙的琴弦[M].李泳,译.长沙:湖南科学技术出版社,2004.

[3]加来道雄.平行宇宙[M].伍义生,包新周,译.重庆:重庆出版社,2008.

[4]李竞.探索宇宙的神奇奥秘[M].上海:上海科学技术文献出版社,2011.

[5]北京大陆桥文化传媒.未来的宇宙灾难[M].上海:上海科学技术文献出版社, 2011.

[6]弗里曼·戴森.宇宙波澜:科技与人类前途的自省[M].王一操,左立华,译.重庆:重庆大学出版社,2015 .

[7]弗兰克·克洛斯.虚空:宇宙源起何处[M].羊奕伟,译.重庆:重庆大学出版社,2016.

[8]布莱恩·克莱格.宇宙大爆炸之前[M].虞骏海,译.海口:海南出版社,2016.

[9]斯泰茜·佩林,劳拉·凯,布拉德·史密斯,乔治·布卢门撒尔.领悟我们的宇宙[M].周上人,译.重庆:重庆出版社,2016.

[10]伦纳德·萨斯坎德.黑洞战争[M].李新洲,敖犀晨,赵伟,译.长沙:湖南科学技术出版社,2010.

[11]弗兰克·克洛斯.反物质[M].羊奕伟,译,重庆:重庆大学出版社,2016.

[12]中国科学院国家空间科学中心,等.寻找暗物质:打开认识宇宙的另一扇门[M].北京:科学出版社,2016.

[13]艾弗琳·盖茨.爱因斯坦的望远镜:搜索暗物质和暗能量[M].张威,上官敏慧,译.北京:中国人民大学出版社,2011 .

[14]蕾切尔·卡逊.寂静的春天[M].吕瑞兰,李长生,译.上海:上海译文出版社,2011.

[15]芭芭拉·沃德,勒内·杜博斯.只有一个地球——对一个小小行星的关怀和维护[M].《国外公害丛书》编委会,译.长春:吉林人民出版社,1997.

[16]景海荣,詹想.相约星空下[M].北京:北京科学技术出版社,2011.

[17]斯蒂芬·霍金.时间简史[M].吴忠超，许明贤，译.长沙：湖南科学技术出版社，1988.

[18]阿尔伯特·爱因斯坦.相对论的意义[M].郝建纲，刘道军，译.上海：上海科技教育出版社，2016.

[19]琴琴.时与光：一场从古典力学到量子力学的思维盛宴[M].北京：清华大学出版社，2015.

[20]乔治·伽莫夫.从一到无穷大——科学中的事实和臆测[M].暴永宁，译.北京：科学出版社，2002.

[21]史蒂芬·霍金，罗杰·彭罗斯.时空本性[M].杜欣欣，吴忠超，译.长沙：湖南科学技术出版社，2006.

[22]世界环境与发展委员会.我们共同的未来[M].王之佳，柯金良，译.长春：吉林人民出版社，1997.

[23]张明龙，张琼妮.国外发明创造信息概述[M].北京：知识产权出版社，2010.

[24]张明龙，张琼妮.八大工业国创新信息[M].北京：知识产权出版社，2011.

[25]张明龙，张琼妮.新兴四国创新信息[M].北京：知识产权出版社，2012.

[26]张明龙，张琼妮.国外环境保护领域的创新进展[M].北京：知识产权出版社，2014.

[27]张明龙，张琼妮.英国创新信息概述 [M].北京：企业管理出版社，2015.

[28]张明龙，张琼妮.德国创新信息概述 [M].北京：企业管理出版社，2016.

[29]本报国际部.2004 年世界科技发展回顾[N].科技日报，2005-01-01～10.

[30]本报国际部.2005 年世界科技发展回顾[N].科技日报，2005-12-31～2006-01-06.

[31]本报国际部.2006 年世界科技发展回顾[N].科技日报，2007-01-01～06.

[32]毛黎，张浩，何屹，等.2007 年世界科技发展回顾[N].科技日报，2007-12-31～2008-01-06.

[33]毛黎，张浩，何屹，等.2008 年世界科技发展回顾[N].科技日报，2009-01-01～08.

[34]毛黎，张浩，何屹，等.2009 年世界科技发展回顾[N].科技日报，2010-01-01～08.

[35]本报国际部.2010 年世界科技发展回顾[N].科技日报，2011-01-01～08.

[36]本报国际部.2011 年世界科技发展回顾[N].科技日报，2012-01-01～07.

[37]本报国际部.2012 年世界科技发展回顾[N].科技日报，2013-01-01～08.

[38]本报国际部.2013 年世界科技发展回顾[N].科技日报，2014-01-01～07.

[39]本报国际部.2014 年世界科技发展回顾[N].科技日报，2015-01-01～07.

[40]本报国际部.2015 年世界科技发展回顾[N].科技日报，2016-01-01～11.

[41]科技日报国际部.2016年世界科技发展回顾[N].科技日报,2017-01-03~11.

二、主要资料来源

[1]《自然》(Nature)
[2]《自然·天文学》(Natural Astronomy)
[3]《自然·地球科学》(Nature Geoscience)
[4]《自然·化学》(Nature Chemistry)
[5]《自然·物质》(Nature Substance)
[6]《自然·材料》(Nature Materials)
[7]《自然·纳米科技》(Nature Nanotechnology)
[8]《科学》(Science Magazine)
[9]《科学进展》(Progress in Science)
[10]《科学报告》(Scientific Reports)
[11]美国《国家科学院学报》(Proceedings of the National Academy of Sciences)
[12]《天文学杂志》(Journal of Astronomy)
[13]《天体物理学期刊》(The Astrophysical Journal)
[14]《天文物理期刊通讯》(Astrophysical Journal Newsletter)
[15]《天文与天体物理学》(Astronomy and Astrophysics)
[16]《伊卡洛斯》(Icarus magazine)
[17]《皇家天文学会月报》(Monthly Bulletin of the Royal Astronomical Society)
[18]《太阳物理学》(Solar Physics)
[19]《国际太阳系研究杂志》(International Journal of solar system studies)
[20]《地球物理学研究杂志》(Journal of Geophysical Research)
[21]《地球物理学研究杂志:行星》(Journal of geophysical research: Planets)
[22]《地球物理研究快报》(Geophysical Research Letters)
[23]《地球和行星的变化》(Changes in the earth and the planets)
[24]《地球与行星科学通讯》(Earth and Planetary Science Newsletter)
[25]《全球环境变化》(Global environmental change)
[26]《应用与环境微生物学》(Applied and Environmental Microbiology)
[27]《能源与环境科学》(Energy and Environmental Sciences)
[28]《前寒武纪研究》(Precambrian Studies)
[29]《物理评论快报》(Physics Review Letters)
[30]《大西洋月刊》(The Atlantic monthly magazine)
[31]《澳大利亚天文学会出版物》(Publications of the Astronomical Society of

Australia)

[32]《经典与量子引力》(Classical and Quantum Gravity)

[33]《光谱》(Spectrum)

[34]《大众科学》(Popular Science)

[35]《纳米科学》(Nanoscale Science)

[36]《纳米快报》(Nano Letters)

[37]《纳米通信》(Nano Communication)

[38]《先进材料》(Advanced Materials)

[39]《应用化学》(Angewandte Chemie)

[40]《碳杂志》(Carbon Magazine)

[41]《科技日报》2003 年 1 月 1 日至 2014 年 7 月 31 日

后 记

人类依靠地球资源,修建美丽家园,创造物质财富和精神财富。随着创造能力的提升,又开始探测宇宙,开发空间资源,于是,蓬蓬勃勃地发展起航天事业。

航天飞行器和探测器的研制,促进新材料和新设备开发,推动生产工艺改革,加快科学技术发展,出现了一派欣欣向荣的创新局面。这样,不仅促进宇航事业自身成长壮大,同时也推动其他产业和社会事业迅速发展。结果,研制出功能更加强大的仪器设备,培育出更多高水平的科研人员。

原先天文学的任务,仅仅是观察太空上的日月星辰,现在还要在无边无际的宇宙捕获中微子,探测黑洞和引力波,寻找暗物质和暗能量。21 世纪以来,国外在宇宙与航天领域可谓硕果累累,形成了大量创新信息。

多年前,笔者就已关注宇宙与航天领域的新成果,先后在《国外发明创造信息概述》《八大工业国创新信息》《新兴四国创新信息》《英国创新信息概述》《德国创新信息概述》等书中,特意安排一定篇幅,专门介绍国外在宇宙与航天领域取得的创新进展。现在,笔者在原有基础上,继续推进这项研究,从已经搜集到的大量科技创新信息中,提炼出有关宇宙与航天方面的内容,把它系统化为一本书,于是有了《国外宇宙与航天领域研究的新进展》。

我们在这部书稿写作过程中,得到有关高等院校、科研机构、科技管理部门、高新技术产业开发区,以及企业的支持和帮助。这部专著的基本素材和典型案例,吸收了网络、杂志、报纸等众多媒体的新闻报道。这部专著的各种知识要素,吸收了学术界的研究成果,不少方面还直接得益于师长、同事和朋友的赐教。为此,向所有提供过帮助的人,表示衷心的感谢!

这里,要感谢名家工作室成员的团队协作精神和艰辛的研究付出。感谢巫贤雅、代少婷、沈伟等研究生参与课题调研,以及帮助搜集、整理资料等工作。感谢浙江省科技计划重点软科学研究项目基金、浙江省哲学社会科学规划重点课题基金、台州市名家工作室建设基金、台州市优秀人才培养资助基金,对本书出版的资助。感谢台州学院办公室、组织部、宣传部、人事处、科研处、教务处、招生就业处、学生处、信息中心、保卫处、图书馆和经济研究所、经贸管理学院,浙江师范大学经济管理学院,浙江财经大学东方学院等单位诸多同志的帮助。感谢知识产权出版社诸位同志,特别是王辉先生,他们为提高本书质量倾注了大量的时间和精力。

限于笔者水平,书中难免存在一些不妥和错误之处,敬请广大读者不吝指教。

张明龙　张琼妮

2017 年 8 月于台州学院湘山斋张明龙名家工作室